Library of Western Classical Architectural Theory

西方建筑理论经典文库

A

# 塞利奥论建筑

## ——第六书至第八书

[意] 塞巴斯蒂亚诺·塞利奥 著

青锋 杨澍

翁帆 张晓莉 译

Library of Western Classical Architectural Theory

西方建筑理论经典文库

A

# 塞利奥论建筑

## ——第六书至第八书

[意] 塞巴斯蒂亚诺·塞利奥 著

青锋 杨澍

翁帆 张晓莉 译

中国建筑工业出版社

著作权合同登记图字：01-2012-8809号

图书在版编目（CIP）数据

塞利奥论建筑——第六书至第八书/（意）塞利奥著；青锋等译．—北京：中国建筑工业
出版社，2018.4
（西方建筑理论经典文库）
ISBN 978-7-112-21801-1

Ⅰ.①塞…　Ⅱ.①塞…②青…　Ⅲ.①建筑理论　Ⅳ.①TU-0

中国版本图书馆 CIP 数据核字(2018) 第020145号

Sebastiano Serlio on Architecture, Volume two, Books Ⅵ－Ⅶ of "*Tutte l'opere d'architettura et prospetiva*" with "Castrametation of the Romans" and "the Extraordinary Book of Doors", translated from the Italian with an Introduction and Commentary by Vaughan Hart and Peter Hicks

本书经博达著作权代理有限公司代理，美国 Yale University Press 正式授权我社翻译、出版、发行本书中文版

**丛书策划**

清华大学建筑学院　　吴良镛　王贵祥
中国建筑工业出版社　　张惠珍　董苏华

责任编辑：董苏华
责任校对：张　颖

西方建筑理论经典文库
**塞利奥论建筑——第六书至第八书**
[意] 塞巴斯蒂亚诺·塞利奥　著
青　锋　杨　澍　翁　帆　张晓莉　译
\*
中国建筑工业出版社出版、发行（北京海淀三里河路9号）
各地新华书店、建筑书店经销
北京嘉泰利德公司制版
北京中科印刷有限公司印刷
\*
开本：787×1092毫米　1/16　印张：45¼　字数：1017千字
2018 年 9 月第一版　2018 年 9 月第一次印刷
定价：**188.00**元
ISBN 978-7-112-21801-1
　　　　(31615)

# 目录

# 中文版总序

"西方建筑理论经典文库"系列丛书在中国建筑工业出版社的大力支持下，经过诸位译者的努力，终于开始陆续问世了，这应该是建筑界的一件盛事，我由衷地为此感到高兴。

建筑学是一门古老的学问，建筑理论发展的起始时间也是久远的，一般认为，最早的建筑理论著作是公元前1世纪古罗马建筑师维特鲁威的《建筑十书》。自维特鲁威始，到今天已经有2000多年的历史了。近代、现代与当代中国建筑的发展过程，无论我们承认与否，实际上是一个由最初的"西风东渐"，到逐渐地与主流的西方现代建筑发展趋势相交汇、相合流的过程。这就要求我们在认真地学习、整理、提炼我们中国自己传统建筑的历史与思想的基础之上，也需要去学习与了解西方建筑理论与实践的发展历史，以完善我们的知识体系。从维特鲁威算起，西方建筑走过了2000年，西方建筑理论的文本著述也经历了2000年。特别是文艺复兴之后的500年，既是西方建筑的一个重要的发展时期，也是西方建筑理论著述十分活跃的时期。从15世纪至20世纪，出现了一系列重要的建筑理论著作，这其中既包括15至16世纪文艺复兴时期意大利的一些建筑理论的奠基者，如阿尔伯蒂、菲拉雷特、帕拉第奥，也包括17世纪启蒙运动以来的一些重要建筑理论家和18至19世纪工业革命以来的一些在理论上颇有建树的学者，如意大利的塞利奥；法国的洛吉耶、布隆代尔、佩罗、维奥莱－勒－迪克；德国的森佩尔、申克尔；英国的沃顿、普金、拉斯金，以及20世纪初的路斯、沙利文、赖特、勒·柯布西耶等。可以说，西方建筑的历史就是伴随着这些建筑理论学者的名字和他们的论著，一步一步地走过来的。

在中国，这些西方著名建筑理论家的著述，虽然在有关西方建筑史的一般性著作中偶有提及，但却多是一些只言片语。在很长一个时期中，中国的建筑师与大学建筑系的教师与学生们，若希望了解那些在建筑史的阅读中时常会遇到的理论学者的著作及其理论，大约只能求助于外文文本。而外文阅读，并不是每一个人都能够轻松胜任的。何况作为一个学科，或一门学问，其理论发展过程中的重要原典性历史文本，是这门学科发展历史上的精髓所在。所以，一些具有较高理论层位的经典学科，对于自己学科发展史上的重要理论著作，不论其原来是什么语种的文本，都是一定要译成中文，以作为中国学界在这一学科领域的背景知识与理论基础的。比如，哲学史、美学史、艺术哲学，或一般哲学社会科学史上西方一些著名学者的著述，几乎都有系统的中文译本。其他一些学科领域，也各有自己学科史上的重要理论文本的引进与译介。相比较起来，建筑学科的经典性历史文本，特别是建筑理论史上一些具有里程碑意义的重要著述，至今还没有完整而系统的中文译本，这对于中国建筑教育界、建筑理论界与建筑创作界，无疑是一件憾事。

在几年前的一篇文章中，我特别谈到了建筑创作要"回归基本原理"（Back to the basic）的概念，这是一位西方当代建筑理论学者的观点。对于这一观点我是持赞成态度的。那么，什么是建筑的基本原理？怎样才能够理解和把握这些基本原理？如何将这些基本原理应用或贯穿于我们当前的建筑思维或建筑创作之中呢？要了解并做到这一点，尽管有这样或那样的可能途径，但其中一个重要的途径，就是要系统地阅读西方建筑史上一些著名建筑理论学者与建筑师的理论原著。从这些奠基性和经典性的理论著述中，结合其所处时代的建筑发展历史背景，去理解建筑的本义，建筑创作的原则，建筑理论争辩的要点等等，从而深化我们自己对于当代建筑的深入思考。正是为了满足中国建筑教育、建筑历史与理论，以及建筑创作领域对西方建筑理论经典文本的这一基本需求，我们才特别精选了这一套书籍，以清华大学建筑学院的教师为主体，进行了系统的翻译研究工作。

当然，这不是一个简单的文字翻译。因为这些重要理论典籍距离我们无论在时间上还是在空间上，都十分遥远，尤其是普通读者，对于这些理论著作中所涉及的许多西方历史与文化上的背景性知识知之不多，这就需要我们的译者，在准确、清晰的文字翻译工作之外，还要格外地花大气力，对于文本中出现的每一位历史人物、历史地点及历史建筑等相关的背景性知识逐一地进行追索，并尽可能地为这些人名、地名与事件加以注释，以方便读者的阅读。这就是我们这套书除了原有的英文版尾注之外，还需要大量由中译者添加的脚注的原因所在。而这也从另外一个侧面，增加了本书的学术深度与阅读上的知识关联度。相信面对这套书，无论是一位希望加强自己理论素养的建筑师，或建筑学子，还是一位希望在西方历史与文化方面寻求学术营养的普通读者，都会产生极其浓厚的阅读兴趣。

中国建筑的发展经历了 30 年的建设高潮时期，改革开放的大潮，催生出了中国历史上前所未有的建造力，全国各地都出现了蓬蓬勃勃的建设景观。这样伟大的时代，这样宏伟的建造场景，既令我们兴奋不已，也常常使我们惴惴不安。一方面是新的城市与建筑如雨后春笋般每日每时地破土而出，另外一个方面，却也令我们看到了建设过程中的种种不尽如人意之处，如对土地无节制的侵夺，城市、建筑与环境之间矛盾的日益突出，大量平庸甚至丑陋建筑的不断冒出，建筑耗能问题的日益尖锐，如此等等。

与建筑师关联比较密切的是建筑创作问题，就建筑创作而言，一个突出的问题是，一些投资人与建筑师满足于对既有建筑作品的模仿与重复，按照建筑画册的样式去要求或限定建筑师的创作。这样做的结果是，街头到处充斥的都是似曾相识的建筑形象，更有甚者，不惜花费重金去直接模仿欧美 19 世纪折中主义的所谓"欧陆风"式的建筑式样。这不仅反映了我们的一些建筑师在建筑创作上缺乏创新，尤其是缺乏对中国本土文化充分认知与思考基础上的创新，这也在一定程度上反映了，在这个大规模建造的时代，我们的建筑师在建筑文化的创造上，反而显得有点贫乏与无奈的矛盾。说到底，其中的原因之一，恐怕还是我们的许多建筑师，缺乏足够的理论素养。

　　当然，建筑理论并不是某个可以放之四海而皆准的简单公式，也不是一个可以包治百病的万能剂，建筑创作并不直接地依赖某位建筑理论家的任何理论界说。何况，这里所译介的理论著述，都是西方建筑发展史中既有的历史文本，其中也鲜有任何直接针对我们现实创作问题的理论阐释。因此，对于这些理论经典的阅读，就如同对于哲学史、艺术史上经典著作的阅读一样，是一个历史思想的重温过程，是一个理论营养的汲取过程，也是一个在阅读中对现实可能遇到的问题加以深入思考的过程。这或许就是我们的孔老夫子所说的"温故而知新"的道理所在吧。

　　中国人习惯说的一句话是"开卷有益"，也有一说是"读万卷书，行万里路"。现在的资讯发达了，人们每日面对的文本信息与电子信息，已呈爆炸的趋势。因而，阅读就要有所选择。作为一位建筑工作者，无论是从事建筑理论、建筑教育，或是从事建筑历史、建筑创作的人士，大约都在"建筑学"这样一个学科范畴之下，对于自己专业发展历史上的这些经典文本，在杂乱纷繁的现实生活与工作之余，挤出一点时间加以细细地研读，在阅读的愉悦中，回味一下自己走过的建筑之路，静下心来思考一些问题，无疑是大有裨益的。

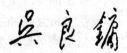

中国科学院院士
中国工程院院士
清华大学建筑学院教授
2011 年度国家最高科学技术奖获得者

# 致　谢

我们要感谢那些在准备这个译本的各个阶段给予我们帮助与支持的人士：Timothy Anstey 博士（巴斯大学），Andrew Ballantyne 教授（纽卡斯尔大学）。Patrick Boyde 教授（剑桥大学），Mario Carpo 博士（圣埃蒂安大学），Alan Day 教授（巴斯大学），Deborah Howard 博士（剑桥大学），Neil Leach（诺丁汉大学），Simon Pepper 教授（利物浦大学），Ingrid Rowland 教授（芝加哥大学），Joseph Rykwert 教授（宾夕法尼亚大学），Robert Tavernor 教授（巴斯大学）以及 David Watkin 博士（剑桥大学）。Owen Parkes 博士与 Joe Robson 给予了极富价值的技术协助。

尤其要感谢慕尼黑州立图书馆的 Kudorfer 博士，他准许我们发表第六书与"第八书"手稿（Codex Icon. 189 与 Codex Icon. 190）中的图像；感谢纽约哥伦比亚大学艾弗里图书馆的 Angela Giral 与 William O'Malley；还要感谢纽约皮尔庞特·摩根图书馆、佛罗伦萨国家档案馆、摩德纳埃斯特国家档案馆，以及佛罗伦萨乌菲齐图书馆的员工；还有剑桥大学珍品书部、巴黎国家图书馆、伦敦大英图书馆、奥格斯堡州立与市立图书馆，以及维也纳奥地利国家图书馆的员工们。

我们还要感谢格拉汉姆美术高等研究基金会的慷慨支持，他们资助了我们在纽约、维也纳与奥格斯堡的旅途与居住费用。英国社会科学院资助了我们在慕尼黑、佛罗伦萨与摩德纳的研究。巴斯大学建筑与土木工程系资助了与这一项目相关的旅途费用。

我还要感谢 Polly 与 Alan Warren 牧师（纽约重生教堂），Martin Draper 神父（巴黎圣乔治圣公会教堂），Paurelle 夫人（昂西勒弗朗城堡的监护人）与 John Weeber 的热情款待。最后，我们必须要感谢耶鲁大学出版社的 Gillian Malpass，Elisabetta Da Prati，Jennifer Nutkins 博士和 Charlotte Hart 在整个项目中给予的宝贵支持。

沃恩·哈特（Vaughan Hart）与彼得·希克斯（Peter Hicks）
巴斯大学

简写与编辑注释

阿尔伯蒂（Alberti）        Alberti, L. B., *De Re Aedificatoria*（约 1450 年，第一版，佛罗伦萨，1486 年）。括号中的页码指代英文译本——《建筑论——阿尔伯蒂建筑十书》（*On the Art of Building in Ten Books*）（意大利文译者：J. Rykwert, N. Leach 与 R. Tavernor），剑桥，马萨诸塞州 (1988 年)。

波利比乌斯（Polibius）   Polybius,《历史》（*The Histories*）。

维特鲁威 (Vitr.)        Vitruvius,《建筑十书》（*On Architecture*）。

    第七书的页码与"门的额外之书"的签写页码来自第一版。这些第七书与显示在"门的额外之书"中括号里的页码与 1618—1619 年收藏版本的页码一致（导言、注释与整个第一卷都是参照的这里，翻译时它们也被印刷在括号中）。关于手稿的卷编号：我们对慕尼黑手稿第六书的翻译，以及注释中指代哥伦比亚手稿时使用的编号，见附录 1；"第八书"使用的编号，参见关于"第八书"编排的注释，pp.lii–liii*；在注释中提到的维也纳手稿第七书中文字与绘图的编号，使用的是发表的抄本（Fiore, 1994）中出现的编号。

    方括号中的文字所指的是意大利文中缺少的词语与数字：在第七书中，这些文字通常是通过拉丁文译本或者是从维也纳手稿来补充的，注释中进行了说明。

---

   \* 指英译本的页码。——编者注

# 导 言 ix

> 在这本书的起始，我希望模仿古代的喜剧作者。他们中的一些人，常常
> 会在喜剧表演之前派出一个报信人，用短短几个词告知观众们这出喜剧的主
> 要内容⋯⋯
>
> ——塞利奥，《第四书》（fol. III*v*）

## 塞利奥在意大利早期建造的作品和撰写的文献

塞巴斯蒂亚诺·塞利奥（Sebastiano，Serlio，1475—1554 年）因为撰写了 16 世纪最易于使用的，因此也被广泛研究的，有配图并且用本土语言发表的建筑著作中的一部而著名。[1]实际上，他的书是第一本涵盖范围广泛，配有完整图片的著作。在帕拉第奥（Palladio）之前，对于那些希望以古典风格（*all'antica*）设计建筑的人，只有古罗马作者维特鲁威与文艺复兴大师莱昂·巴蒂斯塔·阿尔伯蒂（Leon Battista Alberti）能被视为堪与塞利奥的影响相匹敌。大约在塞利奥去世 20 年之后，曼图阿的古物研究者与艺术品商人雅各布·斯特拉达（Jacopo Strada）赞颂道，塞利奥"更新了建筑艺术，使它对于所有人来说都变得更为容易。实际上，凭借他的书塞利奥比他之前的维特鲁威有更多的贡献，因为维特鲁威言辞含混，任何人都难以轻易理解。"[2]然而，这个让建筑艺术变得"容易"的成就，却掩盖了塞利奥理念的复杂性以及他作为一个理论家的价值。[3]

---

1　见 Dinsmoor, W. B., 'The Literary Remains of Sebastiano Serlio', *The Art Bulletin*, vol. 24（1942），pp. 55–91 [pt. 1], pp. 115–154 [pt. 2]. Rosenfeld, M. N., *Sebastiano Serlio: On Domestic Architecture*（1978; rep. 1996）. Onians, J., *Bearers of Meaning: The Classical Orders in Antiquity, the Middle Ages, and the Renaissance*（1988）. Thoenes, C.（ed.），*Sebastiano Serlio*（1989）. Carpo, M., 'The architectural principles of temperate classicism. Merchant dwellings in Sebastiano Serlio's Sixth Book', *Res*, vol. 22（1992），pp. 135–151. Carpo, M., *Metodo ed ordini nella teoria architettonica dei primi moderni: Alberti, Raffaello, Serlio e Camillo*（1993）；Fiore, F. P.（ed.），*Sebastiano Serlio architettura civile, libri sesto, settimo e ottavo nei manoscritti di Monaco e Vienna*（1994）. Kruft, H.–W., *A History of Architectural Theory from Vitruvius to the Present*（1994 ed.），pp. 73–79. Serlio, S., *Sebastiano Serlio on Architecture*, vol. 1 [Books I–V]（trans. Hart, V., P. Hicks）（1996）. Hart, V., P. Hicks（eds.），*Paper Palaces: The Rise of the Renaissance Architectural Treatise*（1998），pp. 140–157, 170–185. Frommel, S. [née Kühbacher], *Sebastiano Serlio*（1998）. Payne, A., *The Architectural Treatise in the Italian Renaissance. Architectural Invention, Ornament, and Literary Culture*（1999）.

2　Serlio, S., *Il settimo libro d'architettura di Sebastiano Ser\<g\>lio bolognese*, Frankfurt（1575），sig. aiiiir. 中开头的信.

3　一个误解的例子是 Choay, F., *The Rule and the Model*（1997 ed.），pp. 185, 215, 381 n. 77.

x　　　塞利奥是最早探索当时相对新颖的印刷术的建筑作者之一。他将文字与木刻图案（通常在同一页上）对应起来，就像切萨雷·切萨里阿诺（Cesare Cesariano）在 1521 年出版维特鲁威著作，阿尔布雷赫特·丢勒（Albrecht Dürer）在 1527 年出版防御工事著作，以及安德烈亚斯·维萨里乌斯（Andreas Vesalius）随后于 1543 年出版解剖学著作时所做的一样。[4] 塞利奥早年接受木刻与绘画的训练，1511—1514 年间在佩萨罗工作，然后迁往罗马。在那里，他主要在艺术家与建筑师巴尔达萨雷·佩鲁齐（Baldassare Peruzzi）门下学习，但随后也跟随安东尼奥·达·桑迦罗（Antonio da Sangallo）以及来自费拉拉的雅各布·梅内吉洛（Jacopo Meleghino）学习。在他的家乡博洛尼亚，塞利奥在 1522 年 7 月—1523 年 4 月期间作为助手参与了佩鲁齐最终未能实施的，为圣彼得罗尼奥教堂设计立面的工程。[5] 在 1527 年罗马陷落之后，塞利奥迁往威尼斯，现在人们大致认同，罗马陷落之时，他身在博洛尼亚。[6]

　　　在威尼斯，塞利奥成为一个小圈子的一员。这个圈子以彼得罗·阿雷蒂诺（Pietro Aretino）为中心，成员包括提香（Titian）与雅各布·桑萨维诺（Jacopo Sansovino）。[7] 尽管有着充沛的想象力，以及威尼斯共和国不断扩展的建设项目，塞利奥仍然没有找到任何大型的建筑委托。[8]1527—1531 年之间，他完成了这座城市中公爵宫殿（Ducal Palace）中一座图书馆的天花设计[第四书末尾( fol.193*v* )提供了插图 ]。[9] 他为费代里科·普留利（Federico Priuli）在特雷维尔的别墅提供了设计，并且为彼得罗·岑（Pietro Zen）的威尼斯宅邸的设计提供了建议。他还为一幅描绘他的英雄——图拉真皇帝——历史的壁画设计了建筑背景。大约在 1532 年之前的某个时间，这幅壁画由乔瓦尼·德·布西·卡里阿尼（Giovanni de'Busi Cariani）在安德烈亚·迪·奥多尼（Andrea di Odoni）的住宅中绘制完成，也是在那个时候马尔坎托尼奥·米基耶（Marcantonio Michiel）看到了它。[10] 在 1534—1535 年间，塞利奥与提香和福尔图尼奥·斯皮拉（Fortunio Spira）一块儿合作，参与了新柏拉图主义

4　见 Rosenfeld, M. N., *op. cit.*, pp. 35–41.

5　关于 Serlio 在 Bologna 与 Pesaro（在那儿，Serlio 被委托为 San Terenzio 的遗骨匣设计棺材）的活动，见 Tuttle, R., 'Sebastiano Serlio bolognese', in Thoenes, C.（ed.）, *op. cit.*, pp. 22–29; Lenzi, D., 'Palazzo Fantuzzi: un problema aperto e nuovi dati sulla residenza del Serlio a Bologna', *ibid.*, pp. 30–38. 关于 Palazzo Bocchi 见 Tafuri, M., *Venice and the Renaissance*（1989 ed.）, pp. 63–64. 也参见 Malaguzzi Valeri, F., 'La Chiesa della Madonna di Galliera in Bologna', *Archivio Storico dell'Arte*, vol. 6（1893）, pp. 32–48; 关于可能是由 Serlio 完成的 church of San Domenico 中的镶嵌装饰见 Alce, F. V., 'Sebastiano Serlio e le tarsie di Fra Damiano Zambelli in S. Domenico di Bologna', in *Strenna della Famèja bulgnèisa*, vol. 3（1957）. pp. 7–21.

6　见 Olivato, L., 'Con il Serlio tra i dilettanti di architettura veneziani della prima metà del '500. Il ruolo di Marcantonio Michiel', in Guillaume, J.（ed.）, *Les traités d'architecture de la Renaissance*（1988）, pp. 247–254.

7　见 Cairns, C., *Pietro Aretino and the Republic of Venice: Research on Aretino and his Circle in Venice, 1527–1556*（1985）. Onians, J., *op. cit.*, pp. 299–301. Tafuri, M., *op. cit.* 关于 Aretino 对 Book IV 文本的帮助，同代人曾经讥讽地提到，见 Frommel, S. [née Kühbacher], *op. cit.*, p. 19. 也见 Aretino 为 Book IV 所写的简介信件.

8　James Ackerman 讨论了这一点，见 Rosenfeld, M. N., *op. cit.*, p. 11. On Serlio's Venetian work 见 Günther, H., 'Studien zum Venezianischen Aufenthalt des Sebastiano Serlio', *Münchner Jahrbuch der bildenden Kunst*, vol. 32（1981）, pp. 42–94. Frommel, S. [née Kühbacher], *op. cit.*, pp. 20–22; 关于被认为是 Serlio 设计的 San Salvatore 女修道院的平面（Archivio di Stato, Venezia, *Miscellanea*, *Mappe*, n. 852）见 *ibid.*, pp. 56–57.

9　Ancy-le-Franc 图书馆的屋顶与这个设计相似，见 Frommel, *ibid.*, pp. 188–190.

10　见 Dinsmoor, W. B., *op. cit.*, p. 64.

哲学家弗朗切斯科·乔治（Francesco Giorgi）对雅各布·桑萨维诺所做的圣弗朗切斯科·德拉·维格那（San Francesco della Vigna）教堂设计比例关系的修改。[11]1535年3月14日前的某个时段，塞利奥获得委托给斯库拉·迪·桑·洛克建筑项目（Scuola di San Rocco）的木质天花工程设置薪酬水平。1539年他在更新维琴察大教堂的著名设计竞赛中提交了一个设计[米切莱·圣米凯利（Michele Sanmicheli）与朱利奥·罗马诺（Giulio Romano）也提交了]，最终获胜者是安德烈亚·帕拉第奥。[12]他的第四书（fol. 154r）中一幅威尼斯建筑立面的插图被认为是建立在塞利奥这一设计的基础之上的。[13]同年，在维琴察，塞利奥为波尔托（Porto）家族设计了一个广受赞誉的临时剧院，基于他第二书末尾插图中所绘制的建筑类型。约翰·奥奈恩斯（John Onians）断言塞利奥对威尼斯文化的影响是"短暂而有效的"，他认为塞利奥启发了提香的建筑表现，阿雷蒂诺（Aretino）与瓦萨里（Vasari）的建筑描述体现了塞利奥的特征，而最为重要的是，塞利奥影响了桑萨维诺当时完成的圣马可广场设计（造币厂、含有圣马可图书馆的区块以及短廊）。[14]

　　塞利奥在威尼斯的建筑作品如此之少，可能是因为他专注于在这个城市——欧洲领先的出版中心——出版他第一批的论著。[15]这部由著名的威尼斯印刷商弗朗切斯科·马尔科利尼（Francesco Marcolini）在1537年出版的论著是关于五种柱式的，被命名为"第四书"，我们随后会解释这样命名的原因。塞利奥在1528年向威尼斯共和国申请出版版权，以发表用透视法描绘的柱式与建筑刻画。这可以被看作萌芽，导向了十年后第四书的率先出版。[16]在这里，五种柱式——从塔司干发展到混合柱式——第一次在出版作品中得到描绘和系统讨论。这种安排强化了当时所流行的，推崇罗马古代卓越性的观点。也预示了塞利奥后来对大斗兽场的评论，他认为罗马人——作为征服者战胜了多立克、爱奥尼以及科林斯柱式的希腊发明者——"希望将三种柱式融合在一起，将混合柱式置于其上，这是他们发明的柱式，用以表明罗马人作为胜利者也要在建筑作品上获胜。"（Book III，fol. 80v）。实际上，就像阿林娜·佩恩（Alina Payne）所指出的，对每个柱式的讨论都是从它的经典起始（维特鲁威的论述），经由古代的以及塞利奥自

---

11　见 Howard, D., *Jacopo Sansovino: Architecture and Patronage in Renaissance Venice*（1975）, pp. 66–74. Foscari, A., Tafuri, M., *L'Armonia e i conflitti. La chiesa di San Francesco della Vigna nella Venezia del Cinquecento*（1983）. 关于 Giorgi, 见 Wittkower, R., *Architectural Principles in the Age of Humanism*（1988 ed.）, pp. 25, 104–107. Yates, F., *The Occult Philosophy in the Elizabethan Age*（1979）, pp. 29–36.

12　关于 Serlio 这一时期的工作, 见 Rosenfeld, M. N., *op. cit.*, pp. 18–19. Frommel, S. [née Kühbacher], *op. cit.*, pp. 20–22. 也见 Timofiewitsch, W., 'Ein Gutachten Sebastiano Serlios fur die "Scuola Di S. Rocco" ', *Arte Veneta*, vol. 17（1963）, pp. 158–160.

13　Rosenfeld 在 'Sebastiano Serlio', *Macmillan Encyclopedia of Architects*（1982）, p. 37. 中提出, 也见 Book IV fol. 153v note.

14　Onians, J., *op. cit.*, pp. 287–299.

15　见 Rosenfeld, M. N., *op. cit.*（1978）, pp. 36–41; 'Sebastiano Serlio's Contributions to the Creation of the Modern Illustrated Architectural Manual', in Thoenes, C.（ed.）, *op. cit.*, p. 102.

16　Serlio 与 Agostino 合作完成了基础、柱头与檐部的刻板画；这些都绘制在 Dinsmoor, W. B., *op. cit.*, figs. 1–6, pp. 64–65. 见 Howard, D., 'Sebastiano Serlio's Venetian Copyrights', *Burlington Magazine*, vol. 115（1973）, II, pp. 512–516. 也见 vol. 1, Appendix 1, p. 466 n. 4.

己的改变，结束于混合的装饰形式；第四书的主题实际上是总体来说是装饰，而不是五种柱式。这实际上回应了装饰创作在那个时代的突现。在 16 世纪 30 年代，装饰创作（而不是形式与平面的创造）被视为建筑精湛技艺的重要体现（这一点在无数描绘维特鲁威装饰的文稿中非常明显，其中最著名的是桑迦罗的作品）。[17]

　　在第四书的起始，塞利奥就申明其目标是发表七本书（或者是章节）：虽然七本都是他完成的，但只有前五本（因此未按照正确顺序）在他生前出版。在第一本之后，1540 年 3 月，第三书同样由马尔科利尼在威尼斯出版。这本书主要划分了古代罗马的纪念性建筑，但是也描绘了建筑师佩鲁齐（圣彼得）、拉斐尔（马达玛别墅）、伯拉孟特（圣彼得、坦比埃多以及梵蒂冈皇宫花园）、朱利亚诺·达·马亚诺（Giuliano da Maiano）（伯乔·雷亚莱别墅）的当代作品，以及作者本人的一个想象设计。虽然塞利奥哀叹罗马被劫掠之后的动乱，但是他很清楚地阐明，"现代"——他以此称呼他自己的时代（Book IV fol. 126*r*）——足以与古代相匹敌。在第三书中他写道："这些时期中美丽与实用的建筑艺术，已经回到了它的罗马与希腊创造者们在幸福的年代中曾经抵达过的高度。"随后，他又写道，伯拉孟特已经"将生命带回给优美的建筑，从古代到他的时代，这些建筑一直被埋没着。"（fols. III 与 64*v*）。为了激励这种复兴，塞利奥的第三书成为第一本连贯地描绘，甚至是想象性地"恢复"罗马古代废墟的出版物。但是他也受惠于从佩鲁齐那里继承来的研究成果。这个文献同时预言了现代相对性的历史观点，它将希腊建筑与"一些罕见的埃及建筑"同时容纳了进去。此外，就像他在第四书的内容说明中所写的，第三书的一个明确目的是用正投影画法来呈现这些建筑与片断。拉斐尔在 1519 年针对罗马废墟的精确呈现向利奥十世提出了使用这种方法的著名建议，随后建筑师们才刚刚接受这一提议。[18] 通过这些独特的木刻画，这本书描绘了优秀的，偶尔也有坏的，维特鲁威式设计的范例。涵盖从建筑定位到装饰雕刻等范畴。

## 塞利奥之后在法国完成的建筑与著作

　　塞利奥第四书的第一版受到费拉拉公爵，埃尔科莱·德·埃斯特（Ercole d'Este）的支持，第二版与第三版获得了查理五世的驻威尼斯大使以及驻意大利副帅阿方

---

　　17　见 Payne, A., *op. cit.*, pp. 116, 120, 141. 关于未命名的一份描绘柱式的手稿 Bibliothèque Nationale（MS ital. fol. 473），显然是 1520 年后在佩鲁齐指导下于锡耶纳完成的，见 Juřen, V., 'Un traité inédit sur les ordres d'architecture, et le problème des sources du Libro IV de Serlio', in 'Fondation Eugène Piot', *Monuments et Mémoires publiés par L'Académie des Inscriptions et Belles-Lettres*, vol. 64（1981），pp. 195–239. 关于 Biblioteca comunale of Ferrara 的一份手稿（16 世纪的纸张，包含图像，Classe II, n. 176），见 Sgarbi, C., 'A newly discovered corpus of Vitruvian images', *Res*, vol. 23（1993），pp. 31–51. 也见 Krinsky, C. H., 'Seventy-eight Vitruvian Manuscripts', *Journal of the Warburg and Courtauld Institutes*, vol. 30（1967），pp. 36–70. Pagliara, P. N., 'Studi e pratica vitruviana di Antonio da Sangallo il Giovane e di suo fratello Giovanni Battista', in Guillaume, J.（ed.），*op. cit.*, pp. 179–206.

　　18　见 Hart, V., 'Serlio and the Representation of Architecture', in Hart, V, P. Hicks（eds.），*op. cit.*,（1998），pp. 170–185. 关于 Dürer 也见 Rosenfeld, M. N., *op. cit.*（1978），p. 37；'The Modern Illustrated Architectural Manual', in Thoenes, C.（ed.），*op, cit.*, pp. 102—103.

索·德·阿瓦罗（Alfonso d'Avalos）的资助。[19] 而第三书则是由法国国王弗朗索瓦一世资助的，这本书也因此献给他。在国王的姐妹玛格丽特·德·安古莱姆（Marguerite d'Angoulême）（纳瓦拉女王）以及法国驻威尼斯大使纪尧姆·皮里希尔（Guillaume Pellicier）相互通信之后 [20]，以及一份并不确定的 300 金克朗的报酬许诺之下，塞利奥于 1541 年迁往法国。他被任命为枫丹白露的首席画家与建筑师，在巴黎时则居住在小塔宫（Book VII p.98）。尽管弗朗索瓦一世是塞利奥倍加哀叹的意大利战争的主要支持者，法国宫廷仍然是欧洲文艺复兴人文主义的领导性中心。这一事实的标志是法兰西学院受国王之命在 1530 年建立，意图鼓励人文主义哲学的教育。他资助了像本韦努托·切利尼（Benvenuto Cellini），弗朗切斯科·普里马蒂乔（Francesco Primaticcio）以及罗索·菲奥伦蒂诺（Rosso Fiorentino）等学者 [21]：实际上，莱昂纳多·达·芬奇在世的最后阶段就在法国，最终于 1519 年在昂布瓦兹去世。所以，塞利奥在世时发表的著作中其他所有部分都是在法国出版的。第一书与第二书讨论绘画中的几何与透视，其中后一本的结尾是著名的关于舞台设计的章节；1545 年，它们以意大利语 – 法语的双语版本一同在巴黎通过让·巴贝（Jean Barbé）出版。随后是 1547 年的第五书，同样在巴黎以双语版本发表，但这次是由米歇尔·德·瓦斯孔桑（Michel de Vascosan）出版，包括了十二个教堂设计。[22] xiii

塞利奥在法国这一时期中出版的最重要的书是他的第六书，主题为居住建筑，遵循弗朗切斯科·迪·乔治（Francesco di Giorgio）所使用过的顺序 [23]，包括从农民棚屋到皇家宫殿等各种类型。这本书构成了本书的第一部分，需要进行详细讨论。虽然从未发表过，这部书有两种草稿版本，以及一组尝试性的木刻。（其中一版草稿存于慕尼黑州立图书馆，另一部存于纽约哥伦比亚大学）。[24] 第六书第一次尝试完整描绘对应于不同社会等级的各种居住建筑，首先是乡村，然后是城市。这一范围仅仅排除了神职人员的居住建筑（虽然之前已经讨论过阿尔伯蒂与菲拉雷特），呈现为世俗化的社会组织。

---

19　见 vol. 1, Appendix 2, pp. 468–469.

20　Pellicier 于 1540 年 7 月 10 日写给 Queen Marguerite of Navarre：见 Pellicier, G., *Correspondance politique de Guillaume Pellicier ambassadeur de France à Venise*, 1540—1542, ed. A. Tausserat–Radel（1899），pp. 11–12.

21　见 Blunt, A., *Art and Architecture in France*, 1500—1700（1953），ch. 3. Heydenreich, L., 'Leonardo da Vinci, Architect to Francis I', *Burlington Magazine*, vol. 94（1952），pp. 277–285. Golson, L. M., 'Serlio, Primaticcio and the Architectural Grotto', *Gazette des Beaux-Arts*, vol. 77（1971），pp. 95 – 108.

22　Uffizi 中的四个教堂设计绘图——椭圆、五边形、六边形与八边形——被归于 Serlio（Uffizi 2829A, 8047A, 8048A, 8049A）.

23　见 Onians, J., *op. cit.*, p. 176.

24　Staatsbibliothek, Munich, Codex Icon. 189, c.1547–1554. Avery Architecture Library, Columbia University, New York, AA.520.Se.619.F, *c.*1541–1547/9. 关于这些手稿完成的可能日期见 Book VI n. 1. Facsimiles：Rosci, M., A. M. Brizio（eds.），*Il Trattaw di architettura di Sebastiano Serlio*, 2 vols.（1966）（Munich MS：our translation of Rosci's commentary to the MS is available at（http：//www.serlio.org））；Rosenfeld, M. N., *op. cit.*（Columbia MS）. Transcription：Fiore, F. P., *op. cit.*（Munich MS）. 关于这些手稿的历史，见 Carpo, M., *op. cit.*（1992），p. 136 nn. 9 and 10. 也见 Rosenfeld, M. N., 'Sebastiano Serlio's Late Style in the Avery Library Version of the Sixth Book on Domestic Architecture', *Journal of the Society of Architectural Historians*, vol. 28（1969），pp. 155–172.

这可能与塞利奥本人倾向于新教福音派以及反抗教廷的立场有关——塞利奥评论到，教廷"是派系斗争的巢穴与温床"（fol. 12*v*）。[25] 他的世俗建筑的范围远远超越了第三书结尾的寥寥几个意大利别墅范例，也超出了菲拉雷特与弗朗切斯科·迪·乔治曾经描绘过的，以及阿尔维塞·科纳罗（Alvise Cornaro）在 1520 年完成的讨论普通公民住宅的草稿的范畴。[26]

塞利奥很可能已经看过这部草稿，因此从第四书与第七书中可以看到他对科纳罗建筑的研究。同时，第七书（维也纳草稿）体现出塞利奥曾经研究过小普利尼对自己罗马别墅的描述。塞利奥"模仿"罗马建筑中的一个范例，设计了半圆形的主厅（*sala*）。[27] 但是由于缺乏任何留存下来的古代别墅（除了废墟之外），维特鲁威也没有描述如何将柱式用于居住建筑（他仅仅在第六书中简要讨论），塞利奥的住宅设计是高度原创的，同时也是实用的。尤其是在他史无前例的关于穷人住宅的章节中，他将维特鲁威用于神庙之上的秩序、适宜、对称等理想原则用来规范甚至是最普通的农场住宅，乃至户外厕所小屋。富有公民与商人的乡村住宅，虽然在风格上很宏伟，也同时被呈现为实用的农业房产，延续了塞利奥在威尼斯时所熟知的模式。[28] 更重要的是，这些大一些的住宅与宫殿通常使用法国大型府邸平面、陡峭的坡屋顶与阁楼来达到那个时代的舒适标准，同时仍然延续在第四书中所列出的古典风格总体建筑原则。实际上，法国形式并非第六书中唯一出现的当代地区性元素，因为在贵族绅士的城市住宅中，塞利奥包括了基于威尼斯门厅或者是纵线式厅堂的设计（fols. 51*v* 与 55*v*）。

塞利奥的这些建筑范例极大地扩展了莱昂纳多与其他弗朗索瓦一世宫廷中意大利大师的工作范畴，进一步推动了意大利建筑形式在法国的引介。[29] 在稍后版本（慕尼黑）的第六书中，塞利奥去除掉了一定部分不常见的法国式的"自由放任"，减少了一些非常陡峭的坡屋顶，并且让立面更具有意大利特征，目标是让古典的（意大利）适宜性与现代的（法国与威尼斯）舒适性更紧密地联姻。[30] 这可能是为了讨好法国日益增长的

---

25　在 Columbia MS 中，Project LX, R, 关于城市中的 *condottiero*, Serlio 写道："动乱与内战……尤其是在教皇统治下的土地与城市。"见 Tafuri, M., *Venice and the Renaissance, op. cit.*, pp. 62–70; Carpo, M., *op. cit.*（1992），p. 139 n. 22. 也见 Fiore, F. P., *op. cit.*, pp. xiii–xiv; Frommel, S. [née Kühbacher]: *op. cit.*, p. 18. Serlio 在 Munich MS 中将他为 Cardinal of Ferrara, Ippolito d'Este 所设计的住宅归为"知名亲王"的住宅的一部分，在 Columbia MS XI, [N, 13A] 被归为绅士住宅的一部分.

26　Cornaro 的论文的第二版本写于约 1550–1553 年，见 Rosenfeld, M. N., *op. cit.*（1978），p. 44. Di Giorgio 的论文只描绘了住宅平面，没有立面.

27　Vienna MS Project XVI fol. 5*r*（Appendix 2）[ 对应于 Book VII pp. 38–39].

28　见 Ackerman, J., in Rosenfeld, *op. cit.*（1978），p. 13.

29　尤其见 Blunt, A., *op. cit.*, pp. 15–36.

30　尤其见 Columbia MS XXI, S, 18, 对比于 Munich MS fol. 19*r*, Columbia MS XXIII, T, 19, 对比于 Munich MS fol. 21*r*, Columbia MS XXV, V, 20, compared to Munich MS fol. 23*r*; Columbia MS XXVII, X, 21, 对比于 Munich MS fol. 25*r*. 两份手稿的对比，见 Rosenfeld, M. N., *op. cit.*（1978），pp. 61–68. 也见 Carpo, M., *op. cit.*（1992），p. 136 n. 7, and pp. 144–145; Fiore：F. P., *op. cit.*, pp. XXXII–XXXIV. Individual deviations are here noted throughout the Commentary, and Columbia MS text additions of a major length are translated in Appendix 1.

对纯粹古典风格的品味爱好——足够讽刺的是，这种倾向甚至起到了一定的作用，导致塞利奥未能成功发表他非正统的、包含了自由放任（*licentious*）细部以及法国形式的第六书。实际上，在这本书的结语中，塞利奥承认："在某些事情上，我是有些自由放任的，"他继续说道，"因为我当时在一个自由放任的国家。"（fol. 74*r*）塞利奥的修正自然帮助实现了他的总体目标，这明确体现在慕尼黑版本的前言中，其中写道"将讨论适宜与实用的合一。"（fol. 1*r*）

然而，这种合一是多样性的。因为在两个版本的第六书中，每一个门类的商人住宅都被给予了相对立的多样风格：其中一个被描绘为"穿戴着法国服饰"（al costume di Franza）（有法国双坡屋顶与天窗，以及最少量的古典风格装饰），另外一个模式则根据更纯粹的意大利样式描绘（有敞廊与立柱）。这种新颖的对比清楚表明，在多大的程度上意大利模式（以及它们古典的适宜性）能够被采用来匹配北欧建筑类型以及舒适标准（适用）。[31] 在完成后不久，第六书的手稿（哥伦比亚收藏）就被雅克·安德鲁埃·杜·塞尔索（Jaques Androuet du Cerceau）所知，为他著名的调查测绘法国城堡的研究确立了基调，这些研究构成了《建筑图书》（*Livre d'architecture*，巴黎，1559 年与 1561 年）一书。菲利贝尔·德·罗姆（Philibert de l'Orme）的住宅研究也受到类似影响，其成果绘制成《第一卷》（*Premier tome*，巴黎，1567 年）一书。此外，塞利奥的住宅方案及其现代实用元素（比如壁炉与烟囱）也溢出到他自己的第七书。这本书在他死后的 1575 年，由雅各布·斯特拉达（Jacopo Strada）以意大利 – 拉丁双语版本在法兰克福通过安德烈·维赫尔（André Wechel）出版社编辑出版（现存一部草稿复本）。[32] 虽然以一组 25 个住宅"创作"起始，这本书是第一个专注于建筑师很可能会遇到的实际问题，或者是"情形"（situations）（标题就是这样）的出版著作。

xv

塞利奥服务于法国国王的时间与他主要作品的建造时间重合，这些作品中的大部分都绘制在后来的书里。在 1541—1550 年之间他为国王与宫廷成员完成了一系列设计。塞利奥被认为在枫丹白露为松树洞穴（Grotte des Pins）提供了一个设计，虽然它显然不是按照他在第六书（fols. 31*v*–33*r*）中描绘的设计来建造完成的。[33] 塞利奥还完成了埃尔科莱·德·埃斯特的兄弟，伊波利托（Ippolito）的住所。这个住宅被称为大费拉拉府邸，于 1544—1546 年间在枫丹白露建造（除了入口大门外其余部分现已损毁），国王高度称赞这个住宅。正是在这里，塞利奥注定要花去他生命中的最后几年，这个住宅再一次在第六书 [虽然更准确的是哥伦比亚手稿（XI，[N，13A]）中，慕尼黑版本

31　见 Carpo, M., *op. cit.*（1992）；Kruft, H.–W., *op. cit.*

32　所谓的 Vienna MS of *c*.1541–1550, Österreichische Nationalbibliothek, Vienna, Cod. ser. nov. 2649. 带有图像的抄本在 Fiore, F. P., *op. cit.* 见 Rosenfeld, M. N., 'Sebastiano Serlio's Drawings in the Nationalbibliothek in Vienna for his Seventh Book on Architecture', *The Art Bulletin*, vol. 56（1974），pp. 400–409.

33　Columbia MS XXXII, Y, 25–XXXIII, Y, 25. 关于 Serlio 在这里可能完成的工作见 Pérouse de Montclos, J.–M., *Fontainebleau*（1998）.

上添加了多立克敞廊（fol. 14v）]。[34] 在勃艮第，大约从 1541 年开始，他为安托万·德·克莱蒙特·图内伯爵设计了昂西勒弗朗城堡，这个设计的演变可以通过比较两个版本的第六书中绘图的差异追踪出来（慕尼黑手稿 fol. 16v；哥伦比亚手稿 XVI，Q，16）。[35] 在里昂，他为一个带有商店 / 工坊（ botteghe ）的商人住宅准备了一个设计 [ 描绘在第七书中，而且显然是没有建造（pp. 184-191 ）]，以及一个商人交易所的设计 [ 或者是敞廊，也是绘制于第七书，可能建造完成了（pp. 192-195 ）]。[36] 塞利奥也可能在 1548 年亨利二世胜利入城仪式的设计中承担了部分工作，这是由伊波利托·德·埃斯特组织的；很明显的是，1552 年塞利奥参加了图尔农枢机主教入职仪式的工作。[37] 在这些设计中，只有昂西勒弗朗城堡留存了下来。但是塞利奥的大费拉拉府邸帮助树立了法国住宅建筑的典型类型，它的三翼围合出一个大致方形的院落，前方是一堵矮墙。[38] 此外，因为有陡峭的屋顶，这两个住宅都是如何有效地将古典风格（ all'antica ）与法国人对实用性与结构的渴望结合起来的实践证明。这种文化联姻的图像标志之一，是昂西勒弗朗城堡院落中圆拱下的填充墙，直接受到了伯拉孟特位于梵蒂冈的望楼庭院的影响 [ 塞利奥在第三书（ fol. 117v ）中将这一设计认定为一个范例 ]。

xvi

塞利奥与雇主之间的问题延续到他后期在法国的年月。因为在谈到第六书中所描绘的昂西勒弗朗城堡（仅仅在上层使用了圆柱）时，塞利奥写道，"就在我绘制这个设计之后，[ 雇主 ]……决定从上至下都使用圆柱，实现更大程度的丰富。"（ fol. 16v ）实际上，在第七书中可能是为枫丹白露的舞厅前部敞廊所做的设计中 [ 这个建筑早期内部的设计在传统上被归功于塞利奥，虽然建造是由吉勒·勒·布雷顿（ Gilles le

---

34　关于国王对住宅的称赞，见 Book VI n. 109. 枢机主教的财政官的工作记录中记载了住宅的建造进程：Archivio Estense di Stato, Modena, 'Amministrazione dei principi No. 917, Francia – Maneggio del Mag[nifi]co Tomaso Mosti te[so]rriero'：在 1544 年 7 月 7 日付给石匠 Jehan Richer 五枚金币，他与 Serlio 一同完成了浴室排水设施的拱顶（fol. 171v）；在 1544 年 8 月 14 日再次支付 Richer 薪酬（fol. 172r）；1544 年 12 月 24 日，为 Serlio 在马厩与阁楼、浴室水池的工作支付薪酬（fol. 174v）；1545 年 4 月 27 日，Richer 再次获得薪酬（fol. 178r）. 见 Dinsmoor, W. B., op. cit., pp. 142–143；Frommel, S. [née Kühbacher], op. cit., p. 220.

35　对比见 Dinsmoor, W. B., ibid., pp. 147–150.

36　关于这些设计得到建造的可能性，见 Charvet, L., Sebastiano Serlio, 1475-1554（1869）. pp. 80–89. 也见 Frommel, S. [née Kühbacher], op. cit., pp. 333–336（place des marchands），336–337（Bourse：here unbuilt）.

37　然而，Dinsmoor 质疑 Serlio 在亨利凯旋门建设中的参与程度（op. cit., p. 75 n. 102）. 见 Charvet, L., ibid., pp. 90–92. Charléty, S., Bibliographie Critique de l'histoire de Lyon, 2 vols.（1902）. Frommel, S. [née Kühbacher], op. cit., p. 31.

38　见 Du Colombier, P., 'Le sixième livre retrouvé de Serlio et l'architecture française de la renaissance', Gazette des Beaux-Arts, vol. 12（1934）, pp. 42–59. Gloton, J., 'Le traité de Serlio et son influence en France', in Guillaume, J.（ed.）, op. cit., pp. 407–423. Dinsmoor, W. B., op. cit., pp. 141–150. 此外，Serlio 在 Polisy（Aube）为 Dinteville 完成了一些工作，见 Frommel, S. [née Kühbacher], op. cit., pp. 30–31, 33–39. Frommel 还推测：在 Ippolito's 位于 Fontaine Chaalis 的住所中，Serlio 排布了花园，建造了一个亭子、一座塔以及一个粗石风格的门，见 ibid., pp. 242–246；根据 Serlio 存储于 the Archives Nationales de France（N III, Seine 946, fols. 8r, 9r, 10r–v）中的绘图，Châtelet 附近的 Saint-Eloi des Orfèvres（chapel of the goldsmiths）的平面以及立面下部是他的工作，ibid., pp. 288–301；Serlio 为 Cardinal of Toulon, François de Tournon 工作，参与了 Collège de Tournon（begun in 1548）以及 Chateau de Roussillon 的工程，ibid., pp. 303–318；Serlio 设计了 Auxerre 主教住宅入口处的 Pavillon de l'officialité, 完工于 1551 年，属于 François de Dinteville, ibid., pp. 322–330.

Breton）在 1541 年开启的，并且由德·罗姆在 1548 年完成 ]，塞利奥相当酸楚地写道：
"我——一个居住在那里并且持续地从宽宏大量的弗朗索瓦国王那里获得薪饷，却没
有被征询过一点点意见的人——希望能设计一个敞廊，就按照如果是我被委托设计将
会采用的方式"（p.96）。[39] 塞利奥还为卢浮宫项目准备了一个设计，从 1527 年开始弗
朗索瓦一世就开始考虑它的重建。最终采用的是皮埃尔·莱斯科（Pierre Lescot）的
设计，塞利奥的方案被拒绝，它可能出现在第六书中，作为国王的城市宫殿的范例（fols.
66*v*–73*r*）。[40]

　　伴随着亨利二世在 1547 年继位，在法国兴起一股国家主义的浪潮，在总体上敌
视意大利艺术家。1548 年 4 月，塞利奥的职位被菲利贝尔·德·罗姆所取代。在 1550
年之前的某个时段塞利奥搬去了里昂，有可能是追随伊波利托·德·埃斯特，此人自
1540 年起任这座城市的大主教。里昂是印刷中心，这次迁移也可能是为了出版他著作
中剩下的几部书。就是在这里，斯特拉达在 1550 年的一次访问中发现我们的作者贫困
不堪，因为劳作而筋疲力尽，他购买了塞利奥的手稿以及——在 1553 年的另一次访问
中——他为第七书制备的木刻画。[41] 斯特拉达还购买了另外一本书的手稿（斯特拉达随
后将其标注为"第八书"）[42]，这部书在塞利奥 1537 年的著作规划之外，内容是关于波利
比乌斯所记载的罗马军事营地。这本书并未发表，但是留存下来的手稿中的绘图很显
然是塞利奥为木刻所准备的样板，因为这些绘图相对于描述文字都一致地采用镜像模
式绘制。此外，在里昂时塞利奥于 1551 年出版了一本关于大门设计的书，由让·德·图
尔内印刷（一部手稿复本留存下来）。[43] 这个作品也在塞利奥七部书的规划之外，书的
名字也强调了这一事实，它名为"门的额外之书"（*Extraordinario Libro*）。塞利奥显然
计划出版另一个图集，在 1547 年时他将其描述为"许多不同类型的建筑，已经以大
幅画面的形态准备好了"（Book v fol. 33*v*），但是这个作品并未实现。塞利奥肯定是在
1553 年向斯特拉达售出木刻画之后的某个时间离开了里昂，因为在第七书的介绍信件
中斯特拉达声称塞利奥最后的年月在枫丹白露度过，"终日受到痛风的折磨"，但是看
到自己的梦想已经得到满足，他心中"充满了愉悦。"（sig. a*vr*）

---

39　Vienna MS 比 Book VII 更完整地记载了 Salle de Bal，见附录 2，Project XXXVIII fols. 13*r*–*v*.

40　Columbia MS, LXXI. W. 最早提到 Serlio 所做的卢浮宫设计是在 Claude Perrault 著名的 1673 年 Vitruvius 译
本的前言中 . 见 Book VIn. 644，以及 Dinsmoor, W B.，*op. cit.*, pp. 150–152；但也参见 Rosci, M.，*op. cit.*, p. 83.

41　Rosenfeld, M. N., *On Domestic Architecture*（1996 ed.），p. 6. Frommel [née Kühbacher] 推测 Strada 在 1553
年这次拜访中购买了所有的东西 , *op. cit.*, p. 31.

42　'Castrametation of the Romans'，*c.*1546–1554. Strada 可能指另一个比现存手稿更完整的版本——手稿存
于 Staatsbibliothek, Munich, Codex Icon. 190（considered in more detail below）：带有图像的抄本 , Fiore, F. P.，*op. cit.* 见
Johnson, J. G.，*Sebastimo Serlio's Treatise on Military Architecture*（1985）（facsimile Ph.D., University of California, Los
Angeles, 1984）. 也见 Dinsmoor, W. B.，*op. cit.*, pp. 83–91. Marconi, P.，'L'VIII libro inedito di Sebastiano Serlio, un progetto di
città militare', *Controspazio*, vol. 1（1969），pp. 51–59 and vol. 4–5（1969），pp. 52–59. John Onians 也声称 Serlio 希望以这
个作品形成作品序列中的 'Book VIII'，见 *op. cit.*, pp. 263, 276–280. 也见 Rosenfeld, M N.，*op. cit.*（1978），p. 28.

43　Staats–und Stadtbibliothek, Augsburg, 2° Cod. 496. 见 Carpo, M.，*La maschera e il modello. Teoria architettonica
ed evangelismo nell' 'Extraordinario Libro' di Sebastiano Serlio*（1551）（1993）.

## 塞利奥的个性

塞利奥没有能够成功找到资助的雇主让他有充分的时间来写作：在哥伦比亚手稿第六书的某处他哀叹道，由于他"从来没有找到一个能够将非凡的、值得称颂的项目委托给自己的伟人，我最终决定，如果说不是为了令自己愉悦或者是消磨时间之外的其他原因的话，将我的概念在纸上表现出来，让那些觉得有价值去利用它们的人感到愉悦"（Project XXXVI，27）。在寻求主要建筑委托上的失败，尤其是在威尼斯，以及他在第六书与第七书中记载的与雇主之间的争执，有时会让人们推测塞利奥的个性难以与人相处。[44] 然而德·罗姆在《第一卷》（*Premier tome*）一书中写道："依据我对他的了解，大师塞利奥……是个好人，他宽宏大量，完全出于内心的善良，他将自己看到的、绘制过和测量过的古代建筑都出版发表了。"[45] 与此同时，贾恩卡洛·萨拉切诺（Giancarlo Saraceno）在他 1568–1569 年于威尼斯印刷出版的，为塞利奥的前五本书以及"门的额外之书"一书所做的拉丁译本中回顾到：

> "至于他的相貌，塞利奥并不高，但是有着比例协调和令人愉悦的脸相——尤其是他那总像是微笑着的眼睛，充满活力，炯炯有神，在他的脸庞上闪烁着光芒。至于他的理智天赋以及个人性格，据说他有着敏锐的、多才多艺的、反应迅速的智力，这让他非常渴望学习而且从不满足；在完成工作方面，他非常的，甚至是极度地勤奋。在另一方面，他有时会有'一种缺乏节制的批判语调'，在发言时过于自由，以至于惹怒一些人，或者是引发反感，有时导致对他恶语相向。"[46]

在写给第四书印刷者的信中，弗朗切斯科·马尔科利尼与彼得罗·阿雷蒂诺证实，塞利奥的"虔诚与善良"只有"他对维特鲁威的杰出阐释以及对古迹之美的知识能够与之媲美"（fol. II）。因为没有任何画像留存下来[47]，乔瓦尼·罗马佐（Giovanni Lomazzo）在他的著作《绘画、雕塑与建筑艺术论》（*Trattato dell'Arte della Pittura，Scultura et Architettura*，1584）第六书中为我们提供了塞利奥样貌的简略印象，他并不那么友好地写道，塞利奥"制造的庸俗（dog-butcher）建筑师的数量比他胡子中毛发的数量还多。"[48]

塞利奥个性的某些方面可以通过他的论著本身透露些许，书中通篇所提及的那位"谦逊而精明的建筑师"很大可能体现了他对自己的认知。这种谦虚当然在某种程度上只是修辞，但也真实反映了塞利奥对于自己在那些他所提及的艺术家中的位置有何种认识，尤其是他的老师佩鲁齐。比如，在其中一处他写道：

xviii

44　James Ackerman 这样认为，见 Rosenfeld, M. N., *op. cit.*（1978），p. 9. 关于 Serlio 在法国的失败，见 Frommel, S. [née Kühbacher], *op. cit.*, p. 29.

45　L'Orme, P. de, *Le premier tome de l'architecture*, Paris（1567），fol. 202v.

46　Saraceno, G., dedicatory epistle, *Sebastiani Serlii Boloniensis De Architectura Libri Quinque... A Joanne Carolo Saraceno ex Italica in Latinam linguam nunc primum translati atque conversi*, Venice（1568–1569），fol. ★★2v.

47　见 Dinsmoor, W. B., *op. cit.*, pp. 152–154. 但见 Frommel, S. [née Kühbacher], *op. cit.*, pp. 17, 19. Giovanni Caroto 完成的一个木刻肖像出现在 Torello Sarayna's *De origine et amplitudine civitatis Veronae*, Verona（1540）描绘的是 Sarayna 而不是像有人所声称的 Serlio.

48　Lomazzo, G., *Trattato dell'Arte della Pittura, Scultura et Architettura*, Milan（1584），Book VI, ch. xlvi, p. 407.

　　"知识最为渊博的莱昂纳多·达·芬奇永远不会对他创作的东西感到满意，仅仅将少数几件作品完成到完美的程度。他常常说这里的原因是他的手永远无法达到他智力的高度。对于我自己来说，如果我像他那样做，我将不会发表任何作品，将来也不会，因为说实话，我所做的和写的并不令我自己满意。"

　　塞利奥提供的解释说他的意图是教育，通过这一方式，"施展上帝出于他的善良而赐予我的微小才华，他乐于将其给予我而不是任其在地下腐烂，毫无成果。如果我不能让那些格外好奇地想要知道深入细节或者是任何事物的最根本道理的人感到满意，我至少能让那些一无所知或者是所知甚少的人感到愉快，而这始终是我的意图"（Book II fol. 27*r*）。如果说急性子妨碍了他与资助者的关系，那么同样的倔强对于他成功地完成论著计划起到至关重要的作用。这一在 1537 年拟定的包括了七本书的计划跨越了差不多 20 年时间。

## "因为有七大行星……"：一部著作由七本书构成的概念

　　阿尔伯蒂与菲拉雷特主要是给王公贵族与尊贵的资助者写作，而塞利奥写作的目的则是教育建筑师。同时，阿尔伯蒂用拉丁文写作，塞利奥遵循菲拉雷特，弗朗切斯科·迪·乔治与切萨里阿诺的先例，用意大利文写作，使它对建筑师以及学者都有用处。塞利奥在第四书开头写道，他所阐述的原则并不仅仅提供给"高深的智者"，同样也是为了"非常普通的人"（fol. 126*r*），在第三书他写道"我全部的意图是教育那些对这些方面并不知晓的人以及那些认为我说的东西值得一听的人"（fol. 99*v*）。借此，塞利奥的著作延续阿尔伯蒂的指引，在确立建筑师不同于文艺复兴画家与中世纪石匠头领（威尼斯的 *proto*，法语中的 *maçon*）的角色的道路上迈出决定性的一步。因为他打破了建筑师们在视觉训练以及学习维特鲁威原则等方面对画家工作室的依赖。这是通过发表出版石匠们传说中的一些工艺"秘诀"来实现的，这些秘诀已经被等同于维特鲁威原则：塞利奥在罗马的圈中好友常常因为他们关于维特鲁威的知识而受到称赞，就像塞利奥引用中世纪手工艺传说中所说的，"令他们对这位建筑大师的秘密了如指掌"[Book III fol. CLV（first ed.）]。[49]

　　与阿尔伯蒂的先例一样，塞利奥非常清楚，他培养艺术判断力的任务总是受到学生们天然能力的限制。[50] 在第七书中他写道：

　　"在很多人中间有一个激烈的争论，是否人一出生就拥有被称为'判断

xix

---

49　Serlio 在 Book VI（fol. 1*r*）中批评那些"无法绘图，也就是设计"的人时，可能是在指法国石匠。在 Book VII p. 96 一个模糊的注释中，以类似的方式批评了 Gilles Le Breton，同时在 p. 70 论及枫丹白露的工作时，Serlio 在注释中批评了一个对于有价值的建筑原则一无所知的石匠，见 Rosci, M., *op. cit.*, p. 61. Hart, V., 'From Alberti to Scamozzi', in Hart, V, P. Hicks（eds.）, *op. cit.*（1998）, pp. 1–29; Morresi, M., 'Treatises and the Architecture of Venice in the Fifteenth and Sixteenth Centuries', in *ibid.*, pp. 263–280；也见 vol. 1, Introduction, p. xxvii.

50　关于 Serlio 对建筑判断力的强调，见 Onians, J., *op. cit.*, pp. 264–271. Alberti IX. 10. [p. 315] 中强调了判断的重要性.

力'的卓越品质,或者说它是通过漫长时间内与很多人的谈话与咨询来获得的。对于我自己来说,人们以哪种方式获得这种卓越品质的问题从未解决,因为我认识很多从事高贵艺术的人,有着极高的天分,长时间地、极度艰苦地工作着,然而他们的作品却很少有'判断力'。我还认识其他一些人,很少学习和工作,但他们所做的被认为非常成功,有着深刻的'判断力'。于是,我逐渐倾向于认为,'判断力'确实是通过很长时间,经由大量的交谈与咨询获取的。但我也认为那些从摇篮中就具备这种素质的人有着极大的优势。"(p.120)

因此,即使是出版发表了建筑的总体原则(regole generali,在第四书的题目中称之为"总体原则"),并借此从石匠们的秘密实践操作中解放出来,对于塞利奥来说,建筑实践仍然在根本上是习得的艺术,而不是科学。

维特鲁威的文本并不是为了教学的观点而清晰组织的,阿尔伯蒂则是围绕哲学概念(比如 lineamenta 与 concinnitas)设置文本的秩序,而不是根据柱式或者是不同的建筑类型。[51] 简而言之,此前的作者虽然有着不同哲学的、乌托邦的以及人性化的观点侧重,但是没有一个人回应了一个实践建筑师的实际需求。塞利奥通过他前所未有的模式或者是创作(invenzioni)回应了这些需求,从而将建筑论著的优先考虑从理论转向实践(在这个转向背后的是塞利奥的图像中没有维特鲁威的理想人原型以及最初的棚屋)。从实践方面看来最重要的一点是,每一个创作都是按照比尺仔细绘制的(以尺度量,并且在图像中用点标出)。[52] 同时,与当代惯例相同,同一比例也用于某个模式化设计不同方向的视图,但很多时候这些设计图的目的是填满纸面空白,而不是采用相同比尺而相互对应。只有在第四书(关于柱式)中,范例设计(以及它们的圆柱模度)没有清晰的比例标注(以及任何度量),这种缺失产生的效果是有助于将圆柱从维特鲁威以人体形态为基础的限制中解放出来,帮助人们用巨柱的方式使用它们。[53] 完成这些成比例图像所耗费的精力可以从现存手稿中那些精心绘制的图纸中看出来,这种精确性的重要性体现在塞利奥于第四书中所作出的指责中:"有些人,受到贪婪的驱使,试图用小一些的版式重印[我的书],完全不尊重我图中事物的比例与尺寸"(fol. IIv)。[54]

为未来的建筑师提供一个清晰的教育计划是塞利奥的先驱性理念,这在他 1537 年出版的第一本书(第四书)中已经列出,这一计划通过随后单独出版的一系列书籍实现,

xx

---

51  Alberti 的文本被认为是基于 *firmitas*(II–III), *utilitas*(IV–V)and *venustas*(VI–IX)中的 Vitruvius 三原则建构起来的, 见 Krautheimer, R., 'Alberti and Vitruvius', *Acts of the XXth International Congress for the History of Art, Studies in Western Art II: The Renaissance and Mannerism*( 1963 ), pp. 42–52. 但也参见 Onians, J., *op. cit.*, pp. 151–152. Van Eck, C., 'The Structure of *De re aedificatoria* Reconsidered', *Journal of the Society of Architectural Historians*, vol. 57（1998）, III, pp. 280–297. Choay, F., *op. cit.*, pp. 92–93. Kruft, H.–W., *op. cit.*, pp. 43–44, 51; 也见 vol. 1, Introduction p. xix.

52  就像 Rosenfeld 在 *op. cit.*（1978）, p. 31. 中声称的, 这些比例并不难以与文本相关联.

53  见 Rosenfeld, M. N., 'Sebastiano Serlio's Contributions to the Creation of the Modern Illustrated Architectural Manual', in Thoenes, C.（ed.）, *op. cit.*, p. 105; Carpo, M., *op. cit.*（1993）.

54  见 vol. 1, Appendix 2, p. 469.

这些书随后相继出版，组成一个整体的作品。[55] 需要解释的是组成这一体系的书籍的数量，以及单独一本的编号。塞利奥教导计划的起始是一本配有全面绘图的，关于传统技艺的基础简介，然后是几何与透视（分别是在第一书与第二书中）等绘图原则。再后面是对罗马建筑类型的研究（第三书），以及雕刻原则与五种柱式的使用（第四书）。紧接着的是神圣与世俗（家用）建筑的范例设计方案（分别是第五书与第六书），最后作为结束的是建筑可能遇到的关于规划与装饰的实际问题（第七书）。塞利奥于此采用了一种明确的等级化安排，不仅适用于每一书中的内容，也适用于这一作品体系的整体（从欧几里得的天堂下至实践的"情形"）。这种序列的重要性可以由这一事实来证明，关于柱式的书被命名为第四书，而不是第一书。此外，这一论著的结构也遵循着实际建造的进程，从绘图形式的概念到建造地点的实际"情形"。

塞利奥这一计划的现代性也体现在他拒绝了维特鲁威的十书的组织方式，这一古典的学院式的模式被阿尔伯蒂所复兴（虽然塞利奥延续了弗朗切斯科·迪·乔治的先例，后者修改了手稿，从十书缩减到七书）。[56] 实际上，塞利奥的七步教学计划体现了当时的修辞-记忆术理论，这是由他的朋友，新柏拉图主义哲学家（以及魔术师）朱利奥·卡米洛·德尔米尼奥（Giulio Camillo Delminio）所创立的。[57] 这两个人有同样的博洛尼亚背景，卡米洛（Camillo）在那里有教授教席；当塞利奥 1528 年到达威尼斯时，立下了一份对卡米洛十分有利的遗嘱（尽管卡米洛实际上只比塞利奥小 5 岁）。而且与塞利奥相似，卡米洛同时获得了弗朗索瓦一世与阿方索·德·阿瓦罗的资助。卡米洛的名声来自他首先在威尼斯，而后在巴黎建造的、全木质的、百科全书般的记忆-剧院，这个剧院将维特鲁威的剧院平面与所罗门"智慧之屋"及其七根柱子的理念结合了起来（箴言 9∶1）。[58] 在卡米洛的剧院中，七步台阶中的每一步或每一级上都放置着徽章，最终导向启蒙。这就好像我们将塞利奥的几本书的阅读，当作一个逐渐通过教导获得启示的进程的不同阶段，每一"步"都沿着逻辑秩序前进。此外，卡米洛将他的七步等同于围绕太阳的七大行星。[59] 显然塞利奥对这种新柏拉图主义的数字命理学不会一无所知，他在乔治著名的《备忘录》（Memorandum）上的签名体现了对这位新柏拉图主义者在威尼斯圣弗朗切斯科·德拉·维格那教堂设计中使用数字象征的认同。实际上，

xxi

55 见 Kruft, H.-W., *op. cit.*, pp. 73–79；vol. 1, Introduction, pp. xi–xxxv. 但是 Payne 认为 Serlio 所希望的是一个"开放"序列，各个部分"自然演化"，*op. cit.*, p. 115.

56 见 vol. 1, Introduction, p. xxvi.

57 这一点的论述，见 Camillo's MS *Idea dell'Eloquenza*（*c.* 1530s）. 见 Carpo, M. *op. cit.*（1993）；Carpo, M., 'Ancora su Serlio e Delminio. La teoria architettonica, il metodo e la riforma dell'imitazione', in Thoenes, C.（ed.），*op. cit.*, pp. 111–113. 也见 Tafuri, M., *op. cit.*, pp. 61–62. Olivato, L., 'Per il Serlio a Venezia：Documenti Nuovi e Documenti Rivisitati', *Arte Veneta*, vol. 25（1971），pp. 284–291. Olivato, L., 'Dal Teatro della Memoria al Grande Teatro dell'Architettura：Giulio Camillo Delminio e Sebastiano Serlio', *Bollettino del Centro internazionale di Studi di Architettura A. Palladio*, vol. 21（1979），pp. 233–252. 关于"七步"的比拟，见 Fiore, F. P., *op. cit.*, p. xxxi；Jarrard, A., Review of Carpo's *Metodo ed ordini*（1993），*Journal of the Society of Architectural Historians*, vol. 55（1996），I, pp. 103–105；Fromme!, S. [née Kühbacher], *op. cit.*, p. 25.

58 见 Yates, F., *The Art of Memory*（1966），pp. 129–172.

59 见 Yates, F., *ibid.*

塞利奥将他选择七书这一模式的举动置于同样的宇宙哲学的背景之下，在第七书开篇写给埃尔科莱·德·埃斯特的致辞中他写道："不要为了我用这本书作为起始而疑惑，因为有七大行星，而你有着第四颗，也就是太阳的名字，我认为在您的名字与保护之下，以第四书起始是恰当的。"（fol. III）

塞利奥显然同时在编写自己的几本书，在第四书的简介信件中记载着："其他六书已经规划好，甚至可以说已完成了近半。"8 年后，在 1545 年出版的第二书中所附加的"致读者"里，塞利奥透露说第五书将要印刷了，第六书"已经完成了三分之二，"而第七书的"很大一部分"已经"有决定了"[fol. 74*v*（first ed.）]。虽然这些著作毫无疑问是要被作为一个整体作品来阅读的，没有任何证据表明塞利奥曾经意图要用庞大的一卷本的形式出版它们（他父亲是皮匠，这显然让塞利奥很早就了解书籍装订的实际可能性）。很明确的一点是，用分期出版的方式发表一部建筑著作是很独特的做法。

### "中道永不会被指责……"第六书与第七书中"黄金中点"的概念

在第六书起始，塞利奥解释了维特鲁威的适宜性（*decorum*）原则。该原则要求，各种柱式要体现不同的人类性格，从强健男性的多立克到柔弱女性的科林斯，而且这种装饰系列适用于祭祀特定神祇的不同神庙（Vitr. I.ii.5）。在中世纪，基督教神学家们不断讨论建筑展现的伦理美德。托马斯·阿奎那（Thomas Aquinas，*c*.1225-1274）曾经通过参考亚里士多德的《尼各马可伦理学》（*Nichomachean Ethics*，IV. 2）来定义得体的行为（适宜），他提出要通过丰富与有力的元素来展现"富丽堂皇"。[60] 塞利奥回应了这种观点以及维特鲁威的适宜理念，他写道："国王的宫殿应该超越其他建筑，是最华丽的，有着最丰裕的装饰"（Book VI fol. 66*v*）；他不断强调富有资助者们应该建造华丽建筑的道德责任，这体现在第七书中的一个守财奴的故事里，以及偏离著作主题对"贪婪女士"（p.156）展开的攻击。[61] 为了强调这种责任，塞利奥列举了人类以及艺术品的美所带来的心理与道德益处：

> "绘画应该由有技巧的手来完成，因为就像丑陋粗野的女人会在优秀高贵的灵魂中引起恶心与忧伤，所以丑陋和粗鄙的绘画会在有良好修养的人当中引发反感与厌恶……但与这种情形完全相反的，看到一个美丽、高贵与优雅的女人有着快乐的面容，会让任何看到她的人的心灵转向快乐与幸福之感。看到美丽与绘制精美的绘画会发生同样的事情。观赏者的心中充满愉悦，他们非常高兴，并且作出判断，这个房子的主人是高贵的，有着卓越的判断力。"（维也纳手稿 Book VII fol. 9*v*）

---

60 见 Carpo, M., *op. cit.*（1992），p. 144. Onians, J., *op. cit.*, p. 124.

61 也见 Vienna MS Project XX fols. 6*v*–7*r*（Appendix 2）.Serlio 在其他地方也提到了对建筑宏伟景象的适当展现，比如 Book VI fols. 55*v* and 63a*v* 以及 Book VII Vienna MS Project IX fol. 3*r*.

　　头脑精明的资助者应该建造优秀建筑的道德责任，及其对所有观赏者的心灵所产生的有益效果在这里得到了强调。塞利奥延续亚里士多德的方式，通过华丽与优美这两个概念加以阐述。

　　然而，在第七书中塞利奥发展了维特鲁威的适宜性原则来涵盖一系列完整的，有着道德韵味的装饰品质，其中有积极的也有消极的。在"以某种插曲的方式"（"跑题"的修辞性说法）讨论他所称的"一些建筑术语"时，塞利奥注明，他希望解释"两种建筑之间的区别，一种是'坚固'、'简单'、'光滑'、'甜美'与'柔软'，而另一种是'虚弱'、'脆弱'、'细腻'、'做作'与'粗糙'的，实际上是'黑暗'与'含混'的"（p. 120）。[62] 随后是这两组建筑的几个例子（使用了多立克、爱奥尼、科林斯与混合柱式）。通过这五对相反的例子，塞利奥讨论并试图表达新柏拉图主义寓意表达中所常见的形而上学与道德冲突（黑暗对立于光明）。他观察到，"有的东西使用浅浮雕塑造，颜色'昏暗'，却有着相反的'光亮'的品质"（p.126）。此外，塞利奥暗示了在单一建筑作品中体现相互对立矛盾的品质的道德可取性，这是贯穿他后期作品中一条基本的，却饱受误解的风格原则。

　　与这段跑题论述相似的二元装饰品质也构成了"门的额外之书"的结构，在里面第一部分的粗鲁形式与第二部分优雅正统的形式形成了对比。那些"卑劣的"、"随意的"、"非正统的"、"邪恶的"以及"放任的"（非维特鲁威的）形式对比于"精致的"（维特鲁威式的）范例。塞利奥高度道德化的词句在这里突出了此前只是略有提及的，建筑装饰与道德之间的关系（不管是美德还是罪恶）。在第三书中，塞利奥谈到了维特鲁威原则的神圣本质，与此相对立的是"建筑异端"（fol. 69v）。在塞利奥的粗石风格的大门设计中，有时会加入一些精致的元素，来创造一种适中的效果，同时在一个大门的装饰设计中展现一系列的道德内容。[63] 在其中一个粗石风格大门（XXVIII）的设计中，塞利奥将人像/装饰的过度与夸张（bizzaria）对比于谨慎与克制（modestia），他论述道"如果不是有一些人大胆的创造，另一些人的谨慎适中就不会被认识到"（fol. 16v）。回看塞利奥的书，单一的设计常常将对立的品质联合在一起，比如哥特对比于古典（住宅），粗糙对比于优雅（门），片段化、过度生长的对比于精美（塔司干作品），自然对比于艺术（塔司干门），"被面具掩饰的"对比于面目清晰的（门），以及善变的对比于自由放任的（门与壁炉）。[64] 在原型形式上（庙宇立面，壁炉、门、柱……）这些对立元素清晰地并存和表现，可以被视为聚合在一起，调和了人类体验中相互冲突的情感与美德（比如谦逊与优雅对比于大胆与放任），从而使观赏者受益。于是，对于一个设计自由的多立克门，塞利奥观察到："有时一种混合……的多样性相比于一种单一性质 xxiii

---

　　62　也见 Book VII, pp. 122–127. 见 Onians, J., *op. cit.*, pp. 266–271；Payne, A., *op. cit.*, pp. 136–138, 以及关于道德哲学的"适宜性"（decorum），p. 140.

　　63　比如就像粗石门 VIII（fol. 6v），或者是 Book VII（p. 80）中的老虎窗，它是"粗陋"作品与典雅作品的混杂.

　　64　见 Panofsky, E., *Early Netherlandish Painting*, 2 vols.（1953），pp. 132–148. 通常，这些绘画将哥特建筑与圣母以及经院哲学的基督教复兴相关联，与象征基督教的犹太——异教起源的罗马风建筑对比，也见 Onians, J., *op. cit.*, pp. 113–119, 126–129；Payne, A., *op. cit.*, pp. 129–130.

[*natura*] 的纯粹简单性更令观赏者感到愉悦。"（Book IV fol. 146*v*）

早期人文主义者所喜爱的对话形式（不管是律师、作家还是艺术家）平等地创造出一种组合，同时阐述并调和相互对立的观点，与它们在同一作品中的同时存在的情况相符。修辞理论强调两种对立的风格，一种清晰，另一种含混。[65] 在修辞记忆法传统中（就像塞利奥的朋友卡米洛所使用的），强烈的视觉元素被道德化为美丽或丑恶的形象，通常并置在一起来传达美德与罪恶的内容，同时作为"有形刺激"服务于进入天堂或躲避地狱的精神意图。[66] 阿尔伯蒂《晚餐谈话》（*Intercenales*，约 1432–1450 年）手稿中的图像与箴言画（*imprese*）就类似于这种记忆法图像，容纳了冲突并且将强烈的对立结合在一起。[67] 阿尔伯蒂在《论绘画》（*De pictura*）当中讨论了使用对立图像来传达道德讯息的事情，他追随卢西安（Lucian），称赞了阿佩莱斯（Apelles）所描绘的谣言（Calumny，III. 53 [p.88]）。这幅画（一幅历史场景画）将体现罪恶的丑恶形象与美德的纯洁呈现结合在一起。因此，在描绘冲突的装饰品质（Book VII）以及"随意"但是"精细"的各种门时，塞利奥声称建筑师具有模仿阿尔伯蒂所论画家的能力：因为两者都寻求在同一作品中表现（并且调和）相互冲突的强烈道德倾向和人类情感。比如，基于维特鲁威的适宜性理念，塞利奥的第八书中讨论的"第十门"（*porta decumana*）是"科林斯式的作品混合了粗石风格，由此形象性地展现了饶恕人时图拉真皇帝的和善与宽厚的精神，以及惩罚人时的力量与严酷"（fol. 17*r*）。[68] 这个作品因此类似于史诗历史画，但使用石头而非绘画来体现。

用差不多同样的方式，塞利奥利用了装饰性的对立，他同时接受偏离经典比例的有限变异。他频繁地提及弗兰基诺·加富里奥（Franchino Gaffurio）的理念"和谐的不一致"，在第七书一个例子中他解释道：

> "窗户以不均匀的距离来划分，因为需要适应既存的条件，但是这种划分是一种和谐的不一致，就像在音乐中同样发生的一样。就像女高音、男低音、男高音以及女低音组成了和谐的整体，它们的噪音相互之间看起来都是不协调的，但是其中一种噪音的深度，另一种的高度，还有男高音的调剂，以及女低音的介入，再配合上作曲家的杰出技艺，在整体上使和谐的音乐令倾听者的耳朵感到愉悦，因此在建筑中也有和谐的不一致，只要一直保持均衡。"（p.168）[69]

这里，整体的和谐又一次是通过对立品质的结合来实现的。这种和谐，就像音乐

---

65  见 Onians, J., *ibid.*, p. 269.

66  Yates, F., *op. cit.*, pp. 93–113.

67  Alberti, L. B., *Intercenales*: translated as *Dinner Pieces*, trans. D. Marsh（1987）; 'Paintings', pp. 54–57, 'Rings' [*Anuli*], pp. 210–217.

68  见 Onians, J., *op. cit.*, p. 277.

69  Serlio 的和谐的不一致的理念回应了 Gaffurio 著名的引言 'Harmonia est discordia Concors'（和谐是不一致的协调），proclaimed in his 1508 *Angelicum ac divinum opus*（重新用于 1518 年出版的 *De harmonia musicorum irstrumentorum*）. 见 Alberti's *On the Art of Building*, trans. J. Rykwert, et al.（1988）, I.9. [p. 24]. 也见 Serlio's Book V, fol. 21 1v, Book VI Munich MS fol. 74*r*（'discordant concord'）, Columbia MS Project XLI, 29（Appendix 1）, and Book VII, pp. 122, 232.

一样，很显然能够作为一种潜在的象征，作用于当时的国家与城邦之间的冲突，这种冲突影响了塞利奥自己，他也在第六书起始提到了它。这种统一体（定义了一种和谐，或者是"中道"）尤其能在第六书中那些拥有法国与意大利建筑源泉的住房类型中看到。

"黄金中道"（Golden Mean）是一种斯多葛主义理想，能够在霍拉斯（Horace）与塞内加（Seneca）的作品以及伊壁鸠鲁伦理学中看到；亚里士多德在强调人类判断（塞利奥全力称赞这一因素）时也强调了选择"中道"的智慧。这种选择也被塞利奥所赞赏。在谈论第六书中一个坡屋顶时他写道"我选择了每个人都必须选择的道路，那就是，中间道路"（fol. 58v）——这里是在法国与意大利实践方式之间——在第七书中讨论装饰性极端做法时他观察到"总结来说，'简单'但是有着很好考虑的元素总是比那些'含混'以及'做作'东西更值得赞美。在另一方面，中道永远都不会被批评"（p. 126）。为了强化在装饰中选择中道的伦理美德，塞利奥继续对比两个徽章式的形象：

"举例说，一个美丽的容貌姣好的女人，她的美丽之外还被装饰了奢华——威严而非挑逗——的服饰，她的前额有漂亮的珠宝，耳朵上有两个漂亮昂贵的挂件……然而，如果她的鬓角、脸颊，以及其他部位的周围放置了过多珠宝，那么请告诉我，她不会变得怪异吗？是的，毫无疑问。但如果一个美丽和比例优美的女人，在她的美之外，按照第一种方式来给予修饰，她将总是被有'判断力'的人所称赞。"（p.126）

塞利奥所描绘的高度放任（甚至"古怪"）的门并不一定与这种对装饰克制的呼唤，以及他早前的维特鲁威主义相矛盾，因为"中道"的决定有赖于"明智"的建筑师首先根据背景条件定义装饰的限度，在门的设计上就是在精细与粗糙石饰风格的粗糙之间。

塞利奥对装饰克制的呼吁回应了加尔文（Calvin）在他的《基督教要义》（*Christianae religionis Institutio*）（Basle，1536 年）一书中所倡导的中间道路。[70] 实际上加尔文主义者对奢侈展示的厌恶很可能限制了 16 世纪有更多装饰的柱式的使用，而且在绝大多数情况下反对"放任"的展示与"过剩"。因为这种道德要求很明确地否定了任何对于极端状况的开放展示，从而定义"中道"，缓和了通过过度装饰来体现华丽的冲动，而不是通过已然确立的"适当"（适宜）的概念来实现。这种清教徒倾向的一个可能的例证是，即使是塞利奥为伊波利托·德·埃斯特所设计的大费拉拉府邸，尽管是枢机主教的住宅，从哥伦比亚手稿上的图像看来，这座建筑也没有使用柱式，而且最初在枢机主教出于谦逊的要求下甚至从第六书中删去了这个方案，因为"他想要所提及的这个住宅满足他日常使用，而不是成为一个大宅邸"（fol. 14v）。[71] 塞利奥自己在意大利的圈子中涵盖了支持宗教改革精神（福音派）的人，随着新教的兴起，这种精神在教皇的罗马之外（尤其是博洛尼亚）蓬勃发展，这些人喜爱使用本土语言并且追寻知识的普遍体系，其中有阿希尔·博基（Achille Bocchi）、亚历山德罗·齐托里尼（Alessandro

xxv

---

70　Gasparo Contanni 的 *De Officio Episcopi*（1516）警告说对奢侈的展现不适合于由教会人士所委托的工程中关于加尔文主义对 Serlio 的影响，见 Carpo, M., *op. cit.*（1992）. 也见 Fiore, F. P., *op. cit.*, p. xxii, 更近一些的是 Randall, C., *Building Codes: The Aesthetics of Calvinism in Early Modern Europe*（1999）.

71　在 Columbia MS 中省略了；关于这一点见 Dinsmoor, W B., *op. cit.*, pp. 122, 143. 也见 Book VI n. 107.

Citolini）以及朱利奥·卡米洛：他在法国的圈子中包含他的福音派资助人纳瓦拉的玛格丽特（Marguerite），以及他"非凡著作"的里昂出版商，著名新教徒让·德·图尔内。[72] 塞利奥的虔诚被阿雷蒂诺记载了下来，也可以由他在第五本书中论证奉献给纳瓦拉的玛格丽特的庙宇时所使用的（福音派）术语来证明。[73]

相比于其他社会阶层，商人阶层更强烈地体现出在财富意义上，（用塞利奥的话来说）在非常贫穷与非常"富裕"之间保持"公正的中道"。于是，在第六书中，他在农民（乡村）以及手工艺者的简单住宅与绅士住宅、高层（城市）官员、亲王、国王的华丽宫殿之间设置商人住宅系列时，塞利奥的目的被视为沿着加尔文主义关于展现财富的教条，建立一种"温和的古典主义"。[74] 在实践中，这一目的既不强求完全没有古典风格柱式主题（檐口、山墙……）的立面，也不强求另一种极端，使用更为装饰性的圆柱（科林斯或混合柱式），甚至更坏的，以混杂与滥用的方式随意使用各种柱式。当然，我们已经看到塞利奥更为放任的门的设计里带有的某种道德谴责，作为没有功能限制的可以任意设计的元素，它们或许欢迎更为趣味性的形式。[75] 此外，塞利奥的贵族住宅毫无意外的是意大利式的，有着古典风格装饰，而最贫困的住宅被描绘为没有装饰或风格变化，人们注意到每一个商人住宅都用两种方式呈现出来，一种是有限装饰的意大利式设计，而另一种法国风格的版本里面去除了圆柱（无柱设计）与装饰细节。塞利奥甚至关注到（在哥伦比亚手稿中有，但是在慕尼黑版本中省略了），本地（哥特）实践应该学习古代的适宜性，应该注意到他的住宅"能够适用于任何国家，通过使用符合该国家习俗的装饰"（Project XLVIII, F）。

这种苛求可以被视为一种明显的尝试，使本质上的天主教（甚至反宗教改革）设计语言，就像柱式所代表的，能够与本地的新教（加尔文主义）格调与情感相适合；在这里塞利奥作为例证选择了最为普遍的"类型"——中产阶级住宅。

在第六书中的各种住宅模式中塞利奥均使用了装饰——尤其是使用不同的柱式来体现装饰使用的不同程度——来表现社会地位，范围从简单棚屋在装饰上的贫乏到宫殿立面的华丽装饰。然而，为了将人们对实用的现代期待与古典的适宜理念，以及当地习俗和感触与普遍原则相协调，塞利奥般的"谦逊建筑师"被明确地要求要柔化这种古典风格装饰，使之适于中产阶级商人住宅。这种要求不仅决定了在某些地点采用传统的（法国）住宅形式，包括使用非维特鲁威式的山墙，大面积窗户以及没有门廊的平整立面，也导致了对道德（加尔文主义）考虑的敏感性，比如要求避免展示财富与奢侈。这种敏感性与塞利奥对"中道"的钟爱完全一致，在其他更为随意的建筑类型与条件下，这种倾向体现在如画家般使用装饰性的冲突元素之上。

---

72　见 Tafuri, M., *op. cit.*, pp. 62–70; 'Ipotesi sulla religiosità di Sebastiano Serlio', in Thoenes, C. ( ed. ), *op. cit.*, pp. 57–66; Carpo, M., *op. cit.*（1992），p. 137.

73　通过引用了新教信仰的一处信条，哥林多书 6:16：Serlio 写道"虽然真正的庙宇是虔诚基督徒的心，我们的救世主耶稣基督就活在那里（神圣的保罗，见证了他挑选的处所，所有的圣徒是我们神圣宗教的传道者），但物质的庙宇仍然是需要的，它们用于神圣的信仰，因为它们被排布得象征上帝的住宅."

74　见 Carpo, M., *op. cit.*（1992），pp. 148–149.

75　见 *ibid.*, p. 149.

### "对于建筑师来说少有甚至根本没有重要性的事……"：第六书中理想社会以及住宅"创新"的概念

　　塞利奥第六书的主要部分是围绕着当时以国王为中心的社会类型等级来建构的。他频繁地称赞法国国王，关于弗朗索瓦一世他写道："他的宽宏大量、智慧与力量可以从陛下在他美好的王国中设置的各种建筑中体现出来。"（fol. 66*v*）但是这本书无论是在乡村还是城市的工程方案中，都没有尝试和谐地容纳任何拥护王权"理想"社会的内容，就像这种称赞原本所提示的那样。当然，中世纪画家比如安布罗奇奥·洛伦泽蒂（Ambrogio Lorenzetti）已经尝试过表现理想（或者是腐败）城市与乡村政府（在1338—1339年间）的图像，在文艺复兴建筑理论家当中也有着足够健康强盛的乌托邦设想传统。但是当阿尔伯蒂已经给出了城市理想布局 [v. 4（pp. 122–124）] 的建议时，塞利奥在第六书中并没有包括这种讨论。当"乌托邦"先驱菲拉雷特也绘制了一个理想城市布局的图像（称作 Sforzinda）时，塞利奥没有提出任何总体规划。只是在第八书中有古代卡多 - 德库马努斯（*cardo-decumanus*）风格军事城市的图像，追随着尼可罗·马基雅维利（Niccolò Machiavelli）于1521年出版的罗马军营以及阿尔布雷赫特·丢勒于1527年出版的理想城市的设计。[76] 当弗朗切斯科·迪·乔治绘制了一个人的形象作为一个城墙环绕城市的理想轮廓，塞利奥也没有类似拟人的图像。而当托马斯·莫尔（Thomas More）的《乌托邦》在1516年出版时，强调了城墙围绕的乌托邦城市（称为 Aircastle）的统一性，这通过规范化的三层楼立面与集体拥有权来实现。塞利奥却体现了居住建筑形式、财富以及私人产权的多样性。在图画中，塞利奥的住宅通过边界上的门、墙体，以及有时会出现的壕沟来清晰定义。

　　由此他强调了现存的社会分级。即使是塞利奥在第二书中著名的舞台设计，虽然常常被人们与乌尔比诺"理想城市"的绘画相关联，但是在建筑类型也并不是最理想的。喜剧场景中的私人住宅中包含有一所妓院与旅店，而场景焦点处的庙宇则处于衰败状态中。悲剧场景中的高贵人士住宅延续了古代习俗，形成一个适应于"暴力和阴森死亡"的背景，而讽刺剧场景中的乡村棚屋则适用于一个有着"放任品格"的人。

　　此外，尽管塞利奥可能抱有一些福音教派的偏向，并且曾简要提到了教皇统治的派性特征，他的文字并没有明显的政治、宗教或者是道德立场。在一段描述了暴君行为的文字之后，他总结道："但为什么我要谈论这些对于建筑少有甚至根本没有重要性的事"（fol. 27*v*）。考虑到当时的乌托邦主义倾向，也是塞利奥作为建筑论文的作者所接受的遗产，他对政治理论相关性的拒绝需要一些解释。

　　我们可以从一个总体观察开始，塞利奥第六书中所描绘的建筑范例全都是世俗建筑，忽略了教士的个人住宅以及集体性的修道院，作为结果，它们避免了任何宗派性的指责

xxvii

---

　　76　见 Giordano, L., 'On Filarete's *Libro architettonico*', in Hart, V., P. Hicks（eds.）, *op. cit.*（1998）, pp. 51–65. 关于 Machiavelli 与 Dürer 的平面，见下面.

（实际上，他自己的作品同时获得了天主教与福音教派同情者的资助）。[77] 因此，塞利奥的书受到了他的意大利朋友对一种普遍（或者说非宗派的）知识体系的改革性需求的影响。这一点尤其体现在书中对卡米洛著名的记忆系统图像的使用上，它们展现了一种走向宗教与政治融为一体的新柏拉图主义野心。在普遍性的诉求上，塞利奥在第六书中的绘图远比卡米洛的更偏向实际效用（非乌托邦的）。塞利奥绘画的等级化排布仅仅是在教学方法这一方面接近于卡米洛的回忆"剧院"中容易让人记住的几个等级。

我们观察到塞利奥的民用建筑范例在特征上更为接近王权体系而不是共和体系，这与他写作第六书时所获的法国资助的性质相符。然而，这些范例的普遍适用性进一步通过一个事实得到强调，他的城市方案中含混地包含了一个行政官（*podestà*）以及一个代表了陌生统治者的官员的宫殿。同样在这里，没有任何特定的关于街道、广场理想布局的建议，或者是这些公共建筑所服务以及帮助建构的城市的规划建议。手工业者与商人的城市住宅当然可以成行建造，这一事实体现在图画中潜在的空白隔墙之上[78]，因此它们适于有建造者合伙或者是一个富有的开发商来建造。[79] 然而，塞利奥第六书中更为高贵的，提供给富有商人、绅士、亲王以及国王的住宅被描绘以及描述为独特的、独自站立的建筑，有清晰的边界给予定义，在建筑的各面都有窗户。[80] 在他的论著中塞利奥唯一的相互关联的设计是第八书中的"理想"罗马军营，而形成强烈对比的是，这一设计完全与当时的城市现实以及对使用的期待无关。第六书中的各种方案，绝大多数适用于现有城市中拥有足够尺度各种可用地点，而不是要形成任何新的、连续的城市肌理。城市雇佣兵首领（*condottiero*）住宅虽然属于有一定层次的绅士，但是要修建在"最贫穷的民众以及有一定阶层的农民的住宅之中"（fol. 57*v*）。这一建议强调了在第六书中清晰排布的社会等级与欧洲城市混杂状态之间的融合，对于后者这本书并不试图进行改革，而是在这一条件之中产生作用。

这种现实主义延伸到塞利奥对当代社会类型的处理上。此前的评论者掩盖了这些类型之间的冲突本质。[81] 在第六书中塞利奥对待当代社会组织问题以及建筑师可能遇到的多样化政治体系——无论是王权的、共和的、教皇统治的还是集体性的——采用了一种实用性的策略。他自己在博洛尼亚体验了枢机主教莱盖特（Legate）压迫性的统治，在本蒂沃利（Bentivogli）1506 年去世后，这里归属于教皇朱利亚斯二世（Julius II）治下。[82]

xxviii

---

77　见 Frommel, S. [née Kühbacher], *op. cit.*, p. 18.

78　在 Columbia MS 中的城市中的方案 'E' 和方案 'F'（Munich MS Projects V 与 VI），Serlio 提到，使用他的设计"你可以建造一长条街道的住宅，都是统一模一样的。"

79　实际上，在 Columbia MS, Serlio 提到"一个富有的人可以建造很多建筑用于出租"（XLVIII.B）.

80　雇佣兵首领（*condottiero*）的住宅是"独处的"（fol. 57*v*）而行政官（*podestà*）是"独自站立的"（fol. 59*v*）.

81　Rosenfeld 将这些类型调和在一起，仿佛是将它们呈现为组成了一个类似于威尼斯的"融合的"共和国或者是王权体制；她误解了雇佣兵首领的派系本质，将他译为队长（*capitano*），并且将他置于管理城市的军力，抵御外部敌人攻击的位置之上（而不是像 Serlio 所说的，对抗王族自身）；外来统治者甚至被等同于路易十一所创立的巴黎总督（Governor of Paris），见 *op. cit.*（1978）. pp. 42, 47, 58.

82　关于 Serlio 与 Bologna 的项目相关的行政官邸设计，见 Tuttle, R., *op. cit.* 关于这个设计以及教宗治下的 Bologna，见 Moos, S. von, 'The Palace as a Fortress: Rome and Bologna under Pope Julius II', in Millon, H., L. Nochlin(eds.), *Art and Architecture in the Service of Politics*（1978）, pp. 57–65.

这可能导致他作出这样的评论，"相比于行政官，尤其在我出生的地区，统治者对正义的管辖更为严苛 [ 在哥伦比亚手稿中是 '暴力' ]，有时候，通过这种管辖，他们使一些人激怒进而导致武装暴动"（fol. 61*v*）。尽管如此，在城市范例中，塞利奥为建筑师提供了一种加强防御的住宅，适于臣服于外部统治者的官员，等同于乡村范例中的暴力专横的亲王。塞利奥还曾经亲身体验了切萨雷·博尔贾（Cesare Borgia）在罗马尼地区的暴政，而且与佛罗伦萨的马基雅维利一样，他认同政府不可能建立在民众的美好意愿之上。在谈到对亲王最好的防护时，他的言论回应了阿尔伯蒂与马基雅维利：

> "一个高贵的亲王如果思想自由、公正，对他的臣民宽容，并且敬畏上帝，那么他不需要防御设施；臣民的心与头脑就是他的保护以及不可摧毁的堡垒。在乌尔比诺大公弗朗切斯科·马里亚（Francesco Maria）身边我看到了这一切。他被逐出了自己的城邦，乌尔比诺的城墙也被摧毁，使得他即使归来也无法安全地居住在那里。然而，是上帝的意愿，他通过武力夺回了城邦，并且安睡在没有城墙保护的乌尔比诺，被他的臣民护卫着。但另一面，如果是一个残暴、贪婪的暴君，偷窃他人的物品，强暴处女、妻子以及寡妇，掠夺他的臣属，那么世上所有的堡垒都无法保护他。但是苍天在上，今天，有的人虽然统治的区域很小，却完全与暴君一样。尽管如此，由于我必须讨论所有阶层的，要在城市外建造住宅的人的居住设施，那么现在，我必须讨论暴君般亲王的住宅。"（fol. 27*v*）

由此，冲突的理念被植入了第六书的概念中，体现在为雇佣兵首领以及专制者设计的住宅上，它们体现了佩鲁齐所做类似设计的影响。[83] 雇佣兵首领与专制者均动摇了王权的统治，阿尔伯蒂与后期的马基雅维利都强调了这一点，塞利奥在解释雇佣兵首领的住宅应该位于城市中较为贫穷的区域中时，他写道"应该远离宫殿，当他做出任何不服从的举动时，宫廷就不能轻易地攻击房屋的业主"（fol. 57*v*）。在第六书中包括了这两种派性强烈的类型，戏剧性地强调了这一论著作为一个整体体现出来的政治性冲突以及缺乏理想主义的特征。在城市方案中，紧随雇佣兵首领独立的粗石砌筑的防御建筑之后的，是开放敞廊、商店、楼梯、公共法庭的钟塔，这就是行政官的范例。 xxix

　　塞利奥在考虑防御性的需求以及设计上的实用主义时与早前的建筑理论家对比鲜明。尽管阿尔伯蒂在他的论著中也包含了独裁者住宅与城堡，但是最终的保护性力量被赋予美：因为"有其他什么人类艺术能充分的保护一个建筑，使其能在人的攻击中幸存？美甚至能影响一个敌人，抑制他的愤怒，防止作品被侵害"[VI. 2（p.156）]。前面已经提到，弗朗切斯科·迪·乔治将他的军事防御设计与维特鲁威的拟人论相联系，唤起微观世界与宏观世界之间的和谐共鸣，而菲拉雷特在他的乌托邦中所描绘的住宅类型里毫不奇怪地忽略了独裁者的城堡。与此对比，塞利奥在第七书中描绘了防御性城市的典范性城门，它们的设计，以及它被包括在一个建筑师可能遇到的常规"情形"

---

83　Serlio 的五边形范例被认为是体现了 Peruzzi 为 Palazzo Farnese di Caprarola 所做的设计，这个设计最终由 Vignola 所实现，见 Rosci, M., *op. cit.*. pp. 74–75；Fiore, F. P., *op. cit.*, p. 98 n. 1.

之中的状况，都被他以实际的理由来加以论证。因为他悲叹道："基督教最重要的领导，本应保持自身的平和，实际上却持续地引发和激化新的战争"（p.88）。

塞利奥的建筑师并不被指望去转变贫穷与人们的冲突，就像在更早之前的理论论述中体现的那样，而是要在当代的环境中实践，并且对广泛的各种社会团体的需求作出回应。塞利奥在第六书中的绘图构成了一个总体的欧洲社会的图解，例外的是神父被排除在外，我们此前提到过，这是为了避免宗派主义。塞利奥第一次有礼貌地包括了"贫困农民最简陋的小屋"，却没有为农民住宅的适用性提供任何实质上的提升。他承认，但也选择忽视，"穷困乞丐的卑微棚屋"，并且给出定义，最贫穷的农民作为"依赖自己的劳动生存的穷人，应有着自己少量的家居器具，一小片土地以及至少一间房屋睡觉"（fol. 1v）。[84] 因此，尽管地位是"农民"，塞利奥的小业主也拥有农畜与土地，自给自足，无须依赖封建领主来得到茅屋或庇护——这一文本强调，他的农人住宅尤其容易遭受被路过的士兵霸占的侵害。塞利奥的农民要自行支付住宅的建造，要么是通过建筑师的服务，要么是直接根据第六书得来，塞利奥多少并不明确地提及了这一点。[85] 在他对低阶层乡村住宅的描述中，塞利奥并未提及当时在欧洲普遍存在的封建或较高阶层人士的物业拥有模式。而是像他的绘图所强调的，这些住宅在物质与经济上都与其他建筑相独立，更为重要的是，与此后所描绘的贵族乡村住宅相独立（它们有自己维护的工人）。在第六书的绘图中，通过物业大小以及装饰程度来体现个人地位，都受到自由市场或者是社会层级变化方式的约束，而不是受控于理想的中央主控的经济或者是封建领主、社群或商业土地主的司法权力。后一种类型的住宅中一个典型的范例是位于奥格斯堡的弗格（Fugger）住宅，它是由弗格家族于 1543 年左右为工人们修建的。塞利奥的独立乡村住宅方案与它们的城市同类一样，并不组成任何"理想"社区，也没有受到法国封建与商业传统，或者是里昂与威尼斯慈善住宅等范例的影响，虽然人们以前这样认为。[86] 相反，它们再一次体现为非具体的，总体性的设计，能完美地适用于当时的产权模式——无论是集体的、封建还是自由保有的。因此，就像塞利奥又一次鼓吹的，这些乡村住宅"能够用于每一个乡村"（fol. 3v）。

在这里，塞利奥的目的同样是给予建筑师适用的范例以及"总体法则"，一方面避免乌托邦式的指令，另一方面避免过于概括。实际上，第六书明确阐明，在决定一个设计时，环境与"总体法则"同样重要，因为塞利奥的建筑师要同时接受业主具备的资源以及场地的物理性质。为了证明这一观点，塞利奥提及了先民，他们"依靠所处地区"，"使用他们认为最适当的材料"（fol. 1r）。环境甚至能塑造装饰，直到放任的程

---

84　Serlio 的例子参照的是这一时期意大利的，而非法国的农民住宅，见 Forster, K. W., 'Back to the Farm. Vernacular Architecture and the Development of the Renaissance Villa', *Architectura*, vol. 4（1974），pp. 1–12.

85　James Ackerman 承认这个事实，但是并不是把它当作表面事实来接受，而是强加上一个匿名的地主 [ 见 Rosenfeld, M. N., *op. cit.*（1978），p. 12].

86　但是 Serlio 为乡村穷人所涉及的住宅，被等同于 1528 年为威尼斯参议员所建造的住宅，见 Rosenfeld, M. N., *op. cit.*（1978），p. 43. 关于法国的逆封建化以及近期商人对土地的占有情况，见 *ibid.*, p. 48. 关于 Lyons 的慈善住宅，见 *ibid.*, pp. 48–49.

度。这一点在塞利奥讨论手法主义风格大门设计的"额外之书"中尤为明显,他解释道,这是由"我当下居住的国家"所决定的(fol. 2*r*)。就像我们已经看到的,通过这种方式,在装饰或风格选择上所渴求的"中道"不能被任何抽象理念支配,而是被特殊环境的习俗所定义,它被留给建筑师至关重要的判读来决定。至于经典比例的视觉修正,环境的变量使得绝对变成相对。虽然他的乡村以及城市范例中更大的方案被描绘在一个理想的环境中,没有边界的限制,位于平整的长方形场地之上,塞利奥认为这些总体范例能够完全适用于实际所遇到的物理与风格条件。他在第六书中描绘的商人住宅中也纳入了"巴黎风格"的各种变形也强调了这一点。

当然,这种顺应环境的需求贯穿了塞利奥自己的生活中,伴随着他不断迁移,首先是在罗马陷落之后离开,然后是因为缺乏资助离开威尼斯,最后因为失去宫廷任命离开巴黎与枫丹白露。塞利奥的绘图记录了这种适应。出版于威尼斯的第四书中的木刻画包括了威尼斯窗与府邸立面,而第六书则鲜明地展现了法国风格的范例。此外,他在威尼斯的作品含蓄地赞美了威尼斯共和国的成就(尽管主要是由贵族管理的),他在法国的作品显然体现了对法国社会王权体制的信仰。这一点在塞利奥建成的两个住宅中体现得尤为明显。根据他的威尼斯版权申请,第四书是为了"这一著名城邦的荣誉"而出版,它的第一版实际上被献给费拉拉的埃尔科莱·德·埃斯特。第二版是献给阿方索·德·阿 <sub>xxxi</sub> 瓦罗的,在 1540 年出版,同年第三书也出版了,被献给弗朗索瓦一世。具有讽刺意味的是,我们此前提到过,德·阿瓦罗是神圣罗马帝国皇帝——查理五世派驻意大利的副帅(Lieutenant General),而查理五世是塞利奥严词抨击的意大利战争中法国国王的主要对手。在同一年中,两个敌对的王权被塞利奥公开培育成自己的资助者。甚至是第六书中为国王准备的宫殿范例看起来都是根据当时的情况而添加的,而不是依据任何抽象的理念;他在前言(慕尼黑)中定义书的范畴为从农民到亲王,然后又几乎是弥补性地添加了这段话"我也将要讨论皇家住宅,因为我服务于最高的基督教国王,亨利"(fol. 1*r*)。实际上,塞利奥于 1537 年仍然在威尼斯共和国时所撰写的第四书的简介里,描述了他想完成的书籍,其中所预告的第六书的家用建筑范例到亲王住宅就截止了。

然而,就像我们看到的,塞利奥并不是一个没有理想的理论家。当描述他的公共建筑与大型住宅建筑时,他常常强调罗马的宏大("灵魂的伟大")与适宜,以及清教徒式(加尔文主义)克制的文化与伦理美德。但是这些理念在建筑作品中的体现并不被期望于导向任何社会改革。如果要在塞利奥的作品中找到一个乌托邦,那就是他为图拉真麾下自足式罗马执政官军队营地所做的设计,他承认,这是一个建筑幻想,与他自己的时代几乎没有联系。同样的,前面提到过的图拉真皇帝的"仁慈"同时也"严厉",显然为塞利奥提供了一个业已失去的强大领袖的古代典范,就像马基雅维利的理想亲王,塞利奥认为在他青年时代的意大利极度缺少这样的亲王。在第六书压倒性的实用范例中,这样的考古式理想主义被限制在总结性的宏大宫殿平面中,尤其是基于圆形剧场的方案(fol. 42*v*)。[87] 但是,这些平面被辩解为理论训练,用于启发建筑师,更主

---

87 关于考古特征,见 Rosci, M., *op. cit.*, p. 82.

要的是推动弗朗索瓦一世去建造，并且可能是委托塞利奥他自己去完成。这本书的起始展现了塞利奥对乡村亲王与富有农民的怀旧情感，这些人被"大量以和谐的、服从一个家庭领袖的方式生活的人们"所环绕，就像他在意大利早年所看到的那样，但是现在因为"醉心于报复的骄傲心灵之间的争吵"（fol. 2*v*），这一切都消失了，再一次重复了失去天堂的神话。类似的，在第三书中讨论那不勒斯伯乔·雷亚莱别墅（Poggio Reale）以及它新的西班牙主人时，塞利奥批评说，"噢，意大利的欢愉，你是如何被自己的不协调所摧毁的！"（fol. 121*v*）。就像其他很多身在异乡的人，塞利奥毫无疑问问梦想着一个和平与统一的新时代，这潜藏在黄金时代的理想理念中。最终，那些和谐的别墅所赞颂的就是这一理念，也是塞利奥晚期范例中将对立的风格品质融合一体所象征的理想。但是，与在他之前的马基雅维利一样，塞利奥接受当时的专制君主与雇佣兵首领，为他们设计了住宅，这些住宅中没有任何此前的建筑理论家作品中所常见的人文中心主义与美学理念。而且，他自然而然地使用曾经用于国王房间中的，同样的维特鲁威关于比例与和谐的原则来规划专制君主的防卫性住宅。柱式（塔司干与多立克）甚至出现在第七书中的防御性大门的设计中。[88] 根据塞利奥的绘图所建造的建筑，并不被期望去通过体现神圣的或有着其他品质的比例，来使得堕落的世界变得更为"完美"。实际上，另一个实用性非乌托邦主义的征兆是，塞利奥没有呈现任何理想的人体形式，虽然此前的维特鲁威式论著均赋予它特别的地位。

因此，总的来说，在第六书的文本中，没有任何地方显示出塞利奥谦逊的建筑师试图实现新柏拉图主义者所倡导的和谐，比如塞利奥的朋友卡米洛或者是神秘主义者如他的法国资助人纳瓦拉的玛格丽特所期望的那样；也没有像阿尔伯蒂所提议的，利用装饰的美来驯服敌对的力量；没有像菲拉雷特在其公爵城市中所提示的，通过相互关联的城市建筑类型解决当代政府相互冲突的形式；他也没有像弗朗切斯科·迪·乔治所描绘的那样，利用人体比例作为神圣和谐的保证。与此相反，塞利奥对加富里奥"和谐的不一致"概念的多次直接引用，表现出不同于此前建筑论著的，强调重点的变化。考虑到罗马的陷落以及塞利奥对于文艺复兴盛期大师们在实现一个更美好世界这一理想上遭受失败的认知（比如，从他对更为放任的形式不断增长的兴趣中就可以觉察出），这一情况就可以理解了。这就仿佛塞利奥将他自己视同为第七书中的不规则住宅以及多余的圆柱，他为这些元素的缺陷找到了有序的解决方案，就像是为自己在并不理想的环境下找到处世方案，而此前的理论家并未如此做过。实际上，他对自己过去经验的多次引用提示了个人经历与实用性建筑理论之间的关联，这就像马基雅维利在佛罗伦萨的经验启发了他的"实力政治"。

因为缺乏单一的来自王族的资助人，以及缺乏神父的住宅范例，塞利奥在第六书中所涵盖的世俗居住建筑范例并不被看作能够实现任何整体的社会或精神秩序的拼图片段。相反，它们与堕落的人的世界相关。我们能够相信他在第五书致纳瓦拉的玛格丽特的献词中所说的话，"真的庙宇"是"虔诚基督徒的心灵"，与此相反，第五书所

---

88　关于 16 世纪围绕着在军事建筑中使用柱式是否合适的争论，见下方 p. xlii.

描绘的物质性的庙宇仅仅是上帝住宅的"表现"而已。[89]在他现世的实用主义中，塞利奥追随着马基雅维利，而不是莫尔，结果是建筑师的理想通过技术手段推进，但是受到政治条件的约束。在这一方面，塞利奥真正属于最早的现代人之列。

### "异常情况……"第七书中建筑"情形"的概念

以大致同样的方式，塞利奥在第六书"创作"（*invenzioni*）这一部分中容纳了社会与物质性世界的不完美，然后他在第七书中处理了一系列异常的，但是能充分预见到的建筑"情形"（*accidenti*）。不同于此前所翻译的，这些并不被视为"突变事故"。[90]"情形"一词，在标题页与全文中都得到使用，它包含了许多不同的现代建筑元素，在古代实践的范畴之外，因此需要范例。

就像阿尔伯蒂 [VI.13（p. 183）] 一样，塞利奥提醒他的读者，"建筑中最高贵和最　xxxiii
美的装饰是圆柱"（p.98）。因此，塞利奥提供了详细的描述，从如何重新使用那些与当下层高并不相适的古代圆柱（通过使用底座），到如何依赖维特鲁威的对称与比例原则来重组哥特立面，至少使得其公共立面变得有秩序。敞廊被加上了扶壁（可能是博洛尼亚的行政首领），两个住宅被转变成一个，一个哥特住宅的立面通过"最少的干扰和花费"给予重构（p. 168）。此外，塞利奥展示了如何在一个非长方形或者是倾斜的场地 [ 这里被定义为"异常情形"（sig. ãi*v*）]，通过改变轴线与楼层，院落与拱廊可以被用来给不对称的平面赋予规整性。通过学习这些范例，塞利奥式建筑师的任务就变成类似于画家或舞台设计师，以经济的方式给予不完美的事物一种完美的表象：底座会纠正古代圆柱长度的不足，长方形的院落掩盖了场地不规则的边界，而拱廊消除了坡度。这种掩盖旨在满足眼睛，而不是在作品中恢复某种内在的装饰与平面的完美形式，这被视为任何能够被接受的建筑中至关重要的品质。[91]

可预见的"异常"情形的概念最终导向一系列宫殿平面，包括塞利奥自己没有执行的，修改弗朗索瓦·德·阿古（François D'Agoult）位于普罗旺斯卢玛宏的未完成城堡的设计，这一方案在书里被呈现为"罗斯马里诺"（Rosmarino）理想城堡（pp. 208–217）。在一系列守护防御性城市的大门设计中，塞利奥讨论了军事建筑师的实际需求，这些设计属于建筑师需要完成的最现实的"情形"的行列。没有古代元素的范例包括从壁炉、烟囱以及屋顶构架（这些都以法国与意大利两种风格展现），到古代之后出现的建筑类型，比如市场大厅与证券交易厅（塞利奥自己为里昂所做的设计被定为范例）。

尽管第六书中各种日用建筑发明背后有着强烈的实用性意图，这些范例仍然在概念上清晰地与第七书中描绘的要真实建造的物质性"情形"区分了开来。实际上，当塞利奥的教堂和住宅与其周围环境脱离开来，第七书中那些扭曲的与不同层的建筑恰

89　参照 Revelation, 21–22；关于 Serlio 对建筑的模糊态度 , 见 Randall, C., *op. cit.*, p.79.

90　这里参照了 Dinsmoor, W. B., *op. cit.*, p. 66, Rosenfeld, 'Late Style', *op. cit.*, p. 400. 见 Glossary.

91　见 Lefaivre, L., A. Tzonis, 'The Question of Autonomy in Architecture', *Harvard Architecture Review*, vol. 3( 1984 ), pp. 33–35；Kruft, H.–W., *op. cit.*, pp. 77, 78.

恰是被环境所定义的。这本书的主要部分是关于各种实用"情形"的重修、重组或再利用，而非新建项目。因为此前的书中对几何、透视、古代范例以及自由装饰的充分使用显然是建立在无限制（平整）场地、资助以及材料的基础之上的，这些理想条件也必然地成为后面书中那些典型立面、教堂以及宏大住宅的特征。甚至是第七书开始部分的 24 个乡村住宅"创作"也是这样，这些实际上是第六书中遗留的，塞利奥在前言中写明，它们是在第七书完成之后再加入的。为了强调这些设计与后续实用性项目之间重要的概念差异，以及他术语的准确性，塞利奥写道，"在开始处理这些情形之前，我决定用一些创作发明来充实 [ 第七书 ]"（p. 1）。

xxxiv　　　这本书结尾处的六个宫殿（在维也纳手稿中没有包含，可能是由斯特拉达添加的）被称为"情形"确实是合理的，因为它们不同于"通常世俗"（p. 202），并且因此有着丰富的多样性。它们为一系列不同寻常的情况提供了解答，比如如何设计一个容纳了四个入口的住宅，修整一个既存的住宅（卢玛宏），或者设计一个用于音乐演奏的八边形套间 [ 法尔科内托（Falconetto）和科纳罗在帕多瓦设计的剧院，通过添加高耸的法国坡屋顶来给予"修正"]。就像是在一个珍奇室（cabinet of curiosities）当中，每一个都是为了"满足那些能在观赏多样性事物之中感受到欢愉的人"而添加的（p. 218）。

阿尔伯蒂论著的结尾同样是一章讨论建筑中可能出现的错误及其修复的内容 [x, 1 (pp. 320–23)]，而卡米洛记忆剧场的第七层处理的是具体的例子，真实的场地，以及"讨论特定问题的建议与智慧"。[92] 尽管如此，塞利奥显然对于第七书的概念新颖性感到骄傲，他在第二书的末尾写道，它是"以前可能从未有过的事物"（fol. 73*v*）。在预示取代文艺复兴论著的现代操作手册这一方面，塞利奥关于建筑"情形"的这本书超越了他的其他作品。这部分内容以及第六书中的防御性住宅，都是呼应其他实用领域，比如军事机械的兴起而产生的（毫无疑问是由佩鲁齐传授给塞利奥的）。第七书概念上的现代性导致斯特拉达购买并最终在 1575 年通过安德烈·维赫尔出版了这一作品，并且在前言中强调了"这一出版物带给全世界的功效。"因为不同于已有的其他任何建筑论著，这本书关注的是实践建筑师的需求，并且最全面地完成了塞利奥帮助建筑师对所有情形都做好准备的教导任务，所以斯特拉达在出版了第四书之后的评论回应了塞利奥的目标，"简单地说，塞利奥以及他的文字使得任何普通建筑师……都能建造值得人们尊敬的建筑"（sig. ãii*v*）。

### "伪装的与掩盖的……"："放任"的理念以及"关于门的额外之书"

在他的所有著作中，塞利奥都把自己呈现为维特鲁威的门徒，常常整本书或成章节地引用这位罗马人的《建筑十书》，而足够令人惊讶的是塞利奥从未以直接引用的方式承认任何此前的维特鲁威阐释者的著作。[93] 这种忽略强烈刻画出他所受的维特鲁威文本的影

---

92　第一级针对的是"不仅是关于点的知识，也包括以各种方式延伸一条可见线"；引用于 Jarrard, A., *op. cit.*, p. 104.

93　Serlio 的确引用了 Alberti 的著作，见 Munich MS 序言，Book VI, fol. 1*r*. 关于这一省略，见 Choay, F., *op. cit.*, p. 380 n. 73.

响，已及对佩鲁齐的全面彻底的认同，后者是塞利奥在维特鲁威主题上的老师。虽然并非极不均衡，但塞利奥对这位罗马作者的尊重在第三书中体现得尤其明显，在那里他写道：

"如果在其他任何高贵的艺术中，我们能看到一个奠基者，被赋予如此多的权威，以至于他的言论被给予全面和完美的信任，谁能够否认——除非他极度地愚蠢、顽固和无知——在建筑中，维特鲁威处于最高的层次？或者当理性没有指向不同方向时，他的写作应该是神圣和不可违背的？……所以所有那些批评维特鲁威的写作的建筑师……都是建筑异端，他们否定那位在这么多年中一直被具有判断力的人所赞同，并且仍然被赞同的作者。"（fol. 69v）

xxxv

因此维特鲁威"原则"被塞利奥用宗教语汇来描述（如"神圣"），批评者被称为"异端"，而这位罗马作者则被冠以至少是"伟大建筑师"的称呼（fol. 112v）。在前五书中，塞利奥很鲜明地依赖维特鲁威的书来提供对建筑师判断的引导，这也呼应了保守的维特鲁威学院的工作，这个学院于 1540—1541 年在罗马建立，旨在以这位罗马作者的文本为基础展开哲学研究。[94] 即使如此，我们已经谈到过，塞利奥在他最早的出版物中融合了维特鲁威式的与甚至是放任（非维特鲁威式的）的装饰，而且在此后的书中，他乐于使用中世纪（法国）形式以及自由地使用手法主义装饰进行试验[95]，他也越来越强烈地偏离这一学院的目标。

遵循着维特鲁威的先例，塞利奥出版第一书以及特别的第四书的主要意图是建立识别和使用柱式的总体法则（regole generali）。这里，他试图调和这些圆柱的法则，一方面是维特鲁威的阐述，另一方面是他所测绘过的罗马纪念性建筑中圆柱的多变形象与排布；这是因为他观察到，"我发现在罗马建筑与其他地区的建筑以及维特鲁威的文本之间有巨大的差异"（fol. 141v）。实际上，像罗马大斗兽场以及提图斯凯旋门这样的建筑对于塞利奥确立混合柱式的原则有特定的重要性，因为维特鲁威对于这一罗马柱式并无提及。结果是，塞利奥成为第一个以清晰、一致的方式为所有五种柱式订立规则的理论家，他也先于瓦萨里用绘画性的术语描述这些柱式的组成部分，这些词汇包括属于塔司干的"强劲"与"坚实"以及描述科林斯与混合柱式的"优雅"与"华美"（并且由此引入了前面讨论过的装饰上的对立）。[96] 实际上，遵循拉斐尔在他写给利奥十世信件中的先例，塞利奥成为第一个使用现在我们所熟悉的"柱式"名称来指称圆柱自身的论著作者。[97]

维特鲁威基于对某些自然范例，其中最著名的是人体（Vitr. III.i.3 以及 IV.i.6-8）与

---

94　它的目的在 1542 年 11 月 14 日写给 Count Agostino de' Landi 的信中列出，发布于 Tolomei, C., *De Le lettere di M. Claudio Tolomei libri setti*, Venice（1547）；见 Kruft, H.–W., *op. cit.*, pp. 69–70；vol. 1, Introduction p. xxi, 以及 Serlio 自己在 Book III, fol. 94v 中对 Academy 的提及。

95　Kruft even presents 甚至将 Serlio 称为"手法主义理论的奠基者"，*ibid.*, p. 75.

96　见 Onians, J., *op. cit.*, pp. 266–270；关于 Serlio 对 Vasari 的影响，见 *ibid.*, pp. 287—299；Payne, A., 'Creativity and *bricolage* in architectural literature of the Renaissance', *Res*, vol. 34（1998），pp. 34–35; and Payne, A., *Treatise, op. cit.*, pp. 134, 282 n. 62.

97　见 Rowland, I., 'Raphael, Angelo Colocci and the Genesis of the Architectural Orders', *The Art Bulletin*, vol. 76（1994），pp. 81–108. Rykwert, J., *The Dancing Column: On Order in Architecture*（1996），p. 4. 见术语表中的 'order'.

xxxvi 木质建筑（Vitr. II.i.2–8 关于 *mimesis* 的概念），来确立雕刻和使用希腊柱式的法则。为了给这些从底座到楣梁之间每一个建筑元素原则订立标准，塞利奥标记出了不同于这些原型（我们之前提到过，这些都没有相应图片）的古代案例。这种形式的建筑他称为"放任的"[98]：比如在同一个檐口中出现齿状饰带与飞檐托饰就是"放任的"装饰，因为这两种条带都体现了梁的端头，但是木质建筑中只需要一组梁（Book IV fol. 170*r*，Vitr. IV. ii.5–6）。塞利奥使用了马塞鲁斯剧院中的多立克檐口为例来定义建筑中的"放任"，因为：

> "即使这一多立克檐口元素极为丰富，而且雕刻得很好，我仍然发现它们
> 远离维特鲁威的原则，其中的元素非常放任，甚至达到了这种程度，与楣梁
> （architrave）和中楣（frieze）的比例相称的话只需三分之二的高度就足够了……
> 我们应该坚持维特鲁威的原则作为正确的引导与法则，只要理性没有说服我们
> 去相信与此不同的内容。"（Book III fol. 69*v*）

对于塞利奥来说，建筑创作应该在原则上尊重（通常是模糊的）由维特鲁威树立的法则。然而，在一些情况下，"理性"的确说服塞利奥与这位罗马作者抱有不同意见。比如，在讨论科林斯柱头的高度时，塞利奥根据维特鲁威所推测的柱头与妇女头部比例的对应，论及了"自然中的平行"（Vitr. IV.i.11），塞利奥总结道，柱头的尺寸应该是一个柱身的厚度减去它的柱顶盘（Book III fol. 108*v*）。而在另一面，维特鲁威已经将这个最高的部分纳入了模数之中。因此，与常规方法相反，塞利奥有时引用了自然与古代的范例来反驳维特鲁威，并且强调建筑师自己判断的重要性。这种偶然出现的模糊性体现在第四书的书名中，它承诺要提供古代范例，其中"绝大部分"符合维特鲁威的教导。

此外，塞利奥的名声部分依赖于这一事实，即他详细描述了混合柱式的法则，这个名字可能都是他发明的[99]，而维特鲁威并未讨论这一罗马柱式。塞利奥在第四书中介绍了混合柱式，它"几乎是第五种风格，是那些'纯净'风格的混合"，因为它是"所有建筑风格中最放任的"（fols. 183*r* 和 186*v*）。作为爱奥尼与科林斯柱式元素的混合，混合柱式既没有一个直接的自然事物，也没有维特鲁威范例做参考。塞利奥超越维特鲁威的规定来订立法则的意愿在他 1551 年的出版作品中再一次得到强调，这一作品讨论了一系列门的设计，它们构成了"门的额外之书"。很显然的对立于塞利奥早前的原则，这个作品描绘了 30 个有着前面讨论过的极为丰富装饰的粗石风格大门。因此，这本书常常被解释为塞利奥的年纪与老迈所导致的产物[100]，即使这些设计外在的放任特征很完美地与当时从文艺复兴盛期古典风格建筑向手法主义转变的倾向同步：在法国更是这样，因为塞利奥自己在他写给读者的前言中抱有歉意的写道"你，哦，站立在维特鲁

---

98　见 Jelmini, A., *Sebastiano Serlio, il trattato d'architettura*（1986）；Onians, J., *op. cit.*, pp. 280–282. Carpo, M., 'L' idée de superflu dans le traité d'architecture de Sebastiano Serlio', *Revue de Synthèse*, vol. 113（1992），I–II, pp. 134–162；Carpo, M., *La maschera e il modello, op. cit.* 关于这个词变化的内涵，见 Payne, A., *Treatise, op. cit.*, pp. 116–122.

99　也被称为"意大利"或者是"拉丁"作品：这个词的首次使用是在 Serlio 1528 年的版权申请中（vol. 1, Appendix 1, p. 466）；也见 Book IV, fol. 183*r* and Onians, J., *op. cit.*, pp. 272, 274；Payne, A., 'Creativity', *op. cit.*, pp. 31–34；Payne, A., *Treatise, op. cit.*, pp. 131–133.

100　Dinsmoor, W. B., *op. cit.*, p. 75. Onians, J., *op. cit.*, pp. 280–282.

威原则之上的建筑师（我用最高的方式赞美你，并且不愿远离），请原谅所有这些装饰，　xxxvii
所有这些板块，所有这些卷饰，涡卷以及所有这些多余的东西，请记住当下我居住的
国家，你自己应当填补那些我缺乏的内容"（fol. 2*r*）。由此，环境决定了装饰展示与扭
曲的范围，就像我们此前讨论的，与当时流行的道德规范以及可以接受的自由放任相
关联。塞利奥的门显然可以用来激发他最尊崇的优秀建筑师的品质，那就是判断力与
创造力。

在讨论爱奥尼壁炉两个支撑的例子中，塞利奥创造了被他在第四书中称为（认同）
"古怪，实际上是指一种混合的形式"（fol. 167*r*）。[101] 当他在额外之书中继续创造比如"野
兽"形式（*ordine bestiale*）时，他引用了传统的维特鲁威关于自然的观点：在一个粗
面石饰风格的大门（XXIX）中，他给出了这样的辩解，"因为自然创造的有些岩石有着
野兽的形式，那么野兽般的作品也存在"（fol. 17*r*）。这些作品是如此放任，以至于不
再能用正统术语以及人类道德 / 任性的范畴来描述，由此成为纯粹自然的产物，就像野
兽或怪兽处于人类道德约束之外。尽管如此，塞利奥的文本清晰地表明，在这些怪异
的粗面石饰风格之下，维特鲁威准则仍然是统治性的（就像人从伊甸园堕落之前的纯
净），它超越了装饰性放任的外在表象。因为在前言中塞利奥写道，一旦"断裂的线脚
被填充，未完成的柱子得以完工，这些作品将依照完成的，原来的形式保留下来"（fol.
2*r*）；粗面石饰大门因此是"伪装与掩盖的"（fol. 5*v*）。就像希腊艺术家将他们最好的
雕塑掩盖在"西勒诺斯"（Silenus）这样兽性、古怪的角色之下，所以维特鲁威的规则
被塞利奥隐藏在他肤浅野蛮的门后面。[102] 考虑到构成"额外之书"主要结构的精细与
粗石装饰之间的对比，一个不那么显明的对立也变得清晰起来，对立双方是（隐藏的）
维特鲁威原型形式以及通过使用（世俗的）装饰细部而造成的扭曲。

因此，基于文脉以及这一作品的地位，维特鲁威的形式（从圆柱到横梁，到门与
拱这样的元素再到神庙）可以很简单地添加装饰，方式包括在适于欢庆的情形下使用
塔司干柱式、混合柱式，或者是使用怪异的混合来产生明显的变形。这些后期的创造
由此摆脱了模仿经典原则的限制，它们成为建筑师判断力的终极测试以及原创力的标
志。尽管如此，塞利奥在第七书中关于过分装饰的"怪诞"女人的警告，清楚地表明，
谨慎的建筑师应该尽可能避免这种装饰过度，虽然它们是基于（一个任性的）自然的。
相反，他们应该坚持第六书结语中所确立的平和以及人类道德，他称为"遵循维特鲁
威准则的经典事物"（慕尼黑手稿 fol. 74*r*）。

### "维护适宜性"：适宜的概念以及塞利奥在"第八书"中的方形堡垒

前面已经提到维特鲁威区分了三种希腊圆柱的性别特征——包括多立克的"雄劲"

---

101　关于混杂，见 Fiore, F. P., *op. cit.*, pp. XLVIII–XLIX. 关于 Book IV 中对待自由放任形式的宽容态度不同于
Book III, 见 Payne, A., *Treatise, op. cit.*, pp. 120, 140.

102　见 Carpo, M., *La maschera e il modello, op. cit.* 也见 Fiore, F. P., *op. cit.*, p. xxv.

xxxviii

以及爱奥尼的"女性化"（matronly）到科林斯的"少女化"（maidenly）——将这些人的类型与献祭特定神的庙宇的特性，或者是"适宜"（*decor*）相关联（Vitr. I. ii. 5）。在1537年，塞利奥提供了迄今为止最完善的关于实践中适宜性理论的解释，将柱式的表现性品质发展成为一种"使用的语汇"。[103] 他在第四书的起始就注明"古代人将建筑奉献给神，使建筑与神的本质相符，强壮或精细，与之相应"（fol. 126*r*），并且继续使用这一原则，使得当代建筑符合它们的基督教教义，功能或者是业主的个性与地位。塞利奥将古希腊几种柱式的性格作了如下的区分，塔司干柱式适合于保留与"城门，防御性山城，城堡，宝库，以及保存弹药与火炮的地方，监狱，海港，以及其他类似的需要在战争中使用的设施"（fol. 126*v*）；多立克适合于"拥有武力与强劲品格的男人，无论他属于上中下哪个阶层"（fol. 139*r*）；爱奥尼适合于有文化的和过"一种平静生活"的人（fol. 158*v*）；而科林斯适于修道院与"女修道院，在那里修女献身于神圣信仰"，以及"有着正直与洁净生活的人们的住宅"，这样就能"维护适宜性"（fol. 169*r*）。在实践中，适宜这一古代概念引导塞利奥发展出大量的装饰（从"强劲"到"精细"）"类型"（*generi*），并且创造性地使用它们来划分他各种范例的特点与适合性。这些范例包括（按照秩序）：古代纪念性建筑、圆柱、教堂、住宅、情形、门与军事建筑；比如，第七书中一个无柱大门的装饰被描述为"有三种'类别'"（p.78），分别是粗面石饰风格的，砖构的以及交融的。在范畴上没有先例的是，塞利奥对建筑与装饰类型的划分同步于自然科学以及语言风格研究中系统性的上升，后者由威尼斯作家亚历山德罗·齐托里尼极力推动（他是塞利奥的福音派朋友之一，也是塞利奥的1528年遗嘱见证人之一）。[104]

在他的第七书中，塞利奥发展了这一理念，即柱式与它所装饰的立面的特点能够通过以阴刻的方式添加雕刻来加以柔化。[105] 这将会产生使作品更为"精细"的效果，进一步增加装饰表现的范围，以及它们所指代的建筑/雇主类型；这些添加的雕刻处于第四书中阐明的直接的"总体原则"之外，很全面地考验了建筑师良好的判断力。此外，与阿尔伯蒂 [IX.2（p.294）] 一样，塞利奥强调地点将会影响一个建筑的装饰（以及对阴刻的使用），进而影响建筑的适宜性。尽管装饰总是要与雇主的阶层相符，在城市中心，这种雕刻应该"庄重和克制"，而在城市中更开放的地方以及在乡村，"某种程度的放

xxxix

任是可行的"（p.232）。尽管如此，前面已经提到，在实践中更为装饰化柱式的使用受到清教徒与加尔文主义对展现奢侈的厌恶的约束，这一因素限制了塞利奥自己在未出版的第六书中家用建筑的设计里对柱式的使用。

---

103　见 Onians, J., *op. cit.*, pp. 272–274. Rykwert, J., *op. cit.* Payne, A., *Treatise, op. cit.*, pp. 35–41, 52–60（Vitruvius），122–123, 138–143（Serlio）. 见术语表 'decorum'.

104　见 Frommel, S. [née Kühbacher], *op. cit.*, p. 15 n. 45, p. 16. Citolini 尤其推崇意大利语为文学语言；他的 *Lettera in difesa della lingua volgare* 出版于1540年，由 Serlio 的 Books III 与 IV 的出版商 Francesco Marcolini 出版。关于 Serlio 的 'species' 理论，见 Payne, A., *Treatise, op. cit.*, pp. 141–143. 关于 Serlio 的意愿，见 Dinsmoor, W. B., *op. cit.*, p. 64 n. 49. 总体讨论见 Tafuri, M., *Venice and the Renaissance, op. cit.*, p. 61. Carpo, M., 'Architectural principles of temperate classicism', *op. cit.*, p. 138 n. 18. Rosenfeld, M. N., *On Domestic Architecture*（1996 ed.），p. 3.

105　见 Onians, J., *op. cit.*, pp. 264–286；Carpo, M., *La maschera e il modello, op. cit.*；Payne, A., *Treatise, op. cit.*, pp. 124–125.

在他最后的作品，完成于 1546—1550 年之间，但是从未发表的第八书中，塞利奥再一次谈到，一个建筑师"必须始终关注一个设计的庄严与适宜性"（fols. 21*v*-22*r*）。[106]这些特别参照"我在第四书中证明的"（fol. 19*v*）"总体原则"所作出的建议，在各种建筑设计中获得了实体表现，这些设计构成了一个完整的，由图拉真皇帝建造的罗马"军事城市"的重建方案。塞利奥的朋友马可·格里玛尼主教曾经在 1540 年之前的某个时候报告说他在达契亚（可能是位于庞特斯的罗马堡垒）发现了一个此类城市的遗址 [107]，因为在重建方案的起始，塞利奥回忆道：

> "最能激发我完成这一任务的是威尼西亚元老，马可·格里玛尼大师的记忆。很久以前，已经过去了数年，他告诉我他如何在达契亚看到了一个小城市的遗存，它非常有秩序，是完美的方形，他做了测量，并且尽他所能完成了一个复原设计。他给了我这一作品的复本，并且对我详细谈论了这一古迹的许多精美局部……从所有这些当中，他推论出这一堡垒是一个有城墙的罗马军营，而且根据他在一片大理石上所看到的文字，这座城市是依照图拉真皇帝的命令修建的。当时我完全投入在关于古物的第三书的撰写，还没有欣赏到上述罗马军营的美与秩序，对于达契亚的古迹也没有兴趣，但是为了让这位绅士高兴，我给这些东西做了一个拷贝并且放在一边，在我的记忆中保留着所有这些元老曾经说过的精彩内容。"（fol. 1*r*）

塞利奥意识到一些建筑学者对于这一城市缺乏文字证据可能会作的批评，他在重建设计的末尾为马可·格里玛尼的方法作出辩护，他写道，这位元老"质疑他所发现的每一块有用石头的位置……这些老人有着很多关于他们祖先的很多事情的故事"（fols. 19*v*-20*r*）。

然而，格里玛尼根据口述历史与古代残片所作的重建并不是塞利奥方形罗马城市的考古基础。因为他继续表明，他"城墙环绕的堡垒"（fol. 1*r*）的排布主要来自波利比乌斯的《历史》（*Histories*）一书中第六书里所描述的临时性罗马军营（*castra*），这本书记录了公元前 200—前 167 年间罗马政府的希腊编年史。在讨论了罗马军营的排布之后，这位希腊作者总结道"整个军营形成一个方形，街道分布的方式以及总体安排看起来就像一个城市"（VI. 31，10）。这种临时军营——据塞利奥所说，与图拉真的达契亚城市的布局"非常相近"——也在"第八书"中一个独特的部分给予重建。这一部分可能是对于另一个更为新颖的有城墙城市的重建设计的简介，因为塞利奥在这一重建设计的起始评论中将它描述为一个已经"完成"的临时军营平面（fol. 1*r*）的进一步发展。[108]

维特鲁威曾简要描述过一个八边形的防御性城市（"固定营地"），并且对于方　xl形城市的防御可视性提出了警告，但是在一个配有图画的译本，奇奥孔多修士（Fra Giocondo）1511 年出版的《维特鲁威》一书的木刻中仍然包括了一个方形布局的案例

---

106　关于这本书，见 Marconi, P., *op. cit.*；Rosenfeld, M. N., *op. cit.*（1978），pp. 46–47；Johnson, J. G., *op. cit.*；Fiore, F. P., *op. cit.*

107　见 Johnson, J. G., *ibid.,* pp. 52–55.

108　见 the 'Note on the Arrangement of "Book VIII" ', pp. lii–liii.

（fol. 12*r*）。在另一方面，阿尔伯蒂将临时性营地的"轮廓"留给场地的特性去决定 [v. 11（p. 133）]。波利比乌斯的第六书详细记录了共和国时期一个有着两个军团的执政官军队营地的布局，进而为文艺复兴建筑理论家提供了关于罗马城市布局的无比珍贵的资料。当时包括了第六书的波利比乌斯著作的版本中包括了雅尼斯·拉斯卡里斯（Janus Lascaris）的拉丁文翻译（关于罗马军营部分），分别于 1529 年出版于威尼斯，1537 年出版于巴塞尔：卢瓦·马格雷特（Loys Maigret）完成的法国译本分别与 1542 年和 1545 年在巴黎出版，同时由洛多维科·多梅尼基尼（Lodovico Domenichi）完成的包括第一至五书，以及第六书部分片段的意大利文版本也在威尼斯出版；另一个包括了波利比乌斯第六书片段以及巴尔托洛梅奥·卡瓦尔坎蒂（Bartolomeo Cavalcanti）的罗马军营部分内容的意大利文版本由菲利波·斯特罗齐（Filippo Strozzi）与莱利奥·卡拉尼（Lelio Carani）一同完成，与 1552 年在佛罗伦萨出版。

在他一系列临时营地绘图的起始，塞利奥谈到了当时对波利比乌斯的（并不太准确）营地描述以及恺撒著名的莱茵河木桥的兴趣，他写道，"许多优秀的知识分子致力于研究这些事物，试图用可见的设计来呈现它们，尤其是罗马军营，在我的时代已经被很多人多次描绘"（fols. 21*v*-22*r*）。波利比乌斯的方形营地构成了马基雅维利的《论军事艺术》（*Libro della arte della guerra*）一书的第六书中描述和绘制的罗马军营的基础，这一著作 1521 年在佛罗伦萨出版，此后 1537 年在威尼斯，1546 年在巴黎出版。马格雷特 1545 年法国印本的波利比乌斯著作显然包括了一个绘制在羊皮纸上的大型平面[109]，丢勒在《关于在城镇、城堡及郊野建造防御工事的教程》（*Etliche Underricht zu Befestigung der Stett, Schloss, und Flecken*）一书中以他影响深远的理想城市平面的方式，重新诠释了这一营地平面，这本书 1527 年在纽伦堡出版。与塞利奥一样，丢勒将军事、市政社会以及经济结构都融入了他的方形理想城市平面中。塞利奥很可能与当时也住在里昂的纪尧姆·杜·舒（Guillaume du Choul）讨论过罗马军营，后者的《论罗马的军营与军事纪律》（*Discours sur la Castrametation et discipline militaire des Romains*）一书 1555 年在里昂出版，同年意大利文译本也随后出版。

弗朗索瓦一世宫廷中对波利比乌斯的兴趣对于揭示塞利奥研究希腊作者的背景格外重要。1534 年，国王根据罗马的方式重新组织了部分军队，他的军事顾问，纪尧姆·杜·贝莱（Guillaume du Bellay）在他 1548 年出版于巴黎的《波利比乌斯书中战争行为的说明》（*Instructions sur le faict de la guerre extraictes des livres de Polybe*）一书中讨论了波利比乌斯的军营（很奇怪的是，斯特拉达曾试图将这本书与塞利奥的第八书一块儿出版）。[110] 更为重要的是，塞利奥研究波利比乌斯军营的时间与部分意图可以从朱利奥·阿尔瓦罗蒂（Giulio Alvarotti）于 1546 年 5 月 5 日写给塞利奥过去的资

---

109　Dinsmoor, W. B., *op. cit.*, p. 89 n. 164；Johnson, J. G., *op. cit.*, p. 45.

110　见 Jansen, D. J., 'Jacopo Strada editore del Settimo Libro', in Thoenes, C.（ed.）, *op. cit.*, p. 215 n. 27.

助人，埃尔科莱·德·埃斯特的信中推断出来。[111] 信中说彼得罗·斯特罗齐（Pietero   xli
Strozzi）正在阅读塞利奥根据伊波利托·德·埃斯特的秘书加布里埃尔·切萨诺（Gabriele
Cesano）的要求所绘制的波利比乌斯的罗马军营。彼得·斯特罗齐是菲利波（Filippo）
的儿子（前面提到，菲利波是波利比乌斯的译者之一）以及洛伦佐（Lorenzo）侄子，
马基雅维利的《论战争艺术》（Libro della arte della guerra）一书就是献给洛伦佐的。
彼得罗成为一个职业军人，作为管家服务于弗朗索瓦一世。因此，年轻的斯特罗齐与
切萨诺都深入影响了塞利奥对波利比乌斯的兴趣；此外，存留下来的临时军营的绘图
可能是打算用作斯特罗齐后来的波利比乌斯译本的绘图使用，这本书最终于 1552 年出
版。除了最开始的总体平面以外，这些绘图都没有相应的描述，只能依据波利比乌斯
的文本才能理解。

    塞利奥第八书文稿的影响力注定是有限的。它并不属于作者本人 1537 年规划的七
本书中的一部分（Book IV fol. 126r）。前面提到，这一作品的文稿以及第七书的文稿由
斯特拉达于 1550 年在里昂拜访塞利奥的时候购得；我们也提到过，是斯特拉达在他写
给读者们的介绍第七书的信中误导性地将这一作品描述为"第八本书"（他作为出版者
写的信）（sig. ãiiiv）。虽然列入了斯特拉达根据 1574 年皇家特权将要出版的书籍目录
中[112]，这一作品一直未能出版。存留下来的手稿以及第六书的手稿被奥格斯堡的弗格家
族获得，目前收藏于慕尼黑的州立图书馆。[113]

    虽然未能出版，塞利奥的研究仍然是文艺复兴理想城市规划中最完善和重要的理
论作品。作为一个特殊的范例，它体现了塞利奥的原则如何适用于一系列与临时设施
仍然相关的互相关联的城市项目——浴场、城市广场、宫殿、剧院、兵营，它们根据
等级序列排布于依赖古代先例设计的几何平面之中（来自考古与文献之中）。就像我们
提到的，这非常不同于塞利奥未出版的第六书中一系列城市居住设计所呈现的意图。
这些设计虽然在装饰表现上根据适宜性的原则也同样受到"规束"，但是也必须考虑临
时适用性所带来的折中性需求，这些方案并不按照确定秩序排布，而是可以合理地灵
活并存——手工业者紧邻亲王——这取决于土地的获取。虽然塞利奥为弗朗索瓦一世
提供了在皮埃蒙特和弗兰德斯军营的设计[114]，但"第八书"中的军营呈现为纯粹的古典
式设计，类似于第六书末尾纪念性的古典风格的宫殿：后者受到了小普利尼以及一些

---

    111    Archivio Estense di Stato, Modena, letters 'Carteggio degli Ambasciatori in Francia', Cassetta 22, package VIII,
fols. 128r–129v [Pacifici（1923），pp. 141–142]；也见 Dinsmoor, W. B., op. cit., p. 84；Marconi, P., op. cit., no. 2, pp. 53–
54 n. 14；Johnson, J. G., op. cit., pp. 31, 44. 现存的手稿可以定期于约 1546–1550 年（即根据这封信以及 Strada 在
Lyons 购买 'Book VIII' 的时间确定，这些记录在 Book VII 中（但是 Fiore, op. cit., p. 519 n.2, 给出的时间是约 1550–
1553 年，这是 Strada 两次赴 Lyons 的时间）。

    112    见 Jansen, D. J., op. cit., p. 215 n. 27. 关于这个描述的翻译，见 "第八书的编排"，p. liii.

    113    Codex Icon. 190；关于手稿的早期历史，见 Dinsmoor, W. B., op. cit., p. 86.

    114    这些绘制在羊皮纸上的平面式 Strada 购买的，它们出现在他的图书馆清单里——Index sive Catalogus
[dated 1576, in the Vienna Nationalbibliothek, cod. 10117 fol. 2v（seventeenth-century copy：cod. 10101 fols. 4r–
4v）]；见 Dinsmoor, W. B., op. cit., p. 85 n. 136；Jansen, D. J., op. cit., p. 207, p. 214 nn. 5, 14；Fiore, F. P., op. cit.,
pp. 490–491.

浴场综合体考古遗迹的影响，比如第三书中描绘的戴克里先浴场（fols. 94*v*—95*r*），这些同样强调适宜性甚于实用性，迥异于第六书前面章节中的范例。尽管有拉斐尔与伯拉孟特的现代革新，这些综合设计以及"第八书"中的罗马城市的考古性本质，向后追寻罗马的维特鲁威学院，向前则追随达妮埃莱·巴尔巴罗（Daniele Barbaro）于 1556 年出版的《维特鲁威》一书中所呈现的维特鲁威式复古设计。[115]

xlii  永久性的军营包括一个方形的围合、罗马式的卡多－德库马努斯（*cardo-decumanus*）街道布局、一个执政官府邸 [ 基于将军营帐（*praetorium*）]、一个城市广场、金库、圆形剧场以及浴场。每个建筑都装饰有柱式，并且为了"宏伟"进行了抬升（fol. 1b*r*）。这个设计更像是一个理想城市，而不是军营。建筑师所要处理的真实城市却是不规则和偶然的，就像第七书中各种方案所承认的那样。此外，真实的 16 世纪军事据点已经发展成为一种几何化的堡垒，当时的理论家如吉罗拉莫·马吉（Girolamo Maggi）与乔万·巴蒂斯塔·贝鲁奇（Giovan Battista Bellucci）等都认为这些设施仅仅需要很少或者是完全无须装饰。[116]实际上，塞利奥在第六书中的防御性住宅都遵循这一原则，例外的是昂西勒弗朗城堡，业主强迫他使用柱式来获得"更大的丰富性"（fol. 16*v*），另一个例外是第七书中的塔司干式和多立克式防御性大门，它们根据适宜性的原则而不是防御需求进行了装饰。[117]

  塞利奥自己也谈到了他的城市的"理想"特质，他写道，"我做这些并不是因为我认为当下这个充满了贪婪的世纪中会有任何人去实施这些方案，而是为了施展我所具有的那微不足道的理智，如果不把它用于我所钟爱的建筑，它将不得安宁"（fol. 1*v*）。迥异于塞利奥其他几本书中的内容，这一设计显然在本质上并不实际，因此，主要并不是面对建筑师的。相反，它被塞利奥呈现为图拉真华丽建筑的另一个标志，他提供这个想象中的罗马城市来形成一个完善的证明，表明资助者的慷慨能够实现什么样的成果。对于塞利奥来说，图拉真体现了罗马时代所有的美好，他既是"宽宏大量的"，又"对建筑极度地热爱"（fol. 1*v*）。

  虽然（现代的）壁炉出现在塞利奥的平面中，但塞利奥基本上没有触及这一临时舒适性的要求 [ 仅仅提到了一次这一术语（fol. 3*v*）]。透过对适宜性理论的多次引述，塞利奥清晰表明这本书中的各种建筑类型是通过风格以及立面装饰的程度来划分的。[118]他提到，在第十门（*porta decumana*）中使用柱式来"形象地体现"图拉真皇帝的美德。此外，在禁卫大门（*porta praetoria*）中塞利奥明确地运用了他第四书中的原则，即"优雅的"多立克柱式适于用在服务那些"拥有武力"以及有着"强健品格"，但同时也不乏"优雅一面"的男性的建筑之上（fol. 139*r*）。这是因为：

---

115 见 Marconi, P., *op. cit.* Pagliara, P. N., 'L' attività edilizia di Antonio da Sangallo il Giovane. Il confronto tra gli studi sull'antico e la letteratura vitruviana. Influenze sangallesche sulla manualistica di Sebastiano Serlio', *Controspzzio*, no. 7（1972），pp. 19—55. 关于 Book VI 见 Rosei, M., *op. cit.*, p. 82.

116 见 Johnson, J. G., *op. cit.*, p. 62. 关于 Serlio 作为军事建筑师的能力，见 Adams, N., 'Sebastiano Serlio. Military Architect?', in Thoenes, C.（ed.），*op. cit.*, pp.222—227.

117 Adams 描述这些门"更像舞台道具，而不是城门"，见 *ibid.*, p.223.

118 见 Onians, J., *op. cit.*, p. 277.

"禁卫大门应该建造得简朴，同时具备某种庄严，同时与执政官的地位相适。
在这一方面，多立克作品是最为朴素的，的的确确适用于一个战士。因此，整
个作品都应该是多立克式的，但也要优雅，因为这位伟大的皇帝对建筑的美是
如此的钟爱。"（fol. 18*r*）

实际上，在塞利奥称作将军营帐的设计中，它原来是将军的帐篷，但在此处被塞
利奥等同于执政官位于城市中心的府邸（在平面中用"A"标记，与大门位置对应），
多立克又是唯一使用的柱式（但也有装饰性的山墙，来增加所需的"优雅"）。这里，
就像在禁卫大门中一样，这种柱式的使用清晰表明了执政官的"朴素庄严"。通过这　　xliii
种方式，追随着适宜性理论，最为重要的建筑并不一定要使用和展现最为装饰化的
柱式。

除此之外，执政官府邸的朴素与两旁公共建筑形成了对比——左边的军需库
（*quaestroium*）（金库以及军需官的仓库，标记为"B"）以及后边的广场（*forum*）（商
人店铺以及神庙，标记为"C"）。虽然军需库的院落有着"强壮"的粗石风格的敞廊，
这个金库建筑的立面则装饰着多立克与爱奥尼壁柱，两者都有丰富的凹刻图案——在
展现力量而不是精细方面正好合适。广场正立面的主门有科林斯柱式、有复杂窗框的
窗户以及在第三层上混合柱式的檐口。事实上，塞利奥放弃了这一立面的另外一个更
为装饰化的设计，它在手稿中也有绘图（fol. 8*r*）。这个设计有科林斯壁柱（在他更满
意的设计中被替换成了壁龛）以及一个位于中心的混合柱式风格的阁楼层（后来被省
略了）（fol. 8*v*）。塞利奥的修改所产生的效果是简化并与执政官府邸另一侧的军需库在
装饰上相互平衡。的确，塞利奥所选的立面设计中对广场的功能与地位有更为克制的
表现，更密切地服从适宜性的原则。

在浴场与圆形剧院的立面上也保持了装饰的平衡。这两个建筑靠近城墙，分别位于
左右（都标记为"H"）。浴场的下面两层是刻有凹槽的多立克壁柱，阁楼层使用混合柱式，
而圆形剧场在下两层使用了科林斯壁柱，在此之上使用混合柱式。对于塞利奥来说，在
阁楼层使用混合柱式延续了最为重要的罗马圆形剧场的先例，大斗兽场，他在第三书中
完整描绘了这一建筑（fol. 78*v*–81*r*）。我们注意到，在第四书中他将这一建筑中装饰有混
合柱式的阁楼层视为罗马军事力量的标志，置于希腊柱式之上。位于阁楼部分的罗马混
合柱式尤其适用于罗马军事城市的适宜性，作为"胜利"的另一个标志，塞利奥告诉我
们表现俘虏的雕塑在营地的其他地方展示[ 比如说，在军需库中（fol. 6*v*）]。

与这些公共建筑相反，常规的堡垒（竖向排列，标记为"K"—"R"）都很简朴，
壁柱只用于门道，而且仅限于骑兵与后备兵（*triarii*）的住所（fol. 15*r*）。军事护民官
的部分（执政官府邸两侧水平布置，标记为"F"）是唯一使用柱式装饰的，它们采用
了多立克与爱奥尼壁柱（fol. 11*r*）。这种独特性完美地与罗马军队中护民官的重要性相
对应，因为塞利奥的主要资料来源，波利比乌斯记载说他们作为主官负责军队的挑选，
根据不同年纪，出任少年兵（*velites*），青年兵（*hastati*），壮年兵（*principes*）以及后
备兵（*triarii*）等职（VI. 21, 6–10）。实际上，为了体现护民官作为管理者的角色，这
里多立克的严肃被更为优雅的爱奥尼所软化——根据塞利奥的第四书，这适合于有文

化的人。

因此，每一个公共建筑的立面都装饰有柱式——从中间的"军事化"多立克到两旁更为"优雅"的爱奥尼与科林斯，再到最外围多数建筑上的混合柱式，体现罗马"胜利"的柱式。真实遵循着塞利奥在第四书中列出的维特鲁威原则，这些不同的柱式被有所选择地使用，来体现特定建筑的品格、地位以及在城市结构中的功能。此外，在他们各自对罗马营地的描述方面，波利比乌斯是从将军营帐开始，然后是军团营地，此后才是广场与军饷帐（treasury tent），而塞利奥先描述这些公共建筑，然后再谈军队设施，由此强调了世俗建筑等级高于军事建筑等级。这种倾向性也存在于塞利奥对波利比乌斯的营地所做的一些修改之中。塞利奥写道：

> "可能有的人会指责我错误地将（军官的）住房（loggiamenti）与军需库分开，也将军需库，将军营帐和广场与相应的骑兵和步兵分开，因为波利比乌斯就非常合理地将所有这些住房放在一起。我的回答是，作为一个建筑师，他总是要关注宏伟与适宜性，我不会容许这些住房被放置在那些最高贵的建筑之前，而且不在其前后留出空地。"（fol. 21*v*–22*r*）

在这里，适宜性的原则很明显地又一次决定了塞利奥的判断。实际上，在堡垒中出现圆形剧场以及浴场是对波利比乌斯营地（内部有空地）的进一步修饰，塞利奥在格里马尼的达契亚考古挖掘中找到了唯一的权威支持。同样，基于这些挖掘成果，塞利奥用一座两端有凯旋门的桥——可能是图拉真著名的，位于德罗贝塔的多瑙河大桥的重建，这座桥由大马士革的阿波罗多罗斯在公元 104—105 年建造——设计了结束他对罗马军事建筑类型的重建。[119] 又一次忠实于适宜性原则，塞利奥关注，"有粗面石饰的凯旋门，所处的那边，接近最凶猛，最喜欢战争的野蛮人的居住地，"而"有着科林斯柱式的则位于朝向意大利的那边"（fols. 19*v*-20*r*）。[120]

于是，波利比乌斯对当时罗马军营的记录在这里变成了构建一个前所未有的古典风格城市设计的模板，塞利奥根据他在所有七本书中所阐释的维特鲁威适宜性原则将这个古代的"理想城市"变成了石头建筑。这个城市没有任何临时的使用功能，它呈现为一个"理想的"设计训练，非常独特地从任何特定的地区性风格以及第六书中所贯穿的对实用性的期许中解放了出来。柱式被当作军事旗帜一样用于标识每个建筑的功能以及在城市结构中的相对重要性。相互关联的古典风格立面在城市设计中的象征性内涵，在塞利奥这个最后的作品中体现得最为明确。

塞利奥追溯着适宜性的应用一直到建筑艺术与世俗社会的起源之时，因为在（慕尼黑）第六书的前言中他写道，原始人"根据他们的实用要求建造居所，完全没有一点适宜性的考虑"；只是渐渐的，他们开始"扩大居所，给它们一定程度的装饰……结果是，有着更好判断力的人随着时间的流逝，开始将实用性与适宜性相互协调，尤其是在更为文雅的地方"（fol. 1*r*）。

---

119　见 Johnson J. G. *op. cit.*, pp. 52–55.

120　见 Onians. J. *op. cit.*, p. 277.

## 对塞利奥作品的认识与接受

在第四书的起始塞利奥记录到，"你在这本书中发现的那些令人愉悦的东西，应该归功于我的老师，来自锡耶纳的巴尔达萨雷·佩鲁齐，而不是我……我所知道的微不足道的事情，都来自他的善意，我希望遵循他的先例，对待那些并不嫌弃向我学习的人"（fol. 126*r*）。塞利奥明确地将作品视为教育性的文献，体现了他的老师的教导。然而，塞利奥的名声受到了乔治·瓦萨里的影响，后者所撰写的佩鲁齐的"生涯"中写道，塞利奥继承了大量这位伟大艺术家的绘画，他本人只不过是一个剽窃者。[121] 事实上，佩鲁齐肯定认同过塞利奥的早期作品，因为佩鲁齐 1536 年去世，仅仅是在第四书出版一年之前，而塞利奥已经为这本书准备多年。这些绘图表明，佩鲁齐可能也打算写一本关于柱式的书，或者是维特鲁威著作的一个绘图版本。[122] 在佩鲁齐留下来的绘图中，塞利奥在第三书中很少直接复制。他的木刻画只是描绘了同样的主题，而且主要是关于描绘那些被乐于研究古代的文艺复兴艺术家视为典型朝圣地的纪念性建筑。塞利奥的原创性可能在他所设计的没有古代先例的部分体现得最鲜明，比如说混合了中世纪与古典风格形式的住宅立面，明显超越了佩鲁齐的维特鲁威研究。描绘居住建筑的第六书，或许是塞利奥的书中最原创和最具有相关性的一本，未能成功出版，以及最终消失，进一步限制了塞利奥的声名，从而让帕拉第奥获益。

尽管如此，塞利奥著作中的各个部分，无论出版与否，比如第六书，仍然以手稿形式传播。它们注定要成为在 16 世纪欧洲传播意大利古代遗产以及文艺复兴创造的最重要的建筑著作。到 17 世纪早期，这一著作的各种部分已经被翻译成七种语言，并且被几乎每一个欧洲建筑师所学习。[123] 但这种影响力主要来自被塞利奥视为剽窃品的传播与流行。他接到未授权译著的报告时深感不安，在第二书末尾写道："我听到了一些流言，在德语重印版本之外，出现了一个法语译本，而我并不希望以我的名字出版它。"（fol. 73*v*, first ed.）第四书第一次出版三年后，塞利奥在第二版的开篇书信中写道："有的人，受到贪婪获取的驱使，尝试着以更小幅面的方式重印这本关于'法则'的书，完全不顾我的图的比例或者是尺度。"（fol. II*v*）[124] 这是在说弗兰德斯学者皮特·科伊克·凡·阿爱斯特（Pieter Coecke van Aelst, 1502—1550 年）的书，他是塞利奥主要的非授权出版

xlv

---

121　Vasari, G., *Lives of the Most Eminent Painters, Sculptors and Architects*, trans. G. Du C. De Vere, vol. 5（1912–1914），p. 72: "Baldassare 很多物品的继承人是来自 Bologna 的 Sebastiano Serlio，他写的第三本书是关于建筑，第四本书是关于罗马古迹及其尺寸；在这些书里……Baldassare 作品的一部分被插入到边角中，另一部分会被作者变成自己的作品，从而获利". 尽管如此，Giuseppe Salviati 在他 1552 年献给 Daniele Barbaro 的文字里称赞了 Serlio 的诚实，见 Frommel, S. [née Kühbacher], *op. cit.*, p. 19.

122　见 Burns, H., 'Baldassare Peruzzi and Sixteenth-Century Architectural Theory', in Guillaume, J.（ed.），*op. cit.*, pp. 207—226. Dinsmoor, W. B., *op. cit.*, pp. 62–64.

123　见 vol. 1, Appendix 3, pp. 470–471.

124　见 vol. 1, Appendix 2, p. 469.

者。[125] 在塞利奥的第一版于 1539 年出版后两年，科伊克·凡·阿爱斯特已经出版了第四书的弗兰德斯译本。1542 年他出版了第四书的一个德语译本，同一作品以及第三书的法语译本分别于 1545 年和 1550 年在安特卫普出版。

xlvi　　具有反讽意味的是，因为名字保留在封面上，塞利奥的名气经过这些自由译本得到了保证。塞利奥已经预见到了可能的盗版，他在第四书的版权申请中提到要惩罚任何的盗版，至少是在威尼斯境内。[126] 科伊克·凡·阿爱斯特对内容进行了调整以适应北欧的各种实践要求，这也符合塞利奥自己的精神，而且这也强化了作品的受欢迎程度。另外一个类似的例子是在第四书的结尾有一个字母表，以利于帮助铭文的雕刻。

　　头五本书作为一套于 1551 年在威尼斯出版，而最接近完整出版的是 1584 年与 1600 的版本，它们虽然没有第六书，但是包括了门的额外之书，以及新近出版的第七书。到了 1618–1619 年的版本，添加了索引以及可能是由乔梅尼克·斯卡莫奇（Giovanni Domenico Scamozzi）[ 建筑师温琴佐·斯卡莫奇（Vincenzo Scamozzi）的父亲 ] 所做的文字调整，《额外之书》（*Extraordinario Libro*）毫不奇怪地被误认为第六书（未出版）。[127] 贾科莫·巴罗齐·达·维尼奥拉（Giacomo Barozzi da Vignola），博洛尼亚一位忠诚的塞利奥学生，在他 1562 年的《规则》（*Regola*）一书中巩固了塞利奥的五柱式"发明"，帕拉第奥复制了塞利奥著作的形式，在他于 1570 年出版自己的《建筑四书》（*Quattro libri*）时，提供了木刻对应于文字。[128] 因此，要归功于塞利奥，他为此后的建筑论著确立了形制，更不用说那个用一本单独的书来讨论柱式的流行理念了 [ 比如汉斯·布鲁姆（Hans Blum）1550 年，维尼奥拉 1562 年，约翰·舒特（John Shute）1563 年的著作 ]。

　　塞利奥在前四本书中所列出的原则，以及随后提供的体现这些原则的范例，被认为是能够普遍运用的，无论在什么地点还是传统之中（无论是罗马或者哥特，威尼斯还是法国风格）。如果不是在风格上，塞利奥在对待地区性实用要求这一点上的实用路径是一致的，贯穿于全部书籍中：就像他第四书中的立面包含了威尼斯窗户与阳台，而当他从威尼斯迁往法国，塞利奥在他第五书的教堂设计，以及第六书、第七书的住宅设计中包括了法国中世纪建筑形式与特征。[129] 第一眼看去会感到惊讶，一本赞颂维特鲁威的著作中竟然会有这些形式，尤其是参考瓦萨里与拉斐尔对哥特的直接拒绝，但是在这一点上，塞利奥追随了作为同乡的意大利北部理论家切萨雷·切萨里阿诺。后者在他 1521 年出版的维特鲁威译著中也描绘了哥特式的米兰大教堂（以此献给弗朗

---

125　见 De Jonge, K., 'Vitruvius, Alberti and Serlio：Architectural Treatises in the Low Countries, 1530–1620', in Hart.V., P. Hicks（eds.），*op. cit.*（1998），pp. 281–296.

126　见 Howard, D., *op. cit.*, vol. 1, Appendix 1, pp. 466–467.

127　关于 'Extraordinary Book of Doors' 与 Book VII 版本的列表，见 vol. 1, Appendix 3, pp. 470–471.

128　关于 Serlio 对 Palladio 的影响，见 R. Tavernor, 'Introduction', in *Andrea Palladio*：*The Four Books on Architecture*, trans. R. Tavernor, R . Schofield（1997），p. x. 关于 Serlio 著作与 Palladio 著作间的区别，见 Rosenfeld, M. N., 'Sebastiano Serlio's Contributions to the Creation of the Modern Illustrated Architectural Manual', in Thoenes, C.（ed.），*op. cit.*, p. 102.

129　但 Rosenfeld 认为 Serlio 迁往法国导致他 "重新衡量他的理念"，见 *On Domestic Architecture, op. cit.*, p. 68.

索瓦一世）。对哥特风格的接受体现了两位建筑师的意大利北部背景。[130] 实际上，通过    xlvii
尊重传统建筑实践、地区风俗，以及现代舒适标准，同时要呼应古典风格建筑的潮流，
塞利奥的范例直接回应了 16 世纪社会的公共与居住需求。这种成功在实用层面上受到
他易于使用的绘图以及清晰的本地语言文本的帮助，这些因素激励了雅各布·斯特拉
达在塞利奥去世 20 年后出版了第七书。

　　永远不要过于理论化，保持实用，塞利奥通过范例的方式表现他的建筑作品，以
图像的方式强调了理论与实践之间的关联。在缺乏有组织建筑训练的情况下，塞利奥
的作品将文艺复兴建筑论著确立为在建筑师理论与实践两方面的训练均极为重要的因
素，并且帮助将维特鲁威原则解释给雇主与石匠。就像第六书所证明的，塞利奥同样
尝试着将建筑文献的读者群从狭窄的由富有和高贵的雇主组成的小圈子，扩展到匠人
和中产商人，这些人的住宅都没有包括在维特鲁威与阿尔伯蒂出版的著作之中。

　　塞利奥的设计不应该被原封不动地复制，而应该是在一个确立建筑传统中新创作
开始的起点。对于塞利奥来说，不同的主题可以用于强调建筑师创造性判断力的重要性，
而不是有些人所认为的依赖绝对原则的重要性。在这一强调中，塞利奥是一个转变性
的人物。虽然他缺乏后来理论家，如维尼奥拉的系统化理性主义，但塞利奥引入现在
已经非常普遍的理念，即建筑师是一个面对一个或几种可能范例的"挑选者"，这与阿
尔伯蒂形成了对比，后者强调每一个设计的个体独特性，它来自受到神圣启示的建筑
师。[131] 塞利奥贯穿其全部作品的目标，是在限定的法则与抽象范例之间获得一种超越
时间的均衡。

　　在这部庞大的作品中，塞利奥追寻的是推荐一条中间道路，去选择建筑装饰，避
免放任表现的诱惑，同时根据环境的要求充分利用柱式的表现潜能。结果是，无论是
设计一扇门还是一个城市，第四书的起始就鼓励建筑师"非常谦逊地、谨慎地前进，
尤其是在公共建筑与庄严的建筑中，在那里，维护适宜性是值得赞扬的"（fol. 126*v*）。

---

　　130　见 Carpo, M., 'Architectural principles of temperate classicism', *op. cit.*, pp. 146–148. On Vasari see Panofsky,
E., 'The First Page of Giorgio Vasari's Libro', in *Meaning in the Visual Arts*（1955），[1993 ed., pp. 206–265], Wittkower,
R., *Gothic versus Classic*（1974），p. 19. 也见 Bernheimer, R., 'Gothic Survival and Revival in Bologna', *The Art Bulletin*,
vol. 36（1954），pp. 262–284. Rosenfeld, M. N., *ibid.,* pp. 66–67, and 'Late Style', *op. cit.*, pp. 170–171.

　　131　见 Rosenfeld, M. N., 'Sebastiano Serlio's Contributions to the Creation of the Modern Illustrated Architectural Manual',
in Thoenes, C.（ed.），*op. cit.*, pp. 102–110. Choay, F., *op. cit.*, pp. 190–191.

## xlviii 第六书各手稿版本之间的差异

对现存的第六书的两个版本，我们翻译了慕尼黑手稿而不是哥伦比亚手稿。[1] 慕尼黑手稿被认为是更晚的版本，这一论断来自文字修正以及在一开始（此后也是）对亨利二世（1547 年以后）的提及而不是像哥伦比亚手稿那样只提到弗朗索瓦一世［但是也必须提及，只有部分的慕尼黑手稿，包括这一开篇部分——由塞利奥撰写，但是没有出现在哥伦比亚手稿中——可能是完成于 1547 年之后的，因为慕尼黑手稿的其余部分也只提到了弗朗索瓦一世（fols. 42$v$ 与 66$v$；但是以过去时态在 fols. 14$v$ 与 31$v$ 中提到，并且用亨利替代了哥伦比亚手稿 fol. 38$v$ 中的弗朗索瓦）］。[2] 此外，由于塞利奥在哥伦比亚手稿中加入了未编号的描绘大费拉拉府邸（XI 方案）的页面，这个版本的顺序排布也显得更成问题。在慕尼黑手稿中全书都使用了名称，在哥伦比亚手稿中只有绘图配上了名称，而且可能是其他人加上的[3]，其中一些是由雅克·安德鲁埃·杜·塞尔索（Jacques Androuet du Cerceau）（仅 I—VI, VIII, XIII—XIV）以法语复制的。[4] 除了缺少慕尼黑版本中的介绍与结语外，哥伦比亚版本还少了 11 页文本。这些模糊性导致了哥伦比亚版本的翻译问题，在更完整的慕尼黑版本中并不存在。

在哥伦比亚手稿中所有具有相当长度的添加文本都在附录 1 中翻译了，而一句话甚至更短的添加则在译注中翻译了，但没有包括那些度量上的差异以及措辞上的简单修正。译注中还注明了那些没有出现在哥伦比亚手稿中的主要片段。

由于在第六书的任何一部手稿中塞利奥都没有使用清晰的页码，我们的翻译中复制了慕尼黑手稿中出现的页码（并非出自塞利奥之手），保罗·费奥雷（Paolo Fiore）在他的抄本中也使用了这些页码。在本书导言与译注中提到的哥伦比亚手稿页码来自影印本中的罗马绘图数字，这是由玛丽亚·罗森菲尔德（Maria Rosenfeld）在 1978 年编辑出版的（1996 年再版，去除了塞利奥的意大利文本），时间在威廉·丁斯莫尔（William Dinsmoor）于 1942 年首先使用这种安排之后。[5] 这个影印本（以及费奥雷的 1994 年慕尼黑手稿抄本）因此也重复了丁斯莫尔的错误，将绘图 LXIII 归于 "S" 方案［行政官

---

1  Staatsbibliothek, Munich, Codex Icon. 189, *c*.1547–1554 (although on this date see Book VI, n. 1). Avery Architecture Library, Columbia University, New York, AA.520.Sc.619.F, *c*.1541–1547/9. Rosenfeld, M. N. 比较了两份手稿，*Sebastiano Serlio: On Domestic Architecture* (1978；rep. 1996), pp. 61–68. See also Introduction, pp. XIII–XIV.

2  也见 Dinsmoor, W. B., 'The Literary Remains of Sebastiano Serlio', *The Art Bulletin*, vol. 24 (1942), esp. p. 129（那里，Munich MS 中所有对 François 的引用都被错误地描述为 "历史引用"）. 关于时间，也见 Book VI, n. 1.

3  Dinsmoor, W. B., *ibid.*, pp. 127–129. 只有 Columbia MS VI, L, 11 与 VII, M, 12 的文字有标题.

4  见 Thomson, D., *Renaissance Paris: Architecture and Growth, 1475–1600* (1984), p. 18; Rosenfeld, M. N., *On Domestic Architecture* (1996 ed.), p. 5.

5  见 Dinsmoor, W. B., *op. cit.*, p. 126.

（*podestà*）] 而不是 "W" 方案（皇家宫殿）。这些数字完全不同于塞利奥自己在这一手稿中对方案使用的不完整 [6] 的标注字体（在这里都使用影印本数字标明在译注中）。

　　译注中也提到了第六书中对方案编号的三组不同数字之间的差异（也就是哥伦比亚与慕尼黑手稿，以及被称作维也纳尝试性木刻 [7] 的一个版本）。

---

6　最重要的省略是写给 Grand Ferrara 的一封重要的信，Dinsmoor 首先为其编号 N, 13A.

7　Österreichische Nationalbibliothek, Vienna, 72.P.20.

# 第七书手稿以及"门的额外之书"与其第一版的差异

尽管在塞利奥被称作维也纳手稿的第七书与斯特拉达编辑并且于 1575 年出版的意大利和拉丁语版本之间有无数的差异，我们还是翻译了后者的意大利文版本，因为自从出版以来这个版本流传更广，影响也更大。我们复制了书中的木刻，因此这个第二卷中包含了木刻、绘画（第六书与"第八书"）以及雕版（"门的额外之书"）。出版的第七书必然是基于一部不同于现存版本的手稿制作的，因为在印刷过程中，绘图通常只在纸的一面印刷，最后在整体的雕刻中毁坏了。[1] 人们认为斯特拉达购买了不同于现存版本的另一部（更晚的）手稿，以及塞利奥自己为这本书准备的，后来损毁的木刻。[2] 事实上，留存下来的手稿从来就没有打算发表过，因为它是完成在（昂贵的）羊皮纸上，前面的页面上正反两面都有文字；此后，虽然有绘图的页面绝大多数都是单面的，但也有一些两面都有绘图（见附录 3）。

实际上，最终用于印刷的手稿很可能是塞利奥自己准备的，因为斯特拉达为第七书写的前言中提到塞利奥在提交手稿出版之前对自己绘图的修正。这种确定性手稿的需求可以解释出版的书与现存羊皮纸手稿之间的差异（差异并不小）。[3] 与此对比的是，必须注意到，在"门的额外之书"羊皮纸手稿与塞利奥仍在世时于 1551 年出版的第一版之间的差异并不那么重要。[4] 塞利奥同时准备了传统的，呈送给赞助人以及为印刷提供指引的版本（这些绘制在羊皮纸上，并且没有标题页）以及绘制在纸面上的，用于印刷的两个版本。

与出版的第一版相比，维也纳手稿中第七书以及"门的额外之书"中有足够长度的文字添加都在附录 2 以及译注当中翻译了：维也纳手稿中涉及第七书的微小差异也都在译注中翻译了。绝大部分的测量尺寸以及措辞的简单修正都没有在这里记录。译注同样提示了手稿中没有出现，但是出版的书中有的主要文本部分，以及手稿与书之间图片页面上的重大差异（同样，在"门的额外之书"中这部分也不重要）。[5] 至于第七书，我们在译注中提示了斯特拉达的拉丁语翻译与塞利奥的意大利文本之间的差异（我们翻译了后者）。斯特拉达的拉丁语篇首信以及他的拉丁语和法语的特权声明也翻译了。

对于"门的额外之书"，我们翻译了 1551 年于里昂出版的意大利文第一版，而不是同年，也是在里昂由让·德·图尔内出版的法语版本。

---

1　见 Dinsmoor, W. B., *op. cit.*, p. 83；Rosenfeld, M. N., *op. cit.* (1996), p. 6.

2　Dinsmoor, W. B., *op. cit.*, pp. 82–83；Rosenfeld, M. N., *ibid.*, p. 6.

3　Dinsmoor, W B., *op. cit.*, p. 80.

4　Staats– und Stadtbibliothek, Augsburg, 2° Cod. 496, *c.*1544–1547.

5　关于 Book VII, 这些变化中的一部分列于 Dinsmoor, W. B., *op. cit.*, pp. 81–83. 关于 'Extraordinary Book of Doors' 中图像的两个版本，见 Erichsen. J., 'L'Extraordinario Libro di Architettura. Note su un manoscritto inedito', in Thoenes, C. (ed.), *op. cit.*, pp. 190–195.

# "第八书"的编排

关于塞利奥打算如何安排他被称作"第八书"的作品两个部分[1]，存在很多不确定的地方，这两部分包括对波利比乌斯的临时罗马军营的评论，以及他自己的以城墙环绕的城市体现的他对军营的阐释。这组临时军营绘图通常较为潦草[2]，除了开篇平面（在羊皮纸上）外，都有相伴的文字，绘制在纸张上。但是石质军营的绘图是在羊皮纸上，并且有完整的文本说明。临时军营的绘图可能是一个更大作品计划的一部分[3]，或者更可能是波利比乌斯一个不明译本的绘图（可能是菲利波·斯特罗齐完成的），朱利奥·阿尔瓦罗蒂在 1546 年提到了这个作品，在简介中已经讨论过了。[4] 在现在装订的手稿里，重建的有城墙城市先于临时军营。然而塞利奥在一开始就提到这个重建设计"让波利比乌斯被阉割的作品变得完整……它以一本书的方式来编排，并且配有（住宿营帐的）文字"（fol. 1*r*）。丁斯莫尔与约翰逊都认为这两个部分的顺序应该互换[5]。但是保罗·费奥雷在他的抄本中维持了装订手稿目前的顺序，并且认为这归因于一个遗失的开篇部分（看起来，也就与临时军营的图像无关了）。

虽然手稿作为一个整体用铅笔标注了 2—36 的页码，但临时军营的绘图则区别开来，用墨水笔标注了 2—15 的编号。这些墨水数字表明，这一部分要么是独立的，要么就更像是丁斯莫尔首先提出的，目前的顺序颠倒了。约翰逊也注意到这些"辅助性数字"的存在（她就是这么称呼它们，但是她弄错了它们的媒介，将它们描述为铅笔书写，而手稿整体则被错误地认为是墨水编号的）。她总结道：

> "塞利奥本人并没有给这些绘图编号。汉斯·浩克（Hans Hauke）博士，慕尼黑图书馆手稿部的负责人，认为这些铅笔数字（即，墨水）是在 19 世纪添加的，然后在 20 世纪早期用墨水（即，铅笔）修正了顺序。这可能是为了让这两组绘图组成一本连续的书。"[6]

但是，此前的评论者都没有注意到，在塞利奥文本中的某个地方（fol. 9*v*[铅笔]），
他提到了在"第 10 页背面"的某个细节，而这个细节实际上就出现在铅笔标注的"10"页的背面。这证明了至少在他的心目中，塞利奥对手稿这一部分的编号是将大尺度的石质军营平面作为第 1 页的。从这可以推论出他就是这些铅笔数字的作者（贯穿整个手稿），但是一个更保险的结论（并不将读者引向临时军营的部分）是他提供了这一部分早先的编号（铅笔），而后被当前的铅笔编号所替代和扩展。因此，这个提示不能被视为指明了整个手稿原初的编排，因为每一个部分都可以很轻易分开独立地考虑和编

---

1　Staatsbibliothek, Munich, Codex Icon. 190, *c* 1546–1550.

2　见 Dinsmoor, W. B., *op. cit*., p. 89.

3　见 Johnson, J. G., *Sebastiano Serlio's Treatise on Military Architecture* (1985) (facsimile Ph.D., University of California, Los Angeles, 1984), p. 168.

4　见 Introduction, p. xl.

5　Dinsmoor, W. B., *op. cit*., p. 87; Johnson, J. G., *op. cit*., p. 24.

6　Johnson, J. G., *ibid*., p. 28.

号，就像墨水数字所表明的那样。

实际上，对于手稿另外的反转编排的观点还有更为坚实的证据。斯特拉达在第七书中写给读者的信（意大利语）中提到了这一作品（可能是另外一个更完整的不同手稿，因为塞利奥以及斯特拉达谈及临时军营的文字都遗失了）[7]：

> "从同一作者手中我还购买了他的第八本书，全部是讨论战争的。在这一卷中有两处删减——那就是罗马人利用帐篷与营帐设置营地部分。首先，有关于整体的地面布置的设计，然后再打破成个体的部分，每个部分都有自己的文本说明。其次，有一个类似的删减，但是发展成为一个有城墙堡垒的形式，也是根据上述同样的方式设计的。"（sig. ãiiiv）

此外，在一份斯特拉达获得皇家特权，将要出版的书籍的列表中（意大利文），他同样将"第八书"描述为：

> "这是一个删减版本，内容是罗马军事建筑，首先以帐篷与营帐搭建营地的方式，然后发展成为有城墙的堡垒呈现，由博洛尼亚的塞巴斯蒂亚诺·塞利奥 [sic] 根据波利比乌斯——使用意大利语和拉丁语写作的历史学家——的第六书设计。最后，我们添加了由兰格领主，纪尧姆·杜·贝莱，以法语和拉丁语撰写的关于战争事项的简介。"[8]

考虑到目前装订状态下编排的不可靠特性，手稿的各个部分延续斯特拉达的描述重新进行了编排。这也就符合塞利奥在开篇提到的，已经讨论了临时军营，并且复制了从临时军营发展到永恒设施的逻辑发展进程，也就是从帆布帐篷营地到石质城市。我们保留了铅笔的页码，为了便利地参照使用这些数字的抄本。临时营地中使用的墨水数字，符合这种安排，添加了括号排布在文字中。

---

7  见 Dinsmoor, W. B., *op. cit.*, p. 91.

8  见 Jansen, D. J., 'Jacopo Strada editore del Settimo Libro', in Thoenes, C. (ed.), *op. cit.*, p. 215 n. 27.

# 关于翻译

我们试图实现风格的一致，并且尽可能根据字面，或者是简单地翻译，来传达塞利奥的意思。塞利奥有一种平白，非形而上学的风格，以及对于建筑术语的精确度（很多术语要么是他发明的，或者是从他在第三书末尾提到的维特鲁威评论的口述传统中记录下来的，见术语表）。我们并不希望让塞利奥的文本变得现代，因为毕竟他不是我们时代的作者。

罗伯特·皮克（Robert Peake）的 1611 年英文译本只有前五书。因此，我们的是塞利奥后期作品的第一个（在任何语言中）译本（除了第七书的拉丁文本，由雅各布·斯特拉达以意大利文发表了第一版，以及在 1568—1569 年到 1663 年间与第一至五书一同发表的"门的额外之书"的拉丁文本）。[1] 实际上，塞利奥本人有翻译的计划，因为在他 1537 年关于"几本建筑书"的版权申请中，他提到想要"将这些作品中的一部分用拉丁文印刷，使得其他国家的人能够分享它们"。[2] 此外，在他第二书的"读者注"中，塞利奥声明他希望后面的书使用意大利文与法文平行出版（fol. 73v，第一版），在慕尼黑手稿中（fols. 66v 与 74r）他写道，法文与意大利文都会出现在同一页面中，让整页的文字对应于整页的图像（在当时是建筑文献中的新颖做法）。[3] 另外，我们是第一个将第六书与其他书打包成一体的（第一至五书包括在这一译本的第一卷中），最终实现了塞利奥原先在 1537 年第四书中列出的第一至七书（独立出版）的计划，虽然是经过了翻译，并且呈现为两卷的方式。

---

1 也不包括 Dinsmoor 完成的未出版的 Columbia MS Book VI 的翻译，存于 Columbia University Library, New York, Dinsmoor Archive Box 2 *c*.1951 (uncorrected manuscript) (Dinsmoor 在他 1942 年关于 Serlio 的文章中承诺要完成第六书的翻译 (*op. cit*., p. 152)；还有一个不可靠的"第八书"的翻译，见 Johnson, J. G., *op. cit*., Appendix A (facsimile of Ph.D).

2 时间确定为 1537 年 10 月 5 日，翻译见 vol. 1, Appendix 1, p. 466.

3 与 Rosenfeld 在 'Sebastiano Serlio's Contributions to the Creation of the Modern Illustrated Architectural Manual', in Thoenes, C. (ed.), *op. cit*., p. 106. 中提出的原因相反．

# 第六书与第七书 "所有建筑作品与视图"

## 第六书 住宅

塞巴斯蒂亚诺·塞利奥 著

今天习俗中所有的居住建筑，

从最低端的农舍，

或者被称为棚屋开始，

逐渐提升等级，

直到服务于亲王的最为奢侈的宫殿，

其中包括别墅以及城市宅邸[1]

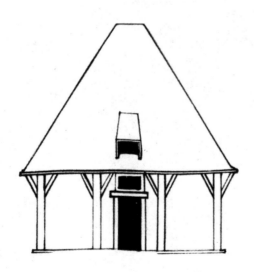

## 各个阶层的城市外住宅 [2]

　　就像维特鲁威在他的第二书第一张中写道的那样，一开始，人们完全依据便利性建造房屋，没有关于适宜性（decorum）的考虑。[3] 最早帮助人们防御雨水的潮湿以及阳光灼热的遮蔽物，是由带叉的木棍或枝条支撑树枝，再绑上柳树枝条建成的，这种遮蔽物今天仍然被称为遮蔽棚（*frascate*）。[4] 有的人会挖空地面，上面覆盖金字塔形的树枝顶棚，自己居住在遮蔽物下面，其他人则更为安稳地居住在洞穴与大型洞窟中。还有一些人使用相互交织的树干、木棍与枝条建造遮蔽物。然后他们会涂抹上混杂了优质草秸的软泥，并且用更厚更长的干草覆盖；在里面，人们免受寒冷侵扰，幸福地度过一生。此后，他们依照更好的判断力与秩序来建造遮蔽物，他们使用更大的木材，逐渐有了更多的经验与更好的技艺，他们开始扩大自己的住所，给它们一定程度的装饰。[5] 而且，基于自己的地区，他们使用自己能获取的最适宜的材料，结果是，伴随着一年一年过去，那些有着更好判断力的人开始将实用性与适宜性相互调和 [6]，尤其是在更为文雅的地方。我将在这本第六书中讨论适宜性与实用性的统一，首先是最为简朴的贫苦乡民小屋，再一步一步上升到亲王的住宅。[7] 我还要讨论皇家住宅，因为我现在服务于最虔诚的基督教国王，亨利。[8] 但是我要先讨论城市外的住宅，然后再逐步讨论城市内的。这种区别的原因在于，乡村中的建筑对于观赏者，尤其是远处的观赏者，应该有某种魅力以及令人愉悦，而在城市中的建筑应该以优雅的判断力让建筑变得高贵，让它们拥有华丽的装饰，整体的各个部分都具备完美的比例与和谐。[9] 我不会进入这些理论讨论，比如如何挑选好的、健康的场地，回避恶劣的、恶臭的地点，或者是墙应该面对哪个风向，窗户又应该在哪里布局。我也不会讨论在坚硬、干燥或者泥泞、潮湿的条件下如何或者是使用什么材料来建造基础，因为维特鲁威 [10] 已经在他第一书的四章中详细谈论了这些方面，阿尔伯蒂则更详细地讨论了它们 [11]，在我看来，不可能再增添什么有用的东西。因此，就像是我的义务，我在这些方面完全参考了他们的著作。但我还是要说，不同地区的空气、水与地形都不相同，当一个建筑师到达一个从没去过的地方，他应该向那些在本地出生成长，尤其是在这些方面有丰富知识的人请教。在另一方面，关于在协调了实用性与适宜性的条件下设计仔细考虑过的，有良好比例的建筑 [12]，任何没有花费数年时间研究杰出建筑以及那些不会绘图，也就是不会设计的人应该让位于对这些方面有充分了解的人。但是，上天的神啊，有多少人披上这一美丽高贵艺术的斗篷，却在这些方面比鼹鼠还盲目！[13] 现在，回到我此前的主题，在我的这本第六书中，我要用文字与设计图像来讨论实用性与适宜性的和谐 [14]，其中要大量涉及法国建筑的实用性，我发现它们非常优秀。[15]

## 在收入有限的四种程度下的贫穷农民住宅

　　虽然我说过要从最简陋的贫穷乡民的小屋开始，但我还是要忽略穷困乞讨者的棚屋，讨论那些依靠自己的劳动维持一个小家庭的穷人，他们有一点点土地，至少需要一个房间来睡觉和生火。[16] 这样的房子每边都不超过 10 尺 [17][ 意大利文 piede（足尺，约 1 足长）；oncia（寸，1 足尺的十二分之一）。本书统一译为尺、寸，下同。]，它被标注为 C。如果这个穷人有一些牲畜，尤其是有牛的话，他就必须附着房屋修建一个简易的牲口棚，宽度不应小于 7 尺。墙上应该有一扇窗户面向生火的地方，牛在晚上透过这里看到火，在白天就不会感到害怕，就像维特鲁威与其他作者所建议的那样。[18] 如果这个牲口棚有一面小窗面向东方会很有利，那么日出时的第一道光线就能够进入，并且起到上面提到的与火一样的作用。这个牲口棚被标记为 S。如果这个乡民在收入上富裕一些，就可以在房屋前面修建一个门廊，至少 7 尺宽，这被标注为 P。此外，如果这个乡民有大一点的家业，就有限资源来说较为宽裕，那么在门廊之外他可以有烤炉和一个储藏窖（cantina）。这些应该在门廊两头，有相等的宽度——储藏窖标记为 V，烤炉标记为 F。所以这个房子适用于四种不同程度的收入有限的情况。[19] 这种房屋的范例体现在上方的平面与立面中。编号 I。[20]

## 在收入适度的三种程度下的中等阶层乡民

　　在家产与收入上都处于中等的乡民需要更大的居所，来容纳壁炉，以及吃饭与睡觉的场所。应该设有一个次厅（saletta），标为 A。长度应为 18 尺，宽度为 8 尺，高低与长度相同。在右手面 [21]，应该有一个主室（camera），标为 B，宽度是 10 尺，长度为 8 尺。在此之上会有另一个同等尺寸的房间，两者的高度都是 8.5 尺，其中 1 尺留给地面铺装。如此处理之后，两个主室的高度就与次厅相同了。[22] 在这一面应该有一个储藏窖，C，8 尺长，8 尺宽，上面是一个从室（camerino）。在左手面应该有一个牲口棚，标记为 D，宽度是 8 尺，长度是 19 尺，应该有窗户朝向火，这样牛在日间就不会害怕，原因前面已经提到过。在房屋前面应该有一个门廊，标记为 E，长度应该与房屋的前面相同，宽度是 10 尺。门廊的端头应该封闭，其中一端放置烤炉，标记为 F；烤炉之下应该是猪舍，之上是鸡笼。在另一端是压榨室，标记为 G，便于储藏窖使用。如果这种程度下的有适度资源的乡民需要更多住房（loggiamenti）来居住，因为他更宽裕也有更大的家产，那么房屋两边应该再建两个房间，与房屋和门廊的宽度一样，但是在这两个房间与原来的房屋之间要留出两条没有屋顶的通道，让人能够从庭院中穿过进入厨房花园与田地。[23] 其中一个房间被用作各种农畜的牲口棚，标记为 H。另外一个被用作更大的储藏窖，用来制作葡萄酒，适于压榨，标记为 I。如果处于这一阶层的乡民更富一点，有更多物品与家产，庭院的各边都可以修建门廊，后面还可以修建住房 [24]；门廊下可以储藏和保护饲料，庭院可以做饲料的脱粒场地。这个房屋适用于三种程度有适度资源的乡民。下面是它的图像，平面与下方的立面。编号 II。[25]

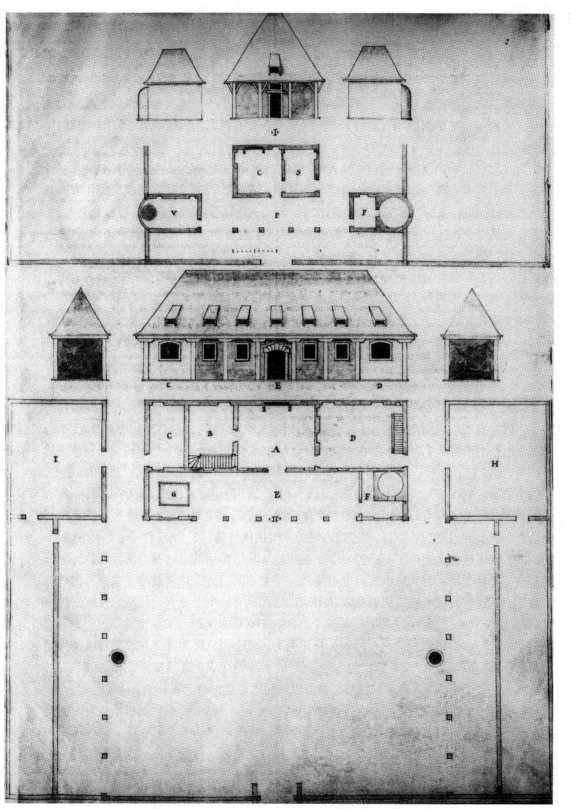

**在三种程度的宽裕条件下富裕农民的住宅**

如果我要讨论富裕农民的住宅，就像我早年在意大利很多地方所看到的那种，我会设想一个乡村的亲王。因为，就像我之前说的，我看到过一些极为富有的农民与很多人一块儿和谐地生活，服从于一个家庭领袖——他们对这个杰出老人的畏惧和尊敬是如此一致，使得一个壁炉就适用于所有人。[26]但是，今天不再能找到这些人了，因为骄傲灵魂之间相互争吵，专注于彼此的报复。因为这个原因，也因为持续的战争[27]，还有一些人通过高利贷、诈骗以及抢劫剥夺他人的财富，这些原来富有的人变得一贫如洗。尽管如此，由于我要一步一步地讨论所有类型的住宅，我也要讨论这些富裕农民的住宅，基于三种程度的宽裕条件。首先，我的意图是应该有一个中心主厅（sala），应该是公共的。在其中间是壁炉，这样主厅中能够容纳更多的人，而且在游戏中或者是讨论很多事情时，每个人的脸都能被看到。这个主厅被标记为 A。它每边应该有 27 尺，高度也是一样，这样烟能够与火保持合适的距离，并且通过顶部的金字塔形状屋顶排出。在它的右边与左边有四个主室，标记为 B；每一个都是 20 尺长，13 尺宽。它们中的每一个——应该有三个，一个重叠在另一个之上，直到屋顶下——可以有 8 尺高。一家之主夜间应该在主厅中睡觉，保护好钥匙。在这个住宅后面是公牛的牛圈，这样牛就能在夜间透过三个窗户看到火，前面已经说过了原因。即使牛棚紧靠住宅，它的高度也应该低一些。它的宽度是 20 尺，标记为 C。在右边是储藏窖，标记为 D，在它与住宅之间是一条没有顶的通道。这个储藏窖应该有 27 尺宽，35 尺长。在它的一旁是制作葡萄酒的地方，有压榨工具与瓶子，因为它可以使用院落与水井。它的长度应该是 11 尺[28]，宽度 27 尺——标记为 E。在左手边是制油磨坊（取决于所在地域，可能是橄榄或胡桃）。这个房间的尺寸应该与另外一个相同，它标记为 F。[29]紧邻它的是烤炉和面包制作室，以及清洗衣物与麻布的地方。在住宅之后的右手边是一个大的内院，标记为 H。这用于各种农畜，因为在它的一侧有大的畜棚，另外一侧有两个猪舍。在两个猪舍之间较低的位置是沟渠，而且在院落中心应该有一个水坑，供农畜饮水。在左边有另外一个提供给鸡、鸭、鹅或者其他禽类的院子。中心的水坑供这些动物使用——另一个小一些的坑是给鸡用的。这些鸡所处的位置应该高一些，并且干燥，因此应该有两个鸡笼和一个中心的门廊，这样就能在风雨天把鸡赶入鸡笼。穿过这些院子进入厨房花园和田地，这些足够一个富裕农户使用。住宅前应该有门廊，标记为 K；宽度为 12 尺。如果这个富裕农户有很多家产和大量农具，居所又不足，那么在院子的各边可以添加两个门廊，标记为 L。在这些门廊下可以存放草料以及其他家庭用具，院落可以用作草料脱粒的场地。此外，如果这个农户非常富裕，有很大的家产，收入很高，那么他就需要更多的住房，就可以在门廊后建设两个紧邻的套间（标记为 M、N、O、P）。而且，在我们这个时代，军人们驻扎时不仅任他们喜爱占据村庄，有时甚至导致村庄的毁坏，可能更好的方式是将标记为 O、P 的地方让给士兵，使他们远离农户的居住地。但是一旦他们进入住房，就会支配所有的东西。尽管如此，这个住宅是为三种不同程度的富裕农户所使用的。现在，我将继续讨论公民的住宅，首先是贫穷的手工艺匠人。这种住宅的形式，它的平面与立面，见下面。编号 III。[30]

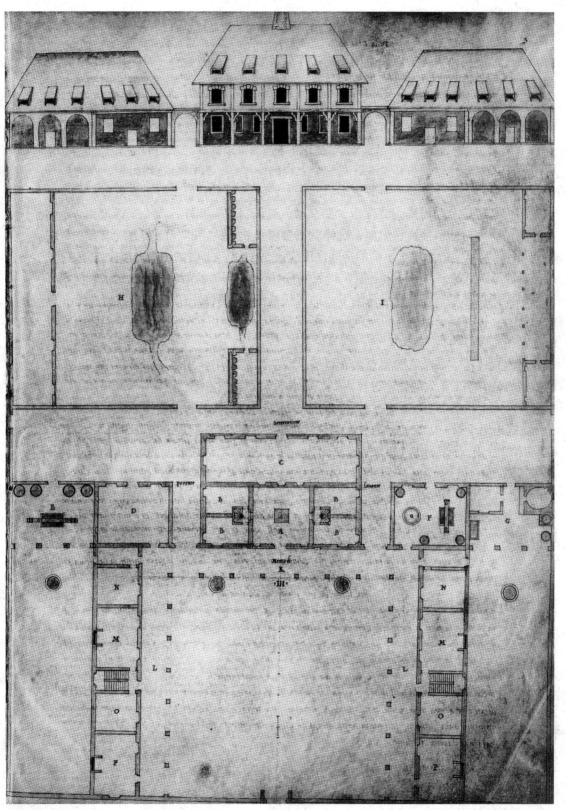

**三种程度收入有限的城市外贫穷手工艺人的住宅**

我已经在我认为有必要的范围内讨论了农民的住宅，因为有了这一点启发，聪明的建筑师就能有其他很多创造；这种方法可以用于很多国家。我现在要开始讨论城市外公民的住宅，首先是贫穷的手工艺人。[31] 这个人可能有了一小块土地，需要建造足够大的房屋才能舒适地定居下来，如果他总是想待在乡村里。这种住所应该有 15 尺长，13 尺宽，内部应该有壁炉和床——标记为 B。如果他要更舒服一点，可以添加一个厨房，应该有 8 尺宽——标记为 C。虽然有一个上楼的小楼梯，并不会妨碍厨房，因为楼梯之下也有空间。此外，如果需要更多房间——或者是因为有更多财富或更多家具——房屋前可以建造一个门廊。宽度至少要 9 尺，应该与房屋同样长度——标记为 A。你可以通过厨房的楼梯爬到它上面，这样就不会需要其他的空间，门廊上应该有一个次厅以及一个有从室的主室。下面的房间高度应该是 11 尺，上面的房间高度应该是 9 尺。如果场地可以下挖，你可以向下挖 3.5 尺，将房屋抬升同样的高度，那么厨房和储藏窖就可以建造在那里。如果业主认为下面的房间就够了，那么屋顶就可以放置在第一道檐口之上。这种例子可以参见下面。它可以服务于三种程度收入有限的手工艺人，以 III 号绘图呈现。[32]

因为我在这本书中意图使意大利风俗[33]与法国的实用性相协调，我将提供一个法国风格的贫穷手工艺人的住宅设计。[34]与另外一个同样，这个住宅应该抬高于地面，从那里进入一个主室，A。这个主室的长度为 20 尺，宽度为 18 尺。在里面应该放置壁炉和床。这是用于第一等级的有限收入条件。假如此人有更好的收入，可以添加一个厨房，应该有 12 尺宽，标记为 B。如果他有更多物品和更大家产，居住的房间可以建造在上面，就像常规习俗一样，餐厅中应该有一个螺旋楼梯攀登向上。这个住宅适用于三种程度的有限收入条件，编号为 V。[35]

**城市外贫穷商人与贫穷公民的住宅**

下面让我们来看看有更多土地和更多收入的商人或贫穷公民。这种类型的人需要比前述更大的居所。为了让房屋显得更为宏伟和坚固，它应该比地面抬高 5 尺。通过下挖 3 尺，一个储藏窖和其他服务房间能够纳入进去。由此整个地面以上的居所可以不包括任何服务房间。在住宅前面你向上攀爬进入一个敞廊，标记为 A。宽度为 9 尺，长度为 24 尺。在敞廊尽端左手边是一个从室，内部是一个螺旋楼梯向上爬升。这个从室应该只有一半高度。[36] 在敞廊右手边是另外一个从室，同样有一个夹层。穿过敞廊你到达一个前厅，B，它的左边和右边有两个完全方形的主室——两者的直径[37]都是 14 尺，标记为 C、D。向上走，有同样的房间，只是敞廊变成了次厅。地面层房间的高度是 14 尺，上面的房间高度是 10 尺，不包括阁楼。[38] 如果下面的部分足够，屋顶应该设置在第一道檐口之上，这样就不会错。这个房屋是意大利风格的，编号 VI。[39]

## 同一阶层法国风格的住宅

适用于同样类型的同种住宅可以建造成法国风格的。首先，你应该将它抬升 5 尺，就像前面描述的那样在地下层建造实用性房间。在入口是一个前厅，A。在右手边有一个主室，B，长度为 20 尺，宽度为 18 尺，在角部有一个床龛放小床，这样就与螺旋楼梯相称，后者从立面上凸伸出来。从这个主室你进入后室 C，它在这些部分中 [40] 被称为服务室（*guardaroba*）。长度是 16 尺，宽度为 12 尺。在前厅的右手边有一个螺旋楼梯通向上面的房间；还有一个主室，D，18 尺长，16 尺宽。如果你不想把厨房放在地下，那这里就应该是厨房。上面的套间也一样，让下面的房间 14 尺高，上面的房间 10 尺高。下面是平面与立面，编号 VII。[41]

### <sup>4v</sup> 城市外较为富有的公民或商人的住宅

有些时候，一个公民或者商人有更多的收入，就会要求更大和更美观的住所，就像我下面要呈现的那样。[42] 正如我在其他住宅中所说的，这个建筑也要从地面抬升 5 尺，并且向地下挖同样高度——所有的服务性房间都建造在这里。你首先爬升 [43] 到敞廊 A，它 10 尺宽 46 尺长。继续前进就进入了前厅 [44] B，宽度为 24 尺，长度为宽度的两倍。在左边和右边有两个主室，C，24 尺长，21 尺宽，相配的是两个后室（*retrocamere*），D，每边都是 21 尺。紧贴其中一个的是一个从室，它有夹层。在另外一个后室旁边的是一个向上的螺旋楼梯，上面是相同的住房。但是上部的敞廊要转变成次厅，一个在这里被称为展廊（*galerie*）的房间 [45]，而上部的前厅将是一个主厅。下部房间的高度是 16 尺，上部房间的高度是 12 尺，不包括阁楼。

有一些人希望持续地关注他们的农民在干什么，并且监视他们的进出，你可以很有秩序地将这些下人的住所与主人的住所相协调，同时也让两者相互分离。那么，你可以在院落的右手边修建住房的延伸——它们标记为 E、F、G——它们距离主宅有 10 尺的距离。它们的宽度有 20 尺，长度有 86 尺。标记为 F 的部分是通用主厅，供全体家居使用，其中心是壁炉。另两个部分，E、G，用于睡觉。在左手边你应该修建一个门廊 [46]，与对面的套间一样长、一样宽。这最好放在南面，标记为 H。你应该在前面修一道墙，门在中心，这样就能创造一个宽敞的院子。在院子中心是筛草料的场地，这样主人或者是他委托的人就能在任何时候看到他的工人们在干什么，而且主人的住宅能够与下人们的分开。尽管如此，整个建筑能够通过核心住宅两侧的两扇门联系起来。通过这些你进入两个小花园 K、L，从这里你再进入厨房花园和田地。至于马厩、牛棚、谷仓和其他类似的地方，我设想它们排布在院落周边，或者是其他合适的地方，这取决于场地。住宅的平面和立面在下面，编号 VIII。[47]

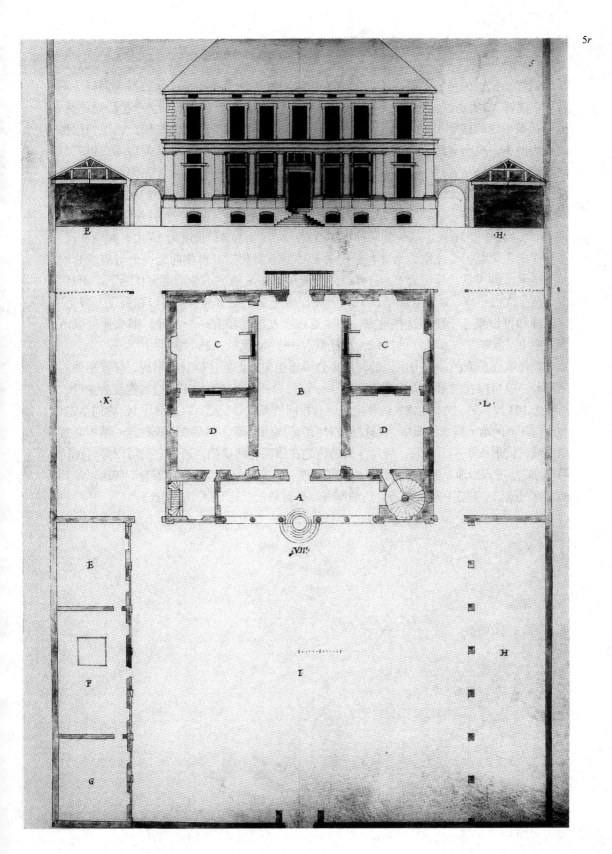

## <sup>5v</sup> 城市外较为富有的公民或商人的法国风格住宅

虽然在法国的住宅通常以不同的方式建造，我还是要展现与前面的案例同样（或者近乎同样）的实用性。[48]我始终认为城市外的住宅（如果邻近的建筑不会产生限制的话，也包括城市内的住宅）应该抬升到地面层之上。这会使得外观更为宏伟，让地面层房间更为健康，也会让地下层的房间获得实用性，这里容纳所有的仆从的房间，也就是储藏窖，包括仆从餐厅、厨房、食品储藏室以及其他类似的地方。首先你在房屋外设置梯步，这里[49]称为门阶（*perron*）。这里还有前厅 A。穿过一个旋转楼梯进入主室 B，不会受到任何阻碍。这个房间 25 尺长，20 尺宽，在它旁边还有一个服务室，C，一边是 19 尺，另一边 18 尺。从旋转楼梯下穿过是一个从室，D，长度为 13 尺，宽度 9 尺。在前厅的左边是一个主室，尺寸与标记为 E 的服务室相同。再往前是一个与前述 B 房间一样尺寸的主室，标记为 F。它可以作为厨房，如果业主不希望厨房在地下。而且，由于两个大的主室，B 和 F，有 18 尺高，所以服务室，主室和从室可以在高度上减半，旋转楼梯可以服务于所有这些地方。如果谁想要在阁楼层有一个主厅，那么他可以占据主室 B、服务室 C 和前厅的区域，这样就有一个 40 尺长，25 尺宽的主厅。

就像我在前面的住宅中所说的，如果公民希望工人们的住所就在附近，好观察他们的行动，就可以在院落的周边建造门廊，标记为 G——它应该位于南边。宽度为 18 尺，长度为 103 尺。另一方面，农民的住宅应该有相同的宽度和长度。穿过前厅 H，你向上走，在面向院落的墙上应该有圆柱[50]，这样与对面的门廊相协调。然后在前面建造一堵中间有门的墙，就形成了一个内院，而且住人的住宅在侧面有两扇门，通过它们可以穿过标记为 I 的院落进入田地，那么整个建筑会显得很统一。至于马棚、牛棚、谷仓、鸽房以及其他设施，他们应该建在场地中最合适的地方。平面和立面见下面，编号 IX。[51]

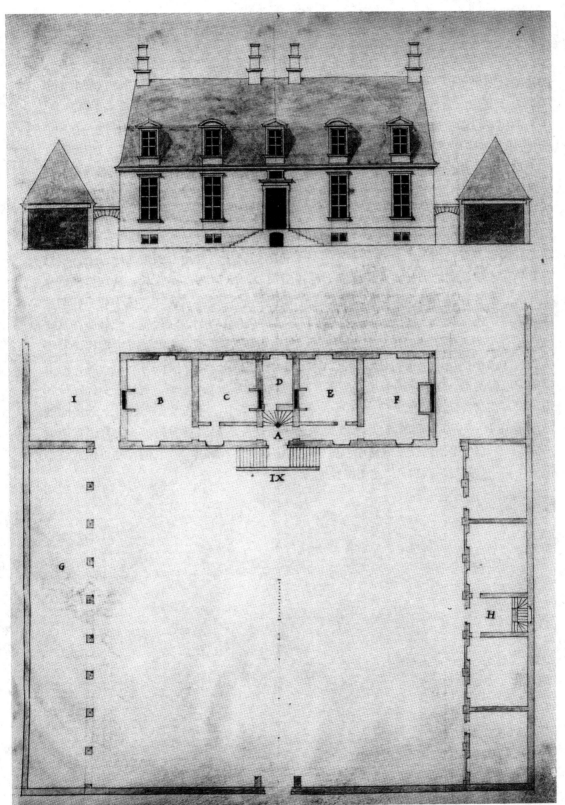

## <sup>6v</sup> 富有的公民或商人住宅的一种变形

大多数的人喜欢变化，所以我要提供一种不同于上面描述的另一种用于同一阶层的住宅。如果可能，住宅应该位于主要道路旁边，而且一个角朝向东边，这样北面就不会过于寒冷。首先，你进入院落 A，它是完整的正方形。它的直径应该是 125 尺，工人的住宅位于一边，标记为 B。这一部分应该有 20 尺宽，与院落同样长度。在中心部位，B，应该是公共主厅，供整个家庭使用——两个长方形的区域是壁炉，如果需要，一个可以用于男性，另一个用于女性。两外 4 个房间是用于睡眠。与这一部分相对的是另一个相同尺寸的住房——中心部位标记为 C，这应该是一个门廊，周边的 4 个房间用于工人们的实用性功能需求。而如果你想要将这些全部建造成门廊，也会不有问题，它们都可以供农民使用；但是并不包括其他的实用性设施——马厩、牛棚、谷仓、花园、蔬菜花园以及其他类似的事物。在院落另一边的公民住宅要抬升到地面层以上，就像在其他住宅里谈到的那样。这里你向上到达敞廊 D，15 尺宽，42 尺长。从这里你进入主厅 E，宽度为 23 尺，长度为 40 尺。它有两个完全方形的主室，F，位于两头，与主厅一样宽，还有两个从室，G，服务于这些房间，它有 14 尺长 11 尺宽。此外，在这些地方还有一个放置床铺的床龛，和一个通往上面的旋转楼梯。这里没有主楼梯，就不会在这样狭小的场地上浪费任何房间。对于上层的住房，尺寸应该与下面一致，但上层的应该有窗户。在房屋的旁边，应该有两个小的院落或花园，H，通过它们你穿行到田地里。在这些院落前面，应该有两个门，它们将整个住宅联系在一起。下部房间的高度是 18 尺，上部房间的高度是 15 尺。至于出现在房屋之上的鸽房，我希望它能远离住宅——它的平面画在了院落中，虽然它的位置并不在那里。[52] 它的尺寸可以通过小比例尺和一对圆规来获得。[53] 此图编号 X。[54]

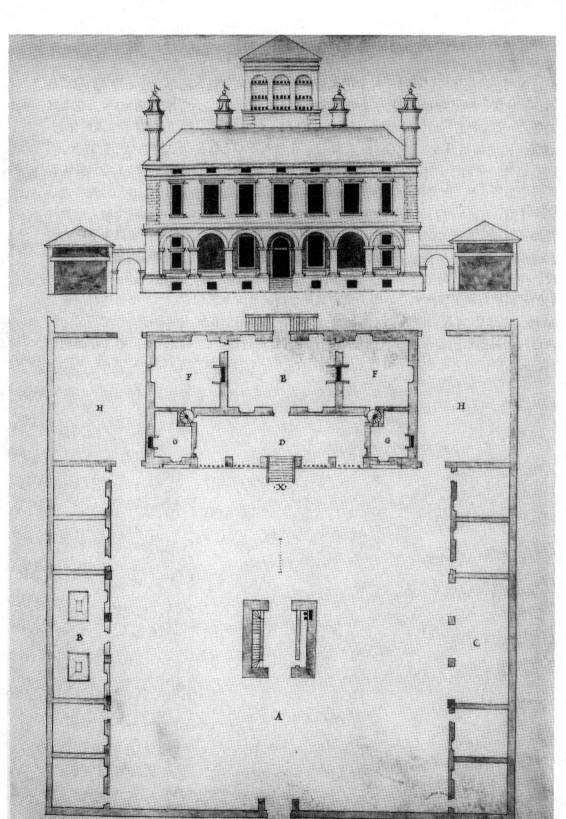

## <sup>7v</sup> 法国风格的富有公民或商人住宅

为同一阶层还可以设计一种法国风格的住宅。首先你进入院落，标记为 A，院落各边都有住房，标记为 B，在其中心有两个敞廊。其宽度是 21 尺，长度为 42 尺。在敞廊的各边，或者我们所说的门廊处，是农民的住房。面向院落，与大门相对是主人的住宅。它应该比地面抬升 5 尺。在它的入口有一个主厅，C，宽度为 23 尺，长度 37 尺。<sup>55</sup>在右边有一个前厅，D，从这里你穿过进入到一个主室，E，各边都是 23 尺。紧接着是一个后室，F，长度 31 尺，宽度 18 尺。在主厅左手边是一个前厅，G，它的一边是一个主室，H，尺寸与另外一个主室相同。这两个房间高度可以减半，两个向上的旋转楼梯可以用于夹层。穿过这些你可以进入主室 I，尺寸与前面的相同。如果为了更为便利，主人不希望厨房在地下，这个房间可以用作厨房。楼梯下层房间的高度应该是 17 尺。楼梯上的应该是 12 尺。<sup>56</sup>房顶上出现的鸽房应该远离住宅，并且采用图中的立面。它的平面绘制在了院落中心，因为没有其他合适的地方来展现它。<sup>57</sup>下部每边都应该是 30 尺，内部是 24 尺。因为它 4 面都是开放的，可以用作花园中的亭子。<sup>58</sup>房屋两边的两道门将院落封闭起来，并且让住宅更为完善。通过这些你可以进入田地、花园和厨房花园。平面与立面如下，编号 XI。<sup>59</sup>

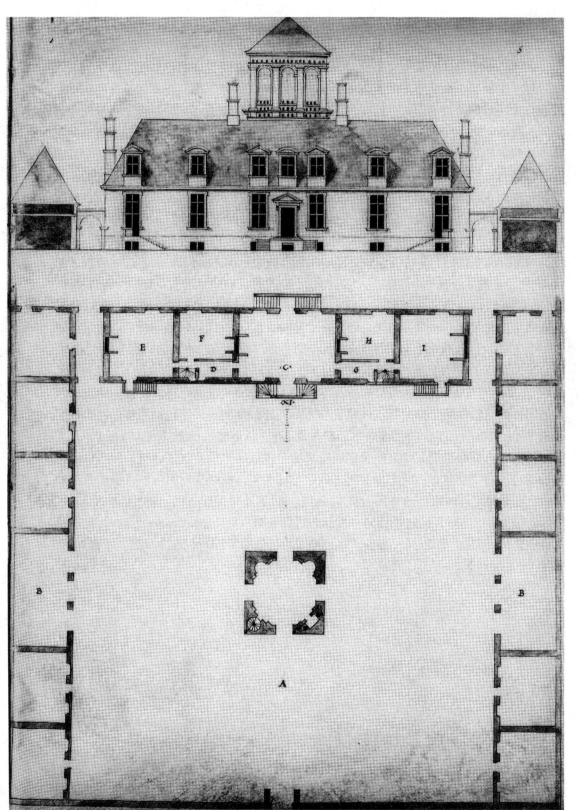

**城市外绅士的住宅**

城市外绅士的住宅几乎总是比城市内的更美观，有着更好的比例，这是因为在城市里很少能找到一块位于开敞地面上的长方形场地。另一方面，在乡村一座住宅可以被设计为任何你希望的形式，比如说，农民住宅就可以建造成一种与当下通常使用的有所不同的风格。[60]首先，应该假定住宅前有一个大的院落，朝向主要道路或者朝向河岸。从住宅的立面量起，院落应该是完整的方形，从这里你往上爬 5 尺进入一个有着石板铺砌台面的敞廊，A，它配有带栏杆的胸墙。然后是标记为 B 的敞廊，宽度为 15尺，长度为 60 尺。在右边有一个主室，D，各边均为 21 尺。在其后面是主室 E，尺寸与前一个相同，也有着同样的从室。这些主室可以有另外两个出口，一个穿过旋转楼梯朝向前厅，另外一个朝向内院。[61]穿过敞廊你进入门廊 E。[62]在它上面应该有一个主厅，内部有两个壁炉，各边有窗户，图中用圆点线表示出来。门廊的宽度是 30 尺，长度 40 尺。在右手边有一个院落，G，36 尺长，22 尺宽。在门廊的入口有一个旋转楼梯，H，用于攀爬向上，进入敞廊和主厅——楼梯的直径为 12 尺。在门廊的另一边是楼梯 I，也通向主厅和敞廊——越过门廊是另外一个敞廊，K[63]，就像前面的一样。从这里你进入一个主室，L，就像前一个一样，在楼梯下有它的一个从室。在此之后有一个主室 M，各边均为 24 尺。再往后有一个主室 N，24 尺长，21 尺宽，配有一个为它服务的从室，O，长度 21 尺，宽度 13 尺。这个房间的高度减半，其他的从室也一样。在另一边也应该建造同样数量的住房，在上部应该建造与下部同样的套间，但不包括阁楼。这个住宅能用于 4 位绅士，因为所有的服务房间都在地下。[64]从敞廊 K 你下降进入花园 P，尺寸可以任由主人喜好决定。如果他希望通过建造更多住房来丰富这座建筑，他可以在花园的两边建造两个敞廊，对面也建——这些标记为 Q。在这些上面应该有一个开放的平台。在敞廊之外可以建造一列主室[65]，在中间设置一个前厅，R，各边均为 24 尺。[66]紧邻的是主室 S，与 R 的尺寸相同。在此之后有一个前室（*anticamera*），T，与前面的主室一样长，但宽度是 20 尺。服务于这一房间的是从室 V，20 尺长 13 尺宽。平面如下，编号 XII。[67]

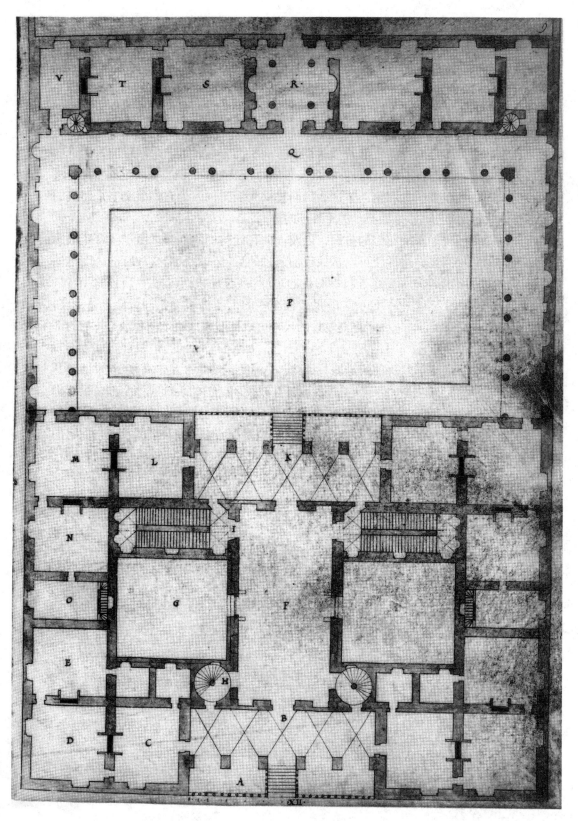

## 城市外尊贵绅士的住宅

在下一页顶部可以看到的立面属于上述住宅的前立面——背部立面也同样。首先，你向上前进 5 尺到敞廊，从这一层到上面楼层底面的高度是 18 尺——所有的主室和主厅应该一样，而小一些的地方应该仅有一半高度。高度是到楣梁的底部，这个楣梁刻画出楼面的位置。[68] 上部房间的高度与下部的相同，但因为地面层比地面高 5 尺，下部看起来比上部高得多，维特鲁威就希望这样来分配层高；他要求上部楼层应该比下部的矮四分之一。[69] 阁楼的剖面应该是可以供人居住的，因为屋顶覆盖在一定程度上是法国风格的，因此我设置了老虎窗，给这些房间提供光线，也因为它们事实上是建筑的重要装饰，就像是皇冠。[70] 这些都是关于外部的。

中间的图像展现了围绕花园的敞廊，以及面向花园的套间立面。由于我希望敞廊上的平台与第二层同高，这样就可以从住宅前部到达后部，这就需要敞廊的高度达到 23 尺，因为花园比住宅地面低了 5 尺。圆柱的高度，包括柱础与柱头，应该是 16 尺，宽度 2 尺。[71] 较大的带圆拱的开间是 10 尺，较小些的上部为横梁的开口应该是 4 尺，风格应该是多立克式的。[72] 这一多立克设计的尺寸可以在下面讨论亲王和国王住宅的部分中找到。[73]

再往下的图像展现了院落前的雉堞状墙体。[74] 门的宽度是 8 尺，高度 16 尺，但开口应该只有 12 尺高，这样木门可以更轻易地打开或关闭。门的装饰应该全部是粗石砌筑的。[75] 到檐板饰带底面，墙的高度是 12 尺，檐板饰带本身 1 尺。城堞高度为 5 尺，在底部的宽度是 3 尺，檐口 0.5 尺高。城堞之间的宽度与城堞相同。墙的长度与住宅的立面相匹配。此图编号 XII。[76]

## 与上述不同的一种绅士住宅

城市外尊贵绅士的住宅可以建造得完全不同于前述的设计。[77] 因为所有乡间的住宅，不管是在重要道路的旁边或者是在河岸上，在前部有一个院落总是最好的，这样可以降低马拉或驴拉车的噪声。在这个住宅前有一个院落，标记为 A，从住宅立面量起是一个完全的方形——但因为没有足够的页面，没有展现这一尺度。在院落各边是用于储存家居用品的住房。从这个院落的地面你向上走 5 尺到达前厅 B，它的宽度为 16 尺，长度 34 尺。在右手边你进入一个主厅，C，其宽度与前厅的长度相同，其长度为 34 尺。主厅再往后是主室 D，每边的尺寸都与主厅的宽度相同。还有一个后室，E，服务于这个房间，24 尺长，18 尺宽。这个房间高度应该只有一半，夹层入口在楼梯中部。左手边的套间应该同样。离开前厅有一个敞廊，F，围绕着完全方整的院落——它的直径是 70 尺。敞廊 12 尺宽，在一端是主要楼梯，宽度为 6.5 尺，标记为 G。在敞廊另一端，也在右手边，是一个小的敞廊，H，有着同样的宽度。从这里往下走进一个小一点的院落[78]，I，宽度为 42 尺。这可以是一个私密花园，或者是一个法国球类游戏庭院。[79] 一旦穿过敞廊你进入前厅 K，12 尺宽两倍长。在这个房间的右手边有一个次厅，长度为 27 尺，宽度与前厅的长度相同，它标记为 L。紧邻这个的是前室，M，穿过它你进入主室 N，这个房间 24 尺长，宽度比长度少一尺。服务于这个的是一个从室，O，18 尺长，15 尺宽。在这个宽度之外还有一个放床的床龛和爬升到夹层的旋转楼梯。这些主室可以有一个通向小敞廊 H 的出口。在左手边应该有同样数量的住房——不同在于还有一个螺旋楼梯，直径 14 尺——上面有同样数量的住房。如果有人想要一个宽大的主厅，他们能够使用前厅 K 和紧邻的两个次厅（*salette*），而且他们能拥有一个主厅，72 尺长 25 尺宽，因为上部的墙比下部的薄。这个住宅会有很好的外观，因为它被建造为方形。[80] 但是，两个小院落节省了很多费用，给住宅增加了很美观的一个方面，上面的部分将有很好的视野，因为平台的墙上有窗户。[81] 外墙不应该比窗户的胸墙高，在这些墙上可以建造一道窄廊，便于环绕整个住宅行走。这个平面的例子在下面，编号 XIII。[82]

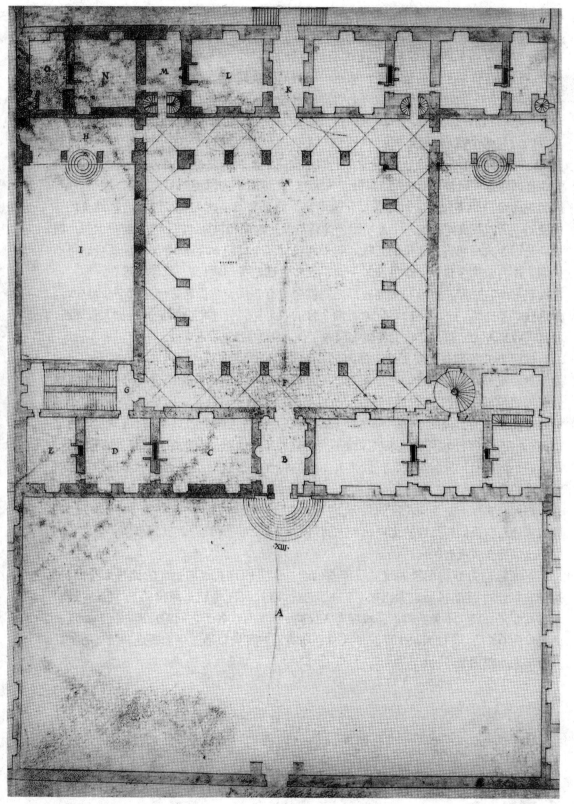

**属于前述平面的立面**

下面四个图是前面展示的住宅的细部。最上面的，A，表现了前立面。首先你向上走 5 尺到达整个建筑的地面层。从这一层到第一个楣梁底部的距离是 20 尺。这并没有包括阁楼，它们通过最后檐口之上的窗户采光，在这里会有一些家居仆人的房间。[83]现在，返回到第一层，有两件事可能在一些更为严格的建筑师看来是放任的。第一个，主要的门与两个窗户相连，而这两个窗户实际上只是半高窗，这一紧密联系的整体让门看起来很矮小。第二个，主要窗户上的小窗可能不被人喜欢，因为它们很少见。我会这样回应这些批评。对于门，当白天关闭时，无论是因为风还是阳光，前厅会很昏暗，因为院落窗户距离较远；因此需要开两扇窗，而且它们不能太宽，因为内部没有足够的空间。所以我决定让窗户半开半闭，这样与整个立面相协调。[84]对于大窗户上的小窗户，是因为大房间需要大量的光线。如果我设计一个窗户 5 尺宽 16 尺高，就会显得不协调，作为装饰也很丑。如果在另一面，我将它建造成 10 尺高，就像它现在这样，符合常规习俗，在窗户上沿和楼面底部之间就会留有 7 尺，结果是这一层就会显得昏暗。但这些"非正统"（bastard）[85]元素有两个好的效果：第一，它们会给房间提供大量光线，而且很容易开关；第二，它们将能够服务于住宅中大量的夹层。

标记为 B 的部分展现了住宅的内部。五个拱位于面向院落的敞廊中，在它们之上是平台。毗邻它们的是两个小的敞廊，它们是在两个小院落端头部分。因为这些院落位于周边地面的高度上，比建筑低，所以房间会更利于健康，花园更为凉爽。至于地板的高度，与前面说的一样。圆拱有 12 尺宽，立柱的正面是 2.5 尺宽，根据建筑的要求，在侧面是 5 尺，这样看起来拱顶就不会将立柱压向地面。因此在角部建筑非常坚固。侧翼的小敞廊有同样的高度，但圆拱有 10 尺宽，在它们之上是平台，从那里你可以看到周围的乡村。

图像 C 实际上是朝向花园的北面，它与其他面有同样的高度。为了给阁楼提供光线，应该修建与前面同样高度的窗户。考虑到门的单独尺寸[86]，窗户和其他事情，下面所画的小比尺将提供所有的信息。

下面标记为 D 的图像展现了院落前的墙。这是用比其他图更大的比尺来绘制的，这样它的尺寸就能轻易地看出来。门 8 尺宽，13 尺高，是粗石风格的。[87]包括城堞，墙的高度是 9 尺。不包括檐口，城堞有 5 尺高，3 尺宽。各个之间的距离相同。城堞上的檐口为 0.5 尺。[88]如果缺失了其他尺寸，所有这些都可以通过一对圆规和门下方的比尺量出来。此图编号 XIII。[89]

**被称为雇佣兵首领的一种派别的绅士**

尊贵的绅士是和平与正义的爱好者，他们总是为那些应得其服务的人尽职；至于他住宅的强度，可以是用谷草、泥土、木头或者其他脆弱材料来建造的，因为这种人总是安全的，没有人憎恨他们。实际上，天堂中的正义在他们头上撑起了一面坚固的盾牌。但是对于另一派的绅士，他们自身在某种程度上是一个独裁者，很多人想要他们的性命，他们总是在寻求报复，始终害怕受到伤害，那他就需要一座坚固的住宅，来保护他免受敌人的欺诈和袭击。[90] 所以，城市外雇佣兵首领的住宅应该用又厚又硬的墙来建造。[91] 除此之外，比他地位更高的人不会再允许使用其他公共防御的设施，比如防御侧翼、宽和深的壕沟、吊桥等[92]，尤其是在教会拥有的土地上，这里本就是派系争斗的巢穴和温床。[93] 在我看来，应该按照下面的方式建造雇佣兵首领住宅。在住宅前面是一个完全方整的院落，与住宅立面一样宽。在它之前的墙应该用立柱建造，部分挖空，形成扶壁支撑。要有一个敞廊，其上是平台用于对标记为 A 的大门进行持续观察和防御。[94] 从这里进入院落 B。在住宅立面上是门 C，它尺寸并不大，所以可以更坚固。在左手和右手边，有两个主室 D，与院落地面齐平。它们都应该有 24 尺长，22 尺宽。前厅应该狭窄，这样的话，即使本已坚固的门被敌人拉倒，两个非常危险的障碍会随之而来：首先是穿过门廊，敌人会发现他不断遭受两侧主室 D 中刺入门廊的长矛攻击[95]，此外，在墙上还有密集排布的火绳枪[96]；第二个困难在正面，他们必须要爬上阶梯。因为他们处于不利地位，会不断受到压制。如果住宅中的人最终被数目众多的敌人战胜，雇佣兵首领和他的官员可以撤退到主室 I，因为这个房间前面的螺旋楼梯有铁质闸门。这个房间应该是一个塔，从地面到顶面都是空的，用于储藏几天的给养，这样一旦攻击结束他们能够全身而退。除了两个主室和前厅，住宅的其余部分都在地面以上抬升 5 尺，地下也挖空，那里是所有的服务房间，直到最低等的主人的马厩。到达阶梯顶部是前厅 C，那里有敞廊 E，宽度是 10 尺，它环绕着一个完全方正的院落，直径 60 尺。立柱 5 尺厚，正面 3 尺。敞廊尽端的右手边是配有休息平台与回转梯步的楼梯[97]，标记为 F。旁边是一个小主室，应该有夹层，夹层入口开在楼梯休息平台处。沿着右手边的敞廊前行，在中途是一个主厅，G，23 尺宽，33 尺长，在这之后是一个主室，H，长度等同于主厅的宽度，为 18 尺。再过去是主室 I。你通过一个非常坚固的螺旋楼梯进入它，楼梯入口狭窄，还配有铁门。这个主室每边都应该是 21 尺，内部有一个小而坚固的房间，用于储藏主人的财宝。回到院落走过敞廊，你进入前厅 K[98]，在它一旁是主室 L，一边 23 尺长，另一边 22 尺。服务于它的是后室 M，20 尺长，12 尺宽，在其内部有一个小从室。在左手边应该有同样的住房。所有下面的房间，在上面也应该有，除非你很恰当地希望有一个大的主厅。在这种情况下，将门厅与两边的主室合并，你将会有一个 62 尺长的主厅，它有 26 尺宽，因为上面的墙要薄 1 尺。对于墙的厚度，越厚越好，尤其是外墙和塔的墙。而其他的，即使是要支撑拱顶也足够了，因为一旦敌人进入住宅，那一切都处于他们掌控之下，除了防守塔，在一段时间能能够抵御非火器的进攻。如果遗漏了其他尺寸，可以通过一个小比例尺计算它们。这里描述的平面在下面，编号 XIIII。[99]

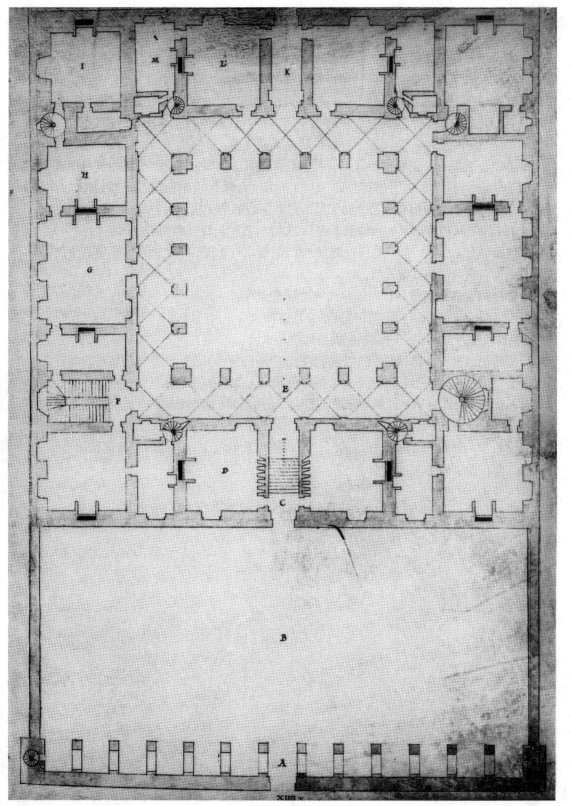

**雇佣兵首领住宅的立面与内部**

　　下面位于底部的图像，标记为 A，是雇佣兵首领住宅的立面。除了最终的檐口外，它上面完全没有雕刻的装饰，这样可以从上面的窗户向敌人投掷物品来伤害他们，而不会受到檐口的阻碍。在此之外，第一层的窗户应该高出地面很多，这样外面的人就不能很容易地爬进去，这些窗户应该有很坚固的护栏。就像我在平面中所提到的，门应该小而坚固，7 尺宽，12 尺高，它应该比路面高 1 步。第一层的窗户应该比地面高 12 尺，在其下面是一个隐藏的小孔[100]，孔的前部用石头填满——这样可以用铁杆捅破，用于设置隼炮[101] 和火绳枪[102] 进行防御。入口和两边的两个房间应该位于门的高度，而其余部分都应该比地面抬高 5 尺，结果是入口和两边的两个房间都是 23 尺高，而其他房间是 18 尺高。从道路层到檐板饰带下底是 23.5 尺，从檐板饰带到楣梁底部是 19 尺——楣梁在地面以上 1 尺。[103] 所有的窗户都是 5 尺宽，首层的 10 尺高，上面层的要更高 1 尺。楣梁、中楣与檐口的高度是 6 尺。

　　中部标记为 B 的图像是从内部看到的院落前部的墙——应该有一个敞廊用于保护，在其上面是一个步道，这样可以保持观察并且防御大门。大门应该 7.5 尺宽，13.5 尺高。圆拱为 8.5 尺宽，14 尺高——从拱底面到胸墙是 5 尺。

　　上部标记为 C 的图像，展现了住宅的室内。中间部分，标记为 E，是与门相对的敞廊，它上面是一个屋顶的平台。拱都是 9 尺宽，19 尺高；立柱的正面 3 尺宽；角部立柱 6.5 尺厚。标记为 I 的部分是主人的防守塔，从上贯通到下面，这个房间的高度前面谈到了。下部暗一些、天花低的拱属于地下层的房间；因为它们的一半在地面以上，会有良好的采光，也很利于健康。如果其他的尺寸还残留在我的笔中，下部的小比例尺能够弥补这个缺陷。此图编号 XIIII。[104]

<sup>14v</sup> **城市外有名气亲王的住宅**

上帝给了人不同的天赋，但记忆尤其特殊，因为当我开始撰写有名气亲王的住宅时 [105]，脑中突然浮现出几年前我在枫丹白露 [106] 为最受人尊敬的费拉拉枢机主教，唐·伊波利托·德·埃斯特所设计和实际建造的住宅。[107] 所有人都极力称赞这个建筑，尤其是伟大的国王，弗朗索瓦，他所具备的技巧和智慧远远超出了常人。采纳这个住宅的划分与实用性，再加上一些美观元素 [108]，就形成了一个有名气亲王住宅的设计，即使上面提到的主教远比"极富名气"还要伟大很多，但他仅仅想要上述住宅的实用性，而不是作为恢宏的宅邸。[109]

这个住宅是这样设置的 [110]：首先，在院落前面是粗面石饰大门，8 尺宽 14 尺高。[111] 从这里进入一个完全方整的院落 A，每边都是 123 尺。在右边 [112] 中部是前厅，B，从这里你进入后院 C，再过去是马厩 D。这个院落有用于马车或驴车的大门，在一边是看门人的住所，在另一边是服务于厨房的烤炉。从院落 A 向上爬 [113]5 尺到达一个胸墙与栏杆环绕的平台——宽度是 20 尺，标记为 E。与它同一层高的是一个圆柱小敞廊——7 尺宽，上部是一个平台，这样就不会妨碍上面的住房，它的地面与铺地石板的高度相同。这标记为 F，在它的左手边是一个小的前厅，穿过它进入一个展廊（galleria）H。在其前端是一个礼拜堂。一旦穿过敞廊 F，你就进入了前厅 I，在它旁边是前室 K，每边都是 25 尺。在此之后是主室 L，配有后室 M 服务于它——在其下是用于更衣、暖房与沐浴的房间，一个非常实用的元素。[114] 从这里你进入球类游戏院落 N。[115] 在前厅另一面的是主厅 O，50 尺长，宽度为长度的一半。在它的尽端是主室，P，有一个从室服务于它。从这里下到一个小的院落，从这里引向花园。在前厅过去有一个楼梯，Q，通过它下到花园。在楼梯之下是一个门道前往葡萄酒库，虽然所有的螺旋楼梯都引向储藏窖。

在平面上面的图像是住宅的正面，但是它绘制的比例大于平面，这样各个部分能更容易地看到。首先，你向上爬 5 尺到达有敞廊的平台。敞廊的圆柱包括基础和柱头为 11 尺高，宽度为 1.5 尺。[116] 较大的柱间距是 9.5 尺，小一些的是 5 尺。楣梁的高度是 1.5 尺。从敞廊地面到第二道楣梁的底面是 18 尺——这就是房间的高度。从这个楣梁到檐口底部的高度同样。这里房间应该与下面的相同。在这些之上是阁楼层；高度是 10 尺，所有的房间都用于家居侍从。门的宽度是 6 尺，高度是 10 尺。所有的窗户都是 5 尺宽，第一层的 13 尺高，第二层要低 0.5 尺，最上层的 7 尺高，4.5 尺宽。

平面下的图像是院落前垛口墙的部分，以比平面更大的比尺绘制，可以从门旁边的尺标注看出来。门道有 8 尺宽。从门槛到檐板饰带的顶部是 9 尺半。从这里到拱的底面是 4 尺。从拱的底面到檐口顶部是 4.5 尺。楣梁是圆柱宽度的一半，檐板饰带与檐口相同。基座的高度是 2.5 尺。圆柱，包括柱础与柱头，是 12.5 尺高，宽度是 1.5 尺。[117] 在各边的栏杆是 0.75 尺。门是塔司干风格与粗面石饰混合。城堞的宽度是 3.5 尺，到檐口底部的高度是 6 尺，檐口是 0.75 尺。城堞之间的距离等同于城堞的宽度。在院落左手边，标记为 R、S、T、V 的地方是下部的服务用房，因为从院落地面到主厅天花底面的高度是 23 尺，所有的服务用房应该有夹层，在这些服务用房之上是用于居家侍从的主室。因为展廊抬升到地面以上 5 尺，在它下面可以设置服务用房，这取决于场地。此图编号 XV。[118]

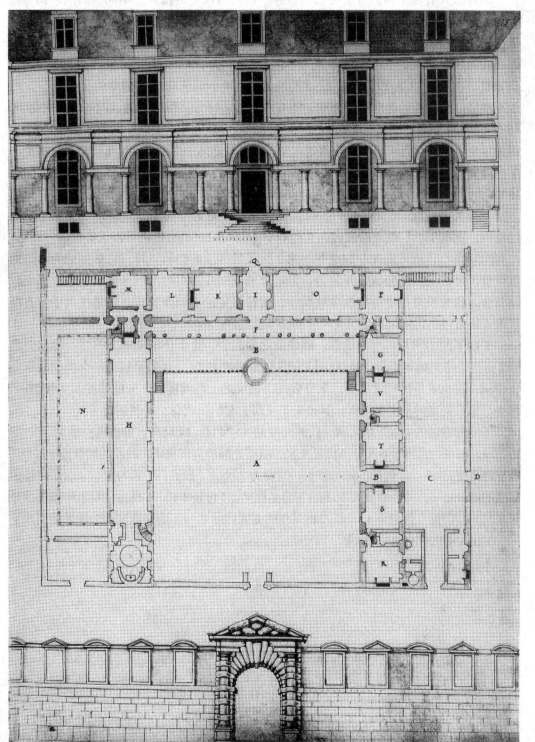

**城市外有名气亲王的住宅**

就好像人有很多种，阶层与意见各异，他们的住宅也就有所不同；因此，我希望提供尽量多样化的设计，要满足所有人。我下面将要展现的住宅在很多人看来可能近似于上面那一个，然而在事实上它是非常不同的。虽然院落、展廊以及服务房间几乎都是相同的，住宅的居住部分却完全不同。在住宅入口是院落 A——直径 103 尺，完全方整。在左手边是前厅，B，从这里进入后院 C。后院有通向前部的覆顶入口，用于车辆通过、垃圾运送或相似用途，还有守门人的部分。回到院落，同一边有厨房 D，与之相接的是烤炉，一个小院以及食品室。在同一面还有三个服务房——总计是 6 个，因为这 3 个房间都有夹层。从院落地面向上走 5 尺进入一个小院[119]，E。面对它的是一个小敞廊 F。在尽端是一个旋转楼梯，G，通过这里，你穿过进入主室 H。在它后面是后室 I，与之相对的是展廊 K。在展廊尽端是一个礼拜堂。从主室和展廊之间的过道你下降到球类游戏院落 L[120]——它前部有公共入口。向上回到字母 Q 的部位，你下降到达花园，在踏步下是通向储藏窖和其他地下房间的门，虽然你也可以从其他地方到达。所有出现在右边的元素在左边也有，除了带回转梯段的楼梯以外，它从标记为 P 的地方获得采光，这一部分也是开放的，但是覆盖有铜线编织的网——这两个地方都应该是鸟舍。我并没有记录所有的单独尺寸，这样避免论著长度过长，但是任何手上有圆规的人能通过小比例尺发现所有尺寸的细节。

平面下面的图是住宅的前部。就像前面提到的，这个住宅要向下挖掘。你向上走 5 尺到整个住宅的地面层。从这一层到楣梁底面是 18 尺。从楣梁到下一个楣梁的高度也相同，这也就是房间的高度。在最后一道楣梁之上是阁楼。一旁的梁提示了楼面层。那些与楣梁同高的是主要楼面，其他的是夹层，它们出现在小一些的地方。

下面带垛口的墙在院落之前。门的开口是 8.5 尺宽，14 尺高。墙的高度是 10 尺。除去檐口，城垛的高度是 6 尺，宽度是 4 尺，城垛之间的宽度相同。城垛的檐口为半尺。[121] 圆柱的高度是 17 尺，包括柱础与柱头，宽度为 2 尺。[122] 楣梁、中楣与檐口加起来是柱子高度的四分之一，并且划分为 10 份：3 份是楣梁，4 份是中楣，3 份给檐口；中楣应该是雕刻的。[123] 门的立柱应该 1 尺宽[124] 比其他的要大四分之一。请注意这两个图像是用比平面大的比尺画的。此图编号 XVI。[125]

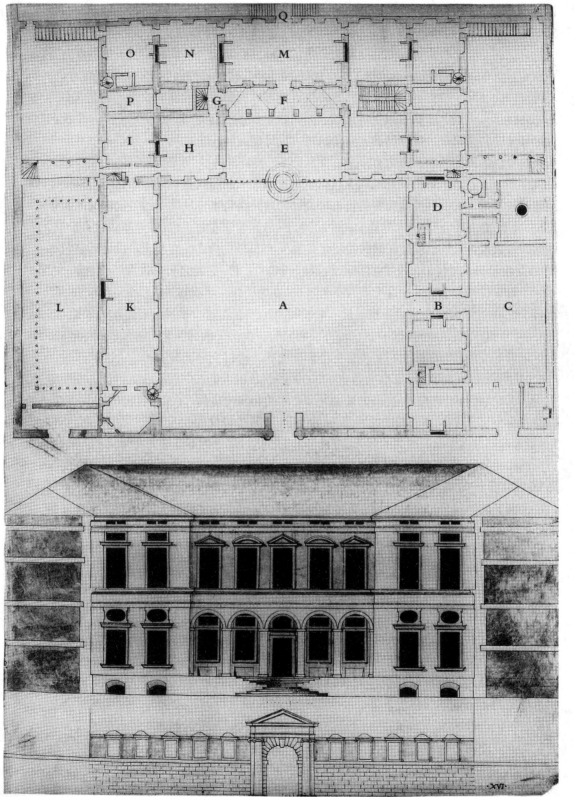

Q

O  N  M

P  G  F

I  H  E

D

L  K  A  B  C

·XVI·

## 以堡垒风格修建的有名气亲王的住宅 [126]

在法国这里，绅士们，尤其是最为高贵的，居住在城市外，而且即使王国内没有派系争斗，所有人都完全臣服于国王，他们也习惯于将住所修建得像要塞，如果场地允许，还要以壕沟环绕；他们利用吊桥和其他防御设施可以抵御手持武器的攻击。因此这里的住宅延续这一习俗 [127]，拥有城堡的形式，因为这是业主所喜爱的。这实际上是一个我在过去几年中勃艮第一个叫作昂西勒弗朗的地方设计建造的一个建筑。[128] 那是一个有山丘与树林环绕的美丽场地，旁边有泉水，而且山丘形成了一个面向肥沃平原的剧场，建筑就位于平原上。建筑被抬升到地面 5 尺以上，使得地下的房间更利于健康，因为整个建筑也都往下挖。它被一道宽而深的壕沟环绕，沟内充满泉水，从某个地方流向河流。穿过桥，你通过门进入前厅 A。这里有两个房间，B，分别位于左右手边，在这里应该有护卫，这样如果敌人进入他们就会在侧翼受到火绳枪 [129] 和长矛的攻击。在爬上台阶之后是敞廊 C，在尽端是螺旋楼梯 D，通过它你穿过进入一个次厅，E。在此之后你进入一个主室，F，有一个后室 G 服务于它——这应该有一个夹层，B 也一样。然后你进入院落，它有 78 尺。在右手边是一个小敞廊，H，在中间是一个螺旋楼梯，I。[130] 这个楼梯的两边有主室 K，L，而且再往后有主室，M——所有这些地方都有夹层。面向院落有一个与前面相同的敞廊，它标记为 N。在它的尽端，右手边有一个螺旋楼梯，通过它进入前室 O。从这里你进入一个副厅（*salotto*），P，在它后面是主室，Q——这是用于更衣的。从这里穿过进入暖房 R，另一旁是浴室 S。在敞廊左手边，前部是与右手边相同的房间。在院落左手边是主厅 T，它的一端是一个从室，V，用作餐柜（*credenza*）。在另一端 [131] 是厨房，X，那里有食品室，Y，紧靠着的是两个面向厨房的服务房间，Z 和 E。走过那里你下降进入花园，它非常大，有一道宽而深的壕沟环绕。我在这里并没有记录尺寸，因为文本会变得太长，但是所有部分都可以通过院落中的小比例尺精细地推断出来。

平面下的图展现了前部立面，虽然这种排布贯穿整个住宅。我绘制完的这个部分是根据业主的愿望所完成的设计，业主决定从上到下都使用圆柱，来获得更大的丰富性。[132] 他还决定不建造最后檐口之上的小窗户，那窗户原本就是他的创造，而非我的意愿，带来的结果是整个建筑变得更好，更值得赞颂。[133] 现在这个宅邸的外部都完成了，内部也可以居住。[134] 它采用了最白的石材 [135]，在雕刻和石表面上都采用凿子（*scarpello*）[136] 精心完成。[137] 事实是，这个住宅的业主在任何方面都没有缺陷，也就是说他有这三种品质，知识、意愿和力量。他有知识是因为他是个有良好判断力的文人，他有意愿是因为他是一个对建筑感兴趣的有着宽宏灵魂的人，他有力量是因为他是一个富有的高贵绅士。而且他虽然拥有知识，仍然寻求我的建议和实践技巧。愿上帝让所有那些要建造建筑的人都像他那样吧！我们每天看到的很多设想很差，比例很差的建筑就会变得更好。但是今天有一些顽固和倔强的人，什么都不知道还不去询问他人的意见。[138] 这位高贵绅士的名字应该值得被后代所铭记，就像这本书所能存在的时间一样长。他的名字是克莱蒙特的安托万勋爵，图内伯爵，维也纳第一男爵以及昂西勒弗朗领主，而且他还健在。此图编号 XVII。[139]

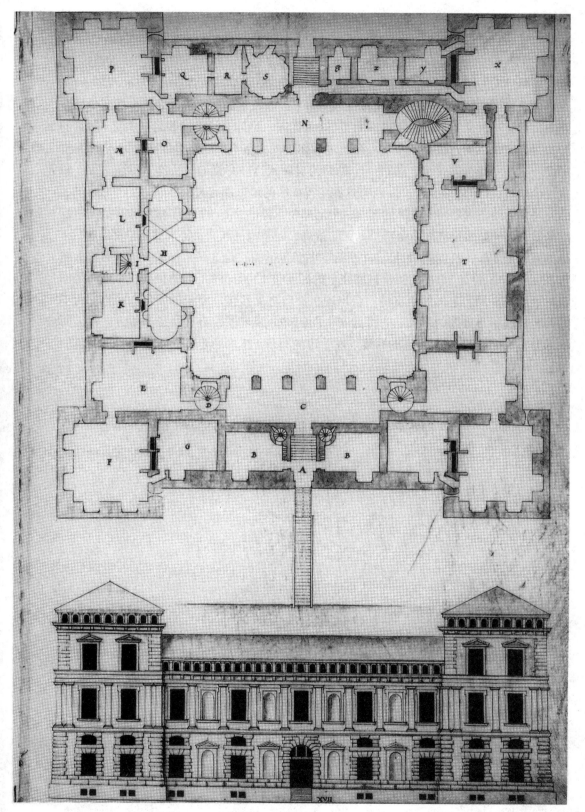

## 法国风格的有名气亲王的住宅

下面是前面住宅的上部套间的平面。这里你从攀爬椭圆楼梯开始，进入前厅 A。从这里你进入主厅 B，在它的端头是前室 C。在此之后是主室，D，有后室 E 服务于它。在那之后你回到敞廊 F[140]，从这里你进入主室 G，以及它的从室。紧靠这个房间的是主室 H，带有一个从室。接着是主室 I，从这里你进入副厅 K，紧接着的是主室 L。它的旁边是主室 M，再过去是主室 N。在此之后你进入主室 O。从这里你穿过进入主室 P，那是一个图书馆。从这里，通过一个秘密的展廊抵达礼拜堂 Q，从这里前往主厅。紧接这个秘密展廊的是敞廊 S。[141] 所有这些中等或小的地方都有夹层。

平面下的图像是住宅内部的部分。中间部位，标记为 N，展现了敞廊和环绕院落的上部敞廊——虽然这些并非全部是真正的敞廊，但是圆柱和圆拱等形式元素都存在。[142] 拱的宽度是 8 尺，高度是 18 尺，立柱的厚度，包括圆柱是 3 尺，楣梁、中楣再加上檐口高度一共是 3 尺。上部的拱从胸墙往上的高度是 12 尺；这上面的楣梁、中楣再加檐口的高度是 3 尺。上面的小窗将不会出现，檐口之上直接是覆盖的屋顶。[143] 标记为 H 的部分展现了小敞廊的端头，它旁边和上面的部分展现了带有夹层的小地方。再上面的部分，P，展现了上部主室的高度。左手边的部分，D，展现了从顶部到底部的高度。编号 XVII。[144]

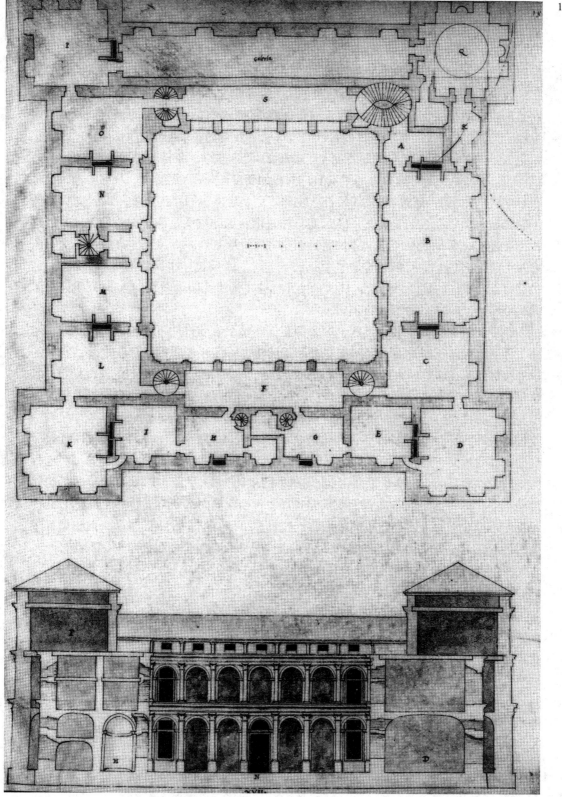

## 堡垒风格的有名气亲王的住宅[145]

因为上述府邸的业主让建筑部分地跟随他的意愿建造，也考虑了一些实用需求，所以我想提供另外一种我喜爱的设计。[146]虽然这个设计不如另外一个实用，但它的防御性设置得更好，住房套间更为协调。[147]在这个府邸的入口是前厅A，与周围的地面齐平。它的两边是两个主室B，用于设置火绳枪在侧翼防护入口，在前方防护大门。一旦走上台阶，就是敞廊C，尽端是梯段D。通过这里进入主室E，这可以用作副厅，因为它每边都是36尺。服务于它的是主室F，边长23尺的方形。在梯段的另一边是从室G，24尺长12尺宽。在它的旁边是主室H，同样的长度，但是20尺宽。敞廊中部，也是在右手边是主室I，每边都是24尺长。在此之后是后室，同样的长度，17尺宽，服务于它的是一个从室L，21尺长，14尺宽。在这个敞廊的端头是一个小前厅M，通过这你穿行进入次厅N，36尺长，24尺宽。在此之后是从室O，20尺长，11尺宽，那里还有一个小的书房。与门相对的是主厅P，24尺宽，50尺长。在其中一端是主室Q，它的每边都与主厅的宽度一样长，从这个主厅你往下走进花园。敞廊均为14尺宽。除了螺旋楼梯外，在左手边有同样的住房。

在平面下方的图像展现了这个府邸的正面。整个府邸都往下挖掘，而且建筑在地面上抬升6尺，所以地面下房间明亮和利于健康。除了用于睡眠的房间之外，所有的服务性房间都在这里。建筑的台基在地面以上6尺，从这里到檐板饰带的长度是20尺。这将会是较大房间的高度，小一些的房间有夹层，在圆拱窗之上的小窗户给夹层提供了光线。圆拱窗有10尺高，5尺宽，从檐板饰带到第二层窗户的胸墙是4尺。从胸墙到楣梁的底部是19尺。楣梁、中楣和檐口是4尺高。从檐口到最后的楣梁的底部是15尺。后面提及的楣梁、中楣和檐口总计3尺高。第二层的窗户有12尺高，更高的窗户也相同。门的宽度是8尺，高度是14尺。院落中的拱均为11尺宽，18尺高，但敞廊的高度是20尺。立柱的正面是6尺，侧翼是4尺，包括面向内部和外部的半浮雕圆柱[148]的厚度。可以在敞廊上部建造更高的敞廊，或者你可以有一个开放的平台，但如果有敞廊的话上部的房间可以更为健康。就像这些线条所展现的[149]，城堡完全受到侧翼的保护，它还应该有又宽又深的城垛，此外还配有吊桥。[150]此图编号XVIII。[151]

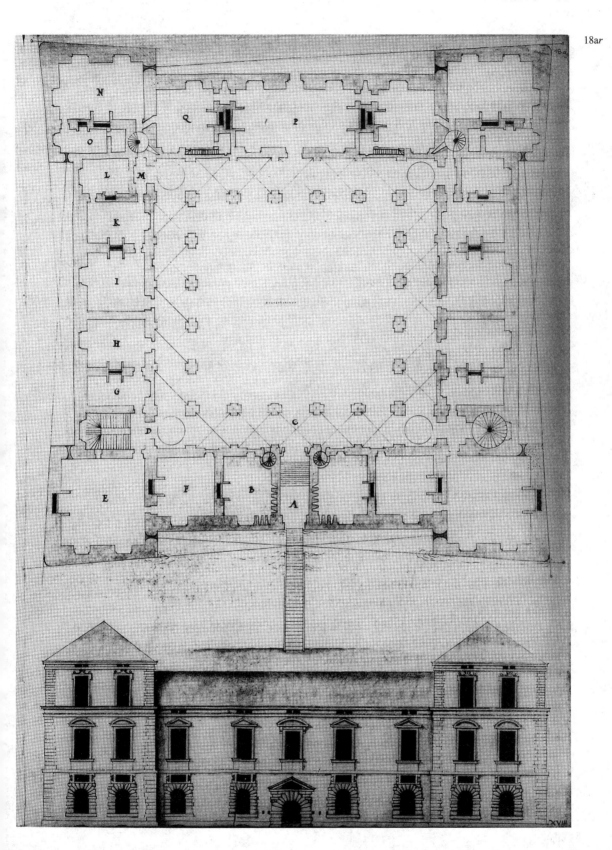

18av　**在乡村建造的有名气亲王的住宅** [152]

　　变化总是美妙的事物，除非这种变化徒劳无益和丑陋。因此，我希望设计一个基于六边形形状的住宅，也就是说共有六边，所有的住房套间，虽然有不同的尺寸和形状，都与主要的形状相符，没有任何扭曲。[153] 在我开始谈论具体的尺寸前，我要简短地讨论一下整体，它以一个缩减的形态展现在下方，标记为 A——这是外面的部分。B 的部分是服务于更大家居的住房——它应该不低于 30 尺宽。C 部分是一个"广场"，宽度不少于 40 尺。D 部分是住宅主人的住房套间。E 部分是敞廊，中部的 F 是院落。现在，让我们详细描述一下这个住宅和它的各个组成部分。整个建筑应该抬高在"广场"地面之上 5 尺。一旦你往上走到门口，就进入了前厅 A，12 尺宽，两倍长。在右手边是一个前室 B，10 尺宽，15 尺长。在此之后是一个六边的主室，直径为 22 尺，在壁炉旁边是一个放置床铺的床龛——这标记为 C。离开这个前厅是敞廊 D，7 尺宽。方壁柱的前部是 3 尺，侧面是 2.5 尺。在敞廊的右手边，中间的部分是主室 E，每边均为 25 尺，配有两个从室服务于它，其中一个 12 尺，另一个 10 尺。沿着敞廊再往前进入主厅 F，它有 25 尺宽，50 尺长；有一个蛋形的主室 G[154] 服务于它，在内部一个床龛在壁炉旁边，它有 22 尺长，18 尺宽。在主厅的另一端是主室 H，每边都是 19 尺，在这里有两个小的从室。对着门的是一个前厅，I，每边都是 26 尺。[155] 回到门口的左手边，有一个主室，每边都是 25 尺，标记为 K。在它的一边是主室 L，有同样的长度，但是 18 尺宽，服务于它的是从室 M，18 尺长，12 尺宽。再往后朝向门的是一个次厅 N，24 尺宽，36 尺长。在这一部分的端头是一个六边形主室 Q[156]，直径是 23 尺，不包括床龛；在此之后是从室 P 服务于它。

　　在平面下的两个图像是属于这个平面的立面。第一个，标记为 A，是前立面，虽然所有的边都有着同样的排布。从梯步上的地面到楣梁底部是 24 尺。[157] 楣梁、中楣和檐口共 5 尺高。从檐口到最后楣梁底部的高度是 21 尺。楣梁、中楣和檐口总共 4 尺高。门廊的宽度是 8 尺，高度是 8.5 尺。所有的窗户都是 5 尺宽，第一层窗户的高度是 10 尺，它们上面小一些的窗户都是方形的；第二层窗户均为 12 尺高，但不包括它们上部的椭圆形状。老虎窗都是 7 尺高，3.5 尺宽。[158]

　　标记为 I 的是内部，那是内院。在其中你可以看到敞廊是如何排布的；它们都用石板覆盖。在它们之上是平台，这样就可以到内院的周边，而不妨碍任何主室或者其他地方。这个建筑可能对于一个有名气的亲王来说显得简朴，但他所有的住房套间都扩展到三倍，而所有的服务性房间都在地下室。此外，存放家居用品的住房将环绕住宅的外部[159]，这里将会有比府邸中更多的住房套间，因为它的周长很大。此图编号 XIX。[160]

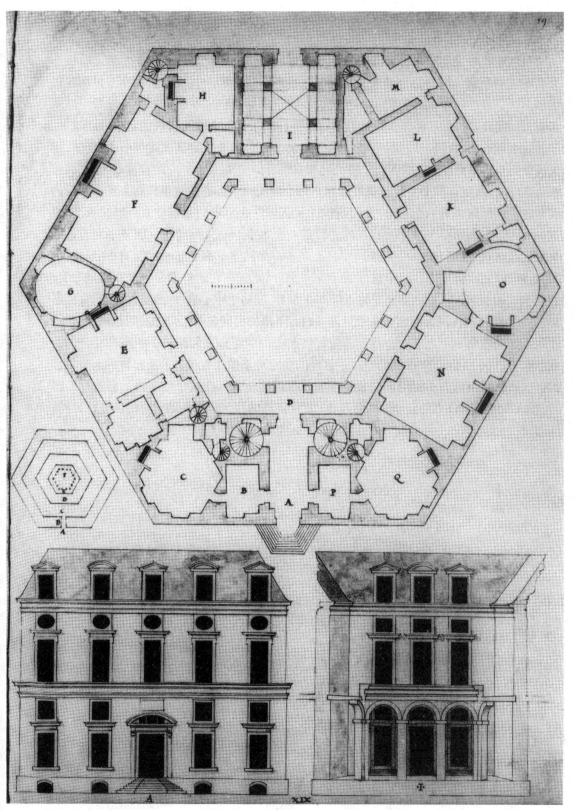

### 城市外极富名气亲王的住宅 [161]

　　虽然在我看来你可以将所有拥有较小城堡的领主归为有名气的领主之列，但最为著名的领主是那些统治整个城市，甚至是超过一个城市的人。一方面我并不想在各种细节上区分开这一阶层，但我也不想把这一特定阶层的住宅与公爵、侯爵或者伯爵的相混淆。我只要提供一些创作设计就足够了，任何乐意的人都可以吸纳我的劳动成果。虽然这么说，但这一住所适合于极富名气的亲王。[162] 就像我对其他案例所说，整个建筑应该抬升到地面以上至少 5 尺。首先你攀升 [163] 到一个敞廊 A，它的宽度是 13 尺，长度为 80 尺。这里有两个主要的螺旋楼梯，每个端头一个，通过这里你爬上展廊上面的平台。[164] 从敞廊你进入前厅 B，24 尺长 21 尺宽。[165] 在右手边是前室 C，30 尺长 24 尺宽——这可以用作一个次厅——在此之后是一个主室 D，24 尺每边。服务于它的是一个后室，26 尺长 20 尺宽——它标记为 E。还有一个从室 F 服务于它 [166]，有 17 尺长，9 尺宽，可以通向前厅 G。这个前厅 22 尺长，20 尺宽，在它的外面是一个小的敞廊 H，77 尺长，但只有 8 尺宽。从这里你下降到花园 I。在房子中心有一个八边内院，直径是 38 尺。[167] 同样的住房套间也存在于另外一边，下部的房间也与上部的房间相同。然而，任何人如果想要一个上部大主厅，就应该将前面的前厅和紧邻的一个主室合并，那么就会有一个 56 尺长，24 尺宽的主厅。这样的住宅对于像亲王或者公主一样的人是足够的，如果家居用品为了实用都放置在住宅外不远的地方。在这个住宅之下有餐厅、厨房、食品储藏室、仆人的餐厅，简而言之，这样高贵的住宅所需的所有的服务性房间。此图编号 XX。[168]

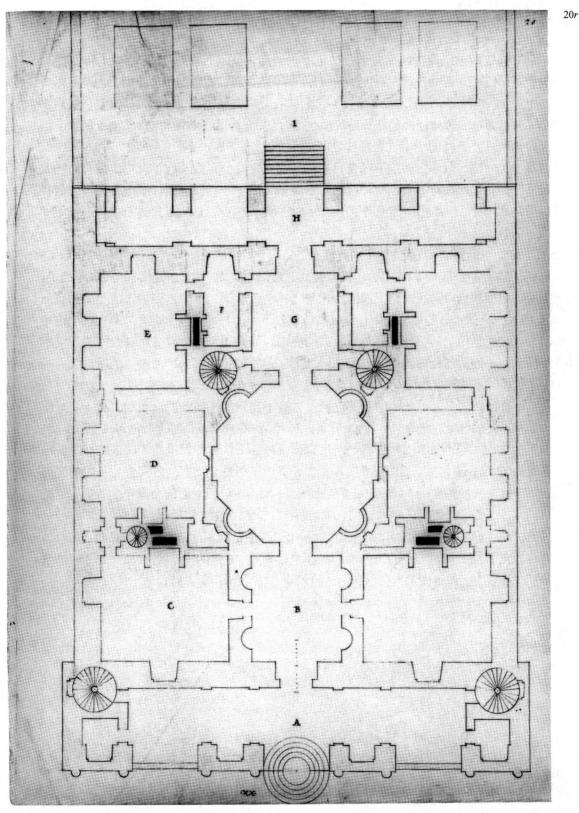

**20v　城市外极富名气亲王的住宅**

　　下部较低的图像实际上是上述住宅平面对应的立面。敞廊提升到地面 5 尺之上，一个圆拱的宽度是 14.5 尺，高度是 25 尺，两个拱之间的宽度与拱宽相同，但是在两个角上是 15.25 尺 [169]；圆柱是 2.5 尺宽，它们的三分之二突出在立柱之外；柱基座的高度是 4 尺；圆柱，包括柱础和柱头的高度是 21 尺 [170]；楣梁、中楣和檐口是 4.5 尺；支撑圆拱的壁柱是圆柱的一半；在圆柱之间是一个窗户，5.5 尺宽，9.5 尺高。这些窗户给敞廊提供光线，敞廊内圆拱下的窗户给前部的主室提供光线。这些窗户应该有同样的尺寸，而且上部都有方窗，这样就给主室更多光线——它们也同样服务于夹层。门在底部是 8 尺宽，但是在顶部缩减了十四分之一 [171]——它应该是 15 尺高。这些都是关于第一层的。

　　从第一道檐口的顶部到楣梁的底部是 19.5 尺，圆柱是 15 尺高；它们之下的基座是 4.5 尺；窗户是 12 尺高，它们的上面应该有椭圆形窗，这样能提供更多光线，也服务于夹层；楣梁、中楣和檐口的高度比下部的少四分之一 [172]；从第二道檐口到第三道楣梁的底部是 16 尺——这部分的楣梁、中楣和檐口应该比下面的再减少四分之一。第三层应该是混合柱式风格的，其圆柱比科林斯柱式的更细。如果一个屋顶覆盖所有这些的话会过于巨大，中心的部分应该抬升到第二层之上，它的屋顶将雨水排到两边的屋顶上——一个熟练的木匠知道如何很容易地实现它。

　　上部的图像是面向花园的后部立面。它高于花园的高度与前面相同，有一个与前方非常不同的敞廊，它的圆拱是 13 尺宽，25 尺高；在它们前面的立柱的厚度是 4.5 尺；角上的立柱，不包括半壁柱，都是 7 尺宽 [173]；每一个窗户的宽度是 5 尺，底部的窗户高度是 12 尺，不包括上面服务于夹层的窗户高度；门是 8 尺宽，15 尺高；从拱的底部到第二层窗户的高度是 6 尺；窗户的高度是 11 尺，不包括上面的小窗户。从第一道檐口到第二道楣梁的底部是 19 尺；圆柱的宽度是 11.5 尺 [174]；立柱的前部，不包括半圆柱——是 6 尺 [175]；楣梁、中楣和檐口是 3.5 尺。从第二道檐口到最后一道楣梁的底部是 13 尺。圆柱的宽度是 1.5 尺 [176]；窗户的高度是 11 尺；楣梁、中楣和檐口是 3 尺。中部应该抬升到二层以上，屋顶的雨水会落到两边的屋顶上。[177] 此图编号 XXI。[178]

**城市外极富名气亲王的住宅**[179]

下面的平面是为了一位亲王所做,为了满足他的欢愉,但他只有较小的家居资产。[180]
对一些人来说,这可能与上一个设计相同,但如果考虑所有的细节,你会发现它不同
于前一个,虽然它的前部也有双柱敞廊,就像前一个设计一样。你也要往上攀升 5 尺
到达敞廊 A——它的圆拱由四根圆柱支撑,直径是 2 尺。这些圆拱都是 14 尺宽,25 尺高。
敞廊的宽度是 13 尺,包括两段壁龛的长度是 102 尺。从这里你进入前厅 B,宽度是 20 尺,
长度是 40 尺,但是四个壁龛让这一部分要大很多,而且很适合坐下。紧邻这个前厅的
有一个副厅,每边都是 31 尺,标记为 C。从这里你进入主室 D,每边都是 20 尺。这之
后是后室 E,长度与另外一个主室相同,但是要窄 2 尺。穿过这里是一个完全方正的主
室 F,直径是 26 尺。紧接着是主室 G,19 尺长,15 尺宽。在此之后是从室 H,12 尺长,
8 尺宽。在房屋中心是一个院落 I,圆形,直径是 40 尺,在两边有地方让人坐在屋顶之下。
再往前走有一个门廊 K,30 尺宽,44 尺长。在这上面的地方用作一个主厅,那里还有
完全一样的住房套间。在这之外有一个小的敞廊 L,从这里你往下进入花园,在平台下
有一个通往地下室的主要大门,这些地下室用作服务性房间。这个住所能够满足一个
亲王,也可以满足一个公主,前提是在这个住宅之外还有其他的住房用于储藏主要的
家居用品。此图编号 XXII。[181]

## 22v    乡村中极富名气亲王的住宅

这里的立面属于上面的平面。首先，最低的图像展现了前立面。就像我说的，敞廊抬升到地面以上 5 尺，圆柱包括柱础与柱头的高度是 16 尺[182]；楣梁的高度是 1.5 尺；每个拱的宽度是 15 尺，高度是 25 尺；圆柱间较小的空间是 5 尺；从拱的底部到第一道檐口的顶部是 5 尺——这将是平台的胸墙；平台从一个角部立柱到另外一个之间是 17 尺宽，67 尺长。[183] 爱奥尼柱式层往内部退后一段距离，等同于平台的宽度；圆柱下有一个基座[184]，2 尺高；从基座到楣梁底部是 20 尺，这也是爱奥尼圆柱的高度；这些圆柱都是 2.25 尺宽[185]；楣梁、中楣和檐口的高度是 5 尺；从檐口到第三层楣梁底部的距离是 8 尺；上部的楣梁、中楣和檐口应该比第二层减小四分之一。[186] 中心的部分要高于第二层，雨水会流向两边的屋顶。尽管如此，你也应该建造墙和角柱的延伸——这些元素可以通过虚线看到，这部分后面实际上是两边的斜屋顶——这样就掩盖了坡屋顶的丑陋。前立面有三种柱式，第一层是多立克，第二层是爱奥尼，第三层是科林斯。这些都在下面，编号 A。[187]

中心标记为 L 的图像展现了面向花园的粗石砌筑的敞廊[188]，在它上面是一个平台。每个拱的宽度都是 18 尺，高度是 25 尺。在它们之上是平台的胸墙。立柱的宽度是 5 尺。角柱是 7 尺。

标记为 B 的图像展现了第一个前厅的一面——这里你可以看到那些壁龛的美观与实用。它们的内凹不会削弱墙壁，而且会节省大量材料。[189]

其他图像，标记为 K，展现了大门廊的一面。在这之上是一个主厅。门廊非常大，非常精美，装饰很多，有三个小的门道，两个真的，一个假的。每个部分的尺寸都可以通过敞廊下部的小比例尺量出来。此图编号 XXIII。[190]

**城市外拥有大量家居资产的极富名气亲王的住宅**

有些时候，一个重要的亲王需要许多的住房来满足实用需求和家居储藏，这些可以按照下面展现的方式安排。[191] 首先，虽然平面上没有绘制楼梯，但我希望这个住宅应该至少提升到地面上 7 尺。你向上攀升进入前厅 A——它有 15 尺宽，24 尺长。在它的一边是前室 B——它每边都是 24 尺。在此之后是主室 C，长度相同，但要窄 3 尺；除此之外还有一个后室 D，长度也相同，但要宽 16 尺。在此之外是从室 E，20 尺长，16 尺宽。往回走，在前厅之后进入敞廊 F，宽度是 12 尺——除了角部之外其他部分都是圆柱。这些部分在四边围绕成一个内院，直径是 87 尺。在右手边敞廊的尽端是一个主要的楼梯 G，宽度是 10 尺。在敞廊的同一边，中心部位是主厅 H，长度为 40 尺，宽度 24 尺。紧接着是主室 I，23 尺长，18 尺宽。服务于它的是后室 K，方形边长 15 尺。在主厅的另一边是另外一个主室，与 I 相同，也有着同样的后室。从这个敞廊穿过进入一个装有窗户的敞廊，在这里称为一个展廊[192]；这标记为 M。紧接着的是主厅 N，40 尺长 23 尺宽。它有一个主室，每边都是 24 尺。在它旁边是一个主室，同样的长度，宽度只有一半。在主厅的另一边是主室 O，每边都是 24 尺。它的旁边是一个后室，长度相同，宽度一半。在继续往前是主室 P，24 尺长，20 尺宽。在此之后是一个从室，16 尺长，10 尺宽。在这个的端头是一个小的八边形的礼拜室，直径是 13 尺。在这个展廊的尽端是一个螺旋楼梯 Q，通过这里你穿过进入主室 R，24 尺长，12 尺宽。通过这些，走过一段走道是一个圆形礼拜室，直径是 17 尺。这里加上主室 R，可以用作浴室和暖房。展廊 F 环绕着一个内院，尺寸与第一个相同，仅仅是窄了一个标注为 ※ 的楼梯宽度的距离。[193] 这个楼梯有它精细的一面，也很实用。[194] 首先，你向上 5 尺到达休息平台，标记为 ※ [195]，从这里你下降进入另一个院落。在右手边你向上走，到达休息平台 ✠，从这里可以同时看到两个院落。从这个休息平台可以向上走到展廊 M——这也应该在上部安装窗户。在展廊之后，在中心部分对着入口的是一个敞廊 T，它优美的一面面对花园，从它的中心你往下进入花园。在它的周边是一个标记为 V 的地方。这里向天空开放，有一段带有栏杆的胸墙，从这里往下进入花园。花园可以如业主期望那么大，在周边应该有两个展廊，这样就可以在屋顶覆盖之下环绕周边行走；在花园的端头是马厩和其他住房。在左手边和右手边应该有同样数量的住房，上面也相同，除了中心部分是一个长主厅——你应该将前厅 A 和两边的两个主室合并成一个主厅，75 尺 [ 长 ]，25 尺宽。所有这一居所需的服务性房间应该在地下，因为整个建筑抬升到了地面以上。[196] 此图编号 XXIIII。[197]

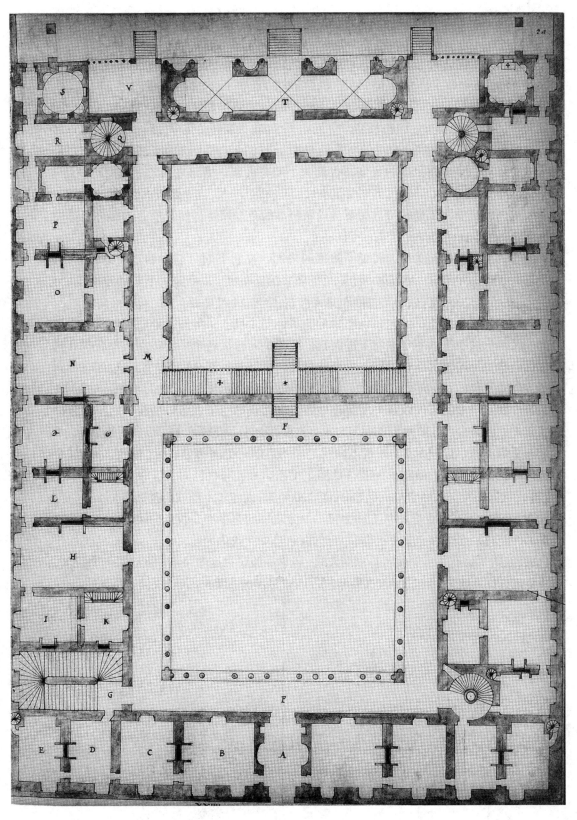

　**乡村中极富名气亲王的住宅**

　　下面三个图像是上一个住宅的主要部分。[198]底部的图像,标记为A,是住宅的前立面,它抬升到地面5尺以上。[199]从门槛到楣梁底部是20尺——这将是所有较大房间的高度;中等或较小的房间应该有夹层。楣梁、中楣和檐口应该是5尺高。从檐口到最后一道楣梁底部是18尺。楣梁、中楣和檐口应该比下部的缩减四分之一高度。[200]所有窗户都是5尺宽,第一层和第二层窗户的高度是10尺,它们上面椭圆形和长方形的小窗户是用来给主厅和主室提供更多的光线,也是为了照亮夹层。檐口之上的老虎窗应该是4尺半宽,高度应该是7.5尺;门的宽度是9尺,高度是15尺;它上面较大的窗户也相同;那上面的老虎窗应该要窄一尺。我不会记录所有的单一尺寸,但是所有的都可以通过门下面绘制的小比例尺计算出来。

　　中心的图像,标记为B,展现了院落的内部,在它下面可以看到地下的部分[201],以及它们如何获得光线。环绕第一个院落的敞廊的排布也可以看到。下面是各种尺寸:圆拱是10尺宽,20尺高;较小的柱间距是4尺宽,圆柱14尺高,2尺宽[202];楣梁是1.5尺;从拱的底部到檐口的顶部,也就是平台的胸墙,是4尺;从敞廊的地面到楼梯,你要向上5尺,从这个休息平台你向下进入其他院落;同样从这个平台向左和向右攀升到上部的敞廊——这里的中心部位是一个休息处,可以看到整个院落。在左边可以看到内部各个部分和它们的高度;右手边,标记为N,展现了下面的一个主厅和上面的一个;左手边展现了主室的高度以及夹层等小地方的高度。第三层也可以居住,这些部分都是这样[203],因为出现在前面的老虎窗也出现在院落之上、花园之上,以及周边部位。

　　上部的图像,标记为C,展现了面向花园的后部。中间部分,标记为T,T,展现了从圆柱到圆柱之间的敞廊——圆柱从墙上突出出来,与栏杆对齐,在上面是一个平台,往外看向花园。敞廊中的圆拱14尺宽,20尺高;立柱加上圆柱以及壁龛是13尺宽;圆柱21尺高2尺宽[204],它们从立柱上突出三分之二的宽度那么长。两边的较暗的地方所提示的是花园周边的"层叠展廊",它们引向马厩。我认为任何亲王都会对这类的住所满意,它的周边有住房储藏各种家居设施,因为我假设在这个住宅前面还有一个院落,环绕住宅,让它成为一个岛屿,在院落周边应该是住房。此图编号XXV。[205]

<sup>25v</sup> **乡村中极富名气亲王的住宅** [206]

有时可能会有这样的情形，一个亲王，当他居住在乡间，希望能在完全安全的环境中安睡，同时也希望有一个花园围绕的外观优雅的住宅。他可以按照下面平面中显示的方式来建造。首先是 100 尺的院落 C——它应该是圆形的，周边有敞廊环绕。[207] 标记为 K 的部位是用于住房。F 部位是环绕全部建筑的壕沟，它是完整的方形，每边 300 尺。在每边拿出 200 尺——这将是花园，标记为 G。在它周围是一个围墙，在角部有棱堡，一条 50 尺宽的壕沟环绕着它。底部标记为 R、G、F 的图像展现了整个建筑的立面 [208]，而且描绘了敌人在壕沟的岸边架设了大炮 [209]，因为他们在平原上，所以无法击中和破坏建筑，一个有经验的建筑师会知道如何安排这些。[210] 对于标记为 A 的图像，位于平面下方，并不是它的位置，我将它放在那里是因为没有足够大的地方来容纳更大形式的图像来更清楚地展现形状和尺寸。它描绘了环绕圆形内院的敞廊。A 部分展现了你穿过的中心部位——这里圆柱支撑着拱顶，拱也是圆形的。B 部分展现了敞廊的内部——这里柱都是平的，靠着墙设置 [211]，而且整个敞廊采用了筒形拱顶。然而，与圆拱相对的，应该是弦月窗。而且绝对不会出现因为缺少扶壁而导致圆柱被推向内院的问题，因为敞廊是圆形的而且完整的，因此仅仅自身就非常坚固。即使如此，也有必要首先建造墙，然后是圆柱与它们的拱，最后是完成胸墙，在仔细地覆盖所有拱顶之前，整个项目应该允许暂停数月；因为对于要向中心移动的事物，向下压力越大或者朝中心的推力越大，也就越是坚固。标记为 C 的部分展现了敞廊的宽度和高度，在它上面是一个平台和它的胸墙。让我们讨论一下尺寸：拱有 10 尺宽，19 尺高；从拱的底部到胸墙的顶部是 5 尺；这个胸墙高出平台 3 尺；在圆柱之间较小的空间是 6 尺；柱是 12.5 尺高，宽度是高度的七分之一 [212]；楣梁与柱顶的部件一样高：敞廊是 12 尺宽。对于平面和立面，我已经做了整体的讨论，并且展现了大体的轮廓。但是，要更好地理解，我将会在以下页面中更详细地讨论。此图编号 XXVI。[213]

最底部的图像，标记为 R、G、F，包括了所有的内容，展现了整个建筑的完整样貌。标记为 R 的部分展现了环绕花园的围墙。标记为 G 的部分是花园。标记为 F 的部分展现了环绕住宅的壕沟。从这里可以看到，敌人在壕沟对岸能够从外部打击住宅的唯一方式是首先摧毁围墙。

**乡村中极富名气亲王的住宅**

在上面的平面中，我不能详细地展现所有的单独细部，因为建筑太大，而细部太小。下面我要讨论和展现建筑更多的细部。你先向上走 3.5 尺进入敞廊 A——它有 7 尺宽，立柱侧面应该是 5 尺。一旦进入，是前厅 B，25 尺长，10 尺宽。在右手边是一个主室 C，每边都是 25 尺。在此之后是一个后室 D，长度相同，17 尺宽。服务于它的是一个椭圆形的从室，16 尺长，10 尺宽。穿过它继续前进，是副厅 E，每边都是 36 尺。[214] 再往回走，穿过前厅继续，你进入敞廊 F，它环绕着一个直径为 100 尺的院落。至于敞廊的尺寸，我在上面已经谈过了。向右手边走，先是一个公共的螺旋楼梯——它的直径是 10 尺。在它之后是一个圆形的内院，直径是 20 尺；它的作用是给几个原本黑暗的地方提供光线。穿过它前行，是主厅 G，25 尺宽，50 尺长。在它的旁边是一个主室 H，长度等同于主厅的宽度，有 21 尺宽，再往后是一个完全方的从室。在主厅之后，是一个主室 I，每边都是 25 尺，它有着与另一个完全一样的从室。继续，在敞廊旁边的是另一个院落，与前一个相同，有着同样的尺寸，同样的用途；这里也有同样的螺旋楼梯。环绕敞廊走到一半是一个前厅 K，与前一个的尺寸相同。在它的旁边是一个主室 L，每边都是 25 尺。在此之后是后室 M[215]，长度相同，18 尺宽，它有一个从室服务于它。离开前厅，你进入敞廊 N。在它的端头是一个次厅 O，23 尺宽 36 尺长。服务于它的是主室 P，12 尺宽，20 尺长——这也是一个八边形从室。在另一边也应该有同样的住房，除了睡房以外，仆从的房间都应该在地下室。

下面标记为 A 的部分，是建筑前立面——虽然所有四面都是相同的。虽然我说过整个建筑应该抬升到地面上 3.5 尺[216]，但如果它是抬升 5 尺或者更多就会更好。从敞廊地面到楣梁底部是 19 尺——这也是敞廊和所有房间的高度。圆拱的宽度是 9 尺，高度是 18 尺。立柱的宽度是 3 尺。塔的宽度是 43 尺。所有窗户的宽度都是 6 尺。圆拱上第一道线脚应该形成一道檐板饰带，一尺半高。从这个檐板饰带到窗户的胸墙是 3.5 尺。从檐板饰带到第二道线脚的底部——这些应该形成另一道檐板饰带，1.25 尺高——是 20 尺。从第二道檐口到最后一道的底部——我是在说角塔——应该是 16 尺。第一层窗户是 9 尺高，第二层应该是 10 尺，最上面的是 9 尺。至于其他的尺寸和装饰，所有的都可以根据圆形院落中的小比例尺来计算。此图编号 XXVI。[217]

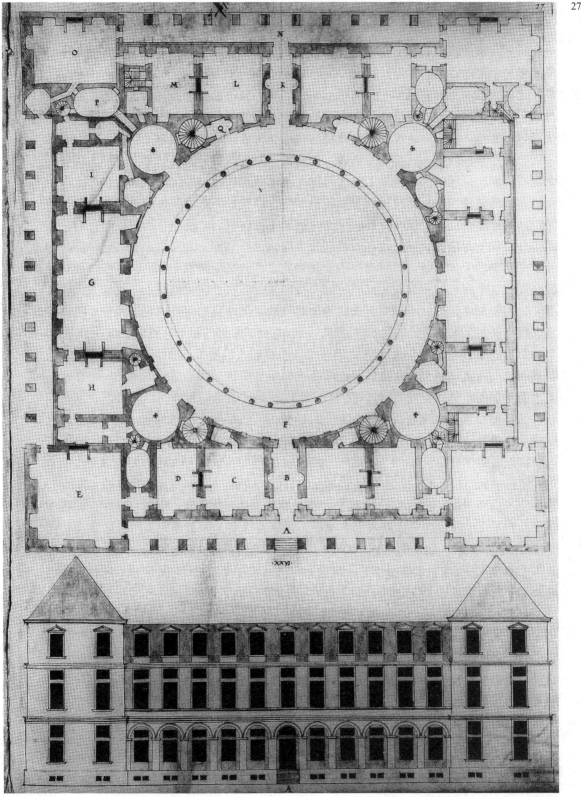

## 27v　乡村中专制亲王的住宅 [218]

一些高贵的亲王有着自由的思想，对臣民公正和仁慈，对上帝怀有敬畏，将不会需要堡垒；他的臣民的心智就是他的保护和不可摧毁的壁垒。在弗朗切斯科·马里亚，乌尔比诺大公身上我看到了这种情形。他被驱离了自己的领地，乌尔比诺的城墙也被摧毁，即使他回来了也无法在那里安全地居住，即使如此，是上帝的意愿使他依靠武力夺回了领地，在当时还没有城墙环绕的乌尔比诺安睡，由他的臣民护卫着。[219] 在另一面，对于那些残酷、贪婪的专制者，他们偷窃别人的财务，强奸少女、别人的妻子和寡妇，剥削臣民，那么世界上的任何堡垒都无法保护他。[220] 但苍天在上，今天有一些人，虽然领地很小，仍然施行专制统治。尽管如此，因为我要讨论将要在城市外建造的所有阶层的住所，现在我必须讨论专制亲王的住宅。[221] 这一住所应该不仅有巨大围墙环绕和士兵防御，而且他私人的部分也应该足够坚固，并且由亲王自己防御，因为这个专制者天生贪婪，有时对他的士兵如此之差，甚至激发出他们的仇恨，最后导致叛变。这个邪恶的守财奴如何能防御那些本来的职责是保护他的人？这些人天性贪婪 [222]，对专制者是如此不满以至于成为他的死敌。但是我为何要讨论这些对于建筑师意义很小甚至全无意义的题目？我说过，一旦选择了最好的地点，就应该画一个方形，每边都不少于 250 瓦尺（varchi）[223] 也就是一个普通人的步长。墙厚不应该少于 14 尺，磊道和它的扶壁也是。[224] 在最极端的情况下，堡垒应该是圆形或长方形的——在这一点上有不同的意见，但我要略过这一争论，以便讨论其余的尺寸。[225] 在外部，堡垒应该按照下面显示的来建造，有一个宽而深的壕沟。堡垒的大门标为 A。用于爬上棱堡的梯步位于 B。[226] 重炮所使用的"广场"是 C，用于从侧翼进行防御的位于 D。往下进入防御地道的梯步位于 E。[227] 用于走上壁垒的梯步位于 F。在堡垒中心，布置着专制者的住宅——入口位于 G。穿过壕沟，经过吊桥，你进入前厅 H。从这里你穿过进入敞廊 I。这环绕着一个内院，40 尺宽，85 尺长。在敞廊的一边是主室 K。穿过它继续，在尽头是一个台阶 L。通过这里你进入主室 M——它有着从室 N 服务于它。沿着敞廊再往前是主厅 O。在它的一边是主室 P。在另一边是主室 Q，它有从室 R 服务于它。从这里你进入主室 S，它有主室 T 服务于它。对着大门的是主厅 V。在另一边应该有同样的住房套间。我没有记录这个住宅的局部尺寸因为我会在后面更详细地展示它们。

✠ 下面的图像展现了住宅的内部。第一层的房间高度的是 19 尺，它们上面的也同样，但第三层是 16 尺高。但最下一层看起来更高一些，因为它抬升到地面以上 5 尺。[228]

最下面的图像，标为 C、F、G，展现了住宅的外部，这样你就可以看到棱堡的轮廓以及敌人火炮的有效范围，如果它们被布置在平原上攻击有围墙护卫的住宅。但读者请注意，参照小比例尺的比例，这些棱堡互相过于靠近——因为纸上没有足够的空间。[229]可以自行想象。此图编号 XXVII。[230]

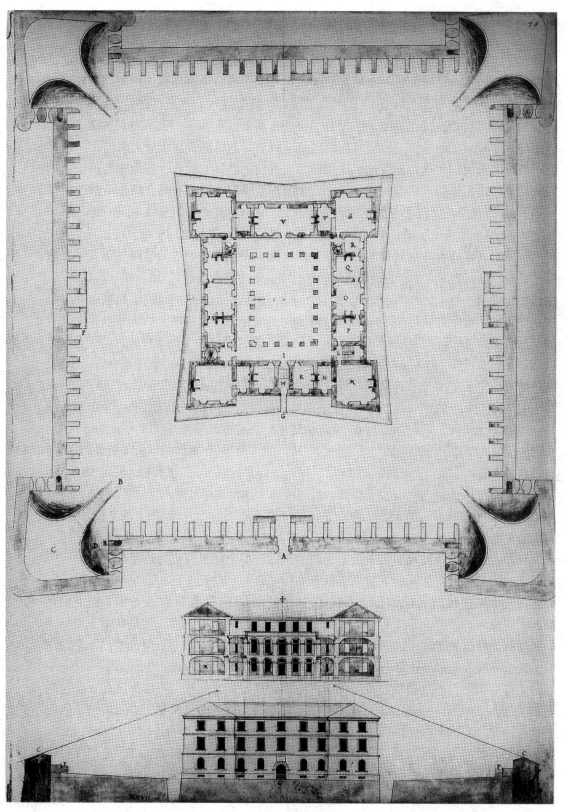

**乡村中专制亲王的住宅**

在上述专制亲王的住宅中，我无法展现住房套间的细节，因为比例太小。因此我希望用更大的形式来展示另一个相似的例子，其中的细节考虑得更为仔细，而且可以在下面看到。[231] 它有干沟环绕以及侧翼建筑。一旦穿过沟，进入门道，就是前厅 A。它有 10 尺宽，25 尺长。在右手和左手边，应该有两个主室 B——都是 20 尺宽 25 尺长。这里应该安置永久性的护卫，而且在朝向前厅的墙上有枪眼设置大量火绳枪[232]，这样就可以攻击敌人的侧翼，如果他们凭借武力攻进住宅的话。此外，还应该有持长矛的人从两个门攻击他们。从前面还有另外一个困难要克服，那就是要在极度危险的对抗中爬上 10 级台阶。在两个主室 B 旁边是后室 C。它们与其他房间长度相同，宽度是 16 尺，由两个螺旋楼梯所限定。通过这里你向上走到敞廊 D，因为这四个部分应该位于"广场"地面上，但所有其他居住的部分都应该抬升 6 尺。在右手边的敞廊尽端是一个椭圆形楼梯，标记为 E。在它的一边是一个副厅 F，每边都是 33 尺。沿着敞廊再往前走，中途的位置是主厅 G，25 尺宽 37 尺长，在它的一端是主室 H，长度 25 尺宽度 20 尺。在主厅的另一端是主室 I，与另一端的尺寸相同，它还有一个主室 K 服务于它，长度是 20 尺，宽度是 16 尺。在敞廊的尽端，进入过道，并且穿过一个螺旋楼梯，之后有次厅 L，36 尺长 22 尺宽。在它的一边有主室 M，长度 23 尺，宽度 12 尺，此外还有一个床龛。在敞廊的中段是主厅 N，25 尺宽，两倍长。在其一端是主室 O，25 尺长，20 尺宽。在另一端是另一个主室 P，尺寸相同。在敞廊另一端的左手边是一个次厅和一个主室，与另一边的完全相同，它们标记为 Q，R。从这里你穿过进入主室 S，18 尺长，15 尺宽。在它旁边是主室 T——长度是 25 尺宽度 20 尺。回到前部，在敞廊的端头是主要的楼梯，通过这里你进入主室 V，每边都是 25 尺。在这旁边是后室 X，长度相同，但是 18 尺宽。服务于它的是从室 Y，17 尺长 12 尺宽。通过同一个楼梯你穿过进入副厅 Z，每边 36 尺。敞廊的宽度是 15 尺。立柱侧面的厚度是 4 尺，前部是 2.5 尺——但角上的立柱是 5 尺。院落的宽度是 60 尺，长度是 83 尺。

平面上面的图像展现了属于这个平面的立面，整个建筑应该每边都有完全一样的布局。建筑的地下室从地面上丈量应该有 6 尺[233]，整个建筑应该在这个高度。但是门旁边的 4 个主室 B，C，应该位于入口层，它们的高度应该是 26 尺——为了护卫们更高的实用需求，它们应该有夹层。其余所有的房间应该是 20 尺高，这是从地下室到第一条檐板饰带的底部。从这里到下一条檐板饰带的底部是 20 尺——但因为地下室的缘故，这个高度看起来会比第一层小一些。从第二条檐板饰带到楣梁的底部是 18 尺——这是上部房间不包括阁楼的高度。楣梁、中楣和檐口是 6 尺高；门的宽度是 8 尺，高度是 12 尺；每个窗户都是 4.5 尺宽——第一层和第二层的是 9 尺高，第三层的，因为更远[234]，是 10 尺高；小[235]圆窗——也包括小长方形的——是为了给夹层提供光线，那些没有夹层的房间，光线会更好。至于其他的装饰以及更详细的尺寸，可以在讨论亲王与国王住宅的章节中找到。此图编号 XXVII。[236]

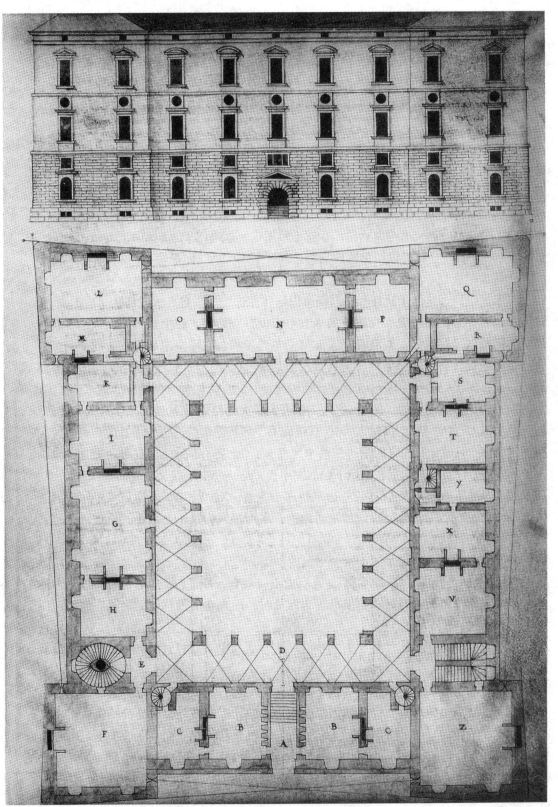

**另一种形式专制亲王的住宅** [237]

在讨论了长方形设计之后，我发现，对于利用侧翼防御来说，五边形是最简单的，因为长方形会让棱堡过于尖锐，如果这个形状不是很大的话，内部没有留下多少空间。因此我想要以五边形为基础来设计一个专制亲王的堡垒。[238] 先是外部，所占据的空间应该达到这样的标准，从一个侧翼到另一个侧翼至少是一个普通人的 250 瓦尺（varchi）。[239] 但是，下面展现的形态，因为页面过小，棱堡之间相隔不是那么远。这是为了让棱堡和围墙画得更大一些，便于观看和理解。墙的厚度——内部应该有防御地道 [240]——应该不少于 14 尺，不包括扶壁和磊道 [241]，其应有 16 尺厚。这个厚度可以抵抗火炮攻击。因为堡垒有一条宽而深的壕沟环绕，一旦你穿过了长桥和吊桥，就进入大门 A。往右手走，在字母 B 的部分，有一些台阶用于爬上棱堡——这是用于大炮和蛇形炮（colobrine）的"广场"[242]，这样就可以用火器横扫周边。这个"广场"标记为 E。标记为 F 的部位是用于侧翼的火炮；台阶 C 用于走上壁垒；台阶 D 下降到防御地道。扶壁之间的部分用圆拱形成拱顶，这样士兵在和平时期可以居住在这里。一旦有大股部队来攻击围墙，这些圆拱就要用泥土填充，在取土的地方可以设置掩蔽壕，在上面再加上帐篷，就可以成为类似的士兵居所，而且在夏天凉爽，冬天暖和。在堡垒中心是亲王的住宅，也进行了防御设计，这样如果他的士兵背叛他，他可以保护自己。这个住宅与堡垒有同样的形式，为了健康的原因，应该有干壕沟环绕。穿过标记为 F 的壕沟，进入前厅 G。它的两边都是护卫使用的，K——这里应该有大量火绳枪 [243] 来从侧面攻击进入的敌人。但先是主室 I。[244] 一旦走上台阶，那里有敞廊 H，环绕院落的五边。沿着敞廊前进，在右手边是一个主厅 L。在它的两边是两个主室 M，O，还有从室 N。在另一边是三个主室 P，Q，R，以及一个从室。回到下面的左手边，是一个次厅以及两个主室，S，T，V，以及两个从室。在最靠近前部的一边，是三个主室，X，Y，Z。这都是关于住宅的总体平面。但是在后面我将要更详细地讨论这个平面，因为这个图太小，很难清楚地展现单独的形式。

平面下方的三个图像是属于这个平面的立面。标记为 A 的图像展现了建筑面向敞廊的内部。这里应该有"层叠敞廊"，在那之上应该有一个平台，这样可以允许更多的光线进入院落——因为当院落在上部更为开放时，阳光在周围移动时能够更完整地照到院落。

标记为 B 的图像展现了住宅五边中的一边。从这里可以看到门和窗的形式，以及门和窗是如何装饰的。

最下面的部分展现了全部的建筑——整体标记为 C。在中心标记为 C 部分是住宅从上到下以及周边的形态。旁边的图像是防御墙的轮廓；最外面的部分，也就是十字形的位置，是墙的厚度；涂黑的门代表了防御地道及其天光，而且在防御地道内有大量隐藏的火绳枪阵——最下面的防御地道比水道还低，因为有更好的防御性。[245] D 部分展现了磊道，标记为米，以及其余的广场部分。此图编号 XXVIII。[246]

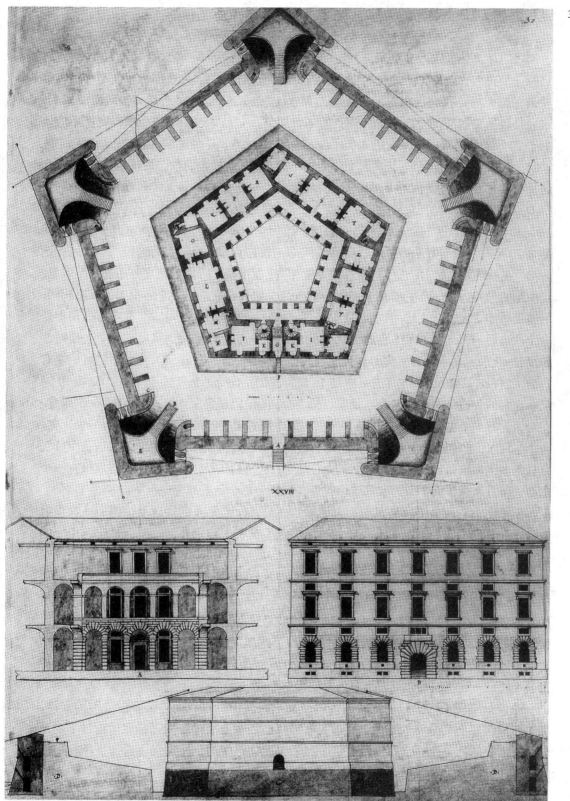

<sup>30v</sup> **乡村中专制亲王的住宅** [247]

因为在上述五边形专制亲王住宅的较小比例中无法展现所有的细节，我认为应该绘制一个更大比例的，让这种类型可以被更好地理解。[248] 因为在那一个住宅中没有侧翼来保护围墙，我决定在角上设置射击碉堡（casemate），供轻武器射击敌人的侧翼，这会是很重要的防御设施。现在让我们来看细节，一旦穿过了壕沟（壕沟宽度不应该少于 20 尺）你进入门道并且进入前厅 A，它是 10 尺宽。这种宽度适合这个地方，它能够防止大量人在入口聚集；从两面会受到侧翼的攻击，这样他们就会发现很难爬上楼梯。这里有敞廊 C，在它的边沿有两个螺旋楼梯，E——通过这里向上爬升或者向下走到主室 D，每边都是 24 尺。在此之后是主室 F，每边都是 16 尺。在另一边是卫兵的房间，B，16 尺长 12 尺宽。这三个地方可以有夹层，因为它们都是 25 尺高；所有其他住房套间都是 20 尺高。转向右手边通过敞廊前行，是一个主厅，24 尺宽，两倍长 [249]——这标记为 G。在一端是主室 H，长度与主厅的宽度相同，宽度是 17 尺；除此之外还有一个床龛。在敞廊的另一边是一个主室 L，每边都是 24 尺，紧接着它的是一个主室 M，长度相同，但宽度要小 2 尺。在主厅 [250] 之后是主室 N，与另一个的尺寸相同。[251] 在敞廊的角上是一个八边形的礼拜室，直径是 24 尺。左边的其中一边是次厅，P，宽度与另一个相同 [252]长度是 40 尺。在一边有主室 Q，长度与其他相同 [253] 宽度为 20 尺。在主厅的另一端有一个主室，R，22 尺 [一边]另一边是 16 尺。在回到前部的另一面有主室，S，每边 24尺。在它的一边是一个主室，T，长度与另一个相同，但是要窄 4 尺；此外还有一个床龛。在对面，有一个主室，V，尺寸与另一个相同，服务于它的是从室，V，它有一个床龛。两个主室 X，Y 应该对应于另两个 F，D，它们都应该有夹层。敞廊的宽度应该是 10 尺；立柱的侧面应该是 5 尺，前面是 2.5 尺；内院，从角到角是 112 尺，在中心应该有一个水池，所有从屋顶流下来的水都应该收集在这里，每个角上都应该有一口井。

平面上方的两个图像是属于这个平面的立面。标记为 A 的展现了前面——这里射击碉堡在角部，它们不高于第一层的区域。除了有利于防御外，这些也是建筑很好的装饰，同时提供了很好的支撑，尤其是在承受所有重量的角部。整个住宅应该抬升到"广场"之上 5 尺，但不包括前面的主室，它们应该位于"广场"的层高上。因此，竖直墙壁从地面往上应该是 5 尺，从这里到第一条檐板饰带的底部应该是 20 尺。从第一条檐板饰带到第二条的底部的尺寸也相同。这些是房间的高度。从第二条檐板饰带到楣梁的底部是 18 尺。楣梁、中楣和檐口是 5 尺，这里应该是阁楼。[254] 所有的窗户都是 5尺宽；第一层的应该是 10 尺高，第二层的 11 尺，第三层的 12 尺。小窗户和圆窗直径都是 5 尺——这些圆窗和长方形窗为夹层提供光线。

图像 C 展现了内部，也就是内院的一面。在其中可以看到"层叠敞廊"的安排，在第二层敞廊上面是一个平台。对于高度，我已经在上面详细和完整地讨论过了，至于很多需要的其他尺寸，我就略过了；尽管如此，图中的小比例尺可以提供所有部位的尺寸。编号 XXVIII。[255]

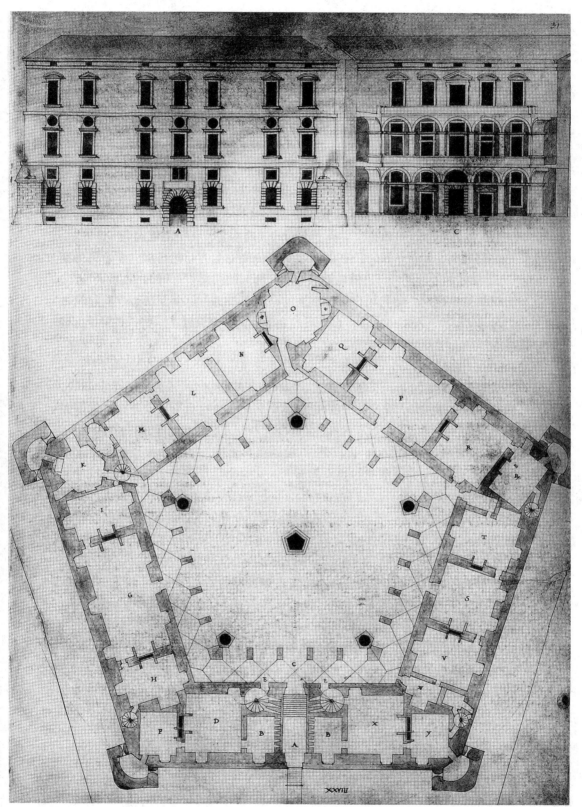

## <sup>31ν</sup> 城市外小型皇家住宅 <sup>256</sup>

关于亲王以及重要人士在城市外的住宅，我想我已经写得足够多了。现在我要研讨君王居所。[257] 在法国这个优美的国家有很多美丽和豪华的建筑，其中有许多是由仁慈的弗朗索瓦国王资助建造的，其中最美丽和最豪华的是枫丹白露。[258] 这里有一个庞大、宽广的低院（basecourt），周围有实用的住房与尊贵商人和各种手艺人的商店所环绕和装饰[259]；这里还有华丽的院落，有一个优美的喷泉为长而宽的湖泊供水，还有精致的敞廊[260]，宽大的主厅（sale），无数的主室和从室，以及无与伦比的华丽展廊。所有这些都由精美的绘画以及出自大师之手的粉饰来装潢，使用了大量的黄金和精致的颜色，以及许多精美的材料，为了开始我的主题，这些东西我就略过了。除此之外，这里还有一个巨大的花园，里面充满了各种不同的优质水果，在中间流淌着一个湖泊，由泉水供水，它的宽度超过 7 尺。[261] 在湖泊之上有一座完全方整的桥梁，建造极为精美，完全平整，尺寸如上所述[262]，稍稍高于水平。[263] 伟大的弗朗索瓦国王，高贵而庄严，希望在桥上继续修建建筑，把它用作供他欢愉的亭阁。[264] 为了这一目的，一些建筑师完成了几个设计与模型（modelli）[265]，在陛下的要求下，我也设计了一些，我想让这些设计以及其他一些工作为大众所知。[266]

在平面中，下面所有的部件都应该采用洞穴的砌筑形式——但是在地面以上，应该在夏天非常利于健康、清新，在冬天温暖。[267] 在这里应该有一个以粗面石饰的体块，你可以经由两个分布于左侧与右侧的台阶走到体块之上；这些台阶非常平缓，你可以骑着马走上去[268]，从 A 开始，向上走到 L。在这些洞穴的入口处是前厅，B；长度 15 尺，宽度 10 尺。从这里你进入主厅 C，直径是 30 尺，在它的中心是一个泉水喷泉，水从泉眼引来，服务于宫殿，它将水喷射到人的高度。从这个主厅你进入前室 D，尺寸与前厅相同。从这里你前往主室 E，它有八边形的形态；直径是 19 尺。这是脱去外衣的地方——这里还有两张床和一个壁炉——因为紧接着它就是暖房，标记为 F[269]，它是椭圆形；长度 15 尺，宽度 11.5 尺。这里有地面下的采暖设施，同一热源来回加热浴室 G 的供水。浴室的直径是 16 尺，下到水底部位的直径是 6 尺。[270] 回到前室，在右手边是六边形的主室 H；它的直径是 17 尺。从这里进入椭圆形的主室 I，15 尺长 11.5 尺宽。在此之后是圆形的主室 K，直径是 16 尺。两个楼梯，M，会通往椭圆形主室的上面，因为这些椭圆形主室比其他房间小，配有夹层。

上部的八边形平面是粗面石饰的体块上的亭阁；它的直径是 30 尺。它比花园的墙要高，可以往外看到整个乡村。每个立柱的厚度，不包括圆柱，是 3 尺。你向上走 2.5 尺到这个讲坛，因为下面洞穴在其拱顶的最高点上升了这个高度。编号 XXIX。[271]

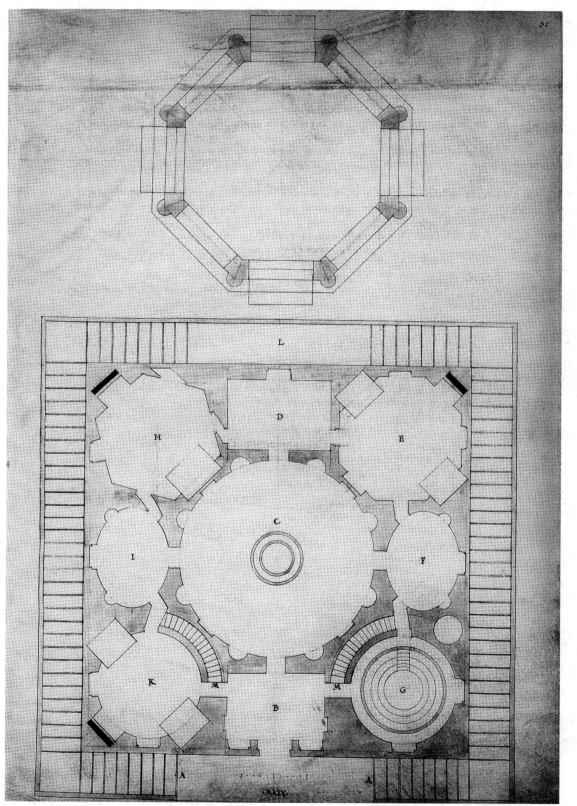

这里最下方的图像实际上是属于上面平面的立面——它显示了正面的部分。中间的门是真实的，再加上 4 个假门，都是 5.5 尺宽——它们有 10 尺高。台阶是 6 尺宽。从地面层到檐板饰带的顶部——也是洞穴上的地面层——是 20.5 尺。台阶从旁边开始，并且绕道背后抵达地面层。所有粗面石饰部分涂黑的方块都是用来给洞穴提供光线的，侧翼与后边也相同，但是高低由它们所处位置的实用性来决定。[272] 立柱以及它们的圆柱都位于这一层。圆柱的高度，包括基础与柱头，是 22 尺，它们的宽度是 3 尺[273]，在边上的框缘是 1 尺；楣梁、中楣和檐口是 4.5 尺高；从檐口顶部到灯亭的底部是 20 尺；整个灯亭的高度是 13 尺。[274] 它们的基座是 3 尺高；这等同于环绕建筑胸墙的高度。这道胸墙是专为倚靠用的，它应该是铁质的，这样就不会阻挡对中心部位的视线。

最上面的图像是洞穴的内部。中心的部位，标记为 C，展现了主厅的室内。这里显示了如何设置垂直的天光——这些是绝好的光源。[275] 在旁边的部分，I，F，是椭圆形的主室，因为很小，它们都应该有夹层——你可以通过楼梯 M 上到这些地方。

图像 E 显示了更衣室的室内[276]——这是放置两张床和一个壁炉的地方。[277] 它有 22.5 尺高，从两边采光。

另一个图像，G，展现了浴室的内部是如何安排的。因为这个浴室位于最低点，不能再往下了，下面有水，因此有必要在浴室地面层之上修建胸墙，1.5 尺高，然后往下挖 3 尺，这样就会有两级 1.5 尺高的可以落座的梯步。这样就会形成一个总计 3.5 尺的容器来存储热水，这个深度足够了，在每个落座用的梯步上都应该挖出两步，供人们下到浴室中。此图编号 XXIX。[278]

### 为了国王休闲在乡村中建造的住房 [279]

平面要在上面设计的同样基础上完成。[280] 你先向上走到高于地面 5 尺的敞廊，标记为 A——宽度是 15.5 尺，长度为 50 尺。在右手边是礼拜室，B，直径是 12 尺。在左手边是一个公共螺旋楼梯，直径是 12 尺。立柱侧面的厚度，包括扶壁是 6 尺。角部两个大的立柱，其中是礼拜室与楼梯，都格外坚固，这样能够承受任何重量。在敞廊上是没有顶的平台。穿过敞廊你进入主厅 D。在右手边是一个私密的螺旋楼梯，通过它你进入一个小前厅，E，长度 10.5 尺，宽度 12 尺。从这里进入前室 F，18 尺长 15 尺宽。在此之后是主室 G，长度是 24 尺，宽度是 18 尺。[281] 在左手边应该完全一样，中型或者是更小的地方应该有夹层。私密的螺旋楼梯将从这一边服务于夹层，公共楼梯将会服务于左边的房间。主厅的宽度是 24 尺，长度是 48 尺。更低的主厅将不会有很多光线，但是上面的采光会很好，因为它两边都有格外宽的窗户。

这里平面上方的图像展现了住宅的背面，至少是其下部——背面下沉的高度与住宅在前部抬升的高度相同。从门槛到楣梁的底部是 23 尺。这应该是所有大房间的高度——中型和小一些的房间，就像我说的，应该有夹层。从楣梁的顶部到檐口的顶部是 3 尺——这个高度将会形成窗户的胸墙，而且楣梁将会成为楼梯面层的填充。门的宽度是 6 尺，高度是其两倍。窗户是 5 尺宽，8 尺高，符合这些部位的常用习俗。[282] 我将小窗户放在上面，好给夹层提供光线。角部壁柱的正面是 5.5 尺。此图编号 xxx。[283]

**为了国王休闲在乡村建造的住宅**

　　这里上方的图像展现了从侧面看住宅的全部。第一 [ 部分 ]，标记为 A，是敞廊的一头，在它之后是礼拜堂。标记为 E[284] 的是螺旋楼梯的地方，再后是小前厅。另一部分，标记为 F 的，显示了前室。最后的部分，标记为 G，是主室。你可以看到如何在从室和其他中等大小的地方设置夹层。你还可以看到窗户的形式，供人落座的地方是如何安排的，以及照亮夹层和下到花园的方式。

　　在下面你可以看到亭阁的实体。[285] 首先你向上走 5 尺到屋面层。在敞廊中拱是 12 尺宽，21 尺高，但高度是 23 尺。从拱的底部到檐口的顶部是 6 尺。小一些立柱的正面是 5 尺。角部立柱是 17 尺，按照图中显示的方式划分。通过使用小比例尺，这些全都可以推断出来。

　　在上面的部分，就像我说的，敞廊上应该有平台。它的屋面应该对齐楣梁的顶部。第二层房间的高度是 19 尺，从楣梁的顶部到最后一道檐口的底部。第二层屋面要与檐口对齐。除了在中间三个窗两边的两个窗是 3 尺宽外[286]，所有的窗户都应该是 4 尺宽。在第一层的窗户是 10 尺高。老虎窗是 5 尺高。它们的宽度是 4 尺，那些位于角部以及毗邻中间三个窗户因为透视的缘故看起来要窄很多；这样所有上面的窗户都是垂直的。对一些人来说，这么大的屋顶好像是不可能的，如果没有内部墙体的话当然不可能实现。然而，主厅的墙以及主室的分隔墙必然会延伸到屋顶，一个有经验的木匠会找到好的方法让它非常坚固。尽管如此，如果使用枞木和松木的话会比使用不同种类的橡木更好，因为后一种木头非常重。[287] 在这个亭阁中，从檐口往上应该有两个居住层，不包括也可以做此用途的第三层。此图编号 XXXI。[288]

**在乡村建造的皇家住房**[289]

　　毫无疑问，依据理论原则建造的不同寻常的作品会让那些有着稀有和独特判断力的人感到高兴。[290] 因此，我认为依据上面显示的基础，可以设计另一种形式的国王的住房，当他想要休闲一天时可以去这里。它的形式更接近于庙宇而不是住宅，这就可以让我的设计更远离日常习俗。[291] 将整个建筑稍微抬升到地面以上更为有利。你从前厅 A 进入。在这旁边有两个螺旋楼梯。在右手边有一个通道前往主室 B——它从两边获得光线。在外墙的角部是一个床龛，L。服务于这个主室的是一个从室，它应该有夹层。再往前走是标记为 C 的地方。对着门的是一个前厅 D，在它的一边，穿过一个螺旋楼梯，你进入主室 E[292]，它与第一个有同样的形式。在另一边是主室 F，与另一个相同。回到前部是一个标记为 G 的地方，再往前到门是主室 H。在这里应该有 8 个主室，16 个从室以及一个大的位于中心的八边形主厅——它的直径是 50 尺。每一个主室是 21 尺长，13 尺宽，不包括床龛以及端头布置窗户的地方——这三个元素会让房间显得大很多。从室是 10 尺长，6 尺宽，如果想要在标记为 C、G 的部位设置夹层，应该在上部添加从室，12 尺长，10 尺宽，它们应该有 10 尺高。在主室和从室之上，所有都应该采用石质拱顶，还应该有一个平台，在此之上是石质拱顶主厅的圆屋顶。你通过 4 个螺旋楼梯走上这个平台，陪伴楼梯的是 4 个从室用于躲避阳光和雨水，因为这个平台是用来观赏乡村的。中心部位 4 个涂黑的小方块是 4 个主室的烟囱，就像上面平面中所显示的那样。[293]

　　这个平面实际上是在主室之上，这里会有一个平台，周围有胸墙环绕，用于观赏乡村。陪伴楼梯的是 4 个从室用于躲避阳光和雨水。在平台之上应该竖立一个圆屋顶，就像下面页面中可以看到的那样。此图编号 XXXII。[294]

**为了国王休闲在乡村中建造的住房**

　　下面连续的图像显示了上述住宅全部的外观。就像我说的，建筑的地面层应该比其他地面抬升 2.5 尺 [295]，如果抬升高度更高也不是问题。从门槛到楣梁的底部是 25 尺，这是圆柱包括基础和柱头的高度——它们正面的宽度是 3 尺。[296] 一个圆柱与另一个之间的距离是 10.33 尺；在角部的圆柱之间的距离是 1.5 尺。门是 7 尺宽，14.5 尺高。窗户是 5 尺宽，10.5 尺高；它们上面的小窗户应该有 4 尺高，它们应该服务于主室的上部和从室。楣梁、中楣和檐口是 5.5 尺高 [297]——楣梁是圆柱的一半，中楣的高度，包括三陇板柱头的高度是圆柱的四分之三，檐口的高度等同于楣梁的高度再加上八分之一。从檐口的顶部到灯亭基座的底部是 26.5 尺。灯亭的底座应该是 2.5 尺，圆柱高 10.5 尺，楣梁、中楣和檐口的高度应该是圆柱的四分之一。为主厅提供光线的窗户应该是 7 尺高。4 个方尖碑，顶部断开了，是四个主室的烟囱，它们的高度应该稍微超过圆屋顶。小一些的圆屋顶，可以看到在檐口之上，覆盖了 4 个螺旋楼梯。另外 4 个是用来让整个建筑更为协调的，还有 4 个从室来做遮蔽用。中楣再加上檐口将会组成平台上的胸墙。

　　这里右手边的图像，标记为 A，展现了主厅的八分之一，也就是其中一个用壁龛封闭的一边。壁龛是 6 尺宽，8 尺高。底座是 4 尺高。圆柱包括基础和柱头是 10.5 尺高，1 尺宽。[298] 楣梁、中楣、檐口应该是圆柱的四分之一高，在它们上面是曲线的三角山墙。旁边圆柱的高度，紧靠着角上的，是 20 尺，它们的宽度是 2 尺——这种细度不会有问题，因为圆柱是爱奥尼风格的，而且有三个圆柱互相毗邻。[299] 楣梁、中楣和檐口是 5 尺高。在檐口之上突起一个圆屋顶，它有 25 尺高。这个高度分成 5 个方形，最低的方形是一个窗户。

　　左边另一个标记为 B 的部分，是开放的 4 个部分中的一个。它有与上面记录的其他部分同样的尺寸。

　　在这一部分上面中心位置标记为 C 的，显示了 4 个主室其中一个的室内，它的上面是一个主室，这样就可以看到床龛。你可以看到主室如何从旁边获得光线，而且你可以看到圆拱下留下的空间，这里有窗户。[300] 尽管如此，因为这是透视图，无法给出准确的尺寸，你必须参照平面。[301] 任何人如果想要把这个建筑用做神庙，会发现它非常合适，将主要的圣坛放在中间，让 4 个低一些的主室作为礼拜室，把从室变成圣器室或者是祈祷者的用房。[302] 神父应该住在礼拜室上面，这样会保持他是一个正直的人。[303] 此图编号 XXXII。[304]

<sup>37v</sup> **为了国王休闲在乡村中建造的住房**

　　上面展现的三个亭阁是为国王所建造的，并不是为了居住在那儿，而是为了时不时去那里休闲，在必要时睡一晚上。现在，在下面这个设计中<sup>305</sup>，一个国王可以和他的宫廷中最喜爱的人住在里面，同时假设在周围有他大量随从的住所。这个建筑要抬高到地面上 2.5 尺，如果抬得更高也不会有问题。首先你向上走到敞廊，A，并不是很大，但极其坚固——它的立柱每边都是 6 尺，不包括圆柱。敞廊是 15 尺宽，34 尺长。在右手边是一个公共楼梯，B<sup>306</sup>，延伸到敞廊上的平台。在楼梯中间有一个螺旋楼梯从顶部到底部，可以在任何你希望的地方出来。进入主厅之后，在右手边是一个从室，C；24 尺长，12 尺宽。在这之外是一个主室，D，长度相同，但有 15 尺宽。这两个地方都有夹层，可以通过公共楼梯和螺旋楼梯到达。在那之后是主室，E，26 尺长 24 尺宽。紧接着它是前室，F，每边都是 24 尺。从这里你进入主厅 G，45 尺宽，86 尺长。因为通常的梁无法承受跨度如此之大的重量，这些梁应该强化到 5 尺厚。<sup>307</sup> 在这些之上应该放置檐口和楣梁，略去中楣。<sup>308</sup> 这一部分应该位于墙的上面，从一道梁到另一道梁，在梁下应该是石质壁柱，其下部有基础，柱头位于梁下，它们应该是多立克柱式的。<sup>309</sup>这样的话屋面就会非常坚固——上面的主厅也应该做同样的处理。整个住宅都应该往下挖，这样所有必需的服务性房间可以置于地下。在另一边应该有完全一样的住房。

　　平面上方的图像展现了亭阁的全部，但是用比平面更大的比尺绘制的。从敞廊的地面层到楣梁的底部是 21 尺——这是敞廊、所有房间以及圆柱的高度。圆柱有 3 尺宽。<sup>310</sup>圆柱所紧贴的立柱是 6 尺。拱的宽度是 9 尺，它们的高度是 19 尺。楣梁、中楣和檐口是 5 尺高，爱奥尼圆柱下的基座 2 尺高。<sup>311</sup> 圆柱包括基础和柱头 17 尺高。楣梁，中楣和檐口是 4 尺。再往上的高度，从平台的铺地到下一层，是 22 尺。爱奥尼圆柱是 2 又八分之一尺宽。<sup>312</sup> 门是 6 尺宽，12 尺高。平台上通向主厅的门也应该一样。在旁边的窗户是 5 尺宽，8 尺高——这并不包括紧靠上面的窗，任何人如果希望，可以将三个窗户合并为一个。平台上的窗户应该是 10 尺高，上面的小窗户应该是 3 尺。中心的老虎窗是 6 尺宽 8 尺高<sup>313</sup>；它两旁的窗户是 3 尺 [ 宽 ]7.5 尺高，不包括上方的小窗户。[ 至于 ] 两边大型的三段窗，中心的部分是 4 尺宽，在旁边的是 3 尺，其高度是 8 尺；上面的小窗户是 3 尺高；更上面的，在第二层的窗户，有同样的宽度<sup>314</sup>，但是 10 尺高——它们上面的老虎窗是 6.5 尺。在这个亭阁的老虎窗之上，有另一个可居住的楼层。<sup>315</sup> 此图编号 XXXIII。<sup>316</sup>

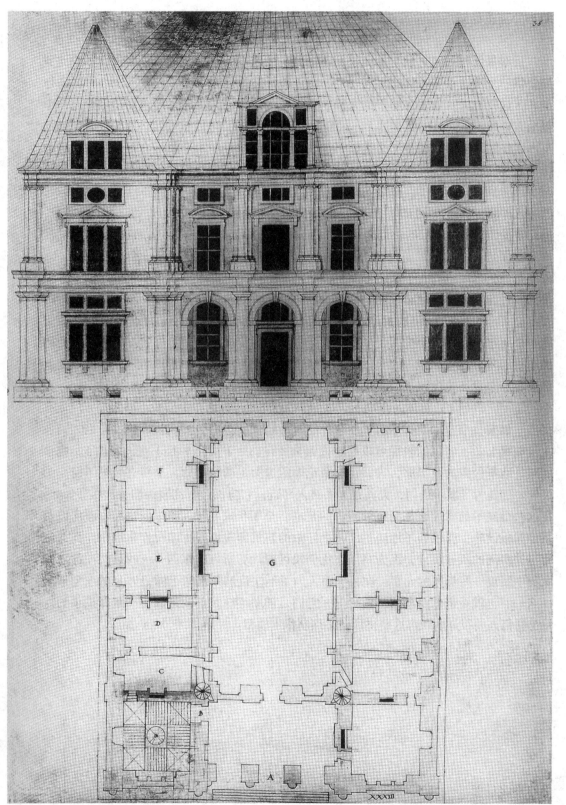

## 38v 城市外国王能舒适居住的住宅

信奉基督教的国王经常参加圣礼，尤其是最虔诚的基督教国王，亨利。[317] 因此我要提供一个建造在城市外的皇家住宅，国王能舒适地住在里面，在住宅中心可以举行圣礼，这样绝大多数住在那里的人都能看到这些仪式。[318] 首先，应该在住宅前有一个完全方整的低院——但是在这个平面里，只有一部分[319] 可以被看到，因为没有足够的页面。在院落周围有各种住房为村民、绅士甚至是亲王使用；我不会记录这些住房的任何尺寸，图中有小比例尺可以计算所有的尺寸。现在让我们讨论皇家住宅。它应该至少抬升到院落以上 5 尺，还应该往下挖来容纳仆从的工作室。[320] 一旦你走上台阶，就进入了前厅 A；它每边都是 25 尺。在右手和左手边有各种住房套间，在一边是 25 尺，但是根据住房套间需求的类型来调整长短——在院落各边也同样。我现在要讨论内院。离开前厅是一个敞廊[321]，B，它形成了一个十字形，因为它穿过了一个大的内院，C，或者是一个内院里有 4 个八边形院子，从院落中间穿过的敞廊也形成一个八边形。在院落周边有回廊，与敞廊相连，并且在中心形成一个八边形。这是一个用圆柱建造的开放庙宇[322]，这样圣礼仪式可以从各边和各个主室中都看到——在上面和下面都应该有一个庙宇。[323] 在这个院落的 4 角有 4 个主要的螺旋楼梯——此外还有很多私密的楼梯用于不同的实用需求。4 个螺旋楼梯通向敞廊上部，那里要么有开放平台，要么是上部敞廊。[324] 我还是建议平台，这样院落就可以更开放，少一些含混——在另一面，中心的庙宇应该有顶。总体的高度不应该少于 21 尺[325]，但是在中型或小型的地方应该有夹层。如果一个主室太高不适于在寒冷的时节居住，你应该安装假屋顶，可以如同业主希望那么低，屋顶的表面可以粉刷或镶金。在前厅 E 之后你往下进入花园 F，应该如同场地所包围的范围那么大。在这个花园的边上是两个敞廊，上部有装配了窗户的展廊。这是为了散步所用，尤其是为了进入马厩，它应该位于花园的端头。尽管如此，在这些马厩的前面应该是马厩管理者的住宅。至于私家花园、喷泉、浴室、暖房以及其他娱乐设施，要依赖场地决定，一个仔细的建筑师能够根据情况作出决定。我并没有讨论房间的所有尺寸，因为利用小比例尺可以计算所有的东西——我还会在此后的页面中展现一些具体的元素。在另一面，为了不让建筑师困惑于标记为 H 的三角形是什么——也就是带有壁龛的三角形——它们是辅助环绕院落的敞廊与半敞廊拱顶的立柱。任何人要很好地理解这些拱顶，必须制作木模型。[326] 此图编号 XXXIIII。[327]

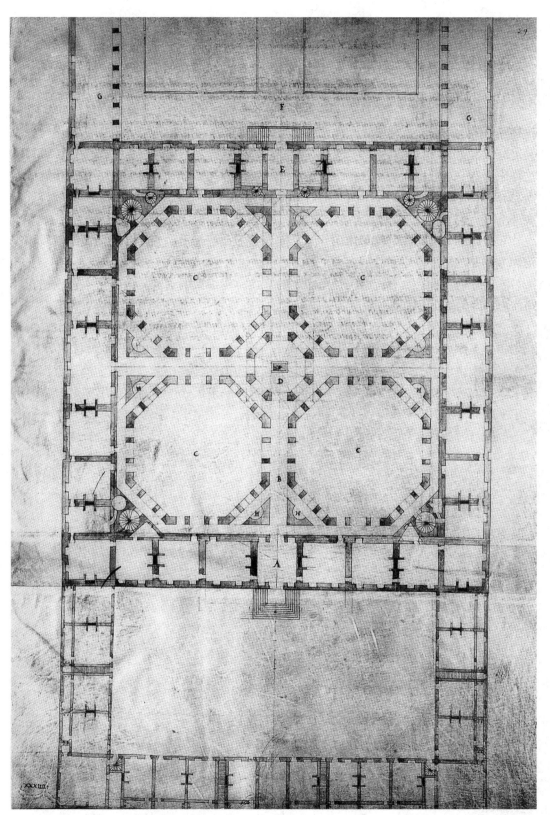

**乡村中国王能舒适居住的住宅**

下面这些图像是属于上述平面的立面。最下面的图像是低院的一部分，也就是对着宫殿立面的部分，其实所有三个部分应该都一样，因为很可能你需要三个入口。

上面的部分，标记为 A，展现了主要住宅的正立面。[328] 这个住所应该抬升到院落上，这样地下的房间能够直接接受光线。第一层房间高度不应该少于 21 尺。第二层房间的高度应该是 20 尺，中型和小型房间应该有夹层，在一些地方屋顶应该降低 2 尺或者 3 尺，这样来创造一个假屋顶；这取决于建筑师的判断。第三层居所，在这里 [329] 称为顶阁楼（*galetas*），应该至少 12 尺，但中心的亭阁以及角部的居所应该有额外一层，顶阁楼就在那上面。这些图像的比例比平面的要大。

在顶部的 6 个图像是院落内的元素，它们按照比底部图像大得多的比例绘制。标记为 D 的是院落中心庙宇的平面，在敞廊之下，也在平台之上，圣坛位于中心。

它上方的图像，也标记为 D，是庙宇的室内，用细微的细部刻画。这应该建造在平台上，因为敞廊下的部分没有圆屋顶，它的半筒拱顶（*testudine*）[330] 将会更为平坦。

它旁边的图像，也标记为 D，展现了庙宇的外观。最上面的图像，标记为 H，是其中一个支撑敞廊拱顶的三角形立柱的形式。上面提到的元素下方的图像，标记为 B，展现了敞廊再加上上方平台的宽度和高度。这旁边的图像，也就是 B 所在的地方，展现了敞廊的各个面是如何建造的。[331] 这 6 个图像的细节尺寸可以通过使用标记为 D 的庙宇平面下小比例尺来获得。此图编号 XXXIIII。[332]

## 在乡村中建造的国王住宅 [333]

城外乡村中的住宅，尤其是重要人物所有的，应该独立存在，从远处看来很美观，也就是说它们应该有漂亮的高屋顶、圆屋顶以及其他提升形象的元素——这些都是从远处看很美观的事物。结果就是这一皇家住宅有着不同于其他住宅的形式。[334] 它应该位于一个大院落的中心，院落四周由住房所环绕，它们服务于亲王、绅士、官员以及国王的家庭成员。这个大院落只有一个入口 [335]，这样可以更容易防御。对于所有住房的单独尺寸，描述会显得太长，但是我会给出一些总体的提示，这样的话通过使用小比例尺可以计算所有的尺寸。环绕院落的住房的外墙之间的进深是 25 尺，但是 4 个角部的亭阁应该是 30 尺。在这些住房的中心是两个厨房，一边一个。它们标记为 C，有小院落和水井服务于它。在这些院落之后有一些厨房花园为厨房提供供给。现在让我们来讨论皇家住宅。它位于院落的中心，抬升到地面上至少 5 尺，这样住宅就可以往下挖以更利于健康，同时提升建筑的宏伟形象。所有住宅所需的仆人工作间都在下面。你先走上台阶 [336]，到所有 4 边都有胸墙环绕的开放平台；平台是 16 尺宽。在每一边都应该有一个敞廊，18 尺宽，60 尺长。立柱的侧面是 7 尺厚，但前面是 3 尺。两个立柱之间是 7 尺。在敞廊的端头，在角部，应该有 4 个螺旋楼梯，通过它们可以走到敞廊上方，那里有无顶的平台。这应该有 24 尺宽，因为胸墙有 1 尺就够了，这样立柱上就会留下 6 尺。让我们回到前部敞廊的下方。进门之后是一个前厅，A，12 尺宽，28 尺长。在右手边是一个前室，B，长度 28 尺，宽度 15 尺。再往后是一个主室，C，每边都是 28 尺。穿过前厅你进入一个八边形的主厅，D，直径是 48 尺。在它的每一边都有两个次厅，E，长度等同于主厅的直径——任何人都可以将它们变成主室。在它旁边有两个主室，F，尺寸与第一个相同。[337] 服务于它们的是主室 G，这些房间的出口通向前厅 H。在主厅的4 个角是往上通向主厅上部的螺旋楼梯。虽然在这个平面上主厅没有窗户，你必须记住，大主厅的高度是主室高度的两倍。这样，在第一层就不会有前厅和相邻的主室 [338]，而是没有顶的平台，带来的结果是下面的主厅可以有采光。从上方的平面可以理解这一点，但是在后面的页面中可以了解得更清楚。因为在上部几乎没有住房，你可以将次厅变成主室，还可以将角部的主室转变成从室，这样的话就会有更多的住房。为了更好理解，上部的平面 [展示了出来]，在其中有两个标记为 T 的地方。这两个地方是平台和依靠平台获得光线的中心主厅。平面上方的图像展现了上部的平面，两个标记为 T 的地方是平台，在它们下方是前厅和主室。类似的，4 个标记为 T 的地方是平台，4 个角部，标记为 L 是螺旋楼梯。此图编号 XXXIX。[339]

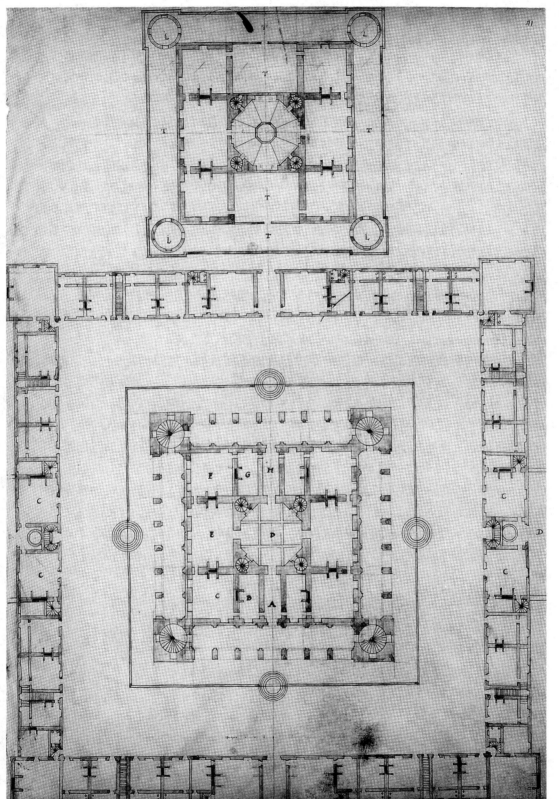

### 　乡村中建造的皇家住宅

　　下面三个图像是上述平面的立面[340]，最下方的是大内院内部的其中一面。低一些房间的高度是 16 尺，上面的房间高度是 12 尺，但角部和中心的房间会多一层，就像图像中显示的那样。这面对着皇家住宅。

　　这上面的图像，位于中心，展现了宫殿的外观，请注意这一个以及上面的一个，是按照较大的比例绘制的，这样图像能够更容易理解——那个比例在下面。这个建筑应该抬升到院落上至少 5 尺，如果地面可以往下挖掘，就可以建造很多服务房间。从敞廊地面到圆拱的底部是 24 尺；这应该是所有房间的高度，但中型或较小的地方应该有夹层，其他窗户上的小窗户是用于这些夹层的。所有的窗户都是 5 尺宽；第一层窗户的高度是 12 尺。从圆拱的底面到檐板饰带的顶部，也就是平台的胸墙，是 6 尺。从檐板饰带到楣梁的底部是 18 尺，但第二层房间的高度是 21 尺。它们的窗户是 11 尺；它们上面的"非正统"气窗[341] 是 3 尺高。至于给主厅提供光线的窗户，在中心的窗户是 5 尺宽，在旁边的是 2.5 尺宽——在中心的窗户高度是 15 尺。第二层的楣梁、中楣和檐口是 4 尺高。这一层的窗户是 12 尺高。楣梁、中楣和檐口是 3 尺高。这一层的窗户是 12 尺高；给主厅提供光线的窗户也相同。顶阁楼的窗户是 8 尺高，它们的宽度是 4.5 尺。

　　最上面的图像展现了整个建筑的室内。从地下室开始，它们都是 9 尺高。敞廊，还有房间，都是 24 尺高。主厅是 44 尺高，因为加强的梁位于边缘。[342] 第二层的房间应该是 20 尺高，它们上面的是 18 尺。[343] 顶阁楼的窗户是 12 尺高，它们上面的一些窗是 9 尺高。中心的主厅从铺地到圆屋顶的底部是 57 尺。这个高度不会让人愉悦，它们应该这样处理：让第二层的主厅是 21 尺高，也就是到虚线的底部，这样第三层圆屋顶下的主厅将会有 32 尺高。[344] 整个灯亭是 18 尺高。在这里我注意到我完全是根据自己的热情来设计，更多关注美观而不是实用，这就让居所太高，以至于很难在寒冷时住在那里。因此，最好让敞廊和第一层的房间是 21 尺高，第二层的是 20 尺，第三层的15 尺。这样第一层的主厅就应该是 43 尺高。[345] 此图编号 XXXIX。[346]

*42v*　　　古罗马人习惯于建造环形剧场，用于各种类型的公共比赛以及不同种类的表演[347]，虽然除了照看这些地方的守卫外没有人曾经居住在里面。现在，我有这样一个想法，设计一个城市外的国王住所，它是椭圆形的，就像古罗马的习俗一样。[348]的确，对一些人来说这个项目在当下显得过于宏大，但是只要想起伟大国王弗朗索瓦[349]和他与知识、力量相匹配的宽宏大量[350]，我毫不怀疑他会有这样的想法，而且会很快着手建造。因此，怀有这些好的意愿，我设计了这个建筑，它应该如同下面所展示的。整个建筑至少要抬升到地面以上6尺，周围有一个同样也是椭圆形的低院环绕，它有大量住房提供给亲王、绅士和官员——就像下面所显示的，但是保留了一定数量的"广场"，为了放置建筑，在场地允许的情况下。一旦你走上这6步台阶，就是一个屋顶的地面，有栏杆环绕——这应该不少于12尺宽。从这一层你通过一个步道进入宫殿，那里有一个敞廊，上面是平台。再往后是一个没有屋顶覆盖的层，配有胸墙——因为你从外面走上去的步数等同于在内部下降到椭圆形院落的步数，就像在图像中可以看到的那样。各种类型的游戏、打斗和表演可以在这里举行，观众可舒适地站在胸墙后观赏比赛。[351]此外还有其他窗户和平台供人站立。如果我要记录所有单独的主厅，主室，从室，各种楼梯和建筑中很多其他东西，而且如果我要写出所有的房间名字，可能会让读者困惑。尽管如此，一个仔细的建筑师能够理解所有的东西，因为可以清楚地从设计中看到，尤其是椭圆院落中有比例尺。因为主室A不会让建筑师困惑，我将要简短地讨论它。我认为这应该是一个副厅，每边都是32尺，这样冬天就可以在这里庆祝节日。小一些的部位，标记为B是提供给长戟卫兵的，其他的一些人也可以观看。在这个地方之上是一个音乐演奏用的展廊，用于风笛手或者其他类似的情况。为了建筑师不被外部窗户之间的壁龛所迷惑，这些壁龛中的一部分可以被替换为可开启的窗户——我想说的是，这些壁龛应该与窗户开成同样的尺寸和形状。无论怎样，在内部这些窗户与其余的窗户应该有同样的尺寸和形式。必须注意，外部的秩序要好，也就是窗户紧接着壁龛；任何不需要的窗户都可以封闭上，任何要开壁龛的地方可以开得出来。

　　　一旦确立了建筑，让一条街道或者是"广场"环绕它，宽度不小于40尺；50尺更好。周围的圆弧采用与内部同样的中心，这样就可以按照页首显示的方式确立环绕低院的住房的大体轮廓。这些住房墙到墙之间应该不窄于25尺。实际上，有必要先设计外部，因为如果内部抬升到地面以上，就无法从中心拉绳。因为这个建筑的大部分要往下挖，就可以建造很多不同功能的地下室。建造这些房间和基础所挖出的土应该用来抬升地面上那些下部是坚固实体的部分；这样就可以节省用于去除土壤的钱。对于花园、厨房花园、水池、泉水和其他内部没有包括的部分，你可以环绕低院建造一个很大的外围建筑，采用同样的中心，形成几乎是圆形的形态。以4个中心产生出来的椭圆形就有这种性质；椭圆越小，越接近于其中心，形状就越长；越大、越远离中心，它就越接近于圆形。[352]此图编号XL。[353]

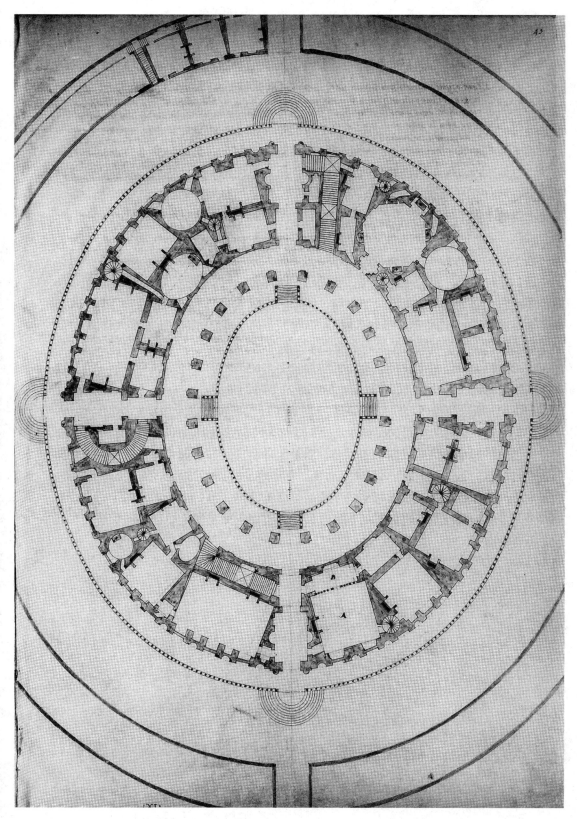

下面 4 个图像属于上述平面，包括内部和外部。最下面的标为 A 的图像展现了外立面的部分，尤其是中心部分有 4 扇门中的一个，带有一些窗户和壁龛。这里你可以看到壁龛打开与封闭的效果。你还可以看到窗户的类型，不同于其他的那些应该建造在门上的窗。此外，你可以看到大窗户上的小窗并非只是装饰，其中一些要用于夹层。事实是，如果小窗户和大窗户合并成一个窗户，它们就会非常的高——实际上它们中的一些比应该有的高度还要高，但是在这个国家[354] 这是可以接受的。

接下来的图像，标记为 B，是环绕院落的敞廊，在它上面是一个平台，紧跟着的是墙的立面。这实际上是在轴线上，其中有 4 个入口中的一个，因为门就在中央。在这之上有窗户，比其他的窗户要大，形式也不同。

上面的图像，标记为 C，展现了庙宇的内部[355]，它的平面在前面可以看到。因为很宽，它也应该很高，这样它就占据了两个主室的空间；但在它上面是居住的房间。我并不希望按照法国风格把屋顶建得很高，也不想像意大利风格那么低，而是遵循图中可见的中道，这样它的一部分可以居住，就像这里的习俗一样。而且因为安排开窗是很困难的事，一个熟练建筑师非常了解这事，我想展现设置它们来获取光线的方式，先是在平面上，然后是立面。第一层的大窗户，以及上方的小窗户给檐口下的部分提供光线，第二层的窗户给圆屋顶提供光线。这种光线被称为一个竖向光（*a tromba*）[356] 它通过圆屋顶檐口上的窗户进入；还应该有比开放窗户更多的暗窗。[357] 还应该有一条回廊环绕这个圆屋顶，就像在设计顶部可以看到的那样。

那下面的图像，标记为 D，展现了主室和主厅的高度，以及中型和小型的地方，夹层如何安排，所有的房间如何获得光线，以及如何设置壁炉，即在面上也在轮廓上。它显示了大的和小的房间如何覆盖拱顶，以及上部的房间在看起来太高的情况下如何通过在内部建造中楣、檐口和楣梁降低高度。事实是，主厅虽然很大，在这里却不够高。在另一方面，一些用于在冬天居住的主室应该降低高度，有的多一点有的少一点。在这 4 个图像中，我没有给出任何这些尺寸，因为图像大而易懂，也因为图像下的尺展现了所有事物的尺寸。此图编号 XL。[358]

## <sup>44v</sup> 城市中各阶层人士的住宅

城市中的穷人住宅远离广场和高贵的地方并临近城门。这些人是在各种卑微行业中工作的最微不足道的工匠。他们的住宅，就我在许多城市[359]中所见，为狭长形。[360]想到这一点，我将开始为最贫穷的工匠构建一个居所，标记为A。其立面只有一个小门和两扇窗户，宽度为10尺。进门是一个主室，不包含床龛为15尺长，主室标记为A。[361]床龛标记为B，在床脚有一条小通道通向庭院C。其后是菜园D，其面积由场地决定，花园尽头是厕所，我在许多地方见到这种配置。第一幢房屋是一号，它实际上由两幢房屋拼接而成，共用一口井和一个烟囱。[362]这幢房屋的立面和平面如I号的第一张图所示。[363]

第二幢房子在刚才那幢的旁边，和它一样居住空间在地面层，但有12尺宽。主室的地面边长12尺，不包括床龛F，主室标记为E。在床脚有通道通向厨房G。继续向前是菜园H，正如我在别处所说，在其尽头应该有一个厕所。这两个相邻的房间共用一个烟囱。所以用这一类型可以建造许多住宅[364]，它们共用一口井。编号II。[365]

第三张图实际上是四个拼接在一起的低档住宅，居住空间位于地面层。[366]它们共用一口井，就像四个厕所共用一个沟渠，两幢房子共用一个烟囱一样。在它们两侧都有小巷，如果有更多的房屋则每一条小巷中都应有一口井，供所有房屋使用，这样就无须在室内打井，我在许多地方见过这种情况。单个低档住宅9.5尺宽，标记为I。主室长度18尺，包括床龛在内。继续向前走是房间K，从这里进入小庭院L。庭院一角是井，另一角是厕所。立面图在平面旁边，编号III。[367]

在小块土地上建造低档联排住宅还有另外一种方式，同时于各边留出公共小巷[368]，每条小巷里都有一口井用于各个房屋。这一低档住宅标记为M。边长12尺，其后是床龛，标记为N。它旁边是从室O。由于住宅内没有庭院，此房间从房屋正面采光。在此处四幢房屋拼接在一起，所以四个厕所共用一个沟渠。这幢房屋的平面和立面编号IIII。[369]

中央的第五张图，其居住空间在楼上，它的布局方式使两个家庭可以舒适地在此居住。[370]此住宅用于高级工匠，这里两幢房屋相连共用一口井，两个厕所共用一条沟渠。每一幢房屋12.5尺宽。其入口标记为P，与之相邻的是其后带有一个从室Q的楼梯[371]，可以从靠近房屋正面的楼梯平台下进入此房间。继续向前走是主室R——长度为20尺——从这里进入庭院S。此处有一个小敞廊，以便在屋顶下进入厨房。庭院标记为S，并通向厨房T。厨房的一角是厕所，供楼上家庭使用，墙外的厕所用于楼下家庭。[372]这幢房屋应在其前部进行挖掘，以储藏酒和木材。正立面图在平面上方。一层10尺高，二层8.5尺高。屋顶空间[373]用来储藏房屋所需木材。这幢房屋的平面和立面编号V。[374]

第六座住宅用于高级工匠，带有部分法式风俗，与前者同样实用。[375]该房屋13尺宽。其入口标记为X，入口旁边是旋转楼梯可供通至上层。在其后是Y，20尺长。从这里走进庭院Z，院内有一个带顶的通道，角落有一口井。[376]继续向前走是厨房Є，边长8尺。[377]这幢房屋的井在庭院里，厕所在厨房里。庭院的大小由场地决定。此宅可以居住两个家庭，因为住在楼上[378]的家庭除了旋转楼梯外不会再进入其他任何地方，而一旦到了楼上就是他们自己的空间。楼上的住户享用顶阁楼，楼下的住户享用厨房花园。不过鉴于该房屋在地下挖掘，应将地窖分配给每个家庭藏酒，因为穷人通常只有少量的酒。但如果业主稍微富裕一些，他会想要拥有整幢住宅，这样他就能拥有所有的酒窖和完整的房屋。这幢房屋的平面和立面编号 VI。[379]

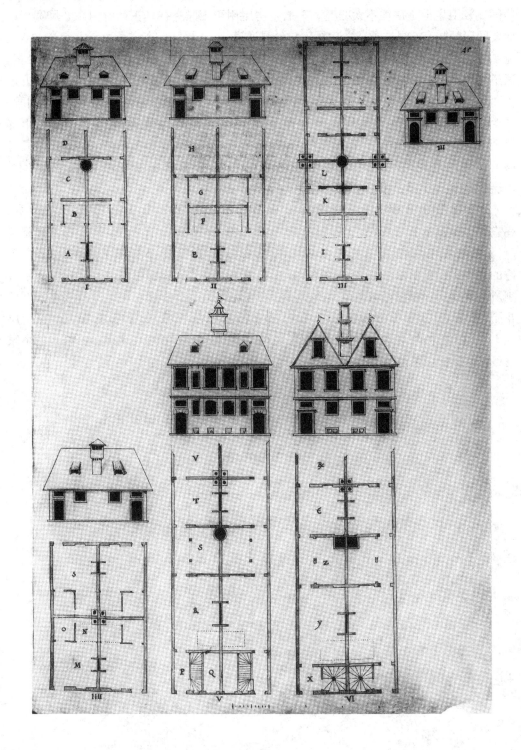

45r

**城市中富裕工匠的住宅**

　　在意大利的一些城市，特别是博洛尼亚[380]和帕多瓦，整座城市都建有门廊。这些门廊非常实用[381]，可在冬日遮蔽雨水和泥土，夏季阻挡炙热的阳光，这样一来下层的房间比较卫生但是往往不太明亮。第七幢房屋用于工匠，在其正面有门廊 8 尺宽，正面两间房屋共有 6 根柱子。[382] 房屋入口处是通道 A，4 尺宽。在它旁边是主室 B，10 尺宽 18 尺长，包括床龛在内。在这之后是楼梯，从其下方进入从室 C，12 尺长 7 尺宽。通道之后是庭院 D，边长 15 尺，其中有一个小敞廊，与通道同宽，可以从屋顶下方进入厨房 E。在它旁边是通道 E，之后是菜园 G，其尺寸由场地决定。厨房里有两个厕所，一个用于楼下另一个用于楼上——这样一来这幢房子中可以居住两个小家庭。楼下部分拥有菜园和部分酒窖，楼上部分拥有阁楼和另一部分酒窖。[383] 不过，如果该工匠足够富裕，他会希望拥有整幢房屋以便居住得更加舒服。这两幢房屋的立面图在平面之上。一层 10 尺高，2 层 8 尺。这幢房屋编号 VII。[384]

　　下面那张图，即第八个，同样实用并带有部分法式风格。[385] 其入口是 H[386]，3 尺宽。在它侧边是主室 I，11 尺宽 15 尺长，不包括床龛 K。继续向前穿过旋转楼梯来到庭院 L，其两侧带有小敞廊。这样做有三个用处：一是可在屋顶之下行至厨房和井；二是床边的井不必受到雨水侵袭；三是可以从上层取水。沿着通道穿过庭院是厨房 M，带有厕所。继续向前是房间 N，可用作主室——也可作为一个小型马厩。穿过它进入厨房花园 O[387]，其长度由场地决定。这两幢房屋的立面图在平面之上。一层 10 尺高，上层 8 尺高，阁楼中的房间相同但层高稍低。这幢房子应向地下挖掘，和其他一样，两个家庭可在此居住。[388] 这幢房屋编号 VIII。[389]

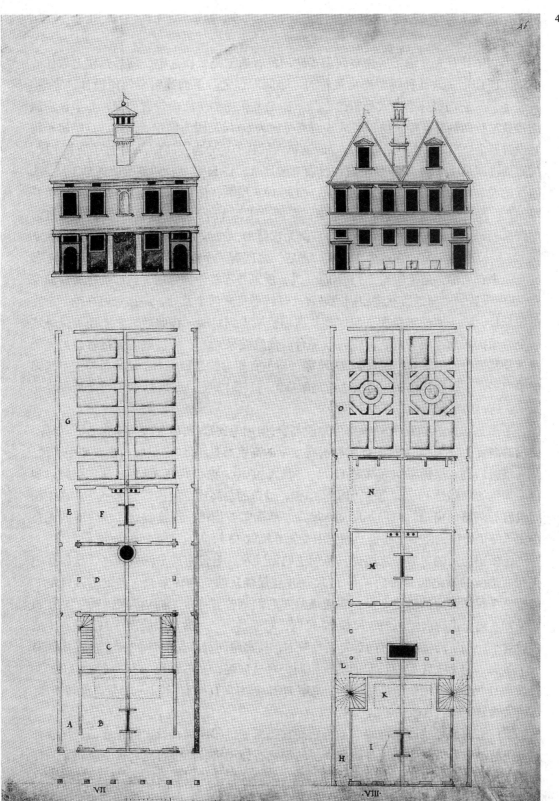

## *46v* 城市中的商人住宅 [390]

上文中我首先介绍了居住空间位于底层的普通工匠低档住宅，随后是楼上居住的高级工匠住宅；这几种类型都可被称为"半间"住宅。下面我将要讨论设计"完整"的住宅 [391]，它们服务于商人和市民。[392] 下图第九张图的房前应设置门廊，如果该房屋用地狭窄且两侧都有建筑物，那么其面宽可定为 60 尺。因为修建了门廊，这幢房子将会设置五个拱门。这样一来整个正立面就被六根柱子均分为五部分，每根柱子面宽 1 尺。门廊的进深是 12 尺。[393] 该住宅进门处设有前厅 A，15 尺宽 [394]，两侧的墙各厚 1 尺。[395] 前厅的左右两边各有一间"商店" [396]，面宽 19.5 尺 [397]，图中标记为 B。其两侧外墙共厚 5 尺。至此，上述 60 尺被分配完毕。[398] 前厅进深 17 尺，与"商店"相同。走过前厅即来到通道 C，宽度 8 尺。该通道右侧是次厅 D，22 尺宽，33 尺长。另一边是主室 E，23 尺长，21 尺宽。在这个主室和"商店"之间有一个能借隔壁庭院采光的楼梯 [399]，其光线来自顶部，是竖向光（*a tromba*）[400]，所以并不能俯视邻居。前厅的尽头是庭院 F，正中设置一道与通道宽度相同的敞廊。这样做带来两个益处，一来您可在檐下走完房屋全长，二来即使您身在上层也能从房屋前端走到后端。在此敞廊之上还可以另建一个带顶的敞廊，或者把它留作开放平台以便庭院采光。[401] 穿过庭院紧接着是另一个通道及其旁边的主室 G，33 尺长 23 尺宽。与主室相对的是厨房 H，尺寸虽与主室相同但中间多了一副旋转楼梯。通道之后是敞廊 I，进深 12 尺，面宽 55 尺。再之后便是花园了。这幢房子编号 IX。[402]

平面上方是正立面图。这幢房屋地段高贵，但用地狭窄，所以它应当建为三层。首先，拱门的高度 17 尺，宽 9 尺，敞廊和所有主室的高度都是 18 尺。拱底与窗台相距 7 尺。从一层檐口到二层楣梁的底部是 17 尺，楣梁、中楣、檐口共高 3.5 尺。从二层檐口到顶层楣梁的底部是 14 尺。顶层楣梁、中楣、檐口的总高比二层少四分之一 [403]，在中楣间设置有阁楼的窗户。窗户 4 尺宽 9 尺高。然而需要指出，在绘制这些窗户时我无意中犯了一个错误，使得这些窗户在图中变为 6 尺宽 13 尺高。

这张图旁边的房屋与之类似，虽然它略微狭窄并且带有部分法式风格。这幢住宅夹在两边的房屋之间，面宽只有 56 尺，并且仅能从前后两面采光。房屋的入口是 I，通道宽 7 尺，两边的墙厚 2 尺。在通道的左右两侧各有一个"商店" K，尺寸均为 21 尺见方。向里走是次厅 L，33 尺长 22 尺宽，对面是一个大致相同的次厅 M，只在中间多设置了一副旋转楼梯。再向后走是庭院 N，与房屋同宽，长度是 28 尺。庭院中间有一个敞廊，与上文住宅中长廊的功能相同。穿过庭院，左右两边各有一个主室 O，30 尺长 [404] 21 尺宽。再向前走是另外两个主室 P[Q]，与主室 O 同宽，其中一个带有旋转楼梯。通道后面是花园。这幢房屋编号 X。[405]

该住宅主要是法国风格的 [406]，特别是它那根据巴黎风尚设计出的正立面，尽管如此，正统的古典设计原则还是能从底层的粗面石饰风格装饰中可见一斑。塔司干式样的楣梁底部标高为 20 尺。楣梁、中楣、檐口总高 3 尺。从一层檐口到二层檐口底是 16 尺，二层的楣梁、中楣、檐口亦为 3 尺高。第三层的高度是 12 尺，第四层也是。法国人也许会认为对于多风且寒冷的地区来说这些房子太高了[407]，他们可以非常轻易地通过将一层的高度设定为 17 尺，二层 15 尺，三层 12 尺，四层 10 尺来对此高度进行调整。第一层的窗户[408]宽 7 尺，鉴于这些地方可能会被用作"商店"，所以需要充足的光线，窗户的高度为 8 尺。二层的窗户 6 尺宽 12 尺高。三层的窗户 7 尺高[409]，中间的窗户 5 尺宽，两边的 4 尺宽。最上方一排窗户同样也是 4 尺宽。

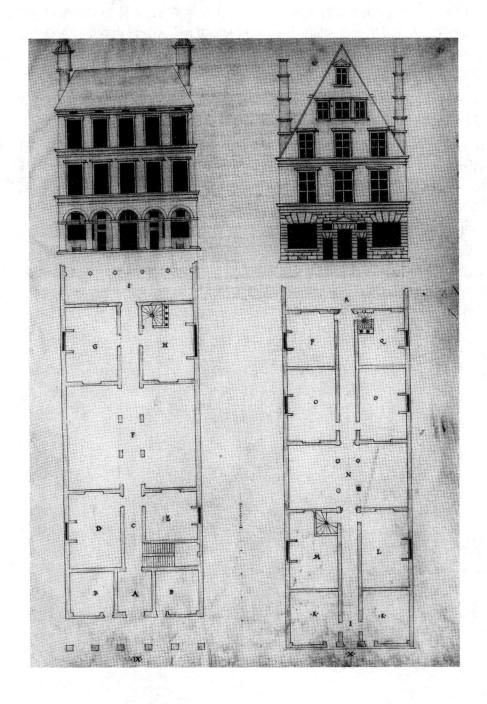

**城市中市民或商人的住宅**

　　至于市民或者富商，如果他们预算充足且乐于花费，有时会想要一个较大的场地[410]，尽管这块场地仍然夹在相邻房子之间，不能向两侧开窗并且街道本身还建有门廊，场地的宽度是 69 尺。首先，在面宽方向上共有六根柱子平均分布，柱径 3 尺，形成 5 个拱。每个拱 10.2 尺宽。由此即将 69 尺的面宽成功划分。门廊进深 13 尺[411]，从这里进入宽度为 13 尺的通道 A。通道左右两侧各有一个正方形主室 B，边长 23 尺。继续向前走是两个次厅 C，与主室 B 宽度相同，长度为 28 尺，其中一个次厅内有旋转楼梯。通道尽头连接庭院 D，40 尺长，与整幢房屋同宽。穿过庭院仍然是通道，通道左边有一副折返楼梯，上层梯段搭接在同一条通道之上。[412] 再向前走是两侧的大型主室 E，均为 31 尺长 24 尺宽，其中一个有附带小礼拜堂的从室。另外一个房间的从室在楼梯下面。通道尽头是花园，花园的长度取决于用地情况。这幢房屋编号 XI。[413]

　　该住宅的正立面如下图所示。拱门高 22 尺，所有的主室和通道也应是这个高度。不过实际上 20 尺可能已经足够了，我是说到楣梁底部 20 尺，楣梁则作为一层楼板的填充。从楣梁到檐口顶有 3.5 尺高，用作窗下矮墙。从一层楣梁顶部到二层楣梁底部共高 18 尺，这也是第二层的层高。[414] 二层楣梁、中楣、檐口比一层短四分之一[415]，中楣内是阁楼的窗户。

　　上图所示是面向花园的背立面，这部分高度和正立面相同。所有的窗户都是 5 尺宽。因为层高有所下降——最终我认为这样处理更合适——上排的窗户[416]不必建造出来，尽管门廊下方的上排窗户由于其窗台和起拱点相协调而适得其所。这幢住宅正门宽 8 尺，高 14 尺；通向花园的后门宽 7 尺，高 15 尺。此图编号 XI。

## 城市中市民或商人的住宅

下图所示住宅的平面在一定程度上遵从了法式传统，其立面却全然为法国风格，它和前述房型一样，都是为市民或商人设计的。住宅总面宽 63 尺。首先，两侧外墙 3 尺厚。[417] 中间的通道 A 宽 9 尺，通道两侧的墙厚 2 尺。进门后左右两边各有一个主室 B，24 尺见方。整个场地的宽度由此即分配完毕。[418] 通道的另一端是两个主室 C，与主室 B 尺寸相同。接着进入庭院，其边长与房屋总开间一样。环绕庭院建有敞廊 D，进深 8 尺。柱子面宽 3 尺厚 2 尺，柱间距为 8.5 尺。敞廊尽头有通向二层的楼梯，二层可以是平台、上层敞廊，或者封闭的展廊。如果业主不需要这些敞廊，他可以按照虚线所示在庭院两侧安排一些住房套间，并在前厅 F 处开门。但若建造敞廊，主室 E 和 G 的入口就应开在敞廊尽端，小型主室 F 则会设置一个夹层（下层给主室 E 用作后室，上层供主室 G 使用）。此外，如果业主有更多的住房，并且场地长度足够，他可以按照虚线所示建造两个大型主室。这两个主室应为 35 尺长 24 尺宽，其中一个主室附有厨房、储藏室和通往二层的旋转楼梯。离开通道即进入花园。花园的长度由场地决定。若花园中有小路还可建造一个马棚。这幢房子的编号是 XII。[419]

该住宅有部分法式格调[420]，特别是其巴黎风格的外立面，不过它的装饰在一定程度上仍遵循古典风格。下面那张图是正立面。大门 6 尺宽 12 尺高，前三层的窗户都是 5 尺宽，底层窗户高 10 尺，二层 12 尺（不包括上面的小窗户），三层 9 尺。四层窗户 8 尺高 4 尺宽，五层窗户 5.5 尺高 3 尺宽。第一层层高 18 尺，是从门槛到檐板饰带底部的高度。从一层檐板饰带到檐口底部的高度也是 8 尺。在这个方案里我稍稍背离了维特鲁威的准则：上层应该比下层矮四分之一。[421] 然而这是这一地区的风格[422]，在一些地方人们甚至把二层层高高于一层视做理所应当。[423] 第三层高 14.5 尺，第四层 12 尺，第五层 10 尺。[424]

上面这张图是背立面。高度与正立面相同，因其门上设有窗扇所以宽度较宽。然而经过思考我发现，既然这个立面已装饰至如此程度，那么就应该由它做正立面，另外一张图做背立面，特别是因为这一立面由于加宽的粗面石饰风格大门而显得更加壮丽非凡。基于以上原因我把上面这张图定为上述房子的正立面。编号 XII。[425]

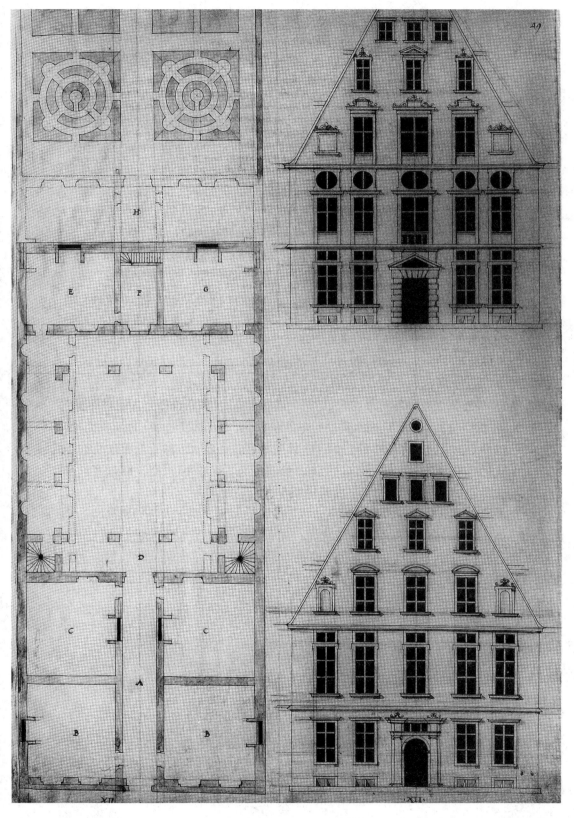

**城市中富裕市民和富商的住宅**

　　虽然我曾经说过希望能够展示社会各阶层人群的住宅，但我并不希望将某一种房屋类型限定为商人、市民或是富裕绅士的宅邸，因为人的精神境界并不总与他的社会地位相匹配。有时一个富人的心灵可以卑贱至此，以至在贪欲的驱使下满足于住在陈旧、烟迹斑斑甚至破败的房子里，而也有时，一位仅仅依靠薪水过活，收入中等的市民，却有着自由且慷慨的精神世界，他愿意变卖财产来换得一个美丽的家园。商人中也有同样的情况。[426] 尽管如此，这些人里还是会有人可能拥有一个极其陈旧，甚至摇摇欲坠的房子，这样的房子夹在两边的房屋中间，面宽约 72 尺。[427] 首先，要建立一个通道 A，12 尺宽，两侧墙壁厚五尺。[428] 通道一边是主厅 B，37.5 尺长，24 尺宽。另一边是主室 C，长宽各 24 尺[429]，紧随其后的是一个通过敞廊 D 采光的楼梯间。该敞廊进深 10 尺，环绕着一个边长 38 尺的正方形庭院。一侧敞廊被封闭起来以建造厨房 E 和储藏室 F。在敞廊的两个尽端各有一个从室作为两个小型主厅的辅助用房。穿过庭院是通道 G，通道一边是次厅 H，24 尺宽，36 尺长，另一边是主室 I，长宽各 24 尺，并且带有一个可以设置夹层的从室 K 作为辅助，该房间 15 尺长，10 尺宽。走出通道是花园 L，其中央为一座八角形凉亭 M，直径 12 尺，做遮阳避雨之用。这幢房屋编号 XIII。[430]

　　下面四张是该住宅的立面图。位于底部的图 A 是正立面。大门 7 尺宽，12 尺高。一、二层窗户宽 5 尺。一层窗高 12 尺，二层窗高 10 尺，不包括上面的小窗。第三层的窗户 4 尺，宽 8 尺高。从门槛到檐板饰带底为 18 尺，即第一层的层高。从檐板饰带到楣梁底是 18 尺，楣梁、中楣、檐口共高 4 尺。从檐口到顶层楣梁底是 10 尺，楣梁、中楣、檐口共 3 尺高。

　　中间的图 D，是庭院中敞廊的立面——其顶部是一个露台。尽管看起来是打开的状态，但所有的窗户和壁龛都是假的。[431] 柱子面宽 3 尺。拱券 10 尺宽，17 尺高。平台栏板的高度为 3 尺。其他尺寸与正立面相同。

　　最上面的两张图 M 是花园中的凉亭，该图绘制比例比其他图大——比例尺位于图面下方。第一张是外立面。大型门洞 5 尺宽，10 尺高。从地板到檐口底为 11 尺。檐口 1.33 尺高。穹顶 6.5 尺高。旁边的那张是凉亭内部，尺寸相同。如图所示，四个壁龛里都设有座椅。编号 XIII。

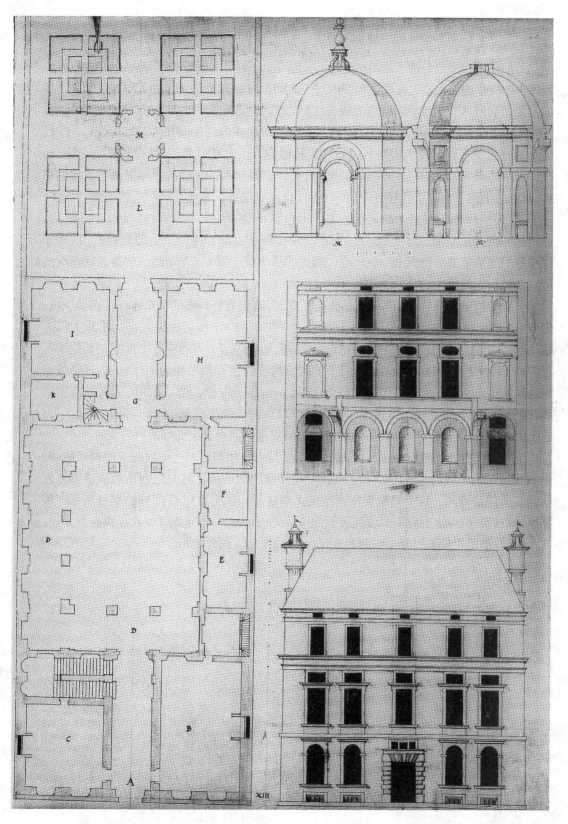

**巴黎风格的富裕市民或商人住宅**

　　我们还可以建造一幢尺寸相同但内部分隔完全不同，并且带有部分法式风格的房屋。就像下图所示的住宅，夹在两侧相邻的房子之间，总面宽为 74 尺。外墙 3.5 尺厚。[432] 房屋中间是通道 A[433]，12 尺宽，两边的墙各 2.5 尺厚。通道左右两边是两个主室 B，25 尺宽，30 尺长。之后是起服务作用的后室 C，不计算床龛在内的房间尺寸是 24 尺长，17 尺宽。这些后室可以设置夹层并利用公共旋转楼梯上下。通道尽头是庭院 D，一边长 54 尺，另一边长 33 尺。环绕庭院建有小型敞廊以遮风避雨，正如从房屋剖面上看到的那样，敞廊之上的平台可以连接各个住房套间。穿过庭院进入通道 E。与之紧邻的是主室 F，边长 23 尺。服务于主室 F 的是从室 G，不包括床龛在内的尺寸是 14 尺长，13 尺宽。通道另一侧是主室 H，24 尺长，21 尺宽。紧接着是主室 I，27 尺长，25 尺宽，服务于该主室的是从室 K，24 尺长，9 尺宽。通道的尽头是花园 L，花园的长度由场地情况决定。这幢房子编号 XIIII。[434]

　　平面旁边是两张立面图。下面那张是正立面，其上数量众多的窗户体现了巴黎风格，但看它的装饰似乎又蕴含着古典正统的韵味。[435] 门洞 8.5 尺宽，17 尺高，木质大门高达 12 尺，其上小窗由玻璃和铸铁制成用于通道采光。门上方的窗户 7 尺宽，其他所有窗户都是 5 尺宽。一层窗高 11 尺，二层 12.5 尺，三层和四层均为 10 尺。第五层的窗户 4 尺宽，8 尺高。从门槛到楣梁底为 18 尺。楣梁、中楣、檐口 4.5 尺。从一层楣梁到二层楣梁是 18 尺。楣梁、中楣、檐口 3.5 尺。三、四层层高 16 尺。第五层高 8 尺，在上面是阁楼。这幢房子可供多人居住，如果安排得当会带来良好的景致。

　　上面的图展示了庭院立面的一部分，高度与正面相同。不过此处我只想谈谈敞廊。正如我在讨论平面时指出的，下层敞廊可用作有顶的通道，其上层则作为步道以方便串联各个住房套间。这个敞廊要用中空的大型柱子，如旁边标记为 M 的部分所示。根据这一设计，拱券之上应是一块铺装地面（*lastricato*）。[436] 柱子面宽 2 尺，拱券宽 4 尺，高 18 尺。步道栏板 3 尺高。门洞宽 8 尺，高 12.5 尺。编号 XIIII。

## 51v　城市中的高贵绅士住宅

上文中我讨论了市民和平民绅士的住宅，展示了具有法式和意式风格的多种宅邸类型。从现在起我将要进行高贵绅士和高阶人群住房的探讨，并通过展示不同的形式以满足更多业主的需求。[437]

如果有可能的话，高贵绅士的宅邸应该面对广场，或者至少面对主街，最重要的是它必须独门独户。[438] 既然我将要讨论这样一栋房屋，那么从那个声名赫赫的城市，那个哺育了所有为艺术奉献的人，尤其是我本人的城市——威尼斯——的传统讲起应当说是恰如其分的。我在这个城市里度过了人生中最美好的一段时光[439]，与最高贵的灵魂朝夕相处，在杰出的艺术作品中——特别是我在书中提到的那些——陶冶身心，这些可贵友情的回忆将伴我终生。[440] 我提到这些是因为这座城市建立在水上，人口密集，地价高昂，大多数住房只能通过前后立面或中间庭院采光，因此这类房屋必须建造大型窗户。[441] 但由于此宅邸高贵且占地广大，它应当是独门独户的。尽管这个城市的传统是在中央建造与房屋通长的柱廊[442]以利前后采光，我在这栋住宅的设计中并未遵循这一建造模式，但同时我又不想太过偏离这个准则。我的确在中心建造了这个必要的柱廊，但为了缩短其长度我在前部设置了一个主厅，在后面建了一个敞廊。既然这类房屋因为太过潮湿底层不做居住使用，我建议将整个地坪抬高几步，这样至少底层房间在夏季可供栖息，假如如我所说此宅乃是独门独户，相邻房屋不会对其地坪有所限制的话。但即便行不通，我仍然会将此房屋独立设置。对于此类房屋而言，最高贵的入口来自水上。[443] 登上河岸即进入主厅 A，90 尺长，30 尺宽。主厅端头是主室 B，24 尺宽，26 尺长，带两个入口。穿过旋转楼梯进入主室 C，除去用来放床的地方（albergo），该主室边长 26 尺。床的两侧有两个从室，其中一间从室内置放楼梯，可以爬至床的上方。[444] 紧邻主室 C 是主室 D，边长 26 尺，该主室通过开向小庭院的单扇大型窗采光，窗扇的形式可见于平面上方标记为 D 的图。[445] 与之相邻的是楼梯 E 的底部，向上攀爬即为处在夹层高度上的楼梯平台 F。[446] 从这里可以攀登至上层柱廊。[447] 楼梯平台 F 后面是小敞廊 G，48 尺长，12 尺宽。鉴于此敞廊无论从哪边都不可见，所以正好可供家中小姐使用。[448] 敞廊与外墙之间有一条秘密的通道 H，通过它可以抵达各个房间而无须经过柱廊。沿柱廊继续前行是主室 I，边长 26 尺，它与上述主室一样也是通过大型窗户采光。该主室有一个带夹层的从室作为辅助。柱廊尽头是敞廊 K，40 尺长，15 尺宽。在其端头穿过旋转楼梯可进入主室 L，边长 26 尺。该主室内有一个与上文所述形制相同的放床的地方，如平面图上方的图 C 所示。[449] 从这个主室可以进入圆形主室 M，直径 16 尺。从此处进入小礼拜堂 N，20 尺长，15 尺宽，带一个通向敞廊转角的出口。柱廊的另一边与之完全对称。敞廊转角的两个旋转楼梯是用来当作陆地一侧入口的有顶楼梯的——之所以强调陆地是因为此宅正面的入口在水上。如若您不愿走室外楼梯[450]，楼梯 O 也是从底直通至顶的。上面标记为 ✠ 的图展示了面向前院的那一部分，即大门及其两边的门，这些门在下层与上层通过庭院给柱廊采光，但是下层部分中央大门没有横穿的栏板。标记为 S 的两个门通向楼梯间，一个通至上层，一个通至柱廊顶。[451] 从两个小门洞 V[452] 可以进入主室 D 和 I。在主室 M 和礼拜堂 N 下面有蒸汽室可供洗浴。[453] 如果一个室外楼梯已经足够的话，那么另一个庭院就可以有更多的空间来安置其他功能。这幢房屋编号 XV。[454]

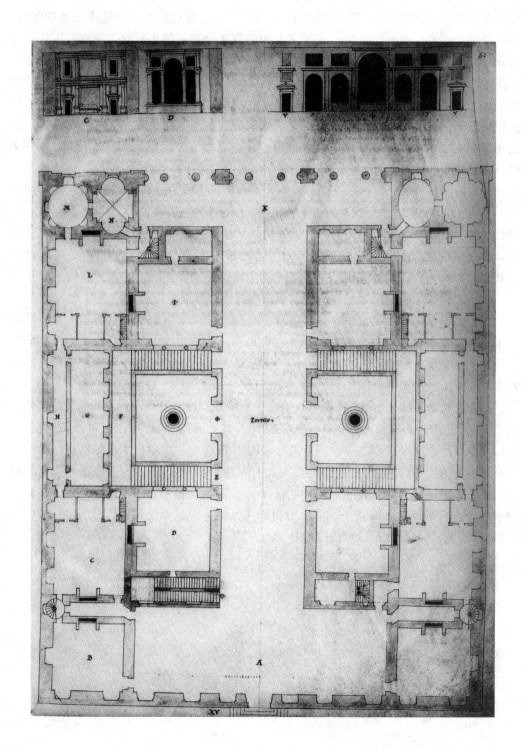

<sup>52v</sup> **城市中的高贵绅士住宅**

　　上面那张图展示了这幢房屋的内部结构。标记为 H 的部分即为串联各个房间并能绕开柱廊的秘密通道。因为设有夹层，这样的通道一共有四个，上下对齐，在图中可以清楚看到这些通道是如何通过临街面采光的。标记为 G 的部分是狭小私密的敞廊，其底层用作储藏，中部是夹层，夹层之上的部分才是真正的小敞廊。秘密通道应该作为露台，这对此类宅邸来说是非常宽敞的，由于其下部以拱券支撑，通道本身极其坚固。E 部分是通往柱廊的露天楼梯的底层，因其由石材制成，所以并未造的更高。[455] 平面上标记为 O 的楼梯则是通向二层以及阁楼的，实际上所有的旋转楼梯均是如此。中间标记为 P 的部分是柱廊。两个大窗户 D 为面向庭院的主室提供采光。从 C 部分可以看出主室和夹层的高度。整张图的尺寸都可以在正立面下方的小比例尺中找到。对于 C 部分，楼梯和细部如平面所示都与其他部分相同。这幢房屋编号 XV。[456]

　　下面的图是临水立面。[457] 立面总宽度为 160 尺。正中的门洞 8 尺宽，14 尺高。所有窗户均宽 5 尺。底部的拱形窗 9.5 尺高，鉴于底层无人居住，这些窗户是供储藏室使用的。储藏室之上是靠一半窗户采光的夹层。一层从踏步至檐板饰带底部共高 22 尺，檐板饰带即是一层的楼板填充。从檐板饰带到楣梁底部高 24 尺，这样柱廊即有足够的高度与其宽度相称，夹层高度亦可增加。较大的主室可环绕以浮雕，并在天花嵌入藻井[458] 镶板。[459] 尽管威尼斯的传统是建造由支架斜撑并突出立面的阳台，但我对此不敢苟同。我认为粗面石饰墙体有足够的厚度，使得中心突出的阳台可以支撑在石墙上。[460] 这样一来每个窗户都可以有一个阳台，并且在中央部分还可以为上层阳台提供支撑。檐板饰带之上第一排窗户的基台（podium）4 尺高，从楼面层到阳台需要上两级台阶。窗高 9 尺。应在其上设置用来加强采光的"非正统"气窗[461]，以避免使窗户过于狭长。[462] 第一排中央大窗 10 尺宽，15 尺高；两侧窗户 6 尺宽，12.5 尺高；其上的椭圆形窗户高 5 尺。楣梁、中楣、檐口 4.5 尺高。窗高 12 尺，其上椭圆形窗户 3.5 尺高。顶层楣梁、中楣、檐口比下层短四分之一[463]，且最好采用[464] 混合柱式以承托集水的檐口。[465] 三层层高 22 尺。鉴于这类型住宅往往设置宽大的阁楼（soffitte）[466]，为了加强其采光我想使用法式实用设计，一种被称为天窗（luccarne）的屋顶窗户。除了实用之外，在我印象中这些窗户亦极具装饰性。[467] 最小的窗户 3 尺宽，中型 4 尺宽，均高 5 尺。最中央顶窗 3.5 尺宽，5.5 尺高。这幢房屋编号 XV。[468]

**城市中的高贵绅士住宅**

　　尽管在上文中我已经按照这个城市的建造传统，通过平面和立面展示了一座威尼斯高贵绅士宅邸的方案，但我仍然想以我自己的方式，提出一个不同于前的构思。必须声明，任何住宅，无论怎样宏伟与豪华，如果其中央没有敞廊环绕的庭院，就不能被称为高贵人士的贵族住宅，最多仅仅是一平民绅士的宅邸罢了。[469]

　　进入此宅是前厅 A，30 尺宽，40 尺长。与之紧邻的是主室 B，26 尺见方。在其之后是主室 C，尺寸与 B 相同。C 的对角是主室 D，24 尺长，20 尺宽，室内另有一个床龛。从这里可以通过一部旋转楼梯到达后室 E，长宽与 D 相同，这两个房间均设置夹层。从前厅进入敞廊 F，22 尺宽，环绕着边长 62 尺的庭院。敞廊尽头是椭圆形楼梯 G，中间的楼梯井直径 4 尺。[470] 天光通过楼梯井洒向梯段各处，雨水也通过此处从各层排出。楼梯间宽 6 尺。此侧敞廊半路上有一间副厅 H，30 尺长，26 尺宽，服务于它的是从室 I，18 尺长，11 尺宽。副厅之后是主室 K，26 尺见方。走出庭院，在大门的对面是后厅 L，边长 30 尺。它旁边是主室 M，与后厅同长，宽度为 26 尺。从这里进入八边形主室 O，直径 19 尺。服务于它的是一个椭圆形从室 P，12 尺长，7 尺宽。[471] 这些房间都设有夹层，并通过旋转楼梯通往上层。从这个从室出来是一个 15 尺宽，92 尺长的敞廊。这个敞廊应该面向花园或者俯瞰庭院。[472] 对面将建造相同的住房。这幢房屋编号 XVI。[473]

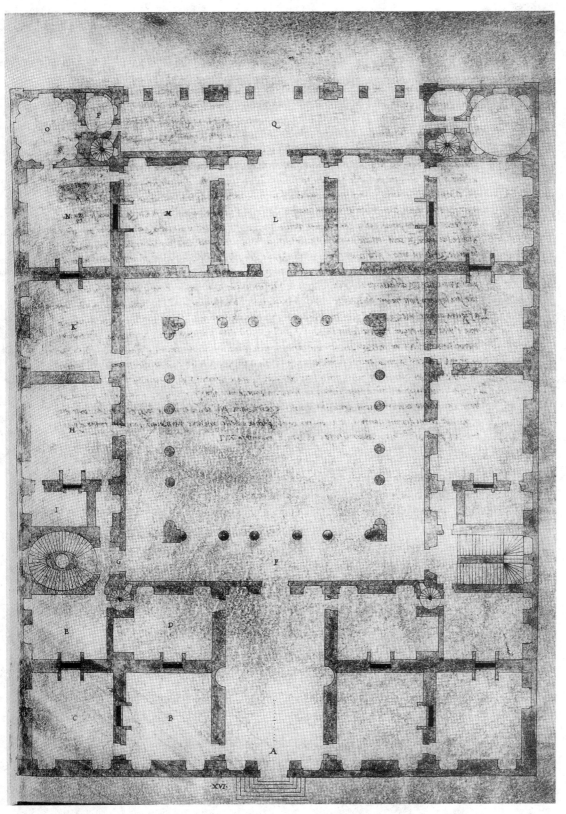

**城市中的高贵绅士住宅**

以下三图所示立面与上图的平面相对应。最末一张可用于编号为 xv 的住宅[474]，同时也适用于刚刚提到的这个平面，因为其柱式相同但采用了方形立柱。[475] 下面来看主要尺寸。柱子 15 尺高，2 尺宽。[476] 楣梁的高度是柱宽的三分之二。拱门 9 尺宽，21 尺高，拱形线脚（archivolt）的尺寸是 1 尺。这也是敞廊[477] 和所有其他房间的高度。小型柱间距三尺宽。[478] 立柱正面宽 5 尺。这个敞廊在竖直方向上非常坚固，但若没有铁筋固定，如此大跨度下的拱顶其安全性仍然令人担心[479]，尽管对于长边方向我是非常有信心的。鉴于在此敞廊之上另有一层敞廊，再上为露台，用铁筋加固以支撑两个敞廊是十分必要的，若能用铜则更佳。在拱门之上是楣梁、中楣和檐口，3 尺高，同时用作窗户的栏板。第一层采用多立克风格。二层是爱奥尼风格。柱子高度 14 尺，宽度为八分之一柱高。[480] 其上楣梁的宽度又为柱的宽。拱门 9.25 尺，宽 20 尺高，上置楣梁、中楣和檐口 3 尺[481] 高。第三层是科林斯风格。柱子连同柱础共高 18 尺，柱础高 3 尺。柱子的宽度为 1.5 尺。[482] 楣梁、中楣和檐口比二层的短四分之一。[483] 我之前曾说在此之上有一个露台，但是我说错了，因为科林斯式的敞廊应该是有顶的。

位于中间的图 B，是带敞廊的庭院四个立面中的一个。[484] 柱子 14 尺高，2 尺宽，采用塔司干柱式。[485] 拱门 9 尺高，0.5 尺宽。小型柱间距 6.5 尺。楣梁、中楣和檐口高 4 尺。二层与前述立面相同，三层也是，但第三层上应为露台。[486] 两侧部分表示了高度，但没有画出夹层，因为在 XV 号房子的内部结构图中一切都已经展示得非常清楚了。[487]

最上面一张图是背立面。它的高度和宽度都与其下的图相同——有经验的建筑师会知道如何计算出一切需要的尺寸。这个立面更加坚实，造价减少却更为坚固，而且这些相同的门窗洞都与正立面上的那些十分协调。我不打算在这里详细讨论每一个尺寸，那个小比例尺能够说明一切。这幢房屋编号 XVI。[488]

**建在城市中的高贵绅士住宅**

　　大多数意大利城市的建筑风格都与威尼斯大相径庭，特别是上层社会中绅士的宅邸。他们将住宅前部建造得异常华丽以招待朋友和客人——前部越宽阔、装饰越繁复，富丽堂皇的感觉就会越深刻。[489] 下图所示的平面总面宽 156 尺。[490]

　　房屋两侧及前后的墙厚 5 尺厚，内墙厚 3 尺，它们的厚度同时取决于所用材料。[491] 如果墙体由小型薄片材料制成，其厚度应该较大，如果采用大型砌块[492]，墙可以薄一些。如果墙体材料是砖并且木料充足[493]，则应采用专业泥瓦工的方式进行砌筑。此外，这类墙体因材料粘接而较为持久，许多历史遗迹中[494] 的大理石和其他活石[495] 都残损不堪，砖却一直保存下来。现在来谈具体尺寸。首先，正立面的中央是通向前厅 A 的门，前厅 18 尺宽，24 尺长。与之紧邻是一个副厅，宽度与前厅长度相同，长 32 尺，标记为 B。其后是主室 C，22 尺宽，24 尺长。[496] 穿过前厅进入通道 D，24 尺长，12 尺宽。通道旁边是主室 E，长度与通道相同，宽度为 20 尺。其后是主室 F，13 尺宽。穿过它来到主室 G，这个房间 24 尺见方。在楼梯下方有一个附属于它的从室。离开通道是敞廊 H，10 尺宽，环绕整个庭院[497]，每边长度 76 尺。敞廊尽头是公用的楼梯间，5.5 尺宽。在敞廊的另外一端穿过通道有一个前室 I，22 尺宽，24 尺长。其后是主室 K，边长 22 尺，服务于它的是后室 L，11 尺宽，22 尺长。这个后室应该有一个入口位于楼梯平台上的夹层。离开敞廊是门厅 M，24 尺长，22 尺宽。在它旁边是主室 N，24 尺见方。再之后是主室 O，22 尺见方。N 和 O 之间还有一个从室 P，18 尺长，9 尺宽。房间 O 之后是蒸汽室 Q，从这里进入浴室 R。[498] 这些房间都应该有夹层，包括从室 P，所有的夹层都由旋转楼梯进入。越过后厅来到大敞廊 S，20 尺宽，78 尺长。在它的尽头有一个主室 T，边长 22 尺。从这个大敞廊进入花园，其长度应根据场地的允许尽可能加长。此宅另一侧的住房套间设置差不多是一样的。如果想在楼上做一个大的主厅则应该利用前厅和副厅的面积，鉴于楼上的墙要薄大概半尺[499]，主厅即为 56 尺长，25 尺宽。这幢房屋编号 XVII。[500]

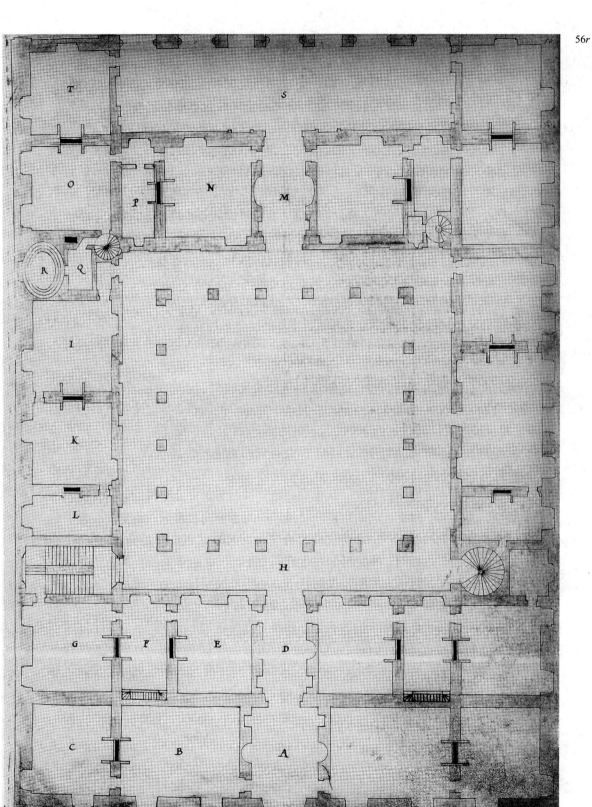

## <sup>56v</sup>城市中的高贵绅士住宅

　　上述平面可在任何一个国家供名门绅士使用，或者是那些有能力、有欲望的人。至于业主的智慧，如果他们足够精明，他们会求助于一位价有所值的建筑师。这幢宅邸从适宜性上看是意大利式的，但是从实用性讲，很多地方都遵循法国传统。[501]

　　以下三张图展示的是该平面的立面，即正立面、庭院立面和朝向花园的背立面。最下图是正立面。整幢房屋的标高，假如不受街道宽度的限制，应至少抬高 3.5 尺。[502] 这样做可以使房屋更加壮观，同时有利于一层房间的健康，对地下室里的房间也是如此——那里除了卧室外承担了整幢房屋绝大部分的功能——能够使其更加健康与明亮。[503] 如图中所示，一层应采用粗面石饰。从地坪到檐板饰带的高度是 20 尺，这同时也是所有底层房间的高度。门洞 7.5 尺宽，15 尺高。窗户 5 尺宽，11 尺高，其上设有"非正统"气窗[504] 供夹层采光，同时也能提高主厅和主室的采光量。从檐板饰带到楣梁的底部是 18 尺。窗户 12 尺高，楣梁、中楣和檐口高 4 尺。从第一个楣梁的顶部到顶层楣梁的底部是 16 尺，为第三层的高度。如前所述，我希望这幢房屋充满法式实用设计。这个正是其中之一，即为了提供阁楼采光，我建议顶层檐口之上的窗户采用法国样式[505]，并且这些阁楼可用作居住空间。此图编号 XVII。[506]

　　中间的图是房屋内立面。包括两侧房间从顶至底的剖面。它展示了"层叠敞廊"的正面和侧翼，以及其上的露台。[507] 其高度以如前述。但是我必须讨论一下拱门。拱门 10 尺宽，20 尺高，立柱正面 3.5 尺。上层的拱券 15 尺高，窗下栏板 3 尺，因此第二层的层高为 18 尺。[508] 敞廊之上是露台，从此处到楣梁底部是 16 尺。

　　最上方的图是朝向花园的背立面。共有三层敞廊逐层叠摞，其高度与其他敞廊相同。[509] 但我想讨论一下拱门的宽度，从中间开始，拱门为 8 尺宽。两侧立柱正面，不包括半圆柱，为 3 尺。两立柱之间用粗石材料，中间为窗洞，窗洞对面是嵌在墙上的壁龛。同样，在楼上和楼下[510]，拱券之间都有窗洞。大的立柱 5.5 尺宽，不包括半圆柱。旁边的大立柱与此相同，唯一区别在于它们是平面的，并带有浅浮雕，敞廊之外的所有立柱均是如此，包括大型的爱奥尼柱子。小的爱奥尼柱子呈半圆形，其间的柱间是空的，以增强敞廊采光，这些洞口也可以做成窗户，以保持所有雕刻形式统一。8 个科林斯柱[511] 都必须是圆柱，因为它们在顶层所以可以用木材制成。实际上这个敞廊在其宽度方向上无法起拱，但是它的天花应该由用落叶松或松树做成的横梁支撑并且用精美的退格（compartitioned recesses）予以装饰[512]，有见识的建筑师知道该怎样安排这些。此图编号 XVII。

**城市中的雇佣兵住宅**

　　既然我讨论了名门绅士们的宅邸，其中他们的数量可与伯爵和最高贵的骑士相类比[513]，我不得不叙述一下我美丽但分裂的祖国意大利的困境。[514]因为在她的很多城市中都充斥着强烈的不满与内乱[515]，混合着邪恶的杀戮、建筑物的焚毁、房屋的破坏和支离破碎的家庭。[516]这一切的结果就是，那些发现自己卷入到这种纷争中的绅士成为雇佣军。这样一个人的住宅其选址一定是坚固的，但是他的上级不会允许他建造防御墙、塔或者侧翼。[517]这幢房屋必须是独栋的[518]，这样他的敌人不至于通过贿赂他的邻居，在夜晚对他进行伏击偷袭以造成严重伤害。这幢房屋也必须与宫殿保持一定距离[519]，这样在他不服从命令的时候宫廷无法轻易对房屋的主人进行攻击。总而言之，这幢房屋最好靠近雇主家族的住宅，这样在他需要时雇主能够很容易前来帮忙。同样重要的是，房子应该建在最贫穷的人和处于较高阶级的农民当中，这样房屋的主人就可以用其慷慨来赢得他们的好感，可以自由地持续给穷人以资助，友善对待富裕的农民，经常请他们吃饭，给他们所有需要的特殊帮助，例如，法律诉讼与纷争，在他们的生活所需上给予巨大的帮助，这样他们就会亲近他，为他万死不辞。那些看到他如此善行的人[520]会成为他忠诚的朋友，他们会拿起武器保护他，哪怕将自己陷入无尽的危险之中。我不再进一步讨论他应该处于山贼、恶人和罪犯环绕中的事实，因为这才是一名雇佣兵最主要的品质。[521]最重要的是，一名雇佣兵应该竭尽所能去拒绝卑鄙与贪婪。因为这是许多这样的人没有好下场的最主要原因，只是因为没有将自己的房子一直处于士兵和忠诚的朋友的护卫之中，因为这些维护成本对于一个雇佣兵来讲实在是太多了。我很容易就能给出这些人的姓氏和教名，不论是那些已经遇难的人或者是罪犯（他们中的一些人今天还活着），但是我的任务是做一个建筑师而不是历史学家。[522]所以不管怎样，现在我们要看一下这幢房子的平面布局。外墙至少应该有 7 尺厚。为了让房门更小更坚固，6 尺的宽度应该就足够了。进入房门是门厅 A，20 尺宽，24 尺长。左右两侧墙上应该有许多放置火绳钩枪用的凹槽[523]，这样如果敌人试图通过协同作战强行闯进门内，他们的两翼将会受到攻击，同时也会被驻扎在两个门道的人用长矛和隼炮造成严重伤害。[524]此外，如果有一大队敌人，他们会遭受来自门厅之上外墙洞孔的攻击。这些攻击包括投掷大石块，泼下混合了石灰的沸水或沸油，要么就是点燃的沾满沥青的布、火球[525]，或者其他类似的东西。如果袭击者遭受这样的防守，他们会希望自己从来没有走到过这里。其实在这之后，他们还将面对更多的困难。门的对面应该有萨格里枪（sagri）[526]，滑膛枪和其他小型的火枪火炮，两侧放置有火绳枪，这些会让攻击者神经高度紧张。为了防止攻击者上楼，需要把两块板扔到楼梯上人为制造滑坡，这样攻击者们不得不竭尽全力才能爬上去。对于敌对的市民来讲这些手段是非常有效的，雇佣兵可以轻易抵御攻击或者暴乱。但如果是宫廷与他作对，带着一大批装备良好的精兵良将来到他家，那么他应该率领他最忠诚勇敢的手下撤退至标记为 R 的塔里。这里有能满足多日供给的储备，并且墙壁上有许多观察孔，这样塔不至于在焚烧中很快倒下成为废墟。亲人和朋友需要代表雇佣军进行协商，我见过太多这样的事情了。[527]现在让我们进入房间内部好好看一看。先来到门厅 A，在它旁边是副厅 B，其后

是主室 C。另一侧情况相同。整个前区都比街道平面高出一个踏步。接着可以上至中厅
D。[528] 其一侧是主室 E，在入口处有一个床龛。E 旁边是主室 F 和服务于它的从室。[529] 穿
过中厅是大庭院 H。[530] 在它一边的中央是副厅 I，旁边是主室 K，副厅的另一边是主室 L，
另有一个服务于它的从室 M。穿过庭院是可以用作主厅的大型门厅，标记为 N。[531] 其一
侧是楼梯间 O，再向前走是副厅 P，带一个从室，是给雇主用的。在从室旁边，楼梯的
下面，也有很大的空间。再向前走进入主室 Q，从这里进入塔 R，这座塔得到了格外的
加固。在它异常坚固的大门外又加了一道铁闸门，这里是住宅主人避难的地方。由于篇
幅所限我并未详细记载住房套间的尺寸，绘于庭院中的比例尺应该足以说明一切。至于
马厩，其应在花园之外。外墙不应开窗，其他各墙面应该面对花园以防马厩夜里被人放火。
不过在外墙上应该给马开一个坚固的铁栅栏门，因为穿过中庭 D 需要上台阶所以马无法
从前门进入马厩。这幢房屋编号 XVIII。[532]

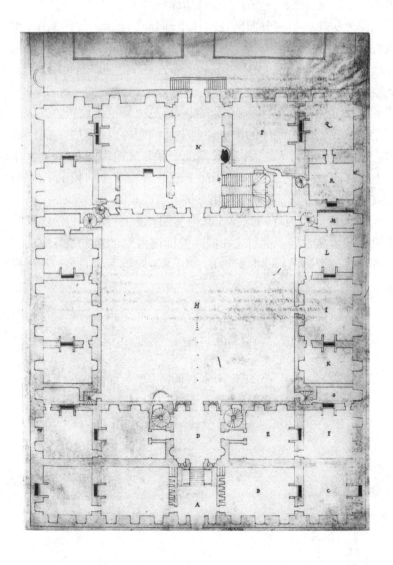

58*r*

**城市中的雇佣兵**

以下四张图是上图平面的立面。最下面那张是房屋的正立面。首先，房屋的主入口应该高于街道平面一个踏步。鉴于前厅中有一段向上的踏步，房屋前部的天花比其他部分高 5 尺。从门槛到檐板饰带底部 25 尺，这也是住宅前部的层高。[533] 一层临街的窗户应该离地 14 尺以防敌人轻易攀爬入室。[534] 朝向室内的窗台应做成陡峭的斜坡以利采光。除了门两侧的窗户是 3 尺宽以外，所有其他窗户的宽度都是 4 尺。拱形窗 8 尺高，其上的"非正统"气窗 2.5 尺高。[535] 从檐板饰带到楣梁底是 19 尺。窗下栏板高 4 尺。窗高 11 尺。楣梁、中楣和檐口共高 4 尺。[536] 这幢房子的屋顶并非全部意大利式的，但也并不全然是法式，实际上我采用了每一个人都会选择的折中的方法。[537] 我增加屋顶坡度使部分阁楼用于居住，此外还另有一些阁楼。[538] 遵循法国传统，我将天窗设置在檐口上方，鉴于楣梁与阁楼层的地面平齐，檐口就成为窗户的栏板。天窗 3.5 尺宽，7尺高。关于正立面的说明已经足够了。这幢房屋编号 XVIII。[539]

中间那张图是房屋后半部分面向花园地下部分[540]至屋顶的横剖面。H 和 I 部分展示的是房屋右侧由顶至底。N 部分是后厅由顶至底。位于一层的 O 标识了楼梯的起始点，一直通向阁楼。C 部分是夹层的分布情况。R 部分实际上是雇佣兵用来躲避敌人狂暴攻击的坚固塔楼。

最上面的图 A 是入口处前厅的侧翼。图中可见火绳枪的放置方式以及袭击敌人侧翼的护卫们用来驻扎的通向副厅的门。通向中厅的楼梯也在图中，其下方是连接各个副厅的通道。[541] 前厅，副厅和主室 25 尺高，中厅和其他房间 20 尺高。上层 19 尺高。中厅上的墙上有真门和假门，中间的那扇小门通向主室，拱门指示了旋转楼梯的入口，另外一个做成壁龛形式的假门起对称作用，楼上与此相同。

图 N 是与花园相通的后厅的侧翼。此处将用作主厅，24 尺宽 52 尺长，不包括会让它看起来更大的壁龛。另一侧与之相同，但标记为 O 的地方是开放的[542]，因为这里有从底至顶的楼梯。旁边的门也是开放的，用来通向地下的酒窖，那里同时也存放着大量的物品。这幢房屋编号 XVIII。

**行政长官府邸，即执政官**

　　关于城市中平民绅士和高贵绅士的住宅我已经讲得够多了。现在起我开始讨论公共建筑，不过我们有必要撇开教堂和广场（*fora*）以往的建造方式[543]，只探讨如今它们是如何建设的。无论是大城市还是小集镇都需要一个可以进行司法管理的地方，这个地方被称为"行政长官的"，即"属于城市执政官"。[544] 它必须在城市最尊贵的地方，中心广场上[545]，而且重要的是它必须是独栋建筑。鉴于这是最高贵的场所，因此理当在底层设置商店[546]，并且为了方便人民，至少应在朝向广场的前部设置一个宽敞的门廊用来做生意。[547] 这个门廊至少 157 尺长，24 尺宽，立柱的正面连同圆柱在内为 9 尺。柱间距 17 尺，这个门廊标记为 A。门廊下面就是商店 B，平面为正方形，边长 22 尺，但因为角部为双柱，转角的商店 29 尺。[548] 府邸两侧和后部也应该有商店。从门廊进入门厅 C，68 尺长，24 尺宽。其两侧[549] 是敞廊 E，在其尽端有两个楼梯间，一个为圆形另一个为椭圆形。楼梯通向上层的敞廊。一层还有六个办公室，标记为 D。中央是庭院，边长 124 尺。从楼梯 F 向上 7 尺，即为主厅 G，主厅 67 尺长，40 尺宽。[550] 其两侧各有一个法庭 H，与主厅同宽，包括半圆形在内共 50 尺长。[551] 从庭院地面开始，从 I 点，一个大楼梯[552] 通向另一个带有法庭的主厅，尺寸与其下主厅和法庭相同。从主厅 G 的高度，通过楼梯 I，可以下至庭院 K。这个庭院应该是个完美的正方形，不过限于页面尺寸，在图上不能将其绘制得更大了。其两侧应有小型木质商店[553]，就像豪华府邸都有的那样。八边形的 L，是安放正义之钟的钟塔。[554] 公共监狱在一层主厅下面。供一天短暂拘留用的——有时就是如此——"礼节性"监狱在大楼梯之下。此图编号 XIX。[555]

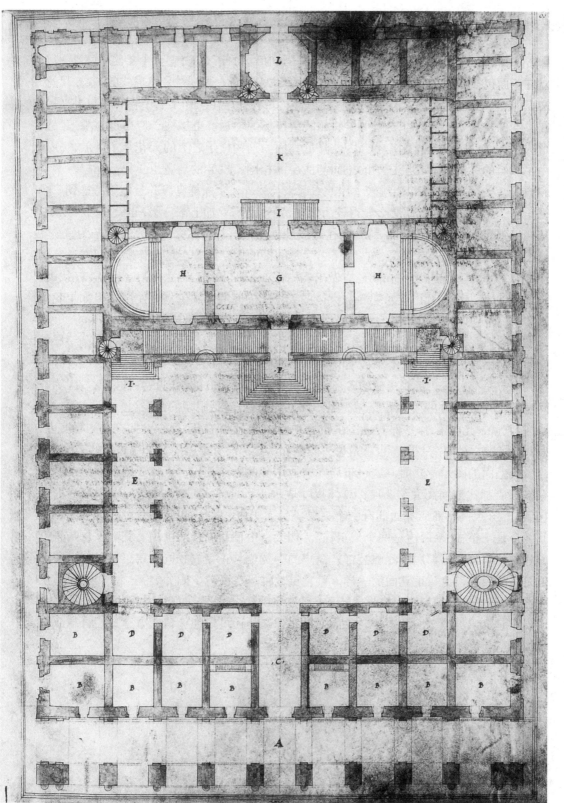

## 60v  执政官府邸

下面的三张图属于上图平面。最下图是面向广场的正立面,它至少要比地面高 3 尺。立柱正面包括圆柱在内是 9 尺。拱券 17 尺宽, 25 尺高。圆柱是爱奥尼式的, 4.5 尺宽, 27 尺高。[556] "商店"之上另有两层供商人储存货物并居住。楣梁、中楣和檐口高 7 尺。在拱券的空当中, 此檐部充当可供斜靠眺望广场的栏板。上层柱子应后退至少三尺以形成一个通道。但其强度并不会因此降低, 因为这些柱子之上的天花是木制的, 并且由足够厚的梁支撑。二层柱子的正面与底层的相同, 拱券的高宽也一样。楣梁、中楣和檐口 6 尺高, 由于檐口出挑较大因此看起来与另外一个一样高。并且由于考虑到广场视角和立面宽度这样的两层会显得较为低矮, 所以还需要加上第三层, 也就是科林斯层。从栏板到楣梁底部共 23 尺, 科林斯柱式应该是扁平的, 以不突出于下层柱子为宜。[557] 楣梁、中楣和檐口高 5 尺高, 在中楣之间是阁楼的窗户。鉴于这个作品与观赏者有相当距离, 为使其更加华丽中楣间还应做出飞檐托饰( modillions )。[558] 窗户 8 尺宽, 27 尺高。此处[559] 应为带窗敞廊以应对寒冷和大风的天气, 下面的敞廊供夏天使用。[560] 如果我的叙述遗漏了任何尺寸, 小型比例尺可以提供一切。这幢房屋编号 XIX。[561]

中间那张图是府邸内部, 即连接大型主厅的那部分。中间的楼梯 F, 通向第一层的副厅和两个法庭。[562] 两侧楼梯 G,如图所示,通向上层的副厅。两边的部分 E,代表商店,在其上方是办公室。带着楼梯的 G 部分是敞廊。标记为 P 的小门是各种监狱。因为空间宽敞,小门中间的壁龛可供坐憩。拱形和方形的窗,包括眼型的,是给楼梯下方的"礼节性"监狱采光所用,一些保安也住在那里。所有的高度都在正立面上讨论过了。事实上,面向广场的立面要高一层,也就是说,两侧和后部都没有第三层,也就是科林斯层。

最上面的图是背立面,这一布局同样适用于两侧。首先,正如我前面讲过的,所有的商店都比地面高大约 3 尺,具体尺寸取决于场地。大门 10 尺宽, 19 尺高。商店 16 尺宽 18 尺高,商店上面还有两个夹层供商人居住。柱子的正面[563] 分为四部分,中间两个是"整柱",两边是两个"半柱"。楣梁、中楣和檐口 7 尺高。其上一层与正立面相同,不过全部都用浅浮雕装饰。窗户的高宽也与正立面相同。第三种柱式,实际上是塔的装饰,也与正立面的一样。其上层放钟,层高减少四分之一。[564] 再上还有个屋顶,可以是穹顶或者金字塔形[565],又或者建筑师如果希望塔更高,他可以再增加一层,层高比其下层再减少四分之一。除此之外,建筑师还可以在檐口上方建造栏杆扶手以增加美观及装饰性。[566] 此图编号 XIX。

<sup>61v</sup>  ## 总督或副帅（luogotenente）宅邸

除了执政官的官邸，对总督或副帅官邸的讨论也是很有必要的，根据地区的不同，一些地方称其为长官，另一些地方称其为"总统领"。这样的人在执法时比执政官更严格[567]，特别是在我出生的地区[568]，有时他们的管理会激起群众的武装暴动。一旦被激怒，这些人就会跑到府邸去，如果总统领府邸的安保措施不是很好，这些人将给他一个可怕的惊喜。[569] 出于这些原因，官邸最好建得足够坚固以抵御激烈的白刃战。[570] 下页就是这幢建筑的设计图。[571] 两个角部的塔间距 533 尺。塔边长 72 尺并且从立面上突出 17 尺作为侧翼的炮位。正立面的中央是大门，大门和塔一样突出于立面，并拥有自己的侧翼。大门宽 50 尺。门洞 12 尺宽，穿过它来到前厅 A。前厅 25 尺宽，50 尺长。从一侧到另一侧有一排 30 尺宽的住房，并且这些住房有好几个供货物进出的出口。继续向前走是敞廊 B，环绕着一个大型庭院，庭院边长 224 尺，敞廊 18 尺宽。敞廊的右手边是楼梯间 C，此梯可供骑马攀登[572]，从楼梯下方穿过是小庭院 D。从这个庭院里进入大塔 E。在敞廊的另一端是一个大型旋转楼梯，通过它并穿过一个通道可以来到另一个大塔。沿着敞廊的右手边继续向前是一排主厅、主室和从室。通过位于中间的过厅进入主厅 F。其地坪比其他房间高 5 尺，并且两侧都有花园用来采光。主厅 100 尺长，48 尺宽。另外一侧房间的配置相同，不过主厅长度为 74 尺[573]，并且在它的尽头连接外墙处还有两个房间。敞廊尽头是两个楼梯间 E，从一侧到另一侧有一排房间。[574] 离开第一个庭院是门厅 G，30 尺长，18 尺宽，并且在其两侧各有一组主厅、主室和后室。

再向前走是敞廊 H，200 尺长，18 尺宽。敞廊尽头是花园，花园的旁边有带有短廊的各式住房套间。[575] 离开敞廊 H 进入庭院 I，边长 244 尺。庭院在两侧和正前方是供士兵所用的住房[576]，每一个住房的底层是可放两匹马的马厩，上层是睡觉和做饭的地方，就像图中左边和右边的第一个住房所示的那样。[577] 离开第二个庭院是门厅 K，54 尺长。再向前走是大庭院 L，两边是士兵用的住房。在这个庭院的角上有塔及其侧翼。两边是总督的马厩，均为 142 尺长，38 尺宽。其两侧有井和饮马槽用来饮马。为了使环境增色[578]，庭院侧边搭有爬藤架。两面墙之间的距离很长，足够好好来一场赛马了。此图编号 XX。[579]

**62v　总督或总统领府邸**

　　下面的三张图是总督府的部分立面。[580] 最下图是立面大门的部分，整个立面的设计都采用这种方式。最主要的部分就是大门。因为侧翼的缘故大门从立面向外突出18尺。这个突出有一个好处，就是在二层形成了一个坐落在粗面石饰墙上的爱奥尼阳台。[581] 这个阳台被一个平台所覆盖，连带平台栏板形成了一个露天的阳台。让我们来讨论尺寸。门洞12尺宽，20尺高。柱子3尺宽25尺高。[582] 这样的长细比之所以合理出于以下几个原因：一是柱子的三分之一是嵌在墙里的；二是它们被粗面石饰风格檐板饰带捆绑所以更加坚固；三是它们成对设置彼此接近。柱子两侧的框缘2尺宽，壁龛4尺宽。窗户7尺宽，14尺高。窗户两边的柱子是两尺宽的平面柱。[583] 如果将窗边柱做成圆柱则会更加豪华，窗栏板也可以突出立面以供眺望两侧。檐板饰带包括其下构件是2尺，这个尺寸与天花的填充相称。从檐板饰带到楣梁底是25尺，这是第二层的层高。[584] 爱奥尼柱子的柱基[585]4尺高，它们同时形成阳台的栏板，但栏板之上还有两级台阶。[586] 柱子12.5尺高，1.5尺宽，在柱头下面有六分之一的收分。[587] 柱上楣梁是柱子宽度的三分之二。拱券13尺宽，20尺高。从拱券底部到檐口顶是露台的栏板高度，为6尺。楣梁将作为地板的填充。二层的窗户13尺高，并且在上面有"气窗"[588]，它们有3.5尺高，以便获得更好的采光。[589] 这样一来大窗户的开关就不会很困难，并且它们也不至于高到使用不便。从第一个楣梁到第二个楣梁的底部是20尺，为第三层的层高。屋顶下面的楣梁、中楣和檐口比前一个短四分之一[590]，并且采用混合式。中楣之中有阁楼的窗户。此图编号xx。[591]

　　上面的图是官邸入口处第一个敞廊的设计。立柱，包括扁平柱，7尺宽，被平均分成4部分，两部分组成柱子，两部分组成支撑拱券的小柱。柱子25尺高，是多立克式的。[592] 拱券16尺宽，24尺高。楣梁、中楣和檐口是5尺。[593] 二层拱券离檐口20尺高，宽度与其他的相同。第三层可以设计成带窗的敞廊，从右手边可看出它们的高度相同。[594] 这层也可以是开放的柱廊式敞廊，就像在左边看到的那样。柱子17尺高，2尺宽，爱奥尼式。[595] 中楣可以采用外露的那个，也可以用完全不同的雕刻在室内的设计。此图编号xx。

**总督或总统领府邸**

下图是标记为 F 的两个大型主厅的其中之一——短一点的那个的内部，图中可以看到在它后面还有两个主室。一层的主厅，作为大型会议室[596]与两层主室高度相同。因为它有上下层叠的三个大窗户来采光所以光线非常好，窗户是椭圆形的，在它们之上的半月形区域里还有"非正统"气窗。[597]椭圆形的窗户最好不要设计成可开启式，以免破坏外立面的设计，窗户里可以绘制精美的图画。基座四尺高。柱子 26.5 尺高。楣梁、中楣和檐口 5 尺高。从檐口到拱顶距离为 12 尺。这样一来总的高度就是 47.5 尺。壁龛 10 尺宽，设置它们有两个作用，首先，可以减少筑造墙壁的材料的使用，并且不会降低墙壁的强度。其次，每个壁龛都可供 7 个人坐憩而不会影响主厅。主厅，正如我说过的那样，地坪比其他房间高 5 尺。[598]如图所示，抬高地坪用的台阶长度在墙壁的厚度之内，所以不会影响到敞廊。在这个主厅之上还有另一个长宽相同的主厅，但其高度与其他房间相同，是 22 尺。此图编号 xx。[599]

上面那张图是外立面，从这里可以看到地下室的采光窗。这里同时还可以看到高度的吻合、窗洞的一致和装饰的协调。如图所示，这个外立面由三种柱式组成：多立克、爱奥尼和科林斯。所有的柱子，从顶到底，都是浅浮雕的扁平柱。正如平面图所见，这一布局应该继续延伸环绕花园。[600]鉴于主厅的公共性，从这里不能通向花园，但是可以从主厅旁边的主室到达花园。关于这座官邸的尺寸和描述我有许多没有提到，但是细心的建筑师一定知道从哪里可以找到一切。这幢房屋编号 xx。

## 城市中最负盛名的亲王的宅邸[601]

在上文我已经讨论了各种等级的住宅，包括绅士，直到最高贵的。我也展示了两类司法管理者的官邸。现在是时候讨论一下摄政亲王了。他的主要任务是司法管理，以及每天至少一次亲自接待民众，这样一来他的大臣们和那些听命于他的人就不会沦陷于自己的贪婪和少数富裕人群对他们的贿赂之中，而背叛他进入反对集团。因此在这幢房子，这幢极其高贵的府邸里，应该有各式各样的庭院，公共的和私人的敞廊，大型、中型、小型的主厅，同时用于夏天和冬天的、公共的及私人的花园以及其他附属于这样的官邸的设置。[602]现在我们来看一下细节。最主要的大门应该比广场地面至少抬高5尺。这样马、骡或者马车就不能从这个门进入，前厅、敞廊和高贵的庭院可以保持洁净。不过官邸两侧的街道应该不断升高，这样在府邸的中段道路地面就能够与房屋前部地坪相当[603]，同时这里应该开一个门，其入口被标记为F。这个入口供车马进入。此外这里还有一个大型庭院存放货物。这样一来从前门的踏步上来就来到前厅A。[604]边长34尺，在它的左右手边各有一排主厅、主室和后室。[605]穿过这些是中庭B[606]，边长24尺，每边都有一个前室，主室和后室。[607]中庭之外是敞廊C，环绕着一个边长为145尺的方形庭院。敞廊宽14尺。敞廊的尽头是两个特别宽大的主楼梯。一个是螺旋形的，从中间采光，可以骑马攀登。[608]穿过它来到庭院D，庭院D的一个尽端有敞廊，这个敞廊的两边和端头是住房。在敞廊另外一边的尽头是一个方形的楼梯，供徒步攀登。这个楼梯也从中心采光，从它下面可以穿到庭院D。这个，连同楼梯尽头的敞廊一样，都在两侧和另外一个尽头设置有住房。沿着敞廊前进，走到一半的时候是门厅E，每边都有双倍的住房，其中一些从敞廊下面采光，另外一些通过小庭院采光。[609]为了使上层房间不互相依赖，一些拱券可以突出墙面建造，其上可以建起畅通无阻的外走道用来连接每一个想进入的房间。在紧挨外墙的住房套间中有两个大厨房。在另一边应该设置同样的住房。穿过第一个庭院来到过厅G，40尺长，20尺宽。在右手边有一个副厅，副厅的尽头是两个主室，从其中穿过来到一个次厅。这个次厅连接一个小庭院，穿过它是一个直径为40尺的圆形礼拜堂。左手边有一个主厅，长度是两倍的40尺。[610]其尽头有一个主室，穿过它并经过一个小庭院是一个八角形的礼拜堂[611]，直径40尺。从第二个过厅过去是敞廊M。这个敞廊环绕着一个椭圆形的庭院[612]，长168尺，宽108尺。这个敞廊只有8尺宽，因为它唯一的作用就是作为上层的走道。在敞廊的尽头是两个过厅I，其两旁是一些住房套间，一些通过庭院采光，一些通过标记为✠的角落采光，因为所有标记为✠的场所实际上是开放空间。穿过过厅进入主厅K。在它的尽头是主室和从室。椭圆形庭院后是过厅L。其右手边是主厅、主室和后室，穿过后室并且经过一个庭院，✠，有一个50尺长，30尺宽的礼拜堂。在过厅L的另一边是主厅。其一端是法庭。这个房间可以用来宣讲或者举办庆功会和宴会[613]，女性可处在高于地面的半圆形场地里。在其尽头是两个从室。穿过这个来到两个大型主室。从这里穿过一个庭院来到一个50尺长，36尺宽的椭圆形礼拜堂。在这些礼拜堂的尽头有两个特别宽敞的地方用来设置花园，每个花园都有一个敞廊K，地坪稍稍抬起，这样更加卫生也看起来更加雄伟。再向前走穿过过厅 L，来到一个方形的庭院边长 256 尺，并且在左右两边有两个敞廊 M。[614] 这些敞廊 25 尺宽，从这里进入一个有许多办公室，中心还有一个厨房的庭院，N。离开庭院来到过厅 O，43 尺长，33 尺宽。[615] 一边是八角形的主室，直径 38 尺，标记为 P。在这之后是次厅，Q，其有两个辅助的主室。在过厅的左手边有一个主厅 72 尺长，36 尺宽，标记为 R。其尽头是两个通过小庭院采光的主室，两面都可以采光。[616] 从前厅 O 可以进入正方形庭院 S，就像另外一个一样，在图纸上由于空间所限所以只能绘制成现在这样。这个庭院没有敞廊环绕，但是为了其上方的实用性，应该有承载拱券的大柱子，上面是走道。从这个庭院，穿过门 T，就到了一个巨大的花园。从花园的侧边可以来到庭院 V，其中有马厩 X。这些也有通向街道的出入口，并且有庭院 V[617] 做驯马的地方。如果我忘记了任何尺寸，图中的比例尺能提供一切。[618] 这幢房屋编号 XXI。[619]

64-64a

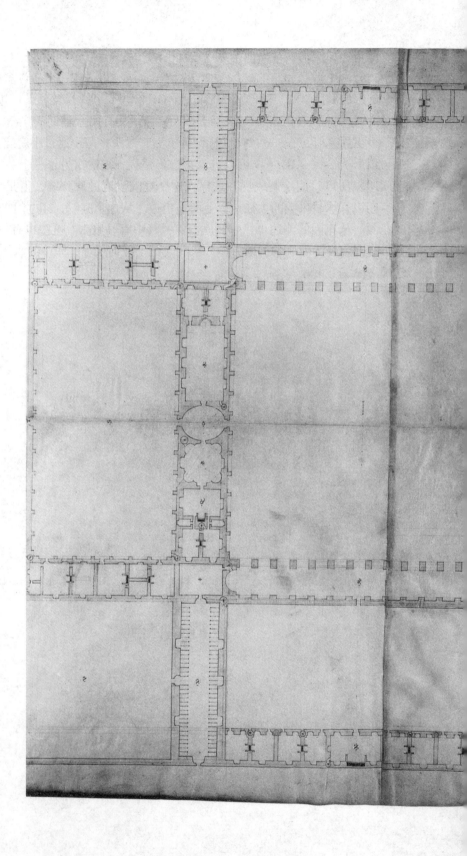

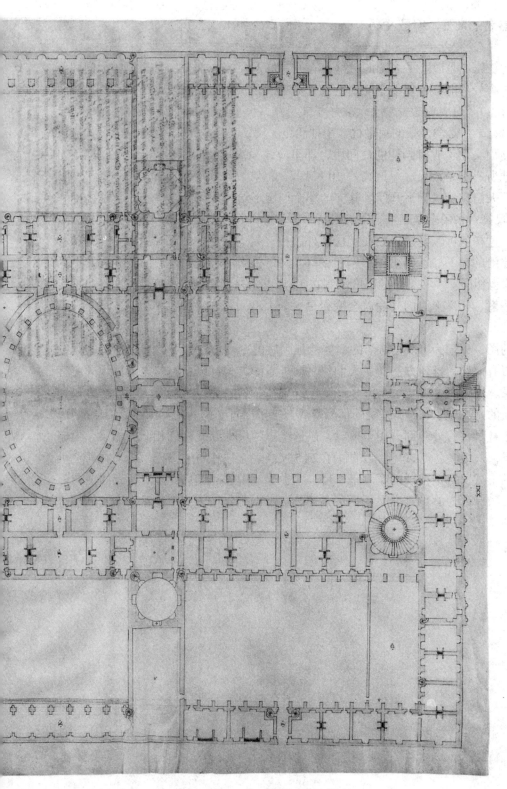

城市内最负盛名的亲王宅邸的完整平面

编号 XXI

## 64av　关于最负盛名的亲王，编号 XXI

下面的三张图是以上平面图的一部分立面。最下面的 A 部分，是正面的大门和部分立面。这个局部能够体现整个立面的设计。如图所示，此立面比地面抬高 5 尺。门洞 10 尺宽，20 尺高，门边框缘 1 尺。柱子 3 尺宽，每个半柱 1.5 尺，圆柱的三分之二从墙壁突出，半柱是浅浮雕的扁平柱。小柱间距 5 尺，大柱间距 12 尺。这个设计应该用于整个立面，除了成对脚柱的柱间距，那里应该采用小柱间距。[620] 门边的小窗户 4尺宽，其他所有都是 6 尺。一层窗户 10 尺高，小型拱形窗 9 尺高，其上的气窗 [621] 4.5尺高。正面大门应从拱脚下开门。其上的那个椭圆形给过厅采光。柱子，包括柱础和柱头共 24 尺高，采用多立克式。[622] 楣梁、中楣和檐口 6 尺高，檐口和中楣被栏杆分隔形成栏板，这样就可以舒适地站在上层向外眺望。爱奥尼柱式 20 尺高，2.25 尺宽 [623]，并且是浅浮雕的扁平柱。楣梁、中楣和檐口 5 尺，采用混合式。窗户的宽度和其他的一样，样式也相同。[624] 将窗户的高度限制在 12 尺以内并且将檐口高度控制在最小可能会是个好主意，这样上面的气窗就会变得更大。大型天窗 5 尺宽，小型的 3 尺宽，高度都是 7 尺。[625]

旁边的图，标记为 B，是前部的墙体从顶到底的剖面。在此可以看到所有的宽度和高度，所有窗洞的排列方法 [626]，人们伫立向外看的方式，以及檐口之上屋顶天窗有怎样的效果。[627]

最上面的图 C，是第一个庭院的部分敞廊。柱子面宽 7 尺。此宽度被分为 4 部分，两部分用于柱子，另外两部分用于框缘，拱形线脚的尺寸和立柱列相同。楣梁、中楣和檐口 4 尺，采用多立克式。上层的柱子 21.5 尺高。立柱和下层一样 [628]，科林斯柱子采用双柱的形式，每个柱子的宽度是 2 尺。[629] 楣梁、中楣和檐口 3 尺。所有的窗户都是 6 尺宽。[630] 标记为 D 的部分是花园的角落，可以看到立柱的宽度并且判断它们是否足够支撑拱券。[631]

**最负盛名的亲王的宅邸局部，编号 XXI**

下面这张图是亲王府邸立面上的各种细部。第一个，最下面的图 A，是侧边的一个没有敞廊的庭院，但在拱券之上有走道环绕，这样各个住房套间便无任何约束不需要依赖彼此。拱券 10 尺宽，21 尺高。柱子的正面 3.5 尺。[632] 从拱底到楣梁底部 1.75 尺。楣梁、中楣和檐口 6 尺高，其将作为走道的栏板。柱子，包括柱础和柱头共 20 尺高，为浅浮雕扁柱，正面 2 尺宽。[633] 楣梁、中楣和檐口 5 尺高。门洞 7.5 尺 [634] 宽，15 尺高。在这之上的半圆形可以打开给通道采光。所有的窗户都是 6.5 尺宽。一层窗户 10 尺高，不包括"非正统"气窗。[635] 二层窗户 12 尺高。这样一种布局适用于任何一个庭院。

图 B 是大型长方形庭院 [636]，侧边有敞廊，前后是柱子，其上支撑着走道——敞廊的布局相同。拱券 11.5 尺宽 23 尺高。柱子面宽 3 尺。拱心石 2 尺高。檐板饰带 1.25 尺高。栏板和栏杆 4 尺高。从栏板到楣梁底部是 20 尺。楣梁、中楣和檐口 5 尺。窗户和门洞 6 尺宽。门洞 11 尺高，在它之上有供通道用的采光窗。一层的窗户不包括"非正统"气窗 10 尺高，其尺寸很容易计算。

上面的图 C，是敞廊 K 之一，它在私人花园的侧边，与椭圆形庭院同排。这些敞廊之上有露台，墙内有供远眺的窗户。拱券 12 尺宽，22.5 尺高。立柱包括柱子面宽 6.5 尺，分为四部分，两部分是柱子，两部分是支撑拱券的框缘。柱子 24 尺高。[637] 楣梁、中楣和檐口 6 尺高，这一部分是露台的栏板，并且墙内开窗。敞廊之下的壁龛应该用来放置雕塑，历史故事的图画或浅浮雕安放在椭圆形中。

D 部分是府邸入口处前厅的内部。中间的门道通向 8 尺宽，16 尺高的中庭；柱子与之同高，宽度为 2.5 尺。[638] 柱间距 12.5 尺，两排柱子之间相距 6 尺。从铺地到拱券底部 24 尺。楣梁上面的两个开口应该隐藏起来，建造它们是为了支撑拱券以保证其上部分的安全。[639] 此过厅楼下采用多立克式，楼上采用爱奥尼式，柱子的尺寸都是相同的。[640] 所有尺寸都可以通过小型比例尺轻易找到。编号 XXI。[641]

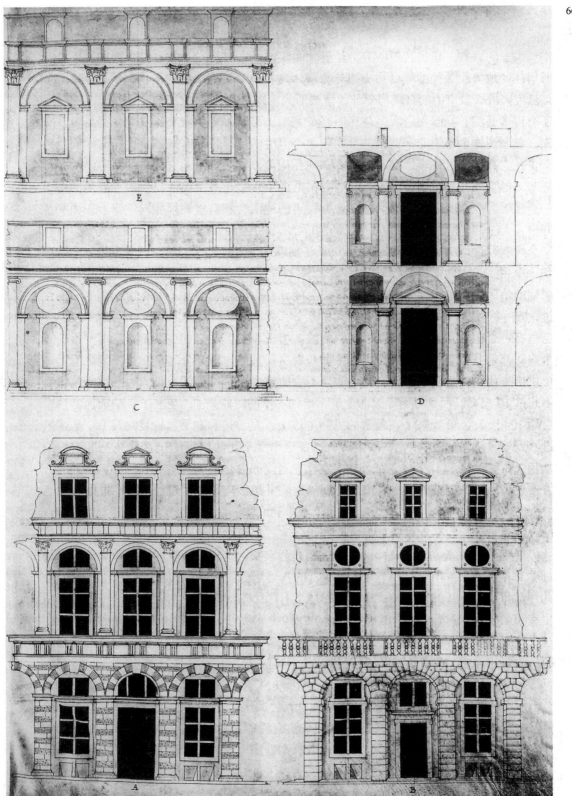

**66v** ## 建在城市中的皇宫，编号 XXII

国王的宫殿，超越其他所有，是最壮丽装饰最丰富的[642]，特别是伟大的弗朗索瓦所居住的地方。[643] 他的气度、睿智与力量体现在他治下王国里许多建筑物上，大部分都已经完成。城市中的宫殿与郊外的宫殿形式不同，并且更加庄严。[644] 它有很多住房，还有许多庭院、花园和敞廊使住房明亮又宽敞，不至于因为狭窄逼仄而变得恶臭。首先，考虑到这个场地非常宽阔并且处于一个卫生的地区，此宫殿需要比通常地面抬高至少一人高[645]，这样车、骡、马或者其他任何可以弄脏这个地方的东西都不能从此门进来。尽管如此，在侧边远一点的地方依然要给这些车马留出入口，因为两侧的街道一直缓缓上升，所以在一个合适的地方街道的地面会和宫殿地坪相同。登上正面踏步并进入大门[646]，是 30 尺宽，60 尺长的前厅 A[647]，并且在各边都有一个次厅，一个主室，一个后室和一个从室。接着进入 25 尺长，18 尺宽的中庭 B[648]。其左右两边是一个次厅和一个主室。再向前走是敞廊 C，环绕着一个边长 160 尺的正方形的庭院。[649] 在这个敞廊的角落是两个楼梯。右边供步行向上的，左边供骑马向上。[650] 从这个楼梯下面穿过，是一个前室、一个主室，一个从室和一个后室。[651] 继续向前走是朝向广场的庭院 D，这里有一个主厅和一个主室。面对着庭院 E 有五个房间。走向庭院 E[652] 这里有另外五个房间都是办公室。[653] 面向街道的一侧是厨房，其侧边是办公室，在这一侧之前是一个供伙夫使用的庭院，中间有井，这样不致使整个庭院都受到污染。这个小庭院的墙不超过 10 尺高。回到敞廊继续向前走，走到一半的时候是 F，在主厅 G 的前面。这个主厅 104 尺长，50 尺宽。在敞廊的另一个尽头，左手边和右手边，是庭院 H。从这里进入到球类活动的庭院 I。[654] 不过首先，在这个大主厅的尽头[655] 有两个主室和它们的从室。在庭院 H 和 D 里也有额外的主室。在庭院的 D 的尽头是柱子和拱券，其上应有方便各房间出入的走道。尽管如此，回到庭院并继续向前，是过厅 K。在过厅左边有一个次厅，一个主室和一个后室。穿过这些来到庭院 ✳ 。其短边有一个其上带有露台的小敞廊。其长边有支撑楼上走道的柱廊，这些走道供其旁边一排住房使用。从庭院 ✳ ，有两条路可至庭院 ∪ ，在它侧边是办公室和一个自带庭院和井的大厨房。走过过厅 K 是敞廊 L，环绕着一个直径 164 尺的八边形庭院。在朝向正面的角落里是两个礼拜堂和几个公共旋转楼梯。在左边和右边有两个主厅 M，在它们的尽端有两个大型主室和几个从室。沿着敞廊 L 继续走，进入两个庭院 ✠，在其中间部分是过厅 N。在过厅的侧边有主室、后室和从室以及小礼拜堂。与庭院 ✠ 在水平方向上同排并且相邻的是两个礼拜堂，或者是有如图所示形状的房间。它们主要依靠庭院 ✠ 采光，在它们每一个的背后都有一个主室、后室和从室。旁边是敞廊或者[656] 通道 O，环绕着一个直径 164 尺的圆形庭院。在朝向正面的角落里有公共旋转楼梯，在旁边是各种住房套间。沿着敞廊继续走是两个庭院 ✠，穿过它们来到庭院 P。这个庭院被上为走道的拱廊环绕，边上是各式套间。从庭院 P 经过一个走道来到庭院 Q，其内有很多办公室。离开圆形的庭院进入过厅 R，旁边有一排住房。在这些住房的旁边是蒸汽室和浴室。[657] 从过厅 R 进入一个宽敞的花园，标记为 S。在其侧边是两个敞廊 T，为从宫殿到马厩的路提供遮蔽。这些马厩在花园的尽端。在此之前是一个做成剧场形状的半圆形，在它边上是马厩主人和他所有员工的住房。[658] 被标记为 V。继续向前进入过厅 X。在它侧边是马厩 Y。在这些马厩的尽头是用来驯马的敞廊，再向前走有两个非常长的庭院用来驯马。从这些马厩进入庭院 Z。供马厩主人使用，有很多住房。不过，亲爱的读者，我非常清楚，关于下面的平面我讲了不到十分之一，因为我必须同时把意大利语和法语写在同一张纸上。[659] 但是聪明的建筑师，如果他考虑了所有的细节，并且手上拿着一把圆规的话，就会明白一切，包括那些我应该展示得更加清楚并放大一些的细部。编号 XXII。[660]

城市内皇宫的完整平面

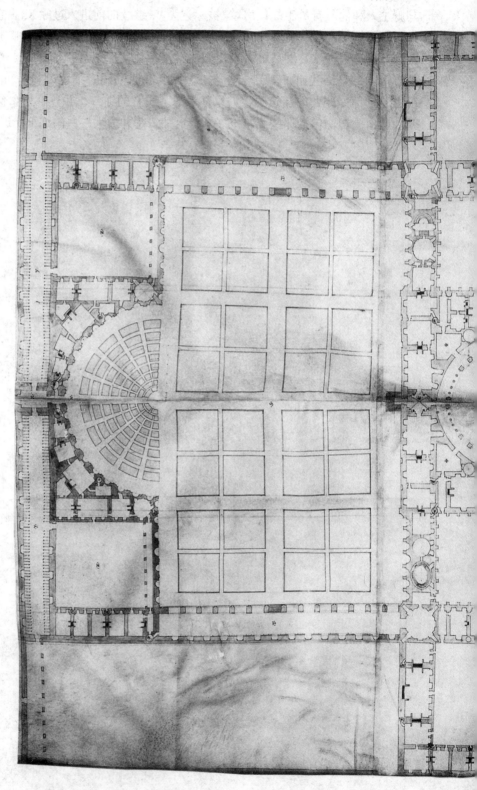

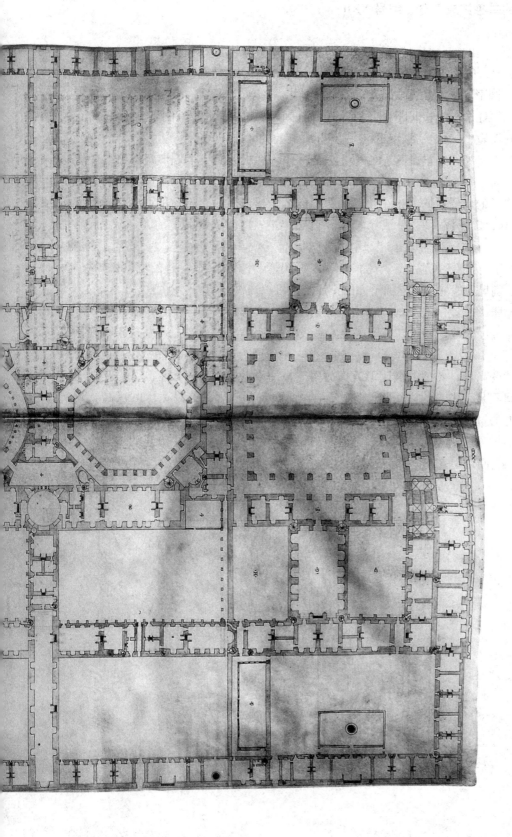

**国王宫殿的单独组成部分，编号 XXII**

    下图最下面的部分是皇宫的主要入口，以及部分立面的布局。这个宫殿，正如我在平面中所说，应该比广场抬高至少 5 尺。首先，大门 10 尺宽，20 尺高，可开启部分 14 尺高。半圆形应该安装镶嵌玻璃的铁质浮雕增强采光。柱子 25 尺高，宽度是高度的七分之一。[661] 柱子与门边间距 12.5 尺。小型柱间距 8.5 尺，大型柱间距 18 尺。所有的窗户都是 6 尺宽，一层窗高 10 尺。一层窗户之上的"非正统"气窗 [662] 6 尺高。楣梁、中楣和檐口 5 尺高。楣梁是天花的填充，栏杆作为栏板，其下的墙应足够厚以便能从一个柱子走向下一个。事实上，任何一个人都可以走完整个立面的长度，因为上层安装爱奥尼柱子的墙壁被向内推了足够的距离以至于形成了一个舒适的回廊。爱奥尼式柱子 22 尺高，2.5 尺宽 [663]，是浅浮雕的扁平柱。窗户 13 尺高。其上的气窗高 3 尺。柱子之上的楣梁、中楣和檐口 4.5 尺高。科林斯式柱 20 尺高，2 尺宽。[664] 楣梁、中楣和檐口 3.5 尺高。天窗 5 尺宽，10 尺高。中间的拱形窗尺寸相同。其侧边的窗户 2.25 尺宽。如果其他个别尺寸遗漏了，立面下面的小比例尺可以提供一切。

    上面那张图是进门过厅的内部。但是请注意，读者，关于这个过厅的高度有一个错误，因为过厅的地坪必须在基座之上的虚线处，即 25 尺高的位置。从这条线到拱底必须使柱高为 16 尺，并且柱宽是高度的七分之一，因为其为多立克柱式。[665] 这样一来门的位置就变高了，图中的椭圆形就安放不下，同样壁龛的位置也变高了，其上的板因此而空间不足。中央的柱间距 13.5 尺，边上的 9.5 尺。大门 8 尺宽，16 尺高。其上部分是楼上的过厅，柱子为爱奥尼式并且按比例收分。需要说明的一点是这个过厅的中间为筒形拱顶，侧边柱子上的楣梁要做出正方形的退格。[666] 图中涂黑的半圆形应该隐藏起来，它们是用来支撑棋的。编号 XXII。[667]

**国王宫殿的内部，编号 XXII**

最下面的图是第一个庭院的部分敞廊。拱券 15 尺宽，25 尺高。柱子宽 7.5 尺。从拱底[668]到檐板饰带底部是 4 尺。檐板饰带 1.5 尺高。从檐板饰带到楣梁的底部是 21.5 尺，从檐板饰带到拱券的底部是 20 尺。柱子包括旁边的框缘 6 尺宽，柱子 2 尺宽。[669] 楣梁、中楣和檐口 4.5 尺高。如左图所示，整个檐部将作为露台的栏板。门 8 尺宽，16 尺高。所有的窗户都是 6 尺宽。一层窗高 11 尺，其上的窗户 5 尺高。二层窗高 12.5 尺，其上的窗户 5 尺高。三层窗高 13 尺，其上的窗户 3.5 尺高。在这之上是天窗，就像正立面那样。

上面那张图是第二个八边形庭院的内部。这是一个顶部为露台的"层叠敞廊"。拱券 9.5 尺宽，25 尺高。柱子正面 3.5 尺宽。从拱底到檐口顶部 6 尺。其上的拱券 10 尺宽，20 尺高。柱子 3 尺宽。从拱底到檐口顶部是 6 尺。第三层的高度与楼下相同。门 8 尺宽，16 尺高。为过厅提供采光的椭圆形窗户 5 尺高。窗户 6 尺宽，12 尺高，其上的窗户 3.5 尺高。二层窗高 13 尺，其上的椭圆形窗 4 尺高，三层窗高 13 尺。编号 XXII。[670]

## 国王宫殿的一些细节

下面两张图是国王宫殿的部分立面。最下图是圆形庭院的敞廊。拱券 25 尺高，10[671] 尺宽。其他所有的尺寸都相同，甚至包括两侧那些因为按照透视法进行了缩短所以看起来比较狭窄的部分。小型柱间距 5 尺宽。圆柱 17 尺高，其宽度是柱高的七分之一，采用多立克式样。[672] 粗石立柱正面 4 尺。从拱底到檐口顶部 5 尺，这个高度形成上层敞廊的栏板。门[673]8 尺宽，15 尺高，不包括增加过厅采光的椭圆形。从檐口到楣梁的底部 22 尺。楣梁、中楣和檐口 4 尺。此檐部将作为二层敞廊之上露台的栏板。二层敞廊柱高 14 尺，宽 2 尺。[674] 拱券 21.5 尺高。从露台铺装到楣梁底部 24 尺。楣梁、中楣和檐口 4 尺高。在这之上是天窗。窗 7 尺宽，13 尺高。其上的气窗[675]2.5 尺高。[676]

上面那张图，标记为 G，是两个主厅之一的室内。[677] 因其高大宽敞所以在高度上占有两个房间，这一高度应该设计为两层。首先，基座 5 尺高。柱子 12 尺高，2.25 尺宽。[678] 支撑拱券的框缘宽度为柱宽的一半。楣梁、中楣和檐口是柱高的五分之一。窗户 7.5 尺宽 14 尺高。二层窗高 12 尺。框缘和其上的楣梁 9.5 尺高，拱顶从这里开始。为了更加优雅美观，这个拱顶设计为半月形，每个窗户有一个 5 尺的开口。从地面铺装到拱顶的底部是 50 尺。这个主厅之上是另外一个主厅，在三层，24 尺高。此主厅的窗户 5 尺宽 16 尺高。编号 XXII。[679]

**XXII 号国王宫殿的细节**

下面两张图是国王宫殿的部分立面。最下面的部分，标记为 R，用于没有敞廊的庭院，此处走道应在中间和上方，这样就可以环绕整个敞廊而不至于使房间互相依赖。拱券 10 尺宽，25 尺高。从拱底到一层檐口的顶部是 5 尺，这一高度同时构成了走道的栏板。上层拱券 21 尺高。从拱券底部到杆式栏板顶部是 6 尺。上层和下层立柱的正面都是 3 尺。所有窗户均为 6 尺宽。第一层带有横楣（也可以不设置）的窗户 16.5 尺高。第二层窗高 14 尺，这个长度不包括 4 尺高的"非正统"气窗。[680] 第三层窗户 15 尺高，其上窗户 3 尺高。楣梁、中楣和檐口 3.5 尺高。在这些之上是老虎窗。[681]

上面那张图，标记为 G，是两个大型主厅的外部，内部与外部开口完全吻合，但外部采用的是另一套柱式。[682] 一层柱子 24 尺高，宽 3 尺。[683] 楣梁、中楣和檐口 5 尺高。二层柱子的基座 3 尺高，柱子 20 尺高。楣梁、中楣和檐口 4 尺高。最上层柱子之下的护墙板（dadoes）[684] 1.5 尺高，柱子 20 尺高，这一部分其实是上层主厅。外立面的窗户与室内吻合。下层的两种柱式，多立克和爱奥尼，暗示了整个主厅的高度。涂黑的窗户展示的是与开口吻合的部分。这个设计应该应用在整个庭院。[685]

最下面标记为 R 的小图展示的是外墙的厚度和整个设计的剖面。从这里可以看到拱券的厚度以及有顶的和露天的走道。涂黑的小门指示的是有顶的走道，露天走道可以从栏杆处看到，此处将会是一个露台。编号 XXII。[686]

**编号 XXII 皇宫的最后的细节**

下面四张图是皇宫的部分立面。最下面的图，标记为 T，是花园侧边敞廊的一部分。其上是秘密通道，供国王在需要时可以悄悄地从室内进入马厩。在下面，敞廊应该是开敞的，并且比花园地面高 5 尺，和宫殿抬高的方式一样。在许多地方都有踏步可以进入花园。没有踏步的地方则需要设置栏板。从花园地面到楣梁底部是 31 尺。柱子 29.5 尺高。立柱宽 7 尺，被分为 4 部分，两部分是柱子[687]，两部分是支撑拱券的框缘。拱券 15 尺宽。楣梁、中楣和檐口 5 尺高。爱奥尼柱式 22 尺高，其正面 2.5 尺。[688] 楣梁、中楣和檐口 4.5 尺高。窗户 6 尺宽，15 尺高。其上的圆窗用作老虎窗。敞廊下方的壁龛用以放置国王祖先的雕塑，在这之上应该是他们事迹的历史。

这张图旁边的图 T[689] 是敞廊的剖面。在这里可以看出立柱的厚度是否足以支撑拱顶。尽管此处我为楼上的通道画了一个平的木屋顶，但是通道也可以是拱顶的。如果遵循这一手法，通道会看起来更加高，因为拱顶的两个三角形向下的走势强烈地展示了它的高度。

下面要说的是上面标记为 V 的图，是花园端头部分的布局。它的形式是一个剧场，并且与花园的敞廊协调一致。面向花园，在半圆形中有许多壁龛用来设置座席，还有一些用来设置窗户给住房采光。在一些壁龛里还留有小门可以进入敞廊。最重要的是在中间应该有门 V 以进入马厩。

再旁边的图，标记为 Y，展示的是马厩的内部。这里可以看到支撑拱顶的墙壁厚度。可以看到窗户是怎样给隔间采光的。还可以看到马厩隔间是怎样分隔以及干草架子和马草是怎样摆放的。同样还可以看到给这些马厩加顶的方法。为了顶部更加坚固，我会按照图中所示进行建设，在它周围留出一个露天的回廊以便可以在新鲜空气中散步透风。第六书的图片在此就全部结束了。编号 XXII。[690]

*74r*  **为简洁起见而省略的一些事项的探讨**[691]

为了保持我写作的布局，我必须将意大利语写在纸张一侧，并留出空间给法语文本，因为图纸会在对面页出现。[692]因此在很多情况下我必须简略对一些细节的描述。所以在这篇论述中我将填补许多我留下的空白。首先，在谈到居室的高度时我更加关注房间的装饰和宏伟而非居住的实用性。因为事实上，卧室的房顶越高，房间越冷，特别是在冬天的时候。[693]不过必须指出，我把重要人士住宅中的公共房间都保持在一个合适的高度，例如过厅、通道、敞廊、主厅和主要的主室，所有这些都一直在公众的注视之下，但是我把用于冬季的卧室高度设计得较低，在其中一些房间设置夹层。假设一个贵族出于实用性考虑特别偏爱其中一套房间，这个可以包括，举例来说，一个主厅、一个前厅、一个主室、一个后室和一个从室，所有的房间高度均为24尺，并且都是拱顶的——如果他想一年四季都使用这个套间，他可以采用如下的方法。在起拱的地方他应该安装一个精心制作以便于安装和拆卸的木质天花，其上的分隔应仔细涂绘并镀金。它应该设计成可以根据需要拿下或者重新安装上的形式，这样在夏天的时候就可享受到高房间以及它们的凉爽了，当寒冷的天气回归之时则可以把天花重新安装到位，房间层高就会变低并且变得更温暖。因为这是些华贵的套间，所以很可能铺设大理石或者其他会带来巨大凉意的昂贵石材，因此如果采用木地板使脚下地面更温暖应该是个好选择。当天气转暖时可以拆除这些铺地并储藏起来供其他季节使用。这样一来这个套间冬天夏天都很适宜。我在很多年以前曾经见过阿方索公爵在他费拉拉宫殿中的一些套间里这样做过，他的睿智和能力是其时无双的。[694]不过回到我最早的话题，关于高度，如果我们信赖古迹的话就会发现所有大型、中型、小型的房间高度都大于宽度。而维特鲁威，建筑师中的泰斗，就这个问题给出了一个关于高度的通用准则，即高度大于宽度。他指出应该对房间的长和宽进行测量，这两个尺寸中间的数值即为房屋的高度。[695]这个尺寸在今天看起来相当的高。不管怎样，根据我的经验，一个通用的规则是，通道和敞廊高度是宽度的两倍，主厅、副厅和主室高度和宽度相同。这样一来整幢建筑的个体和整体就能取得协调一致。举例来说，如果将主厅的宽度设计为走道或敞廊宽度的两倍，主厅的长度设计为其宽度的两倍，那么主厅的高度就与其宽度相同[696]；对主室也是一样，即它们的高度与宽度相同。如果将一些从室的宽度设计为房间宽度的一半，它们就应有夹层，这样它们的高度就与宽度相同了。聪明的建筑师可以将此方法运用在其他部分的设计上。不过也许建筑师想用另一种方法规范自己。例如，他也许设计了一个25尺宽、40尺长的主厅，高度24尺为宜。用同样的方法前室和房间也能和这个高度相匹配。但是如果后室稍微小一点，就像它应该的那样，那么在这种情况下就应该给它一个足够低的假天花使其高度与宽度相同。对从室，尺寸更加小，就应有一个夹层使其高度与宽度相当。现在让我们讨论建造拱顶的方法，不同的情况下应该采用各种不同的手段。过厅或者通道有很多小门，它们需要分区，如果想要半月拱的话，门就在半月形下方。如果不能这样，那么这个房间就应该做成筒拱。对于主厅也是一样。假设一个主厅已经在立面上分隔好了窗户，如果拱的分隔并不是正好在窗户上面的话，这种形式的主厅就应该采用穹顶覆盖。不过在室内可以让一个窗户处于中间，这样分隔半月拱，加之其弧度或宽或窄，就能得到一种不一致的和谐。[697]同样的方式可以用在房间上，即为，如果要分隔为3个或者5个拱形(我一般倾向于奇数)并且窗户不在拱的中央，那么最好用穹顶覆盖房间。但是如果一个窗户正好在中间，那么就可以设计为交叉拱或半月拱。如果主室是八边形的，则每一面都应起拱，如果它是圆形的则应该以穹隆为顶。如果它是椭圆形的则房顶也是椭圆形的。因此，拱的形状应根据房间的形状确定。现在，让我们讨论一下装饰。对一些特定的东西我是相当放任的，因为我曾经生活在一个不受拘束的国家。这些东西可能适用于觉得不受拘束的东西比遵循规定的东西更好的那些人，因为世界总是这样，就像我们现在从很多欧洲古迹中看到的那样，那些古迹中不受约束的元素数量多于遵循维特鲁威教条标准的事物。[698]有时候为了使外部和内部协调，窗户会向一边歪，导致在一侧有一个大型窗框而另一侧是一个小型窗框。在一些地方外侧是小窗户内侧开口变大，相反的，有时外侧是大窗户而内侧需要一个小窗户。因此建筑师需要适应环境。只要是根据合理判断做出的安排，所有这些都是允许的：历史古迹就这样做，当代的建筑当然也值得这样做。在一些情况下很多地方都从一个小庭院采光，有人会质疑这种光源是否足够好。我会跟他们说，从经验的角度讲，一个直径为8尺、高度为40尺的庭院能够为一大批房间提供良好的采光，只要窗户的上半部分角度朝上，即垂直接受光线。但是说这些有什么用呢？让我们想想那些卖各种物品的狡猾的商人和贩子，他们几乎不使用垂直的光线。[699]我们还用说那些相距15尺或者更远的间接光源，如果光线是垂直的，或者至少是对角或者几乎垂直的[700]采光效果会非常好吗？对于高贵的建筑我没有讨论厕所，预先假定一个有经验的建筑师会利用墙体的厚度把它放在外墙里面，并且他会选择一个公共场地设置大家庭使用的厕所，这个厕所也用来倾倒那些没有厕所的高贵房间里的夜壶。不过我一直很欣赏那种把厕所放在顶楼并且如果有烟囱的话把通风口设置在墙上的做法，因为气味总是向上走的。[701]

　　至于水管和喷泉、浴室、蒸汽房及其他使人愉悦的东西，精明的建筑师会知道怎么将其安排在场地上，尽管我将要在第七书"各种情形"里讨论它们。

74v

75r
（空白）[702]

# 第七书　各种情形

## 塞巴斯蒂亚诺·塞利奥[1]（来自博洛尼亚）　著

在这本书中有关于建筑师在不同场所会遇到的各种不同情形的论述，包括不规则的场地，修复或者重建房屋，以及利用[2]其他建筑时应该遵循的程序，及类似的东西，就像你可以在下面读到的那样。

六个供亲王于乡村建造的宫殿方案，包括以多种方式呈现的平面和立面，附于本书的最后。前面提到的作者所著。[3]用意大利文和拉丁文书写。[4]

自雅各布·斯特拉达博物馆，
罗马公民以及神圣罗马帝国陛下的文物研究者[5]

神圣罗马皇帝特权：以及法国国王特权

美因河畔法兰克福

出自安德烈·维赫尔（André Wechel）出版社[6]

# 关于第七书主题的简短描述

首先，这本书里有 24 个可供建在乡下的房子，包括它们的平面和内外立面。

还有一个适合建在高地价城市中高贵地段的住宅，立面带有"商铺"[7]，风格为罗马式。

书中有许多用于壁炉的装饰，适用于主厅，主室和从室，同时也用于屋顶上的烟囱[8]，有些是法国风格有些是意大利风格，按比例绘出。[9]

书中有两种屏风，一种于教堂中分隔唱诗班和其他地方，以精美的建筑造型制成，这个创造同时可供建筑师用于其他装饰。

书中有四个城市，或者城堡，大门由粗石建造，风格为塔司干和多立克式，雕工精湛。

接下来有一些根据可能出现的情形提出的建议，这些对于不能看到图片的人来说是很难用写作描述的。这些情形可能是由于有人发现了许多柱子，无论是古老的或是当代的，这些柱子曾经用于一个建筑，但它们的高度都不超过 8 尺，而这个人希望建造一个敞廊或柱廊又或者其他的装饰物，大概 20 尺高。[10] 这种类型的作品可见于许多建筑，有不同的形式但都设计精美[11]，间或用昂贵的 7 尺高的柱子建成。[12] 建造 23 尺[13] 或者更高的敞廊和其他事物的方法在本书中都有精心的安排。

在一些情况下你可能找到了 25 尺高的柱子，但是却希望建造一幢两层住宅，第一层 18 尺高，第二层 15 尺高。那么在这本书中就可以看到与精美装饰品一起利用这些柱子的方式。书中还有许多其他类似的情况。

还有许多用来搭配浮雕门的窗户及其他装饰，都是罗马风格的新创作。

还有许多用来建在房屋最上方檐口之上的窗户，在法语中称作天窗（luccarnes）——用古老的方式制作，此外还有许多新的创作。[14]

接下来还有许多针对特殊情况的新创作，即那些都不是正方形的，有不同角度和奇怪形状的场地，在书中可以看到将一切东西变得方正，并且创造一个美丽舒适住宅的方法，并且还有许多不同种类相似的建议。[15]

书中还有建造在山上的方法，收集水并且用渠下引，还有其他类似的，好看的和极其实用的东西，所有这些都需要用很多时间来讲述。

这本书中还有一些带有图片的关于如何辨别美的、丑的、可爱的、生硬的、坚固的和脆弱[16]的建筑要素的讨论和解决方法。以及许多我不会在这里讨论的东西。[17]简言之，这本书共有图文 120 页。[18]

献给最负盛名的罗森伯格的维纶·奥西尼（VÍLEM ORSINI）领主 [19]，克鲁茅和维提劳的领主，　sig.ãii*r*
罗森伯格家族的领导人，布拉格的大博格雷夫领主，波西米亚王国和神圣罗马帝国皇帝下最有价值的顾问，
来自曼图亚的罗马市民，神圣罗马君主的古物研究者雅各布·斯特拉达最值得被称颂的主人和赞助人

　　因为您众人皆知的雅量，最杰出的亲王，我不能在没有向所有人表明我对您的渴望
和长期以来的好感之前开始这封信。这份好感来源于您对他人和对我声名在外的博爱与
慷慨，我从中受益多年。通过这样的慷慨，奥西尼家族开明的智慧——这个家族古老的
高贵与辉煌可以和罗马帝国的任何家族相媲美——即使在最底层的人民当中也已众所周
知。[20] 因此，尽管出生于波西米亚，您通过生来就有的辉煌和高贵取得了最高军衔，就
好像您实际上出生于帝国一样，您在这里取得与您在旧共和国里一样崇高的地位。除了　(sig.ãii*v*)
这些家庭的细节，许多作品见证了奥西尼家族的辉煌，过去有大批诗人和散文作家对其
赞美，今天也是一样，赞美您不朽的作品——尽管在他们的作品里更多的是夸大自己的
写作而非怀念您的美德。[21] 就让这成为您家族辉煌的证明：为数众多的杰出的红衣主教
曾经出自，并且今天仍然出自您的家庭，坐上他们在罗马的座席，他们的行为和事迹都
记录在《教皇的缩影》（*Epitome Romanorum Pontificum & c.*）这本由我出资赞助写作和印
刷并献给阁下的书中。[22] 这本书里有所有教皇和红衣主教的木刻家谱，在奥西尼家族成
员中有去世于 1277 年的尼古拉三世。[23] 此外，一脉相承的，许多世俗世界的亲王也通过
战斗胜利和杰出品质为自己赢得了不朽的荣光。[24] 不仅仅在意大利，几乎在这地球上的
每一个国度，仅仅是记录下这些人的名字就能成就一本冗长的册子。此外，罗马的奥西
尼家族可以理所当然感到自豪，因为他们拥有，在意大利境外，阁下这样的人出自他们
的家族，一个在那最美丽最愉悦的波西米亚王国位列最高级别的人。事实上，正如作家
惯于称那不勒斯为意大利的花园，波西米亚王国也可以说是整个德意志的天堂。阁下拥
有这个国家不可小视的一部分，那些您的祖先作为遗产留给您，并且您还在不断增加的
城镇、堡垒、村庄、鱼塘和其他财富 [25]，您对穷苦工匠的慷慨已经到了这种境界——将
他们从遥远的地方召唤而来并且提供给他们资助——让其中一些人负责挖掘鱼塘，另一
些人负责那豪华（且令人钦佩）的宫殿，特别是您那在布拉格市中心将两座现有大房子
统一起来的完美的宫殿。[26] 因为在这件事上我个人无法为您服务 [27]，我将这本由来自博

洛尼亚的塞巴斯蒂亚诺·塞利奥所著的第七书献给您作为礼物，他曾经担任最虔诚的弗朗索瓦一世国王的建筑师[28]（也正是因为他，塞利奥写出了这本书以表示尊敬），这部作品因为它所包含的各种建筑的设计以及它的出版可能带来的对整个世界的极大便利而受到了强烈的期待。我认为这份作品将是极其赏心悦目的，特别是考虑到阁下您对于建筑的热情，这本书原本是用意大利语写作的，在我的努力下此版本是拉丁语和意大利文本对照的，这样如果读者不认识其中的一种还可以用另一种语言进行阅读。关于这一点我的用意是拉丁语可以供那些完全不懂意大利语的人使用，这样如果任何一个人在盖房子时想用到这本书可以轻松地将拉丁语转换为自己的语言来说出书中自己最喜欢的部分或者最喜欢的建筑，这样一来就可以更好地让他的建筑师按照自己的意愿进行工作。我希望将来，在上帝的旨意下，这本书能够出版德语乃至其他语言的版本，这样不论何处的建筑实践有所发展，这位作者的杰出作品甚至是建筑师本人都能为人所用。[29]除非我的鉴赏是错误的，这位作者考虑建筑时所表现出的判断力和创造力以及在谈论建筑艺术时的轻松自如，在不对古代建筑师（他们活跃在奥古斯都和其他皇帝的年代，他们关于建筑这个主题的写作使整个世界都有所受益）和当代建筑师有偏见的情况下，他毫不逊色于他们中的任何一个人。古代的建筑师我曾经提到维特鲁威，当代的则是阿尔伯蒂[30]，以及任何其他曾经出现在这个话题上值得一提的作者的作品里的建筑师。总之，塞利奥和他的这本书使任何一个中等水平的建筑师（但是必须具备出色的判断力）都可以建造出令人敬仰的建筑作品，因为他在建筑的迷踪中辟出了一条笔直的大道，而这个关于建筑的秘密直到现在还隐藏在维特鲁威那晦涩难懂几乎不知所云的书中。他又进一步增加了许多他从对古代建筑的细致观察和测绘中获得的内容。而正是这些从来都没有在维特鲁威或者其他作者的书里出现的东西促使我出版了这本书，尤其是用两种语言出版，因为我发现在我们的这个时代，人们开始考虑（之前从来没有）不仅仅在意大利建造豪华的建筑物，也在德意志，特别是波西米亚建造。这个国家，因为上帝的创造，它出众的美丽无与伦比，此外，那些居住在这里的人还在不断地用他们的辛勤劳动竞相将它装饰得更美，建造了最美丽的宫殿和堡垒。这些建筑的数量如此之多，互相之间如此接近，并且城市与城市之间又互相紧挨，您甚至可以说整个王国就是一个城市，一个被极度坚固的城墙，极其茂密的树木和森林所包围的城市，这些森林如此布置就好像它们不是自然生长的而是被艺术种植的一样。

sig. ãiiir 无论如何（最杰出的亲王），这封信到了最后，我请求您接受而不是厌弃我这个以最高忠诚献给您的小小的礼物。尽管它完全不能够匹配您的伟大，虽然如此我将跟随那个希腊人的先例，他将自己的小礼物献给奥古斯都恺撒时在恺撒之前先否定了自己这份礼物那微不足道的价值，他说，伟大的恺撒，我的这份小礼物无论如何不能与您的财富和美德相匹配，它只能与我的智慧能力相称：如果我能给予更多，那我一定会给予更多。这个，就像我说的，就是我在将这个小礼物献给您时采用的那个例子，只是乞求您在拿起这本书学习时，能够记得我是您最忠实的仆人，是您一个人的。

我祈祷最伟大的上帝保佑您永远远离伤害。

美因河畔法兰克福。3 月 14 日，CI ⊃ I ⊃，LXXV。

## 雅各布·斯特拉达致读者 [31]

(sig.ãiiiv)

在许多场合下我曾经考虑过出版来自博洛尼亚的塞巴斯蒂亚诺·塞利奥的这关于建筑的第七书，他曾经是最虔诚的基督教徒弗朗索瓦一世国王的建筑师 [32]，这部作品是我于 1550 年在里昂从作者手中得到的，同时我也得到了他手中所有的图片和绘画，以及所有与这些图片和绘画相对应的文字描述。现在，当我仔细阅读过这本书，我确信这是他写过的最精美和实用的作品，并且我急切希望全世界都能从他从容书写下的教导每一个人如何去建造的文字中受益。尽管他的建筑有多样的形式（不管这些形式有多么的复杂），塞利奥都可以通过他轻松优雅的讲解使任何人不论他的建筑才华多么的有限，都会变得有能力，可以轻松地利用书中的内容。因此，既然这本书中的内容对我来说非常值得出版，我们便协商了一个价格，我花了一大笔钱从他手中买了过来，然后我将那些图片尽可能小心地雕刻制版。[33] 现在，考虑到这本书可以给全世界带来的作用，为了使每个人都能够理解，我将它翻译成了拉丁文——因为这是基督世界今天最容易理解的口头和书面语言——这样一来这本书中的内容就可以被世界上所有的王国和省份理解然后付诸实施。还是从同一位作者手中我买下了他的第八本书，这本书是献给战争的。在这一卷里有两个建设营地的方法——即罗马人如何用帐篷和凉亭来安营扎寨。第一，是一个整体地图的综合设计，然后将它分为各个部分，每个部分都有它们自己对应的文字。第二，是一个相同的军营设计但是发展为加强的有城墙的堡垒，这个堡垒还是按照上面提到的方式进行设计的。用同样的方式 [34]，这本书的各个部分都已经按顺序切分，可以随时交付印刷了。天意如此，如果我们没有被其他事情耽搁，我们将竭尽所能尽快将其出版。[35] 现在上面提到过的作者已经年老，几乎终生都在经受痛风的折磨并且被他的工作消耗得油尽灯枯，他决定另外卖给我他一生中收集的其余设计作品，一些是他自己的绘制，另一些是其他人的，但是对大多数作品，他都添加了自己的叙述，并且将他们编辑成卷以便有朝一日可以印刷出版。但是因为他自知已时日不多，并且他也不是特别富裕，因此他决定，一劳永逸，让我成为这些东西的主人，这样在他过世之后这些东西不至于被毁掉，或者落入这个行业其他像用孔雀羽毛装饰自己的乌鸦一样的人的手中。出于这个原因，他很想知道这些东西下落如何，在他去世之后谁会拥有他们，就他而言如果这些东西归我所有那他就将成为这个世界上最满足最幸福的人，因为他确定如果我将这些东西印刷和出版会给他带来无上的荣光。但

sig.ãiiiir

是尽管他非常满足，他着手开始将一切东西整理到位，并且修改对应设计图片的图例，这样我可以方便地利用它们，这个机会促使我离开法国并回到罗马从事一些工作。[36] 因此我付了他好大一笔钱买下了他所有的一切，同时包括他自己的作品和其他人的作品。如果我在这儿复述出我从他那里得到的东西，你一定会感到非常惊讶，甚至用很长时间都不够我完全描述它们。但是我抱着很大的期待，在全能的上帝的帮助下，你最终能够看见这些东西的出版，因为对我来说将它们按照塞利奥的方式完美地整理出来不是一件难事，因为我对整理他的东西很有经验，同时也因为我对建筑的东西已经有了足够的知识，建筑的主题我始终乐在其中。[37] 现在也是这样。当我离开时，我们都带着

极大的悲伤向彼此告别。我走之后他立刻回到了[38]枫丹白露，在那儿这位老人结束了他的一生，在法国和世界其他的地方为自己留下了盛名。事实上，完全可以说他重新诠释了建筑艺术，并让每个人都很容易理解它。他用他的书做了比之前维特鲁威更多的事情，维特鲁威的书非常晦涩，不是每个人都能看懂。回到我的主题，我刚才说在我被召回侍奉教皇尤里乌斯三世之前我已经好几个月没有在那里了，教皇当时还活着。但是这只持续了几个月，因为他殡天了。[39]尽管马塞罗·塞维诺（Marcello Cervino）得知我想回到德国，在他的继任任期内再次确认了我的职位，但是他也很快回到了上帝身边，所以我决意要离开。但是在我走之前我拜访了卡特里娜（Caterina）夫人，教廷画家佩里诺·德尔·瓦加（Perino del Vaga）的遗孀[40]，她的丈夫是那个时代罗马最伟大的画家，所以一生中都是我非常好的朋友。当我和她讨论她亡夫的作品时我发现她愿意将所有他的设计卖给我而非她认识的其他人，因为她不想让如此多美好的作品留在罗马被他人归功为自己的工作。所以我买下了她那里能装下两个大皮箱的设计作品，所有都是手绘的[41]，这里有所有他出品的作品，还有一些是来自乌尔比诺的拉斐尔的，拉斐尔曾经是他的老师。在这些设计当中，我发现有很大一部分是关于建筑主题的，罗马城以及意大利其他地区的和法国的一样多。当我离开罗马返回德意志[42]的时候我经过曼图亚并且拜访了拉法埃洛，已经过世的朱利奥·罗马诺的儿子。[43]拉法埃洛从他父亲那里继承了丰富的遗产却对艺术毫无兴趣。事实上，他更感兴趣的是风流韵事和放纵自我。所以除了他从他父亲那里继承的物质遗产外他没有一点价值，因为他完全不知道如何利用他父亲给他留下的艺术设计作品，无论是对建筑的鉴赏还是对其他东西的设计。真实的情况是，如果他什么都没有继承，他将不得不继续他父亲这位伟人所从事的艺术创作。于是，我轻松地就成为他父亲留给他的那些设计作品的主人。这里除了有出自他父亲的作品之外，还收集有来自曾经是朱利奥老师的，来自乌尔比诺的拉斐尔绘出的美丽作品[44]——特别是关于建筑的主题，古典的和现代的同样多。我们商定了一个价格，我付了钱。艺术界的人，知道我拥有了这样三位伟人的作品，便可以判断我得到的东西是何等美丽非凡，更不用说我保留的那些出自我自己的作品了。[45]

(sig.ãiiiir)诚然在很多情况下同一个主题我有两张一样的作品，但是这对我来说是一种极大的满足，因为我可以从尺度上去比较它们。因此，你不需要去罗马或者其他地方对我将要出版的作品进行重新测量，因为它们在各个方面都是极好的并且都如同原作般精准。除此之外，我的儿子保罗刚刚从君士坦丁堡给我带来了那个高贵城市所有文物的绘图，包括所有古代的和现代的建筑，这些都是这一地区从来没有见过的东西。如果上帝允许，我将把这些一并出版。同样，我另外一个儿子奥塔维奥（Ottavio）给我从法国和德意志带回来了所有他能够复制的建筑绘图。[46]所以，你从我这里能够得到的是上述省份所有这些文物中最好的。与此同时，请接受我现在呈现的这本塞利奥的第七书，就当作是我的善意的象征。我将永不厌倦地取悦您，这样您就可以用最美丽的建筑装饰这个世界，在提供装饰的同时，让人们的生活长治久安。再会。

## 雅各布·斯特拉达致读者，一封信 [47]

当我许多年前住在法国的时候，这个国家同时也住着一位杰出、正直并且诚实的人，塞巴斯蒂亚诺·塞利奥——一个在建筑艺术领域造诣很深的人，并且在他那个年代是无可争议的意大利艺术家中的泰斗——他曾经效力于弗朗索瓦国王。[48] 初次见面，相同的兴趣爱好使得我们立刻成为朋友，并且从此经常来往。既因为我们相处的时光总是妙趣横生，也因为我们大多数的谈话都是围绕着建筑艺术，所以在一个合适的时机塞利奥告诉我，在他多年前出版建筑六书之后，他又增写了第七书。当我带着极大的热情从头至尾读完了此书，考虑到其极高的质量我想我喜欢这本书远胜过其他作品。在他的写作里他解释了将要建设的建筑物的原理，即使他描述了各种各样非常复杂的形态，但是通过他与生俱来的天赋，仍旧可以进行完美的阐释，使得任何人，即使只用非常平庸的艺术技巧，也可以轻松地理解这些案例并且将他们用于房屋的建造。在这一切的极大鼓舞下，考虑到这样出色的作品不应该躺在书呆子的书架和灰尘中，在考虑到这本书由于其给人类带来的便利而非常值得出版，并且该书的作者年弱体衰生活困苦已经没法看到这本书通过出版社出版了，于是在 1500 年我从作者手里——花了不小的一笔钱——买到了出自他手中的非常优美的建筑物的形象图和平面图，同时还有他配的文字，所有这一切都非常恰当地排列成书了。因此，鉴于世界上不应该少了这一丰盛的成果，并且这位善良老人应得的名誉和声望不应被剥夺，我决定出版他的这本书。从一开始我就尽可能小心地将建筑的立面图、平面图和效果图 [49] 雕刻成版（按照惯例）。[50] 然而，当我意识到这本出色的书如果用拉丁文出版（因为对于整个欧洲的人民来说，拉丁文几乎每个人都会，比任何其他语言的应用都要广泛）将给世界带来多大效用，我促使这本书从意大利语翻译到拉丁语并且双语对照出版。从同一个作者手里我还买到了关于战争的第八书，这本书里有两个关于兵营布置的设计。首先，有一个营地建设的总体设计，接着分为各个部分，每一部分作者都给予解释。第二个设计的营地建设总体相同，不过采用的是城堡的形式，被设立炮塔的围墙环绕，其他的部分都跟前面那个设计绘图方式一样。用同样的方法 [51]，这本书里的所有图都被分隔成块并且在印刷车间等待出版了。在上帝的眷顾之下（除非我们被其他正当理由所阻拦）我们应该毫不迟疑地为了大家的共同利益将其出版。[52] 此外，这位作者，意识到自己已经年老并且被工作消耗殆尽，几乎终生被痛风所折磨，决定将他所有的成果都卖给我。这包括他一生中所绘出的各种主题的形式和设计，以及其他认为值得收集的天才艺术家们的作品。他的目标曾经是将所有这些交付出版，如果有这个机会的话，出于这个原因他将这些资料分成若干卷，并且对每一个设计都添加了一些自己的解释。但是随着年龄的增加，他已时日无多，最终为贫穷所困并且眼见愿望无法达成，他决定让我成为这些东西的继承者，因为他害怕在它去世之后这些东西会被毁掉，或者会落入这个艺术领域里那些惯于用孔雀羽毛装点自己的乌鸦手中。出于这个原因，在他在世时他想知道谁会是这些东西将来的主人，想到如果我成为这些东西的主人他就感觉非常的妥帖和满意，因为他十分确定，我会将这些成果全部发表并且给他带来无上光荣。因此在他还对自己的工作成果充满喜悦的那段时间，他开始重新检查和编纂他自己的和其他人的作品，这些工作成果都交给了我，并且重新阅读并订正有关数字的图例，
(sig.ãvv)
这样我可以更加方便地使用它们，这个机遇促使我离开法国返回罗马。因此，付了一大笔钱，我从他那里买到了所有他准备好并且已经完成的作品，包括他自己的和他认为值得收藏的其他的人的作品。如果我在这儿复述一遍我从他那得到的每一样东西，诚实的读者们，您一定会非常震惊，不过没有那么多时间了。不管怎么样，如果天意使然，我希望在短时间内您能亲眼看到所有的这些东西。因为我对这个人的理论和规则非常熟悉，并且我对这项艺术的规律也很熟练（我一直对这个主题非常感兴趣并且直到今天也是如此）[53]，我可以非常轻松地完成那些没有写完的，并且完美地编辑那些已经完成的，并且最终将之印刷和出版。现在怀着对彼此最深切的悲伤我离开法国到了意大利，塞利奥返回了枫丹白露[54]，并且在那里过世，他为自己留下了盛名，他的去世不仅是法国同时也是全世界的损失。因为事实上他可以被称为重新建构建筑学的人，他将晦涩照亮，使每个人都能够理解那些难懂的东西。维特鲁威也没有像塞利奥的书这样给世界带来如此便利，因为维特鲁威的书模糊不清、错误百出，每个人都觉得很难看懂。回到我的话题，当我回到罗马后不久我就被尤里乌斯三世召唤并委以任命。[55]不久之后，尤里乌斯去世，马塞罗·塞维诺接替了他的位置，当知道我决定返回德意志的时候他重新授予了我在尤里乌斯那里任职的职位。但是马塞罗活的时间并不长，我决定永远离开罗马。但是当时我正准备去拜访卡特里娜，宫廷画家佩里诺的遗孀[56]，佩里诺是我一生的挚友，并且在他那个年代是罗马城中最伟大的画家。总之，在和这位优秀的女人讨论过她丈夫的作品之后，我迅速意识到她愿意将所有他亲手绘制的那些各种各样的形式和设计图卖给我而不是其他任何人。因为她不愿意在他死后，他的任何作品，你几乎可以说，被那些可以占用她丈夫名声的人所掠夺，她愿意将所有东西都交给我——这个正如我所说是她丈夫至交的人，这个会尊重她丈夫尊严并且热心保护他盛名的人。所以她卖给了我两大箱他的设计。这些箱子里既有佩里诺曾经的作品也有一部分他的老师，从乌尔比诺来的拉斐尔的作品。在这些设计中我发现有一些是建筑主题的，绘出了法国、罗马和意大利其他地方的著名建筑。当我从罗马出发前往德意志[57]经过曼图亚时，我拜访了拉法埃洛，著名画家朱利奥·罗马诺的儿子。[58]拉法埃洛，通过他父亲的遗产而发家致富，对他所继承的一切非常满足，因此完全不理解并试图去模仿他父亲的技能。事实上，他对风流韵事更感兴趣，并且放纵自己追求肉体的享乐。因此他父亲的财富对他来讲是非常有害的。如果他父亲给他留下的贫穷，他必须自食其力的话也许他就不得不进行艺术的练习，而艺术雏形他已经从他父亲那里学到了，通过他父亲那些杰出的作品和图片的帮助，他应该可以在建筑和绘画艺术领域拥有一席之地。然而，因为他如此忽视这些艺术，通过付出现金我轻易地成为他这些宝藏的主人：除了他父亲的绘画——特别是那些关于古代和现代建筑的——还有一些出自来自乌尔比诺的拉斐尔的最美丽的设计，拉斐尔曾经是朱利奥的老师。这门艺术的行家很容易可以想到，现在我已经买了这么多设计并且成为这样三位杰出的人的作品的拥有者，我有非常多的珍贵商品，所以我可以大方地在这些东西上加上我自己

的作品，我想它们应该并不是一文不值。[59] 此外，很多东西我都有两个版本，这让我感到非常有用，因为我可以通过比较真实尺寸和房子的对称性来学习和发现。因此任何人从现在开始如果在家里看到我的这些图就不用去罗马的原物上确定物体的真实尺寸了，因为我的研究的精度可以说是非常完美的。另外，我的儿子保罗最近从君士坦丁堡给我带来了所有古代和现代建筑、庙宇的描述和设计图，都是在那个高贵的城市非常值得一看的。这些东西在这个地区之前从来没人见过，如果上帝允许我们会将其全部出版以供每个人使用。还有，我的另一个儿子奥塔维奥 [60]，从法国和德意志给我带回来了同一个领域里他能够得到的所有东西，因此你可以从我这里看到所有这些省份的杰出的古代作品。不过，与此同时，请接受这塞利奥的第七书，将它视作我的好意——就像是一份定金，我希望您知道我从来没有厌倦给您带来新样本的努力，这样一来您就可以用最美丽的房屋来装点世界，除了让它更加高贵和装饰更加丰富以外，还格外有助于让人类生活更加长久和宁静。再会。

(sig.ãvi*r*)　**帝国特权** [61]

马克西米利安二世，神恩赐予的罗马帝国、德国、匈牙利、波西米亚、达尔马提亚、克罗地亚、斯洛文尼亚等国的皇帝和永久的奥古斯都，奥地利国王和大公，勃艮第、施蒂利亚、卡林西亚、卡尼奥拉和维腾堡等地公爵，蒂罗尔等地爵士。[62]

通过这些文字，我们告诉世界，我们信任并喜爱的仆人雅各布·斯特拉达，我们的文物研究者，他谦卑地通知我们，他前一段时间已经进行了对所有类型古迹的学术研究，已经准备好了大量的工作以及各种类型的书，列在一个精确的目录里呈现给我们。[63]在这之中，题目为：来自博洛尼亚的塞巴斯蒂亚诺·塞利奥关于建筑的第七书，其中有关于建筑师可能遇到的各种场地内可能发生的许多情况的论述，包括不规则的形状和场地，修缮或者重建房屋，以及我们利用其他房屋或者类似的东西时应该遵循的程序，就像你在下文中可以读到的那样。六个给亲王建在郊外的宫殿包括它们的平面和立面，用多种方式呈现出来，也被附在了最后。由上面提到的作者所著。文字为意大利语和拉丁语。[64]鉴于他的愿望是在文学领域有所建树，他决定这本书应该传达给勤奋好学的年轻人并且出版。但是他担心，由于竞争者那从别人地里摘玉米然后窃取他人劳动果实的肮脏伎俩，他付出如此多的努力但是成果却被骗走。出于这个原因，他最恭谦地恳请我们赐予仁慈来考虑他的伤害补偿，并且利用我们的权威来压制他竞争对手的傲慢无礼。我们听到如此合理的恳求，考虑到我们发扬和帮助所有类型文学作品的热情，我们认为应该答应这些要求。因此，我们特意用我们的皇权裁定：这本雅各布·斯特拉达的书，当他通过自己的努力将其出版之日起，或者是在神圣罗马帝国境内以公开或秘密的方式进口并且售卖全部或者部分成果之时起，此后的 20 年之内，任何绘图员、木板雕刻师、雕刻工、印刷工、图书商或者其他任何经营书籍行业的人——不论是从事出售、印刷或者其他业务——或者是通过绘制和雕刻图片与图像竞争获利的人，以及任何以各种方式描绘和装饰这些图像的人，都不得局部或全部地复制，或者是模仿这本书。这包括印刷、木刻，以及其他任何方式或者载体。如果任何人试图违背或违反我们的法令，以任何名称或标题来印刷这本书、增加额外的材料、改变删减书中的内容，或者用更改或增加内容的形式来欺骗作者，我们要求，不仅仅要剥夺此人所有的非法版本，而且这些书将成为雅各布·斯特拉达、他的继承者，或者是得到他委托的人的财产（通过书籍查封地的裁判官的援助），但是我们也希望进一步惩罚这个犯罪行为，10 马克的纯金罚款将支付给帝国国库，同时也要支付给雅各布·斯特拉达、他的继任者或者他的合法委托人，给这两方支付的要完全相同。以上这些适用于该工作最终完成并出版，并且将三份副本发送到我们帝国总理府的条件下。如果没有做到这一点，我们裁定雅各布·斯特拉达或者他的继承人不得使用此项权限。因此，我们命令神圣罗马帝国的所有公民和我们每一个值得信赖的公务人员，无论是宗教界或是世俗界，无论处于何种身份、等级、阶层或者地位，特别是法官或者以自己或者上级名义行使法律和司法权力的人，不允许任何人毫无顾忌地忽略、蔑视或者违反我们的这项特权，或者是禁止它的使用。如果他们发现任何做错事的人，应当监督其受到上述罚款的惩罚，并且在法律允许的范围内用各种手段阻止他们自己逃脱我们严厉的愤怒惩处。让在我们手中写下的这封信，用皇家封印的印章来获得证明。这是在我们的城市维也纳授予的，时间在 5 月份的倒数第二天，我们主的 1574 年，统治罗马帝国的第 12 年，统治匈牙利的第 11 年，统治波西米亚的第 26 年。

　　马克西米利安

　　约翰内斯·巴蒂斯塔·韦伯见证

神圣罗马帝国陛下的个人授权

奥伯恩堡

**法国国王的特权**[65]

　　查理，以法国国王的恩典，向我们亲爱的和忠诚的管理我们的议会法院的公民们，向行政官，总管和教务长或者他们的副手，向所有我们的法官和官员，以及他们单独的每一个人，致意。来自曼图亚的雅各布·斯特拉达，皇帝——我们亲爱的岳父和表亲——的文物收集家[66]，告诉我们他非常想出版呈递给我的这一张列表上的书，并且已经被我们的总理府批准了。在这些书中，首先是一本意大利语的书连同它的拉丁语翻译，该书的意大利语标题是：来自博洛尼亚的塞巴斯蒂亚诺·塞利奥的建筑七书，书中有关于建筑师可能遇到的各种场地内可能发生的许多情况的论述，包括不规则的场地，修缮或者重建房屋，以及我们利用其他房屋或者类似的东西时应该遵循的程序，就像你在下文中可以读到的那样。六个供亲王建在郊外的宫殿包括它们的平面和立面，用多种方式呈现出来，也被附在了最后。由上面提到的作者所著。文字为意大利语和拉丁语。[67]然而，由于这项工作必须耗费巨大的费用和支出，他担心如果在德意志或者其他地方出版这本书，这一地区的书商和印刷者会随后将它在这里重新印刷，以剥夺他的劳动成果、解决问题所付出的努力、工作和细致的研究，从中获利，使他和他的孩子们非常不利，除非我们愿意在一定时间段内禁止他们这样做并且他能得到我们给他的一个特别权限。他非常谦卑地请求我们赐予他该权限。鉴于我们一向致力于青睐并善待所有学者，使他们更加积极地将自己投身于有价值文字的服务与进步中，并且鉴于我们同样希望给斯特拉达能够补偿他花费的方法，这是他做了这样一项工作应得的，我们已经禁止和阻止，并通过现在这篇文字我们禁止和阻止，任何图书商和印刷者在我们王国、国家、土地或者属于我们的公爵领地内，在这本书第一次印刷那天开始后面 12 年内，复印这本书，或者使它被复印，或者售卖或更改，不论用何种语言，一旦以斯特拉达或者他一个孩子的名义出版，不论这本书第一次出版时是以怎样的形式，不论其是否增加、删节或总结，不论其是否包括大量的数字（其中一些已经添加了），或者不论第一次印刷时出现的数字被删除了，或者用其他名字和标题，或者用更大或更小的类型印刷，或者翻译成其他文字：所有这一切，除非经过斯特拉达或者他其中一个孩子的允许和同意，都将会受到我们的惩罚并且上述书籍会被没收。因此我们要求，你们每一个被此文要求和嘱咐的人，在个人行为上，去反对或者授权反对那些违反我们上面提到的禁令的行为，并执行上述处罚，及其他你们认为是适当的处罚。这就是我们的愿望。因此本文件可以在许多不同的地方颁布，我们希望这些由皇家印章封印或者被我们亲爱的和忠诚的公证员或秘书复制的文件在检查时可以得到信任，就像这份文件的原版一样。同时，通过分发一个缩短的版本或者一个提取开头内容的关于这本书的文件，我们王国或者其他附属的地方所有的图书商和印刷工都应该能够理解，所以他们不能说他们不知道。颁发于巴黎，12 月的第 25 天，1572 年，在我们统辖的第 13 年。

　　国王

在其之下
布鲁拉尔

**塞巴斯蒂亚诺·塞利奥致读者[69]**

在我关于建筑通则的第四书，即最早出版的那本书中，我曾经说过在第七卷我将讨论各种情形，即为，各种各样奇怪的地形，老建筑的修复，以及曾经使用过的构件的再利用。[70]我的确应该讨论并用可见的设计[71]来展示大量相关实例。但是，尽管我已经完成了我的关于各阶层人群的住宅的第六书[72]——一个需要大量且多样住宅案例的书——而且尽管我的这一劳动成果[73]即将面世，我决定在讨论"情形"之前为它充实一些设计。[74]原则上在这一卷里我探讨建筑师可能面临的各种情况。首先，我将展示一些将要建在乡村的房子，这些房子也可以建在城市中远离广场的宽敞地带，那里的土地更多用于耕种而不是房屋建设，因为这类型的房子必须完全独立。这一种类型我共有 24 个。接着我将介绍一个在有限制的场地上的高贵住宅，两侧都有邻居紧挨。其次，我将展示若干壁炉的设计，遵循意大利的传统并采用法国风格，有供主厅的也有供主室的，还有给屋顶烟囱用的。我还将塑造用于建筑的装饰设计，熟练的建筑师可以使用。我不会错过囊括一些城市和堡垒大门的机会，同样我也不想遗漏一些采用意大利风格和法国样式但是遵循古代传统的屋顶窗户种类。在那之后我将给出建造有许多不同高度柱子的房子的方法，以及大型柱子可以用在中型房屋的情况。[75]然后我会讨论许多不同类型的，异形的场地，以及怎样把房子都变成四方的。我将展示一些将不规则立面重新排列的过程，以及如何使它协调一致并且对称。最后，我将用很多方法展示如何在山、坡地、山脊和梯台上盖房子，我还将提供许多木质框架和桁架，采用意大利风格并遵循法国传统。在最后我还加入了六个宫殿，包括用各种方式展示的平面和立面，它们是供王公和贵族建造在乡村地区的。[76]

## p.2    城外的第一幢住宅，第 1 章

　　鉴于我将讨论一些在乡村建造的住宅，我应该从塑造一个与传统截然不同的房屋开始。[77]首先，我希望大家能够明白，包括其他我将要介绍的房屋，都应该高出通常地面至少 5 尺。[78]从踏步上来[79]是门 A，从这里进入 24 尺宽，32 尺长的主厅 B。[80]它通过四个窗户 C 采光[81]，因为在它两侧都是主室 D。这些主室边长 20 尺，有后室 E 为其提供服务，这些后室与主室长度相同，宽度是 16[82] 尺。两个伸入墙体的空洞扩大了放床的地方[83]，使主室非常宽敞，墙体厚度也有所减小。离开主厅是出口 F，壁龛的插入[84]让这里更加开阔，同时能够节省建造墙壁的材料。去往室外有一个梯段 G 的踏步平台，在它之下是通向地下室的门，地下室里应有厨房和其他辅助用房。我希望大家可以理解，在这幢房屋前面是一个庭院，以房屋的宽度为边长形成一个完美的正方形。在房屋后面是花园，可根据业主的意愿进行布置。

　　平面上方的那张图是对应平面的立面图。房屋比地面抬高 5 尺。主厅的高度与其宽度相同，这个高度同时也是最下层屋顶之上檐板饰带底面的位置，檐板饰带下方的窗户给主厅提供采光。[85]这些窗户应该朝室内方向并倾斜向下。在主厅之上应有与主厅尺寸相同的一块区域，8 尺高，可以通过主室 E 中的楼梯来到此处。该主室的高度应该为 16 尺，不包括阁楼。门洞 6 尺宽，12 尺高。窗户 4 尺宽，8 尺高，壁龛的尺寸和窗户一样，但是饰以油漆。上层窗户宽度与高度相同，下面供地下室使用的窗户也是这样。[86]

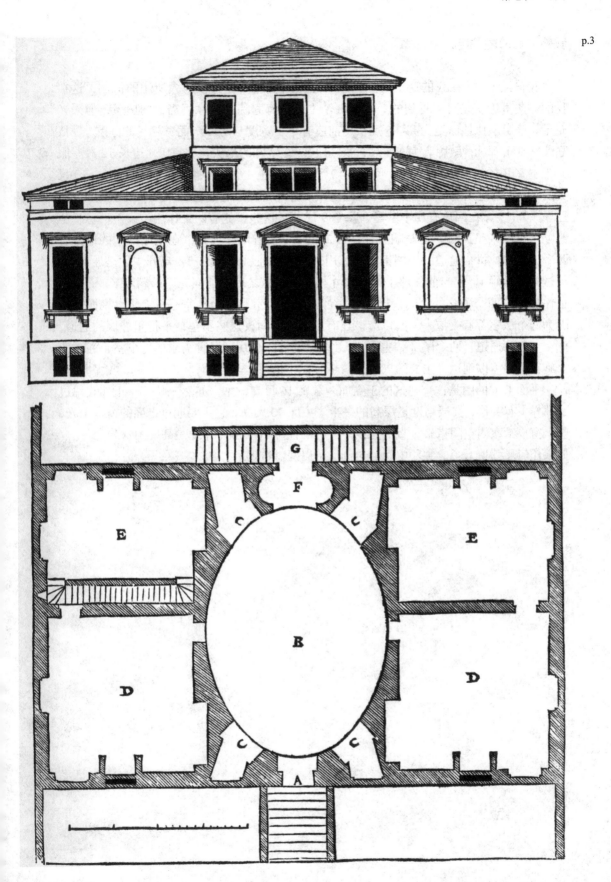

<sup>p.4</sup> **城外的第二幢住宅，第 2 章**

　　我曾经说过，在我的这本书里我想[87]尽我所能远离那些被他人所用的惯例，这在我的方法里确实是可以见到的。这是一个中心没有庭院的尺寸相当大的房屋，但采光充足。该房屋比地面至少高 3.5 尺，房前应有一个宽度与房屋全面宽相等的庭院。[88] 从庭院来到敞廊 A，敞廊 A 宽 8.5 尺，长 30 尺。在敞廊的尽头是主室 B，边长 12 尺。服务于主室 B 的是后室 C，其 18 尺长，10 尺宽。穿过一个旋转楼梯进入 12 尺长，10 尺宽的主室 D，这里也有一个从室 E。穿过敞廊并通过一个通道进入八边形的主厅[89]，直径 30 尺。主厅在四角有四个壁龛，每个 9 尺宽。这些壁龛有两处作用：第一，每一个壁龛可供四人坐憩且不会影响主厅，第二，可以节省墙体材料。在主厅一半的地方有两个通道 G，每个通道的尽端都有一个用来采光和通风的大窗户。离开主厅是通道 H，再过去是敞廊 I，它与前面那个敞廊尺寸相同。在这之后是通向花园的踏步 K。[90] 在这个住房里有四个独立的套间，即每一套都有一个主室和四个从室——之所以说四个是因为两个从室都有夹层——所以应该还有两个小房间，这些不包括平行于外墙的通道，位于中心的通道，两个敞廊和主厅 F。[91] 然后还有提供房屋各种需求的地下室，通过四个旋转楼梯可以到达，主要的入口在踏步 K 的下面。

　　平面上方的图是这个建筑的正立面。敞廊 16 尺高，主室亦然，从室（正如我说过的那样）有夹层，夹层高度是层高的一半。主厅 30 尺高，它主要通过上面的窗户采光，这个窗户给室内空间带来垂直的光线。敞廊的柱子 10 尺高，宽度是高度的八分之一。[92] 如果任何尺寸遗漏了，主厅中间的比例尺可以提供数据。[93]

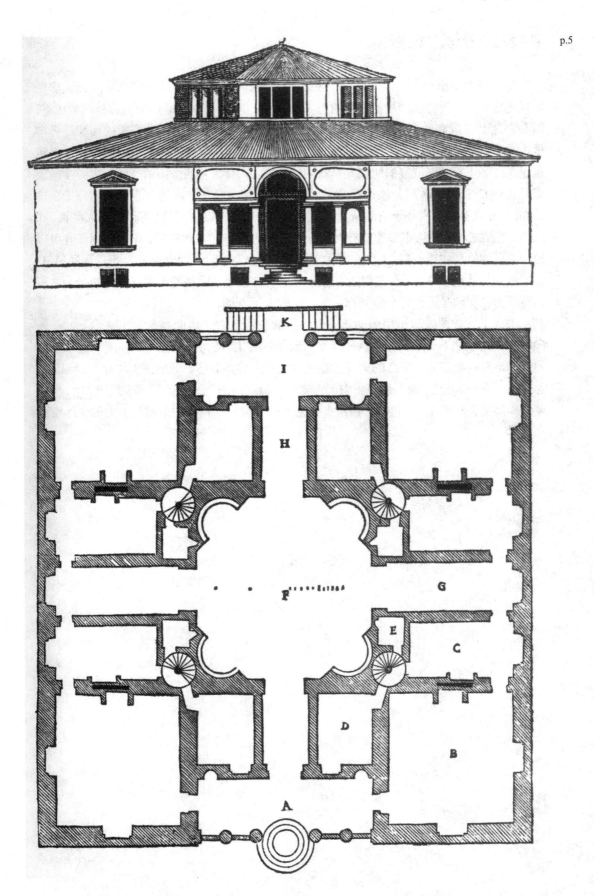

**第三幢乡村住宅，第3章**

该住宅为十字形，有四个花园[94]和四个套间，主厅在正中间，像亭子一样。房屋地板比地面高5尺。从踏步上来是通道A，6尺宽，14尺长。在通道的两边是两个从室，但在它之上应该有一个在夹层中的主室，占据了上面提到的这三处场所的面积。再向里走是主室B，正方形，边长20尺。有人会说这个地方挡住了通道。的确如此，但是这里是许多乐意一同就寝的朋友共享欢乐的地方[95]，有放置四张床的空间。再继续向前走是主厅C，边长38尺，通过在角上的8个窗户采光。[96]中间的右手边是主室D，边长20尺并且有一个服务于它的从室E。这个从室边长13尺，旁边还有一个从室F，10尺长，5尺宽。这些从室都应该有夹层。另外一边的布置与此相同，4个套间都有可以通向夹层的旋转楼梯。穿过主厅来到主室G，它与另外几个尺寸相同。从这里进入通道H，在它两侧是从室I和K。在它们之上有一个主室。通道之后是进入主花园的踏步。之所以称其为主花园是因为每个套间都有它自己的L形花园。

平面上方的图展示了房屋的正立面，正如我所说它比地面高5尺。踏步下方是通向餐厅和其他地下场地的门。从楼梯平台到楣梁为17尺，这是主室的高度，但从室和通道应该有这个高度一半高的夹层。在这些主室上方是阁楼，低屋顶。主厅20尺高[97]，通过8个窗户采光[98]，因为窗户斜向下方光线可以"倾泻"进来。门道5尺宽，10尺高。窗户4尺宽，8尺高，不包括上面给夹层采光的小窗户。在第一个檐口上方的主厅窗户高4尺。[99]

p.7

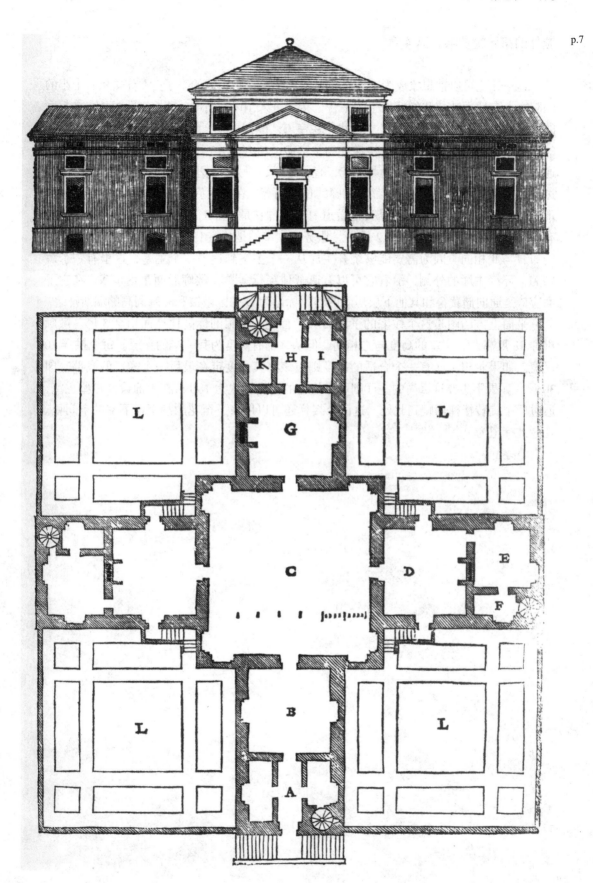

**城外的第四幢住宅，第 4 章**

　　这一住宅可以被想象成为安放在乡村的五个结合为一体的亭子。[100] 首先从一个小的外院登上有地面铺装和栏杆扶手的平台，接着进入 10 尺宽，36 尺长的敞廊 A。在敞廊的一边是主室 B，边长 22 尺。它旁边是主室 C，19 尺 × 12 尺，不包括那个可以放小床的壁龛。从这里穿过一个旋转楼梯来到主室 D，12 尺 × 15 尺，此处还有一个从室。[101] 通过同一个旋转楼梯来到小礼拜堂 E，直径 13 尺。另外一边的排列方式与此相同。穿过敞廊进入主厅 F，各个边长都与敞廊的长度相等。在主厅后面是敞廊 G，它与第一个敞廊的尺寸一样。在敞廊的尽头是通道 H，穿过它是次厅 I，35 尺长，22 尺宽 [102]，带有一个辅助主室 K，17 尺 × 12 尺。[103] 服务于主室的是从室 L，12 尺 × 10 尺。另外一边的布置与此相同。因为需要能够绕开主厅从一个主室到达另一个主室，这里有一个短廊 M，环绕主厅的外侧，沿着它可以有遮蔽地穿行。[104] 在敞廊后面是踏步 N，在它下面应该是通向储藏窖和其他下层房间的门。标记为 O 的区域被和敞廊同高的墙所环绕。

　　平面上方的图是这个住宅的正立面。[105] 首先，敞廊的标高比地面抬高 5 尺。敞廊拱券 18 尺高 [106]，主室的高度与之相同。但从室都有高度为其一半的夹层。每个拱券 10 尺宽。如果希望主厅有一个合适的高度则应该将其高度定在最后一个檐口的底部，即 30 尺。如果不想要这么高的主厅则可以将它的高度设置为 18 尺，在上面设计一些主室，通过两个旋转楼梯攀爬到此处，这两个楼梯还可以用来下至花园甚至地下室的空间里。花园被标记为 P。[107]

p.9

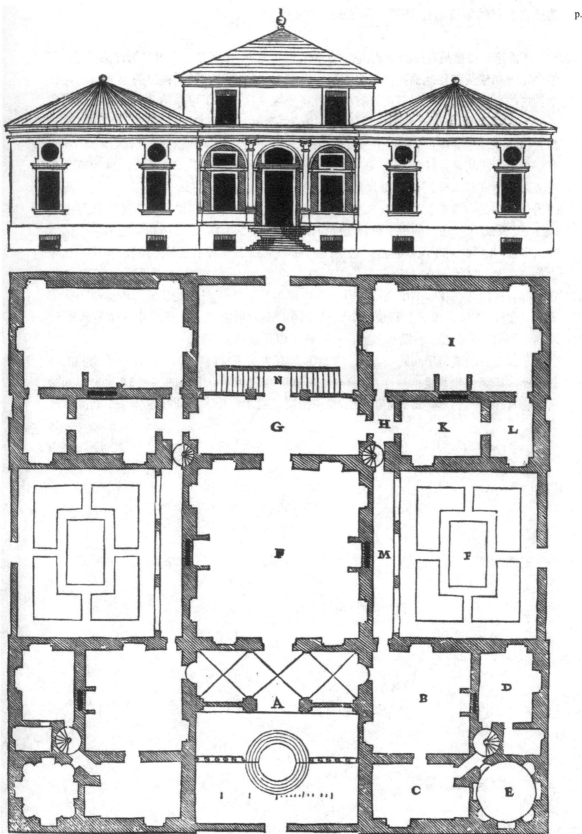

**建造在乡村的第五幢住宅[108]，第5章**

下面这个房屋是花园的形式,它在四角有四个套间,中间是一个可供居住的亭子。[109] 整个花园和建筑都比地面抬高至少5尺,事实上,从地基和餐厅移出的土方已经足够 增加这些高度了。如果附近正好有小山或者土堆,这个房子可以抬升到比周围高很多 的位置。[110] 上至[111] 花园A的位置,右手边是主室B,边长23尺。在它后面是后室C, 24尺×20尺,并带有一个辅助的从室D。在这一侧沿着花园来到主室E,24尺×18[112]尺, 有一个辅助的从室,11尺×9尺。在这个主室的对面是主厅F,50尺长,24尺宽。在 它旁边是主室G,24尺长,22尺宽,出于实用性考虑它应该有一个夹层。在这个花园 的另外一边是次厅H,24尺×32尺。在它的一角是一个旋转楼梯,通过它来到主室 I,24尺×20尺。通过同一个旋转楼梯可以来到主室K,18尺×16尺,它有一个辅助 的从室L,14尺×11尺。在这一边继续向前将来到正方形主室M,边长24尺。它旁 边是主室N,24尺×22尺,其后是主室O,24尺×16尺。再过去是两个从室P和Q, 它们都有夹层。在花园的中央应该有一个内部为八边形[113]外部为正方形的凉亭,标记 为R。直径24尺。在它上面是一个直径相同的正方形主室。在花园的后面是踏步S, 通向下层的一个花园,在踏步下方是通向餐厅和其他下层房间的门。

平面上方的图是房间的正立面。主厅和所有大型主室高度都是18尺(小型和中型 的场所应该是这个高度的一半),凉亭下部高度与之相同,上面的主室16尺高,如图 所示,穹顶为八边形。最好将其制作为用铅覆盖的木穹顶,以便在这样一个高度减轻 自重。[114]

p.11

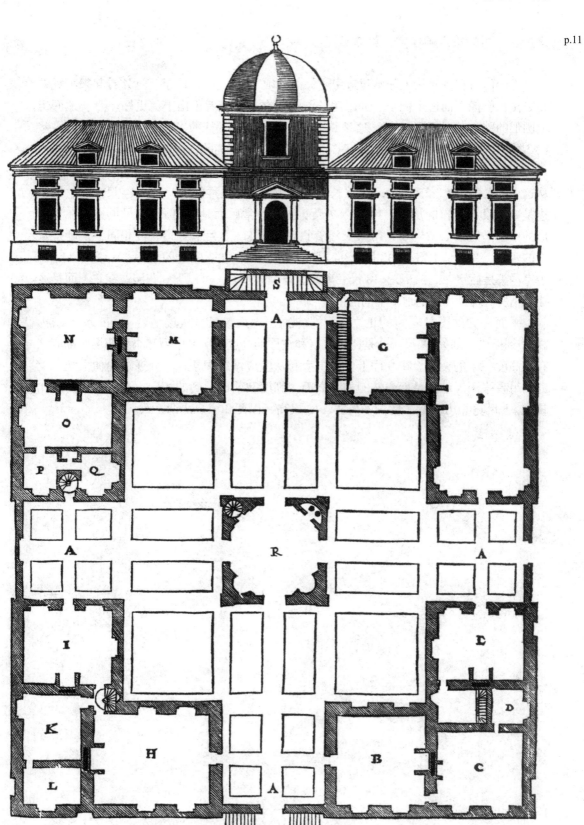

## p.12 建造在乡村的第六幢住宅，第6章

　　无论何时在乡村从零开始建造房子，都必须[115]找到能让房子从远处看起来美观的新方法，就像下面这个例子，如果房子能够建在土堆或者小山上就更好。[116]从地面走上圆形的踏步[117]来到平台A，这是一个有地面铺装和栏杆的半圆形。在右手边是主室B，边长23尺。它旁边[118]是服务室C，一个边长18尺的正方形。服务于它的是从室D，14尺×7尺。在房间的另外一角有一个旋转楼梯，穿过它来到主室E，25尺×14尺。从这里进入次厅F，25尺宽，32尺长，与它相邻的是礼拜堂G，直径14尺。在它的一边是一个没有窗户的从室，14尺×7尺。在礼拜堂后面是从室H，6尺见方。在半圆形的中间是通道I，25尺×18尺。沿着它是主厅K，宽度和通道长度相同，长度是宽度的两倍。旁边是主室L，32尺长24尺宽。在它的一边是八边形的从室M，直径13尺。主室尽头是后室[119]，21尺×18尺。离开通道是踏步O，可以下到花园。在它下面是通往容纳所有辅助用房的地下空间的门。

　　平面上方的图是套间的正立面。[120]它高出地面5尺。从矮平台（salicato）的标高[121]到楣梁底部为18尺。这是所有主室和主厅的高度，所有中型和小型的场所都应该有该高度一半的夹层。在主厅上方，主室和从室应做成阁楼式，并通过中楣采光。上方的另一张图展示的是面向花园的背立面。高度和前面提到的相同。不同的是窗户比较大，5尺宽，10尺高。门洞6尺宽，13尺高，以便和窗户协调一致。[122]

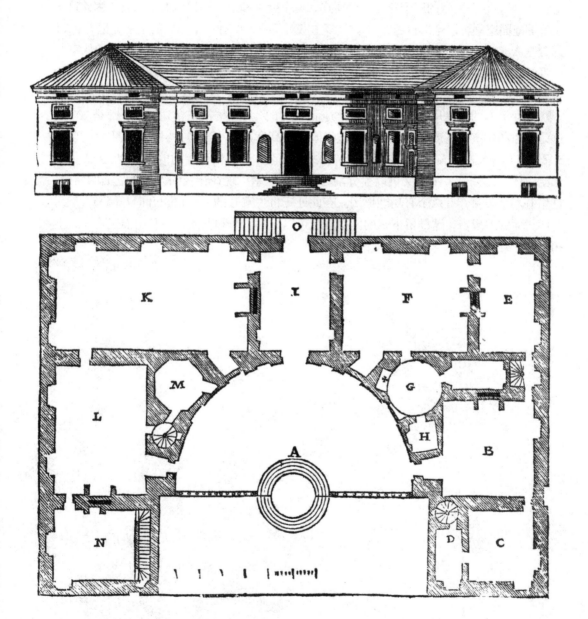

**建造在乡村的第七幢住宅** [123]**，第 7 章**

这个住宅和一般传统大不相同。首先，它在中间有一个大型主厅。这个主厅因为在四角有分开的四个套间，所以能很好地避免风吹日晒，它采光充足并面向四个花园。[124]首先进入小花园 ✠，从这里上 5 尺来到室内地面。在此处进入主厅 A，直径 36 尺，主厅的四个尖角作为进入主室的入口被移除了。这个主厅一边有壁炉另一边有餐边柜。[125] 在右手边的第一个角有入口 B，通向主室 C。主室 C25 尺长，16.5 尺宽，有一个服务于它的后室 D，14 尺 ×9.5 尺，并且带有夹层。旋转楼梯 B 提供以下三种功能，首先可以上至夹层，其次可以上至主厅，再次可以下到花园。[126] 从它后面的那个角落进入圆形主室 E，直径 25 尺。它在罗盘的三个点有三个窗户，一个壁炉和三个标记为 L 的床龛，因此这个主室的地面空间可以全部自由布局。[127] 该主室对角线方向有一个相似的主室标记为 F，L部分是床龛。主厅剩下的那个角落是入口 G，从这里进入主室 H，它由后室 I 和从室 [128]K 服务。H 和 I 与 C 和 D 的尺寸相同。离开主厅是踏步 M，从这里可以下到花园。踏步下方是通向地下室房间的门。[129]

平面上方的图是房屋的正立面，比地面抬高 5 尺。从楼梯平台到楣梁底部是 20 尺。这是主厅和主室的高度，但中型和小型空间应有高度是这一半的夹层。通向主厅的门 [130]5 尺宽，10.5 尺高。窗户 7 尺高，其上窗户 [131] 是正方形。檐口上面的窗户 8.5 尺高，用来给主厅上部采光，主厅又可以被分割为主室和从室。现在让我们讨论正立面的两边，这里有六个假窗，有两个有功能作用。在此处应将主室 C 的一个窗户开向花园 ✠，然后封闭正面的那扇窗，这样留下来的两面墙就可以保持干净和宽敞，并且由能工巧匠绘上精美的图案。[132]

p.15

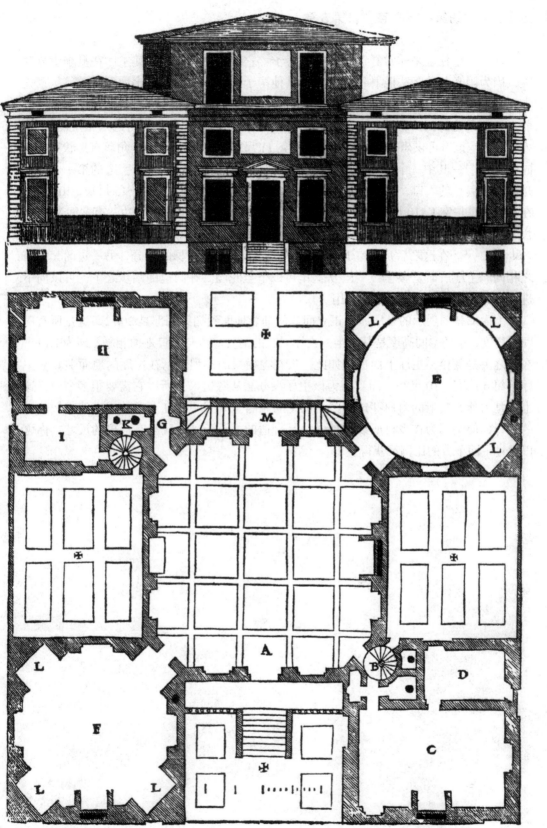

**建造在乡村的第八幢住宅[133]，第 8 章**

　　这是一个住起来非常舒适和宽敞的房子，它最大的优势在于其主厅在夏季十分凉爽，因为阳光几乎无法照射到它。[134] 像其他房子一样，这个住宅比地面高 5 尺。[135] 先走上一个铺装平台 A，它有可供倚靠的栏板。[136] 从这里进入八边等长的主厅 R。[137] 最前面的那条边是门。在其左右的两条边是两个 [138] 壁龛，壁龛中间为进入主室的入口。入口两侧应该有可供坐憩的长椅。每个壁龛 11 尺宽。在另外两个 [139] 角落有形状完全相同的壁龛 [140]，其中一个里面是旋转楼梯，另一个里面是壁炉。在右手边的第一个壁龛是通向主室 C 的入口，主室 C 24 尺长，15 尺宽。它旁边是后室 D[141]，15 尺长，10 尺宽；在它后面是从室 E [10 尺长 5[142] 尺宽。在主厅一半的位置，同样是右边，有房间 F][143] 边长 24 尺。在它的旁边是主室 G，长度相同宽度为 19.5 尺，并且有一个辅助的从室 H，7 尺 × 12 尺。在这之后是从室 I，8 尺 × 7 尺。除了旋转楼梯的部分，另一边的套间与之相同。主厅后面是矮平台 [144]K，从这里可以下至花园。在两边的踏步之下，可以向下进入储藏窖和房屋中的其他辅助用房。

　　上面那张图展示的是房屋的正立面。从铺装地面到楣梁底部是 20 尺，这是所有房间的高度，小的空间高度是其一半。主厅天花的高度应该与檐口地面相平，即为 23 尺，在这之上是阁楼，主厅上面也是如此。天花上横梁的排列展示在主厅的地面上。[145] 主厅的门 6 尺宽，10 尺高。而且因为该主厅没办法从各边采光所以它需要很多窗户，这也就是为什么门上的窗户穿过了三角山花的原因。[146] 我不会在高贵的城市地段做这样的设计，但是因为在乡村所以这种做法是合适的。至于其他我没有写出的尺寸，你可以通过平面下方的比例尺获得。[147]

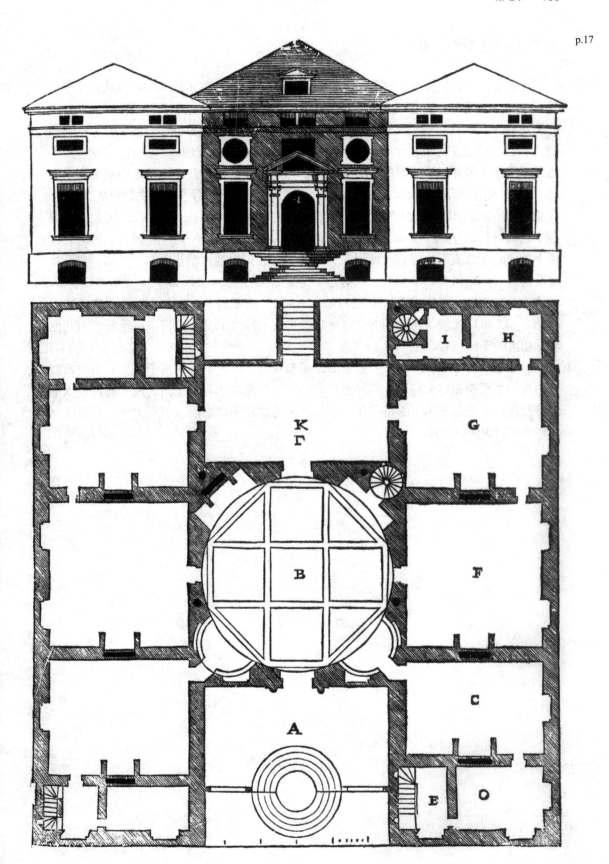

p.17

　**城外的第九幢住宅，第 9 章** [148]

下面这个平面，是前面例子的变体，除了拥有四个宽敞和精美的可以欣赏花园的套间之外，它还有一条有顶路线穿过两个通道以及 134 尺的主厅，采光极好。[149] 首先登上通道 A，27 尺长。它有四个大的拱券让它更大并且增加装饰性。两个大拱券在两侧，它们凹进墙内两尺，此处还有可供休憩的座椅。在门洞的入口另有一个拱券 [150]，也是两尺厚，另外一个门洞的拱券 6 尺厚，在这里应该安置两个小门通向前面两个套间。所有的拱券都是 10 尺宽。通道采用交叉拱顶，四个大拱券会进入拱顶形成半月拱。在通道的一侧是前厅 B，24 尺宽，32 尺长。在它之后是主室 C，20 尺长，16 尺宽，服务于它的是从室 D，15 尺 × 8 尺。通道之后进入主厅 E，28 尺宽，57 尺长，因为它在两个花园 G 上方有五个窗户，所以采光非常好 [151]，可以通过踏步 F 来到花园。离开主厅是通道 H，28 尺长，14 尺宽。它旁边是从室 I，正方形，边长 28 尺。之后是主室 K，正方形，16.5 尺，它的辅助从室 L，12 尺 × 8 尺。房子的另一侧与之对称。离开通道有踏步 M，可以缓缓下至花园 N。在这些踏步的拱顶之下是一个可以下至餐厅和其他辅助用房的楼梯。

至于花园的尺寸，应该依照业主的要求来设计。同样的，在房子的正立面我希望这里有一个至少和整个房屋立面同宽的庭院。如果在侧面有两个门和两个通道可以不必穿行房屋而进入花园，那将是非常好的，因为这样一来庭院可以更大一些，房屋也可以有更加美丽的景致。[152]

p.19

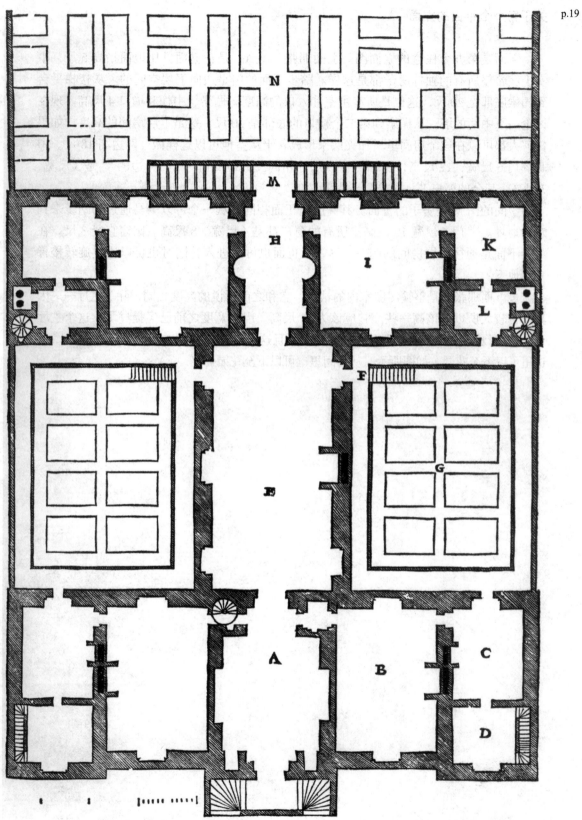

p.20
### 关于第九个平面的立面 [153]

　　下面是第九个住宅的立面图。上面那张，图 A，是正立面，比地面抬高 5 尺，事实上我希望所有的独栋房子都是这样。踏步下面的门是通向下层空间的。从楼梯平台到楣梁底部是 20 尺，这也是所有主室和入口的高度。楣梁、中楣和檐口 4 尺高。现在讨论一下中间的塔，从楣梁到第二个檐口的底部是 20 尺，这是上层房间的高度。如果任何人都可以在这个房间里增加夹层来形成若干从室他可以这样做。两边高 18 尺。中间的门 6 尺宽，12 尺高，上面的窗户尺寸相同。旁边的窗户 [ 门旁边的 [154] 是 3 尺宽，7 尺高，其余的窗户 ][155]4 尺宽，8 尺高。

　　中间的图 M 是房子的背面。其高度与正面相同，从一个可以骑马通过的踏步来到它的地坪。[156] 门 6 尺宽 10 尺高。所有的窗户都是 4 尺宽，8 尺高。圆窗直径 3 尺。在踏步下面是通往下层房间的门——尽管从正面也可以进入，同时也可以通过旋转楼梯来到地下。

　　最下面那张图是整幢房屋室内的情况，它和之前所说的高度相同，除了主厅——因其体量较大所以应该高一些。它应该为 21 尺高。门的宽度之前已经提过了。这个主厅（如平面所示）有两个通向敞廊的小门 F，并且这个敞廊方案 [157] 向花园突出 5 尺。[158] 从这里可以下至花园。如图所示，从房间里也可以下至花园。[159]

p.21

p.22 **乡村的第十幢住宅，第 10 章** [160]

　　现在展示 [161] 平面和立面的这个住宅应该有一个大的主厅和四个带有后室的主室。[162]
整个住宅从花园平面抬高 5 尺，可以从矮平台 A 的两边走上去。[163] 从这里进入主厅 B。
主厅从边至边的直径是 48 尺，它的形状是一个完美的正方形，四个角突进房间里。平
面上跨过主厅的八条线指示了支撑主厅 M 的梁的位置。[164] 这些梁长 30 尺，而且由于
其跨度较长所以必须加固。在主厅入口处的右手边是主室 C，边长 24 尺。在它之后是
后室 D，16 尺见方。在主厅的下一个转角是主室 E 和与 D 尺寸相同的后室 F。另外一
边是完全对称的，小型主室应该设置夹层。在主厅之上可以有另外一个主厅，或者只
是多一些主室。离开主厅，这里有 [165] 人行道 G，30 尺长，8 尺宽，从这里可以下至花园。
这个花园的大小取决于业主的愿望。同样，在房子的正面应该有一个大的庭院。

　　在平面上方是房子的立面，即正立面——尽管环绕房子一周的设计都是一样的。
立面的绘图比例比平面大。[166] 你可以从（正如我说过的）两边上至整幢房子的室内地面。
柱子连同柱础和柱头共 18 尺高，所有的主室和主厅都是这个高度。柱子的宽度是高度
的八分之一。[167] 楣梁、中楣和檐口的高度是柱子高度的四分之一。[168] 门宽 5 尺，高 10 尺。
窗户 5 尺宽，10 尺高。在它们之上是"非正统"气窗 [169] 以增加主厅的采光，在门的上
方也有一个相似的气窗。上层的主厅高度为 15 尺，如果不想要主厅的话可以将这里设
计成几个主室和从室，每一个都可以通过四个旋转楼梯攀登到达，给房子增加了极大
的实用性。从这些旋转楼梯还可以下至地下的空间——也可以通过正面踏步下面的门
来到这里。[170]

p.23

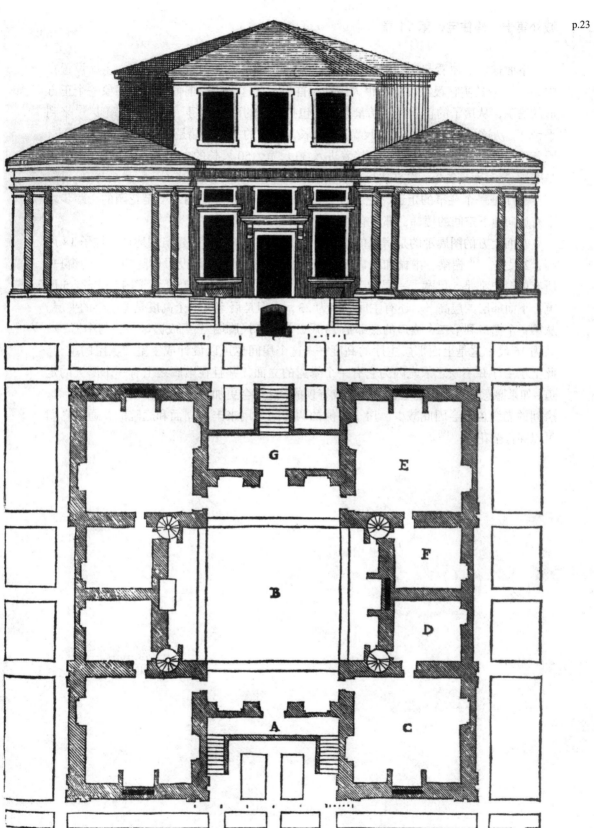

**p.24　城外第十一幢住宅，第 11 章**

下面这幢房屋看起来和上一个很像，因为它也是在转角有四个主室，主厅设置在中央。[171] 但其实它跟上一个有很大区别。首先，在这幢房屋前面你可以想象一个正方形的庭院，从房子的正立面开始量起并且包括边上的两个大门。通过圆形踏步 [172] 来到平台 A。从这里进入敞廊 B，10 尺宽，30 尺长。在它的一个尽端是主室 C——20 尺见方，服务于它的后室 D，15 尺见方。接着进入 30 尺宽，50 尺长的主厅 E，在它一半的位置是壁炉，其对面是餐柜。[173] 在主厅的转角有另一个主室 F 及其后室 G——和 C 与 D 一样。离开主厅是一个狭窄的走道，它支撑着踏步 H，这个踏步是用来下至花园的。踏步之下有通向地下空间的楼梯，那里有整幢房屋所需要的辅助用房。[174]

平面上方的图展示的是房屋的正立面。[175] 首先上 5 尺来到建筑的地坪。柱子 18 尺高，2 尺宽。[176] 楣梁、中楣和檐口 4.5 尺高。在中楣中间应该设置供阁楼采光的窗户。所有的窗户都是 5 尺宽，一层和下层的窗户高 9 尺，上层的 10.5 尺。门 12 尺高，5 尺宽。下面那层的层高 [177]，还有主厅应该为 23 尺，但是后室有一个高度是这一半的夹层。从第一个檐口到第二个檐口的底部是 13 尺，加上 3 尺胸墙 [178] 组成檐口 [179]，与中楣，一共为 16 尺；这是上面那层主厅的高度——这个房间也可以设计成主室和从室的组合。此上层主厅并不缺乏采光因为它有一个暴露的立面，并且在敞廊之上有一个露天的走道，如果愿意的话这个走道也可以做成有顶的，这样会更加健康，不论是侧面还是背面，房间的光线也不会因此减少。房子两侧的两个门是用来丰富立面和庭院的，通过它们可以穿行至花园。[180]

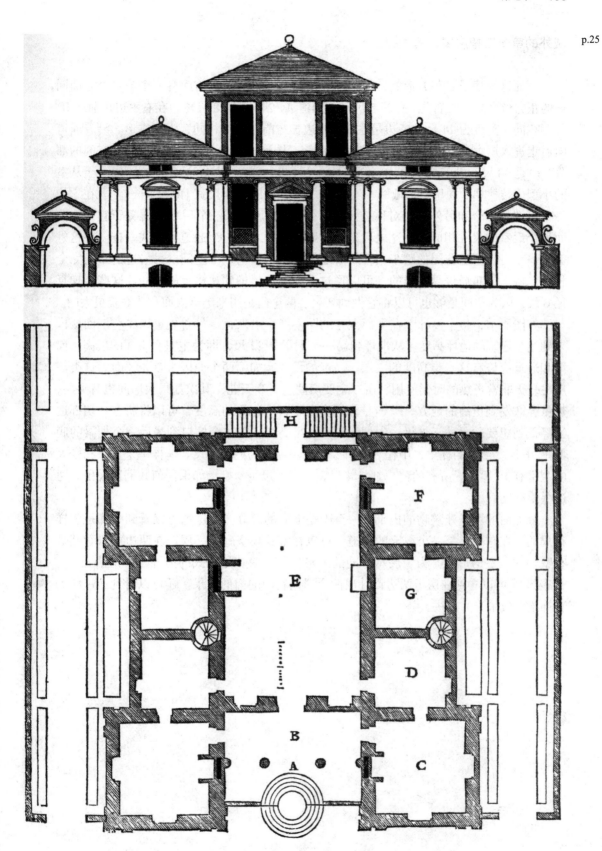

p.25

**城外的第十二幢房屋，第 12 章**

　　下面这幢房子是正方形的，在中间有一个圆形的庭院，前面有一个与整个立面同长的正方形庭院。[181] 首先，登高 5 尺来到通道 A，24 尺长，8 尺宽。在右手边是前厅 B，长度相同，宽度为 14 尺。旁边是主室 C，边长与前厅长度相同，为正方形。沿着通道向后走进入短廊 D，4 尺宽，环绕着圆形庭院，圆形庭院的直径——即为开放空间的部分——是 30 尺。沿着敞廊的这一侧走是一个小礼拜堂。在它旁边是一个可以上至从室的小型旋转楼梯。往里走，敞廊一半的地方是主厅 E，[24 尺宽 ]40 尺 [ 长 ]。[182] 在它的一个尽端是一个和另外一边对称的主厅，标记为 F。它有一个后室 G 服务于它，与前面那个后室的尺寸相同。在这之后是通道 H，它和之前一个通道的形式一样。在这外面是一个可以下至花园的踏步，在踏步之下有楼梯通向地下空间。另一边的布局完全相同，楼上的布局也是一样的，可以通过两个旋转楼梯到达楼上的空间。这些楼梯直径 6 尺，因为空间足够也可以将它做到 8 尺。两个门是用来丰富立面和让庭院更大的。

　　如图所示，整个设计都在平面上方的图中展示出来了。[183] 首先可以攀登三面楼梯来到整个建筑的地坪高度。从地坪到第一个楣梁是 22 尺，即为主室和主厅的层高，前厅和通道应该有这一半高度的夹层。高度的设置有如下两个原因：首先，因为这类住房在夏天非常炎热的时候使用，所以主要房间应有高天花，其次如果大房间也有夹层，热量会散发到更高的地方。[184] 但是如果实在不喜欢这样的高度，可以将所有一切都适当降低到想要的尺寸。楣梁、中楣和檐口 4 尺高。从第一个檐口到最后一个楣梁的底部是 16 尺。二层的楣梁、中楣和檐口 3 尺高。窗户的栏板 3 尺。这样一来主厅和较大的主室有 19 尺高。所有的窗户都是 4 尺宽。门 6 尺 ×9 尺，如果任何数据遗失了，通道上绘有比例尺。

　　最上面的图是建筑物的内部——至少是下面的部分。在这里可以看到敞廊是怎样布局的。在它之上是一个露天的步道，可以在室外环绕庭院一周。在两边可以看到带有壁炉的主室的形状。为了展示不同的风格，一个壁炉是意式的另外一个是法式。[185] 在底部 [186] 可以看到在房子两边设计出两个通向花园的门的效果。还可以看到通过精美装饰给阁楼采光的方法。[187]

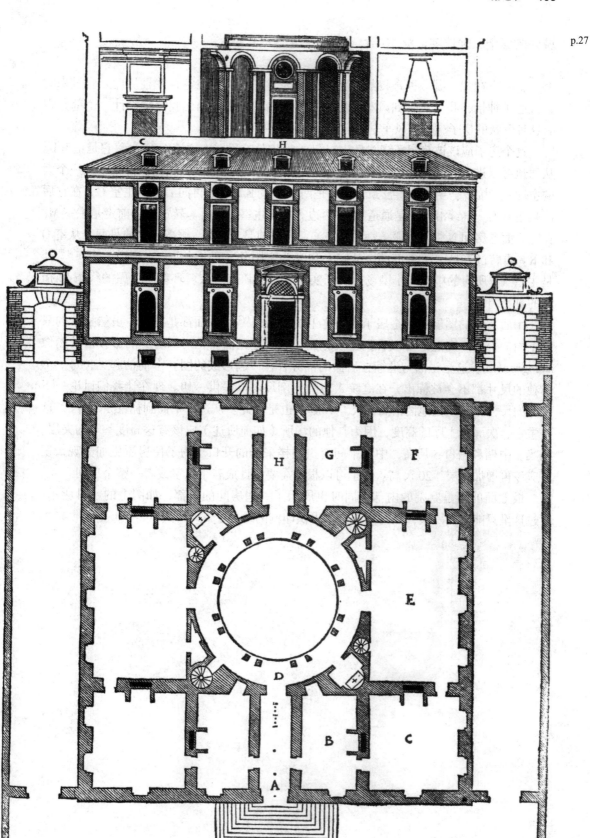

p.27

p.28    **城外的第十三幢住宅，第 13 章**

我一直在想，哪一种奇特的造型可以作为建在乡村的住宅，并且从远处看过来时让人心旷神怡，我突然想到风车可能是一个不错的选择。因此我决定设计一个部分带有这种形状的房子，尽管风车是永远转动的而房屋是固定的。[188]

这个房子应该被花园环绕并且比它们高 5 尺，从这里登上通道 A。[189]沿着它是主室 B。从通道可以进入一个八边形的院子，直径为 80 尺。沿着这个庭院走，首先来到一个大的主厅 C，接着是主室 D，服务于它的是两个从室 E 和 F。再向后走是主室 G，在它后面是主室 H。继续沿着走是通道 I，它两边有两个主室 K 和 L。转过来朝前走是主室 M。在它后面是房间 N 带一个服务性的从室 O。再向前是主室 P，服务于它的是两个从室 Q 和 R。再转过来是次厅 S，有两个从室 T 和 V 为之服务。离开庭院，在通道的入口[190]处是主室 X。所有的中型和小型场所出于实用性都应该有夹层。环绕着房屋的线条[191]指示的是花园。

平面上方的图展示的是房子地面之上的实景。[192]四个面都是这样，虽然描绘的只是正面的部分。在这里可以看到正投影图，也就是正面。也可以看到阴影投射的图像 (*sciographia*)，这是正面与退缩在后面的部分合在一起形成的图。[193]简洁起见，每一个单独的尺寸都不会被标出，在庭院入口的比例尺可以提供一切。现在让我们讨论一下整体的尺寸。房屋比地面抬高 5 尺[194]，庭院也是如此。从这个平面到楣梁是 21 尺，这是主室、次厅和主厅的高度，因为其他的场所（如前所述）应该有这高度一半的夹层。楣梁、中楣和檐口 5 尺高，中楣中间有供阁楼采光的开口。为了使房屋更加美观，正面应该再增加一层，20 尺高。这里可以根据需要设计成若干从室或者一整个房间。

最上面的图是庭院的内部，同时也展示了一些房间的内部，如图上的字母所示，不过这里只能看到一层，因为没有更多可供印刷的地方了。[195]

p.29

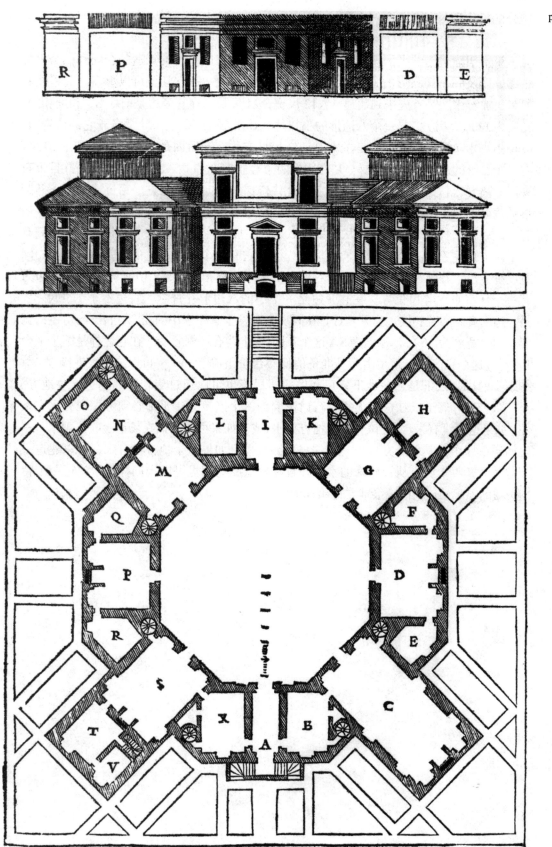

**城外的第十四幢住宅，第 14 章**

　　第十四幢住宅的平面图在下页。[196] 在该住宅中有四个非常舒适的套间和一个大的主厅，以及一个椭圆形的庭院。[197] 房屋比地面高 5 尺——它甚至可以更高一些以便看起来更加宏伟。[198] 首先来到通道 A，12 尺宽，24 尺长。在它旁边是前厅 B，长度相同，宽度为 18 尺。旁边[199] 是一个八边形的小礼拜堂 C，直径 15 尺，有一个服务于它的祷告间，直径不小于 7 尺。前厅过去是主室 D，23 尺见方。在它后面是后室 E，24 尺 × 20 尺，有一个秘密的从室和旋转楼梯。E 之后是两个等候室 F 和 G，12 尺 × 16 尺，并且带有夹层。离开入口的是通道 H，沿着它有公共楼梯间通向通道上方。穿过这里进入椭圆形的庭院 I，64 尺长，48 尺宽。在庭院的另一边有一个一模一样的通道标记为 K，还有一个一模一样的旋转楼梯。从这里可以进入主厅 L，24 尺宽，54 尺长。在它一侧有一个正方形主室与主厅宽度相同，标记为 M。它有一个服务于它的主室 N，长度相同宽度少 4 尺。还有两个服务于它的衣帽间 O 和 P，都是 15 尺 × 10 尺。在 N 的旁边另有一个从室 Q，14 尺见方。在它旁边是一个小的八边形礼拜堂，每边不小于 9 尺。[200] 另一边的套间布置相同。离开主厅，在同一个高度上有一个小的花园，长度与房屋的宽度相同，宽度为 36 尺，标记为 S。这个花园周围[201] 有一圈矮墙，在它之外是踏步平台 T。通过这个踏步——踏步由为马准备的低矮台阶组成[202]———可以来到大花园 V。[203] 在踏步的拱顶之下是通向地下室房间的门，尽管也可以通过旋转楼梯到达这些地方。至于自来水和管道，在这里无须进行讨论因为一个谨慎的建筑师必须考虑现有水文条件。如果这里没有泉水，应该从其他地方买水，或者如果可能的话在场地上收集雨水——比如说在那个比其他地方高出一截的小花园 S 里。如果这个地方没有水，可以建造一个蓄水池，收集所有从天而降的水，并且在较低的花园里可以用同样的水建造一个特别美丽的喷泉，这个喷泉会非常健康和清洁。[204]

p.31

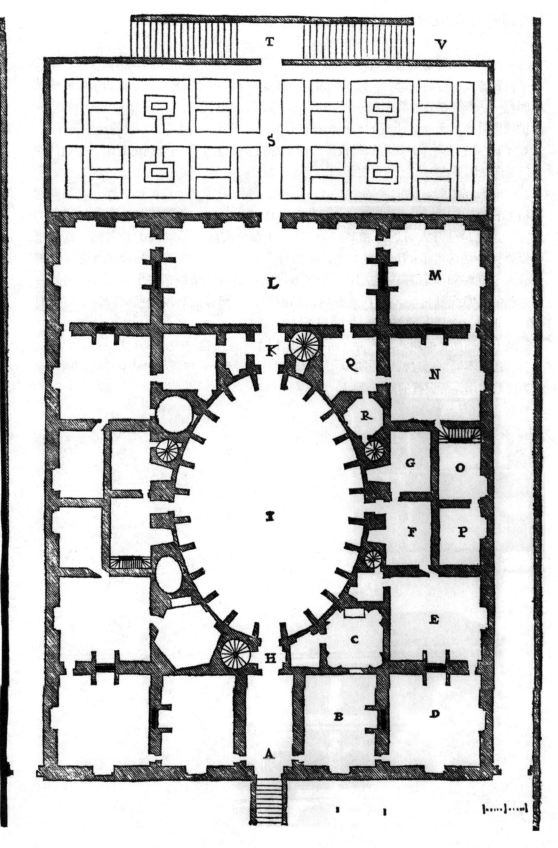

**城外的第十四幢住宅[205]，第 14 章**

　　下面三张图展示的是上图平面的立面。[206] 最上方是正面，比庭院抬高 5 尺。从楼梯平台到檐板饰带的底部——檐板饰带划分了第一层——是 18 尺。从檐板饰带到楣梁的底部——楣梁划分了第二层——是 16 尺。楣梁、中楣和檐口 4 尺高——在中楣中间是供阁楼采光的天窗。所有的窗户都是 5 尺宽。一层的 10 尺高，二层的比它高 1 尺。门 6 尺宽，13 尺高，但是它从檐板饰带向上都被一个上了釉的金属网封闭。旁边的两个门通向花园并成为房屋的重要装饰。[207]

　　中间的那张图，标记为 A、H、I、K、L，展示的是整个房屋的内部，就如同它被沿着长度方向整个一分为二。A 部分是前面的入口。H 的位置是进入旋转楼梯的地方，这也是分开入口通道和庭院的部分。I 部分实际上是庭院的长方向，在这里可以看到环绕的走道架在牛腿之上。K 部分是进入另外一个旋转楼梯的地方。这部分分开了庭院和标记为 L 的主厅，在这里可以看到两个壁炉，一个是法式的另外一个遵循的是意大利传统。[208] 在这张内部的图中，各部分的高度和前面探讨立面图时提到的相同，在楼下的部分与楼上相同。

　　最下面的图是面向花园的背立面，高度相同 [209] 但是窗户的形式不太一样，同样门也与其他的不同。通过低矮的踏步 [210] 来到门洞，在踏步下方是通向地下空间的门。这有为房屋实用性所设置的所有房间。[211]

p.33

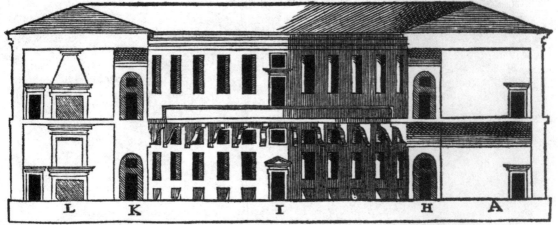

**城外的第十五幢住宅[212]，第 15 章**

这幢房屋是中间带有正方形庭院的四边形。在房屋的前面是一个敞廊，里面还有另一个，该房屋的朝向应该特意设计，使得一个敞廊用于早上，另一个用于晚上。[213] 假定房前有一个庭院，边长与房屋的宽度相等。如果在两边有可以绕过主厅通向庭院的门将会更好。[214] 从庭院向上 5 尺来到敞廊 A。敞廊 50 尺长，11 尺宽，在一端为次厅 B，25 尺长，15 尺宽。在它旁边是主室 C，14 尺长，9 尺宽；C 的后面是从室 D，9 尺 × 10 尺。进门是另外一个敞廊，长宽都与前一个相同，标记为 E。从这里进入庭院 F，宽度与敞廊长度相同，即 50 尺，长度方向因为分隔主室 G 和 H 的墙而多出 2.5 尺。这些主室为正方形，边长 25 尺。穿过庭院是主厅 I，25 尺宽，50 尺长，在一端有一个主室 K，25 尺[215] 长，20 尺宽。它的好处很多——首先，有放置三张床的空间，还有一个从室 M，有旋转楼梯 N 带着厕所。这个房间可以有夹层，这样一来在每一个单元里都有两个主室和两个从室，并且因为窗户 L 非常大，它们的采光十分充足。在带有两个从室的次厅里同样可以设置夹层。[216] 离开主厅是矮平台 O[217]，50 尺长，16 尺宽，它带有一个栏杆形式的胸墙。从这里通过踏步 P 下到花园 Q。在踏步的拱顶下是通往地下空间的门，那里有所有的辅助用房。房屋另一边套间的设计完全相同。[218]

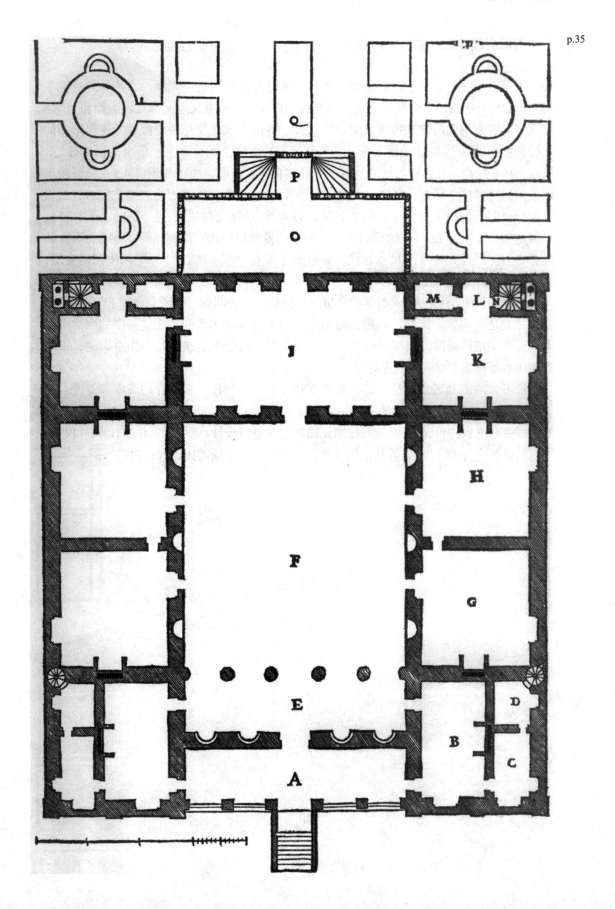

p.35

**第十五幢房屋的三个立面，第 15 章**

　　下面三张图是上述平面的立面。最上面标记为 A 的图是正立面。[219] 房屋比庭院平面高出 5 尺——我说庭院是因为在房子前面应该有一个带有又厚又高雉堞院墙和至少 8 尺宽开向前方的大门的四边形庭院。[220] 这样一旦向上 5 尺便是一个敞廊。这个敞廊前面的高度是 18 尺，即从地面到楣梁的底部。每一根柱子宽[221] 3 尺。所有的拱券都是 7 尺宽，16.5 尺高，并且柱与柱之间应该有矮墙相连。楣梁、中楣和檐口 4.5 尺高。敞廊两边的扁的壁柱 3 尺宽。窗户 5 尺宽，看起来有 10 尺高，但是因为这些主室有夹层所以窗户要向下倾斜 1 尺。在它们之上是小的椭圆形窗户给夹层采光。从第一层檐口到二层楣梁的底部是 15 尺。这里的柱子是扁平的爱奥尼柱式，高度相同，宽度为高度的九分之一。[222] 窗户与下层尺寸相同，并且其上带有"非正统"气窗[223] 用来照明夹层。在这些窗户之上是阁楼。[224]

　　中间那张图，标记为 B，展示的是房屋的内部。在中间你可以看到敞廊和它的圆柱，在这之上是木质的楣梁[225]，同样，敞廊之上的天花也是木质的。在这张图的两边可以看到前面主室的高度。同样可以看到小房间是怎么通过夹层来充分利用空间的，以及如何用木质托梁支撑阁楼上方的顶。

　　最下方的图 C 展示的是后部，它几乎和正面一模一样，有同样的高度和宽度。为了更加实用，转角的房间应该设置夹层，但主厅应有 18 尺高。同样的"非正统"气窗给主厅带来更多的光线，它们应该按照正面的方式进行设计。四个主室 G 和 H，因其较宽，所以其高度应为 18 尺。如果其他尺寸被遗忘了，在图中间的比例尺会提供数据。[226]

p.37

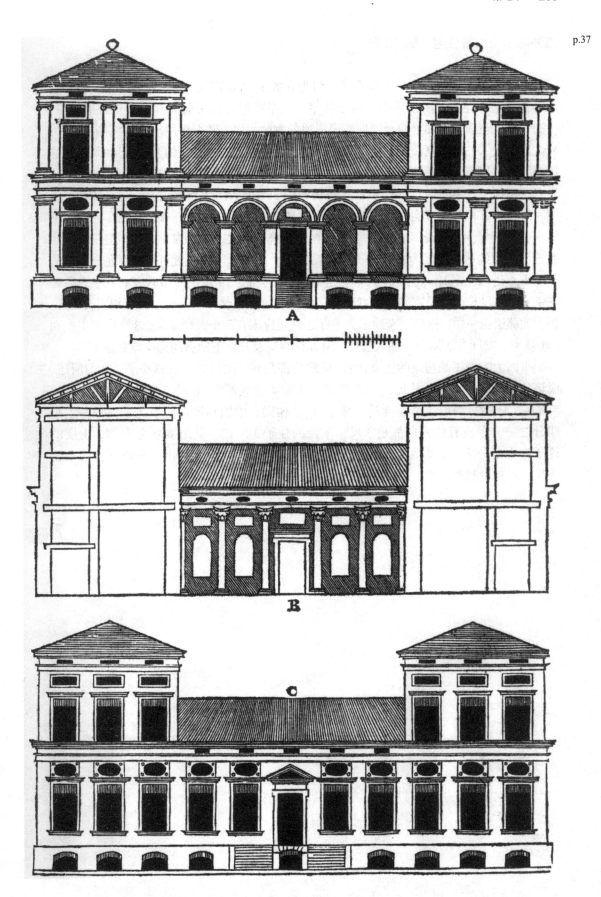

**城外的第十六幢住宅，第 16 章**

　　下面这个住宅和其他的完全不同，因为它的主厅是半圆形的而且非常大。[227] 在它的尽头是两个主室、两个后室和两个从室。但是我假定房子前面有一个正方形庭院，一边与房屋正面宽度加上两个通向花园通道的宽度相同。整个房屋应比地面高出 5 尺。从大庭院进入一个小庭院，前面的院墙不超过 5 尺高。这个庭院的直径为 48 尺。从这里来到一个剧场形式的有铺装的地方 [228]，带有可以倚靠的栏杆。在其一边通过通道 C 进入大主厅 D，半圆形，24 尺宽。这个房间用于冬天，因为当太阳升起时光线会进入第一扇窗户，然后阳光会围绕着这个主厅移动直到日落。这样一来这个主厅一整天都能享受到阳光。[229] 此外，在主厅里应该有一个壁炉生火，如果需要可以设置三个。[230] 在这个主厅的尽头，因为墙较厚，应该设置两个壁龛，里面放置可供坐憩的长椅。[231] 从通道 C 进入主室 E，边长 24 尺。从这里进入后室 F，15 尺长，10 尺宽，在它之后是主室 G，18 尺长，14 尺宽。[232] 这两个小房间应该设置夹层。[233] 在另一侧有相同的住房，再上面那层也一样，这样一来除了大主厅之外还应该有四个大型主室，8 个中型主室和 8 个从室。餐厅 [234]、厨房和佣人餐厅、食品储存室及其他辅助房间都应该在地下。

　　平面上方的图是房屋的正立面：整座房屋都是同样的设计。这幢房子（如前所述）应该比地面抬高 5 尺，从地板平面到第一个楣梁的底部为 18 尺。楣梁、中楣和檐口 5 尺高。从檐口到第二个楣梁的底部 15 尺。楣梁、中楣和檐口应该比下面那一组小四分之一。[235] 所有的窗户都是 5 尺。下层的柱子 3 尺宽，采用多立克式 [236]，上层的柱子缩小四分之一，采用爱奥尼式。[237] 如果其他的尺寸没有写出，平面下方的小比例尺可以提供数据。[238]

p.39

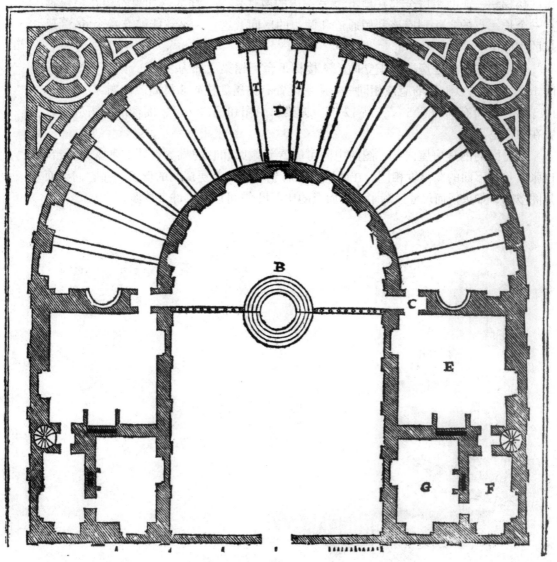

**城外的第十七幢住宅，第 17 章**

　　该住宅为中间带有正方形庭院的四边形。[239] 在它的前面应该有一个同样是正方形的大庭院，边长等于房屋正立面的长度加上旁边的两个门。从这个庭院通过低矮踏步向上 5 尺 [240] 就是整个房子的地面。与庭院不同，这个房子在该平面以下应该是中空的。[241] 进门是通道 A，12 尺宽，24 尺长。它旁边是主室 B，25 尺 × 24 尺。它后面是后室 C，比例相同尺寸小 1 尺。[242] 它有一个服务于它的从室 G，10 尺 × 24 尺。穿过通道进入敞廊 D，10 尺宽，40 尺长，在它的一端是旋转楼梯 E。[243] 越过它沿着敞廊继续走，一半的地方是主厅 F，24 尺宽，40 尺长 [244]。在它的尽头是从室 H，10 尺宽 20 尺长，它还附带一个旋转楼梯和床龛。离开庭院是通道 I，与前面那个通道尺寸相同。它旁边是前厅 K，24 尺 × 24 尺。在这之后是主室 L，形状和比例与前面相同但是小 1 尺。离开通道是可以下至花园的踏步 M。踏步下面是通向辅助用房的楼梯——辅助用房全部在地下。另一边的暂住房是一样的。如果希望在一层拥有一个长一点的主厅则应该利用通道和两边的房间，这样一来就能够有一个 66[245] 尺长的主厅了。

　　平面上方的图是房屋的正立面。从楼梯平台到楣梁底部为 37 尺，因为下层的房间 18 尺高，所以上面的应该相同——从室设置有夹层。柱础 8 尺高。柱高 30 尺，正面 3 尺。[246] 所有的窗宽 5 尺，高 12 尺。楣梁、中楣和檐口 7 尺，阁楼的天窗应该设置在中楣里。

　　最上面的图是房屋内部。图的中间可以看到敞廊和它的拱券，其上是露天平台。这张图和它下面的图高度相同，在两边可以看到房间和上层房间的形状。在它们上面是阁楼 [247]，如果任何尺寸遗漏了，平面上的比例尺 [248] 可以提供许多数据。[249]

p.41

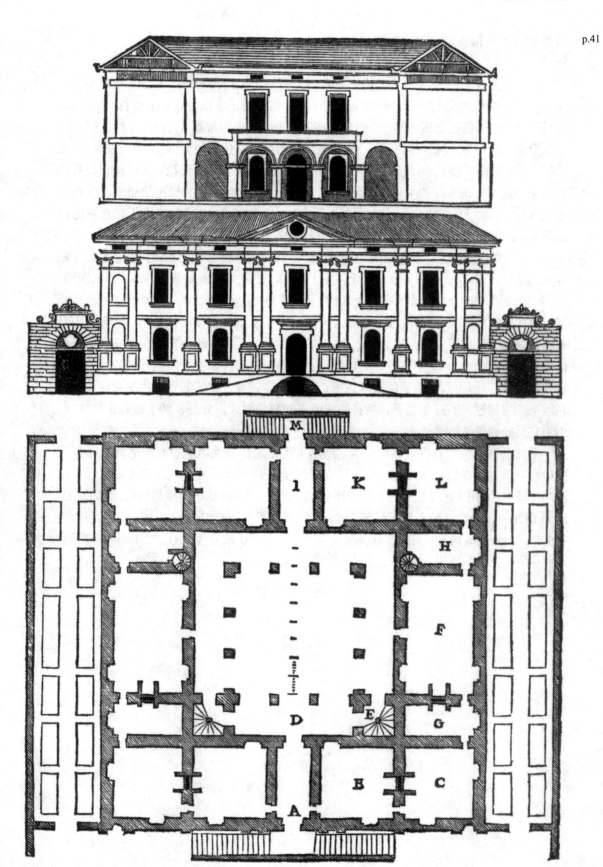

p.42 **城外的第十八幢住宅，第 18 章**

任何希望在建造房屋时远离传统追求新想法的人，在我看来，都会喜欢下面这个住宅。[250] 它的形式是十字形，有四个花园。在乡村的房子应该总是在前面有一个庭院，边长至少与房子的正立面相同。[251] 首先从庭院向上 5 尺来到敞廊 A，其 56 尺长，13 尺宽。从这里进入通道 B，24 尺 × 29 尺，如果需要的话可以在这里放置四张床。在这之后是主厅 C，正方形。边长 56 尺，但是因为梁不足以支撑这么大的天花，所以应该设置八根柱子，这样一来主厅的主体部分就是 24 尺宽，两边有两个 13 尺宽的通道。[252] 在一边有次厅 D，23 尺 × 21 尺。从这进入主厅 E，一个边长为 19 尺的正方形。在它旁边是后室 F，19 尺 × 14 尺。接着穿过一个旋转楼梯来到主室 G，与 F 的尺寸相同，带一个服务于它的从室 H。[253] 离开主厅进入通道 I，与前一个通道尺寸相同，在它之后是敞廊 K，24 尺 × 18 尺，在两旁带两个主室 L 和 M。在这之后是踏步 N，向下通向花园，在踏步之下是去地下空间的楼梯。回到主厅，另外一边是次厅 O，与次厅 D 的尺寸相同，服务于它的有三个房间，P、Q 和 K 及它的小型从室。这里必须指出，所有的中型和小型房间应该设置夹层。因为重要主室的高度是 18 尺，中小型空间，即它们的下半部分，应该是 10 尺，上半部分，夹层空间，应该是 7 尺，留下 1 尺用作楼板填充——总共是 18 尺。因为这个房子的墙厚适中，房间高度较高，它不需要做拱顶而应该用木料解决结构问题。不过在地下，所有的辅助房间都是拱顶。此外，两个敞廊也是拱顶，因为它们的墙很厚。[254]

平面上方的图，在中间标记为 A，展示了正面及部分侧边。中间的部分 A 是朝前的敞廊。拱券 18 尺高，9 尺宽。柱子正面 2 尺宽，侧面 4 尺宽。敞廊之上是次厅，法语叫作展廊[255]，用来漫步的。它包括阁楼有 12 尺高。所有其他的高度都相同，但是 B、D、I、O 四处高度一样，即不包括阁楼为 18 尺。高一点的部分 G，是 G、H、E、F 四个一排的部分。D 代表的是次厅 D。O 是另外一个次厅 O。Q 部分代表 Q、P、R 那一排房间。这些房间（正如我所说）应该设置夹层。[256]

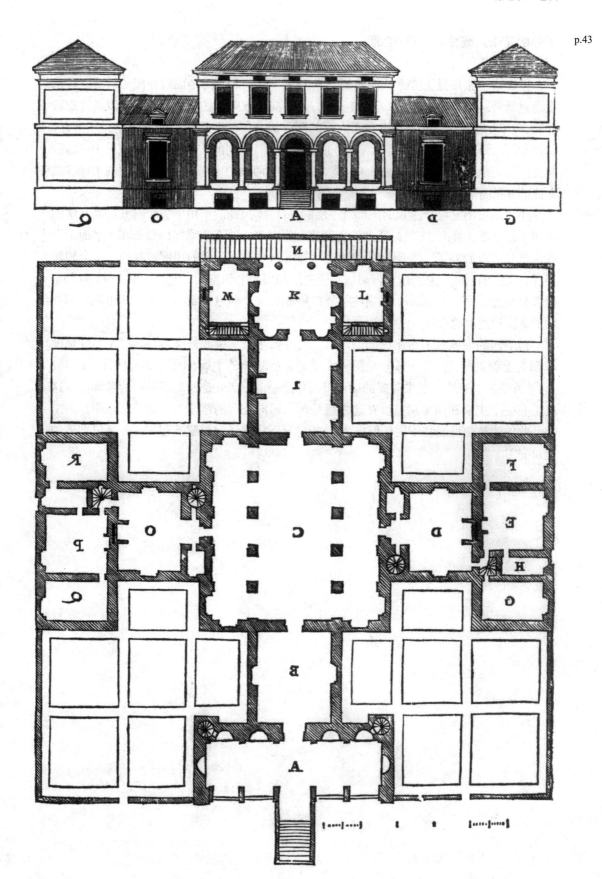

p.43

　**城外的第十八幢住宅，第 18 章**

　　下面这三张图是上方平面图的部分立面。[257] 最上面的图是面对花园的后部。在这里通过低矮踏步 [258] 下至花园，在踏步下方有通向地下空间的门，同时也可以通过旋转楼梯到达这些地下空间。高度在正立面的部分提到了。但是我们需要讨论一下敞廊、窗户和门。圆柱 8 尺高；宽度是高度的七分之一。[259] 中间的柱间距 8 尺。拱券 16 尺高。两旁的柱间距 5 尺。其上的窗户 4 尺宽，7 尺高。两边的窗户 5 尺宽，下面的 10 尺高，上面的 8 尺高。在这之上，中楣之间有阁楼的窗户。[260]

　　中间那张图是整个建筑的内部。一层的主厅 24 尺高。梁由下方带有 6 尺高基座的塔司干柱支撑，柱高 28 尺，宽度是高度的十分之一。[261] 至于梁如何分布在（平面）设计中已经可以看到了。[262] 所有一切的尺寸都可以通过最下面的比例尺找到。两个旋转楼梯在主厅的两侧，它们应该同时服务于夹层和用来上到主厅之上，标记为 R。D 和 O 两部分是通道 [263]，18 尺高。最高的部分在角落上的 G 和 Q 两部分之上，这里展示了夹层的高度和宽度的布置方法。

　　最下面的图展示了房屋纵向的内部，就好像房子从中间被锯开一样。A 部分是敞廊和它上面的回廊。[264]B 部分是第一个通道，C 部分是主厅，尺寸如前所述。I 部分是 [265] 另外一个通道，如果需要的话可以用作卧室。K 部分是面对着花园的敞廊。在这之上是一个主室和两个从室。在这之后是可以通向花园的踏步 N。通过这些图，一个有经验的建筑师可以在不用任何模型 [266] 的情况下将房子完整建造起来，并且以准确的造价完工。[267]

p.45

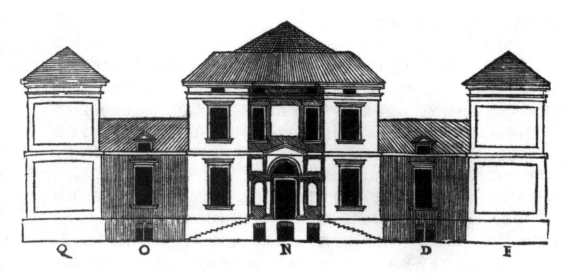

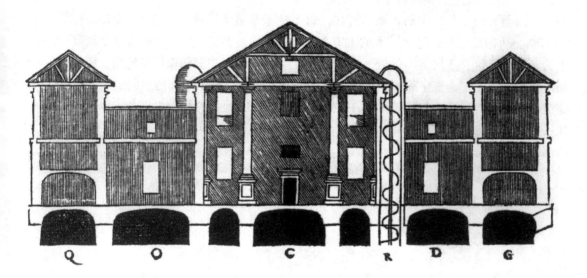

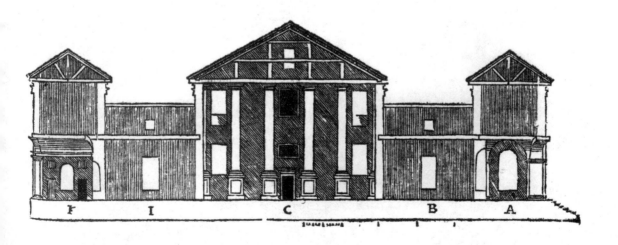

**城外的第十九幢房屋，第 19 章**

　　在庭院里，敞廊比立面要美观许多。这是因为视线[268]可以穿透并进入到拱券之间的阴影中[269]，带来了比一整个扁平的立面要多得多的乐趣，扁平立面无法激发人们的欣赏，因为在这种情况下视线不能够穿透得更远了。因此我希望展示一个带有很少住房[270]但是却非常好看的房子。首先（正如我常说的那样），在房屋之前是一个边长为整个房屋立面宽度的庭院。这是最小值，如果庭院足够宽敞可以环绕房子一周，会更好并更美观。[271]

　　从这个庭院向上 6 尺到敞廊 A，74 尺长，10 尺宽。从这里进入通道 B。在它两边各有一个次厅[272]C，25 尺宽，28 尺长。服务于它们的是主室 D，19 尺 × 12 尺。从这里，穿过从室 F，进入从室 G，12 尺见方。离开通道是一块铺装平台[273]23 尺宽，56 尺长。在它的两端各有一个主室 E，正方形，边长 21 尺。这个铺装平台比花园平面高，和房屋地板平面相同，并且有带有栏杆的胸墙。[274]从这里通过环形楼梯[275]下到花园 I。这个花园应该在场地允许的条件下尽可能大。

　　平面上方的图是房屋的正面。首先，每个柱子都是 4 尺宽，平柱 2.5 尺宽。柱子 20 尺高[276]，敞廊也是一样。[277]大的主室高度与此相同，小型、中型房间有这个高度一半的夹层。拱券 10.5 尺宽，18.75 尺高。柱子上方的楣梁、中楣和檐口 5 尺高。所有的窗户都是 5 尺宽[278]，在中楣间应该有供阁楼采光的天窗。为了增加房屋的美观，应该建造三个小塔，从第一个檐口到第二个楣梁的底部是 15 尺。楣梁、中楣和檐口比下面那层的低四分之一[279]，中楣间有阁楼的天窗。[280]如果其他任何尺寸缺失了，平面下面的比例尺可以提供一切。[281]

p.47

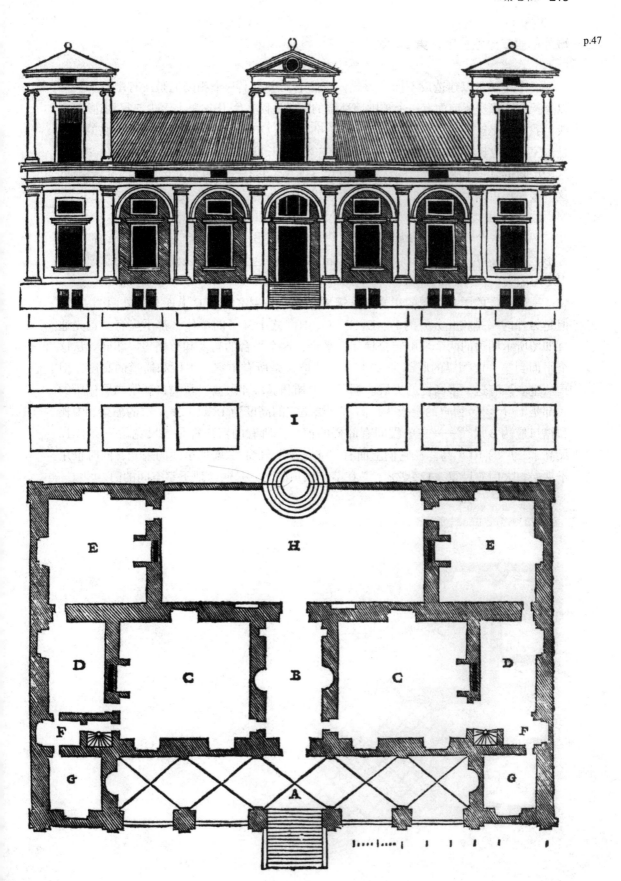

p.48 **城外的第二十幢住宅，第 20 章**

　　一个房子可以建造成不同的形式，该住宅几乎与上一个相同但是没有敞廊。[282] 可以想象在这幢房屋前面有一个被围墙环绕的宽敞庭院。[283] 从这里上至少 5 尺到达平台，或者我们说是矮平台[284]，它被标记为 A。68 尺长，26 尺宽，并且有栏杆。在它的一端是主室 B，边长 24 尺。平台的另一端是主室 C，长度与平台宽度相等，宽度为 20 尺。这个房间带有一个服务于它的从室，10 尺 ×5 尺，它有一个可以上至楼上的旋转楼梯，这个楼梯还可以上到上层的从室，因为这里应该有夹层。接着，进入通道 D，12 尺 ×24 尺。在右手边是主厅 E，24 尺 ×40 尺，有一个服务于它的从室 F，11 尺 ×18 尺。在它旁边是一个小型从室和旋转楼梯。[285] 在通道的另一边是两个主室 G 和 H，都是正方形，边长 24 尺。通道后面是下至花园的踏步 I。这个花园可以根据业主的意愿而造得尽可能大。

　　平面上方的图是房屋的正立面，需要指出的是主室 B 和 C 上面有另外两个主室，但是另外的一排相互分开的 D、E、F、G、H[286] 之上除了阁楼什么都不应有。首先通过如图所示两边的两个半旋转楼梯爬上平台，这个平台的高度和整幢房屋相同。从这个平面到第一层楣梁的底部是 20 尺——这应该是所有主室、主厅和通道的高度，但是从室应该有这一半高度的夹层。楣梁、中楣和檐口 4 尺高。从檐口到第二层楣梁的底部是 15 尺。[287] 窗户的栏板 3 尺高。二层主室的高度为 18 尺。第二层的楣梁、中楣和檐口应为 3 尺[288]——在中楣间有阁楼的窗户。所有的窗户都是 5 尺宽，一层的 10 尺高，二层的 10 尺高。在它们上面有"非正统"气窗[289] 增加房间的采光，同时也用于夹层。大门 6 尺宽，12 尺高。[290] 在踏步拱顶的下方是通向地下室空间的门。[291]

p.49

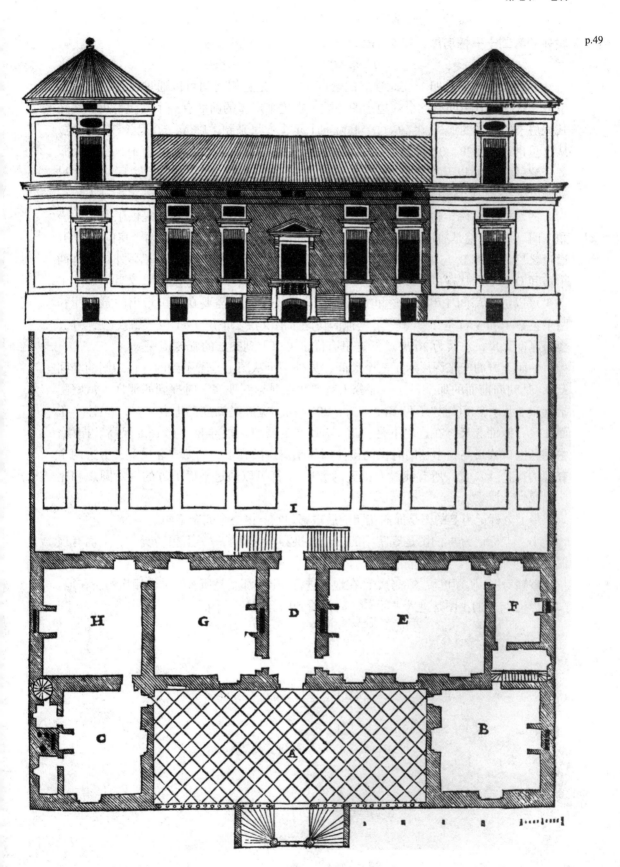

**城外的第二十一幢房屋，第 21 章**

下面这个住宅有四个彼此独立的套间——但是它们之间可以通过秘密通道互相串联[292]——并且中间有一个八边形的庭院。在这个房屋的前面有一个庭院，正像我在其他房子那里说的那样。[293]从这个庭院向上至少 5 尺来到敞廊 A，50 尺长，12 尺宽。从这里进入通道 B，36 尺 ×12 尺。再过去是主室 C。在它之后是后室 D，有一个服务于它的从室 E 以及一个旋转楼梯。从这里经过一个秘密通道 F，到主厅 G，52 尺 ×24 尺，它有三个房间 H、I、K 和一个服务于它的旋转楼梯。[294]离开主厅进入标记为 L 的八边形庭院，边长 50 尺。这个庭院有四个大的拱券[295]，✠，提供了有顶的坐憩空间。离开庭院是通道 M，与前一个通道的尺寸相同。在它的一边是两个房间 N 和 O。通道之后是敞廊 P，与第一个敞廊尺寸相同但形式迥异。回到前面，在另外一边是两个房间 Q 和 R，从这里可以进入主室 S。然后进入主室 T，再进入主室 V 和 X。从主室 T 可以进入房间 Y 和 Z，这里有从室和旋转楼梯。[296]需要在这里指出的是主厅和两个主室 T 和 V 都是 20 尺高[297]，其他的房间都有夹层。下层房间 12 尺高，上层 7 尺，楼板厚度 1 尺，总共为 20 尺。[298]这里有许多可以上到夹层的旋转楼梯。

平面上方的三张图展示了三个套间，另外一个从图上是看不到的。在中间的套间 A[299]，是朝向前面的那个。这一部分（就像我在讨论其他房子时提到的那样）从庭院抬起来 5 尺。转角的柱子为多立克式，20 尺高，宽度是高度的七分之一。[300]柱子正面 2 尺，侧面 3 尺。在这之下是一道 1.5 尺高的矮墙。拱券 8 尺宽 16.5 尺高。楣梁、中楣和檐口 5 尺高，中楣间有供阁楼使用的小窗。敞廊下面的窗户 3 尺宽，旁边两个套间的窗户 4 尺宽。所有我没有提到的数据[301]都可以通过平面下方的一对圆规和比例尺找到。[302]

最上方标记为 P 的图是面向花园的后敞廊，它与第一个完全不同。

小一点标记为 ✠ 的图是庭院中的一个大拱券，提供了一个坐憩场所[303]，上面有顶覆盖。[304]

整幢房屋，除了庭院的部分，都在地下进行挖掘，那里是所有辅助性用房的所在地。

标记为 ＊ 的小图是进入主厅 G 的时候看到的庭院的一个面。[305]

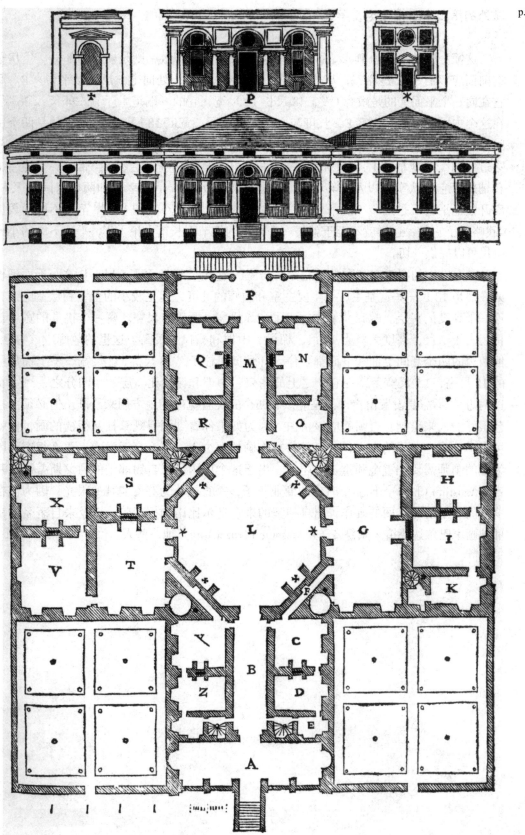

p.51

**p.52** **城外的第二十二幢住宅，第 22 章**

　　这幢房屋的平面为 H 形，两边的套间构成两条腿，敞廊则是横向的部分。[306] 房子的前面应该有一个庭院 [307]，从这里进入小花园 A。从此处向上 5 尺至矮平台 [308]B。和它在同一个平面上的是敞廊 C[309]，48 尺长 12 尺宽，它的一端是主厅 D，24 尺 × 36 尺。在这个主厅的一侧是主室 E，长度与主厅宽度相同，宽度 18 尺。服务于它的是两个房间 F 和 G。在主厅的另外一端是主室 H，带两个房间 I 和 K，并且有一个旋转楼梯。[310] 穿过敞廊是铺地平台 L。在它的一端是主室 M。[311] 从这进入主室 N，带有一个主室 O 和辅助于它的从室 P 以及旋转楼梯。在这一排的另一端是主室 Q 和两个房间 R 及 S。离开铺地平台 L 是踏步 T 的平台。这些踏步从三边下到小花园 V。[312] 至于不同的数据（我略过了它们，这样就不至于就每一个微小的细节而长篇大论）[313]，平面下方的小比例尺可以提供一切。[314]

　　带有敞廊的图 B 是房屋的正立面。房屋的地板 [315] 比地面高 5 尺。从这一平面到楣梁底部是 18 尺——这是主厅、重要主室和敞廊的高度，但是较小的主室和从室应该有这一半高度的夹层。敞廊 [316] 的柱子正面 2.5 尺宽，两侧 3 尺宽。每一个拱券的宽度都稍稍大于 7 尺，高度大概为 17 尺。楣梁、中楣和檐口 5 尺高。这里的敞廊应该有顶，但两边的两个套间上面和下面都要住人。爱奥尼柱子 [317]18 尺高，2 尺宽。[318] 上面那层的 15 尺高，1.5 尺宽。[319] 在它们之上的檐口、中楣和楣梁比一层的小四分之一。[320] 在这两边 [321] 不需要设置窗户，而是应该有四个完美且宽敞的地方用来绘画。但必须由技艺很好的人来绘制，否则就应该留白。因为如果你看到画得既笨拙又粗糙的画，你就可以十分确定房子的主人，或者是要求作画的那个人，要么毫无眼力，要么很穷，因为好的画师需要花重金和重礼来聘请。出于这个原因，来自锡耶纳的阿戈斯蒂诺·基吉（Agostino Chigi），他那个时代的商业王子，一直被认为有着非凡的眼光，因为他在罗马的房子里有美丽的画作，出自神圣的来自乌尔比诺的拉斐尔，以及来自著名的锡耶纳画家巴尔达萨雷·佩鲁齐（Baldassare Peruzzi）和其他一些人。[322]

p.53

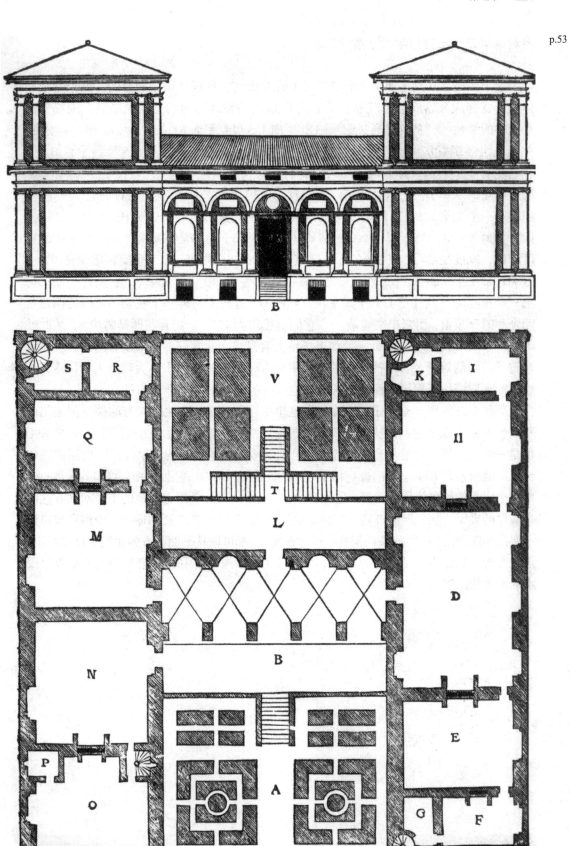

p.54  **乡村的第二十三幢住宅[323]，第23章**

　　这个住宅，从其平面上来看是字母 I 的形状[324]，并没有很多的套间。整个基地整体上非常迷人和富有艺术气息。[325] 首先应该认为环绕基地的是一圈围墙，围墙外面是延伸的绿地[326]。[从这里通过圆形踏步[327] 向上 5 尺到平面 A][328]，它的中心有一个喷泉，并且花园环绕着房屋[329]。从这些花园通过一个三面的踏步再向上 5 尺到平台 B。[330] 在这里有一个通道，穿过通道尽头的旋转楼梯来到两个主室 C，边长 25 尺，有一个服务于它的从室 D。进入住宅有一个门厅 E，30 尺长，18 尺宽。在右手边[331] 有一个前厅和一个主室 F 和 G，都是边长 30 尺的正方形。然后是一个后室 H，30 尺 × 25 尺。门厅的另外一边[332] 是主厅 I，30 尺 × 62 尺，服务于它的是主室 K，长度与主厅的宽度相同，宽度是 24 尺。离开门厅是通道 L。在它的一端穿过 [ 一个旋转楼梯是 ][333] 主室 M，带一个从室 N。[ 另外一端是 ] 另一个主室 O，带一个从室 P，它们的尺寸都与第一个相同。[334] 从通道 L 向下走 5 尺到花园 Q，这里有另外一个喷泉。花园的四角是四个小的穹顶 R，用来提供遮蔽。[335] 它们直径均为 15 尺。离开花园是踏步 S，从此处再向下 5 尺可到绿地的平面。[336] 如果场地上有泉水会非常好。如果没有的话，就应该在房子的两侧建两个蓄水池，在其中收集所有屋顶落下的雨水，为喷泉人为供水。[337]这里的水应该用于房屋下面的厨房，其他所有的辅助用房也都在那里。

　　平面上方的图 B 是房子的正面。在这里主厅和两个主室之上只有阁楼。但是门厅和两个主室 C 以及它们的从室在其上都布置有相同的套间。对于另外两个主室 M 和 O 也是一样，这样一来五个升起的部分就会成为乡间一道美丽的风景线。[338] 房屋的基座比周围地面抬高 10 尺。从门槛到楣梁底部的距离是 24 尺。楣梁、中楣和檐口 6 尺高——中楣中间有供阁楼使用的天窗。主厅和大主室 20 尺高。[339] 所有其他的小房间都有这一半高度的夹层。从一层檐口到二层楣梁的底部为 18 尺。[340] 二层的楣梁、中楣和檐口比一层的小四分之一。[341] 如果任何其他尺寸遗漏了，都可以从平面下方的比例尺计算得出。

　　最上面的图 H，是房屋的一端。所有尺寸都相同，在中间标记 ✠ 的地方是收集雨水的蓄水池。[342]

p.55

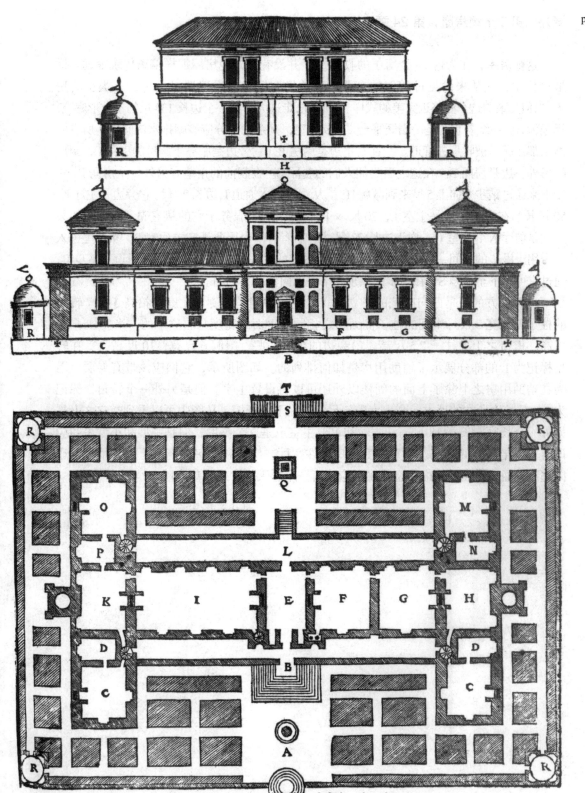

p.56 **城外的第二十幢房屋，第 24 章**

　　这幢房屋，作为这 24 个房子的收尾[343]，并没有像其他房屋那样偏离传统很远。话虽这样说，我从来没见过类似的东西。我的确在枫丹白露建造过一个这一类型的房子[344]，但是眼前这个更接近完美的式样。[345] 首先，走进大门是一个边长 133 尺的正方形庭院，标记为 A。环绕着它的是一圈矮平台[346]，9 尺宽，其余的部分应该朝排水沟倾斜，所有的雨水都在那里被收集进管道。[347] 在右手边是厨房 B，它旁边是服务于厨房的房间 C，厨房的另外一边是房间 D。在这之后是佣人们的餐厅 E。在朝前的角落有另外一个房间 F。[348] 接下来通过踏步 G 向上 5 尺来到敞廊 H。[349] 从这里进入通道 I，边长 24 尺。它旁边是主厅 K，50 尺长。在它的尽头是主室 L，20 尺 × 18 尺，带一个服务于它的从室 M。在通道的另一端是前厅 N 和主室 O，均为边长 23 尺[350]，后者有一个服务于它的后室 P。从这里进入一个用来漫步的空间，法语里称作展廊。[351] 在它的尽头是礼拜堂。[352] 离开通道有踏步 R，通过它可以下至花园 S，在踏步的拱顶之下是通向储藏窖的门。[353]

　　平面上方的图是面向庭院的正立面。[354] 它的中间是敞廊，比庭院抬高 5 尺。转角的柱子各边宽 3 尺。中间的柱子侧面与之相同，正面的宽度只有这个的一半。柱子 12 尺高。檐口之上的柱子 7.5 尺高。门旁边的更窄一些。门洞 6 尺宽，10 尺高。[355] 在转角标记为 L 的部分展示了辅助用房是如何排列的。如图所示，它们应该带有夹层，因为在辅助用房之上除了上面的阁楼以外还可以再设置主室。但是另外一个转角，标记为 P，是长廊所在的地方，高出庭院 5 尺并且在下部开挖。从图中可以看到在它之上是另外一个长廊。长廊 18 尺高，主厅和重要主室也是这个高度，但是中型和小型房间应该有这一半高度的夹层。所有家庭用房都在主厅、门厅和主室之上，但是要留一个通向庭院的通道。在中间的小型敞廊上应该有一个露天平台供眺望庭院。[356]

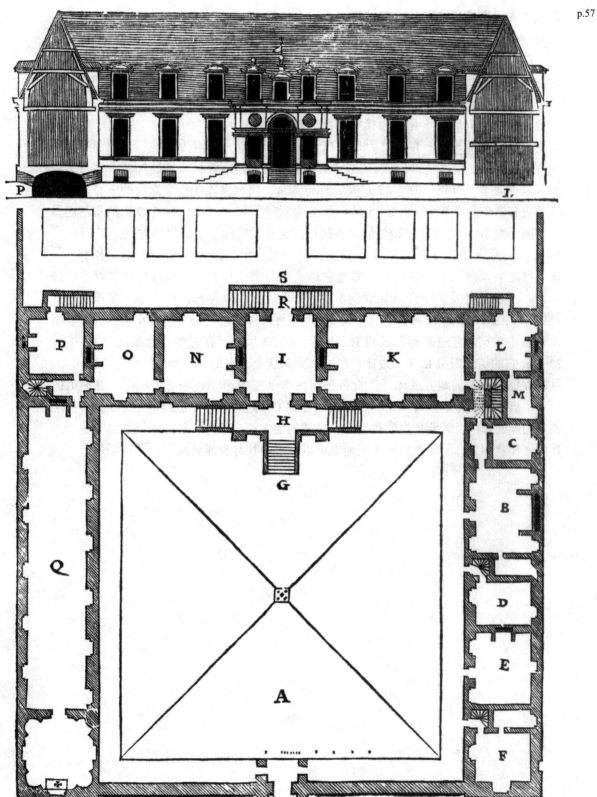

p.57

**在城市内高贵地段建造的住宅，第二十五个，第 25 章**

　　在已经通过设计和写作展示了多达 24 个应该建在城市之外的住宅之后——或者建在城市中被市场花园围绕并远离广场的开敞地带 [357]——我心里仍然充满了用这样的东西来装点城市的想法，我设想了一块在两个邻居之间的高费用地作为场地，在这个场地上只能从前后而不是两边接收到阳光。场地 122 尺宽 150 尺长，在它前面有一个高贵且宽阔的马路，在它之后是一条忙碌的小街道。[358] 因为这是一个特别高贵的场所（正如我所说），所以必须建造"商店"[359]，它们能够极大地装饰城市并且为屋主带来利润。[360] 首先，门厅 12 尺宽，标记为 A，应该设置在整个立面的中心。在左右两边有四个商店 B，每个宽 15 尺，分隔墙 3.5 尺厚——并且在这个立面的角落还另外有两个宽 10 尺的商店。转角的墙 4 尺厚。这样就分配了 122 尺的宽度。[361] 门厅 [362] 25 尺长，商店的长度与之相等，并且它们都有一个可以上至居住夹层的楼梯。[363] 在门厅之后是敞廊 C，10 尺宽，并且在端头有一个楼梯 D。[364] 此敞廊环绕着一个边长 46 尺的正方形庭院。[365] 在敞廊的右手边是前厅 E，19 尺长，14 尺宽。紧挨着它的是主厅 F，25 尺长，在它尽端是后室 G，与前厅尺寸相同，但是因为小楼梯的缘故面积稍微小一点。穿过敞廊是通道 H，15 尺宽，33 尺长。在它的一边是次厅 I，边长23 尺，它的辅助用房 K 在一边比它窄 1 尺。在这个主室里有一个房间没有直接采光，可以在标记为 L 的地方放床。[366] 此外还有两个从室 M 和 N，服务于次厅。在通道的尽头，出于便利考虑，有两个向上的旋转楼梯 O。离开通道是道路 P。[367] 在另一侧应该是同样的套间。需要指出的是所有有楼梯的地方都应该有夹层。如果觉得有一个主要的楼梯就够了，那么在另外一个地方可以做小的礼拜堂或者从室。[368]

p.59

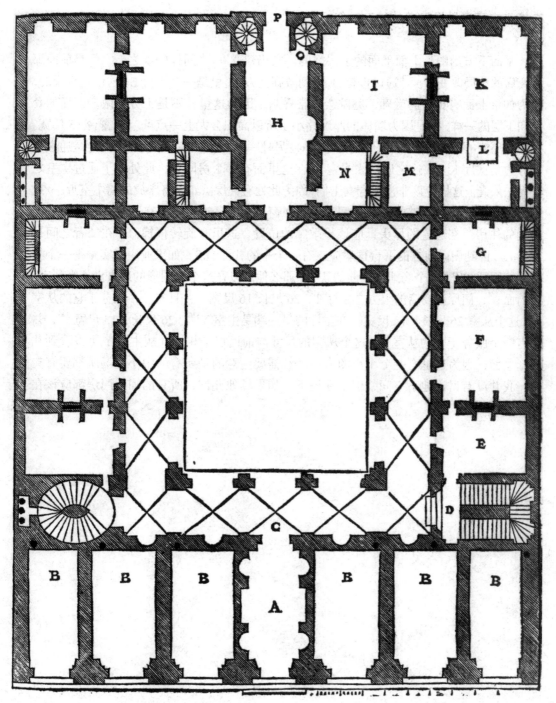

**在城市内高贵地段建造的住宅，第 25 章**[369]

　　平面下方的图是上面平面的上层空间。它仍建立在[370]同样的墙之上，但是前面那些商店的布局改变了。[371]通过楼梯 D，来到敞廊上方，这里是一个平台 E。这里是露天的，因为如果上面有更多的敞廊，庭院会非常昏暗，因为这里并不是十分宽敞。上面的套间和下层的一样，但是因为墙体的厚度缩小了所以面积会大上一点点。[372]露台 13 尺宽。在中间环绕的是次厅 E。朝前面的是主室 G。另外一端[373]是主室 H。接着向前走是通道 I。它旁边是次厅 K。在这之后进入主室 L，在这里面有一个房间 M，此处除了通过主室之外无法采光。这里应该非常适合女士们，因为此处有夹层。如果将床放的离主室近一点，可以给女士们留下足够的实用空间，因为在窗后面有一道窗帘。在另一边应该有完全相同的住房。在通道的尽头，应该是敞廊的位置，这里有旋转楼梯 Q。在二者之间是窗户 R。回到朝向前方的平台这里应该有一个小的礼拜堂 S。如果业主确实觉得一个楼梯就够用了，因为这个场地是如此的狭窄，那么他可以在这个椭圆形的地方做一个从室。在前面[374]，门厅和商店的上方是主厅 T，26 尺长 16 尺宽，并且有一个服务于它的从室 X。这个从室 26 尺长，13 尺宽。在主厅的另一端是主室 Y[375]，26 尺长，13 尺宽[376]，并且有一个服务于它的从室 Z，这个从室的尺寸与前面那个相同。从主室 Y 可以看到礼拜堂立面，因为这里有一个小小的窗户。[377]需要注意的是所有的中小型场所都要有夹层。我并没有讨论地下空间，但是在地下，如果场地允许，所有的辅助用房都应该在那里。[378]

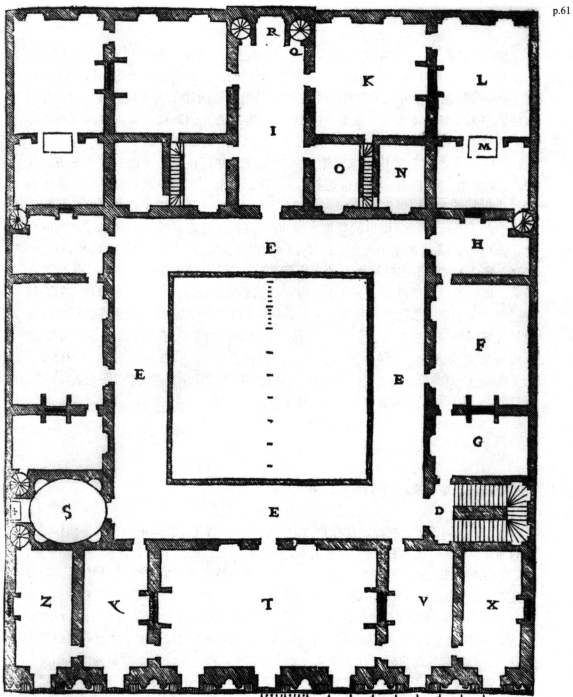

p.61

**在城市内高贵地段建造的住宅[379]，第 25 章**

　　在我看来关于这个住宅的平面我已经说得够多了。现在我应该讨论一下立面，正立面和背立面，以及室内的部分。[380] 首先我要讨论面对着高贵街道的立面。拱券 10 尺宽——是指拱下面的尺寸。柱子 7 尺宽，但是转角的柱子为 5 尺，因为它们有相邻的墙作为良好的支撑。[381] 拱券 20 尺高。室内通道 A 的高度，以及室外到檐板饰带下面的高度比这再高出 3 尺。门洞 6 尺宽，12 尺高。商店的开口 9 尺宽，11 尺高。这些商店[382] 有为居住带来实用性的夹层[383]，并且在商店上面有"非正统"气窗[384]，4 尺宽，3.5 尺高。檐板饰带板 1.5 尺高，这个高度与拱顶和矮平台的厚度相同。[385] 从檐板饰带的顶部到楣梁的底部[386] 为 17 尺。这是所有主室的高度，尽管主厅上面的天花可以抬到檐口的高度，即 20 尺高，穿过阁楼的高度是主厅高出的尺寸。窗户的脑墙和基座 4 尺高。柱子 13 尺高，1.5 尺宽。[387] 楣梁、中楣和檐口 3.5 尺高。窗户 4 尺宽；在栏板之上的高度为 8.5 尺。[388] 因为天窗——这里习惯于[389] 在最高一层的檐口上面设置——是建筑物很好的装饰，很像一个戴在顶部的王冠，我希望在这幢建筑上采用法国传统——但是用一种非正统的方式，因为在法国这些窗户要与其下的窗户一样宽，但是在这我把它们设计为 3 尺宽，5 尺高。同样的，房顶也是法国风格的，这样阁楼里就有许多居住空间——在法语里称为顶阁楼。[390] 为了让每一个部分都能够更轻松地理解[391]，我把它们用大图画出来。这些图在立面下方，有三个——中间的门、商店和带有三个柱子的窗户。[392]

**在城市内高贵地段建造的住宅[393]，第 25 章**

　　在上面我讨论了正立面，现在我讨论一下内部。首先，我来谈谈庭院里面标记为 H 的部分。[394] 这里展示了敞廊，在它之上是露天的平台，拱券 10 尺宽，柱子，包括平柱，5 尺宽，拱券 21 尺高，平柱 2.5 尺宽，支撑拱券的壁柱有这一半的宽度，拱门饰也同样如此；楣梁、中楣和檐口 5 尺高。上面的部分和之前提到的尺寸相同，但是柱顶的装饰线条是混合式的，中楣间有飞檐托饰。[395] 窗户和之前提到的宽度相同。通道的门 6 尺 × 12 尺。这些窗户和它上面[396] 的窗户加上小窗[397] 共同用于夹层。檐口之上的窗户是拱形的[398]，以便与其他的形式有所区别，尺寸则相同。右边标记为 K 的部分，是朝向后面的主室 K。在这之上可以看到支撑屋顶的梁架。左边标记为 M 的部分展示的是同一间朝向正立面的房子，可以看到这些画出阴影的部分是如何设置夹层，以及床 M 是如何放置的。也许这一类型的主室对有些[399] 人来说是从来没见过，并且不怎么好的。但是那些知道如何使用它们的人会觉得异常的便利，特别是对女士们。为了让一些窗户、门以及最上面的檐口更加容易理解，我在下面画了五张大比例的图。[400]

p.63

p.65

**城市里第 25 座住宅[401]，第 25 章**

上述住宅的背面应该以下图中显示的方式布置。正如你在正面设三级台阶一样，背面你也应该做同样的处理。从门槛到檐板饰带的底部为 23 尺；檐板饰带上面的窗户胸墙高 3.5 尺，从胸墙到楣梁底部为 14.5 尺。楣梁、中楣和檐口与正面一致。门宽 6 尺，高 7 尺。所有的窗户宽 4 尺。下一层窗户高 8[402] 尺，由于距离远，上一层窗户比下一层窗户高半尺。[403] 檐口上的老虎窗也应与其他窗户的描述一致。这样一来每一部分都更容易理解[404]，我放大了门[405]、窗和最重要的线脚，这些图在背面图的下方。它们的尺寸也被放大了，是上图的两倍。而檐口、中楣和楣梁是按照更大的比例来画的，它们划分如下[406]：总高 4 尺，分成 3 等份。其中一份是楣梁——它的波纹线脚占整体的六分之一，其余分成 12 份；3 份给第一层的檐板饰带，4 份给中间的檐板饰带，剩下的 5 份给最上面的檐板饰带。第二份是中楣。第三份是檐口，它应该按以下分配：整体划分为三等份。其中之一应该是下有束带、上有波纹线脚的齿状饰块——齿饰的高度与楣梁的中檐板饰带一致，波纹线脚应占檐口总高度的四分之一，束带为波纹线脚的一半：接下来的部分应是冠状线脚。剩下的第三部分应该做波纹线脚，称为正波纹线脚，有波纹线脚或凹弧形线脚。波纹线脚应该分成以下几个部分：整体分为四个部分。其一为波纹线脚。剩下部分分成四份，三份为波纹线脚，一份为波纹线脚上的束带。出挑（*sporto*），即整个檐口伸出的部分，是其高度加齿饰宽度的总和，因为檐口出挑距离大于其高度会让观看者更加愉悦，这是由于冠状线脚对下面部分形成阴影的缘故。[407]

p.67

p.68　**建筑中的个别的装饰** [408]，**第 26 章**

　　壁炉对于居住者来说的确是非常好的装饰，既然各种各样的人与环境都需要壁炉，我在下面列出四张图，形状与柱式各异。[409] 第一张，图 A，下层为科林斯柱式。请不要为图中楣梁下的平板感到惊讶，因为在这个壁炉和其他壁炉我都会做同样的设计，这并非毫无道理。因为在大主室或主厅里，假如你把壁炉作为装饰，它必须是大而华丽的，同时考虑到实用性，它的开口又应该足够低，以免居住者的脸被火苗伤害。由于这个原因，上述的平板才如此之低。而且因为法国习惯让壁炉的烟道垂直上升至 [410] 屋顶，一条烟道为几个壁炉共用，所以绝对有必要增加一层来装饰壁炉的高度。[411] 这样，除了第一层末端的山墙之外，你应该做第二层，这一层为复合柱式。这一层应该高至木天花，同时檐口、中楣和楣梁为主室或主厅四周提供镶边。如果这些地方带有拱顶，那细心的建筑师会清楚他必须在拱顶下面结束。第二个壁炉 B 是"非正统"多立克柱式，这样称呼是因为飞檐托饰代替了扁平的三陇板。[412] 这一层上面是浅浮雕的复合柱式。壁炉 C 也是多立克柱式，上下层一致。通常楣梁下方会有一面铁或其他金属做成的屏风。图中显示了壁炉的侧面。[413] 第四个壁炉 D 是用粗石混合包裹的塔司干柱式 [414]——此柱式非常适合性格粗犷的人。[415] 这一层上面有扁平的多立克柱式。我不愿意记录这四种壁炉装饰的尺寸，因为这要花费许多笔墨。然而，这些图都是按比例精确制作的，而且用一把小圆规即可推出正确的数字，在每一页的底部都有比例尺，在壁炉下方。[416]

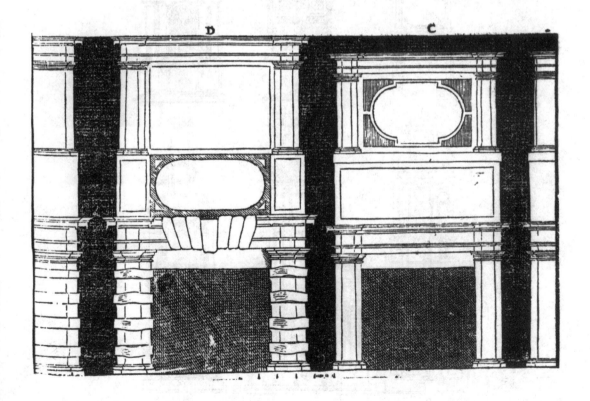

p.70　**同样的装饰**[417]，**第 27 章**

　　下面六个烟囱是典型的法国风格。[418]事实上城市里烟囱的造型非常简单。在巴黎，例如[419]，他们会建一个朴素的实体[420]，没有任何装饰或线脚。然而，我想在下面展示可以怎样装饰烟囱，而同时保持在这一传统的界限里[421]，请看图 E、F、G。

　　页底的三个烟囱 H、I、K 是在极其华丽[422]的枫丹白露宫上可以看到的烟囱的风格，均用砖块砌造。[423]烟囱 H 完全用浅浮雕装饰；其中有多立克柱式；其上是爱奥尼柱式；再上一层是科林斯柱式；第四层是"非正统"柱式。[424]

　　烟囱 I 整个为科林斯柱式。中间烟道的装饰为浅浮雕，两边带两个圆柱，用来丰富上述所说的烟道，因为它在皇室主室的上方。[425]

　　烟囱 K 为科林斯柱式，位于第一、二层，但第三层是"非正统"柱式[426]，整个是浅浮雕。

　　文雅的读者们，请别以为我上面提到的用砖块砌造烟囱，有着下面所展示的那些烟囱比例和形式。前者的风格，只有一个丝毫不懂得好建筑规则的石匠才可能建造出来。[427]

p.71

p.72

## 用于大厅与主室的意大利式壁炉[428]，第 28 章

　　下面四个壁炉在意大利是常见的风格。[429] 第一个壁炉 L 是 "非正统" 多立克柱式。[430]
它是主厅壁炉的样式，因为两端有大量装饰来让壁炉变得丰富。[431] 我倾向于把这些装饰做
成浅浮雕，而且整个炉膛嵌入墙内。[432] 请留意我设计的壁炉都带有一张铁薄片或其他金属
薄片，以防火苗伤害到站在炉边取暖人的眼睛。[433]

　　壁炉 M 既适用于主厅，也适用于主室，因为它的装饰可以有两种做法。第一种，
立柱中间的圆柱可以从靠墙的扁平半圆柱上伸出三分之二。[434] 同样的壁炉可以以另一
种方式用于主厅，即，它可以与墙体分离，框缘——其上竖立圆柱——和墙体隔一个人
宽，就如图中壁炉侧面所示。此壁炉为爱奥尼柱式。[435]

　　壁炉 N 是混合粗面石饰的多立克柱式[436]，壁炉两边的装饰很宽，适用于主厅。但是，
明智的建筑师可能只在两边各立一根柱子而不影响壁炉的外观，尤其是在比较狭小的
空间里。按照传统，金字塔形的烟道从檐口开始上升，然而这么长的烟道看上去可能
会太高，我觉得宜于把它融入立面，使得它更加典雅。[437]

　　壁炉 O 是纯粹的多立克式，同时适用于主厅和主室，可以有两种做法。柱子可以
在壁炉两角靠墙而立，或者圆柱与墙面间隔一人宽度，同时扁平的对柱可以嵌入墙体，
正如壁炉侧面图所示。[438] 我没有详细叙述这些壁炉的尺寸，这样会花太多笔墨。然而
绘画的比例尺在这些壁炉图纸的下方。[439]

p.73

p.74 **屋顶上意大利风格的烟囱，第 29 章**

下面五个烟囱是意大利式 [440]，但不是费拉拉（Ferrara）传统的风格 [441]，因为它们附在墙上的重量过多，更谈不上是威尼斯风格，因为狂风中它们的高度会让我害怕。[442] 而我想要采取折中的方法，采用一种典雅的（*gratiosa*）简洁性，如烟囱 P、R、S、T 所示。[443]

烟囱 P 有八面。假如烟囱的上部伸出屋顶，而且烟从顶部散发，那么它的大小可由建筑师自行决定。[444]

烟囱 R 位于屋顶上的第一层应为方形，而第二层应为六边形，而且飞檐托饰之间应有洞，可以把烟推向烟囱顶部。

烟囱 S 是圆形的，同时它的上端被八个涡旋划分。烟受到烟囱头下方飞檐托饰之间八个洞的驱使，从涡旋中间散出。

烟囱 T 也是圆形，但布置和装饰不同。烟应该从涡旋中间散发。然而有人，特别是我的意大利朋友可能会说，滴进来的雨会把火扑灭。对此疑问的回答是雨水在到达下面之前就被烟道吸收了。这个我曾亲眼见过，那些地区 [445] 的烟道比意大利烟道还宽。[446]

中间的烟囱 Q 是法国样式，然而我至今还没见过类似的烟囱。可是有一次在巴黎，我被请去设计一座面宽约 19 尺的房子，房子的正中间要有一根烟囱。因为按照法国的传统，屋顶会很高很陡，阁楼需要采光，所以我把两个窗户各放在烟道的一边，在烟囱中做一日晷。[447] 这被认为是很好的设计，于是我决定在这些烟囱中做日晷；它可能在某种情形下对某个人会有用处。[448]

p.75

**窗和门**[449]**，第 30 章**

下面四个图，根据不同的情形，可以用于门窗，适用于主室和主厅。而且，它们也可以用于住所或神殿的正门。[450]

第一个图 A 是科林斯柱式。门的开口是两个正方形。框缘在两侧，类似地，门两边的框缘以及门楣（*supercilium*）[451] 的宽应为门宽的八分之一。门楣上方放置中楣。假如要在中楣上刻凹纹，中楣高应该比框缘宽多出四分之一。假如中楣不带装饰[452]，那么它的高应该比框缘宽少四分之一。中楣上方檐口的高与框缘宽一致。门的两侧应有两个肘托——有些人称它们为卡特利（*cartelle*）——它们下方有两片莨苕叶，即我们所说的布兰卡乌西纳（*branca ursinæ*）。山墙应该按照我的第四书中给出的样式设计。[453]

第二个图 B，也同样是科林斯柱式，因为所有的部分都带凹纹。框缘宽应该是门宽的六分之一；门高为宽的两倍。中楣，因为呈垫子状而不带凹纹，应比框缘宽少四分之一；檐口高度应与框缘宽一致。弧形山花 (*remenato*)，即四分之一圆，与山墙的设计规则是一样的。[454]

第三个图 C 是科林斯柱式，可以从柱头的"种类"清楚看出。[455] 门[456] 的开口为两个正方形。柱子的宽度[457] 应该是包括柱基和柱头在内总高度的十二分之一。[458] 拱两边的框缘为柱子的一半。楣梁、中楣和檐口的高度应为柱子总高的五分之一。这五分之一分成三等份：一份是楣梁，一份是中楣，一份是檐口，使得弧形山花[459] 的做法与上述的做法一致。

第四个图 D 是爱奥尼柱式。门的高是宽的两倍。柱子的宽，包括其两边的框缘是门开口宽的三分之一。这三分之一应分成四部分：两份给柱子，剩下的两份给框缘，即门附近的框缘以及门边缘上的半圆柱。楣梁、中楣和檐口与上图所描述的一致，即柱子高的五分之一。这一部分应这样分配：整体分成 3.25 份；一份给楣梁，1.25 份给中楣——中楣应该做凹纹——最后一份给檐口。山墙应与上述的一致。[460]

p.77

门和窗[461]，第 31 章

　　以下四图均可以作为窗和门——也可作为住宅和神殿的正门——放大或缩小取决于具体情况。[462]

　　第一个图 E 可以称为"非正统"多立克柱式[463]，和上述几个图所描述的一致，其高应该是宽的两倍。框缘的正面宽为高度的七分之一；门楣[464]应该是框缘宽的一半。框缘宽分成三份：两份是梁托，剩下的一份是它们中间的间隔。这些梁托应该与框缘垂直，而且梁托之间应该有三个[465]三陇板。三陇板和梁托的高与门楣一致；檐口应该一样，梁托的头也应该包括在这里面。檐口上的涡卷要与整个设计的比例相互协调。

　　图 F 也是"非正统"多立克柱式。[466]开口与其他开口一致。柱子的正面，包括框缘在内，是开口宽的三分之一。但是，因为柱子被分成五份，三份应该是柱子，剩下的两份是框缘。楣梁、中楣和檐口应为柱子高的五分之一。[467]整个五分之一应该分成三等份：一份给楣梁，一份给中楣，第三份给檐口。中间部分应打破，从而可以放置饰板。[468]檐口上的涡卷要与整个设计的比例协调。

　　图 G 包含了三个"种类"[469]，即由大石块形成的粗石作品，间隔着砖块——框缘和门楣[470]——同时门上弧形山花[470]的饰面呈网状。门的开口与其他门的描述一致。框缘宽是门宽的四分之一。门上弧形山花的做法和我所描述其他门上山花的做法一致。

　　门 H 可以称为粗石风格。它带有多立克柱式的线脚[471]，高是宽的两倍。可以非常清楚地看到，框缘和门拱石块的划分方法。山墙应与其他地方所描述的一致[472]；它的门楣中心被活石[473]点缀。有一条基本原则应被认为是理所当然的[474]，即拱石应以这样的方式划分，使得中间的石头比其他石头宽四分之一。[475]

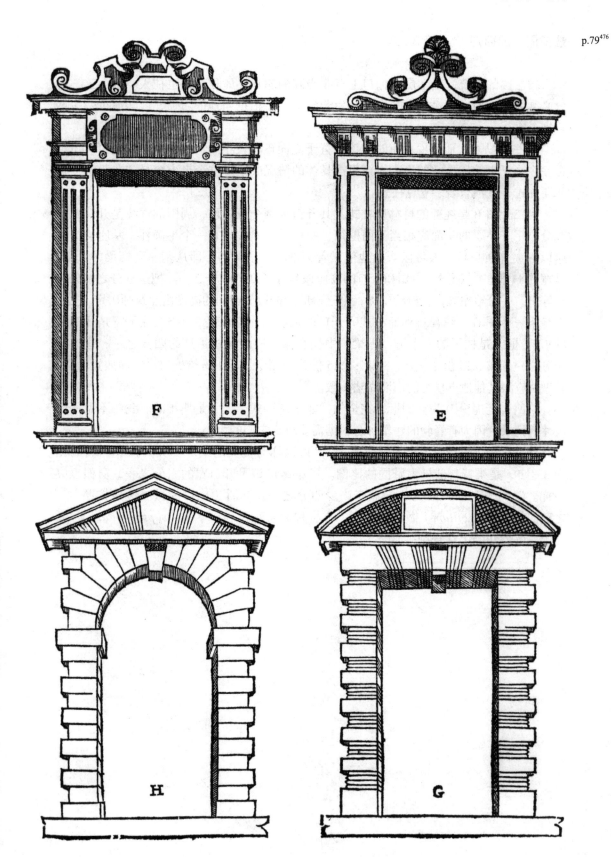

p.79[476]

p.80 **法式屋顶的窗户**[477]**，第 32 章**

　　按法国的传统，最上层的檐口上有非常陡的屋顶，屋顶里面也住人。因此这一部分必须采光，他们把檐口上的窗户称为老虎窗[478]，根据当地的习惯，或多或少带一些装饰。[479]

　　第一个图 A 大而华丽，有时应该放置于立面正中较小的窗户之间。它也可以单独在一个亭子上使用。它的大小应该根据具体的情况决定。这个老虎窗是"非正统"科林斯柱式[480]，混合着多立克柱式。[481]

　　第二个图 B 是纯粹的科林斯柱式。其开口为两个正方形，周围的框缘是开口宽的九分之一。柱子的正面应相当于两框缘，两柱子中间应该有一个半圆柱。基座的高度应以一个普通身高的人可以舒适地依靠着为准。柱子的高，即从基座到楣梁的底部，是宽的 11 倍。[482] 楣梁、中楣和檐口的高应该是柱子高的五分之一。把这五分之一分成三等份，一份给楣梁，一份给中楣，第三份应给檐口。中间的高度由建筑师决定。[483]

　　第三个图 C 是纯粹科林斯柱式。开口的宽和高比应该是 3：5。柱子宽是开口宽的 1/6；框缘是柱子的一半宽。楣梁、中楣和檐口应该是柱子高的四分之一。这整个四分之一分成 3.25 份：1 份给楣梁；1.25 份给中楣；最后 1 份给檐口。上面放置山花，其做法应跟其他地方描写的山墙做法一致。[484]

　　第四个老虎窗 D 为椭圆形，完全的"非正统"式，但它是典雅的。我将不做任何尺寸的记录，因为有经验的建筑师会根据需要决定它们的大小。[485]

　　第五个窗 E，根据它的朴实与简洁[486]可以称为爱奥尼式。[487]其开口宽与高的比为 3：5，是维特鲁威极力赞同的比例。[488]框缘应该是开口宽的六分之一，窗楣也应一样。[489]但不带凹纹的枕状中楣应该少四分之一。同时（檐口的做法应该按照）[490]之前门楣（*supercilium*）做法的规则，方言称为索布拉利米泰尔（*sopralimitare*）。弧形山花的做法与上述规则一致。[491]

p.81

**屋顶上的窗户，第33章**

　　以下七个图均可以作为老虎窗。虽然屋顶有两三层高，但还是必须建造小的窗户。这些通常称为牛眼（*occhi di due*）[492]，它们用砖砌造[493]；有一些是用铅，例如下面第一个图 F。有时候为了更好看，小窗会按照图 G 的样式用铅筑造。同时，在高贵些的区域，大一点的窗户可以采用下面图 H、K 的风格。为了避免此书缺乏创造性，我想展示其他类型的老虎窗，开口与装饰较为丰富多彩的一个，如下面中间图 I，是爱奥尼式。如果简单地讨论尺寸，我们可以考虑将最后一层做成与檐口同高。这一层上面应是老虎窗的胸墙；胸墙与底座一样高。底座上是正中间的窗户；它的高是两个正方形。[494] 柱子应该是爱奥尼式，它们的高是宽的 8.5 倍。[495] 两边的窗户宽应该是柱子宽的 2.5 倍，和上面的圆孔同宽。上面的装饰应与主体比例和谐，成为一个整体。[496]

　　最下面的两个图的设计相当大胆[497]与放任——然而这种放任起源于罗马古建筑，但这些图用假面具作了伪装。[498]

　　图 L 依然可以辨别为多立克柱式。开口高是宽的两倍。框缘是开口宽的十分之一。柱子是平的，是开口宽的五分之一，所括柱基和柱头在内，高是宽的 8 倍。[499] 楣梁、中楣和檐口应为柱高的四分之一。半圆部分如图所示进行划分，部分采用活石[500]，部分采用砖头，随后放置顶上的山墙。[501]

　　图 M 也是带着同样的放任与权威来设计的，虽然是科林斯柱式，而且相似地，高是两个正方形。柱子正面是开口宽的六分之一。框缘宽应是柱子宽的一半。柱子高是宽的 10 倍。[502] 楣梁、中楣和檐口是柱子高的四分之一，因为拱石被分割，因此弧形山花[503] 应该放在最上面，愿意的话可以在上面做雕刻。[504]

p.83

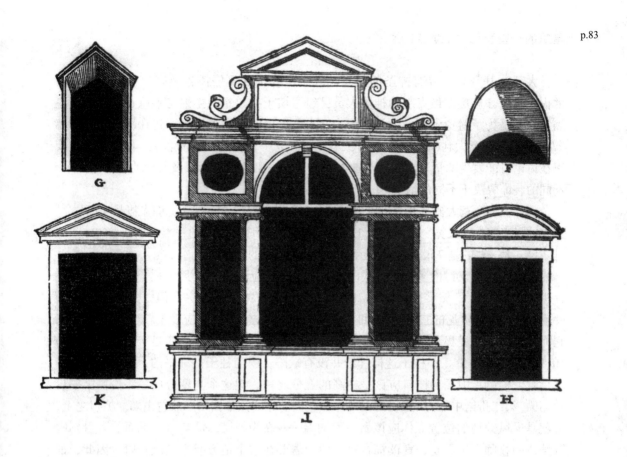

**建筑的一些装饰**[505]，**第 34 章**

　　大部分基督教世界有神圣的教堂，教堂里有忙于不停祷告及宗教仪式的神父与僧侣。最严守规矩、最克制的神职人员已经习惯于在教堂的主殿与唱诗台之间有一座隔墙，这是为了避免女性的引诱。因为女人不可以跨越这道边界，这在法国叫隔离墙 (*cloison*)[506]，在意大利叫巴克 (*barco*) 或者是屏风，一些人用其他的名字。因此，既然我正在讨论可能发生的情形，我不想遗漏一些可以采用这种设计以及其他的设计的例子，不同的装饰取决于不同的情况。

　　例如，一个宽大概是 8 个刻度的神庙，1 个刻度相当于 5 尺[507]，即大概是 40 尺。[508] 正中的门道应是 5 尺宽。柱子宽是 1.25 尺；门的框缘应是柱子的一半。小一点的柱间距是 2 尺，大一些的是 7 尺，如图所示。这就是关于宽的划分。

　　让我们现在来讨论多立克柱式的立面。底座高应该是 3.75 尺。柱子，包括柱基和柱头，高 10 尺。[509] 楣梁、中楣和檐口的高应该是柱高的四分之一，但中楣应该足够高，一旦它被划分成可见的三陇板，陇间板会是完美的正方形。壁龛应设于较小的柱间距上，它们的装饰应是爱奥尼式。圣坛与底座一样高。圣坛上的柱子高应是 7 尺：把高分为 10 份，柱宽为 1 份。[510] 柱子这样纤细并没有缺陷，因为柱子是扁平的，也因为它们并不承重。楣梁、中楣和檐口应该是柱高的五分之一。把这个高度分成三等份，第一份给楣梁，第二份给中楣，第三份给檐口。在它们上你应该如图所示放置山墙。檐口之上，也就是屏风铺地的位置，你应该做一面胸墙——高为 5 尺，足够阻挡下面的人看到唱赞美诗的牧师。也就是，宣读福音时，他们需要在这个地方登上三级台阶。因此，诵读圣经的牧师应走上两道螺旋形的楼梯，一道为讲解经文和使徒书信，另一道为传播福音。[511]

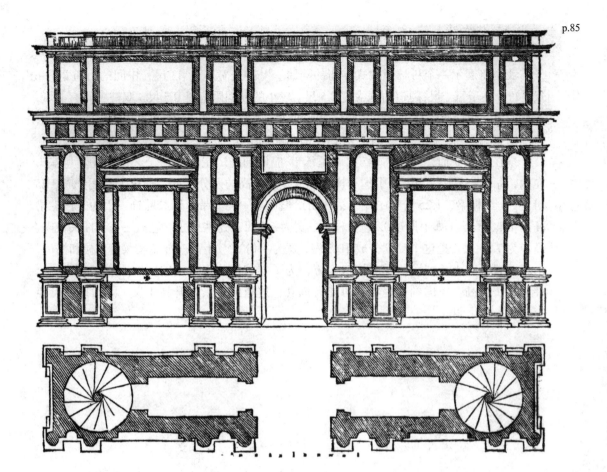

p.85

**一些建筑装饰**[512]**，第 35 章**

　　我也将展示一个科林斯柱式神庙的隔墙。[513] 神庙宽应为 43 尺，中间的门道宽为 6 尺。每个柱子宽 1 尺，门道的框缘宽 0.5 尺。较小的柱间距应是 0.5 尺。双柱中间有圣坛，圣坛的宽，包括每个柱子在内，应该是 6.25 尺。[514] 圣坛及柱子中间是放置雕像的壁龛，这些壁龛宽应为 2 尺。这些都是关于图纸的解说。

　　现在讨论立面，底座高 3.5 尺；圣坛[515] 应该同高。主要的柱子，包括柱基和柱头在内，高 10.5 尺。[516] 楣梁、中楣和檐口高应该是柱高的四分之一。把这个高度分成 3.25 份，1 份给楣梁，1.25 份给中楣，第 3 份给檐口。中楣应带有凹纹雕饰，因为它比楣梁高出 1/4。圣坛（如上所述），包括柱子，宽为 6.5 尺。这些柱子，包括柱基和柱头在内，高应为 7.33 尺。把这个高度分成 10.5 份，宽为 1 份。[517] 上面应放置楣梁、中楣和檐口，山墙又置于其上，如图所示。檐口上方，为了划分神父将经过的屏风通道，胸墙应比神父的头更高。考虑到一些场合可能有修女，这道胸墙最好升高 1 尺，因为诱惑可能穿越每一个小洞。[518]

p.87

p.88 **一些城市要塞的门[519]，第 36 章**

如果曾经有一个时机需要发明一种新的城市要塞大门的风格[520]，那么现在就是那个时候，因为基督教最重要的领袖们，这些本来应该致力于和平共处的人，实际却是不停地制造和煽动战争的人。[521] 那么，下图的大门是否能作为城市要塞之门？至少其装饰是可以的。[522] 然而，至于把门放在凹角处还是凸角处？把门建成正方形的还是不规则的？那就是杰出的军事建筑师的工作了。[523]

不过现在让我们来讨论尺寸。首先，门的开口应该至少有 10 尺宽，20 尺高——至少外形是如此——但它应当从檐板饰带向上填充才更稳固。门道两边的框缘宽为 2.5 尺，圆柱宽也应一致。在侧翼，圆柱间的距离是 5 尺。在这里，一边应有个救援门，另一边的救援门则是假的。同样，圆柱边到转角的距离是 2.25 尺。基座高 6 尺。圆柱，包括柱础与柱头在内，高应为 24 尺，而且，圆柱柱头下的柱身上部分应该缩减四分之一。[524] 楣梁的高应与圆柱上部的宽一致，中楣与檐口也一致。檐口上方是胸墙，胸墙上设炮口，炮火可横扫郊野。最后，在中间应设有一个小圆塔，塔上有隼炮、萨格里枪（*sagri*）、滑膛枪的发射口。[525]

至于吊桥，可以用木板上的链条将之升起[526]，或是用链条穿过两个孔，用起锚机将之升起。但是我认为木板更好，因为它们的速度更快。[527] 这个门使用的是混有粗面石饰的塔司干柱式。[528]

p.89

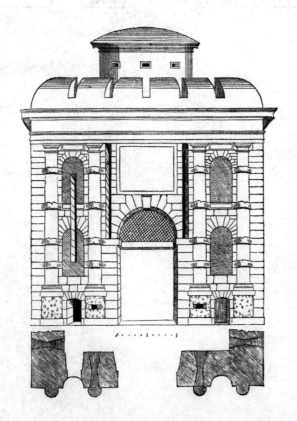

## 一些城市要塞的门[529]，第 37 章

　　下图是混有粗面石饰的多立克风格的，适用于任何一个庄重的要塞城市。但是让我们来讨论它的大小。[530] 门道宽应为 10 尺，高 20 尺——即外观——但应当从檐板饰带开始向上填充以更稳固。

　　拱楔块的数量为 17，中间的拱楔块要比其他拱楔块宽四分之一。基座高 7 尺，圆柱置于其上。圆柱宽 3 尺，包括柱头和柱础在内高 24 尺。[531] 门道的框缘宽 2.5 尺，转角框缘宽为半根圆柱。

　　圆柱柱间距 4.33 尺，因为受到了三陇板和陇间板的分布的制约。在框缘之间应有两扇浮雕门，一扇为小吊桥，另一扇是假门。圆柱上放置楣梁，其高度是圆柱的一半。中楣，包括三陇板在内，高为圆柱宽的四分之三。三陇板的高也一样，是半个圆柱宽。三陇板柱头置于其上，高为三陇板宽的六分之一。三陇板上是檐口，檐口高比楣梁高八分之一。从檐口往上，胸墙高 6 尺，其中有中型火炮的炮口。最后，在中间应有一个八边形小塔，塔的每一边都有轻型炮的炮口。[532]

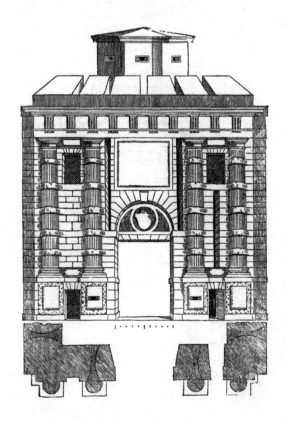

**一些城市要塞的门 [533]，第 38 章**

多样化总是让人赏心悦目，因此，现在这个门，虽然是混有粗面石饰的塔司干柱式风格——极为适合于碉堡的设计 [534]——但那四根极度粗糙、未完全加工的圆柱使其外形更强大与坚固。

门道宽 10 尺，高 16.75 尺；宽与高的比为 3 ∶ 5。[535] 框缘 2.5 尺，圆柱同宽，圆柱间距 5 尺。在这里，两扇浮雕门中有一扇是真的，另一扇是假的。圆柱与转角之间相当于一个圆柱。圆柱包括柱础和柱头在内高 24 尺，柱头下的柱身上部分减少四分之一。[536] 如果这些圆柱的上、中、下各部分都按此方法加工，那么它们会显得太细，会抹杀要塞的庄严感。另一方面，这些未完全加工、极度粗糙的部分赋予了圆柱力量与体量。[537] 楣梁置于这些圆柱上，其高与圆柱上部的宽一致。中楣却要比楣梁高出一半，因为在这里要雕刻三个狮子头。[538] 狮子的口和眼睛应张开，作为射击口。檐口高与楣梁一致，檐口上方应有胸墙，胸墙要足够高，可为防御者掩护。最后，要塞中间有座四边形的小塔，每边开三个炮台，用于轻型大炮。匾额上方的三个斗用于支撑楣梁——由于楣梁与圆柱突出墙身的部分同厚，如果没有这些斗，楣梁会显得不典雅（*disgratia*），会被吊桥的刻槽所切断。[539]

## 一些城市要塞的门[540]，第 39 章

　　要在本质非常简单的元素上做一些变化的确非常困难。同样的，既然我已经进入如此广阔的海洋——这里，除了我已经发表的六本书，这些书均需要多种不同的创作，同时我希望这第七书可以有 100 页——不管如何我要继续展示这个扁平的多立克式城门。[541] 这样，我才可以接着陈述我之前就计划好的提议。[542]

　　目前这个城门的门道，由扁平的粗石装饰，宽 10 尺，高 16.75 尺。[543] 两边的框缘宽 2.5 尺。柱子的前部——扁平，带浅浮雕[544]——宽 3 尺。圆柱间距 6 尺，这里的浮雕门一扇是真的一扇是假的。柱子，包括柱础和柱头在内，高 24 尺。[545] 楣梁高是柱宽的一半。中楣高与柱宽一致。三陇板应如图划分[546]，其宽是柱宽的一半，不计算三陇板上的头，三陇板的高为其宽的两倍，头是三陇板宽的六分之一。三陇板上方放置檐口，与楣梁同高，但应增加八分之一作为反曲线上的束带。檐口上方有弧形的胸墙，高 6 尺，墙上开炮口。最后，城门中间有一三角形的小塔；塔的每面墙应有两个萨格里枪、隼炮与火枪专用的炮门，炮火可横扫郊野。[547]

p.96 **一种真实发生过的建筑情形[548]，第 40 章**

奢华的枫丹白露宫建造于不同的年代，由许多各不相同的建筑组成。[549] 在第二个庭院里——俯视庭院的是皇室主室——有一条敞廊，敞廊一部分面向庭院，另一部分面向一个大花园。[550] 敞廊一端的尽头是王公们的套间，另一端是一座小教堂。[551] 敞廊上有五个拱，每个拱宽 12 尺，立柱宽 6 尺。然而，我不能说出这个建筑是什么柱式[552]，但是我可以确切地说，这个敞廊宽约 30 尺，高可能是 16 尺，而且敞廊用了木梁。敞廊顶部是拱顶，托架与拱墩也已各在其位。然而，一位比石匠更有权威更有判断力[553] 的人接管了这项工作[554]，他把石托架拆除，在这里建木天花。[555] 敞廊最终按照此设计建成，人们称之为"层叠敞廊"。但是我——作为一个曾在那个地方住过、并且连续从慷慨的弗朗索瓦国王领取薪俸的人[556]，一个从来没有被征求过一丁点意见的人——希望能按照自己的想法建造一段敞廊，假如我被委任以此项工作的话。这使得后人可以对两者的不同之处作判断，假如他们可以看见两者的话。我继续讨论我假设已经建成的设计。

首先，我会从庭院登三级阶梯至敞廊。敞廊宽 30 尺，每个拱宽 12 尺。每根立柱宽 6 尺，而在侧翼上的立柱宽 4 尺。[557] 面对花园的一面墙也是同样的厚度。这个设计显示了敞廊两端的坚固性。既然弗朗索瓦国王从罗马带来一大批雕塑，许多可以在这个为雕塑而建的敞廊中看到，四个大壁龛本是为了"拉奥孔"、"台伯河"、"尼罗河"和"克里奥帕特拉"四个雕像而建。[558] 中间有一个朝向花园的窗户。[559] 由于正立面已经采用大的比例尺仔细画出，我会做一个比较简短的描述，因为篇幅有限。

立柱的正面宽 6 尺，圆柱宽 3 尺。拱高 24 尺，这也是拱顶的高度。上层的拱高 20尺，带 4 尺高的胸墙，加起来是 24 尺。上层的圆柱宽 2 尺，形状扁平，高 18 尺。[560]这些圆柱下面的柱基高 4 尺。[561] 楣梁、中楣、檐口高为圆柱的四分之一，并且按多立克柱式进行划分。[562] 檐口上方应有一面带栏杆的胸墙。[563] 因为墙身很厚，通过把木屋顶向里面挪动，墙壁上方留出了一条可以通向两边阁楼的通道。上层的立柱被小门打穿，这样一来，当主厅中间正在举行宴会时仍可以经过，没有阻碍。[564]

p.97

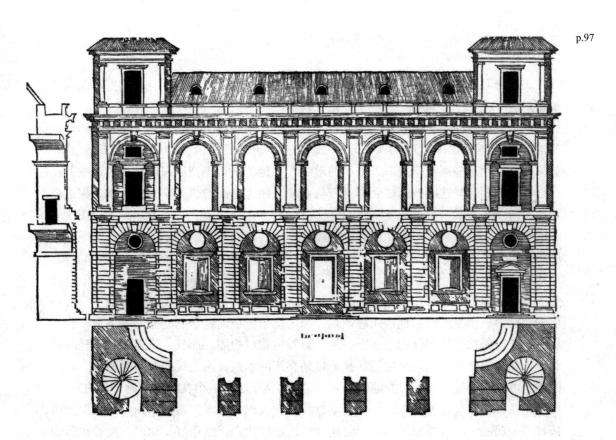

p.98　**建筑的装饰和加固的一些情形　第一提议 [565]，第 41 章**

圆柱绝对是建筑最高贵最优美的装饰。[566] 既然这样，我将着手分析一些涉及圆柱的情形。[567] 用一个建筑师作为例子，他在设计中用了大量以前用过的圆柱。[568] 这些圆柱 1 尺宽，包括柱础和柱头在内高 10.5 尺，是科林斯柱式。[569] 然后他又有一些同样柱式的圆柱，0.75 尺宽，7 尺和 10.5 尺高。[570] 这位建筑师要建造一个 21 尺高 12 尺宽的敞廊。如果他希望用这些圆柱建造一条坚固的敞廊 [571]，他将不得不把四根圆柱紧紧地放置在一起，基石相碰。这四根圆柱会作为一根立柱来用，上面的楣梁应只有一根。楣梁高 10 寸，宽与圆柱最高处的宽度一致。立柱间距 12 尺，敞廊宽与之一致，如平面图所显示的敞廊一部分及一个末端。由于圆柱没达到所要求的高度，其下方要放置基座，基座高 3 尺 2 寸。因此，基座、圆柱和楣梁加起来高为 14.5 尺，加上一个高为 6.5 尺的半圆，从地面到拱底面的距离为 21 尺。拱的上方应放置檐口 [572]，其上再置胸墙。后者高 2.5 尺，然后其上再置更小的圆柱 [573]，圆柱高 7 尺 10.5 寸。圆柱应当按图所示安排秩序。上一层的敞廊不应该采用石拱顶，而应该是一个用拉条稳稳固定在墙壁上的木拱顶。若不用铁拉条将每根立柱相互固定，下一层的敞廊也难以稳固。而且，拱顶要采用轻的材料，例如砖或浮石。[574] 这个敞廊甚至可以用交织的木板，涂上优质石灰并粉刷。这样的建筑可以非常持久。我一生碰见过三个这样的例子。第一个在博洛尼亚，我的家乡。当我正在替行政长官重新装修一些主室时 [575]，我发现一个老主室的拱顶是用灰泥把藤条糊在一起的，尽管拱顶是 300 年前建造的，它的状态仍然良好、稳固。接着在佩萨罗 [576]，我发现一处被火严重烧毁的民房。火势非常大，连壁炉的重晶石 [577] 装饰都被煅烧，许多地方断裂。即使这样，那一个涂着灰泥的藤条拱顶的主室抵挡住了火势。最后一个例子是当我在巴黎时 [578]，弗朗索瓦国王允许我借宿于杜纳尔府邸，我把自己安顿在少数几个主室，我发现一些拱顶采用了交织的木板，上面涂了厚厚的灰泥，这些拱顶都有好几百年历史。因此，我建议所有的人都这样建造房子，不过要确保雨水不会损坏它。[579]

p.101[580]

p.100 **装饰主题的第二提议[581]，第 42 章**

　　要装饰一个房子的正面，建筑师可以采用上一个建议中所提到的圆柱，按照平面图所示排列柱子。同时，为了使得圆柱的后部不至于隐藏在墙体里，可以挖空一部分墙体，让三分之二圆柱突出于墙体之外。因为假如圆柱独立于墙体之外，就必须有和它们相对的柱子，在这种情况下，楣梁就会非常厚重[582]，那敞廊就会很糟糕。而且，圆柱的两边还需要半圆柱来支撑拱，因此，敞廊应该按背面的图来建造。把 4 尺高的基座放置于圆柱下面。圆柱上放楣梁，其高与圆柱上部分的宽一致。拱应放置其上——拱宽 8.5 尺，高 20 尺。[583] 拱上面应放置一个"非正统"檐口[584]，其上是第二层的胸墙。这面胸墙应作为小圆柱的基座。这些小圆柱按照上述的方法建造，它们上面的楣梁、中楣和檐口应作艺术性的处理。它们的高度是圆柱高的四分之一，第二层的拱应置于其上。这些拱宽 9 尺，高 16.5 尺。[585] 这些拱上又放置复合柱式的楣梁、中楣和檐口，总高 2 尺。因为这个房子的屋顶是法国风格——直棂窗也显示这点——檐口上面会有老虎窗。下面的图片展示了房子正面的一部分，即正中间带着门和窗的部分，暗示了整个房子的样子。首先讨论门道，门道宽 6 尺高 12 尺。门的上方有一个椭圆形开口，使得光线可以进入走廊。窗户宽 5 尺，上面又开窗。两个原因：首先，与装饰互相协调；其次，倘若需要有夹层，这些上层的小窗户就可以是夹层。至于最高一层檐口上面的老虎窗，法国的传统是按照下面窗户的宽度来建造。然而，在这个建筑中，部分是"非正统"的[586]，我想把老虎窗设计得稍微窄些。所以，这些窗户应该是 3 尺宽 5 尺高。假如其他地方的尺寸有所遗漏，平面图下面的比例尺可以为所有的构件提供尺寸。[587]

## 圆柱的第三提议[589]，第 43 章

　　在某种情形下，建筑师有可能碰到一些圆柱，包括它们大部分的条纹装饰，都曾经被使用过，而且这些圆柱是复合柱式，三分之一的柱身曾埋在墙里。[590] 同时，他可能希望利用这些废柱。[591] 虽然这些圆柱高 21 尺，但是建筑师想要让这座房子的上层和下层均可住人。这个高度对于一层楼来说太高，但对于两层则太低。在这种情形下，建筑师将不得不非常巧妙地想出一个使用这种圆柱的办法。让我们假设一下他有一块 79 尺宽的地，而且他希望（如我所说的）房子的下层和上层均可住人，那么他首先应该在中间设计一个 14 尺宽的门厅，门厅两边各有 3.5 尺厚的隔墙。门厅左右两边各有两个 24 尺宽的主室。边墙厚 4.5 尺，也就是说，墙的两面各增加半尺。这就是这块地如何分配的办法。在与每一面墙成直线的地方放一根圆柱，在每个主室的中间放另一根圆柱，一共有 6 根圆柱。每个主室都带有一个长 20 尺的后室。在过道的末端应该有一个小敞廊，敞廊的两端各有一个螺旋楼梯连接二层。[592] 至于这块地的长度，应该是足够的。

　　我们现在讨论房子的正面。如果房子位于市郊，从风景和健康方面考虑，也因为许多别的原因，我会建议把房子的地面至少从地面抬高 5 尺。假如房子位于市区，那么应该尽可能地抬高房子。不过，让我们假设房子是在市郊，因此它应该比街面抬高 5 尺。[593] 房子里所有的服务主室就在这个平面之下，圆柱立于这一平面之上。为了让这些圆柱可用于两层楼，其下方应放置基座。这些基座高 8 尺，其上放置圆柱，圆柱高 21 尺。它们上面再放置复合柱式的楣梁、中楣和檐口，这一部分高 5 尺。从楼阶的终点到檐板饰带的底部距离为 18 尺，这是第一层的高度。从檐板饰带至檐口的底部距离为 14.5 尺，这应是第二层的高度。中楣里飞檐托饰间的窗户将让更多的垂直光线进入二层的主室。因此，这些圆柱既庄严又得体地装饰了两层楼。[594] 房子的门道宽应为 7 尺，高 7 尺。所有的窗户宽 4 尺高 8 尺。[595] 如果这个房子是建在郊区，它应该（如图所示）比地面抬高 5 尺，因此进入地下室的门口位于楼阶下面。然而，如果房子是建在市区，因为旁边有邻居的房子，这个房子不可能抬离地面这么高。在这种情况下，你应当顺着小敞廊两端的螺旋楼梯进入地下室。[596]

p.103

**重新使用的圆柱及如何在建筑中运用方法的第四提议[597]，第 44 章**

　　建筑师也许会遇到另一种情形，他发现了一些科林斯柱子并想用它们来装饰房子的正面。即使圆柱包括柱础和柱头在内高 31.5 尺，但是因为他想要房子的地下和屋顶均能住人，他仍需要更高的圆柱。假设这块地有 92 尺宽并且非常长。每一个高贵的房子[598]的门与过道都应该在房子的正中间，这是理所当然的。过道宽应是 15 尺，而且在左右两边各有 3.5 尺厚的墙。与过道左右相邻的是两个次厅，长 30 尺，宽 20 尺。边墙厚应为 4.5 尺，也就是说，墙的两边各增加半尺。这就是整块地划分的方法。每一个次厅应带有一个主室和一个后室。随后进入庭院，那里不会缺少居住的空间。

　　让我们讨论一下这个房子的正立面。如果房子位于市郊，我会建议把房子尽量抬离地面，许多原因之前已经陈述过。[599] 在这个平面上——为了把柱子提高——应该放置一些正方块作为[600]底座。底座高 5 尺，其上放置圆柱，因此总高度将是 36.5 尺。从水平面到檐板饰带的底部距离为 18 尺，檐板饰带高应为 1.5 尺，这也是第一层楼的楼板。从檐板饰带到楣梁的底部的距离为 16.5 尺，但是第二层楼高 16 尺。圆柱上放置楣梁、中楣和檐口，这三者的总高为圆柱高的五分之一。檐口上方开老虎窗，老虎窗是建筑极好的装饰。

　　这个住宅的门道宽 8 尺，高 16 尺；其上开一扇窗户，可让阳光进入通道。所有的窗户，不包括它们上方的"非正统"气窗，宽 4 尺，高 8 尺。[601] 至于为什么要设计这些"非正统"气窗，我已经多次陈述过了。楣梁下方窗户两边的支架也是有道理的：它们支撑着楣梁并装饰窗户。[602] 老虎窗宽 3 尺，高 5 尺。[603]

p.105

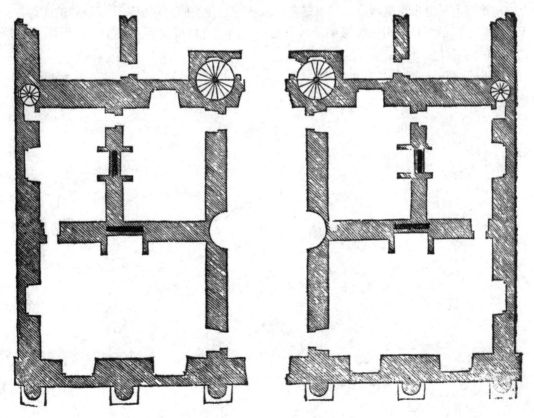

**第五提议　小圆柱以及如何把它们应用于大空间的方法[604]，第 45 章**

　　有时建筑师有大量优等石材的圆柱，但是圆柱对于他的需求来讲又太矮了，圆柱只有 7.5 尺高，多立克柱式，宽 1 尺。[605] 从他的需要讲，这些柱子会太矮。假设同时还有许多比真人稍微矮一点的大理石雕像[606]、许多适用于房子表面、可以有多种组合的石头，还有许多大理石和零碎的构件。但是建筑师却希望设计一个至少 20 尺高的高贵的敞廊。[607] 他可以采用以下的方法，把拱宽定为 12 尺，高 20 尺[608]，两旁的立柱高 6 尺，扁平的角柱采用多立克柱式。[609] 这些柱子，包括柱础和柱头在内，高应为 14 尺，宽 1.5 尺。[610] 不同种类的精美石头可按图示安放于圆柱之间。在这些柱子上方，在垂于它们的中心的地方，应放置我一开始提及的圆柱，同时在这些小圆柱之间设壁龛放置雕像。在立柱的柱头上，拱应从一立柱延伸至另一立柱。这样一来，14 尺加上 6 尺等于 20 尺。敞廊将会富于装饰。楣梁、中楣和檐口应巧妙地处理，放置于小圆柱的上方，总高为圆柱高的四分之一。檐口上应放置胸墙，胸墙上开敞廊上方的窗户。

　　这个图代表了整个敞廊的一部分，因为整个敞廊是一样的布置。现在让我们想象一下门位于中心，门宽 6 尺，高 10 尺，也就是图上所显示的关闭着的木门。框缘和门的上楣[611] 的总宽是门道宽的八分之一。中楣，由于上面不刻凹纹，应比门楣矮四分之一[612]，但是檐口要和门楣一样高。从檐口垂下来的框缘外面的肘托的长应与框缘宽一致，并且一直垂直至门楣底部。门上方的窗户是为了让光可以进入门厅和敞廊。这道敞廊上方应该还有一道带窗的敞廊，或者是各种各样的居住空间，这取决于建筑师的安排。无论如何，门的开口的上方要减缩十四分之一，如维特鲁威在多立克柱式和爱奥尼柱式上所做的一样。[613]

p.107

### 第六提议　大量的小圆柱以及如何将它们运用于大建筑而取得满意的结果[614]，第46章

p.108

　　谨慎的建筑师可能在另一个与上面不同的作品中，按照前面的建议采用同样的圆柱、雕像、饰面和其他零碎的构件[615]去建造一个回廊，也就是说一个可散步的地方[616]，如图所示。回廊宽8尺，这也是拱的宽度。双圆柱非常紧密地靠在一起，柱础的基石[617]相碰，而且回廊（我们的意思是门廊）墙上大的柱间距中间应开壁龛放置雕像。除非这个门廊，或敞廊，有铁拉条或者采用涂了灰泥的藤条作拱，要不我觉得没办法安全地为这个柱廊建造拱顶。[618]

　　首先，圆柱底下应建基座，这些基座高3.5尺。圆柱高7.5尺。楣梁高10寸。拱垂直上升2寸后，其半圆的半径应为4尺，这使得拱的总高为16尺，是敞廊宽的两倍。拱的上方放置一个"非正统"[619]檐口，高1.25尺。其上放置带栏杆的胸墙，胸墙高3尺。其上再放置另一个回廊或露天的平台，但必须有足够的坡度才不会积滞雨水[620]，而且路面必须铺好，在这个路面上会建造更多的建筑。[621]

　　在这个敞廊的中心应有一个进入房子的门[622]，门宽5尺高10尺，门上的檐口与楣梁同高。门的上方开一椭圆形窗户，让光线进入门厅。这座建筑也应该以相似的方法，用零碎的构件和废弃的材料来进行装饰。[623]

p.109

**第七提议　关于在神殿的正面使用古代圆柱的方法 [624]，第 47 章**

建筑师也许会有一些 [625] 曾经使用过的爱奥尼式圆柱，圆柱高 25.5 尺，宽 4 尺。[626] 他可能也有一些 [627] 更短更瘦的柱子，即柱高 19 尺，柱宽是柱高的十分之一。他还可能有许多零碎的构件和大片大理石，混合着各种不同石头。他希望用这些材料来装饰一座神殿的正面 [628]，这座殿至少有 30 尺宽 [629]，与殿高一致，因为这样的高适合这样的宽 [630]：边墙的厚度不能少于 6.5 尺，因为在这个厚度里要建一些作为小礼拜间的壁龛。这些爱奥尼柱子有三分之一嵌在墙里，而且它们旁边要有扁平的半圆柱，结果是包括两根半圆柱在内，圆柱宽 6 尺。每个转角应放置一根圆柱及两根半圆柱，中间留出 12 尺宽的空间，其余的圆柱连同其两根半圆柱放置于门的两边。因此，在两根半柱之间留下了 3.5 尺宽的空间。在这些空隙上应建造可放置雕像的壁龛。这就是包含神殿正面宽的 43 尺应该如何划分的方法。这座神殿的水平面要至少从广场抬高 5 尺，在这水平面上放置爱奥尼柱。柱子上放置楣梁、中楣和檐口，三者的总高为圆柱高的四分之一。把这四分之一分成 10 等份，3 份为楣梁，4 份为中楣，余下的 3 份为檐口，檐口上应放置一个 2 尺高的墩座。墩座会被突出的檐口或多或少地吞食，程度取决于从多远的地方观看神殿。[631] 墩座上放置科林斯柱，柱上放置楣梁、中楣和檐口，这部分依照我上述所讲的圆柱进行划分。其上又放置山墙，如图所示。但是读者，在这里请注意神殿的拱顶正好位于山墙的中心，在椭圆形的正中，而且无论拱顶是覆以铅或砖瓦、木材或非木材，墙的两角都不被覆盖，因此有必要好好地遮盖墙的两角。神殿主要的采光来自门上方的圆窗。但是，神殿两边的墙里应各有三个半圆形的小礼拜间。另外有一个主要的礼拜间，半圆形，直径长 20 尺，有两扇窗。这样，神殿会十分明亮。神殿的门道宽 7.5 尺，高 15 尺，但门道的上方要缩减十四分之一。[632] 框缘 (*antepagmenta*) 宽为门道宽的八分之一，各部分按此比例缩小。中楣高比框缘宽多四分之一，上面刻字或做雕刻。檐口高与框缘宽一致，于是形成上方的四分之一圆，为了有更多的装饰，其上应再置匾。[633]

p.112 **上述神殿的平面图，第七提议，第 48 章**

　　既然有人想知道如何安排上面的神殿的正面，我将在下面展示它的平面图。[634] 首先，从街道或广场上 7 级台阶到达神殿。正面的墙，不包括圆柱在内，厚度为 5 尺。神殿的平面宽 30 尺，长 60 尺，不包括门道入口处 4 尺宽的大拱。这个拱的立柱上应有两个壁龛。[635] 两边的墙厚 8 尺，每一边各有三个礼拜间要在这个厚度的墙里。每个礼拜间宽 12 尺。神殿的顶端是主礼拜堂，宽 20 尺。神殿两边的外墙应各有 4 个壁龛，光通过它们射进神殿。这些壁龛将为外墙提供装饰，同时因为它们是凹形，所以它们不会太削弱墙的力量，仍可以支撑拱顶。拱顶应为筒形拱顶或贝壳形拱顶——有人称它为船形（*volta a schiffo*）[636]，拱顶也可以采用半圆拱，这样会更好看，也会更轻。为了避免外墙的壁龛成为排污之处，我打算把它们底部开在离地面 7 尺高的地方，这样没有人可以轻易爬上壁龛，神殿的墙基也会更加坚固。墙里的两道螺旋楼梯会有多种用途。首先，在 4 尺宽的大拱下方会建造一条走道，走道伸入墙壁 1 尺。在这里，人们将学习福音，诵唱赞美诗，风琴应放置于正中。螺旋楼梯可通往屋顶，在第一层的檐口可建造一条环绕神殿的走道。

　　平面图旁边的两个图代表一个外墙壁龛和一个内墙礼拜间。下面的图代表神殿外墙的壁龛。上面的图代表教堂里六个礼拜间之一；它们按照教堂内部的比例尺绘制。[637]

p.113

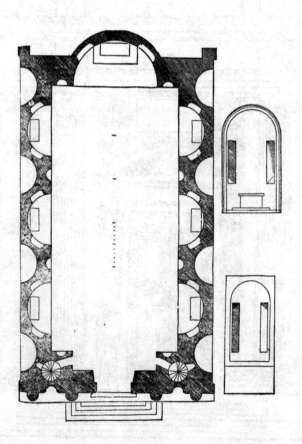

## 利用旧柱子建造的第八提议[638]，第49章

p.114

也许建筑师可能找到大量的圆柱，想用它们来建造一个至少24尺高的敞廊来配合一个现存的建筑。然而，圆柱却只有17尺高，2尺宽。[639]因此，如果他想建造一个坚固的敞廊，他可以让两个柱子紧密地挨在一起，柱础的基石相碰。[640]为了达到要求的高度，双柱下面应建基座。基座高6尺，圆柱高17尺——总高23尺——加上楣梁足的1尺，一共是24尺。大的柱间距为9尺。结果是，一条完整的楣梁无法支撑其重量，所以它们应分几段组成，如图所示。由于楣梁本身的薄弱，用与中楣同为一体的石头来雕刻。楣梁、中楣和檐口的总高应是圆柱高的四分之一，并按上述方法划分。[641]敞廊宽不超过9尺，因此天花上被楣梁围合的镶板是端端正正的正方形。但是从圆柱到敞廊墙壁的楣梁应采用最耐用的木材，因为石头不够坚固。外面的楣梁采用石头就足够坚固了，不仅适宜性强，还可以抵抗风雨。[642]

敞廊上方是居住空间，或者应建一个带窗的敞廊可供散步，这些地方[643]人们称为展廊。这张图代表了敞廊的一部分，中间可见一扇通向房子的门。门道宽8尺，高17尺。但是，拱墩向上的部分不能打开，半圆拱应装有玻璃格子，可以让光进入门厅。[644]同样的，柱子之间都开窗户，宽6尺，高12尺。楼上的窗户之间应开壁龛，可以放置不同石头的雕像，从而用优美的装饰延续着外墙的排布，这本书有许多这样的例子。[645]

p.115

**圆柱有序应用的第九提议** [646]，**第 50 章**

在世界上许多高贵的城市里，商人和匠人都拥有一个敞廊，或者更确切说是一个房子，他们可以在里面做各种自己的事情。在这里，有一个法庭或执政官在他们中间维持公正。这里，除了公共的敞廊，他们在上面还有一个主厅—— 一个可以办理个人私事的房间。[647] 这样的项目可能会落到建筑师的手里。[648] 在这个项目中，让我们假设他有一块 50 尺宽的地，他有很多与上述建议中所提及的相同的柱子——它们是（如我所说）17 尺 [649] 高，2 尺宽 [650]，同时他手上有许多不同的大理石构件，其中有许多扁平的混合式圆柱，高 13 尺，宽为高的十分之一。[651] 他想比例均衡地用这些东西来装饰房子。在这里，我应从主要的、公共的部分开始，也就是敞廊。[652] 建筑师要把中间的柱间距定为 10 尺，其他 4 个柱间距为 7 尺。把两个圆柱放在转角，两个放在转角圆柱与正中圆柱的中间，50 尺就是这样进行划分的。敞廊的宽应为 7.5 尺，其下方的墙厚为 2.5尺。进入大门后，敞廊的正中应有一条宽 10 尺、长 20 尺的过道，过道的左右两边各有一个主室 r，每个主室长 15 尺，宽 10 尺。主室后面有两道螺旋楼梯通向上一层的主厅，上层应有两个从室。上层的主厅宽 24 [653] 尺，长 46 尺。由于这块地很长，所以应有一个庭院、一个花园和其他公众设施。[654]

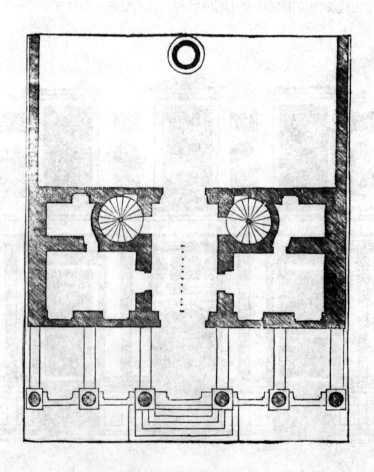

## 旧圆柱和其他零碎构件应用的第九提议，第 50 章 p.118

　　上面我展示了第九个建议的平面图，在下面这个图，我将展示建筑的正面。在平面图里我讲了敞廊正中间的柱间距为 10 尺，两边的四个柱间距为 7 尺，每个圆柱宽 2 尺，加起来一共 50 尺。圆柱高 17 尺。[655] 楣梁、中楣和檐口应为柱高的四分之一。但是，为了让楣梁更加坚固 [656]，它应该分段组成，如图所示。而且楣梁宜与中楣同为一体，这样会更加坚固。檐口上方应放置一块 1 尺的檐板饰带，这正好是被挑檐所"偷走"的高度。檐板饰带上方应放置我在讨论构件时所提到的扁平圆柱。圆柱高 13 尺，窗户的胸墙高 2 尺，加起来就是主厅的总高。但任何想提升主厅高度的人可以让顶棚紧靠檐底，这样可以高出 2 尺。楣梁、中楣和檐口应为 3 尺：楣梁 1 尺；带有飞檐托饰的中楣为 1 尺；檐口 1 尺——飞檐托饰的头部是檐口的组成部分。屋顶老虎窗的建造可由建筑师任意决定，它们的数量——或多或少——由委托人自行决定。[657]

　　房子的门道宽应为 7.5 尺，高应为 15 尺。但是可以打开的部分为 10.5 尺高。门上的半圆用镂空的石头或金属建造，使光线可以进入门道。所有的窗户宽 4 尺，下层的窗户高 7.5 尺，上层的窗户高 8 尺，不包括其上方那些使主厅更明亮的窗户。[658] 但是，正中的窗户宽应为 5 尺。所有没有把地面抬高的建筑都会损失不少庄严与华丽。因此，这座建筑应抬离地面至少 2.5 尺——如果能抬得更高，将会更被认可。在敞廊上的窗户之间，同时在敞廊的两端，应有矮墙可让人坐下。类似地 [659]，也应为了公众的实用性在房子的墙上开座位。敞廊上横跨圆柱与墙之间的楣梁不能用石材，而应该采用坚硬的木头，例如落叶松木、松木、橡木。但是这些木材必须在正确的季节采伐，就如杰出的维特鲁威 [660]、克鲁梅拉（Columella）[661] 和现代的莱昂·巴蒂斯塔·阿尔伯蒂所教导我们的那样。[662]

p.119

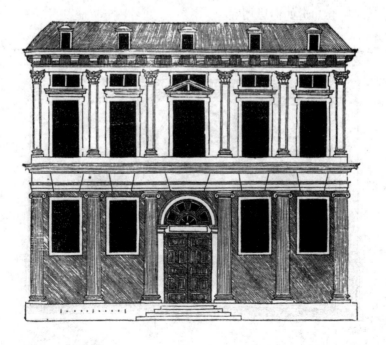

p.120　**第十提议　或是关于一些建筑术语的讨论和定义**[663]**，第 51 章**

　　对于人是否天生就有"判断力"这一优秀的特征，或者"判断力"是随着时间的推移通过与不同人的讨论请教而获得的，许多人持有不同的意见。[664] 至于我自己，我向来就无法解决关于人是如何获得[665]这一优秀特征的问题，因为我认识很多从事高贵艺术的人，他们在自己长年从事的艺术上极有天赋，但是他们工作时几乎不用"判断力"。我也认识其他一些人，他们很少学习很少工作[666]，但是他们用出色的"判断力"创造出成功的作品。因此，我得出结论："判断力"是随着时间通过大量的讨论与请教而获得的。但我断定有天赋的人有极大的优势。[667] 然而，既然我是要讨论可能发生的各种情形，我希望能简明地——就像一段插曲——谈论"正确的"建筑，特别是关于装饰与适宜性。我想尽我浅薄的才智去解释"坚实"、"简单"、"光滑"、"甜美"和"柔软"的建筑有什么不同[668]，并且什么是"虚弱"、"脆弱"、"精细"、"做作"、"粗鲁"，真正"暗淡"和"含混"的建筑[669]，我将对下面 4 个图进行详细的讲解。首先，下面的图 A，爱奥尼柱式，可以称为"坚实"，因为它的力量没有被凹雕削弱；它也可以称为"柔软"与"甜美"，因为它不带任何"粗糙"。虽然柱身带细槽，柱头与齿状装饰刻有凹雕，但是这个作品绝对不能称为"粗鲁"。可以看出，作品是源自好的"判断力"的。[670] 为了让不懂的人可以从中得益，这里会介绍尺寸。圆柱，包括柱础与柱头在内是宽的 8 倍。[671] 圆柱下的基座的高是圆柱宽的 3 倍。[672] 楣梁、中楣和檐口为圆柱高的四分之一，把这四分之一分成 10 等份，其中 3 份为楣梁，4 份为中楣，剩下的 3 份为檐口。[673] 中间的壁龛宽为柱宽的 3 倍[674]，高为宽的 2 倍。[675] 两边壁龛的宽为柱宽的 2 倍[676]，高为宽的 2 倍。其上有两块匾，可按照委托人的意愿添加各种石头、图画、浅浮雕或其他东西，壁龛里也可放置相似的东西。这个设计可作为神坛或陵墓，建筑师会知道如何运用它。[677]

p.121

A

### 对一些建筑元素的讨论和定义，第十一提议[678]，第52章

p.122

　　下面的图B[679]，可以称为"坚实"、"简单"，而且实际上是"柔软"的。[680]从它多立克式的"种类"上看可称为"坚实"。[681]又因为它没有任何凹雕所以它很"简单"。但是，假如圆柱上有槽，柱头有凹雕，那么即使这些东西没有减弱其"坚实"，还是会损坏其"简单性"。但是没有凹雕的部分永远是"坚实"的，同时也是"柔软"的，因为它是一个统一体，就如图中"光滑"的部分。

　　为了让大家明白这张图的尺寸，除了好的"判断力"[682]，我将作一些详细的描述。这些圆柱，有三分之一嵌在墙里[683]并且柱间距狭窄，与维特鲁威的规诚相差甚远，因为维特鲁威认为独立承托大重量的圆柱，包括柱础和柱头在内，其高应为宽的7倍。[684]然而，因为这些圆柱不用支撑大的重量而陷入墙中——这使得它们自身有了很好的支撑[685]——所以它们的高为宽的8倍。它们上面应放置楣梁、中楣和檐口，总高为圆柱高的四分之一：楣梁为圆柱宽的一半；中楣为圆柱宽的四分之三，三陇板头高为楣梁的六分之一[686]；檐口与楣梁一致。[687]通过在每根圆柱上，以及在每个大的柱间距正中放置一块三陇板，形成了某种划分，是一种协调的混乱[688]，观赏者并不至于觉得难看。

　　在大的柱间距中应开壁龛放置雕像。壁龛宽为柱宽的两倍，其高为其宽的两倍。也可以在墙上开窗户，这是古罗马人的习惯。[689]

p.123

B

**对一些建筑术语讨论和定义的第十二提议[690]，第 53 章**

    下图 C[691] 为复合柱式。它可以描述为 "脆弱"、"精细"，并且 "粗鲁" 及 "枯涩"。[692] 说它 "脆弱" 是因为圆柱瘦长——却是适合此柱式的某种特征。说它 "精细" 是因为此柱式的 "润饰"，也是因为它上面的凹雕。说它 "粗鲁" 是因为圆柱的 "暗淡"，也是因为嵌进基座的杂石。说它 "枯涩" 是因为它与 "柔软" 相反。这从由杂石建造的部分可以看出。但是对于光滑、没有凹雕的部分，由于没有杂石，无论它可能有多 "脆弱" —— 如前面一个建筑——它却没有丝毫的"粗糙"。它也没有任何"枯涩"，但它可以被形容为[693]"柔软"、"甜美"、"简单"。[694] 为了给这么一个建筑一些总体尺寸，圆柱，包括柱础和柱头在内，高为宽的 10.5 倍[695]，基座高为柱宽的 4 倍。[696] 楣梁、中楣和檐口总高为圆柱高的四分之一。把这整个高度分成 10 等份，3 份给楣梁，4 份给中楣，剩下的 3 份给檐口。[697] 圆柱（三分之一嵌入墙体）的旁边是扁平的圆柱，一边各有半根，因为装饰自圆柱向上突起，如果两边没有半圆柱的话，圆柱间的楣梁就没有支撑物。正中的柱间距，位于圆柱中间，宽为圆柱的 5 倍[698]，两边的柱间距为圆柱的 4 倍[699]。中间的门道宽为圆柱宽的 2.5 倍，高为圆柱宽的 5.5 倍。门道上开一圆窗，直径与门道宽一致，可以让光线进入室内。假如建筑上面还有一个 "非正统" 楼层[700]，这本书有很多这样的例子，那么建筑内部可以是一座神殿。同时，小的柱间距中应开壁龛，壁龛上开窗户，如图所示。[701]

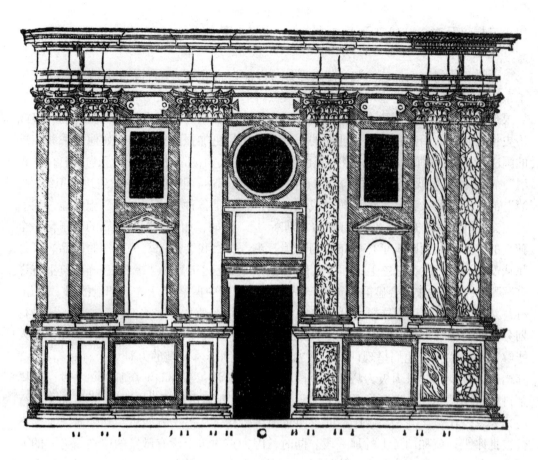

**第十三提议及对一些建筑元素的讨论[702]，第 54 章**

　　下图 D 为科林斯柱式。这个建筑部分可以称为"粗鲁"、"含混"，即在圆柱中使用了杂石的部分。同时它也可以称为"暗淡"，因为它带有浮雕，"暗淡"与"明亮"的效果形成对比。[703] 由于这个原因，最好的画家在画一幅有几个人物同时出现的故事或历史情景时总会用浅色来画最前面的人物，使作品更加强而有力。假如他们采取相反的画法，用深色来画最前面的人物，浅色来画远处的人物，那么作品就会显得"粗鲁"、"含混"。以下的建筑就是这个情况，原因我在上面已经陈述。但是我不希望建筑师拒绝"暗淡"的柱子或是杂石，不论是斑岩或蛇纹石，或者是各种美丽的饰面。相反地，我们应当充分利用这些东西，但要有好的"判断力"。例如，如果敞廊或门廊的柱子是完全独立的，并且墙面贴满了巧妙布置的精美石头，那么我会永远赞美这样的作品。可是我从没允许杂石放在基座上，因为这种"暗淡"会让建筑显得"虚弱"。当建筑上有许多凹雕时，这样的作品会显得"含混"、"做作"，就如图中楣梁[704]上布满凹雕的那一部分，有"判断力"的人认为这样的设计非常"含混"。可是假如凹雕按门道上方那一段进行划分，如图所示，这样的设计永远不会被批评为"含混"。为了使不明白这些理论的人能够理解，我将为他们呈现两个古建筑最优美的例子。罗马的万神庙，科林斯柱式，其构件上极少有凹雕但极为巧妙地分段。[705] 在安科那（Ancona）众所皆知的拱，同样是科林斯柱式，只在柱头上才出现凹雕。[706] 因此，我得出以下结论："简单"而又理智的元素总是比"含混"、"做作"的东西更值得赞扬。从另一方面讲，这种做法永远不会被批评[707]，就如门道上的那一段。同时，因为在建筑上没有敏锐的"判断力"的人不能理解这样的理论，我将为他们展示一个源自自然的普通的对比。比如说，一个漂亮的身段优美的女人，除了貌美，她身着华美的——庄重而不淫荡——衣服，她的额头戴着一块美丽的宝石，耳朵上挂着美丽昂贵的耳坠。这些东西使得一个身段美好的美人更加优美。然而，如果宝石是戴在她的太阳穴上、脸颊上，以及其他不必要装饰的部位，请告诉我，她难道不是成了一个怪兽？是的，毫无疑问是这样。可是，如果一个好身段的美人，除了貌美，还照上述第一种方法装扮自己，那她将永远得到有"判断力"的男人的赞赏。[708]

　　现在我觉得我已经让聪明的人看到了建筑上这些部位的不同之处[709]，我将接着讲这个设计的总体尺寸。

　　以下这个创作的圆柱，包括柱础和柱头在内，高为柱直径的 10 倍。[710] 楣梁、中楣和檐口的总高为柱高的四分之一：这个四分之一分成 10 等份，3 份给楣梁；4 份给中楣；剩下的 3 份给檐口。正中的柱间距为柱宽的 4 倍；两边的柱间距为柱宽的 3 倍。门道宽为柱宽的 2.5 倍，其高为其宽的 2 倍。但是，门道应该缩减十四分之一，如维特鲁威所说的一样。[711] 两边的窗户和壁龛的宽为柱宽的 2.5 倍，其高为其宽的 2 倍再加上四分之一。[712] 关于圆柱的第十三个提议就到此为止了。接下来我将讨论不常见的场地，以及其他类型的场地。[713]

p.127

**各种不规则的场地[714]，第一提议，第 55 章**

　　过去，在古罗马之后，人们放弃了有价值的建筑，直到最近人们才重新发现它。[715] 然而，我在意大利许多地方和其他国家（我指的是高贵的城市）看到有许多在主要街道上的房子并不是方形的——我也曾经处理过一些奇形怪状的地。[716] 出现这种情况有很多原因，不过我觉得主要的原因有两个：第一个原因可能是随着好或非常好的，或是没那么好的艺术的逐渐衰退，建筑也相继衰落，结果是，那时候的人在建造时没有理论指导，事实上根据我所见到的，你可以说是"按照他们所知最差的方式"在建造。第二个原因——非常确切地——是许多人共同继承了一座有许多套间的大房子。他们共同拥有房子，一个人得到其中一部分，另一个人得到了另一部分，因此随着时间的推移，许多地块被割碎。[717] 因此，我会列出一些奇怪形状的场地。比如说在一种情形下，A、B、C、D、E、F、G、I 是一块地的各个边角。角 A 和角 I 在主要的街道上[718]，I、H、G、F、E、D 是共用墙，所以那里无法获得自然光。A、B、C 是街道，C、D 是非常窄的巷子，是一些房子常有的情况。首先，找出 A 和 I 之间的中点，画一条与地形的长向垂直的线[719]，形成门道和过道 A。过道的两边有主室，右手边有主室 B，B 配有两个从室。沿着过道有主室 C，C 后面有从室 D。过道之后是正方形的庭院 E，庭院的一边是次厅 F，F 配有两个从室 G 和 H。过了庭院进入过道 I。过道的一边有主室 K，K 后面又配有从室 L。接着又有一个从室和一道上楼的螺旋楼梯，因为这些小地方都应该有夹层。过道的另一边是主室 M，配有从室 N。回到最初的那条过道，过道中有主楼梯，上楼的地方在 O，通过另一个在庭院边上的门可以通往地下室。[720] 楼梯近大门口处有一间主室 P，P 里面有一个凹入的部分 Q。楼上的房间与楼下的一致。但任何想有一个主厅的人可以将过道 A 和主室 B，连同 P 并在一起，就可以得到一个 60 尺长的主厅。但由于相对于这样的宽度，主厅会显得非常长，所以过道加上主室 P 其实就足够了。这样一来就形成一个长 35 尺、宽 24 尺[721] 的副厅。我还没有记录这个房子的测量尺寸，因为文字已经很长了[722]，我也还没讲厨房的位置。至于尺寸，有一种 4 个刻度的小比例尺，每个刻度为 10 尺。[723] 至于厨房，把它放在主室 F 内会非常适合——G 和 H 适于作食物贮藏室或仆人，或者是厨子的卧房。[724]

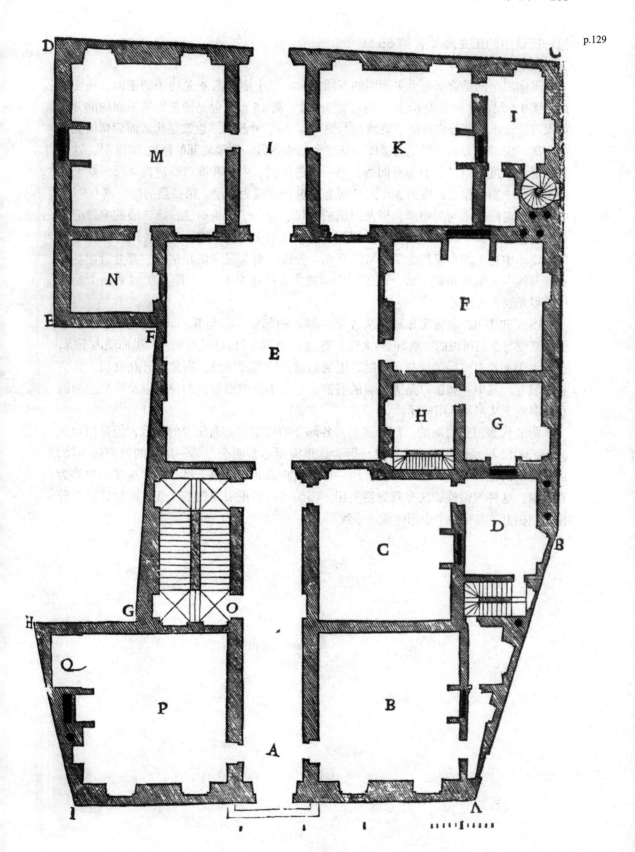

p.129

**第一提议中的正立面[725]，第 65 章**

　　下面四个图是前面一个平面图的不同立面。[726] 上面的图 ✠ 是房子的正面，地面抬离街面 1.5 尺。立面长为 64 尺。门道宽 7.5 尺，高 15 尺，但是檐板饰带下面的部分才可以打开，半圆部分应有格子玻璃。[727] 第一层楼高 20 尺——也就是从地面到楣梁底部的距离。楣梁应为第一层楼的楼板。从这个楣梁到另一楣梁底部的距离为 18 尺，这是第二层的高度。第二层上面有阁楼。第一层的楣梁、中楣和檐口高应为 4 尺，最上面的檐口、中楣和楣梁高应为 3 尺。[728] 所有的窗户宽应为 5 尺。第一层的窗户高 9.5 尺。由于窗户与眼睛之间的距离，以及突出的檐口"偷"了不少高度，第二层的窗户应比第一层的窗户高 1 尺。[729] 窗户上的圆孔是为了让更多的光线进入房间，同时又是很好的装饰。中楣上的小窗户为阁楼带来亮光。旁边的图 X 显示的是房子一部分背面。所有的高度与上面所讲的一致，除了门道的宽为 6 尺高为 11 尺。其上方 [730] 有一个窗户可使得光线进入过道。[731]

　　图 A 和图 B，非常明显地，从 A 至 B 倾斜的部分 [732]，与 B、C 部分应该一致。它们的高度与上面所说的一致，但是大窗户宽为 4 尺，高 8 尺，可以看到它们里面朝内下沉，这是由于下面有夹层的缘故。同时，上层的窗户的宽度一致，窗户应开在夹层上并为夹层服务。其中一些窗户是关闭着的假窗，那些小长方形带拱的窗户以及窗户上的圆孔应服务于从室及私用楼梯。

　　图 E 代表门正对面的一部分庭院，各部分的高度与上面所说的一致，但是门道宽 6 尺，高 12 尺。这些窗户宽 6 尺，因为这里需要非常明亮。第一层楼的窗户高 7 尺，由于突出的檐口"偷"了 1 尺，上面一层的窗户高 8 尺。由于尺寸大，这些窗户均为直棂窗。这种习惯性做法非常方便实用，因为可以根据需要调节光线。阁楼的窗户应建于中楣上（与另一个中楣的做法一致）。[733]

**第二提议中的不规则场地[734]，第56章**

　　有时建筑师恰好不得不处理一块非常不规则的场地，地的每一边都不相互垂直，其边角为下面的 A、M、L、K[735]——这里有一条弯曲的小巷。背面一边也是倾斜的，其边角为 K、I、H、G[736]——对着一条街道。下面的一边为共用墙，其边角为 G、F、E、D。[737]前面一边极为倾斜，其边角为 A、B、C、D。[738] 这时候建筑师必须既是几何学家又是律师。他必须是几何学家，才能对公共土地做到多减少补。[739] 他必须是律师，才能知道怎么决定合理的公共土地与私人土地的边界。看一下前面是如何的弯曲与不规则，然而建筑师不得不解决这些问题：如何让它具有一定的适宜性，如何为委托人提供实用性。[740]首先，在角 A 处，应向主要街道借用 1 尺，同时，在同一角落处也应还予公共用地 1 尺。然后，从角 C 画一根垂直于街道的直线，即从角 B 向公共用地推进 6 尺[741]。这将成为这个角落上的小楼塔的正面——楼塔的前方进入公共用地，如上所述，只是这会占用 9 尺。这一面与角 D 对齐，但比 D 向后退缩 1 尺。为了与 20 尺的小塔楼 A、B 对应，在角 D 也应建另一座小楼塔，楼塔朝里面后退，在对着房子的方向上补还相同的 9 尺。[742] 这样一来房子的转角处将会有两座楼塔。在这种情况下，委托建造房子的人，通过拉直其房子的正立面，给予公共用地的面积要比他占用公共用地的面积大得多。D、E、F、G 部分必须在边界以内，因为边界是共用的墙。可是，如果要将 A、M、L、K 的墙拉直，那么就不得不从 A 画一根直线到 K，这样所占用的与所拟补的公共用地面积就同样多，或者是两者的差别极小，公众完全可以接受这种改变，因为街道变直了。场地的后方还有临街的一部分，后面这一部分的边角为 K、I、H、G。然而，通过从 G 至 K 画一根直线，线从角 K 向内缩进 1 尺，小街也将被拉直，这不会引起任何异议。我们现在讨论正面的划分。每座小楼塔的正面为 20 尺，侧翼为 9 尺。[743] 从一座到另一座之间的距离为 64 尺，其正中建门。楼塔里有一条走廊，用 A 标示，其右手边有次厅 B，B 带有一个小楼塔。再深入有楼梯 C。过道外有敞廊 D，敞廊的一端有庭院，用一条短廊标示，带一个小拱廊。敞廊外有庭院 E，与之相对的是另一敞廊 F。敞廊的一端为主室 G，带一后室 H。走过这条敞廊进入主厅 I，主厅的一端有主室 K，另一端有主室 L。从 L 再折回前面有厨房 M，带有食物贮藏室 N。再次进入过道有主室 O。朝大门的方向上有主室 P，P 带有两个房间 Q 和 R。从这些地方进入庭院 ✠，庭院中有一口井。读者们，不要对这两个庭院感到惊讶，因为若没有它们，这些主室都会太黑暗。上面应该有与下层相同的住房。要是有人想要一个主厅，可以把过道 A 与次厅 B 合并起来，形成长 56 尺的主厅。[744]

p.133

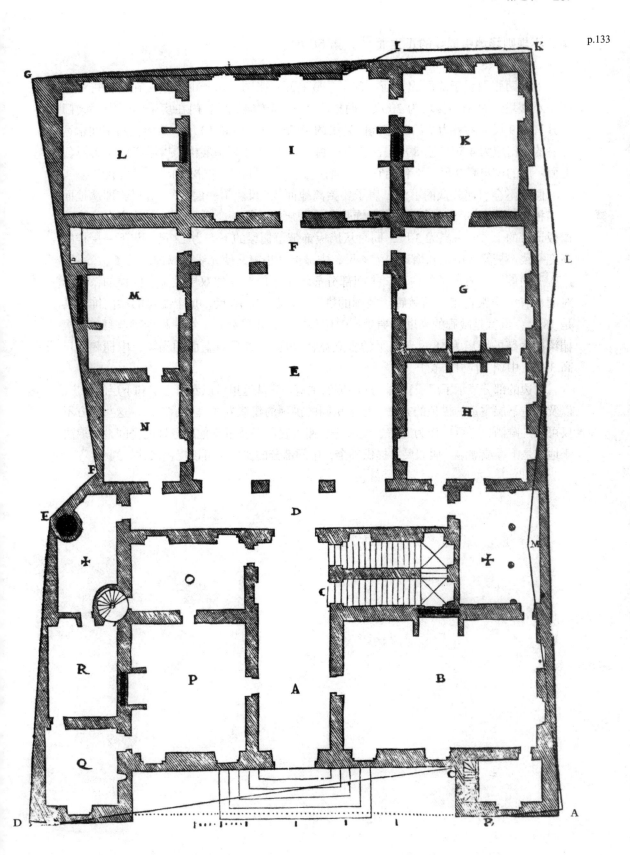

**第二不规则场地中提议的正立面[745]，第56章**

下面两张图属于前面的平面。首先，最上面一张图是房子的正面，在两角可看到两个小楼塔。每个小楼塔为20尺，两楼塔距离54（64）尺。门在房子的正中[746]，门的开口宽9尺，除去了为了给过道提供光线的半圆部分，门高10尺。然而，门中间永远开着的小门应为4.5尺宽，8尺高。所有的窗户宽4.5尺，第一层楼的拱形窗高为9.5尺，上面一层的窗户高9尺，不包括它们上面让房子更加明亮的"非正统"[747]气窗在内。

假如不会引起公众的不满，房子要抬离地面4.5尺。第一层楼高18尺，即从地面到檐板饰带底部的距离。这道檐板饰带为第一层楼的楼板。[748]胸墙——从窗台往下至檐板饰带的上方——高为3尺，同时从檐板饰带至楣梁的下方为18尺，与下一层楼的高度一致。楣梁、中楣和檐口应为4尺，中楣上开小窗，使光线可以进入阁楼。

下面的图代表房子的内部。中间部分显示了正门对面的双层敞廊。同样的，敞廊对面也有一个跟它相似的敞廊。敞廊的拱宽10尺，高16尺，加上2尺的拱门饰一共是18尺，也就是敞廊的高度。楣梁、中楣和檐口共4尺高。从第一根楣梁至第二个根楣梁的底部的距离为18尺。扁平的多立克柱高应为15尺。上面的楣梁、中楣和檐口高3尺，中楣上应开小窗户。

两边的部分显示了房子背面主厅两侧的主室。[749]从这里可以看见上层和下层的窗户，以及建造下层主室的拱顶的方法。地下房间的拱顶的建造方式也显示出来。这些地方不仅可以贮藏酒，也可以作为厨房、洗衣房、佣人餐厅以及带其他服务性的房间，这取决于地方是干燥或潮湿。假如尺寸提供不全，中间部分的比例尺可以提供尺寸。[750]

p.135

p.136　**关于不规则场地的第三提议[751]，第 57 章**

　　有时候可能会有一块奇怪的场地，其边角为 A、B、C、D、E、F、G、H、I。A 和 B 在前面，而且是直的。B、C、D、E[752] 是共用墙，不能透光。同样的，另外一边的 A、I、H、G 也是共用墙，而且，G、F 也是共用墙。但是在 E、F 处有一个小广场，为几座房子所共有。结果是这个场地需要一个长长的庭院，而且一个庭院并不足够，还要有三个小庭院。

　　第一件要做的事是在正面的中间画一条垂直于正面的线，一直到这块地的后部。[753] 一进门就应该有过道 A，其右边有次厅 B，带有 C、D 两个从室。经过过道进入庭院 E。进入 E 后有短廊 F，F 有一个小庭院＊，可以为次厅与从室提供光线。在小庭院的末端有另一短廊，为从一个套间走到另一套间时提供遮盖。通过这个小庭院进入主室 G，再到主室 H。从正中的庭院的末端进入螺旋楼梯 I，经过楼梯到主厅 K，主厅的一边有主室 L。从螺旋形楼梯的另一个出口进入主室 M，M 里面有一床龛，M 后面有后室 N，带有可以放置一张小床的床龛。从主室 M 可以进入一个小庭院，用＊标示，庭院为三个地方提供光线。从 M 可以进入从室 O。回到庭院 E，在一个角落进入主室 P，P 配有后室 Q。在最接近前部的对角处有小教堂 R，从这里进入一个杏仁形的庭院，用＊标示，庭院为楼梯口提供光线。之后进入过道回到前面，那里有楼梯 S。在朝门的方向处有主室 T，T 后面又有主室 V。请注意所有的中小房间都应有夹层，而且都可以通往上面的服务室。房子的上层不应该建大主厅，因为下面就有非常好的空间，长 45 尺、宽 30 尺。[754]

p.137

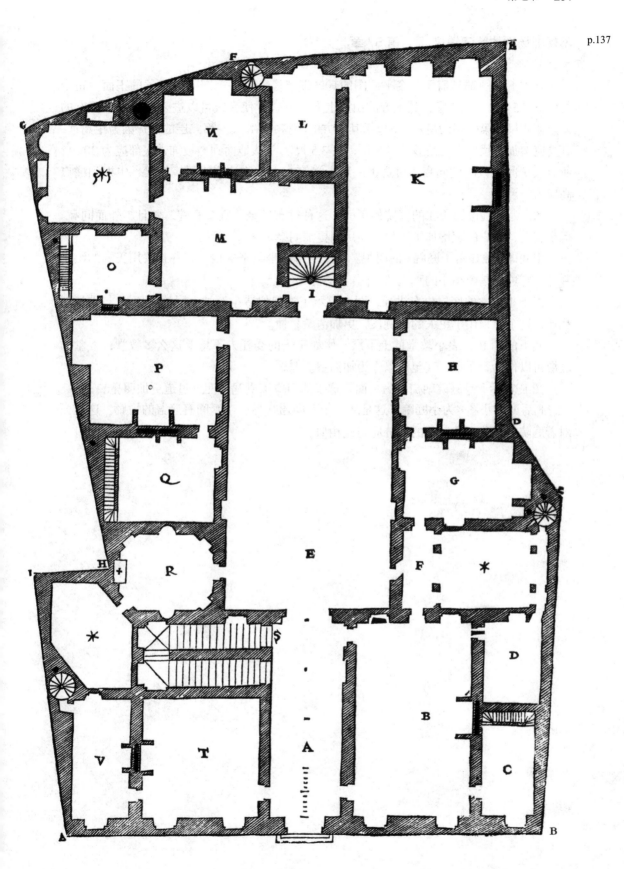

p.138 **不规则场地的第三提议[755]，第57章**

下列七个图都是前面一个平面图的具体细节。[756] 第一个图 A 为房子的正面。正中的门宽 7.5 尺、高 13 尺，其上方的山墙上有一开口，使光线可以进入过道。[757] 所有的窗户宽 4 尺。第一层的窗户，不包括其上方的小窗，高 8 尺。第二层的窗户因为距离远，其高应增加 1 尺。[758] 老虎窗宽 2.5 尺、高 3.5 尺。[759] 从地面到檐板饰带底部应为 20 尺，所有大房间应该与此同高，过道也一致。[760] 窗户上的胸墙高 3 尺。楣梁、中楣和檐口高应为 3 尺。

图 I 为螺旋楼梯所在的庭院的正面。这种排布环绕着整个庭院，并且与外面同高。但事实上，窗户的宽增加了 1 尺，使房间更加明亮。

中间的图✳显示了庭院✳的面貌。这里是可以坐下来的地方，并且要用美丽的绘画装饰。它可以是个小小的私密的花园。

由于小教堂的底层应有拱顶，图 P 显示了如何建造小教堂上层的屋顶[761] 与别的图相比，这个屋顶用了更大的比例尺，更加清楚易懂。[762]

底下的图 R 代表小教堂的上下层。假如房子的委托人不想要这么多教堂，教堂的底层可以作为音乐室，甚至可以作为加温室。[763]

图 E 实际上是庭院朝街的另一面。这里的门应该更宽，使得过道更加明亮。

E 后面的小图✳为小庭院。这是从一个套间通往另一个套间有遮盖的短廊。这是面对着庭院的部分，它对面的部分应与此相似。[764]

p.139

**不规则场地的第四提议[765]，第 58 章**

有可能以下的场地会交到建筑师手里，其边角为 A、B、C、D、E、F、G、H、I、K、L、M、N，正面为 A、B、C。[766] 假如建筑师想把前面拉直，那么给公共场所让地会是一个好办法，这使得他处于一个有利的位置。[767] 那么，从距离角 C2 尺处对着大街画一条线，再从 A 到 C 画一条直线，在角 B 为公共场所让出 5 尺。这样做结果很好，因为建筑师可以在自己的地上建造 4 级阶级[768]，将建筑抬离街面。[769]C、D、E、F、G、H 是共用墙，两边不透光。H、I、K、L 处于繁忙的街道上。把角 H 朝里缩进 2 尺，从这个点画一条直线至 L，这样就可以轻易弥补或占用公共用地，同时街道会被拉直，也不会被市民投诉。[770] 画了所有的线并定了所有的点以后，L、M、N、A 应该保留原形。可是假如可以在角 A 扩展而不影响街道，那对于委托建造这个建筑的人会非常有利，同时也为这座城市提供了装饰。[771] 假如不能这样做，那么在 A 与 C 的中点画一条与街道垂直的线，直至这块地的末端。[772] 这里，在中间应建造门。门里面是过道 A，其右手边应有次厅 B，隔壁又有主室 C。要是没有一个带两个立柱的屏风及拱门将主室与床龛隔开，这里就会显得过长。离开过道进入敞廊 D，D 环绕一个庭院的三个面，庭院用 F 标示。剩下的一边有拱门与墩柱，和谐融入庭院四周。[773] 但是，首先在敞廊 D 的一个末端有主室 E，另一末端有一个螺旋楼梯 G，可以通过这道楼梯到达主室 H，从这里进入主厅 I。这里的末端有主室 K，K 带从室。敞廊的另一端有主室 L[774]，L 带从室。敞廊 D 的另一末端有椭圆形的主楼梯，通过楼梯可进入次厅 M[775]，M 的后面有主室 N，带有后室 O。回到过道，这里有主室 P，带有后室 Q，再往回朝大门的方向上有主室 R，带有后室 S。上面应该有同样的住房。所有的中、小型房间应有夹层，它们都有自己私用的螺旋楼梯。至于各自的尺寸，我还没记录下来，可是它们可以用庭院中显示的比例尺计算出来。[776]

p.141

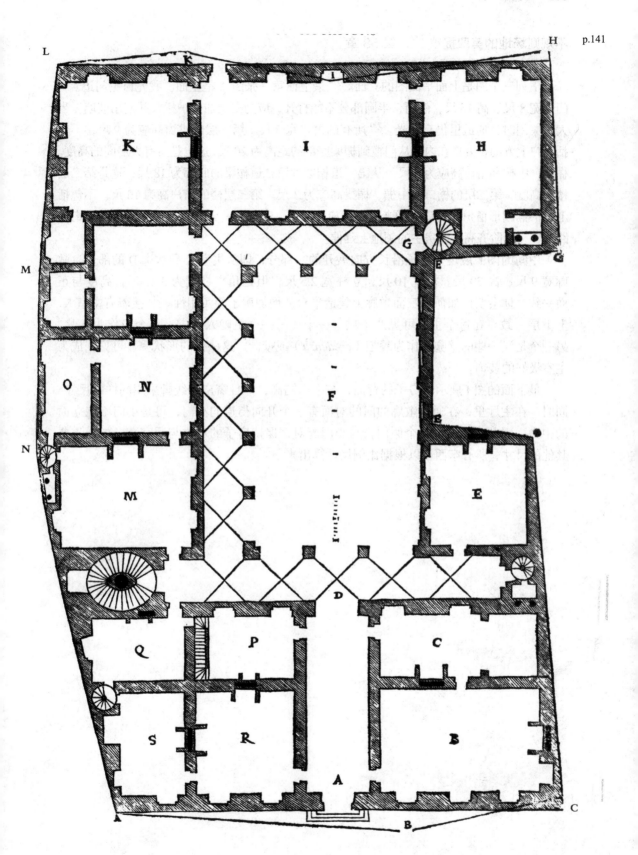

**不规则场地的第四提议[777]，第 58 章**

　　下列三个图是上面平面图的立面。[778] 最上面第一张图 A 是正面。我先讨论门道。[779] 门道宽 8 尺、高 16 尺，然而，半圆部分不能打开，应为安全加上护栏，并使用玻璃，当大门关闭时，通道里仍有亮光。[780] 所有的窗户宽 5 尺。第一层的拱窗高应为 9 尺，不包括窗户上方的长方形在内。从门槛到楣梁底部的距离为 20 尺，这也是所有大房间的高度。楣梁、中楣和檐口高应为 4 尺。从第一道楣梁到第二道楣梁的底部 18 尺，这是第二层楼的高度。第二层的檐口、中楣、楣梁高应为 3 尺。第二层楼的窗户高为 10 尺，不包括上方的椭圆形窗户。檐口上的老虎窗宽应为 3 尺，高与宽一致。房子的地面要抬离街道路面，与台阶齐高，在房主的领地上延伸。

　　中间的图 F 展现了房子沿长方向展开的一部分，即从主室 K 到敞廊 D 的部分。敞廊宽 9 尺、高 20 尺。拱宽 10 尺，立柱宽 2.5 尺，但是角立柱宽为 3.25 尺，高度与正面一致。你会明白如何在三面敞廊上建造平台，增加房子的实用性。[781] 接着有主室 K，上下层一致。在每个主室可见两个拱，一个比另一个更隐入墙中，一个应作为床龛，另一个是浅一些的壁龛，作为餐柜（*credenza*）或壁橱。这些拱的形状明显可见，成为主室极好的装饰。

　　最下面的图 I 展示了房子的背面，与上面同高，并且窗户和线脚采用同样的尺寸。同时，在主厅里，在通往敞廊的门的对面有一个开向街道的小门，可是小门不在立面的中央，因此应该建造一个假门，与小门配对，保持房子的对称与适宜性。如果需要其他的尺寸，所有东西可以根据比例尺计算出来。[782]

A

D　　　　　F

I

**不规则场地的第五提议[783]，第 59 章**

　　建筑师也可能要处理边界非常弯曲的场地。[784] 让我们从前面 A、B、C、D 开始。假如你想把它拉直，最好是把角 D 往后面挪 3 尺，然后从这一点画一根直线至角 A。这样，所占用与所弥补的公共用地将一样多。[785] 接下来是边 D、E、F、G，对着一条肮脏无用的小径，其边角如图所示。假如你想拉直这些边角又使得公共满意，你应把边角 G 向后挪 3 尺，然后从这一点画一根直线至角 D，这样公众失去与得到的面积是一样的，墙也被拉直了，同时为城市增添装饰。从角 G 到角 H 是一道共用墙，角 I 和角 K 是一个小小的公共广场。边角 K、L、M、A 组成一道共用墙，不透光。[786] 把所有的线都拉直后，在正面取中点，在这里建造一道门，再加上过道 A。[787] 过道右手方应有一个主室 B，其后有后室 C。在通道的同一边再往里走有主室 D，配有房间 E。离开通道进入敞廊 F，其末端有小庭院 G——这个非常重要。[788] 在敞廊的同一角进入一个主室 H，从这里再进入主室 I，I 里面有一个床龛 K，以及通往上层的螺旋楼梯。[789] 再往前走进入主室 L，L 带一个从室 M。从这个主室进入主厅 O。在主厅 O 的一角有过道 P，从这里进入从室 Q，那里有一道螺旋楼梯 R。[790] 离开主厅往回走，经过一个庭院，庭院四周有假敞廊作为装饰，与真敞廊 F 一模一样。回到过道，在朝门之处有主室 S，S 带后室 T。往后有主室 V，配有服务房间 X。离开过道，在敞廊的末端有主楼梯[791]，旁边有主室 Y，带有一个从室，位于楼梯下方。[792] 走到庭院的中间，在同一边有主室 Z，Z 后面有一个从室 Et。上层应有同样的住房。由于篇幅有限[793]，我没有记录每个房间的尺寸。但是，过道有比例尺，可以推算出所有数据。[794]

p.145

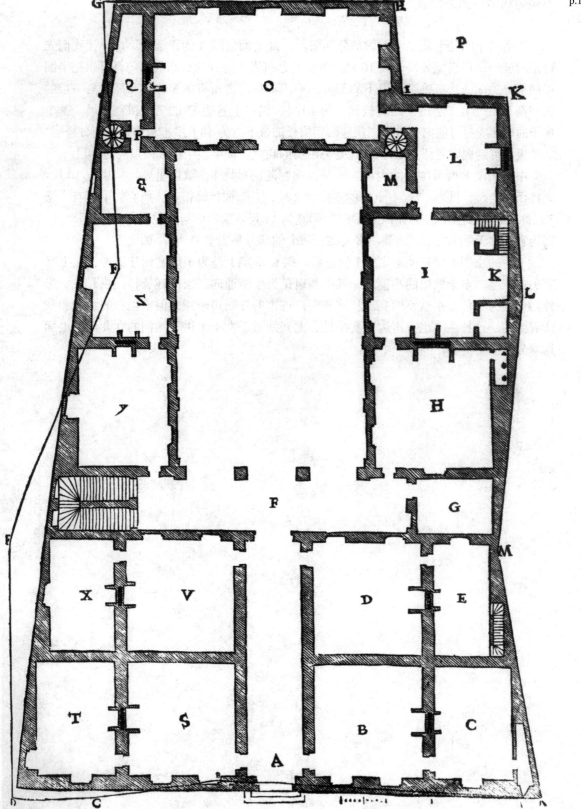

**不规则场地的第五提议** [795]，第 59 章

下面三个图是上面平面图的部分立面。[796] 最上面的图 A 为正面。不过，让我们先讨论门道。[797] 门道宽 8 尺，高 16 尺。可是要是有人不想开这么高的木门，可以把半圆形的部分关闭，檐板饰带及以下的部分都采用木材。[798] 所有的窗户宽 4 尺。第一层的窗户高 9 尺，第二层由于距离较远，为 10 尺。檐口上各边 [799] 的老虎窗宽 3 尺。整个房子的地面应尽可能向上抬离。从地面到檐板饰带下方为 18 尺，檐板饰带应划分楼层。从檐板饰带到楣梁底部为 18 尺，这是另一层的高度。楣梁、中楣和檐口高为 3 尺。[800]

中间的图 F 展示房子的内部。这是面向庭院的敞廊 F，双层重叠。[801] 拱宽 10 尺，立柱面宽 3 尺，拱高 17 尺。上面的立柱宽 2 尺，立于檐板饰带上，但它们中间有一道 3 尺高的胸墙。上层的拱与下层同高 [802]，但宽为 11 尺。窗户应与其他窗户同宽，但更高，因为它们位于敞廊之下，需要更多光线。边上的部分是主室 D、V [803] 的立面。

下面的小图 I 和 K 展示主室 I 的正面。拱 K 事实上是为了床龛而建造的，拱上又有另一床龛。至于两边的小窗户，其中两扇是为了给通向二层的螺旋梯提供光线，另外两个是为了使得小从室明亮。从这些窗户进来的光线很暗淡，但根据我的经验和我所看到的，这种主室也有很大的实用性，尤其是对于女士来讲，她们的女儿住在上面这部分会很安全。[804]

p.147

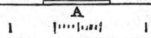

p.148　**不规则场地的第六提议[805]，第 60 章**

　　我在许多地方看到有些房子虽然两边对等，却不垂直于主要街道。更糟糕的是，所有的房间虽与正面的墙对齐，形状却不规则。这是个严重的错误，我不会建议任何人这样处理。相反的，我会永远把门放在正中，画一条垂直于大街的过道，然后用各种方法完成其他部分的设计。[806]

　　下图中的场地与主街道不垂直，但是大门位于正中，每一处[807]都成直角，而且它有一道略少于 200 尺的直线景观。我们现在来描述[808]一下这些套间。[809]进门后有一条过道 A，宽 12 尺。过道一边有次厅 B，长为宽的两倍。[810]其后有主室 C。[811]顺着通道进入敞廊 D，其下有螺旋楼梯 E，E 环绕着一个极小的庭院 F，其中有一口井。[812]楼梯旁边有主室 G。离开敞廊进入 H，H 呈正方形，作为夏天娱乐的场所——这里没有风吹日晒，实用而美丽。[813]其后有花园 I。从另一侧往回走有主室 K，然后有后室 L，L 带有从室 M。再往前走有庭院 N，N 四周环绕着带浅浮雕的假敞廊，统一的设计协调了敞廊四周。[814]敞廊旁边有三个房间 O、P、Q。再进入过道有主室 R，带有后室 S。离前面最近的地方，大门的一侧有主室 T，带有后室 V。但要谨记这块地有三面是共用墙，只能从自身内部及面临街道的正面取光。上一层应有同样的套间，所有的中、小型房间都带夹层。如想要一个楼上的主厅，可将 B 次厅和通道 A 合并起来，形成一个长 50 尺、宽 39 尺的副厅。假如有人问我主厅、副厅、次厅的区别，我会告诉这个人，一个主厅的长应该是宽的两倍。而且，小主厅是指那些宽与长之比为 3：5，但是宽又跟房子里的大主室一样宽的房间。副厅的长应比大主室更长，但是长不应超过一个半正方形。[815]次厅比大主室窄，同时长超过一个半正方形，无论是 3：5 还是 2 个正方形。这就是我的意见，但是我让步于那些比我能创建更好理论的人。[816]

p.149

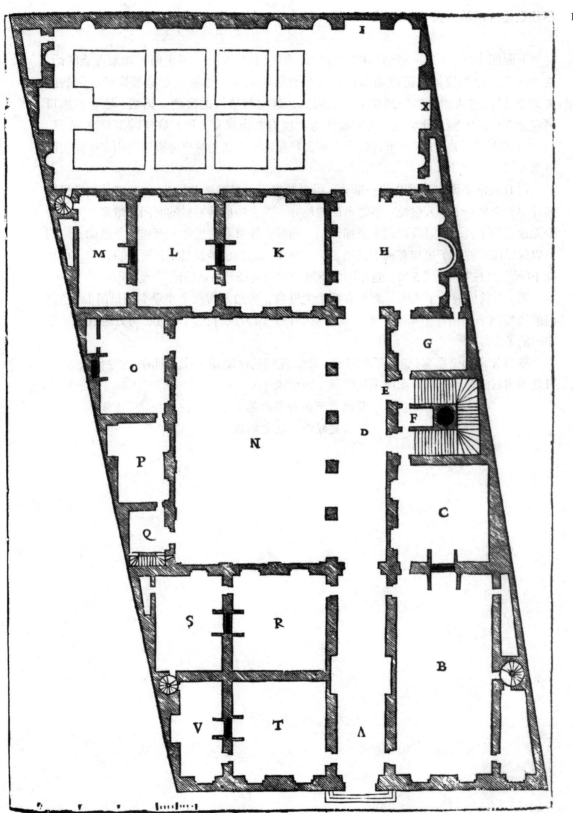

**不规则场地的第六提议[817]，第 60 章**

　　下面四个图是前面一个平面图的立面。第一个图 A 展示了正面。如果可能的话，这个房子的地面应该比街道地面抬高三个台阶。从这一水平线到檐板饰带底部的距离为 20 尺，与从檐板饰带到楣梁底部同高，这也是楼层的高度。楣梁、中楣、檐口高应为 3 尺，中楣上开小窗，为阁楼服务。所有的窗户宽 5 尺，底层的窗户高 10 尺，其[818]上面的拱窗高 11 尺，不包括上方的窗户在内——这些窗户为夹层所用。中间的门道宽 8 尺、高 15 尺。

　　图 D 展示了面前次厅 B 的一部分，沿其长展开的是敞廊 D。H（如我在平面图里所描述的）会是一个令人愉悦、装饰丰富的地方。[819]上层应有同样的套间。敞廊上面有一个无遮盖的平台，使庭院看起来更加开阔。而且，如果有人想在上面建一条敞廊，他们可以这样做，使房子更加有利于健康。关于高度，之前已经提过了。至于拱，宽 10 尺、高 19 尺。立柱宽应为 2.5 尺。这幅图沿着房子的长向展开，从门道[820]至花园。[821]

　　图 I 沿长向展示了花园。那里有四个大壁龛，旁边是带两个小壁龛的拱门 I。[822]拱门的透视图必须由好手来画，要不就保留空白，因为没有比拙笨的绘画更能丑化一座建筑的了。

　　拱门 X 两边带壁龛，展示了花园的一端。花园的两端要一致。同时，无论什么地方，只要不用石头做浮雕的，都应采用绘画。俗话说：

> 赞颂凿子，却用画笔；
> 绘画更经济，也更华丽。[823]

p.151

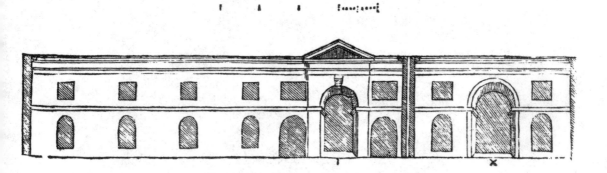

p.152 **不则规场地的第七提议[824]，第 61 章**

几年前在一个非常高贵的地方，我受委托处理一块完全荒废的场地，其边角为 A、B、C、D、E、F、G，但 E、F、G 为邻居所有，B、C 和 C、D 都是共用墙，同时从 D 到 E 是一条相邻的小街。这块地的委托人却想要保持其原状，在上面建造房子，而且不惜重金，因为他很富有。[825] 虽然这块地的正面狭窄，我还是按照我的习惯把大门放在正中，在这里我画一条与街道垂直的直线，形成过道 A，A 宽 10 尺[826]，一直延伸至与邻居的分界线。把楼梯放在门的入口处[827]，第一段楼梯从 B 处开始。我在其后设计主室 D，从小门 C 进入。在这个主室里有一个床龛。再往前走有一个锐角三角形 E，这里，光线只能从一个小通风口进入。我决定把它作为贮藏柴火的地方。过道后面我设计了一条短廊 F，F 设计得有点放任，它带有四个拱，而拱的数目本该是奇数，通道才可以处于正中。[828] 我延伸短廊，形成过道 G，便可通往小巷及马厩。[829] 从过道 G 进入主室 H，H 带有后室 I。敞廊外有庭院 K，K 是一个完整的正方形，直径为 43 尺，从这里进入过道 L，L 的一边是次厅 M，带有主室 N，另一边有主室 O。在过道里可以从楼梯下面通往花园 K，对面有拱门 Q——在大门口就应该可以望见这个拱门。楼梯下面有一条 5 尺宽的过道。[830] 一进大门就有主室 R，R 带有从室 S，再往里走有主室 T，因为 S 带有夹层，S 上应有一从室与之配套。上面一层要有相同的住房——楼上的主厅不可能比楼下对着花园的主厅更大。[831] 然而，主厅本身确实已经足够宽敞，长 35 尺，宽 25 尺。这一边的套间很少，因为委托人想要一个长长的花园可以欣赏。这个房子应有一个厨房，最实用的地方就是房间 O，因为它就在主厅附近，而且它可以带夹层，仆人们应睡在上面的房间。同时，虽然缺乏数据，比例尺可以提供所有的尺寸。[832]

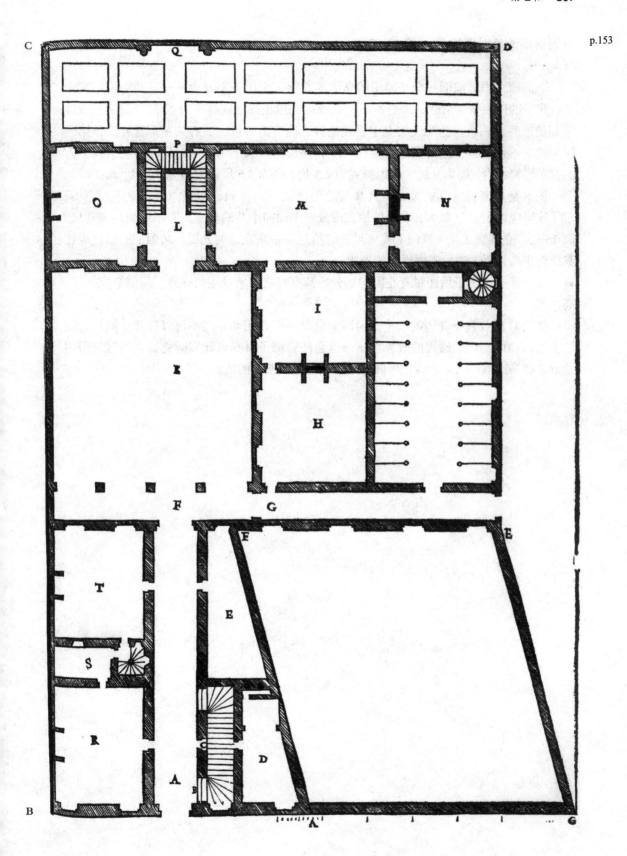

p.153

**不规则场地第七提议 [833]，第 61 章**

　　下面四个图是前面一个平面图的立面。[834] 第一个图 A 是正面——只要街道的宽允许，房子的地面要尽可能抬离街面。[835] 从地面到檐板饰带底部应为 17 尺，与从檐板饰带到楣梁底部一致。楣梁，加上中楣和檐口，高应为 4 尺。所有的窗户宽 4 尺，第一层窗户，不包括其上方的椭圆形窗在内 [836]，高应为 8 尺；第二层窗户，不包括其上方的椭圆形窗在内，高为 9 尺。老虎窗宽为 2.5 尺，高为 3.5 尺。大门宽 6.5 尺，高 13 尺。

　　图 F 是从庭院看到的敞廊。其高与之前所描述的一致，双层重叠。至于过道 G，过了这里应把主室 H 放大，剩下的地方形成一个面向小巷的从室。[837] 敞廊的拱宽 9 尺，高 16 尺。立柱宽 2 尺。拱门 F 宽 8 尺，将给过道带来充足的光线。敞廊下的窗户应比其他窗户高，因为这里需要更多的光线。

　　图 P 展示了房子后面对着花园的部分。其高与之前所描述的一致。门道 P 宽 5 尺，高 7 尺。[838]

　　拱门 Q 应放置于花园的墙中，但因为这是一面共用墙，门不可以打开。但是它应稍微嵌入墙中，产生透视的效果 [839]——这会使得房子看起来比实际更长。同时，可用绘画来装饰这道拱门，绘画也可同样用来装饰花园四周的墙壁。[840]

p.155

第八提议　旧建筑的修复[841]，第 62 章

　　既然我的目的是要讨论不常见的情形及旧房子的重建[842]，我将详细叙述我这辈子碰到过的相关的事。在意大利一个城市里，建筑非常受欢迎。那里有一个非常有钱却很吝啬的人，他有一个房子。这个房子是他祖父建造的，那时高贵的建筑仍深埋地下。但是，这个房子还有很大的实用性，而且并不太旧，而且主人对房子的实用性非常满意，尤其是因为他在这个房子里出生。然而，在房子的周边，好的建筑师建造了新的房子，而且，那些房子显示出来的适宜性和比例使得这个房子非常难看。[843] 因此，这座城的亲王几次经过这条街，看到这个房子与其他房子相比如此丑陋，觉得甚是恶心。于是，通过房主的几个担任政府官员的朋友，亲王鼓励房主将房子改建为与邻里一样的风格。而这个人，比起市容，他更爱自己的钱柜。每回看到亲王经过，他都会说他想改建房子，但目前缺钱。终于有一天，亲王又经过这条街道，发现没有任何动工的迹象，连房子的正面也丝毫不动，他把房主如唤到跟前，非常生气地说："先生！你要保证今年内至少把房子的正面改成邻居建筑的样式，要不我就会按专业人士定下来的合理价格购买你的房子，然后按照我的意愿改建。"这个守财奴，为了保住他出生、哺育、成长所在的巢窝，决定——并非出于自愿，但又不想惹得主子不高兴——开始改建。于是他找来了城里最好的建筑师，恳求建筑师保留房子所有现有的实用性，只是改变一下房子的正面，使得亲王高兴，同时又不用花太多钱。事实上这就是守财奴会做的事，在他们被迫执行光荣的任务的时候。他们发明奢华的东西，无论是建筑、婚礼、宴会或类似的东西，但他们自己却很少这样做。[844] 这个可敬的建筑师看了房子，并仔细考虑了房子极其良好的实用性。可是他没办法移除任何房子里面的东西，同时他发现大门并不是正面的中心（这完全与好的建筑背道而行），如中间的图 A、B、C、D、E 所展示的。这是一张旧的平面图，其上是正面。建筑师设法在主室 C 中建一面墙，标记为 ✠ 形成一条通道及主厅 C。他把原来的过道设计为主室 B，没有改变任何其他墙。他将房子正面完全拆除，按照下面的图划分正面，窗户也如图划分。[845] 正门及上面窗户两边的四个壁龛，并非没有目的，因为，尽管房主本应将一尊贪婪的雕像——万恶的根源及道德的敌人——放置于最尊贵的位置[846]，然而，他却想在四个壁龛摆放四美德雕像，也许是希望穿上伪君子的衣衫后[847]，别人会觉得他有这些高贵的品德，或者是，像一个狡猾的人，他希望让全世界以为他是好人。[848]

p.157

# 第九提议　残破建筑的修复[849]，第63章

　　另一个可以为建筑师讲述的情形，事实上是早年时在博洛尼亚我的家乡发生的。那时家乡的建筑流行现代风格。[850] 城市里大部分建筑带有门廊，当时的习俗是建造许多带有圆形砖柱的公共门廊。[851] 结果是，由于这种材料不够坚硬，加上柱与柱之间的大跨距，还有上面很重的正面，这些柱子无法承担这个重量，于是开始断裂，面临倒塌。因此有必要为它们加上扶壁，也许这些扶壁至今依旧存在。在一些地方，柱子采用灰泥砌砖。这种加固方法非常合适，灰泥不会下垂[852]，事实上，灰泥在干的时候会膨胀，可以抬高任何有可能下垂的东西。上面所描述的门廊的例子，平面及立面，如最上面的图 A 所示。

　　不移离柱子的加固方法是这样[853]: 应当在圆柱的两侧各建一根几乎不用石灰就焊合得很好的活石[854]框缘。[855] 框缘宽为圆柱的一半。留圆柱的三分之二于框缘之外，同时应将上述圆柱固定于背后的墙，如下面的图所示，同样用 A 标示，因为是一样的东西，只是被加固了。框缘上应放置柱头，其上跳跃出拱。从立柱到墙应建造支撑拱，使得门廊格外坚固。任何不想建造支撑拱或是其下面的壁柱的人（因为墙边也可能需要上述的壁柱，这会使得门廊狭窄，造价更加昂贵）可以忽略它们，只在圆柱两边及背后建造框缘。[856]

p.159

p.160　**第十提议　在斜坡上建造房子**[857]，**第 64 章**

　　我已经讨论过很多不寻常的情形，但我还没讨论过在斜坡上盖房子。这是绝对必不可少的，而且让人非常愉悦的事。[858] 特别是，如果山顶或山腰有清水的话。例如，这座小山的情形，其剖面 R、A 用点[859] 画出，如最上面的图所示。在这种情形下，房子不应该建在山顶或山谷中，而应该建在山腰上。当我展开阐述时我会讲到原因。首先，从平面 A 应缓缓上升至平面 B，在那里建一面胸墙。第一个平面高应为 12 尺，楼梯长应为48 尺——高度实际上是长度的四分之一。[860] 平面 B 的宽与长一致。然后，从 C 处爬升至房子的地面——这道楼梯靠着房子的墙，终点为 D。从这里进入过道 E，E 宽 12 尺，长51 尺，右边有主室 F，F 后面有主室 G，G 带有从室 H。再进去有主厅 I、K，配有从室L。过了过道进入敞廊 M，M 的两端有螺旋楼梯上升至走道 N，通过走道到达敞廊 O。[861]从上面这条敞廊上五级台阶至平面 P。这一层有两个喷泉，在 ✠ 的两边。从这一层的 P处开始缓缓爬升至 Q，Q 应在山顶上。这个波段高 40 尺。假如这里或稍微低一点的地方没有泉水，那应该在山顶建一个蓄水池 R，这样可以收集落到山上的雨水。整座房子可以利用这个蓄水池。[862] 假如蓄水池建造得非常坚固，而且池底采用粗粒砂岩或细砾石，储蓄的水将得到净化。建筑师可以好好利用蓄水池，让水流经所有的洗手间。[863]最后，建筑师可以在这层[864] 建造一个鱼塘，同时用塘里的水浇灌花园及山谷中的菜园。

　　对面的图 O 是朝前的敞廊，这里有些喷泉，同时也是“层叠敞廊”。敞廊上有一个平台，从平台上五级台阶至平面 P。但是，这一剖面采用了比平面图更大的比例尺，为的是更清楚易懂。旁边其他三个图都是按同样比例尺画的个别细部，也更加清晰明了。[865] 图 O 是敞廊平面的一部分。图 D 是房子的大门。门上是第一层楼的一扇窗户。这两个图按同样比例尺寸绘制，比敞廊的比例尺更大。[866]

p.161

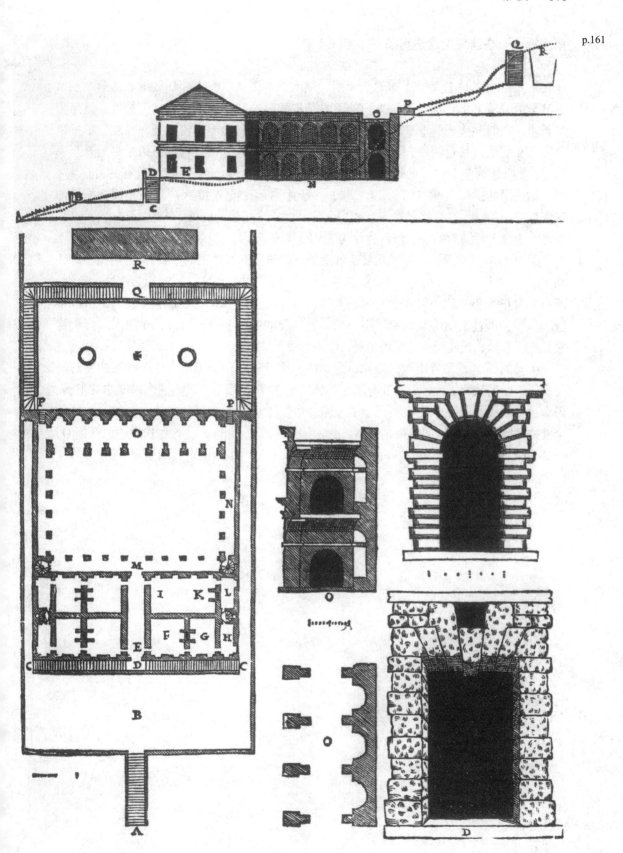

p.162 **第十提议　在斜坡上建造房子[867]，第64章**

　　下面三个图是上面平面图的立面图。最下面的图 A、B、C、D 展示了从第一层 A 上升至第二层 B 的正面。房子大门的下方是进酒窖的门。这些酒窖在山腰里，但是为了健康，它们要从正前垂直[868]获得阳光，同时这些房间也要有窗户开向庭院。不过酒要贮藏在北边，其余的地方可作其他各种用途。从第二层 B 的 C 处开始缓缓上升至平面 U，U 应作为整个房子的地面。大门就在这里，宽 8 尺，高 13 尺。所有的窗户宽 5 尺，第一层的拱窗[869]高 11 尺，第二层，由于距离远，窗高 12 尺。[870]从地面到檐板饰带底部应为 18 尺，这也将是第一层楼房间的高度。这一层的楣梁、中楣、檐口高为 4 尺。在这个檐口上开圆形的老虎窗，直径为 3.5 尺。

　　图 M 和 N 其实是第一层的敞廊。敞廊的高度与上面所描述的一致，但是拱宽 10 尺，高 17 尺。立柱[871]宽 2 尺，上层的立柱宽 2.5 尺，上层的拱也会宽一些，因为有这个差别。所有的窗户大小一致，但是老虎窗高 5 尺，宽 3 尺。由于这些敞廊非常狭窄，所以不应带拱顶，不过敞廊的地面要采用石板。上一层的石板会受到雨淋，应用固定接头将它们连接起来，槽缝用好的水泥填补。[872]

　　中间的图 O 是靠着山腰的敞廊，这里的几个壁龛应作为喷泉。这个敞廊的宽与高与房子正面的敞廊一致，而立柱与墙之间的宽是 22 尺，墙厚 6 尺。这个厚度非常正确，因为这个厚度才足以承受上面泥土的重量。事实上还有这个额外的优点：敞廊的每一个立柱是墙的一部分，同时也是扶壁，或者是扶垛墙（*sperone*）。这些扶垛墙上开门 O，门宽 10 尺，高 19 尺。在前一页上也可见到图 O，两个图采用同样的比例尺绘制。[873]

p.163

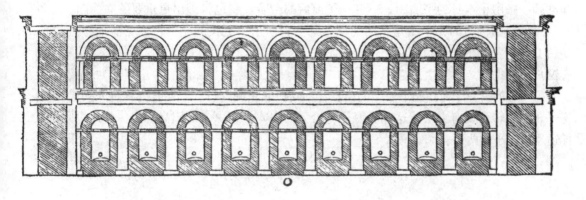

p.164 **第十一提议　在斜坡上建造房子[874]，第 65 章**

　　在其他地方[875] 你也可能在一个几乎相同、但是形状与大小不同的斜坡上建造房子。[876] 首先，你从总体地面 A 开始上升 8 尺。这一段台阶长 32 尺，到平面 B 的高度实际上是这个长度的四分之一。接着从 B 到 C，通过一段往返的台阶到达平面 D。从这里再向上爬升，这回经过五个台阶[877] 上升至房子的地面。从这里进入过道，过道两边是套间。从地道进入非常规整的长方形庭院。有一道敞廊依山而建，面向庭院。从这道敞廊通过末端两道螺旋楼梯 F 上升至平面 G[878]，G 上面有两个喷泉 H。它们之后又有另一座山。从 I 处开始爬升至 K，从 K 又到 L——山的顶点就在上面，在这里应建蓄水池 M。这一段文字是为中间的平面图进行解说的，也适用于上面的剖面图——剖面用点标示，从 A 升至 M。但请注意以下的平面图并没显示任何具体的尺寸。[879] 然而，我画了一个总平面图，使得平面图与剖面图相配。不过在接下来一页，我将用比例尺详细画一张房子本身的平面图，不带房子前后的台阶。我也将画出更重要的立面图。

　　总平面图两边的三个图是平面的某些部分，但用了更大的比例尺，更清楚易懂，如门 D 台阶下面的比例尺所示。这个门是房子正面的大门。[880] 上面的窗户是第一层所有窗户的样式。

　　另一边的另一个窗户是下一层的窗户，上面有"非正统"气窗[881]，可让光线进入夹层。房子正面的转角设有夹层，这些小窗户将给大的房间带来更多的阳光。这些窗户也同样适用于房子的两边。[882]

p.165

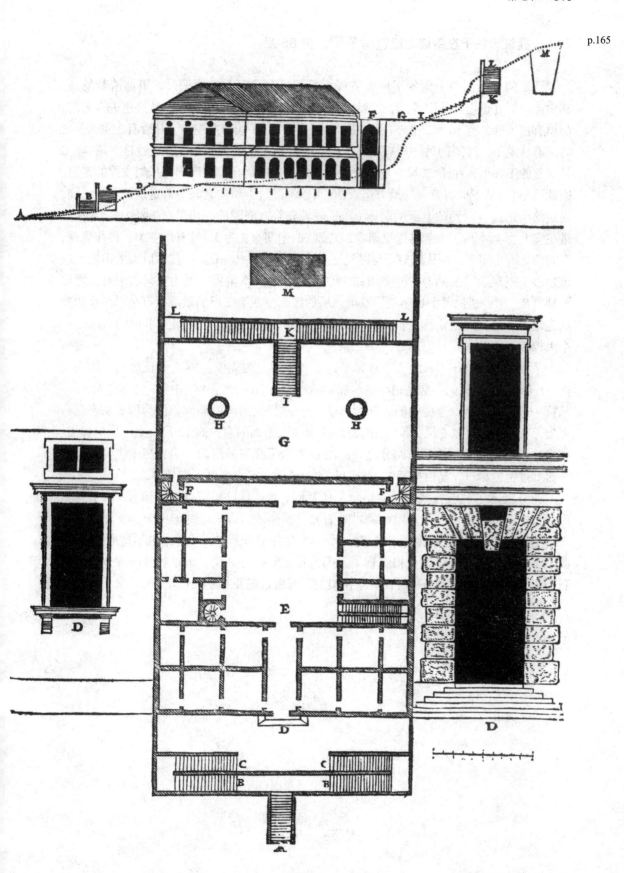

p.166 **第十一提议　关于在斜坡上建造房子**[883]**，第 65 章**

　　下面的平面图与上面的平面图一样，只不过用了更大的比例尺，更加清楚易懂，其中各个部分也更容易度量。首先，从平面 D 上升 3.5 尺至房子的地面。从这里进入大门，门里有过道 A，宽 18 尺，长 51 尺。进入大门后，右手边有前室 B，其后有主室 C，之后又有从室 D。过道的另一端有主室 E，从这里进入主厅 F。[884]过道之后是庭院 G，G 是规整的正方形，直径 72 尺。这个庭院没有敞廊，但是在首层四周有托架支撑的走道。因此，既可以从下面有遮盖的地方进入，也可以不经过上层的套间沿着走道绕庭院一周，通过这个走道也可到达上面的敞廊 P。一进入庭院，庭院的一边[885]有楼梯 H，从这里进主室 I，其后有后室 K。再往里面走，在庭院的中间有主室 L，带有后室 M。再往里面，在转角处有主室 N，带从室 O。与庭院正对面的是敞廊 P，敞廊护住了后面的山坡，应该建多个喷泉。[886]虽然 Q 那边的光线暗淡，但是这并不重要，因为它只用于通往螺旋楼梯[887]R，顺着楼梯可上到第一层及第二层的敞廊。在第二层的敞廊上有一个没有遮盖的走道，从这里向上走到平面 G。在另一边应有相同的套间，但是上下梯的对面是一个大螺旋楼梯。

　　平面图上方的图 G、D、P、Q 是平面上各个部分的立面。图 D 是正面的一块。首先，上升 3.5 尺至大门。从这道门槛至楣梁的底部为 20 尺。楣梁、中楣、檐口高为 5 尺。从第一道楣梁至第二道楣梁的底部为 20 尺——这是大房间的高度，因为所有从室都带夹层。所有的窗户宽 5 尺，第一层的窗户高 10 尺，上面的窗户高 12 尺。上一层的楣梁、中楣、檐口比第一层楼的矮四分之一。图 G 展示了庭院带门的一边，高度也一致。至于排列过密的窗户，是由托架的划分引起的，同样，窗户也可以排列过疏。

　　图 Q 展示了"层叠敞廊"的立面。其上是平台，从这里可登上平面 G。图 P 是依山而建的敞廊正面的一块。敞廊的拱必需如此狭高才可以顺应托架的节奏，而这样一来也更加坚固。但是，也许有人会说："如果你把托架分开些，难道结果不是更好吗？"我会告诉这个人托架已经分得够远了，因为托架间距是 8 尺，很难找到跨度这么大的石板，因为石板还要有半尺搭在每个托架上，石板就需要有 9 尺长。[888]

p.167

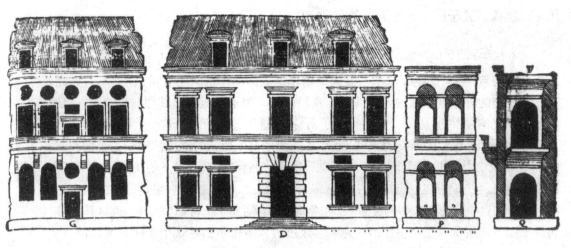

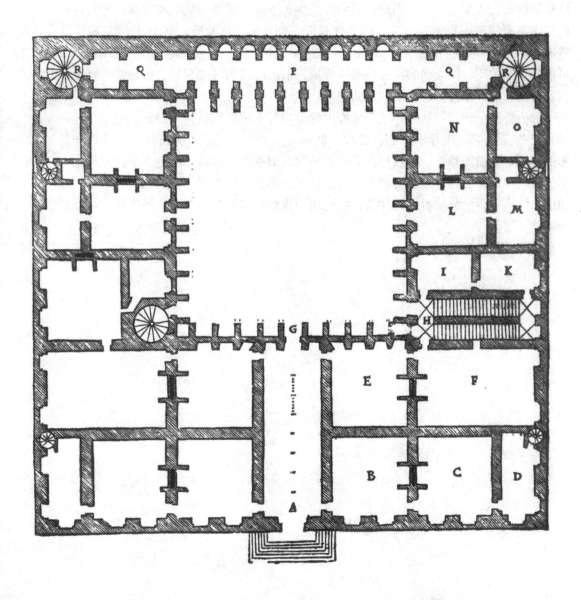

p.168　**第十二提议　关于旧建筑的重建**[889]**，第 66 章**

　　举个例子，一公民[890]有一座实用性高、墙壁坚固的房子。[891]房子的正面带有装饰，当然并不是与好房子相称的装饰，最大的错误是大门不在正面的中间，而它本应如此。同时，窗户的分布也不够均匀。现在让我们假设，为了不显得比其邻居卑微——邻居建造了布置均衡[892]的房子，而且符合了对称[893]这一最低要求，这个公民想要在不改其他地方并且尽量减少开支的条件下，尽可能少地改变房子的立面。房子的平面图 A、B、C、D 在正中，更往后面是 E、F、G、H。那么他可以采取以下的步骤，对房子作最少的改变。[894]他应建一道墙把主厅 B 隔开，形成过道 F，这样一来过道就位于中间，而门就建在这个地方。（在一边建一个主室，并带有后室）[895]，入口的另一边与其一致，如最下面的图所示。至于主厅 B，为了形成过道，不得不牺牲这个主厅。可以把主室 G 和 H 合二为一作为主厅（如格言所讲）。最上面的图是旧的立面，上面有许多窗户，风格新颖得让人无法拒绝。因此，它们应当保留下来，但要增加一些装饰，尤其是在门的上方要建造一个大窗。[896]大门采用粗面石饰风格，宽 8 尺，高 16 尺，从檐板饰带向上至半圆处可以有格子装饰，使阳光进入过道。[897]从檐板饰带向下应采用木材，可以开启及关闭。旧立面的高度应基本保留，旧的脚线也可以利用，但是窗户要重新布置，既为了实用性，也为了主室的美观。[898]

　　因为要满足现存的状况，这个立面上的窗户并不是等距划分，但是这种划分是一种和谐的混乱[899]，在音乐中也会出现。就如女高音、男低音、男高音、女低音合起来成为一个和谐的整体，虽然每一个声音彼此间似乎并不协调，但是一个的深与另一个的高；伴随着男高音的和缓和女低音的插入，汇合着作曲家的精湛艺术，形成一种和谐，让人觉得十分动听。同样地，在建筑中也存在着和谐的混乱，条件是它们总是均衡的。[900]

p.169

p.170 **第十三提议　关于旧建筑的重建[901]，第67章**

　　假设一个公民或富人有两个旧房子，每个房子的大门所在的位置如最上面的平面图及立面图所示。[902] 这个人想要把两个房子合二为一，或者至少形成一个十分高贵的临街的立面，大门位于正中，同时把在两个主室接合点转角的墙壁拉直（如图所示）。因此，他应该请求公众允许他[903] 向街道拓展（一定合适的比例）[904]，从一角向另一角画一根直线，拉直正面。大门应放在正中。[905] 两个房子有套间 A、B、C、D、E、F。在 D 处应建造一条过道，宽 12 尺。[906] 在 B 和 C 应建一主厅。E 部分建为主室，F 作为其后室。过道 A 应建成一个大房或一个书房，如最下方的平面图所示。房子正面上的门窗应如这平面图的上方所展示的进行划分。由于两个房子的楼层存在着 2.5 尺的差距，如果第一层的区域[907] 为 A、B、C，那么应当保留其原状——屋顶也应保留——可是由于这面墙需要拆除，下面楼层的区域[908] 也应当拆除，另一楼层的区域[909] 及其屋顶也同样需要拆除，把一切改建为最下面的立面。[910] 在这一段文字里我没有讨论具体大小，但是运用最下方的比例尺可找出每部分的尺寸。[911]

p.171

**第十四提议　不规则场地[912]，第68章**

　　正如我所说的，我在意大利以及其他国家的许多城市里看到高贵的街道上许多房子都是不规整的，所有的房间也同样不规整，顺着临街的墙排开。这种建筑极其丑陋，让人难以容忍。让我们假想恰好一座相当破旧的老房子，其场地的转角为 A、B、C、D、E、F、G。如果这位有见识的建筑师想要在这个狭长的地上建造一个赏心悦目的房子，他首先要做的是把一切变为方整。而要做到这点，他必须先根除这个缺陷，也就是临街的正面，其尽头为 A、B。他应当首先建造房子的大门 A，A 与街道成直角 —— 它本该如此——窗户的处理也类似。过道宽 6 尺，其长与地长一致，目的是使房子有一道长而直的视线。但是进入过道的门应与过道垂直，同时门开启时应掩饰这个缺陷。门在旁边有主室 B，面积为 25 尺 × 19 尺。在这个角落有一间从室使房子变得平整[913]，在这里建 7 级台阶，为储藏窖外面的门留出空间。沿着过道往前有一道螺旋楼梯，顺着楼梯进入厨房 C。再往里走有庭院 D，庭院里有一段敞廊，为横跨庭院时提供遮盖。在庭院的角落有一口井，为厨房提供方便。井的旁边[914]有一个不规整的房间 E，用于贮藏柴火。庭院正中有一座小马厩 F，可容纳两匹[915]马，主室是仆人居住的地方。[916]在庭院[917]的另一角落有一扇小门通往短廊 G，G 在花园 H 的末端。[918]经过敞廊[919]重新进入过道，旁边是次厅 I。[920]小主厅的末端有主室 K，顺着一道螺旋楼梯到主室 L，L 带从室 M。在尽头有小庭院 N，是为了使得主室平整并增加主室的亮度，因为我们要记住房子四周被邻居包围，光线只能从街道或是房子本身内部获取。

　　至于平面图旁边的两个图，一个是房子的正面，另一个是小庭院的敞廊。最下面的图 A[921]是房子的正面，虽然小，我希望它看着很协调。因此，为了与大门 A 的相配，我在那里做了向下通往储藏窖的门。事实上，人可以从螺旋楼梯下至储藏窖。下面一层中间的窗户将给主室带来光亮。至于两个小窗户，大门上的窗使得过道明亮，储藏窖门上的窗使得阳光可以进入主室角落上的从室。上一层的三个窗户将使得上层的副厅明亮——主厅每边为 25 尺，包括了过道与主室 B。图 D 是面对庭院的敞廊。拱宽 8 尺[922]，高 14 尺。敞廊上面应有敞廊。[923]至于各个部分的尺寸，可以从下面的比例尺中得出。[924]

p.173

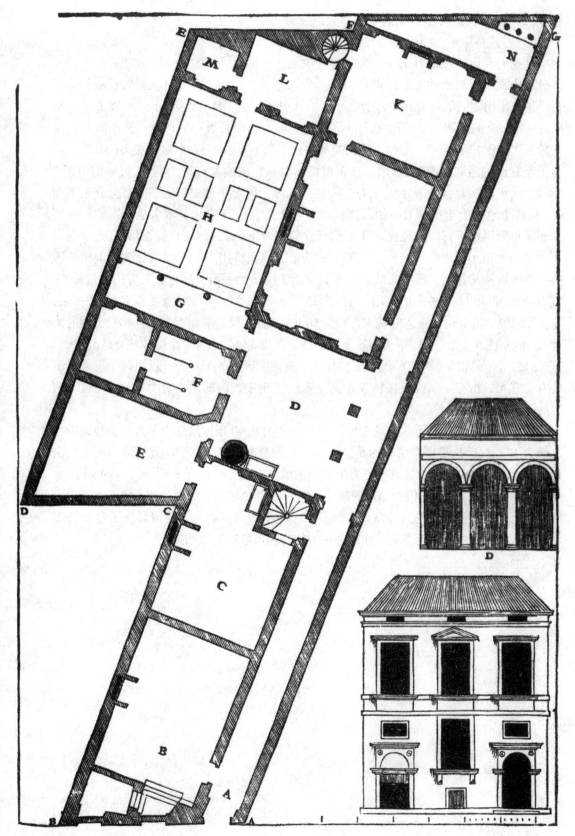

p.174　**第十五提议　在斜坡上建造房子**[925]**，第 69 章**

让我们假设这种情形：一个公民有一块地，一部分是平地，一部分在斜坡上，一部分在山顶。这块地的立面用点线画出，从 R 开始，连续下降到 A。我的看法是宜于从平地与小山之间的地方开始建造房子。从 A 开始，上升 10 尺至平面 B。在 B 处，从 C 点开始环绕庭院四周上升 12 尺至 D[926]，在庭院 B 的中心有一个鱼池。从平面 D 走至台阶 E，上升 10 尺至 F。[927] 这一平面是居住层，长 60 尺，带一个尽可能大的庭院。从房子至靠山的敞廊距离为 30 尺。这道敞廊，包括它的墙壁在内，宽 12 尺，图中用 L 标示。这里，顺着台阶 N 上升至 O，从 O 上 3 级台阶至平面 P，从平面 P 上升至平面 Q，从这个地方上至山顶 R。如果那里没有淡水，就应该建一个蓄水池，就如我在别的例子里所讲的一样。这段文字用于解释立面图及下面的总平面图，因为这两个图采用了同一个很小的比例。然而，在更下面的地方，我将用更大一些的比例尺画出具体的平面图以及其立面。最下面的平面图只展示了房子的平面。这里，一进门有过道 G，宽 10 尺，长 56 尺。右手边有次厅 H，长 35 尺，宽 21 尺。其末端有主室 I，非常方正，与次厅同宽。离开走道进入庭院 K，K 长 56 尺，宽 30 尺。前面有带立柱和三个拱的短廊 L。但立柱其实是扶壁，因为敞廊靠着山坡。敞廊，包括作为一个整体的立柱和墙壁，宽 12 尺。[928] 敞廊的尽头有两道螺旋楼梯 N，通往敞廊上的平台 O。返回时，进入通道处有主室 M，带有一间位于楼梯 N 下的从室。[929] 更接近门的地方有主室 O。而且，第二层有同样的房间。

最下面的图 G 展示了房子的正面，从平面 E 抬升 10 尺。从这个平台到檐板饰带的底部为 17[930] 尺，这是所有房间的高度，与檐板饰带至楣梁底部的距离一致。所有的窗户宽 5 尺，高 9 尺，不包括其上方方的和圆的窗户在内。门道宽 6.5[931] 尺，高 13 尺。

另一个图 L，展示了依山而建的敞廊。它们的高度与上文所描述的一样。水从三个壁龛喷出，就如我描述的其他敞廊一般。两个小小的旁门表达了两道通往平台 O 的螺旋楼梯。如果忘了某个具体的尺寸，庭院中的比例尺可以提供数据。[932]

p.175

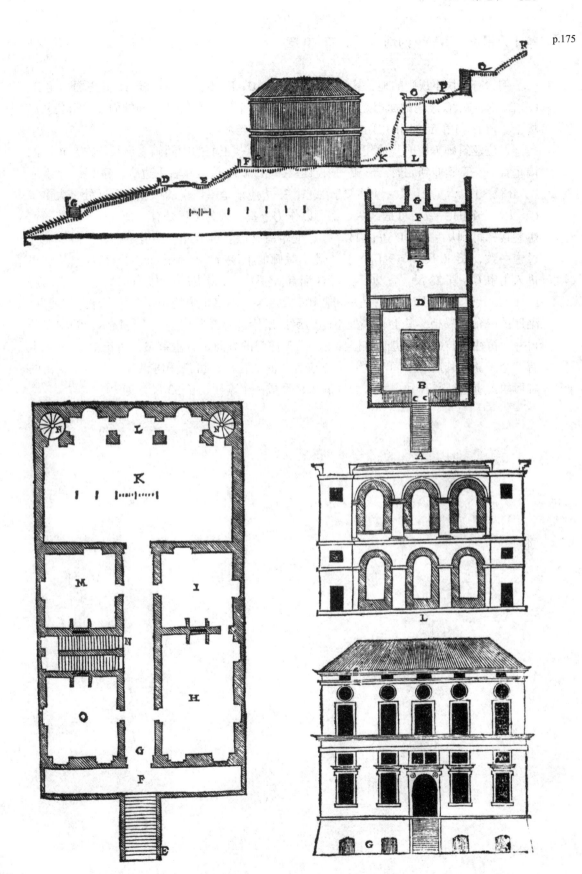

p.176 **第十六提议 不规整的场地[933]，第 70 章**

例如有一块不规则的地，其角为 A、B、C、D、E、F、G、H。线 AB 是正面。角 B、C、D、E、F、G 之间的面都是共用墙，不能透光。角 G 和角 H 之间的面在一个公共广场上。角 H 和角 A 之间的面也是共用墙，不能透光。

这位建筑师（如同其他建筑师一样）应当取[934] 正面的中间画一道长线，与正面的墙垂直，一直延伸到后面，形成一条通道 A，A 宽 10 尺。在右手边应该建[935] 一个次厅 B，B 长 30 尺，宽 21 尺。壁炉位于中心，一边应该是厚墙里的床龛。更远处是大主室 C，大小与次厅一致。可是这两处都可以作为主室，因为更远处有一个副厅。顺着一道螺旋楼梯可到从室 D，D 边长 11[936] 尺，应带有夹层。过道外有一道敞廊。[937] 敞廊宽与过道一致，长 30 尺，与庭院的长一致。敞廊的末端有一个副厅，边长 32 尺。从这里进入主室 G，长 28 尺，宽 20 尺。[938]G 配有从室 H，H 带夹层。副厅的另一边应有厨房 I，长 28 尺，宽 16 尺，尽头是一间食物贮藏室∗[939]，其上方为厨子和仆人休息的地方。副厅的一角有餐柜，其上有一处空间为厨房所用。离开厨房进入小庭院 K，院中有一口井。再往前，进入过道时有楼梯 L。[940] 再往门的方向走有主室 M，边长 18 尺。M 也有一个床龛，其后有空间 N。[941] 上方应有相同的住房。可是任何想有一个面向大街的副厅的人应把过道 A 和主室 B 合并起来，形成一个副厅，长 33 尺，宽 30 尺。[942]

p.177

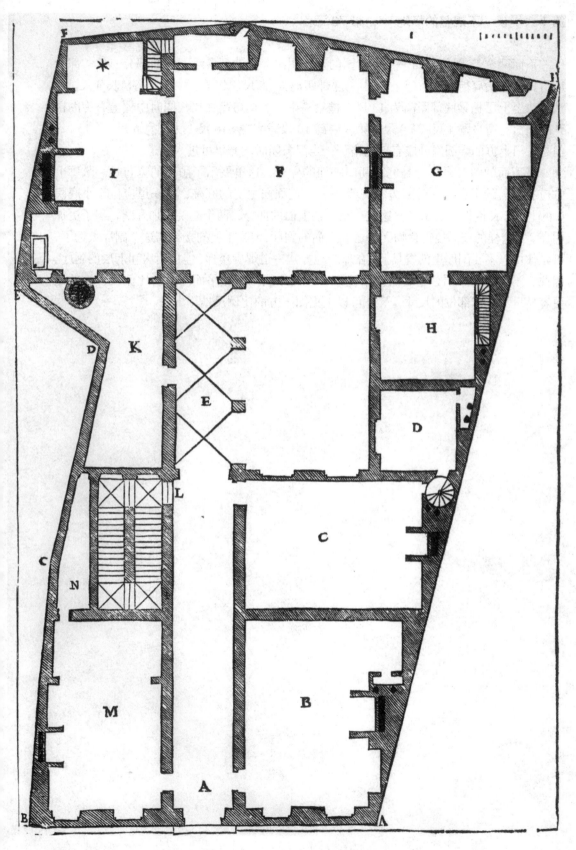

p.178 **第十六提议　不规整的场地[943]，第 70 章[944]**

下面两个[945]图是前面一个平面图的立面图。上面的图展示了前面部分，这一部分应尽可能地抬离街面。从门至楣梁[946]底部距离为 18 尺。楣梁、中楣和檐口长 4 尺。[947]从檐口至上层楣梁底部距离为 13 尺。楣梁、中楣和檐口高 3 尺，同时中楣上有为阁楼开的天窗。窗户宽 4 尺，高 9 尺。第一层高 18 尺，第二层 16 尺。大门宽 6 尺，高 13 尺。但是，门上方的半圆部分应有玻璃格子，当门关闭时阳光仍可进入通道。[948]

最下面的图 E 事实上是庭院朝门一面的样子，这里展示了敞廊的宽与长。敞廊上方应有露天的平台，平台两边有胸墙—— 一道面向主要的庭院，另一道应位于小庭院 K 的上方，K 使得厨房明亮。这样一来，在上面的部分，两个庭院更加开阔，房子更加明亮。[949]这样的布局使得食物无法送到上面的副厅，因为主要的楼梯离这个副厅太远了，可是你可以不要副厅里的餐具橱，在那个地方建一道螺旋楼梯，连接厨房和上层的副厅。因此，不需要在二层建造厨房。请注意，这两个图用了比平面图大的比例尺，为的是更容易量出具体部位的尺寸，尺寸可以根据图下方的比例尺推算出来。[950]

p.179

A

E

p.180 **不规则场地，第十七提议 [951]，第 71 章**

　　建筑师有可能拿到一块四边各不相同的地。假设地的边角为 A、B、C、D、E、F、G、H、I。AB 临街，其他边都是共用墙，不能透光。在这里，建筑师要在排布上耍点手段才能从房子内部获取光线，同时又不至于损失一巴掌大的地。首先，作为一个总体通用准则，他应在立面的中心画一条与正面的墙垂直的线，在那里放置大门。[952] 进大门后是过道 A，A 宽 10 尺，长 54 尺。过道的两边有四个主室，用 B 标示——主室长 26 尺，宽 21 尺，其中两个主室有床龛。如果有人愿意，每个主室可容纳四张床。离开过道进入庭院 ✠。庭院长 56 尺，宽 28 尺。敞廊 C 横跨庭院，使得从上往下走时可有遮盖，上层的敞廊是为了可以从一个套间走到另一套间。[953] 庭院的右手边有厨房 F，长 22 尺，宽 12 尺。厨房一边有一个食物贮藏室，另一边有一口井。庭院的另一角有螺旋形的主楼梯 D。穿过庭院进入过道 G，G 旁边有主室 H，边长 25 尺。其对面是主厅 M，长 42 尺，宽与主室一致。主厅旁边有主室 N，22 尺 × 20 尺。再过去有主室 O，24 尺 × 15 尺，带有一个黑房间 [954]——这个主室带夹层。[955] 过道的尽头，在 I 处应有一马厩 K，带一小庭院。对面是花园 L，宽 21 尺，长 42 尺。✠ 这为通道和主厅带来阳光，为整个房子带来生气。[956]

　　上一层楼的套间也都一样，只是前面两个主室 B 加上通道的一部分应当合并起来形成一个主厅，主厅长 56 尺，宽 25 尺。一上了螺旋形主楼梯就进入过道 E。E 是通过截短主室 B 得到的，B 因此而变得极为方正——这个房间通过面向庭院的窗户获得间接的阳光。一些人会觉得位于角落的螺旋楼梯及过道下面狭小的走廊不够堂皇，但是我优先考虑的是第一层楼的划分和整个房子的美观。因此，任何仔细考虑整体的人会发现螺旋楼梯的位置非常方便，也给整栋建筑带来最少的坏处，尤其是因为庭院必须为四周的套间带来阳光。通过同一条螺旋楼梯下降至储藏窖。因为用于藏酒，这个地方应采用法国风格，要么把门放置于窗户之下，要么在通道上建一扇木活板门遮盖楼梯，将木门拉起就可以贮藏酒。[957]

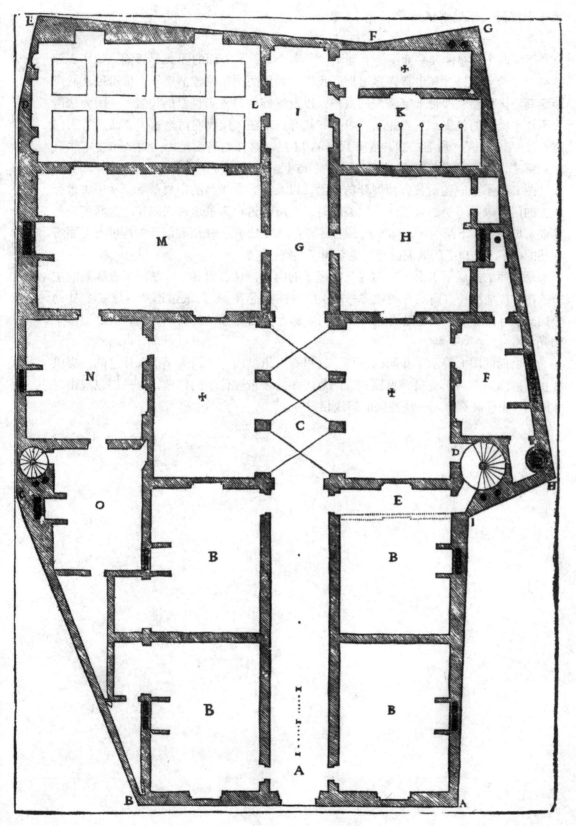

p.181

**第十七提议　不规则场地[958]，第 71 章**

　　下面四个图是前面平面图的立面图。[959] 第一个，最上面的图 A 是正面。抬离街面越高对于房子越好，其中有许多道理。我决定采用法国风格建造房子，你可以从两点断定其法国风格：即带十字竖框的窗户，以及螺旋楼梯处于偏僻的位置——因为法国人不在乎楼梯的位置，只要能上到服务室就行。现在，让我们讨论这个立面。[960] 大门宽 6 尺、高 11 尺。所有的窗户宽 6 尺、高 11 尺。这样的高度是因为每一个主室只有一扇窗[961]，第一层楼高 17 尺，第二层楼高 15 尺。老虎窗高 7.5[962] 尺、宽 4.5 尺。[963]

　　图 C 展示了庭院沿长方面展开的立面，以及上方带平台的中央敞廊。从中央敞廊上方的门可进入上层的过道。当门关闭时，上层的窗户为过道带来阳光。这些窗户与其他窗户同宽，下层的窗户高 9 尺，上层的窗户高 12 尺。楼层和线脚的高度与上面所描述的一致。檐口上的老虎窗与其他老虎窗一致。[964]

　　最下面的图展示了沿长方向展开的房子的内部，从 B 开始，B 是最靠近庭院的主室的门。C 是沿长方向展开的敞廊——小门通往主室 N。G 代表过道及通往主厅 M 的小门。L 与花园平行，也是通往花园的门。那上下层的五扇窗面朝花园，为过道带来阳光。[965]

　　最上面的图 L 展示了花园的前部。这里有一道拱门，可以为坐下来休息的人提供庇护。拱门边有两个壁龛，里面放置两尊美丽的古董雕像。同样地，上一层也应由有才能的画家作画[966]，与环绕花园的脚线相呼应。[967]

p.183

　**第十八提议　不规则场地[968]，第 72 章**

在里昂市的索恩河畔，在桥与塞莱斯坦（celestins）女修道院之间有一块孤立的地方，这里有各种各样的房子、"商店"[969] 及仓库，都是陈旧的建筑。这块地的边角是 1、2、3、4、5。1 至 2 的面朝塞莱斯坦女修道院。2 至 3 的面以及 3 至 4 的面在一条弯曲的街道上，街道通往商业街。[970]4 至 5 的面在一条通往索恩河的街道上。5 至 1 的面既长又直，沿着索恩河展开，房子的大门应位于这里。[971]

至于这块地，因为我当时正在写关于不规则的场地，一位非常有智慧的朋友建议我对这块地做一个小研究，看能有什么用处，并绘制一张平面图。[972] 因为我乐于研究这些问题，我着手安排在我的第七本书里展示这一张平面图，从正面的中间开始，因为这是最高贵、最平直的部分。[973]

进入大门后有过道 A，A 一边有次厅 B，再过去有主室 C，C 后面有主室 D。从主室 C 进入主室 E，E 带有后室 F。经过这些房间到达敞廊 G，途中有厨房 H，H 带梯子 I。厨房配有小庭院 K，其中有洗手间。[974] 在过道的远处有主楼梯 L。从过道进入庭院 M，一段短廊横跨庭院。这道短廊有两大好处：一是可以在遮盖物下从门 N 走到另一条街道的实用性；二是切割了过于狭长的庭院，虽然庭院必须这么长才能为许多房间带来阳光。[975] 在过道的另一边，进门处有主厅 O。之后有主室 P，其后有主室 Q，Q 带从室 R。主室 Q 外面有过道 S，过道上有一扇面朝向塞莱斯坦女修道院的门。从这个过道进入马厩 T，其末端有仆人居住的主室。过道 A 的更远处有主室 V，其后有后室 X。接着是主室 Y，经过 Y 到达短廊 Z。由于所有的人——或至少大部分人——总是倾向于实用性，这个地方应在三面建造"商店"。这些商店都用于出租，图中用 ⊃ 标示。这些地方的楼上可以是工匠或商人的居住房间。同时，为了使庭院上面的房间脱离中央过道至楼上厨房的路线，应该在短廊之间用托架建造一条走道，可以环绕庭院的三个面，使房子极具实用性。由于我还没有详细叙述各个细部的尺寸，下方的比例尺可以提供具体数据。房子应比河岸抬高 5 尺。同时，朝商人街 (ruga Merzara) 的一面也应抬高，但是略为更高些，使得在远离河流的这一面可以朝下挖掘得更深，因为离河近的地方不可能建造地下餐厅。[976]

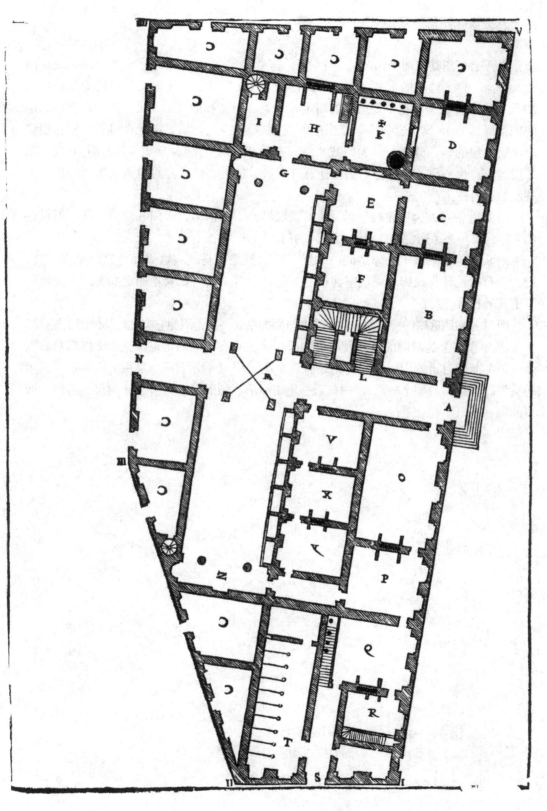

p.189⁹⁷⁷

**第十八提议 不规则场地[978]，第72章**

下面七个图是前面平面图的各个立面图。[979] 第一个图 A 展示了最主要的一面，面朝索恩河。整个建筑的水平面应比街面抬高 5 尺。从这个水平至第一层的楣梁底部为 20 尺，这也应该是所有主要房间的高度。楣梁、中楣和檐口高 5 尺。从檐口至第二层的楣梁底部为 18 尺，这使得第二层楼的高度也是 20 尺。第二层的檐口、中楣和楣梁应比第一层的矮四分之一。大门宽 8 尺，高 16 尺。所有的窗户宽 5 尺，高 10 尺，第二层的窗户也一致，但是它们上面还有开窗口，使更多的阳光可以进入房间，也增加夹层的实用性。[980]

图 N 是朝商人街一面的一部分，其楼层同高。类似地，大门和窗户与前面所描述的一致，只是多了通往仓库及"商店"的门。[981]

图 S 是朝塞莱斯坦女修道院的一面，从这里进入马厩。这立面与其他立面同高，因为所有的设计与线脚环绕整座建筑。可是其中有一面会比其他面更好看，因为使用了更美的石材。[982]

图 M 是横跨庭院的短廊的侧翼，高度与别的立面一致，因为它与庭院其他面相连。[983]

图 M 事实上是敞廊的正面及两个侧面。这里有支架上的走道、支架下的窗户，以及走道上面朝过道的中门。[984] 旁边还有两个图，用 M 标示：一个是用上面的走道展示的支架的排布，另一个的剖面一样，也用 M 标示。剖面图下方有小比例尺，适用于所有的图。[985]

**不规则场地，第十八提议[986]，第 72 章**

在与上面一样的地上，我决定在这里采用其他的规划方法，使得它与之前的平面图看起来略微不同，但大门仍保留在朝河的一面。[987] 进大门后是过道 A，A 宽 10 尺。其右手边有次厅 E，之后有主室 C，C 带有后室 D。再往里有前室 E，然后是主室 F，其后是后室 G。离开过道进入庭院 H。庭院没有敞廊环绕，但是有托架支撑起来的走道，为下面的行人提供遮盖。[988] 庭院外有过道 I，面向另一条街道。过道旁边是主室 K，其后是后室 L。在第一条过道的左手边有主厅 M。其后有前室 N，N 后面有主室 O。然后是主室 P，经过 P 到达马厩 Q。末端有从室 R，R 是仆人居住的地方。[989] 回到过道，在过道的中间是主楼梯 S，顺着楼梯可登上主室 T，T 带后室 V。读者请注意，用 ✠ 标示的两个地方是小庭院，可以为其附近的[990]主室带来光亮。

离开庭院进入过道 I，其左手边有主室 X，X 带有后室 Y。所有用 Z 标示的地方用于出租给各种各样的人，作为住所或"商店"和仓库。上面一层应有同样的套间。任何想要有一个大主厅的人可以把过道 A 以及两个小主厅 B 和 M 合并起来，形成一个长82 尺长的主厅。按照法国的习俗，这个大主厅可作为散步的敞廊。[991] 假如我没有提供某个细部的尺寸，例如厅、房、及其他要素的宽与长，平面图下方的比例尺可以提供所有的尺寸。[992]

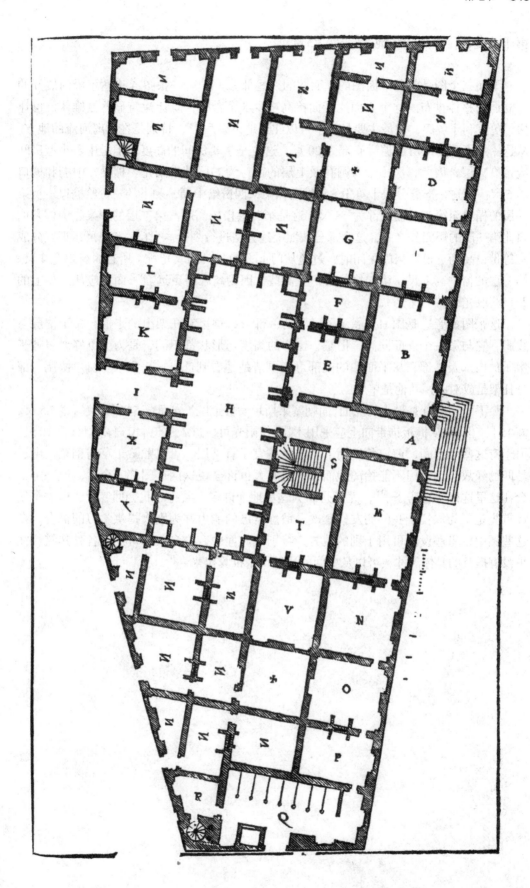

**第十八提议，不规则场地[994]，第 72 章**

　　下面三个图是前面平面图的立面图的一些部分。[995]第一张图 A 表达了沿河展开的大立面的整体排布。这个立面比街面抬高至少 5 个台阶，既让建筑显得更雄伟，也让房子更有利于健康，但最主要是为了可以建造地下餐厅[996]，特别是在远离河流的地方。从这一平面到第一层的楣梁底部为 20 尺，这也是主要房间的高度，但是中、小型房间应带有夹层。因此，房子带有圆孔及上层的窗，为夹层带来阳光。楣梁、中楣和檐口高 5 尺。把这一部分分成十等份：三份给楣梁，四份给中楣，剩下的三份给檐口。从第一层的楣梁至第二层楼底部为 18 尺，这是第二层楼的高度。第二层的楣梁、中楣和檐口比第一层的矮四分之一，这个部分按照上述方法进行划分。大门宽 7.5 尺，把宽分成三等份，高为五份。当门关闭时，过道从门上方的开口获取光线。所有的窗户宽 4 尺：第一层的窗户高 8 尺，第二层的窗户更高些，因为离眼睛更远。[997]阁楼应从中楣上的开口获取光线。[998]

　　这张图的旁边是图 H，展示了庭院的一部分，这里有托架上的走道。关于楼层与线脚，它与第一个立面同高。但是，窗户的高度与形状都不同，是为了更好地服务于房子的内部及外部，从平面图的内部可以更清楚地看到这点——为了与窗户协调，部分托架是成对的，其他是单个的。

　　最下面的图 Q 是最小的立面，面朝塞莱斯坦女修道院。立面宽 54 尺。大门宽 7.5 尺，高 15 尺。但是，从檐板饰带向上应采用木栅，使阳光可以进入过道。窗户宽 5 尺，高 10 尺。由于有这些小房间，窗户角度朝下。[999]马厩宜于有夹层，可以贮藏干草与稻草。由于马匹的缘故，这道门不能抬离地面。但是有人也许会说这两个图都不合适，说一定不会在这里这样建造房子[1000]，尤其是因为这块地为许多人共有。我会回答说，做这个设计首先是了为取悦于我的朋友，其次是锻炼自己的能力并为别人提供学习的机会。在这些图中，有些设计可用于别的地方，特别是立面中有许多装饰可用于各种建筑。文中没有提及的具体尺寸，可以从中间的比例尺中推算出来。[1001]

p.192 **第十九提议　作为商人交易场所的敞廊[1002]，第73章**

　　在里昂市有许多商业交易，大部分是意大利商人所进行的交易，这些人主要是来自托斯卡纳的佛罗伦萨商人。虽然这些商人有大量的生意，他们并没有一个固定的场所进行交易。[1003] 出于这个原因，我获得了一块精致、独立的地块的尺寸，这块地在市里最优美、最方便的地方，我开始设计一个有"商店"[1004] 与居所的拱廊——其平面图如下。[1005] 这块地长87尺，宽57尺，拱宽10尺，立柱的正面宽5尺，但角立柱宽7尺[1006]。台阶延伸3尺，构成完整的87尺。上两级台阶可至拱廊A，其长与上面所描述的一致。立柱间距10尺，比壁柱间距多3尺。所有用B标示的地方是"商店"，每个商店上方都有夹层。中间的C处应保持通畅无阻，D作为小解[1007] 及方便之处。这一处靠小开口S提供光线，通过这些开口，坏的气味可以排出。在这一部分的后方，登上螺旋楼梯E便到达F。再往前进入主厅G。在其左、右手方，经过门H进入主室I。I里面有床龛K，K上方应有另一张床。从这里进入主室L。主厅的另一端有主室M，其服务室与第一个主室相同。从这里进入主室N，其后有主室O。同时，另一边的房间一模一样，如第二层的平面图所示。我不会详细叙述"商店"、主厅、房间具体的尺寸，但是你可以计算出所有的尺寸，比例尺就在图的下方。整个地方要往地下挖掘，为居住者提供服务室的空间。[1008]

p.193

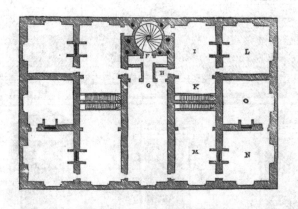

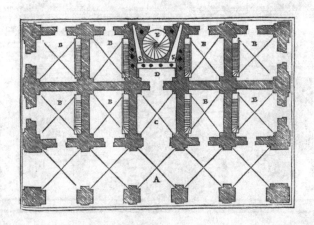

## 商人进行交易的敞廊[1009]，第73章

p.194

　　下面的图是前面平面图的正面。这样的排布环绕整座建筑。首先，在敞廊的前面应有一个矮平台[1010]，宽 8 尺，比街面抬高一个台阶。从这里登两级台阶至敞廊的台阶。敞廊共有 5 个拱。角立柱的正面宽 7 尺，所有其他立柱宽 5 尺。立柱间距 10 尺。廊高 16.5尺，敞廊顶高 18 尺。立柱上方的檐板饰带高 1.25 尺，这将是拱顶的楼板。檐板饰带的上方是窗户的胸墙，这将是圆柱的底座。这些底座高 3.5 尺。上方的圆柱，包括柱础和柱头，高 [10]6.5 尺[1011]，宽为高的八分之一。[1012] 上面放置楣梁、中楣和檐口，总高是圆柱高的四分之一。这一层上方有别的圆柱，高 12 尺。圆柱宽是：把高分成 8.5 等份，其中一份就是柱宽。[1013] 圆柱上方放置楣梁、中楣和檐口，总高比下一层的矮四分之一。[1014]这种安排，虽然柱子是爱奥尼柱式，最终整体却会是混合柱式，因为中楣上有飞檐托饰。这样使檐口有更强的保护作用，当雨水垂直落到檐口时，整个建筑会受到保护。按照法国的传统，檐口上应有老虎窗。窗宽 3 尺，高 5 尺。[1015] 所有的窗户宽 5 尺，第一层楼的窗户高 12 尺，第二层的窗户比第一层矮 1 尺。带三角楣饰的门位于拱廊正中，宽3.5 尺，高 7 尺。[1016] "商店" 开口宽 9 尺，高比宽多半尺。"商店" 门宽 3 尺。每个 "商店" 上方应有夹层，从 "商店" 上方的窗户取光。这座建筑有三层楼。第一层，即敞廊，是塔司干式。第二层应为爱奥尼式。第三层为爱奥尼式，但是檐口、中楣和楣梁应为混合式，原因之前已陈述。按照法国传统，最上层的檐口将会住人，所以这座建筑可容纳 12 户人家，虽然比较拥挤。[1017]

p.195

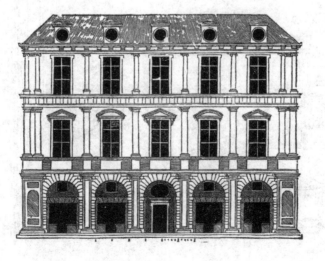

p.196    **有多种用处的木桁架，第 74 章** [1018]

　　为了不漏掉这许多要素中的任何一个——至少包括突然想到的东西——建筑师在这些情形下可能会需要它们，我想展示 [1019] 各种各样的创作，也是为这些房子盖屋顶时可能需要的办法，这些屋顶是由各种木桁架斜着支撑起来的。木匠会知道如何好好利用这些东西。[1020] 我不会费力阐述这些木桁架的大小，因为不同国家的尺寸各异，一些国家的风强烈些，一些国家更要考虑冰、雪、雨水的问题。在不同的地方，屋顶的斜度可能要陡一些或平一些。[1021] 谈完这些后，下面九个图是意大利传统的风格。好的木匠（如我所说）会知道如何根据地方特点运用这些东西。因此除了图 [1022] 我不会给任何具体的尺寸。

p.197

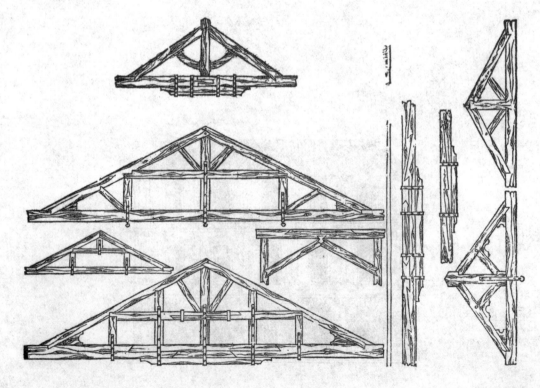

## 木桁架[1023]，第74章

p.198

以下四个图，至少其中的两个，是按纯法国风格创作的，尤其是图 A 和图 D。因为习惯上法国风格的屋顶是一个三角形，也就是说，无论屋顶的水平宽是多少，你应该用这条线画一个等边三角形，并按照图示划分、衔接。

图 B 适用于许多不同的国家，尤其是作为主厅的屋顶。它可以覆盖着带孔的瓦片，瓦片被钉在接头上。但也可能是覆盖着铅片，既耐用又防水。但是，在法国高贵的地方覆盖着一种叫阿朵莎（*arduosa*）的泛蓝的石头[1024]，既好看又典雅。采用这种框架，你可以为花园或任何别的地方设计出一个美丽又坚固的凉亭。

图 C 事实上非常坚固，不管两面墙距离有多远都可以支撑任何重量。在这个桁架下可用木板建造任何大主厅的木拱顶，每块木板上可以有优美的凹雕和绘画。在加固了的梁的上方——加固梁可承任何重量——应建造铺好了的地板。[1025]

p.199

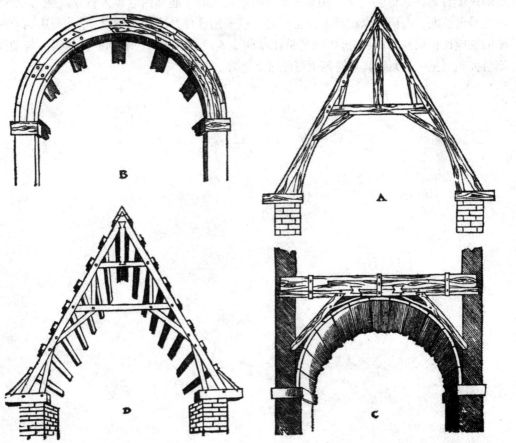

p.200 **木桁架**[1026]，第 75 章

　　下列最上方的一个桁架可用于任何距离的两面墙之间。桁架非常坚固，可支撑任何重量，是因为有垂下来的杆，也就是用 X 标示的垂直的杆。它们成对使用，力量更强。尤其是中间的杆，重量被两根托着两面墙中间的大横梁的梲杆转移到梁下。但是使得桁架格外坚固的是那两个垂下来的杆，用 X 标示。它们成对使用，并按照上面的小图 X 进行衔接。这个设计没有一点金属，全部都采用木头。

　　下面的图 A、B、C、D、E、F 源自上面的图。根据这张图可以建造一座非常坚固、不需要支撑的桥，条件是两岸要有非常坚固的石立柱或稳固的衔接得极好的桩。从桥面往下，用 A 标示的三根桩上刻有方形的洞。横梁要穿过这些洞，横梁要与桥同长同宽，并像上面用 A 标示的两根横梁一样用木钉固定起来。钉子是用木头做的，是很硬的木头，不是脆弱的类型。C 部分展现了横跨桥的木板头，木板头应好好地用钉子固定在跨越两岸的梁上，这样所有的力量就统一起来了。木桩 B 要安放在托架 F 上，而且应固定在墙 E 上。横跨桥上的有梁 D，这些梁以燕尾榫穿过 B。虽然图中一边只有一根梁，但是最好每边有三根梁，这样，突如其来的大风不会使桥梁受损。[但是如果桥跨过的河流是可通航的，那么桥的高度必须允许船只从底下通过。即使河流并不通航，如果桥的高度合适，它也会有这一用处：即当河水猛涨时（通常由老年人看守河涨），水将不会漫过桥面，人仍可以在桥上正常行走。应采用这种办法抬高桥梁：][1027] 两边靠着河岸的桩应比桥面高 10 尺，桥中间的桩比桥面高 5 尺。桥的两边有围栏，使得人与动物不会掉到河里——突如其来的风也可能带来危险。[1028]

p.201

**在乡下建造的宫殿，第 1 章**

　　建筑师会面对层出不穷的情形，所以任何一种居住的形式，无论是什么，都有可能在某种情形下交到建筑师手里。[1029] 因此 [1030]，我将展示一个有四个门的房子，它与一般的做法相去甚远。[1031] 房子的平面图如下。房子应抬离地面至少 6 尺，或者它要在一个自然的山丘上，甚至是在一个人造的高地上。但是，斜坡上的地可能更好，房子后面的台阶可登上山顶。可是现在让我们先描述一下平面图。

　　首先，从房子前面上一道 6 尺高的台阶至敞廊 A。这道台阶长 36 尺，宽为长的一半。从这里进入主厅 B，B 长 64 尺，宽 30 尺。在 B 的一角有次厅 C，一边长 24 尺，另一边比这一边长 3 尺。C 带有从室 D，D 边长 12 尺——但实际上会有两个主室，因为这里带夹层。从螺旋楼梯 E 可上到夹层。从这里可向下至次厅下面的厨房，顺着同一条螺旋楼梯还可上到小塔楼。主厅的另一角有主室 F，F 是边长 24 尺的正方形。F 带有从室 G，是边长 12 尺的正方形，不包括一个带有螺旋楼梯的从室——从这里可上至小塔楼。由于敞廊、主厅和次厅高为 27 尺，它们都应带有夹层。从这个主室进入过道 H，H 宽 12 尺，长为宽的两倍。过了过道进入主室 I，I 为边长 24 尺的正方形，带有从室 K，K 是 12 尺 × 18 尺。主厅的中间有一道门通往一个平台，或者是人行道。[1032] 这里没有遮盖，让主厅更加明亮 [1033]，其大小与敞廊一致。每天太阳高照时，这里会是个非常宜人的地方，你可以在这里撑起一块防水布盖。主厅的另一角落有同样的主室和从室。主厅的上部有同样的过道，每一条过道有自己的门。因此主厅的每一边总是远离太阳，非常凉爽。同样的，在冬天，房门一关，主厅也不会寒冷。所有的服务房间都位于地下，但这些主室很益于健康，因为它们比地面高 6 尺。这个居住区周围是精致的花园，如图外面的轮廓所示。

p.203

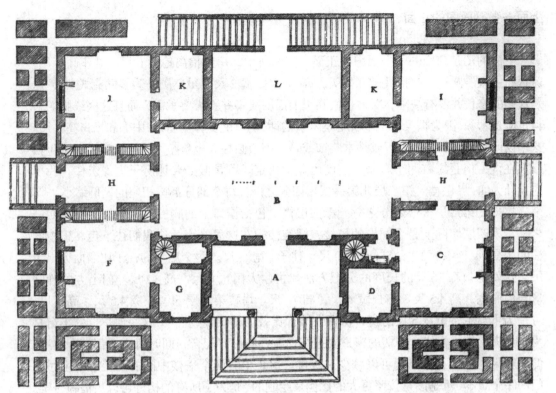

**上面一张平面图的正面，第 1 章**

　　下面的图是前面一张平面图的正面。如图所示，房子抬离地面 6 尺。基座高 5 尺，窗台高一致。圆柱，包括柱础和柱头，高 18 尺，宽 2 尺。虽然圆柱为多立克式[1034]，但是这样的修长并没有缺陷，因为它们除了上面的线脚并不需要承重，而且这些线脚的材料也应是木头，因为楣梁长 13 尺，不是木质的话，不可能支撑。楣梁、中楣和檐口高 4 尺。这个设计围绕敞廊的内部，或是木装饰或是绘画。圆柱高也是整个房子的高度，不包括屋顶在内，但是应有两个塔楼，高度由业主决定。可是假如要让房子更加宏伟，我把它设计为四[1035]层楼。第二层比第一层矮四分之一，每个部分都按相应的比例缩小。[1036]第三层楼比第二层楼矮四分之一。第四层楼，包括檐口上的胸墙，比第三层楼矮四分之一。第四层实际上是个圆形的塔楼，螺旋楼梯在这里终止。让我们往下走。正中的柱间距是 11.5 尺，两边的柱间距 10 尺。柱子 [ 宽 ]2 尺。两个扁平的柱子比墙面突出半尺。这就是敞廊 36 尺的长度的分配方法。主厅大门宽 6 尺，高 12 尺。门上方的椭圆形与门同宽，高 4.5 尺。窗户宽 6 尺，高 16 尺。塔楼第一层的窗户宽 4.5 尺，高 9 尺，可是为了与主室里宽 5 尺的窗户协调，装饰比普通的要高些。[1037]这些窗户上的小窗是为了给夹层带来光线。塔楼的窗户要连续递减，与楼层配合，同时每层楼都带有夹层。但是如果塔楼显得过高，可以减少一层楼。房子上方两个塔楼中间的图展示了主厅大门的一个版本，可是图是按照更大的比例尺绘制的，是为了所有的构件可以更清晰可辨。塔楼与圆柱中间的窗户是依照门上方为阁楼提供阳光的一个版本设计的，它比小窗更遵守规律。下面的圆柱用了比其他图都更大的比例尺，为了更加清楚易懂。塔楼与屋檐间的窗户应用于两边的主室。窗框下沉是因为夹层的地面在这么低的地方，但是窗户，包括其装饰，外形都不变。这四个大构件的比例尺在中间地面的下方。可是最外面的边上的脚线的比例尺还要大得多，这一元素环绕整个建筑。

p.206 **上面一张平面图的内部，编号 I[1038]**

　　首先，让我们讨论最下面的部分，其底部可见地下房间的一部分，即高于地面的部分——地下的部分与地面上的一样多。图的长即房子的长，从 E 到 G 是主厅的长——实际是内部面朝敞廊的一面。从地面至梁的底部为 27 尺，但是那些线脚，无论是木线脚还是画的线脚，都应环绕主厅。

　　在第一层与屋顶底部的中间可以建造主室，因为这里的高度是 11 尺。主厅末端的主室，由于非常高，所以应有夹层，如图所示——其中一个主室里画了楼梯，展示了如何上至夹层。同时在每个楼梯下有一个小书房。第一个主室高应为 14 尺，上面的主室高 11.5 尺。1.5 尺应作为地板填充。这便是 27 尺划分的方法。可是次厅，包括环绕它的中楣，应占据整个高度。这些房间上面还有阁楼。

　　上面的图展示了主厅的内部宽。门 H 通往通道：两边带拱的墙用点画出，代表了过道。楣梁、中楣和檐口环绕整个主厅，如上述所言。两个小门 F 和 I 通往主室 F 和 I。用 ✠ 标示的墙是主厅的侧面看到的墙。至于高度，上面讲得已经足够多了。

　　门 H 是中间的门的一个版本，但是它画得更大，是为了更清楚地展示各个部分以及门的木构件。另一个小门 F 是主厅角上的八扇门，其中一些是真的一些是假的。虽然 F 门与 H 门的图大小相同，这样画是为了不使得图像变形。同样地，通向通道的 H 门宽 6 尺，高 12 尺，这里的 F 门宽 3 尺，高 6 尺。

p.207

## 我几年前遇到过的一个情形，第 2 章

p.208

　　我在里昂的时候——由于这一地区的战事刚刚开始[1039]，我目前不得不居住于此——一位普罗旺斯的绅士曾向我请教，或者我应该说他请我重新整理他的一座房子，这座房子已经动工了，但是设计得非常糟糕，尤其是它就处在一块非常优美的地方，这个地方有最益于健康的气候。[1040] 在我做进一步的论述前，我想先简单讨论这块地的一个部分。这是一个种满香桃木、刺柏、黄杨树的小山，还有许多迷迭香，因此这块地被称为"迷迭香"。[1041] 首先，在你上到这块地之前，你进入一个山谷，四周环绕着栽满果树的小山——树上结着橄榄、青柠、柠檬、橙子以及其他美果。这里还有许多清泉，是不同溪流的源头。这些溪流往下灌溉周围的农田，最终注入水美鱼肥的湖泊。我正在讨论的这块地比公路路面抬高约 20 尺，用活石堆砌而成。[1042] 其上方是下图所展示的房子。要上到这里需要登上一段台阶，台阶从左、右边的转角开始。顺着这些缓缓的台阶至最上面一级台阶 I。I 宽 8 尺，但是台阶宽 7 尺。从这里上两级台阶至人行道 II，II 宽 7 尺，长 104 尺。前面有一道带围栏的胸墙，可凭栏欣赏美丽的峪谷。从这条人行道[1043]，经过那道门进入过道 III。过道宽 10 尺，长 24 尺。其右手边[1044]有一个主室 IIII，边长 24 尺。从这里穿过前室 V，12 尺 × 24 尺，进入副厅 VI，VI 为规整的正方形，其直径是 33 尺，带有主室 VII，长 20 尺，宽 13 尺。从这里经过旁边一道螺旋楼梯，进入小圆室 VIII。通过楼梯可上至许多主室，但是房子的最高点位于小圆室的顶端，是一个小塔楼。从这个小圆室进入敞廊 IX，长 68 尺[1045]，宽 12 尺。一共有四道这样的敞廊，它们环绕着一个边长为 68 尺的正方形的庭院。既然是敞廊，p.209经过时上方明显地会有遮盖。走到敞廊的一半，在右手边有过道 X，14 尺 × 24 尺。从这里进入主室 XI，XI 边长 24 尺，其后有后室 XII，24 尺 × 12 尺。从同一过道进入用 XII 标示的主室，边长 24 尺。在同一过道的末端有一个螺旋楼梯 XIII。这里边长 11 尺，上升 43 尺[1046]——这个高度是因为，正如我所说的，它的结构与主室 ✠、主室 XV[1047]、过道 XIIII、主室 XVII[1048] 和主室 XVIII[1049] 一致。这部分的墙都已完工，没有遮盖，秩序散乱。剩下的地方平阔，在光秃秃的石头上。为了保留已完工的部分，我在已建的螺旋楼梯的对面增加了另一个正方形[1050]的螺旋楼梯，同时在庭院另外两个角上，我在一角建造了一个小礼拜堂，在另一角建造了一个小圆室，如平面图所示。现在回到我最初的主题，继续讲述平面图的划分。我刚才把你留在方形螺旋楼梯 XIII。离开这里，你进入敞廊，走到一半有过道 XIIII，宽 10 尺，长 24 尺。在右手边有主室 ✠，边长 24 尺。再过去有前室 XV，10 尺 × 24 尺。从这里你进入次厅 XVI，宽 20 尺，长 33 尺。小主厅带有两个从室，这意味着有四个从室，因为这两个从室上都有夹层。每个从室不小于 12 尺 × 10 尺。出来往回朝左手边走，有主室 XVII[1051]，是边长为 24 尺的正方形。再过去有前室 XVIII，12 尺 × 24 尺。从这个主室可到副厅 XIX，边长 34 尺。由于这个副厅位置偏远[1052]，可以在礼拜堂开一扇门，我们将在二层的平面图上清楚地展示出来。离开礼拜堂（也用 XVIII 标示）进入敞廊。在敞廊的中间有一条过道 XIX[1053]，通往一个非常美丽肥沃的花园。这条过道，12 尺 × 4 尺，在一边有主室 XX[1054]，是个p.210

边长为 24 尺的正方形，带有后室 XXI[1055]，20 尺 × 13 尺——这里应有夹层。在过道朝前面的一边有主室 XXII[1056]，是边长为 24 尺的正方形，带有后室 XXIII[1057]，12 尺 × 24 尺。从这里上螺旋楼梯 XXV，进入敞廊，再从敞廊进入过道。面向前方时左手边有主室 XXVI，边长 24 尺。出来有前室 XXVII，宽 12 尺，长 24 尺。从这里进入次厅 XXVIII，宽 20 尺，长 33 尺。小主厅带有四个从室，因为 XXIX 和 XXX 均带有夹层。这就是关于地面这一层的平面图的所有描述。[1058] 过道外有好些稀有的好果树。而且这片套间的后方的石头已经被挖走，这里有小餐厅、佣人餐厅、储油仓库以及其他服务房间。朝正面的一边的房间其实是在地面上，因为这一面的山坡朝下走。

p.211

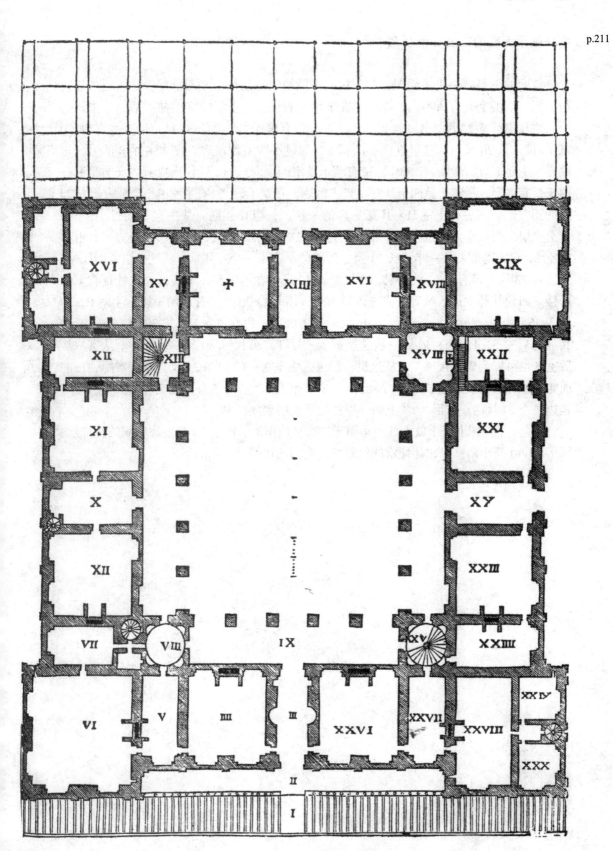

p.212 **同一张平面图的二层，第 2 章**[1059]

　　背面的图是同一张平面图，只不过代表的是第一层楼的平面。尽管这一层的套间与下面一层的套间有所不同，墙却都在下面的石墙上。上了螺旋楼梯 A 后，你进入一个大主厅 B，宽 24 尺，长 104 尺。B 的一末端有副厅 C，边长 33 尺，带有主室 D，D 宽 14 尺，长 20 尺。从这里进入小圆室 E，通过小圆室到敞廊。在大主厅 B 的另一末端有小主厅 F，宽 20 尺，长 33 尺，带有两个从室，从室是边长不小于 12 尺的正方形——由于带有夹层，事实上是四个从室。走进敞廊，在左手边[1060]有主室 G，G 是边长为 24 尺的正方形。其后有主室 H，其宽是 G 的一半，长与 G 相同。从主室 G 经过小楼梯 I 登上夹层。再往里走，过了这个主室之外有主室 K，K 是边长为 24 尺的正方形，带有后室 L，L 的宽是 K 的一半，长 21 尺。敞廊的尽头是一个礼拜堂。从这里进入副厅 M，M 边长 33 尺，带有主室 N，N 长 20 尺，宽 12 尺。在这里有一道楼梯通往礼拜堂上的塔楼。回到礼拜堂进入敞廊，再进入过道 O，13 尺 ×30 尺。过道的一边有主室 P，30 尺 ×26 尺，带有后室 Q，14 尺 ×26 尺。过道的另一边有主室 R，长 30 尺，宽 24 尺。其后有后室 S，15 尺 ×30 尺。从这里进到次厅 T，20 尺 ×30 尺，带有 4 个从室。从后室 S 也可以到螺旋楼梯 V，从这道楼梯进入主室 X，12 尺 ×24 尺。顺着敞廊朝正前面走有主室 Y，Y 是边长为 24 尺的正方形，带有从室 Z，Z 有夹层为主室 E 服务，E 是边长为 24 尺的正方形。[1061]上面一层楼的平面图到此结束。

　　但是，平面图上三个放大的图是属于这张平面图的。图 XVIII 是敞廊中间的礼拜堂。圆形图 VIII 是小圆室，在礼拜堂的斜对角。它们的比例尺在图的下方。

p.213

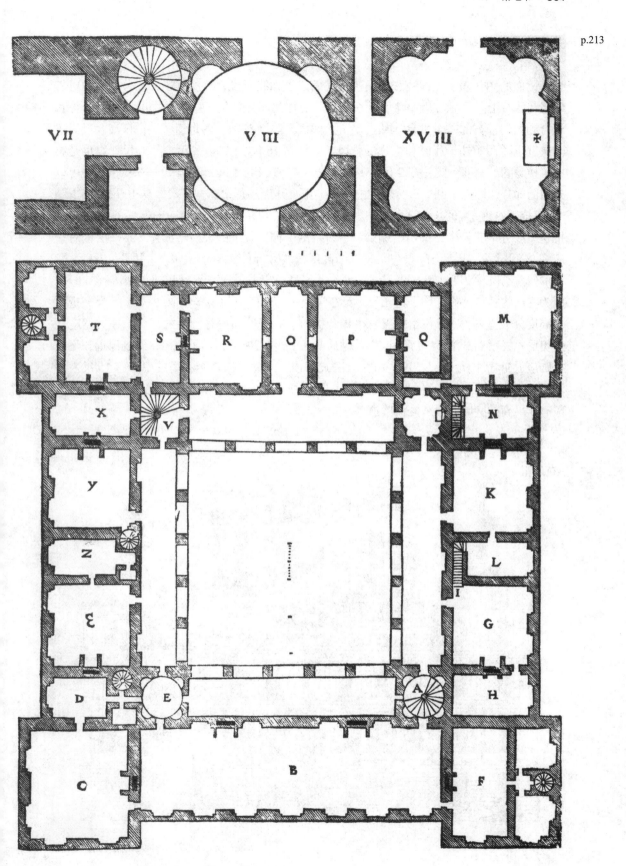

p.214　**关于前面平面图的正面，第2章**[1062]

　　下面的图代表了上面一张平面图的正面。正如我所说，这所房子抬离公路面20尺，建造在活石上。[1063] 在这里，为了使房子显得更加宏伟，你应从房子的两角建造两道台阶，汇合到大门前方的一个平台。从这里再上两级台阶至有围栏的走道——栏杆高4尺。这个高度也适用于柱子底座和窗户的胸墙。圆柱高16尺，合在一起便是20尺，这也是第一层楼房间的高度。圆柱宽2尺，多立克式。[1064] 大门宽8尺，高14尺——我指的是可以开启的部分，因为半圆形部分应加上栏杆，不可开启。每扇窗宽5尺，高10尺。其上的"非正统"气窗[1065]的长与这些窗户的宽一致，高3尺。楣梁、中楣和檐口总高4尺。[1066] 把这一段分为三份半，一份给楣梁，一份半给中楣，剩下的一份给檐口。第一层楼总高应为24尺。第二层楼18尺。[1067] 把这个高度分成五等份：一份给楣梁、中楣和檐口，剩下的四份给圆柱。圆柱宽5尺，应该是爱奥尼柱式。[1068] 窗户宽5尺，但它们的高应为11尺，因为突出的檐口"偷走"了这1尺。第三层楼——由两边的塔楼组成——高15尺。把整个高度分成五等份：一份给楣梁、中楣和檐口，剩下的四份是圆柱的高。圆柱的宽应比爱奥尼式柱窄四分之一，因为这个是科林斯柱式。[1069] 但是，为了让檐口出挑深远，飞檐托饰应放置于中楣上。[1070] 这些塔楼有法式塔顶，因此从檐口至小塔的底部有15尺。小塔宽10尺，除去其金字塔形的等边三角形屋顶，高与宽一致。[1071] 在第二层的檐口上有应有4尺高的胸墙，用来掩藏屋顶。

p.215

## 平面图中的庭院的内部，第 2 章 [1072]

p.216

　　下面的图展示了前面平面图的内部。在敞廊的末端可以看到有两座塔楼。一个塔楼里有方形的螺旋楼梯 XIII，另一塔楼里有礼拜堂 XVIII。两个塔楼中间有五个拱，每个拱宽 11 尺，每个立柱宽 3 尺，加起来一共是 70 尺。[1073] 每一条敞廊长度一致。拱高 20 尺。从拱底至檐板饰带上部为 3 尺，檐板饰带本身 1 尺。从檐板饰带至楣梁底部，即第二层楼的高度，为 15 尺。[1074] 每个立柱宽 2.5 尺，拱比立柱宽 0.5 尺。这些拱高 16 尺 [1075]，可是敞廊高度应为 18 尺。每扇窗宽 5 尺。下面一层的窗户高 13 尺，但是横跨窗户的檐板饰带减少了窗的高度，也提供实用性，即可以把窗户分两边关闭。中间的门宽 6 尺，高 10 尺。两边的每扇小门高 8 尺，宽 4 尺。第二层的窗户高 9 尺。中间的门宽 5 尺，高 10 尺。两边的每扇小门宽 3.5 尺，高 7 尺。楣梁、中楣和檐口高 3 尺。第三层，即小塔，总高 15 尺，包括了楣梁、中楣和檐口。整个楣梁、中楣和檐口高 3 尺，1 尺为楣梁，1 尺为中楣，1 尺为檐口。它们的形状在上面一张更大的图中展示。也有第二层楼的楣梁、中楣和檐口的图。

p.217

**在帕多瓦的一所住宅中的套间，第 3 章** [1076]

　　关于建筑的任何东西，我所见过的并欣赏的，我会尽量把它们放在这本关于"情形"的书里，满足那些喜欢看不同东西的读者。因此，当我记起我曾经在帕多瓦看见的梅塞尔·路易吉·科尼亚罗（Messer Luigi Cornaro）的房子 [1077]，一个位于那道美丽的敞廊前方庭院入口处的套间。那位绅士为音乐而建这个套间，因为他喜欢所有高贵的艺术和所有高贵的品德，尤其喜爱建筑（庭院前方的美丽敞廊便可作证）。[1078] 我不能错过发表这个套间设计的机会。[1079] 第一层楼的敞廊为多立克式，其上是爱奥尼式，有丰富的凹雕，并用雕像装饰。下面是套间的平面图。虽然房间小，但是它们非常方便，符合建造的目的。首先，上五级台阶至过道 A，A 长 12 尺，宽 6 尺。A 两边有两主室 B，各在左右边。每个主室长 17 尺，宽 12 尺，都带有从室 C，长 12 尺，宽 5 尺。从过道进入八边形副厅 D，其直径长 18 尺。这里是音乐家演奏的地方 [1080]，设计非常合理，因为形状接近圆形，而且副厅完全用砖砌拱顶，一点都不潮湿。四个壁龛，通过它们球状的凹面，接收并保持住音符。这个副厅在夏天非常凉爽，因为它远离太阳，同时又轻易地从两个过道 E 借到光线。E 长 12 尺，宽 6 尺，这里总是有清风吹来。往里面走，进入次厅 F，长 25 尺，宽 20 尺，带有主室 G，18 尺 × 20 尺。然后有从室 H，从这里可以上到二层。同样的，在另一边也有一道楼梯，顺着楼梯可上至夹层的从室。由于副厅高应为 19 尺，第一层的从室高 10 尺，拱顶的填充物高 1 尺，上面的从室高 8 尺。这就是副厅 19 尺的高度的分配方法。离开次厅进入一个小而美的花园，花园宽不小于47 尺，非常的长。

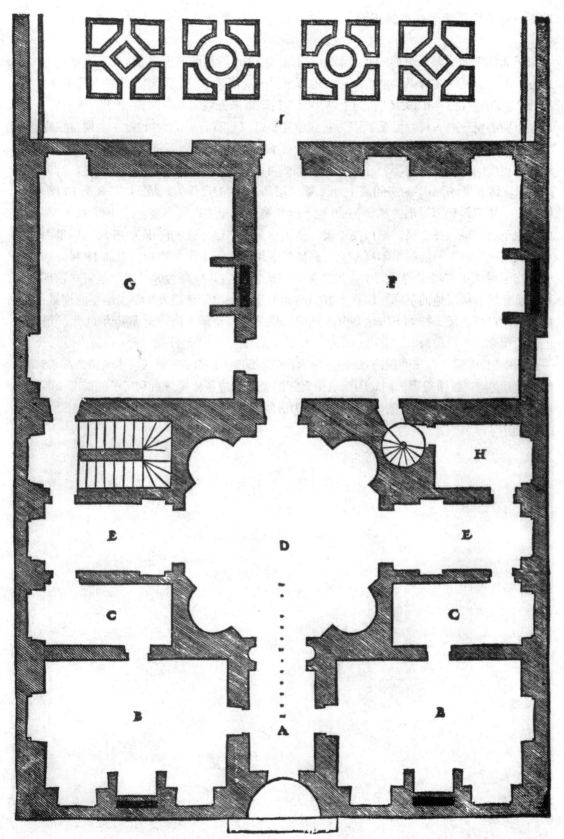

p.220 **前面一张平面图所示建筑的正面** [1081]**，位于帕多瓦，第 3 章** [1082]

　　下面的正面图属于上面一张平面图，正面宽 53 尺。从院子上升 2.5 尺至有壁龛的地方。不包括框缘在内，壁龛宽 7.5 尺，地面至拱的底部为 13.5 尺。壁龛中的小门宽 3.5 尺，高为宽的两倍。当门关闭时，门上的半圆为过道带来光线。每扇窗宽 3.5 尺：第一层，即最下面的窗户高 5 尺。但是，因为它们位置很低，应有石材的百叶窗 [1083]，使得在庭院里的人看不见主室里的东西。读者，请不要惊讶这里有这么多重叠的窗户，因为位于房子正面的房间都带夹层，在下面的内部图可以看得更清晰 [1084]——上方的窗户给夹层带来光线。[1085] 第一层的房间高 10 尺，第二层高 9 尺，1 尺作为地板，加起来是 10 尺。结果是，从门槛至第一层的楣梁为 20 尺，这也是主厅与主室的高度。[1086] 楣梁高 1 尺，中楣由于有凹雕，高 2 尺，檐口高 1 尺。从檐口至第二层楣梁的底部为 15 尺，但里面应有夹层——下面一层的房间高 9 尺，夹层高 8 尺，加上 1 尺为地板，总高 18 尺。这也是房子后部第二层楼的房间的高度。第二层的窗户的开口高为 8 尺，但是窗户顶部要下沉，因为楼层地面下降。窗户上方的椭圆形窗为夹层带来阳光。第二层楼的楣梁、中楣和檐口高 3 尺，按如下方法划分。从第二层的檐口至最上面一道楣梁为 11 尺。最上面的楣梁、中楣和檐口的总高应比第二层的矮四分之一 [1087]，分成三份：一份为楣梁；一份为中楣，中楣上有飞檐托饰；最后一份为檐口。檐口为混合式。第三层楼的窗户高 8.5 尺，因为它们离眼睛很远。同时因为这个套间的屋顶超过了传统意大利房子的高度（所以它适于居住），房子有法国风格的窗户，为房间带来更多的光线，如下文所述。[1088]

p.221

**前面一张平面图所示建筑的内部，位于帕多瓦，III**

　　之前我展示了属于前面一张平面图的正面图。现在我将展示其内部。但我们必须假设我们已走过过道 A、两个 B，还有两个从室 C，到达主厅 D。D 的每边有两条过道 E[1089]，光从过道的末端射进主厅。这样，如我所说，远离太阳，在夏天非常凉爽。现在我向你保证它在冬天会很温暖，虽然这里没有可以生火的壁炉，但是因为在过道的下方，按照古代传统，那里会生火[1090]，这样一来乐器不会因为潮湿而变音，也不会因为直接暴露在火光下而断裂。现在让我们讨论大小。主厅宽 18 尺，高 20 尺，带砖拱顶，因为砖既轻又有益于健康。事实上，砖头本身有这样的品质，即它们可以抽取并吸收所有的湿气。同时，因为拱顶的角落上本需要有大量的固体填充物，这样会使侧翼下沉，这位可敬的绅士用各种各样的空瓶子填充这些角落，因为他在古建筑废墟上见过这些东西。[1091] 两条过道 E 长 12 尺，高 10 尺，上面一层的过道高 9 尺。上面的房间 F 和 G，是面向花园的房子的后部。次厅 F 长 21 尺，高 18 尺。这一层的上面有第三层楼，楼高 16 尺。由于第三层楼上方的屋顶超过了传统意大利房子的高度，那里可设计供居住的房间，高为 6 尺。这些房间的上面应该还有阁楼，木桁架部分为法国式，部分为意大利式。

p.223

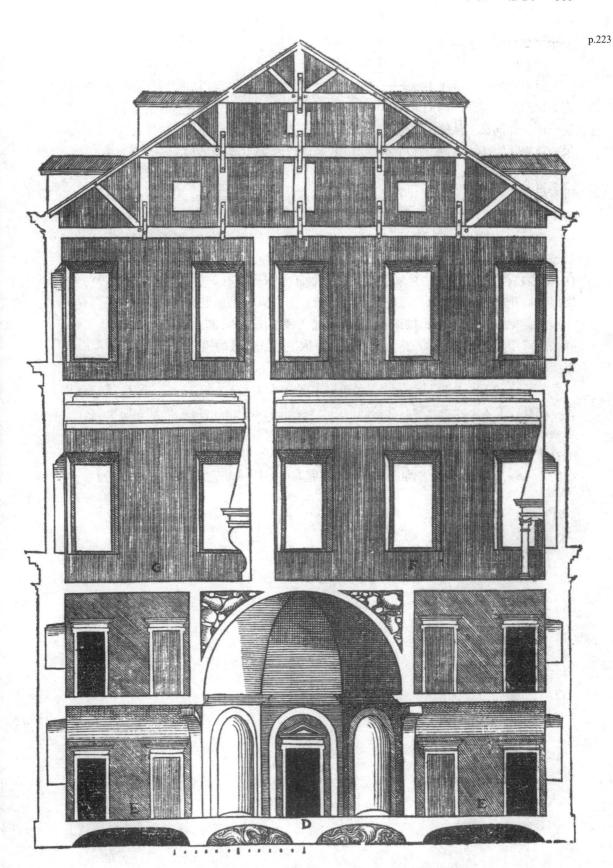

p.224 **一个大的住所，第4章，住宅4**[1092]

　　目前这所房子应建于乡下——也可以建于城市，在远离广场的广阔的地方[1093]——因为房间要从房子的四周取光。首先，假定房子的前部有一个规整的正方形庭院，与房子的正面同长。从庭院向上走5尺，通过一道有三面的台阶，到达过道A。A长54尺，宽18尺。门口的右手边有前室B，B是边长为25尺的正方形。一边有过道C，经过C进入衣帽间D，12尺×15尺，带有夹层。经过D进入E，其大小与第一个相同，带有后室F，12尺×16尺，其末端有一个床龛。F带有夹层。过道的另一端有次厅G，宽25尺，长38尺。在一角有一个从室，在另一角有出口K，从这里可以到主室L，25尺×30尺。从出口K进入敞廊，敞廊一端有楼梯I。在敞廊的中间有主厅M，宽25尺，长56尺。M过后有主室N，一边长25尺，另一边长21尺。敞廊的另一端有螺旋楼梯O，顺着楼梯可到主室P，P是边长为25尺的正方形，带有从室Q，12尺×20尺，带夹层。离开这些房间进入大敞廊R，宽25尺，长104尺。如果敞廊带石拱顶，会有两个不够美观的结果：其一，拱顶会很矮，也就是说被压扁的；其二，需要用铁索。因此，我会建议用加固了的橡木或落叶松木板——取决于此区域的服务室——木板应横向放置。从这里进入主厅S，宽30尺，长60尺。主厅的一端有前室T，长25尺，宽20尺。T带主室V，12尺×20尺。从那里经过过道X进入主室Y，长30尺，宽25尺。离开主厅顺着台阶Z下降至花园，花园的两边有两块绿叶植物的花圃。[1094]在台阶下面有一道通往地下房间的大门。在这里，如果面积允许，安放房子里所有的服务房间。[1095]同时，顺着每一道螺旋楼梯，特别是楼梯I，可以下降至地下房间。房子的另一边应有同样的套间，但略有不同。这个平面图的比例尺在庭院中，从一点至另一点的距离为6尺。

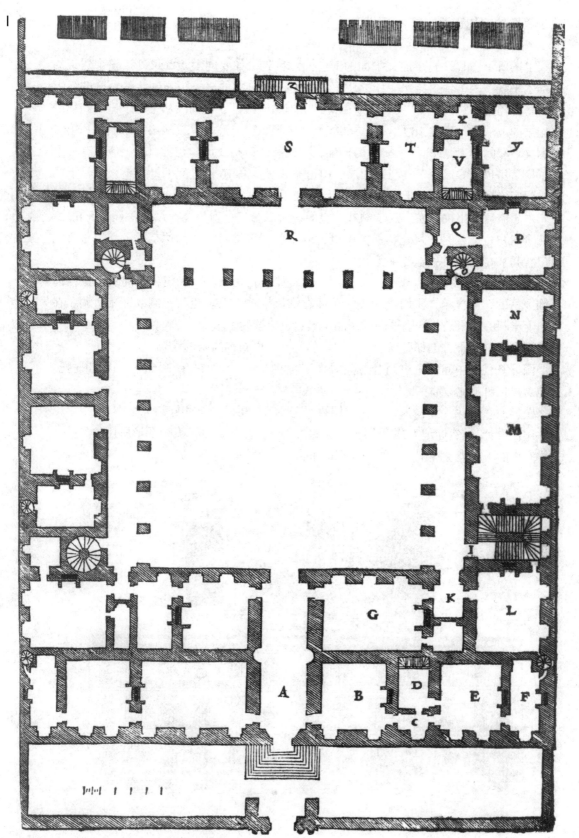

p.225

**关于第四住宅的正面，第 4 章**[1096]

下图所示图片，属于前文平面的前立面。首先，你要向上走 5 尺到达整个建筑的基准水平线。因为在这条水平线之下全部是这个建筑物的服务工作间，从台阶的终点到第一个楣梁的距离是 20 尺。这个楣梁，中楣和檐口是 5 尺高。从第一个檐口到第二个楣梁的下端的距离是 16 尺。二层的楣梁、中楣、檐口高 4 尺。从第二个檐口到第三个楣梁下端的距离是 13 尺。三层的楣梁，中楣和檐口高 3 尺。在檐口之上应该有一个为了掩盖房顶的矮墙——矮墙高 5 尺。门道宽 8 尺，高 16 尺。然而，在檐板饰带下的木质门应该打开，原因在于门的半圆形部分处于密封状态。第一个窗户是 6 尺宽，7 尺高。由于檐口的出挑"偷"走了额外的空间，所以第二个窗户宽 5 尺，并且高于 6 尺。第三个窗户也同样是 5 尺宽，但为了更大的距离和出挑，它们高达 7 尺。其他所有的窗户看起来高度在同一适当高度上。[1097]

立面上的五个图形也属于立面。中心的一张，记为 A，代表门，它的纹饰是粗面石饰风格的，同样的，木门也应该是粗面石饰风格的，以求能与石制纹饰相协调。在木门上半圆的光栅是非常坚硬的铁制品，当然也应该装上玻璃。

图形 B 代表下方的那些窗户——它们仍然有粗面石饰风格的纹饰。

图形 C 代表中间的窗户，它比其他的窗户都要华丽，因为它有一个三角山墙和肘托。其他窗户相对就比较简单。[1098]

图形 D 表示第一个檐口，中楣与楣梁。它与第二层的完全相同。

第三设计，虽然标记为 E，是用于上层的，它是混合式风格。这五个图形所用的尺——这样它们能更好地被理解——绘制在门的下方。

## 关于住宅 4 的室内，第 4 章

p.228

下图代表的是庭院内部结构，在它的两侧你能看到敞廊的前部和两旁敞廊的端部。立柱间拱的宽度有 12 尺，高度有 20 尺[1099]，这柱子有 3 尺宽，但在两侧有 5 尺，这中间的门有 8 尺宽，14 尺高，但门的顶部减少了十四分之一，正如维特鲁威对多立克和爱奥尼柱式[1100]所说的，这窗户有 5 尺宽，10 尺高。同样，在敞廊后面的两个小门也有同样的尺寸，楣梁，中楣和檐口有 4.5 尺高，从第一个中楣到第二个楣梁的下端有 15 尺，在这个大敞廊的正面有个主厅，这里应该有很多窗户构成敞廊，每个窗户有 6 尺宽，7 尺高。在两个大窗户间，又有其他小的窗口，都是为了更好地装饰和提供更好的光线。在敞廊的上方也有同样的小门，这就是涉及第二层的全部[1101]。二层的线脚在第一层的基础上收分四分之一。[1102] 三层的窗户有 5 尺宽，12 尺高。因为这高度是宽度的两倍。三层的楣梁、中楣和檐口在二层的基础上也减少了四分之一，在中楣的上方将有个栏杆，为了隐藏屋顶，栏杆要有 5 尺。

顶部线脚上面的 5 个图像是下面立面的组成部分。可以清楚地看到，在中间两个柱子间的那扇门，就是较低的敞廊下方的门。然而，它绘制得比较大，这样使它更好地被理解，对于敞廊的柱子也是一样。至于两侧的两个窗户，一个是敞廊下的第一个窗，另一个是三层的窗。这三个线脚[1103]是为这三层楼的立面而设计的。第一个，最大的那个，是用于第一层的，它的高度是 4.5 尺，第二层小一点的那个比这个小四分之一，装饰三层的那个比二层的那个又少四分之一——这是一个"非正统"设计，因为中楣上有线脚。[1104] 但是由于它有更长的距离，这三个因素——楣梁、中楣、檐口将组成一个大的檐口，因此有更好的效果。

p.229

p.230　## 关于一处将在乡间建造的恢宏住宅，第 5 号

　　目前的房屋能在任何地方建造，只要保持它的独立，这样能让光从各个方向进入房屋。但是如果在乡村建造，就应该在房屋前有一个庭院，院子的各边都与房屋正面的宽度相同。如果在房屋的两边有围墙环绕的秘密花园——或者是个宽深的壕沟——这建筑就会有个更漂亮的一面，居住在这两侧就能欣赏这漂亮的花园。你应该从庭院通过一个三边楼梯爬到住宅层高——在这些边的踏步应该很矮，适合马匹通行[1105]，到了前面时你应该通过平缓踏步上到 5 尺高的地方。这里是住宅主门，在它的后面应该有条宽 15 尺长 36 尺的通道，在它的一边有个前室，一边 27 尺，另一边小 2 尺，它被标作 B。在它的旁边有个直径为 18 尺的圆形礼拜堂，它被标为 C。在这个前室外有个被标记为 D 的，一边为 27 尺，另一边窄 2 尺的主室。在通道的半途有两个壁龛，这并非没有任何用途，因为在每个壁龛里都能舒服地坐下 6 人而不阻碍任何人通过——墙也不会因此削弱强度。在通道的其他角落有个守门人用的从室。离开通道，你将进入一个敞廊 E。它有 10 尺宽，它环绕着一个 50 尺宽、67 尺长的椭圆庭院。[1106]这个敞廊的柱子有 3 尺宽，侧面有 4.5 尺。在敞廊半途的右手边有个 25 尺宽、48 尺长的主厅 F。在敞廊末端有个 25 尺 × 27 尺的主室 G。在敞廊的另一端也有相同尺寸的主室，标记为 H。返回敞廊，再往前走，是一个通道，标记为 I。从这里进入一道敞廊，K，20 尺宽，76 尺长。在它的两端有两个主室 L、N，都是边长为 24 尺的正方形。另外，走过敞廊，这有个直径为 24 尺的圆形主室，标记为 M，直径 24 尺。这里，在圆形外部有个床龛和一个火炉，有一个 10 尺 × 13 尺的从室为其服务。另一边有另外一个拥有一个床龛和一个座椅壁龛的八边形主室，标记为 O。它的直径是 22 尺，有一个 5 尺 × 8 尺的次室为其服务。回到敞廊的另一边，一半的位置是一个次厅，标记为 P，24 尺宽，30 尺长。在敞廊的一边是一个主室，标记为 Q，方形，边长 24 尺。它配有一个从室，11 尺宽，20 尺长。这个从室应该有个夹层。在次厅的另一边有一个主室，R，方形，边长 24 尺，有一个 11 尺 × 20 尺的从室服务它——这个从室也有一个夹层。此外，还有一个小一些的从室，11 尺 × 9 尺，以及一个更大一点的，宽 12 尺，长 20 尺，它们应该也有夹层。走到前面有一道直径为 13 尺，踏板宽为 6 尺的主楼梯，标记为 S。通过这梯子你就能到达地下室，这儿有储藏窖、厨房、佣人餐厅、储物室、食品室、木头仓库。简而言之，这幢房子的功能性房间都在这儿。的确，如果使螺旋楼梯的踏步平缓和宽阔，马厩都能被建在这儿。通过螺旋梯子你就回到了通道，在进门入口的地方有一个前室 T，它各个边有 25 尺。除此之外，这还有一个主室 V，它也有一样的尺寸。对于平面，这样看来应该足够了；平面在下方。

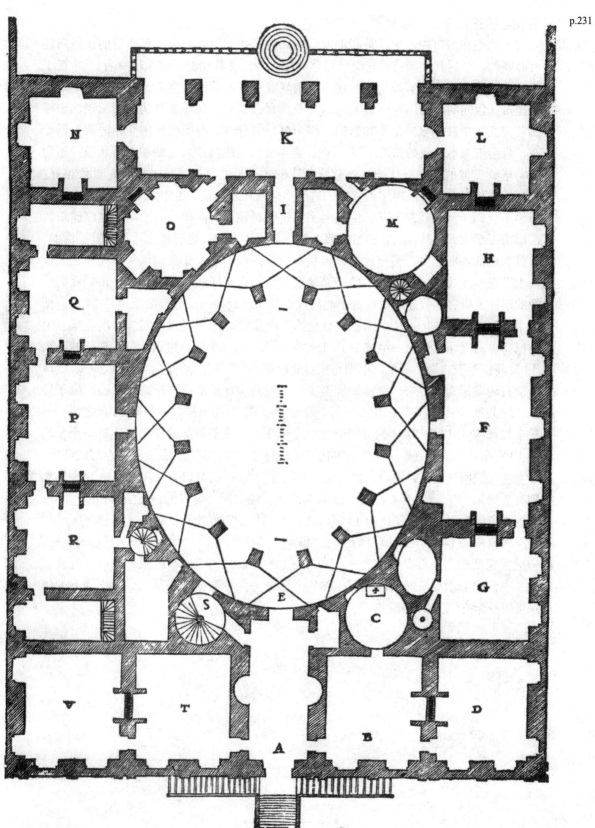

p.232　**第五住宅的正立面，编号 5**[1107]

　　对于那些在城市中，尤其是高贵地段所兴建的建筑而言，维护其庄重的权威属性是有必要的，包括其装饰物，它应该郑重端庄且务必使其相配于建筑所有者。[1108] 至于那些在乡郊或是城市中旷地所建的建筑，则享有更广阔的设计空间，不过切记要尊重各个建筑元素间的对称性与比例协调。[1109] 文雅的读者们，可不要认为成对出现的壁柱旁倘若突兀出单独一根便是不和谐的，因为窗户的分割，与屋内实用性相协调并据此分布，将会带来不一致的和谐。[1110] 因而，也不要对这里房顶之上的中部塔状设计感到惊讶，毕竟类似的这种设计于乡郊有着不错的运用，尤其是从远处看去，景致很好。值得一提的是，它们可以用作瞭望塔，这座小塔可比地面高了 96 尺。不过要言明，金字塔绝不能归于此类建筑，其缘由是金字塔密闭封顶了。同样，也不用为这座建筑的三层结构而吃惊，尤其是当它的所有服务用房都在下方时。它这样建造是有其原因的，随着其表面的不断拓宽，整座建筑显得只有两层一般。还是让我们谈一下尺寸吧。首先向上升至少 5 尺到达整座房子的屋面高度，为什么选择此高度为标杆，正如我们所提及的那样，所有的服务用房均低于此高度。从这里到第一层楣梁的距离是 24 尺，楣梁、中楣与檐口共 5 尺，从本层檐口上至第二层楣梁则有 16.5 尺，第二层的楣梁、中楣与檐口总高度相比于第一层减少了四分之一 [1111]，从二层檐口再到第三层楣梁的下端有 13 尺高，至于此层，楣梁、中楣与檐口总高度相比于第二层减少了四分之一。檐口之上应有隐藏屋盖的栏杆，那些屋盖至少有 5 尺高。在整个建筑正面的中心，位于最高檐口的上方，有仿造高塔的增高设计，若除去楣梁，中楣与檐口后仍有 15 尺之高——而整个檐部应该比第三层小约莫四分之一。再往上，除了顶部的屋盖，还有一个 8 尺高的小塔，而且塔顶需有锥体样式的等边三角形样子的顶来遮盖。以上就是全部的高度，接下来让我们回到底下讨论门、窗与支柱的问题。[1112] 门的开口有 9 尺宽，18 尺高，支柱则有 3 尺宽 [1113]，窗户有 6 尺宽，12 尺高。来到第二层，窗户的宽度虽然相同，不过考虑到距离的远隔，高度稍提为 13 尺，在此层圆柱的宽度比首层要少了四分之一。[1114] 第三层的窗户高 14 尺，因为檐口的出挑"偷走"了额外的 2 尺。[1115] 至于第三层的支柱，同样应在宽度较二层再少四分之一。大窗户上的小窗户用于照亮夹层，如果没有夹层的话，它们也会增加房间内的光照。如果上述任一测量数据被遗落的话，立面下的比例尺可以补全它们。

p.233

p.234　**第五住宅的内部；椭圆形庭院**

接下来的内容要展现第五住宅的内部细节，也就是关于椭圆庭院以及其周围的敞廊。庭院是沿着长向描绘的，就像是从中间锯开了一样。至于它的长宽数据，这些在平面中已被提及。接下来就让我们探讨一下主要圆拱的高——与宽——因为它们正面向我们，中心的门和窗也是一样，建筑的其余部分均因透视缩短而无法精准测量。于是接下来就让我们讨论下中心圆拱。在两个立柱之间的距离是 10 尺宽，高度为其两倍，每根立柱正面宽 3 尺，侧宽 4 尺。柱头的高度是立柱宽度的一半，也就是 1.5 尺，立柱的基座有 1 尺高。小的门廊有 4 尺宽，高则两倍于宽度，也就是 8 尺，尽头处的两扇门是相同的。这边的窗户有着相同的宽度，只不过其高度要比门廊处多上 1 尺，但是它们的上下端均需倾斜向下。上方的小窗户是为了给夹层以光亮，门上的窗子则是为走廊供光，而屋顶顶点的圆孔给走廊上方的夹层提供光照。在这些敞廊上方你尽可以建造上层的敞廊，然后在第二层敞廊上方建造一个不封顶的阳台，无论如何，这将使花销上升并导致门廊变暗，与此同时第二层的房间变得阴郁。基于这个原因，我在首层的敞廊上建起阳台，这毫无疑问将形成斜坡并且以扁石铺地。[1116] 从下方的拱门到顶上的扶手总计有 6 尺。小门与那些窗户的下方的门窗完全相同，从阳台的高度到下方楣梁有 20 尺，这也就是所有主要房间应具有的高度，不过中型与小型房间需备有夹层。第二层的楣梁，中楣与檐口都应比第一层的线脚要少上四分之一[1117]，从第二层的檐口至第三层楣梁下部是 12 尺。那个楣梁、中楣与檐口楣梁应比第二层再少上四分之一。在这层檐口上最好有栏杆掩藏屋盖，这个栏杆至少要有 5 尺，第三层的窗户有 3 尺宽，它们应有 9 尺高。

p.235

p.236

## 第五住宅的背面

　　本页下面的图形描绘了第五住宅背后的情况。它抬升到花园之上的高度，与房子相对于前庭院抬升的高度一样。你可以通过一段圆形台阶走上去。台阶的一半延伸向花园[1118]，另一半处于人行通道上。[1119] 栏杆环绕人行通道的情况并没有在图形中展现出来，以免遮掩敞廊。人行通道在花园以上 5 尺的高度处。圆拱宽 11.5 尺，高 18 尺。柱子宽 4 尺。拱中央的拱石高 4 尺，累加起来，敞廊的高度达到了 22 尺。[1120] 楣梁，中楣和檐口都是 5 尺高。檐口距第二根楣梁下端 17 尺[1121]，这里的楣梁、中楣、檐口都要比第一层的短四分之一。第二个檐口距第三根楣梁下端 12 尺高[1122]，这里的楣梁、中楣、檐口要比第二层还短四分之一。为了掩藏屋盖，在楣梁上部有 5 尺高的护栏。在敞廊下面中心的位置有一扇宽 5 尺，高度为两倍的门。在其两旁有两条宽 3 尺，高 6 尺的小门道，还有四扇相同的宽 4 尺，高 1 尺的窗户。二层的窗户也有相同的规格，但在三层，窗户要比它们短 1 尺。

　　在房子图形上部的五幅图是建筑表面上单独的构件。第一幅标注着 A 的图形对应着第一层。第二幅标注着 B 的图形展示的是第二层上窗户的装饰物，但它们应逐级变化，就像正面小窗所显示的一样。第三幅图对应着敞廊正中央的门上的装饰物，它被标注为 C。

　　被标注为 D 的对应于敞廊下方的众多小门之一。

　　标注为 E 的线脚是用于第二层的。第三层的线脚应该是混合式的，但要相对于这里减少四分之一。

p.237

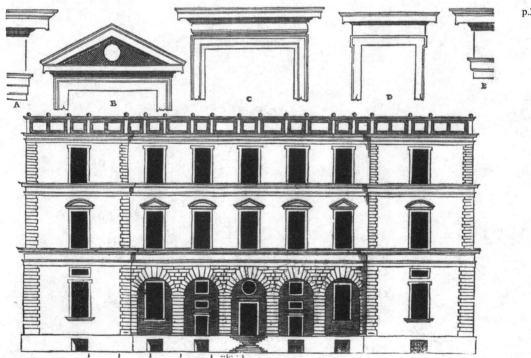

**属于第五号住宅的个体元素**

在下方看到的个体元素属于第五号住宅的外观。标注了 A 的柱子用于房子门面的扁平柱套间，那是第一楼层，标注为 B 的柱头也是。中楣 C 和檐口 D 都是第一楼层的组成部分。标注了 E 的装饰线条用于第二层。标注了 F 的线脚用于第三层。[1123] 标注为 G 的基座和柱头是用于第二层的圆柱。

标注了 H 的门是用于主门。标注了 I 的窗口充当第一层的窗户[1124]，而且在它的上面有一个小的"非正统"气窗。这些元素都用在柱子旁边能被看到的比例尺绘制。我应该再一次简短地给出它的尺寸。它有 3 尺宽和 24 尺高，包括基座和柱头[1125]，楣梁、中楣和檐口有 6 尺高。[1126] 同样地，你能找到所有元素的尺寸，与正面的描述相对应。

p.239

p.240　**建在乡村的另一座住宅，第 6 章**

　　我在信中对读者说过，如果我在其他我喜欢的建筑师那发现任何东西，我将会完全将它记录在我第七书中[1127]，所以浏览我的文献收藏，我发现了我的一个学生曾经为一个想要一座别墅的威尼斯商人设计的，建在乡村的住宅的平面图和正面图。这个发现让我非常高兴，以至于我想把它放在这儿作为第六个住所。[1128] 它的平面图在下面，而且它有四个入口。[1129] 如果场地允许的话，它们将被放置在指南针的四个主要的指向上。我总是希望我的房子抬高到地面上至少到眼睛的水平面。在这个层高你进入 A 通道[1130]，它有 36 尺宽和相同的长度。但是因为横梁不能支撑如此大的宽度，所以有四个方立柱来支撑横梁。在左边通道的角落有一个 18 尺 ×24 尺的主室 B 和它的后室 C，尺度为 10 尺 ×18 尺。[1131] 向通道更远处走，在楼梯下面有一个小型的通往储藏窖的门道，它被标注为 D。在通道的前面，转向一边进入先前被提到的通道会有一个楼梯 E，向下走有一个地板尺寸为 15 尺 ×20 尺的主室 F，此外还有一个额外的床龛——还有一个从室 G。正对着这个房间的是 18 尺 ×20 尺的厨房 H[1132]，在它的一个角落有一个水槽，有一些人叫它斯卡萨（*scassa*）[1133] 或者是塞卡奇亚托（*secchiato*）。[1134] 在另一个角落是一个食物橱 I。而在另一个角落是一个通道，通过它你从长度为 112 尺的公共通道[1135] 的下方穿过。再向左转，有房间 K，23 尺 ×20 尺大，带有后室 L，13 尺 ×16 尺大。然后你进入 20 尺 ×32 尺的门廊 M，这里被用作敞廊，而且它和房子的剩余部分分离开。从这里你进入主室 N，地面为 24 尺见方，不包括床龛 O，床龛的两边各有两个主室。但是我应该将这些正面图展示得更清晰一些，因为这类房间非常实用。[1136] 作为这个房间的后室 P，有 18 尺见方。往下通过走廊靠近门的是 12 尺 ×18 尺的主室 Q。面对这个房间的是门 R。通过它，经过楼梯下，你来到了从室 S。再重新往回走[1137]，在楼梯平台 T 下面有一个从室，但是非常暗。旁边有一个楼梯 V，通过这个你可以走到上面，然后靠近前面的是有一间从室的小门 X，而更前面，在角落里有一个 30 尺长、25 尺宽的副厅 Y，服务于它的 10 尺 ×18 尺的从室 Z。考虑到通道的长度，有些人会怀疑这个房间是否有充足的光线。在这个问题上不应有任何疑问，因为门每天将会是开着的，而且门上面还有窗户。[1138] 此外，这种居所是为了夏天居住所建造的。这个房间将会特别凉爽，因为中间部分远离太阳。而且如果场所允许，所有的服务用室应该在地下。我不希望在这里隐瞒这个建筑师的名字，它的名字是弗拉·瓦莱里亚·达·兰达那拉（Fra valerio da l'Andenara），属于圣玛利亚感恩修会（Santa Maria delle Gratie）。[1139]

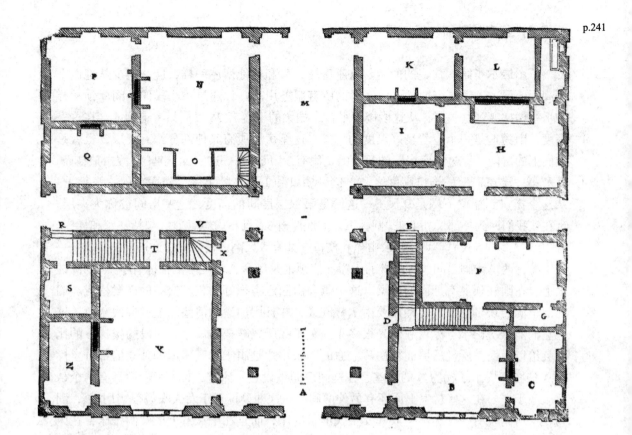

p.241

p.242 **关于第六住宅的正面，第 6 号** [1140]

下图展示了第六住宅的面貌。这座房屋，就和其他房屋一样，应该至少从地面上提高了 5 尺——底层容纳了这座房屋的所有服务用房。你通过一小段像亭阁屋顶一样的平缓楼梯爬到这一层，从这段楼梯平台至楣梁的下端有 24 尺。只有走廊才会在这一高度，因为这是一个有着良好尺度的元素。这座房屋所有其他部分都有夹层，也就是最底下的房间。穿过这座房屋的长长的走廊有 14 尺高——这实际上是门上方的檐口高度和第一层窗户上的檐口高度之和。这一檐口和 1 尺厚的第一层楼面在同一高度上。从这个檐口到楣梁下端是 9 尺——这便是第二层房间的高度，这些房间被称为夹层。现在让我们回到外部尺寸上来。圆柱下面的底座有 3.5 尺高。这些圆柱，包括基座和柱头，有 20.5 尺高，2.5 尺宽。[1141] 楣梁、中楣和檐口一共有 6 尺高。楣梁就是这一层的楼板——在中楣，两道线脚之间，有阁楼的天窗。房顶上是鸽舍，它位于四根标有 ✠ [1142] 的圆柱之上。在圆柱顶上有加固的横梁。这个鸽舍由固定得很好的相互交织的横梁构成。墙内部填满砖块，但是装饰条需要由木材制成，并且用油漆和清漆涂上一层浅灰色，这样它们能抵抗雨水、冰雪和阳光很多年。至于我所忽略掉的尺寸，整段的楼梯下的比尺会给以说明。所说房屋面貌图片上面的四张图片是属于这座房屋的独立的部分。标有 A 的图片展示了标为 N 的主室，在这间房间里设置了床龛，标有 O，而且有两个从室服务于它。在这些从室上面还有另外两间——这种设计对于女人来说很实用 [1143]，因为在这房间里有一张为男主人和女主人准备的床，而且在个从室上还有两张床，在床后面可以从一个从室到另一个从室，无论是在上方还是下方都一样。[1144] 所有这些都由木材制成，在正方向装饰有绘画和黄金，如果雇主允许的话。这些基座、柱头、楣梁、线脚和檐口（如 B 图所示）属于立面，但是它们所用的尺寸都是立面所用尺寸的三倍。

标有 C 的图片展现了前厅的高度和宽度——它是 24 尺高，正如两根圆柱所支撑的标注为 ✠ 的横梁所表现出来的那样。在这上面的标有 米 的横梁指示出了地板的填充物，在那 ✠ 之上便是顶楼。房屋的剩余部分——包括长长的走廊——应该是 14 尺高，正如有着两扇窗户的门所表现出来的那样，因为从地板到横梁米是 14 尺。在那横梁下面还有另外一根横梁，这根横梁由门廊拐角处的两根扁平柱支撑，而且这根横梁也穿过那门廊。在此之上是另一个门廊，正如三扇窗户表现出来的那样。这一夹层有 8.5 尺高——所有的夹层都是同样的高度。

标有 D 的图片是前门。这一个被画成其他门的两倍大，以便它的各个部分能容易被人理解。比尺位于立面上整段楼梯的下面。"三倍"放大的比尺就是 A 图的下面。而且如果其他任意一处的测量值丢失，那么能够通过这个小的比尺来计算求得。

本节结束。[1145]

p.243

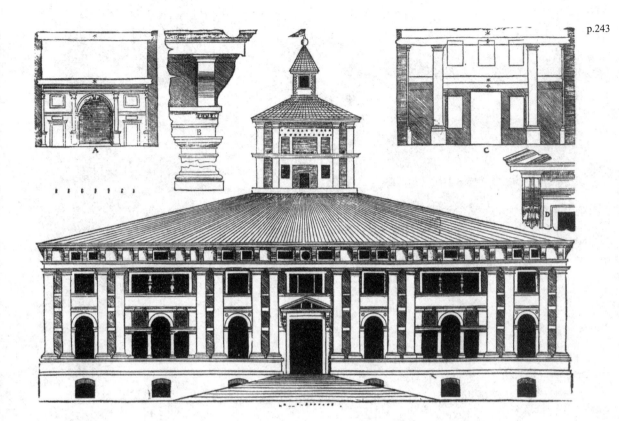

# 额外之书

## 第八书　罗马军营

塞巴斯蒂亚诺·塞利奥（来自博洛尼亚）　著

最开始展示的是宿营方式，包括帐篷与营帐，然后发展成一个有围墙的城堡

**按照历史学家波利比乌斯第六书设计……**[1]

21*v*-22*r*²
([1])

古罗马人在战争艺术方面用了许多好的事物，但是对我来说它们中最美好的两件事物，第一是恺撒桥（Casesar's bridge）³，它能很容易地被安置在一条河上，第二是波利比乌斯以良好的秩序设置的军营。⁴一些有着卓越智慧的人在这些事情上做了不少工作⁵，试图以一个可见设计的方式表达它们⁶，尤其是军营，在我的时代已经有很多人绘制过。⁷我也一样，因为我非常喜欢设计和测量，不能不通过这种事陈述和说明我的观点。⁸我尤其希望在我的平面中以缩小的比例展示这些营帐、木制遮蔽物⁹、帐篷的形式——以我能够排布的方式。所以我应该展示和描述我所理解的军营设置。具体安排应该如下：第一，是铺一条道路穿过场地，50 尺宽，被称为大道（*via larga*），在路的下边设置将军营帐（*praetorium*），每边 200 尺宽，我们记作 A¹⁰；在右边的是军需营帐（*quaestorium*）B，200 尺宽，330 尺长¹¹；在左边是广场（*forum*），它和 B 是相同尺寸，记作 C¹²；紧靠着军需营帐的是精锐骑兵和步兵，记作 D、E，两者相距一条 50 尺长的街道¹³，D 区是骑兵，E 区是步兵。¹⁴在将军营帐、广场和军需营帐之下为一串住宿营帐（*loggiamenti*），标记为 F，其宽为 50 尺¹⁵；并且将为军事督察官（Military Tribunes）所用。¹⁶在精锐的步兵、骑兵之后是由行政官（Prefect）所用的住宿营帐，记为 G，[……]¹⁷也是相同大小。这或许有人会指责我错误地将上面提到的军需营帐与住宿营帐分开。¹⁸而我会回答说，作为一个建筑师，应该总是关注宏伟和适宜性的人，我不能同意将这种帐篷放置在最为高贵的营帐之前，而不在前后留下距离。在我将它们分开 50¹⁹尺长之后，整个军营都被我拉长了，它的方形形状更接近完美。²⁰在上述住宿营帐之下有一条 50²¹尺宽的街道；被称为禁卫大道（*via praetoria*）。在禁卫大道的两个尽头的是罗马骑兵的帐篷，记为 H。²²这些营帐应该 100 尺见方，在它们旁边的是由后备兵（*triarii*）所用的营帐，为 50 尺，标记为 I。²³在它们旁边，间隔一条宽 50 尺的街道，是由壮年兵（*principes*）使用的住宿营帐，标记为 K。²⁴紧接着它的是青年兵（*hastati*）的帐篷，记为 L。²⁵在它们之外是 50 尺宽的街道。在它们后面的是附属兵团（*auxiliares*）骑兵部队的营帐，记为M²⁶，有 130 尺长，100 尺宽。²⁷再旁边是接着附属兵团后备兵所用的营帐，记为 N，有 50 尺宽。接着是附属兵团壮年兵的营帐，记为 O，有 130 尺。²⁸接着是记为 P 的附属兵团青年兵的帐篷，有 130 尺长，100 尺宽。²⁹另一边也有相同尺寸的住宿营帐。在这一水平列中，有 16 个住宿营帐，直到壁垒³⁰，从中心的第五大道（*via quintana*）出发³¹，则有 10 个住宿营帐。这使得在这个方形区域总共有 160 个住宿营帐。然后，上述的将军营帐，广场和军需营帐之外，有用于联盟军团（*extraordinarii*）骑兵与步兵的住宿营帐，排列为两排。³²每一排均为 400 尺长，250 尺宽³³，且每一排均在沿长向被划分为等长的两部分。在低的部分，记为 Q，是骑兵住的地方，而较高处为 R，是步兵住的地方。³⁴沿着这个方向，在两端有两个大空间被称为空场（*vuoti*），记为 S³⁵，每个有 250 尺宽³⁶，450 尺长。³⁷还有围绕的壁垒，有 200 尺宽。³⁸在壁垒边上是覆盖有皮革的帐篷。一边放的食物，动物和其他储存品³⁹，而另一边放的是战争的工具和机器。⁴⁰

[从上至下，从左至右]
大道（*VIA LARGA*）

壁垒（*VALLUM*）
禁卫大门（*P. Praeto[ria]*）

下方为 50 尺，每个划分部分 10 尺
禁卫大道（*VIA PR[AE]TORIA*）

军需大门（*P. Quaestoria*）
第五大道（*VIA QUINTANA*）

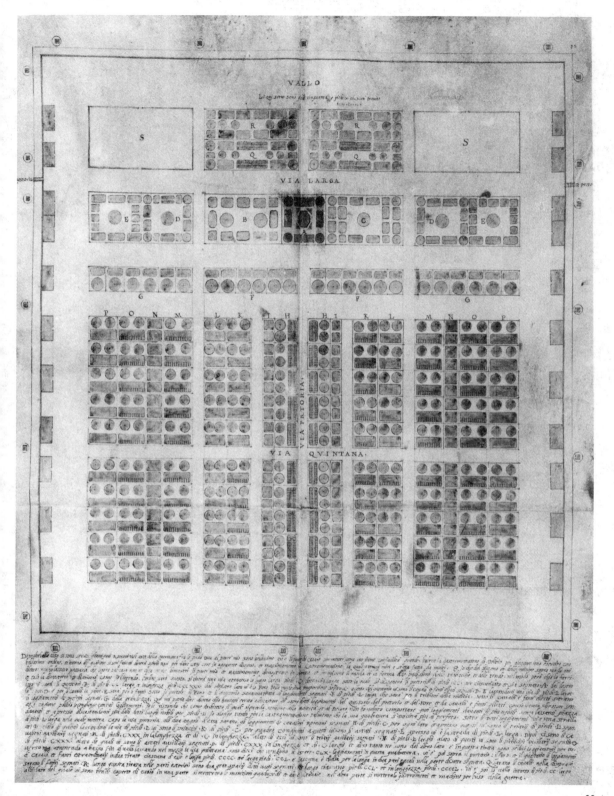

23*r*（3）

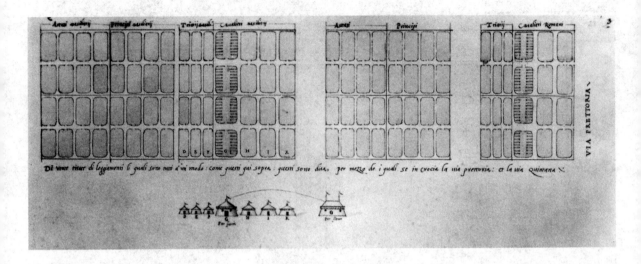

[从上至下，从左至右]
附属兵团的青年兵
附属兵团的壮年兵
附属兵团的后备兵
附属兵团的骑兵
青年兵
壮年兵
后备兵
罗马骑兵
禁卫大道
在这 20 列住宿营帐中，全部与上述相同，而这里是其中两处
禁卫大道与第五大道它们中间穿过
正视图
侧视图

23*v*
（空白）

24*r*（2）[41]

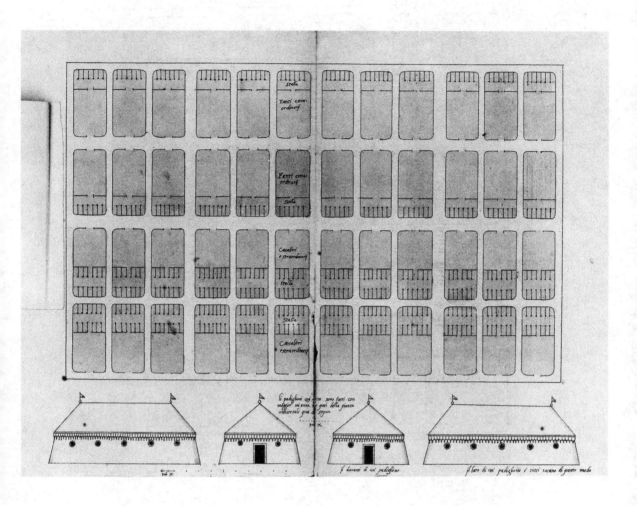

[从上至下，从左至右]
马厩
联盟军团步兵
联盟军团步兵
马厩
联盟军团骑兵
马厩
马厩
联盟军团骑兵
下面的营帐比上面的比例更大
10 尺
10 尺
营帐的正视图
营帐的侧视图；所有的都相同

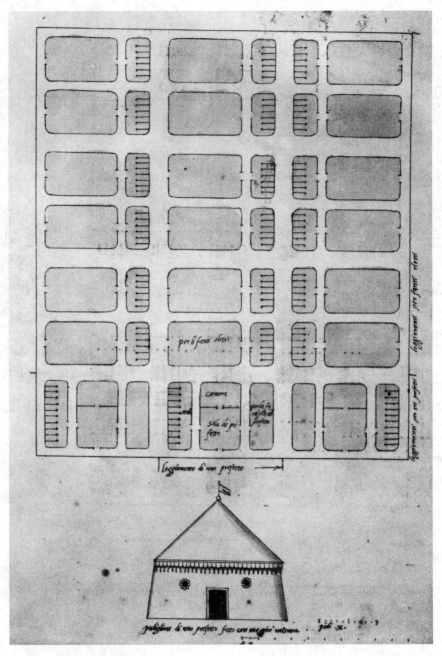

[从上至下，从左至右]
用于精锐步兵
[垂直的]：给精锐步兵使用的住宿营帐
主室
马厩
供行政官家用
行政官的主厅
[垂直的]：给三位行政官使用的住宿营帐
给一位行政官使用的住宿营帐
用更大尺寸画出的行政官营帐
10尺
10尺

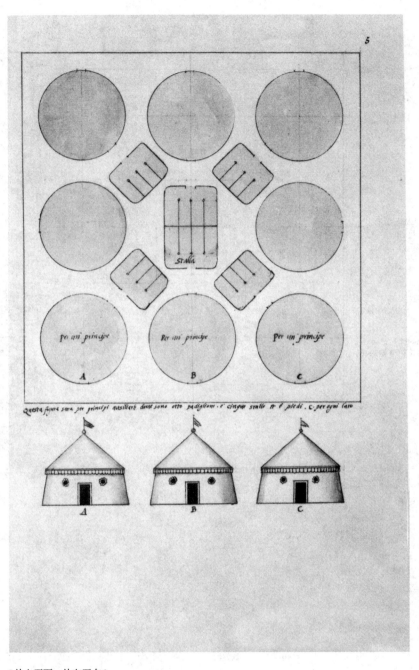

[从上至下，从左至右]
马厩
给壮年兵使用
给壮年兵使用
给壮年兵使用
这幅图表示的是附属兵团的壮年兵，这里有 8 顶帐篷和 5 个马厩，每边为 100 尺

[27*r* 的翻页 ]

27*r*

[从上至下，从左至右]
联盟兵团步兵
联盟兵团步兵
空白区域
空白区域
联盟兵团骑兵
联盟兵团骑兵
精锐步兵
精锐骑兵
法务官（Praetor）专属
用于精锐骑兵和精锐步兵
军需营帐
将军营帐
广场
法务官前厅
行政官
军事监督
军事监督
大道
军需官专属
法务官专属
军事监督官专属

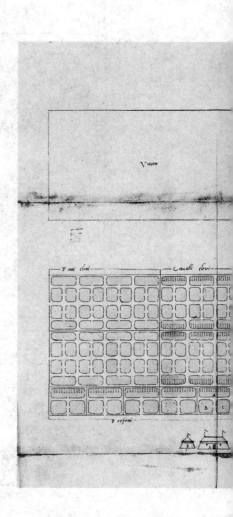

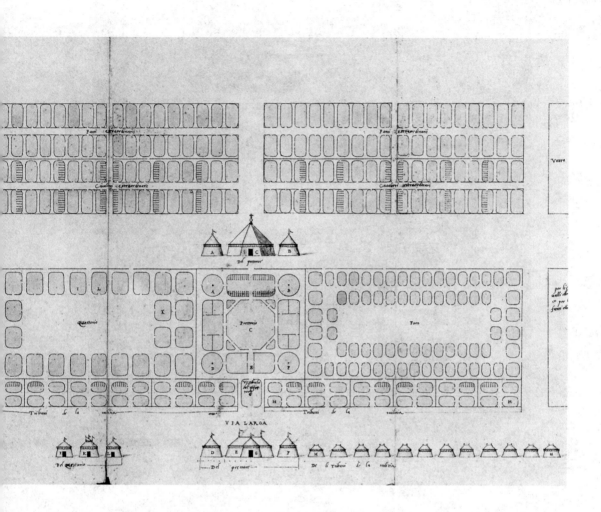

*28r*（左）（7）

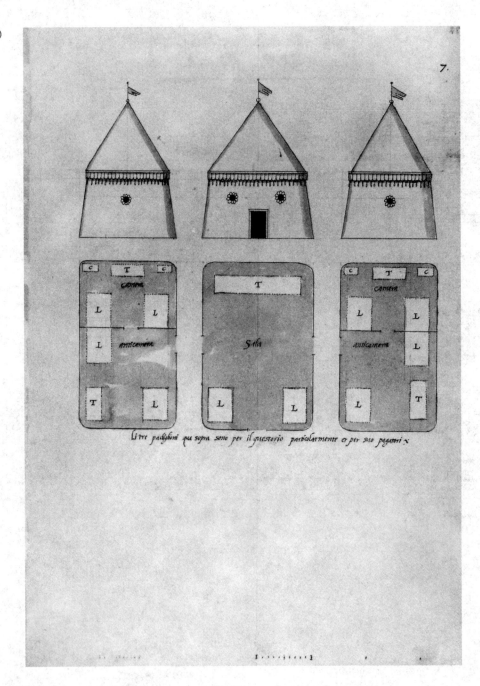

[从上至下，从左至右]
主室
主室
前室
主厅
前室
上面这三个营帐是给军需官和他的发薪人员使用的

28*v*

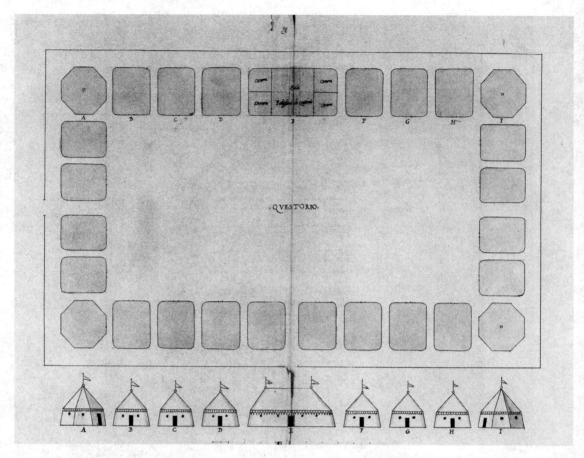

[从上至下，从左至右]
主室
主厅
主室
主室
军需官营帐
主室
军需营帐

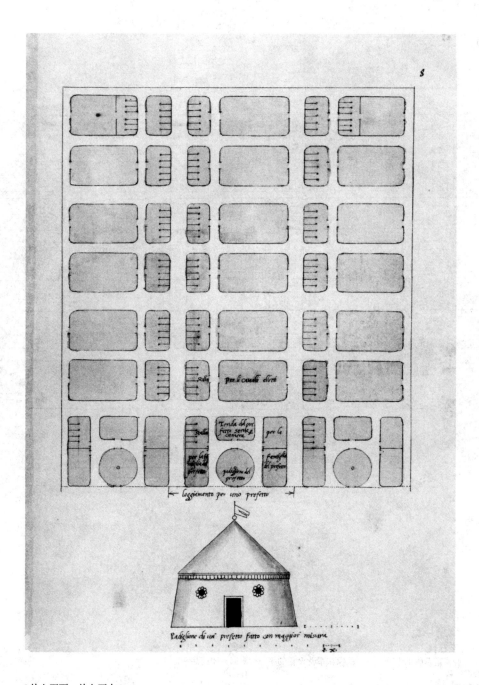

[从上至下，从左至右]
马厩
精锐骑兵使用
马厩
作为主室的行政官营帐
供行政官家用
供行政官家用
行政官营帐
行政官的住宿营帐
用更大比例画出的行政官营帐
10尺

29v–30r（9）

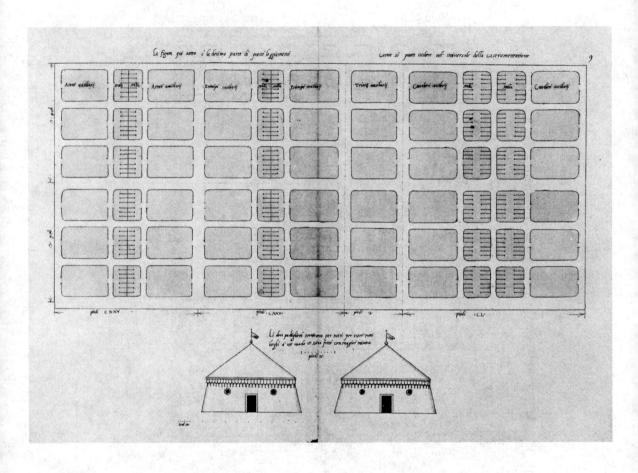

[从上至下，从左至右]

下面的图形是那些住宿营帐的十分之一，就像在军营设置的平面中所能看到的一样

附属兵团的青年兵

马厩

马厩

附属兵团的青年兵

附属兵团的壮年兵

马厩

马厩

附属兵团的壮年兵

附属兵团的后备兵

附属兵团骑兵

马厩

马厩

附属兵团骑兵

100 尺

100 尺

125 尺

125 尺

50 尺

150 尺

上面的两个帐篷可以用于所有这些设施，因为它们都一样宽；它们以更大的比例在图上画出

10 尺

10 尺

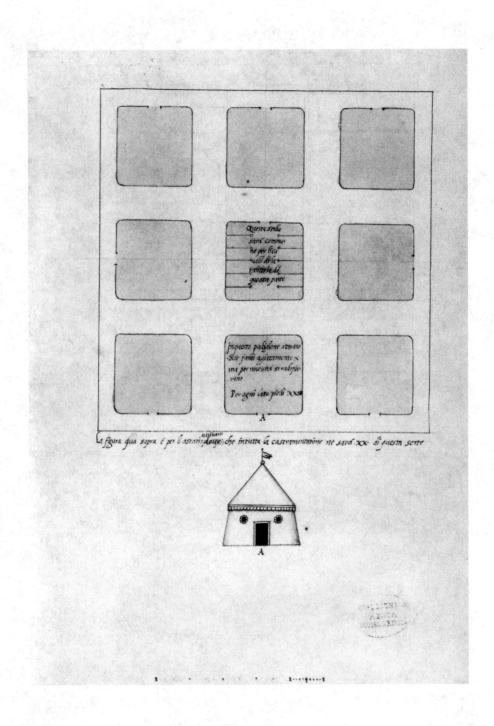

这应该是共用的马厩，给这个部分步兵团的马使用

这个营帐能够供 12 个步兵舒适地住宿，必要时候能够住两倍的人数

每条边 34 尺

这上面的图所示的是为附属兵团青年兵服务的[44]，因此在整个营址设置中共有 20 个

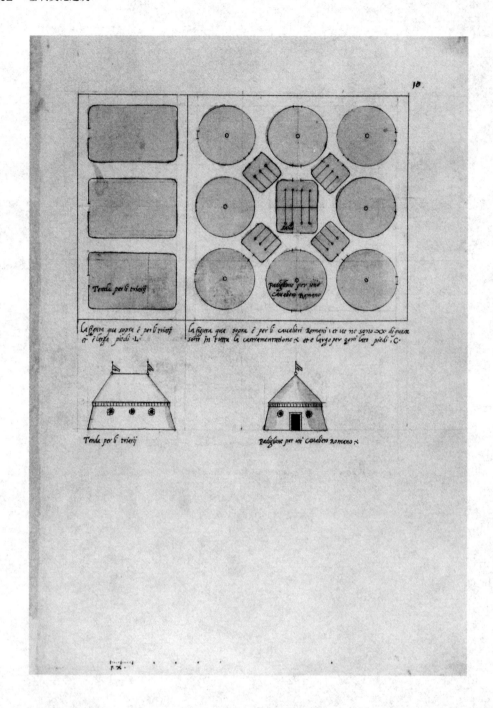

[从上至下，从左至右]
马厩
后备兵帐篷
一个罗马骑兵用的营帐
这里的图所示的是给后备兵使用的，宽 50 尺
上面图所示的是给罗马骑兵使用的，在整个营址设置中有 20 个，每一个都是每边宽 100 尺
后备兵帐篷
10 尺

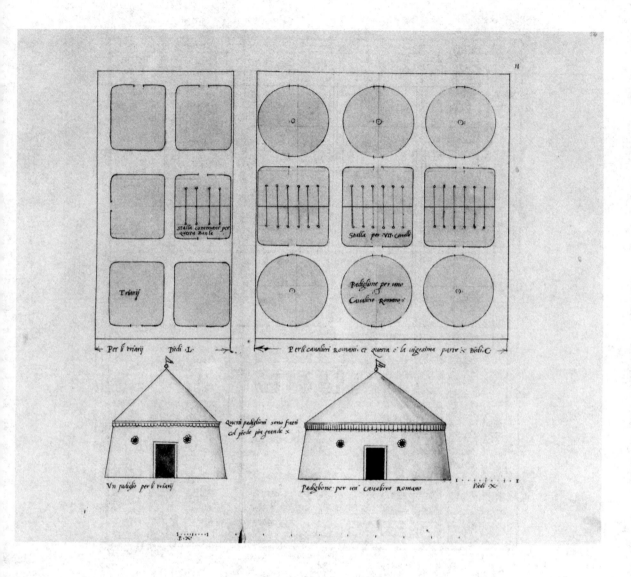

[从上至下，从左至右]
这部分的公共马厩
供 7 匹马使用的马厩
后备兵
供一个罗马骑兵使用的营帐
供一个后备兵使用 50 尺
供一个罗马骑兵使用，这是二十分之一。100 尺
那些营帐用更大的比尺绘制 [45]
供一个后备兵使用的营帐
供一个罗马骑兵使用的营帐
10 尺
10 尺

*32v*

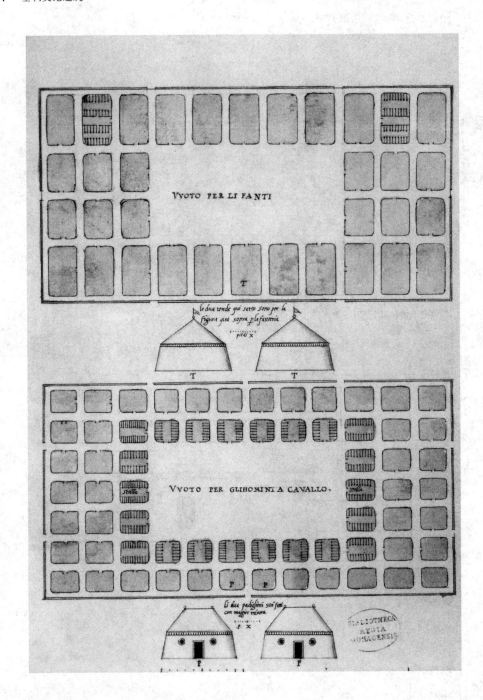

[从上至下，从左至右]
供步兵使用的空地
下面的两个帐篷供步兵使用
10尺
马厩
给骑马者使用的空地
马厩
两个营帐以更大比例画出
10尺

33v–34r（13）

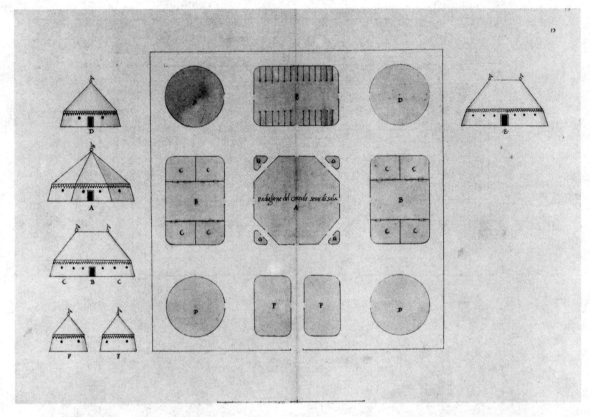

[从上至下]
执政官的营帐，作为主厅使用 10 尺

34v⁴⁶

35r（14）

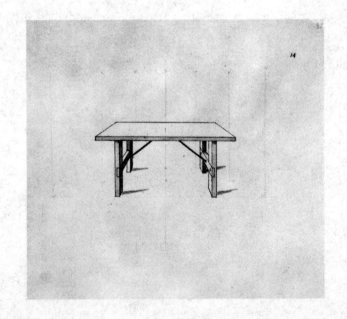

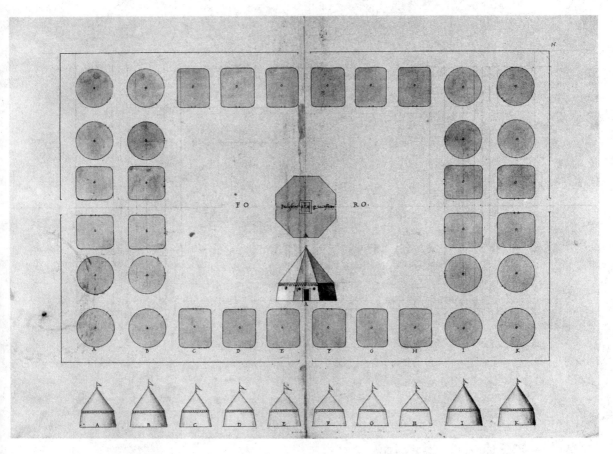

FO– 用于献祭的祭坛营帐 –RUM

*36v*

## 波利比乌斯的军营发展成一个有城墙的城堡

1r[47]

塞巴斯蒂亚诺·塞利奥（来自博洛尼亚）　著

现在我已经完成了波利比乌斯军营的讨论——最初粗略论及，接下来将营地中的所有营帐和住宿营帐分别加以绘制，编排成一本书并且附带相应的文本整理而成——我非常喜欢这个营址设计，因为古罗马人如此聪明地依据精良秩序安营扎寨，并且凭借士兵的良好训练在拔营时做到迅速而不喧闹[48]，因此我渴望设计一个有城墙的城堡，就像这个营址的设计，为一支军队提供永久驻军。但是最激励我承担这一任务的是阿奎利亚教区长，马科·格里马尼大师的记忆。[49]很长时间以前，到现在有许多年了，他告诉我他在达契亚这个小城市所看到的仍旧是非常有序的、完美的正方形，他决定去测量并尽他所能做一个设计。[50]他给了我这份工作的副本并且给我讲述了很长时间的有关这些美丽的文物碎片的基本内容——基座、柱头以及不同柱式的线脚，也就是，多立克、爱奥尼、科林斯和复合柱式，雕刻如此出色，以至于它们可以站在与罗马柱式相同的高度。在大量他给我描述的美丽事物中，有两个建筑物，庭院为椭圆形并且外部是矩形。这些建筑物中的一个被认为是浴室，因为在这里发现了澡堂和水道。至于另一个，因为有些已经被确定的字母在废墟中散乱的石头上可以被看到——他告诉我一些意思是"这里是大象"，另一些是"这里是狮子"和"这里是豹"（甚至"犀牛"之类的被写在石头上）——他因此得出结论这里曾经是一个举办运动会和斗兽表演的圆形露天竞技场。从所有这一切他推断这座城堡被墙围起来作为军营，根据一些他在一块大理石看到的风化字母，这是由图拉真皇帝命令建造的。[51]在那时我完全忙于我的关于古迹的第三书[52]，还没有感受到上述军营设置的美与秩序，我对达契亚古物也没有兴趣，尽管如此，为了使这位绅士高兴，我还是复制了这些东西并把它带走，保留在我的记忆中的是教区长对我所说的所有精彩内容。因此，当我想把带有城墙的城堡设置为军营，正如我所说，我开始寻找这个在我的文件夹中的平面，在我深入研究之后，我发现这很接近于波利比乌斯的描述——尽管在波利比乌斯平面里精锐骑兵与精锐步兵营帐上方的两个空场地[53]变成了两个椭圆形的建筑。[54]在那时我没有开始其他重要的项目[55]，我决定设计这座城堡。在接下来的几页中会看到全部的总体平面，接下来这些独立的部分将会被有序地展示，一个接一个，像一本书。我转向这一任务并不是因为我认为一些伟大的人会将它建成（邪恶贪婪盛行，万恶之源），而是想有利于那些真诚地希望利用我的劳动成果的任何人。[56]

这里，亲爱的读者，就是波利比乌斯的军营，在有卓越学识的人们当中广为人知，我已经将它发展为有城墙的城堡。[57]我从事这个工作并不是因为我认为在这个贪婪的世纪，将会有某些人从事这项工程，而是因为我想锻炼锻炼我所拥有的微弱智慧，无法从事我所热爱的建筑学将使我永无安宁之日。但不要再有任何干扰，让我们来讨论分布与尺寸。过去军事首领做的第一件事就是在被称为将军营帐的地方设立军旗——经常位于场地中间比中心更靠上的地方。[58]执政官（Consul）的官邸一定要在中心之上，标为A[59]：至于长度与宽度，波利比乌斯将其设置为200尺。[60]但是移除了前面的军事

1v  监督官住宿营帐之后，这个官邸应该再加长 50 尺[61]；后文将再对官邸的各个部分进行讨论。将军营帐建筑的右手边是军需营帐建筑[62]，标为 B。它宽为 200 尺，长为 325 尺。将军营帐建筑的左手边[63]是广场，标为 C；它和军需营帐建筑有同样的尺寸。在军需营帐建筑的旁边是为精锐的装甲步兵和骑兵使用的住宿营帐建筑，标为 D。它们是 200尺宽，450 尺长；在广场旁边有同样的住宿营帐建筑。在这些精锐步兵和骑兵之下有六个供行政官[64]使用的住宿营帐建筑，宽为 50 尺，标为 E。在军需营帐建筑的前面有五个住宿营帐建筑，标为 F，为军团监督官所用；另一面也是一样的——两个此类设施并列在将军营帐建筑之前，但是会妨碍它。在军需营帐建筑、广场和部分的将军营帐建筑之上还有两列住宿营帐建筑[65]，标为 G。用于联盟兵团的步兵和骑兵；这两列都是长400 尺，宽 250 尺。在旁边是波利比乌斯提到的两个特意留出来的空场地[66]，标为 H，宽和住宿营帐建筑一样，但长为 450 尺；其中之一是浴室，另一个是圆形剧场。[67]在它们之下是壁垒，它的宽度为 200 尺。[68]它环绕着所有的建筑物。因为宽大仁爱的图拉真皇帝并不想让这样一个美丽的城市缺少任何东西，他下令修建了一个剧场[69]，I[70]，建造在禁卫大道上面街的一面[71]；它的直径为 200 尺。接着，往下走，离开 100 尺宽的街道，进入军需大道，在两边都有为罗马骑兵使用的住宿营帐建筑，标为 K。这些建筑的每个都是 100 尺见方，沿着宽阔的大道往下走[72]，有 10 个这种建筑。毗邻着他们的，有10 个为后备兵准备的住宿营帐建筑，标为 L，它们是 50 尺宽。离开一条宽为 50 尺的街道，挨着它们的是为壮年兵准备的住宿营帐建筑，标为 M，它们有 100 尺见方。接下来是为青年兵准备的住宿营帐建筑。数量和尺寸与后备兵的住宿营帐建筑相同，标为 N。这个之后是为附属兵团骑兵准备的住宿营帐建筑，标为 O，它的长为 150 尺，宽为 100 尺。与它们毗邻的是为附属兵团后备兵准备的住宿营帐建筑，P。接下来有为附属兵团壮年兵准备的住宿营帐建筑，Q，以及附属兵团青年兵的，R。它们都是 125 尺宽。虽然有不同的观点，但有些人认为波利比乌斯军营并不是正方形的，而是宽要比长大一些。[73]然而让军事监督官与行政官的住宿营帐建筑离开将军营帐建筑与军需营帐建筑100 尺，营址将会形成一个完美的正方形。在它的周围有一条宽为 200 尺且在街角处[74]有四个大的塔楼的街道。这些塔应该把军用器械、牲畜和一些其他的体积很大的储藏品藏在房内。周围的墙用炮塔划分开，之间的走道让炮塔之间相互支援。[75]这里将会有个大门：第十门（*porta decumana*），应该对齐禁卫大道（*via praetoria*）；军需大门（*porta qnaestoria*），应该朝向军需营帐建筑，禁卫大门应该在对面，对齐大道（*via larga*）。[76]

大道（*VIA LARGA*）
第五大道（*VIA QUINTANA*）
禁卫大道（*VIA PR[AE]TORIA*）

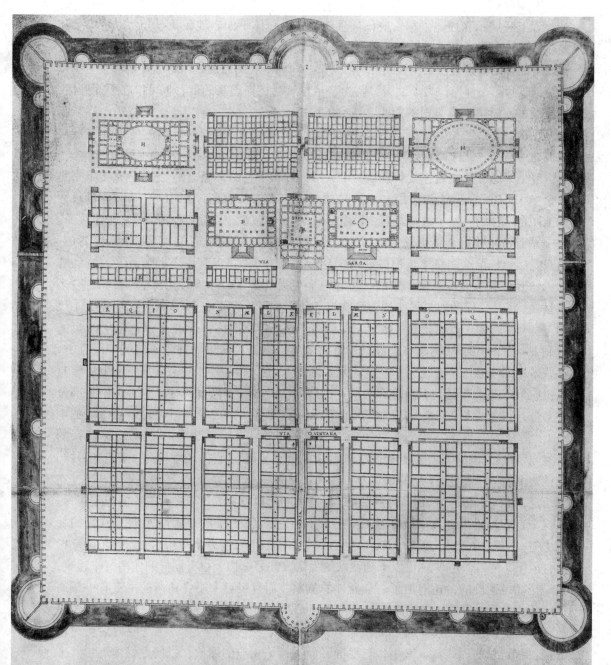

E cco benigno lettore la Castramentatione di polibio tanto celebrata da glihuomini letterati et rari che ui hò uiserta in una citadella murata non per che creda che a questo secolo colmo di auaricia si truoui che entrasse per le spese supra: ma per esercitare io mio piccolo ingegno il quale non si puoe guastare gia mai che non speri in questa sa chbiteuerra de me amata: ma per non teruirui in trano

1br
（即前页
平面图
的背面）

以上我展示和描述了军营应该被重新构建的总体平面。现在我要开始展示单个建筑了——首先是平面，然后是立面——一个接一个。首先我要讨论下面的平面，用于执政官的官邸，这是主要的建筑。[77] 依据某些原因，我的意图是所有的建筑都会至少比街道高 5 尺。[78] 首先，为了健康；因为一旦建筑物比街道高的话，你可以在下面开凿，这样地下室就可以有直射的阳光，所有的服务型房间会在住宅之下，这样第一层就不会有污物。[79] 除此之外，建筑物高离地面会更宏伟一些；并且有时让第一层和第二层楼层彼此一样高，这样就不会减少太多楼层，升高 5 尺就可以让第一层高出四分之一。[80]

登上了这 5 尺之后你就会进入一个方形前厅 A；它的直径[81]是 25 尺。它接下来是一个主厅，B，它的宽和前厅是一样，长为 66 尺。它的头部有一个主室，C，它的尺寸和前厅是一样的。过了这个之后，经由一条秘密的走廊，你就转到了军需营帐建筑。[82] 这个军需营帐建筑和将军营帐建筑被通道 X 分离开来。这个通道并不是为人准备的，而只是简单地给这两座建筑物提供光线。从前厅你可以进入到一个走廊，D[83]，它的宽为 12.5 尺，长为宽的二倍。它的一边有一个主室，E，每条边都为 25 尺。下面有一个主室 F，宽是一样的但是另一边要窄 3 尺。从这你又进入了宽为 25 尺，长比宽大 1 尺的主室 G，它的入口将会通过楼梯。即将离开这条走廊时你将会进入一个宽为 15 尺的敞廊 H。它的柱子从侧面看是 6 尺，宽为 4 尺，但是角落里的柱子每边为 8 尺见方。这些敞廊围绕着一个直径为 109 尺的庭院的四个边。在敞廊 H 的末尾是一个主楼梯 I，通过它可以登上并回到上面敞廊的同一个地方。沿着这个敞廊再往下走，在中央部分你会进入一个宽为 26 尺，长为 45 尺的主厅，K。在它的端头有一个 25 尺 × 15 尺的主室 L，另一端是一个 25 尺 × 23 尺的主室 M；服务于这个主室的是一个 20 尺 × 13 尺的从室。沿着最远端的那个敞廊走下去，半路上有一个走廊 N，它的尺寸和第一个走廊一样。它的边上是一个每边 25 尺的主室 O。在它之外有一个 25 尺 × 20 尺的主室 P。穿过它继续走，有一个每边为 26 尺的主室 Q，但是它的入口贯穿了这个敞廊端头的螺旋楼梯。从这个走廊你可以进入一个椭圆形的前厅 R；它的长为 27 尺，宽为 20 尺。在它的一边上有一个宽为 25 尺、长为 50 尺的主厅。在它的前端是一个每边为 25 尺的主室 T。离开前厅，通过门道 V 你可以下到宽敞的大街。在另一边上也有同样的住宿营帐建筑，只是楼梯是螺旋的，还增加了一个额外的从室，而且最后一个在角落的主室有一条通往广场的走廊；广场与将军营帐建筑通过一条 20 尺的过道 Y 分隔开。

平面上的图像显示了官邸的正面[84]；我不会提及它们的尺寸，因为我此后会讨论它们。看到总的形式就足够了，它根据平面进行了相应的缩放，以便更好地展示。平面图被放大的比尺在立面图的下面。

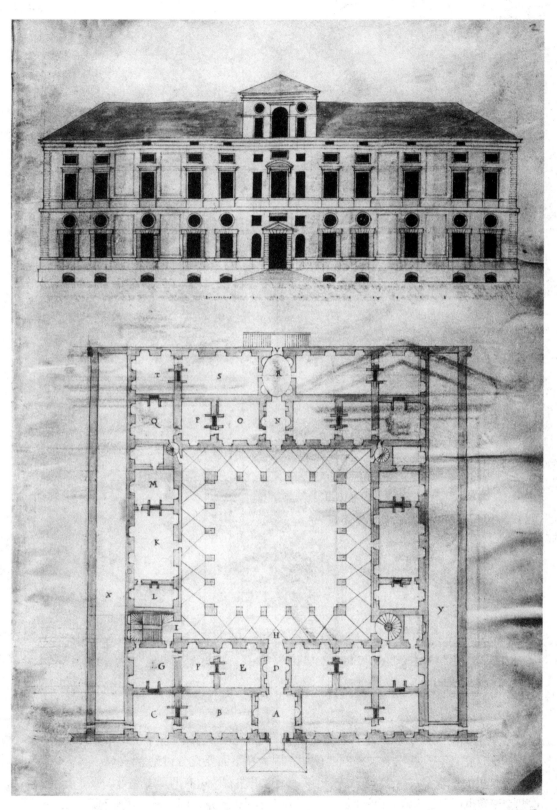

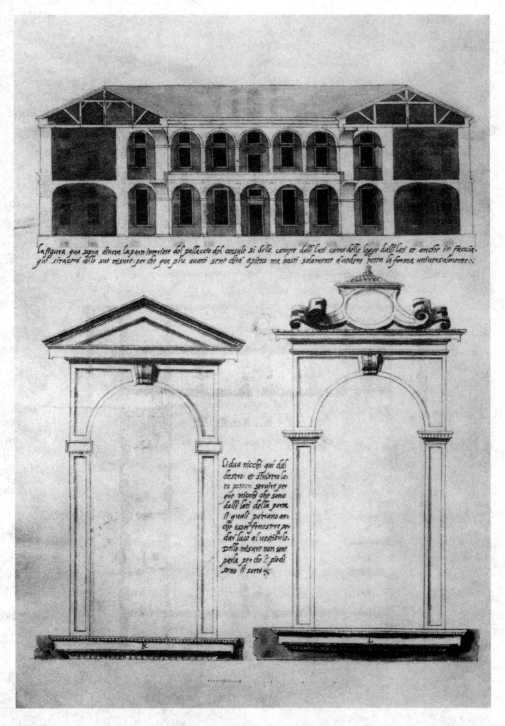

这里上部的图显示了执政官官邸的内部，也就是两侧的主室，还有侧面和正面的敞廊。在这里还有一些没有被提到的尺寸，因为在下面要充分讨论。

在这里简单看看它的总体形式就足够了。这里左右两边有两个壁龛可以服务于门。[85]这两个壁龛也可以是窗户，以便照亮前厅。我将不讨论测量，因为比尺在这下面。

　　下面这些是执政官官邸立面的一部分，也就是中央部分。而且，由于它的各个部分形态、大小都很好，我不会讨论一些尺寸，可以根据立面下方的用来绘制这些图像的比尺来得出。不过，我将讨论其高度。该建筑抬高到街道 5 尺以上。从街面到檐板饰带的下侧是 29 尺，并且从梯步平面到檐板饰带的下侧是 24 尺；这是在地面层房间的高度。从檐板饰带到第二层楣梁的底部是 24 尺；这是第二层的高度，但第一层下方的 5 尺将使该层比第二层高四分之一。[86] 楣梁，中楣和檐口应为 4 尺高。第三层，也就是在前厅以上的中心，对于第二层要减少四分之一。让我们讨论下门窗的尺寸。

　　门的开洞是 8 尺 [ 宽 ]，16 尺高。[87] 窗口为 5 尺宽、10 尺高[88]，但第二个窗户是 11 尺高。中央拱形窗是 12 尺高[89]；两侧的宽 4 尺，高 8 尺。

3r

10 尺

3v　　　这些个别部分属于上述正面。标有 A 的楣梁、中楣和檐口是用于顶部的第三层 [90]
标记为 B、C、D 的部分是拱形窗户的装饰。标有 E 的用于第二层 [91]，这些标志着 F 的
是第二层中央窗口的装饰。标记为 G 的图像是上述窗户的胸墙和栏杆。标记为 H 的是
第一层的檐板饰带。标记为 I 的是门的装饰。[92] 这些部分是按照下方的比尺绘制的，并
且与上面的立面成比例。

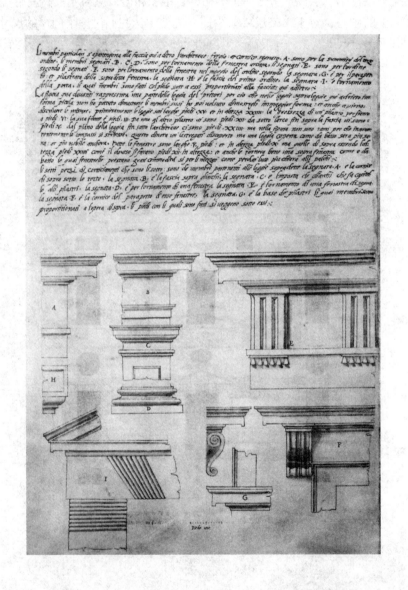

1 尺

　　　下面这里的尺寸是将军营帐建筑的敞廊部分。因为"层叠敞廊"以较小的比尺绘制，
我无法展示它的全部细节，于是我决定给予它们更大的图像展示，并且全面地描述尺寸。
首先，敞廊是 15 尺宽、24 尺高。[93] 立柱侧面为 6 尺厚、3 尺宽。每两个柱子间距是 12 尺。
从拱的底部到檐板饰带的顶部是 5 尺。从敞廊地面到楣梁底部是 24 尺，但这个尺寸和

图纸显示的不一样，因为这在图中，圆规被意外的压缩了。[94] 这里显露出未被遮挡的路面，但是一个像下面一样的有顶敞廊会更健康，也更宏伟。所有窗户为 5 尺宽、10 尺高，但是在上层，因为层高是 24 尺（这是必要的）[95]，窗户应当是 12 尺高。如果它们上面有一个窗户，将会运作得很好，就像下面；这种小窗户不仅是夹层的窗户，还给天花板更好的光线，十分实用。[96]

*4r*

10 尺

1 尺

　　那底部的七个图像是之前提到的敞廊组成部件的线脚。标记 A 的是屋顶下方的上部 *3v* 檐口。[97] 标记着 B 的是拱上面的檐板饰带。标记着 C 的是拱基，也为立柱提供了柱头。[98] 标记 D 是窗口的装饰。标记 E 是楼上窗户的装饰。标记 F 是这些窗口的胸墙的檐口。标记 G 是立柱的基座。这些部分是被成比例地绘制上去的；比尺可以在图片下面看到。

4*v*　　这里最下面的图[99]是军需营帐建筑的平面[100]；它所占用的空间 305 尺长——因为拆除了 20 尺作为街道[101]，将这栋楼与将军营帐建筑分隔开——200 尺宽。它的外墙应至少 7 尺厚，内墙 5 尺厚，两者之间缝隙不低于 4 尺。[102] 围绕庭院的敞廊并不是用于散步的，而更像是扶壁，[ 在每个扶壁中 ] 都有一个门道。这些扶壁支持拱门，拱门之上则是人行道，这在下面可以更清楚地看到。[103] 这个建筑应该抬升到在街面以上，就像其他的建筑一样，并有唯一的门，因为它是一个金库和军需官的仓库。[104] 门的对面有一个 25 尺宽、50 尺长的主厅 A。在它的两边各有一个 25 尺见方的主室，B。更远处是两个主室，C，长度与 B 相同，但宽 20 尺。之后还有两个主室，标记为 D，其与 C 具有相同尺寸，并且有两个从室 [……][105] 尺乘 7 尺。然后在角落还有两个相同的 26 尺

5*r*

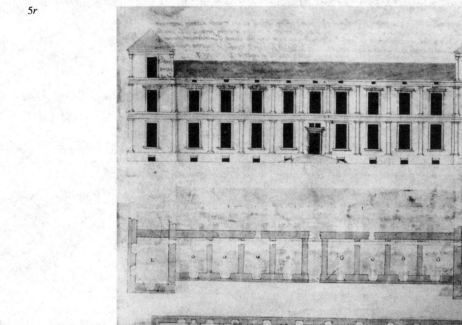

军需营帐

见方的主室 E。所有这些套间是为房子的主人和他的全家所用。所有标记 F 的地方均
为仓储；标记 G 的也是。在侧边敞廊的中心有两个楼梯，H、I——这些楼梯的梯度可
以尽可能的平缓，因为它们就像是螺旋楼梯——另外在楼梯间有两个水井。[106]这两个
楼梯中间应该是开放的，从而更容易地收集雨水。除了四个角，在第三层中，上面的
住房要与下部相同。现在已经确定了平面，我认为，由于塔是在角落，也应该有侧翼
防卫[107]把守大门。出于这个原因，我又在前面总体平面的上部画了平面的前部，按照
更大一些的比例绘制；在它上面可以看到整个建筑的前部立面。[108]我随后会说明它们
的尺寸，至于它的个别部分，它们以一种易于理解的方式被绘制在这里。图中 A 是屋
顶上四个角塔的檐口。B 是环绕二层的檐口。C 是第一层的楣梁、中楣和檐口。[109]

[从上至下，从左至右]
在上层，在角塔上
第二层，在正立面之上
多立克圆柱之上的第一层。柱头和基座不在这里描绘
因为在上面有同样的

5v 　　下边的图像显示了军需仓库的内部，这里你可以看到从上到下在各边的房间，还可以看见地下室的房间。你还可以看到它们上边的敞廊和过道是怎么安排布局的，这些尺寸不会在这里谈到，而是随后在讨论旁边描绘的前部时再讨论。[110] 现在让我们讨论属于下图的各个部分，这些标上 A 的线脚是属于第二层的，[111] 柱头 B 和柱础 C 位于下方。有更少元素的柱础从远处看起来比另一个好得多。[112] 楣梁、中楣和檐口，D[113] 是属于第一层的；这个下边是柱头 E[114] 和柱础 F。

现在让我们讨论下边的图像 [115]；这是军需营帐建筑正面的一部分。正如我说的，它抬升到街道以上 5 尺。从门的门槛到楣梁的底部有 24 尺。楣梁、中楣和檐口有 6 尺高，从第一层楣梁的顶部——也就是上层地板的高度——到另一层楣梁的底部是 24 尺。这些柱子 [116]，包括它们的柱头和柱础有 19.5 尺高。但让我们先讨论多立克柱；它有 24 尺高，宽度是高度的八分之一 [117]，其上边的柱子应该在宽度上减小四分之一。 [118]

6*v*

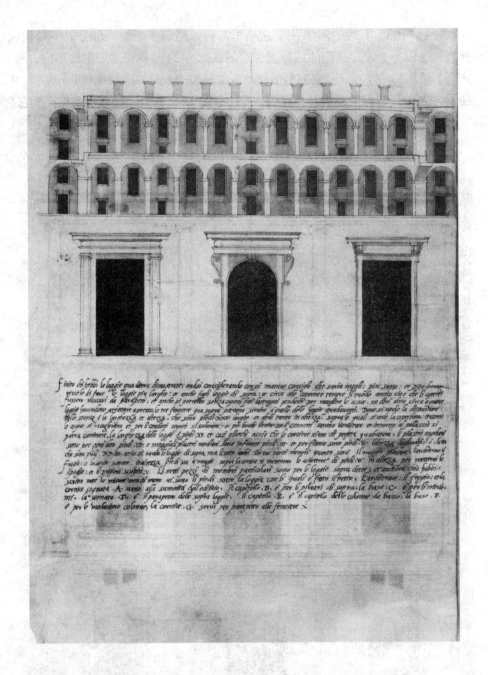

　　当完成了上边的敞廊[119]，我仍然不断考虑此事，经过最深刻的反思，我认为让敞廊更宽并且在上面再添加敞廊会更健康，更宏伟，对于屋顶，依照古代的方法，可以用胸墙遮掩[120]；你也可以建一个没有遮挡的倾斜的过道，以便雨水流走。我随后会谈论这些敞廊，在这里将不再提及。上边的三扇窗户也可以充当下边敞廊的窗户。这里你可以看到房间里的长度[121]，宽度和配置：房子有 25 尺见方。在它们之上，你可以看到屋顶，也可以看到雨水通过隐藏的管道被收集和疏导，最后通过石狮子嘴里的管子排出[122]，以及如何在官邸周围行走。敞廊有 15 尺宽，与圆拱相同，这样交叉拱顶就是完美的方形。角

10 尺
用于上面的图

1 尺
用于上面的片段

落里的柱子每一边都有 7.5 尺。之间的柱子有 3 尺宽，侧面 6 尺。圆拱有 24 尺高，在上 *6v* 边的敞廊应该与其匹配，但是拱的底面会比这低上半个立柱那么长。楣梁、中楣和檐口应该有 3.5 尺高。在檐口上有 6 尺高的雕像台座，容纳战利品和俘虏的雕塑 [123] ——这七个图像是上述敞廊的组成部分——虽然我记录了所有的尺寸，根据敞廊下方的比尺也可以绘制其他所有的部分。标记为 A 的楣梁、中楣和檐口位于建筑顶部。[124] 柱头 B 用于上方的立柱；柱础 C[125] 也是属于这些立柱。被标记了 D 的是上方敞廊的栏杆。那些低一些的立柱的柱头是 E，柱础是 F。[126] 檐口 G 是窗户的窗台。[127]

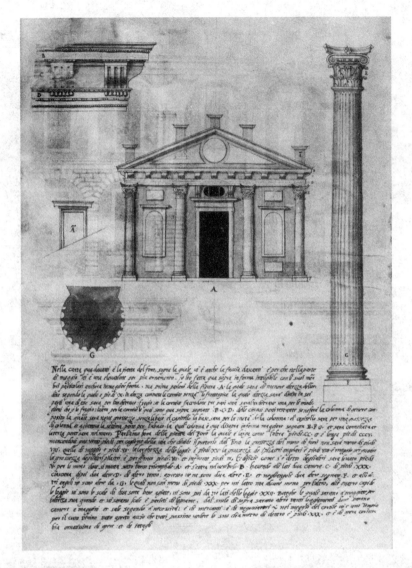

下边这页是公共广场（forum）的平面。[128] 在这些之上，还有它的正面，它的中心被抬起以获得更好的装饰效果，我在上面绘制了总体立面，以及局部构件的较大图像。[129] 但是，一开始我要谈论图像 A。这可能比第二层要低，共 10 尺高，包括檐口但不包括山墙。这个高度被分成了六部分，其中的一个是楣梁、中楣和檐口。把这分成 3 个部分，一个被做成楣梁，一个被做成饰带——也就是中楣——最后一个被做成檐口[130]；这些在上边被标上了 B、C、D。利用剩下的 5 部分做出了混合柱式的圆柱。除了柱头和柱础它会有 9 个宽度那么高。柱础应该是半个立柱的宽度，柱头应该有一个立柱宽度那么高，还带有七分之一宽度那么高的柱顶板（abacus）。[131] 这个立柱在上面有放大显示，被标记为 E、F、G；它应该是有凹槽的，并且它的三分之一应该是会在墙里。让我们现在讨论这个公共广场的平面。像之前的平面一样，它有 200 尺宽，305 尺长，留下的 20 尺用于隔开将军营帐建筑与公共广场的道路。外墙至少有 8 尺厚，

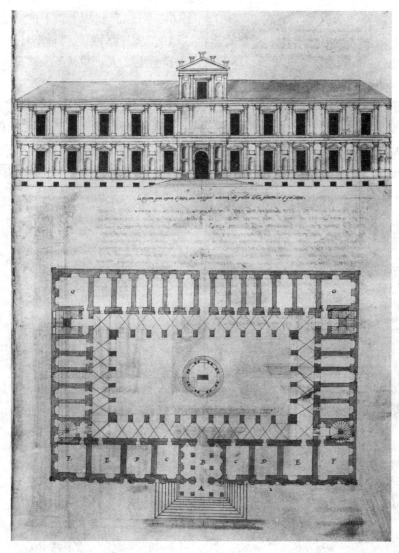

上部的图像是以比下面平面图更大的比例绘制的，比尺在图的下方

内墙 7 尺厚，敞廊有 15 尺宽。角落立柱的横截面是 8.5 尺的方形；其他的立柱厚 7 尺，宽 3 尺。就像其他建筑一样，这个建筑，应该至少抬升 5 尺，那样你就可以从 A 凯旋门下面走过去。然后你进入前厅 B[132]，B 的任何一边都有 2 个主室 C，都是 30 尺 [ 长 ]。在此之外另有两处相同尺寸的主室，标记为 D。[133] 更远处还有两个主室 E，在角落，还有另外两个主室，F。在其他的角落里，那里还有两个主室，G，其中一边不少于 30 尺，其他边略微比 30 尺短一些。[134] 在敞廊的四个端头处有两种类型的平缓楼梯。接着，在敞廊的三侧有 22 家 "商店"[135]；因为它们太高了，所以它们都是有阁楼的，所以它们需要楼梯和木质隔墙。[136] 在上面一层有同样的住房；依商人的需求，它们将会被变为主室，储藏室或者主厅。

在庭院的中部有一个完全开放、每个人都可以看到的、服务于神圣崇拜的神庙。它的内部直径有 30 尺，它是科林斯风格的，被大量花纹和雕刻图案所装饰。[137]

8*v*

　　下面的图像展示了公共广场的内部。在这个图中，可以看到从上到下的所有套间及敞廊。在这些敞廊之上应该有一个裸露的露台，墙壁应该以扁平的科林斯柱来装饰。不过，后来我想，"层叠敞廊"更利于身体健康，也显得更宽大。我接下来将全面地展示形式并详细描述它们，但现在我会讨论它们的尺寸。

　　在这之上的正立面设计中，我展示了位处中心和前厅上方的第三层。在仔细思考后，我想部分改变立面设计。[138] 因此省略了壁柱，它们是正面的装饰，将被替换为内置了雕像的壁龛，而且我没有绘制中心的第三层。因此，下方的图样显示了这一公共广场整个正面的另一种情况。一旦已经爬上了 5 尺高的台阶，那里有突出墙壁 6 尺的凯旋门

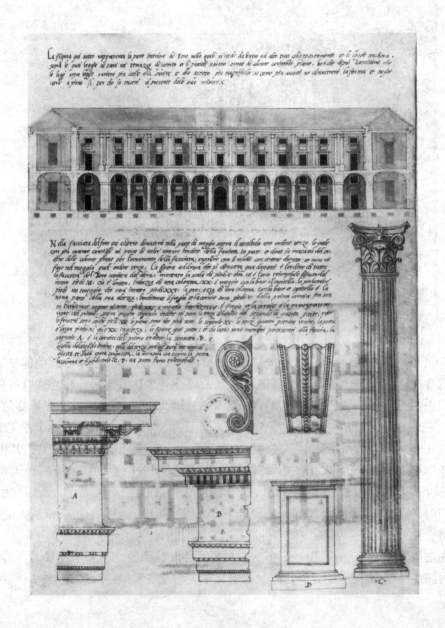

式拱券，也就是房间外沿。圆柱包括柱础和柱头在内有 20.5 尺高，台基高 4.5 尺；总高 25 尺。柱宽是柱总高的九分之一。[139] 楣梁、中楣和檐口为 5 尺高。从第一檐口到第二 道楣梁的底部是 21.5 尺。此上的楣梁、中楣和檐口较第一层的尺度减少四分之一。[140] 第二层之上为第三层，相对于第二层继续减少四分之一。所有的窗户都是 7 尺宽。第 一层是 14 尺高，第二层 15 尺高，三层与二层尽量同高。门为 10 尺宽，20 尺高。对面 页图像里文字下方与旁边的图显示了正面的建筑构件。标记为 A 的是第一层的檐口，B 指第二层的檐口。[141] 第三层檐口是混合柱式的，应较前一层短。[142] 肘托位于门上方。 圆柱和台基 C 和 D 位于凯旋门式拱券的下方。

　　在此之下的三幅图是位于公共广场庭园中心的庙宇 [143]，但因为它们很容易理解，因此没有更多的文字说明。然而，还是要谈谈其平面：地板的内径为 30 尺，圆柱有两尺宽；柱间距较大处为 6 尺，较小处 3 尺。[144] 祭坛 4 尺见方，它的基座是 7 尺，建在 3 级台阶上。这座庙宇从地面上提升 3 尺。圆柱包括柱础和柱头在内为 20 尺高。[145] 楣梁、中楣和檐口为柱高的四分之一。在内部，穹顶搁置于楣梁上，并从那里到穹隆的顶点是 15 尺。从第 10v 页的后一页（即本书第 431 页——编者注）可以看到整个外立面的高度。

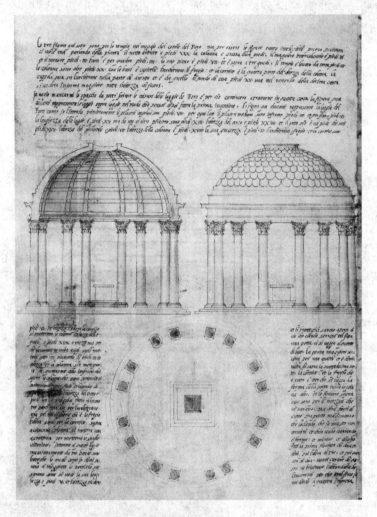

　　可以看到，我没有足够的篇幅来记录公共广场敞廊的尺寸，所以我要从这页开始讨论它们。[146] 如下图所示，"层叠敞廊"，按照我绘制了第一个创作方案之后认为合适的方式绘制 [147]——下面的图像展现了我所希望的广场敞廊。首先，每边的角柱为 8 尺见方，之间的立柱为 3 尺宽，6 尺厚。敞廊为 15 尺宽，但两个连续立柱之间为 13 尺。拱券为 22 尺高，拱门饰（archivolt）为 1 尺高，因此总高 25 尺。台基高 7 尺，列柱高 18 尺，宽 2 尺。[148] 楣梁、中楣和檐口高 6 尺。[149] 柱子应放置在此檐口之上，且应为 19.5 尺高，但因檐口"偷走"了一部分高度，3 尺高的台基应被放在其下方；且这里的

圆柱也应比在此之下的那些在宽度上减小四分之一。[150]科林斯式的柱子上方放置的是楣梁、中楣和檐口，其总高为4.5尺。当总高被等分3份后，其中一份为楣梁，另一份为构成中楣的飞檐托饰（modillions），最后一份是檐口。每根柱子上均有柱脚（acroterion），其上放置战利品。敞廊周围，尤其是其三面都有"商店"[151]，就像我上文提到的，应该有夹层。进入这些"商店"的小门应像图示那样，其宽为5尺，高为10尺，其拱券内部（tympanums）应开敞，保证当门关闭时仍有足够的光线能照射进来。尺度较大的门应朝通道开，在其顶部收分十四分之一。[152]檐口和中楣被有意打断了，使观众能看到敞廊上层的门和这些门之上窗的形状。但有人可能会对此表示怀疑，认为我的设计缺乏连贯性，因为所有构件的尺寸一直在变化，又或因为我先绘制了两层楼的正面再在另一张图纸上绘制第三层。请你们不要对我的这些大量的创造过于担心或批评，因为我正是为此才全身心地投入这一任务的。[153]

尊敬的读者，我在上面向你们提到过，你们无须操心我大量的创作带来的不利影响，因为目前这一设计从一开始就已预见到了其完成的情况，以免不埋没上帝赐予我的才能。因此，我说，即使上面显示敞廊和圆形神庙的图示都是很容易理解的，我下面想更清楚地画出让我自己满意的图式，这对真正想了解的人来说也可获益不少。标A 的地方是位于上述敞廊第一层的立柱。另一边标 B 的地方指圆形神庙从上到下的全高。楣梁、中楣和檐口，即 C，位于该敞廊的上部。混合柱式的柱头 E，位于上述混合式柱式中楣的下方。柱础 G 位于上述柱头所属圆柱的下方；它的构成部件不多，因为该柱已高于人眼所及之处。[154] 柱头 D 因其造型较好 [155]，位于敞廊和神庙的列柱上——下面的柱础 F 也同样如此——并可被用于任何科林斯柱式。

Io ve ho detto qui a dietro lettor mei cortese che della mia sopra abbondanti-
tia de inuentioni non ti debi dolere per che atalfine comciai la presente fatica,
per non tenere sotterrato il picolo talento che alla bontà di Dio piacque donarmi.
Dico adonque che ancora che le figure della loggia qui adietro siano assai in-
telligibili et così il tempio vottondo io ho voluto amia satisfatione et abeneficio
di coloro chi sinceramente voglliono imparare: formare più chiaramente le figure
qui sotto, la qui altro segnata ·A· è un pilastrone della loggia qui adietro
del primo ordine, quella dal altro lato segnata ·B· serue anira la lat-
tezza del tempio vottondo di basso ad alto, l'architraue fregio et la Cornice ·C·
è per l'ordine superiore della detta loggia, il capitello ·E· di opera
composita ua sotto il detto fregio composito, la base ·G· ua sotto la
colonna del detto capitello, la quali a puochi membri per andare
atta da sso così de riguardanti, il capitello ·D· serubra per la colonna
et della loaia, et del tempio per esser meglio formato, et similmen-
te la base li sotto ·F· et a qualunque opera corinthia ∝

*11r*

[从左至右]
75 尺
供行政官使用[156]
[竖向]：60 尺
75 尺
供军事监督官使用[157]

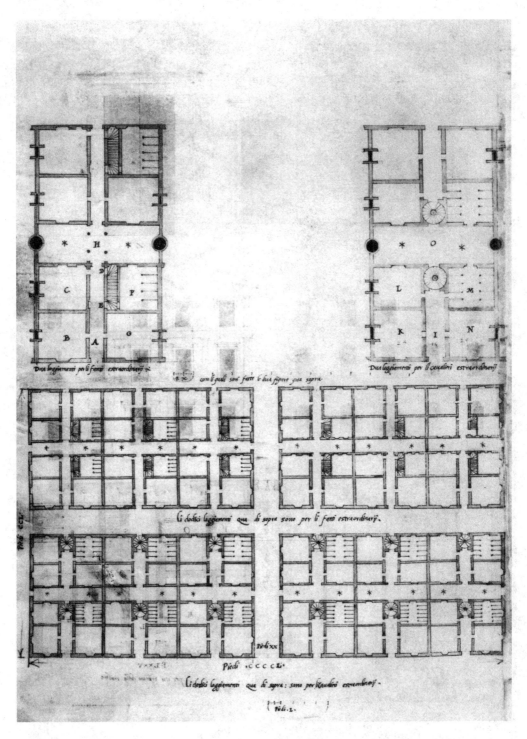

[从上至下，从左至右]
供联盟兵团步兵使用的住房 158
10 尺 上面两个图像据此绘制
供联盟兵团骑兵使用的住房
上面 12 个住房供联盟兵团步兵使用

20 尺
450 尺
上面 12 个住房供联盟兵团骑兵使用
50 尺

12*r*

[从上至下，从左至右]
精锐步兵
精锐骑兵
200 尺
225 尺
225 尺

Faccia di dietro della pianta passata B

Faccia di dritto della pianta passata A

La pianta qua dauanti in forma quale nella parte interiore: sono terme si per la sanità come anche per le difese de soldati nel tempo del riposo, per che quiui si bagnauano: et sudauano si per necessità che per piacere, in questo luogo ui sono XVI apartamenti. et ciascuni di essi ha la sua camera: la stua: et lo bagno, questo luogo è longo piedi CCCL: et è largo piedi CCL primieramente d'intorno del edificio ui sono logge intorno di piedi XIV la: che sustengono da pilastroni ciascuno di essi è nella fronte piedi V. et per lo fumo è piedi IX. ma li cantonali sono grossi piedi XIII poi di dentro ui è un cortile quale di piedi CC longo: et di C largo. il rimanente del terreno è compartito in camere: stue: et bagni, s'entra primieramente del andro A. alla camera B. quiui si spo glia: et s'entra nella stua C. dipoi s'entra nel bagno D. del andro si passa a un cortile doue è una loggia E. et si passa alla camera F. doue si spoglia, et uassi nella sua G. et di essa nel bagno H. delle logge passando pel passaggio I. si entra nella camera K. quiui

La faccia qui sopra uiene è essere il lato di un loggiamento di fanti eletti uerso la uia longa piedi CC. il quale su le piante uniuersali è segnato

si spoglia. et entra nella stua L. et di quella nel bagno M. ui sono appresso dua camerini segnati N.O. della loggia da auanti s'entra nel uestibulo P. a lato del quale è una camera Q. per la quale si passa al luogo R. et andando a quello il camerino O. questo sarà un'altro appartamento che sarà in questa quarta parte quattro appartamenti. Doue che intutta la parte da basso sarà di sedici luoghi: erra che di sopra sarà gran numero di stanze di più sorti

[从上至下，从左至右]
上面平面的背面
上面平面的背面
上面的正面实际上是精锐步兵住房的侧面[159]，
朝向 200 尺宽的街道。在总体平面上[160]，这
标记为 C

　　下面的平面 [161]，内部是椭圆形的 [162]，是一个供士兵在休闲时保持健康和休息娱乐的浴室，有些人习惯根据必要需求或者是欢愉的目的在这里洗澡流汗。[163] 这个地方分为 16 个套间；其中每一个都有自己的主室、桑拿室和浴池。[164] 这个地方有 450 尺长，250 尺宽。首先，这个建筑周围是由立柱 [165] 支撑起来的 18 尺宽的敞廊。柱子每个都是 5 尺宽，侧面 9 尺。但是角落里的柱子有 9 尺厚。然后敞廊里面是 150 尺长、100 尺宽的椭圆形庭院。剩下来的地方被分为了主室，桑拿室和浴池。首先，从通道 A 你可以到达主室 B，这是让你脱衣服的地方，它通往桑拿室 C。接下来继续通往浴池 D。通过这个通道你可以到达一个有敞廊 E 的庭院。[166] 从这里你可以到达用于更衣的主室 F。F 通往桑拿室 G，并且从 G 可以到达浴池 H。从敞廊经由通道 I，你进入了主室 K，这是脱衣服的地方，它通往桑拿室 L，而且从 L 可以到浴池 M。附近有两个从室，把它们标记为 N、O。从前面的敞廊你可以到达前厅 P，从它的一侧是你可以穿过到达地点 R 的更衣室 Q。并且如果你让从室 O 服务于 R，可能会得到另一个套间，因此在这建筑四分之一的部分里有 4 个套间。所以，在这个低层一共有 16 个洗浴地，并且在这个上面有更多形形色色的房间。[167]

　　下面的图像展现了这个椭圆形庭院的内部长向，就好像它被劈成了两半。被标记为 A 的部分展示了 "层叠敞廊"。B 部分展示了通往主室的通道和门，被标记为 C 的部分展示了一个被敞廊穿过的小庭院。被标记为 D 的部分是两个螺旋楼梯所在的通道。标记为 E 的是中间的门，这样的门有 4 个。

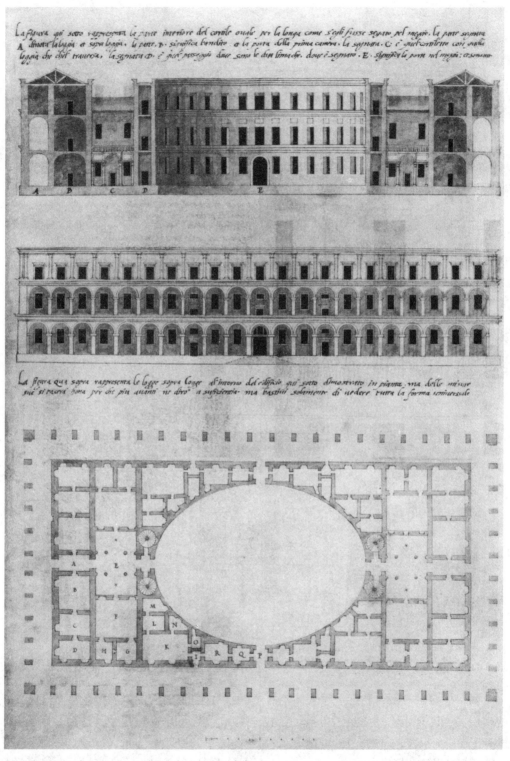

　　以上的图像展示了环绕下面平面所指代的建筑的层叠敞廊，但是我不会提及尺寸，因为我会在下文详细地谈论这些。可以很简单地看到它的全貌。

两个层叠的敞廊，再加上第三个有窗的楼层[168]，展现了上述浴场的外观。[169]我没有记录任何尺寸，通过这上面的比尺，什么东西都可以被测量出来。

这里上面的图像展现了穿过庭院 E 的敞廊，你可以穿过这个到达另一个套间和椭圆形的庭院。你也可以通过敞廊从一个套间到达另外一个套间。这是与旁边同样的比尺绘制的。

从设计图上看最低处的建筑[170]是士兵空暇娱乐时上演各种不同节目的圆形剧场。在这里最经常上演的节目是和凶猛的动物进行格斗，它们的数量无穷无尽。这个建筑延展至450尺长，250尺宽。在这个建筑里面是一个椭圆形的庭院[171]，完美地适应这种活动。它有185尺宽，246尺长。环绕在它旁边的是15尺宽的敞廊。柱子有5尺宽，侧面8.5尺。剩下来的地方是这样布局的：首先你进入敞廊A，然后向左走，到达通道B。从这里你穿过到达一个一边161尺、一边64尺的房间C；大象晚上应该被安置在这里，白天它们在庭院D里。庭院有63尺长32尺宽。狮子在庭院E里，晚上睡在房间F内；面向狮子所在的庭院的窗户必须加一个铁栅栏，这样狮子就不会伤害看守的人。美洲豹与黑豹被安置在G房间里。旁边的房间有一个螺旋楼梯H，方便进入敞廊，在它旁边标记为I的地方是厕所。[172]这些一同组成了套间的四分之一；在其他三边都有相同的地方安排各种动物。所有被标记为＊的地方都是庭院，你爬过螺旋形的楼梯到达层叠敞廊[173]，这里有木头做的为观众准备的座位，在设计图上就可以看出来。动物在边上的三个角落的门[174]里出来，但是大象从中间那个门走出来，从庭院地面到第一道敞廊有25尺高，因此动物伤害不到观众。[175]敞廊的拱券高30尺，在其铺地之上还有木质的阶梯座席。但是，若将这些座席全部撤去，那么由浅浮雕科林斯柱式装饰的墙面就可显露出来。[176]

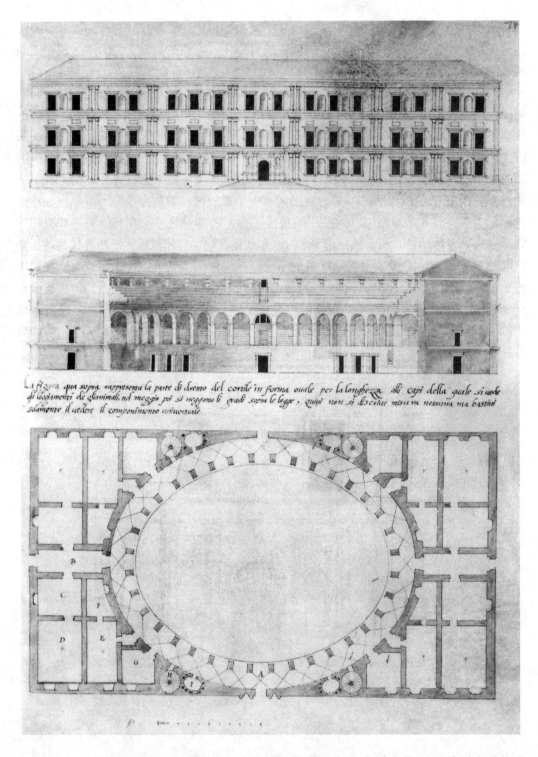

La figura qua sopra rappresenta la parte di dreno del cortile in forma ouale per la longhezza, alli capi della quale si uede gli housimenti de glianimali, nel meggio poi si ueggono li gradi sopra le logge, quini non si discriue misura nessuna ma bastini solamente il uedere il componimento uniuersale

　　这里上面的图像展现了椭圆形庭院内部的长向。在这个尽头你可以看到为动物准备的住房，在中央敞廊上面可以看到座椅阶梯。我现在不会提及尺寸，看看整体构成已经足够了。

　　以下的图像展现了上述圆形剧场中心部分的正面。这一布局安排[177]延续到了各个 14v
面。整个建筑抬高到街道 5 尺之上。四个圆柱，代表了一座凯旋门，它们有三分之一
在墙内。[178] 在它们下面的基座有 6 尺高。圆柱，包括它们的柱础和柱头，有 19 尺高，
2 尺宽。[179] 楣梁、中楣、檐口有 5 尺高。平柱包括其柱础和柱头在内高 25 尺，宽度为
其总高的九分之一。[180] 门有 10 尺宽，高度是宽度的两倍。第二层的柱子有 18 尺高，2
尺宽，柱子上面的线脚有 4.5 尺高。[181] 从第二个檐口到最后一个楣梁底部是 14 尺。由
于檐口的出挑会"偷走"圆柱的部分，所以在它们之下应该有基座，高 3 尺，柱子实
际高度应当有 11 尺。这些柱子的宽度是高度的十分之一，应该是混合柱式。[182] 在柱子
上面是楣梁，它的高度等同于柱子的宽度；带有托檐饰的檐板饰带与檐口一样，都是
相同的。有几种类型此类混合柱式的设计，就像我上面以较大比例展示的那样。[183] 第
一层的窗户与第二层的窗户都是 6 尺宽：第一层的 12 尺高；第二层的，因为两扇窗子
之间距离比较远，要高半尺；最后一层的窗户 5 尺宽，11 尺高，原因同上。在檐口之
上有雕像台座，这样可以雕刻俘虏图像，并且放置战利品。[184]

15*r*  以下被标记为 A 的建筑平面有 100 尺见方。[185] 它的一侧是禁卫大道，那里有一个入口服务于一个主厅 [186]，但是主要入口在面向广场的街道上。[187] 首先，你进入了 A 通道，在通道的一边是主室 B，在 B 后面是从室 C，在通道的另一边是主室 D 和从室 E。在通道的中间是楼梯 F，从这个下面穿过可以到达主室 G。在 G 后面是从室 H。在楼梯对面是主厅 I，作为通向禁卫大道的出入口。离开了通道便进入了敞廊 K，那里有个庭院——这可以为两个相邻的住房提供光线。从 K 你进入到了主室 L，有后室 M 服务于它。毗邻于它的是一个马厩 N，它的入口通向禁卫大街。紧接着这个住房的是后备兵的住房；它有 50 尺宽。它的入口要通过一个螺旋楼梯 O，在楼梯下穿过你可以到达 P 通道。这里两边有辅助光线。从这个通道你进入主厅 Q。这个住房还有另一个入口，标记为 R，在街道上向广场走，在一边是主厅 S，在另一边是马厩：它还通向一个更大的主厅 T，那里可以放很多床。[188]

[从上至下，从左至右]
罗马骑兵的住房 100 尺
后备兵住房 50 尺
禁卫大道
通向广场的街道
后备兵住房 100 尺
从窗户获得很多光线的房间

La pianta qui sotto segnata A è piedi C per ciascun lato et ha uni de lati su la via pretoria doue e' una entrata che serue di sala. ma l'entrata principale è su la via uerso il foro. s'entra prima nel andito A. d'uni lato del quale è una camera B. et dietro essa è una camerino C. dal altro lato è una camera D con lo suo camerino E. nel mezzo del andito è la scala F. sotto la quale si passa alla camera G. dietro di essa è un camerino H. all'incontro della scala ci è una sala I. che serue di una entrata su la via pretoria. Al uscire del andito s'entra nella loggia K. doue ci è un cortile il quale da luce a due uicini. dalla loggia K. s'entra nella camera L. che ha per serua la uietro camera M. a canto questo ui è una stalla N. che ha l'entrata su la via pretoria. A canto questo loggiamento ci è quello di triarij la sua larghezza è piedi L. l'entrata sua è per una bocca O. per la quale si passa nel andito P. lo cuale prende lume secondo da dua lati. del andito s'entra nella sala Q. questo loggiamento ha un'altra entrata su la via uerso il foro segnata R. da un lato ui è una sala S. dal altro ui è la stalla, si entra anche in una gran sala T. capace di molti letti

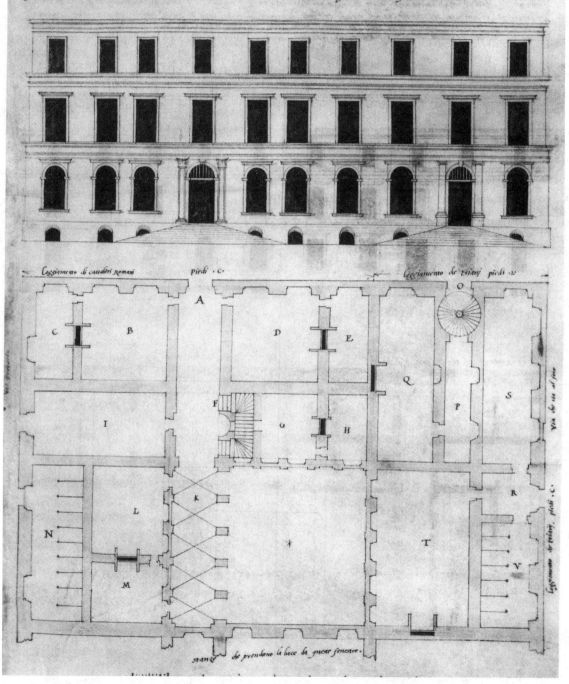

Loggiamento di caualieri romani    piedi C.        loggiamento de triarij piedi L.

A

C　B                    D        E

O

Q

F                                        P        S

I              G        H

R

K

L

N                                        T

M                                        V

stanze   che prendeno la luce da queste fenestre.

15*v*　　　下面的图纸中标记着 A 的平面是一个供壮年兵使用的住房。[189]A 的旁边有一个主室 B，在它之外是主室 C，彼此相连。通道的一半处有一个主厅 D，可作为建筑的入口，并且它有一个从室 E 服务于它。敞廊的一半处是一个大次厅 F，在它背后是主室 G。相邻这些地方的有一个马厩 H。刚进入主要通道 A，是主室 I，在它之外是主室 K。离开通道是一个敞廊 L。这里有一个庭院，从这可以进入 M；服务于它的是从室 N。在敞廊的端头是主室 O，再往后是主室 P。在楼梯井中有一口井。[190] 在壮年兵住房旁边是青年兵住房。从这里进入通道 Q，旁边有一个主厅 R。在这之外，旁边还有另一个完全相同的主厅 S，从这里可以进入主厅 T。从这里你进入主室 V 和 X，然后穿过从室 Y 到主室 E'。[191] 在这一旁是主室 ⊃)。这栋住房还有另一个入口 Z，那里有一个主室 ☺。旁边是另一个主室，✱两个入口通道的交叉处有平缓的螺旋楼梯[192]，非常宽敞明亮，因为它中心的垂直开口直径 5 尺，底部还有一口井：楼梯有 4 尺宽。在这里你可以从各个方向轻易地从楼梯下穿过，因为大直径为通行提供了一个很好的高度。

[从上至下，从左至右]
壮年兵住房 100 尺
青年兵住房 50 尺
100 尺
100 尺
这是旁边住房的庭院

La pianta qui sotto segnata·A· e peu un loggiamento de principe acanto il carattere·A· è una camera·B· apresso di essa è una camera·C· nel meggio del andito è una sala·D· la quale serue per una entrata hauendo al suo seruitio un camerino·E· per lo meggio di la loggia è una saletta·F· drieto la quale è una camera·G· acanto questi luoghi ui è la stalla·H· al entrare della porta principale è una camera·I· et drieto a essa e la camera·K· al uscire del andito ui è la loggia·L· doue è un cortile per la quale s'entra·M· al seruitio della quale è un camerino·N· nel capo della loggia è la camera·O· drieto di essa ui è la camera·P· nel maschio della scala è lopozzo·. Acanto di questo loggiamento di principe ui sono astati doue s'entra nel andito·Q· al altro del quale è una sala·R· acanto di essa ue nhe una simile·S· per le quali s'entra nella sala·T· di questa si entra nelle camere·V·X· et si passa pel camerino·y· alla camera·Θ· acanto di essa è una camera·Ð· questo loggiamento ha un'altra entrata·Κ· doue è una camera·Ø· al ato di essa ue nhe un'altra·Ψ· al crocichio delle due entrare ui è una lumaca molto agiata· et luminosa per cio che ha nel meggio una luce perpendicolare dal ciolo di piedi cinqui per Diametro er ha nel fondo un pozzo er essa scala e larga piedi·IIII· doue si passa sotto essa per tutti li lati senza impedimento alcuno per cagione del Diametro grande che presta grande aieza a passaui sotto·X·

loggiamento pe principi piedi·C·    loggiamento per astati piedi·C·

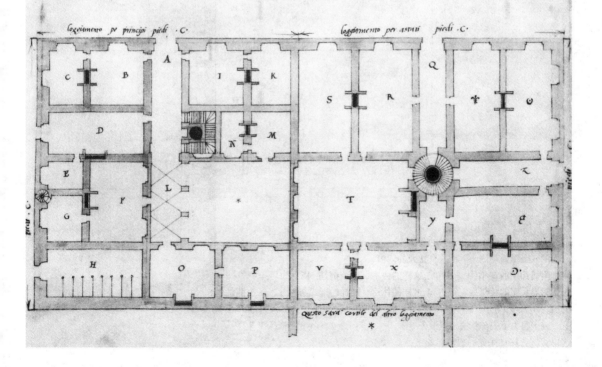

questo saria cortile del altro loggiamento

16*r*　　　这个附属兵团青年兵住房建筑的平面在页面的底部。[193] 其主要入口 A 在宽阔的大街上。[194] 它的一边有主室 B 和与之相连的从室 C。沿通道走接下去是楼梯 D。[195] 通道的另一边有主室 E 和从室 F。与这些相对应的还有两个地方 G 和 H。从通道进入院子，有主室 I，旁边是马厩 K。在另一条街上有一个入口 L，与入口对应的有主室 M，它的对面是主室 N。因为这栋建筑三面都是独立的，所以它有三个入口。最后一个入口 O 两侧有完全相同的两组相连的主室 P、从室 Q 和相同的房间 R、S。从这个通道经过螺旋形楼梯 T 进入庭院。

　　　与这栋住房建筑相隔一条 20 尺宽街道的是附属兵团壮年兵使用的住房；它的入口也被标记成 A。它的一侧有主室 B 和后室 C。在通道的尽头是主室 D 与后室 E。经过旋转楼梯 F，你进入院子 G。院子的一侧有两个主室 H 和 I，另一侧是主室 L 和马厩 K。院子一侧靠近螺旋楼梯的地方有一个小敞廊，上面有通往四个院落一侧主室的通道。[196] 在这两个平面之上是立面，立面之上是更大比例的门和窗，这样它们更便于理解。在下面有这些门窗的比尺，以及标识它们的字母。

[ 从上至下，从左至右 ]
下面的两副图是两个住房建筑的前部
上面的 6 个图像是属于下面这个立面的门窗
用于附属兵团的青年兵。有 20 个这样的住房，每个都是 115 尺
用于附属兵团的壮年兵。有 20 个这样的住房，同样的形式与尺寸，每个都是 115 尺
街道，20 尺
这个院子将为下一栋住房建筑服务
这里有从庭院 G 采光的主室

La pianta del loggiamento per li astati Ausiliarij è qui più abasso l'entrata sua principale è su la via larga et è segnata .A. ha da uno lato una camera .B. con la vietro camera .C. più auanti nel anditro è la scala .D. dal altro lato e una camera .E. con la sua vietro camera .F. a lato di queste ui sono dua luoghi .G.H. passando del anditro nel cortile ui è una camera .I. a lato di essa ui è la scala .K. in l'altra strada ui è una entrata .L. a lato di essa entrata è una camera .M. et all'incontro ui è una camera .N. et essendo questo loggiamento isolato da tre lati egli ha tre entrate, ui è adonca l'entrata .O. hauendo da uno lato una camera .P. con la vietro camera .Q. dal altro lato ui sono le medesime .R.S. del anditro si passa per la limaca .T. al cortile.

A canto di questo loggiamento lassandoui una strada di piedi xx. larga ui è un loggiamento per li principi ausiliarij l'entrata del quale è segnata .A. a lato di essa ci è la camera .B. con la vietro camera .C. nel capo del anditro è una camera .D. et la vietro came ra .E. per la limaca .F. si passa nel cortile .G. d'un lato del quale sono dua camere .H.I. nel altro lato ui è la camera .L. et la scala .K. nello lato del cortile a canto la scala ci è una loggietta sopra la quale ui è un corridore per andari alle quattro camere dalli lati del cortile. sopra queste dua piante ui sono li suoi dirritti: et sopra essi dirritti ui sono le sue porti et le fenestre in forma maggiore accio siano più intelligibili: et ui sono li suoi piedi sotto et li caratteri che si chiamano ~

Le dua faccie qui sotto sono le parti dauanti da i dua loggiamenti dimostrati in pianta sotto esse, Le sei figure qui sopra sono le porti: o fenestre pertinenti alle faccie qui sotto

Per li astati auxiliarij et sarano .xx. in tutta la Castrametatione et è piedi CXV.   Per li principi auxiliarij et sarano .xx. di pietra forte et misura et è più li CXV.

strada piedi xx.

Questo cortile sarebbe d'altro loggiamento   Qui sarano camere illuminate dal cortile .G.

16v　　　附属兵团骑兵的住房有 100 尺宽 [197]，在它的中央有一个入口 A。[198] 入口的一侧为
一间主室 B，沿着走廊往下走是一条小走廊，穿过小走廊可以走到主厅 D，同样沿着
它可以走到主室 E。在走廊的尽头 [199] 是一道螺旋楼梯 F，从它的下面可以走到敞廊 G。
而敞廊对面是马棚 H。敞廊的尽头，一侧是主室 I 与后室 K。如果有必要，这两个地方
可以形成通向另一条街的入口。从敞廊可以走进主室 L 和主室 M。从走廊可以走进主
室 N 与后室 O。入口的另一侧是主室 P，从那里可以走到主室 Q，那里有通向大街的通道。

　　紧挨着这个住房的是附属兵团后备兵的住房。它的正面为 50 尺，长度为 100 尺。
首先，你进入走廊 A，两侧是主室 B，更里面是两间次厅 C，还有另一个入口 D，和一
个次厅 E 与一个主厅 F。这里没有马棚，但是如果有马存在时，可以在正对骑兵部队
的主室 B 与次厅 C 处建造一个。这两个住房的立面在平面之上，在它们之上是更大比
例的门与窗，它们的比尺在图像以及标识字母之下。

[ 从上至下，从左至右 ]
用于后备兵 50 尺宽
用于附属兵团骑兵 130 尺长
在附属兵团壮年兵与后备兵之间的通道 20 尺
这个部分将从上面的院落以及敞廊获得光线

il loggiamento de cavalieri ausiliarij è longo piedi, C, et ha l'entrata sua nel meggio seguita A: da un dò lati vi è una camera B. più avanti nel andito ci è uno andietto C. pel quale si passa alla sala D. et per esso andierno si entra nella camera E. nel cago del andito è la binaca E. per la quale si passa alla loggia, G. all'incontro della quale è la scalla H. in capo del la loggia da un lato vi è la camera I. Con la vicina camera K. questi dua luoghi sarano una entrata al'altra strada chiusero dalla loggia. S'entra alla camera L. et alla vicino camera M. del andito si entra nella camera N. et alla vicino camera O a loro la porra è una camera P. edi essa alla camera Q. che ha l'entrata su la strada ∑.

A canto questo loggiamento vi è quello delli trierij ausiliarij la faccia del quale è piedi V. et la longhezza è piedi C. prime si entra nel andrio A. alli dua lati sono le camere B. et più avanti sono dua salette C. vi è un'altra entrata D. Con una saletta E. et una sala F. quisi non è stalla ma se havevano de cavalli sara bene della camera B. et della saletta C. verso li cavalieri farne una stalla. li differti delli dua loggiamenti: sono sopra le piante: et sopre essi vi sono le porti et le fenestre in forma maggiagiore con li suoi piedi sotto: et li caratteri che si rispondono

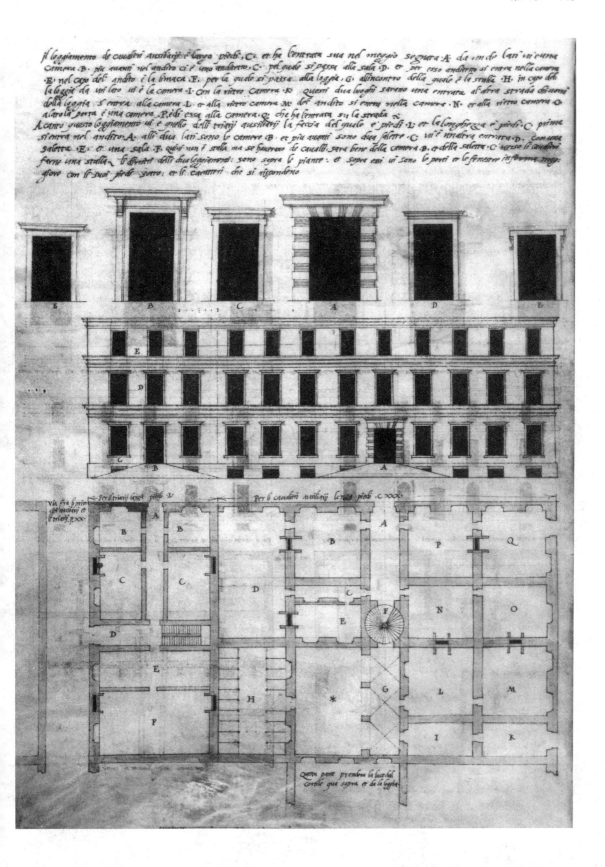

<sup>17r</sup>  **第十门**

这是军营最重要的大门，它和禁卫大道对齐。<sup>200</sup>它被称为"第十门"（ *Porta decumana* ）。它的科林斯柱式混合着粗面石饰风格，形象地展示图拉真皇帝在赦免时温柔与宽容以及在惩罚时强硬与严厉的精神。

这座门有 14 尺宽——在宽度的方向上分为三部分，在高度方向上分为五部分。<sup>201</sup>基座有 4.5 尺高。柱子部分，包括柱础与柱头，总共 20 尺高，2 尺宽。<sup>202</sup>楣梁、中楣、檐口是柱子高度的四分之一；如果把这部分分为 10 份，3 份用来做楣梁，4 份用来做中楣，剩余的 3 份用来做檐口。<sup>203</sup>拱门上的楔块总共有 21 个，中间的一个比其他楔块宽四分之一。<sup>204</sup>门的框缘宽度为柱子的一半，并且柱子间距为一个柱子的宽度。两端三角墙的尖端比檐口高 2.5 尺。在门之上的中间部分，应当和门开口的宽度一样宽，高度为 8 尺。它的檐口比低一点的檐口短四分之一，三角墙的尖端比檐口高 3.25 尺。横跨前部的雕像底座同柱子顶部一样宽，在高度上也相等，但是不包括它们的檐口。

门的吊桥不同于那些可以升起来的吊桥，门道底部有一个腔，腔是由黏结起来的石块形成的大砖块建成的，所有的石块都连接固定在一起。<sup>205</sup>桥就建造在这个腔中的一些小轮子上，它很容易被推出或者拉回；桥留在腔中的部分总是比露在外面的部分重出许多，这样做是为了保持平衡。<sup>206</sup>在这里可以看到桥移出腔洞之后的形式；它是以透视绘制的，一个"扭曲的正方形"<sup>207</sup>，因此我们可以看到它的两个面。底部的半圆形展示了包含入口<sup>208</sup>的墙平面。它带有门廊，上面有走廊，它们都环绕着墙壁。

[ 从上至下 ]

这上面用于绘制门道的 [ 点 ]，是 12 尺

这个桥通过轮子进入空腔 A，就像看到的那样

这上面用于绘制门道的 [ 点 ]，是 10 尺

### 17v　军需大门

　　这个有着强烈粗面石饰风格的大门非常适合用于军需营帐建筑这一边，因为这种异常坚固的大门正是守护珍贵金属时所需要的。[209] 我不必再重复这个门的尺寸，因为图画（*liniamenti*）[210] 已经非常清晰，所有的东西都可以用一对圆规测量计算出来。这种粗面石饰风格的柱子给人一种从来没有被雕刻的印象，目的是展现出更强的坚固性。另一边的上部，顶部、底部以及中间的两条檐板饰带展示了柱子的尺寸。[211] 旁边的柱础与柱头是用于这些柱子的。[212]

[门下的文字]
桥进入这个孔洞，上面用来绘制这个门的点线比尺是 12 尺

porta questoria

## 18r 禁卫大门

禁卫大门应该以严峻风格建造，带有某种华丽和权威，这适合执政官的地位。[213] 在这方面多立克式柱式是最简朴的而且真正适合于一个士兵。[214] 因此整个建筑应该是多立克式的，但也很精致，因为伟大的皇帝是建筑美的崇拜者。让我们来讨论一下尺寸。在门下面应该有一个空腔，其中通行桥，就好像我在其他门那里所说的那样。基座8尺高，与柱础的柱基一样宽。[215] 柱子，包括柱础和柱头有 20 尺高，2.5 尺宽。[216] 楣梁、中楣和檐口的高度是柱子高的四分之一；一旦整体被划分成 3.5 份，一份应该对应楣梁，一个是中楣，最后一部分应该是檐口。[217] 上边的柱子，到檐口的底部是 12.5 尺。上面的檐口比第一个檐口要短四分之一，冠饰以下的部分会突出出来到圆柱之外，形成它们的柱头。这些圆柱应该有三陇板勾缝的凹槽。山墙的顶端比檐口高 5 尺。立面上的雕像台座有和柱子相同的宽度。门有 13 尺宽和 26 尺高。旁边的框缘有柱子的一半，就像旁边的半圆柱一样。[218] 柱间距，在有壁龛的地方，有 3 尺。在此下方比例较大的柱头和柱础是用于上面圆柱的。[219] 拱门中心肘托下缘是 1.5 尺。

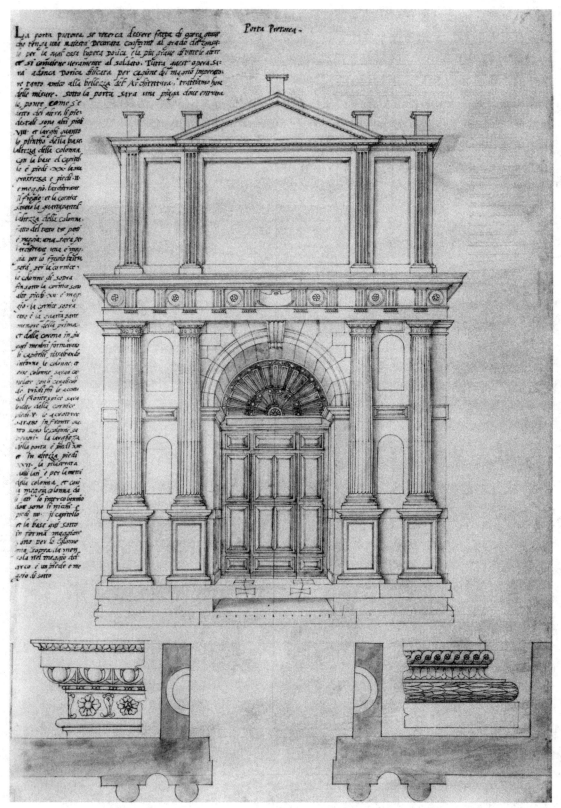

　　以可视化的设计展现事物的解释，再加上活泼的话语[220]，对于那些本性渴望学习的人有很大助益。[221] 出于这个原因，我要简要讨论下面拱券的尺寸。[222] 它的开口有 20 尺宽和 11 尺高 [……][223]，底座是 8 尺高。柱子，包括柱础和柱头是 30 尺高，3 尺宽；这样的纤细并不是错误，因为维特鲁威在塔司干神庙中使用了同样的柱子。[224] 楣梁、中楣和檐口是柱子高度的五分之一。在柱子里面和外面边缘的框缘有圆柱的三分之二。在两根柱子之间有 5 尺。整个拱有 21 块拱石，但是最中间的那块比其他块宽四分之一。山墙应该按照我在第四书中所提到的那种规则建造。[225] 中央的立面，不包括山墙，有 10 尺 [ 高 ]，20 尺宽。门的两边与开口相当。

　　这两个完全不同的拱门，位于桥的两端，它们用极其坚固的门封闭以阻碍野蛮人。[226]　　[上中]
其中粗面石饰风格的一边居住着最凶猛和最好战的野蛮人。科林斯风格的这边通向意大
利。[227]但是有人可能会说："你从哪里看到这样写的，这桥不是已经在许多年前就被毁
坏了吗？"[228]我会这样回复那些人：那个善良的教区长[229]，一个最富有探索精神的人，
当他和他的译员在那些地方询问那些当地人关于那些建筑石块的事情时发现了这些。
结果是，在跟他们中最老的人的一次谈话中，他了解到了许多事情：那些老人有许多
从他们祖先那里得来的故事。以至于这个人了解到了许多他后来告诉我的事，而我希
望唤起对那位极为杰出的皇帝的记忆[230]，因此绘制了这些。

绘制这两个凯旋门所用
的 10 尺

立柱上的开口，以便水流
穿过

10 尺
绘制上面三个拱门所用
的 100 尺

拱门立柱的平面
170 尺　　　　　　　　60 尺

500 尺
绘制　上面 19 个拱门
所用的 100 尺

[右上]在这边的拱门是科林斯式的，且在靠近意大利那边桥的入口处。它的开口有20尺宽，还差3尺到40尺那么高。[231] 底座有8尺高。圆柱，包括柱础和柱头有32尺高，宽度是高度的十分之一。[232] 楣梁、中楣与檐口的高度是柱子的五分之一；把这整体分为10份，其中3份应该是檐口，4份是中楣，剩下3份是檐口。[233] 山墙的顶端应该在檐口之上8尺。门的框缘[234]，就像柱子的翅膀，有柱子一半的宽度。带有壁龛的柱间距有7尺宽。两边的拱门跟开口相当。

[立面内] 我想以更大的比例展现这三个拱门，这样石头的细节和拱门楔形块的安排都可以被清楚地看到。我还想要展现立柱上带凹槽的壁柱[235]，一些壁龛还有曾经带有囚犯[236]雕塑的面板。拱之间、立柱之上，以及立柱中的开口是为了在洪水暴发时让水流穿过，减少水对桥的压力。

[剖面下] 这上面的图在这里显示了立柱的侧面。在立柱上面可以看到两边护栏，带侧翼的拱门可以阻挡敌人的攻击。

[剖面下] 这是依据平面建造起来的桥的立面。在两端有两个非常大的凯旋拱门。在每一个立柱上有用来放置战利品和俘虏的基座，在基座自身上也为后世雕刻上这些东西。

[平面下] 上面的图在这里显示了桥的基础的整个平面。有20个立柱构成16个拱券。

*20v-21r*
（空白）

# 门的额外之书

## 塞巴斯蒂亚诺·塞利奥　著

## 最虔诚基督教国王的建筑师

此书中包括 30 个大门的图示，由粗面石饰风格与不同柱式混合而成，以及 20 个不同风格的精细方案。图示前方有文字描述一切。

作于里昂

为让·德·图尔内（JEAN DE TOURNES）[1] 而作

1561

由教宗、皇帝、最虔诚的基督教国王和威尼斯议院赋予特权

[sig. A1v-
空白 ]
(1v- 空白 )

sig. A2r

# 写给最崇高的基督教国王亨利[2]

### 塞巴斯蒂亚诺·塞利奥　著

　　尊贵的权力无边的陛下，因为机敏和勤奋是懒惰的对立面，而我正属于前者，因此我无法不全心全力从事我正在进行的工作，也就是对建筑的研究。[3]因此，我长期一个人独居于枫丹白露从事研究，那里人迹罕至。经过常年思考，我决定用可见设计的方式[4]将粗面石饰风格与多立克、爱奥尼、科林斯及混合式柱式配合使用的那些大门呈现出来。这样做自有其原因。我多次亲见亲闻人们凝视和称赞费拉拉红衣主教的大门[5]——我与主教曾多次见面[6]——并多次表达他们希望自己也拥有同样的大门。如我上文所说，这一现状激发了我写作此书的想法。我将在此充分地发挥这一想法，在建筑学激情的作用下，一共描绘了30处大门的样式。但即使如此仍嫌不足——我仍感创造的才思泉涌，因此我决定描绘20处精细的大门[7]，它们都由不同柱式组合而成，冀其能满足不同人们的需求，不仅法国国王（他对建筑有着广泛的兴趣）也使他治下的国民也享受同等的美学上的益处。我的工作是在国王陛下的庇护下进行的。请以宽广的心胸接受我这个微小的作品，您谦卑的仆人也以此精神将作品敬献给陛下；并祝昌隆兴盛。

## 塞巴斯蒂亚诺·塞利奥致读者

[sig. A2v]
(2r)

最为文雅的读者，大多数人已能推测出我之所以要写此书的原因；但我要解释一下我为何要从事名目内容如此繁杂的工作。[8] 我完全理解在绝大多数情况下，新事物能为大多数人带来愉悦[9]；而很多人在很小的建筑中仍然需要很大的空间存放各种文件信函、盔甲、器材和类似东西，还有一些人希望有半浮雕或浅浮雕的历史场景（*istoriette*），或者古代先人的半身人像或类似的当代作品等东西。正是出于这一原因，我才不惜分散精力，将楣梁、中楣和檐口部分断开，造成新的形象和趣味，但我却总是遵循着古罗马的古典原则。有时候我将一面山墙打断用于放置匾额或盔甲。我在很多柱子、框缘和过梁（*supercilii*）[10] 上围以带子，有时也将中楣、三陇板和植物纹饰断开。当这些都被撤除、被打断的线脚被填充好，当柱子完工之时，这些作品将如它们最初设计那样完整地展现出来。我之前没有展开论述每一建筑部件的尺寸，但细心的建筑师如能按照下文所说，则能找到所有他需要的细节。他应该想到门前通道应该有多宽（尺），并将 1 尺 12 等分得到 1 寸，再将 1 寸 6 等分得到 1 分。建筑师应从测量一根柱子开始，由此为例发现 1 尺、7 寸和 3.5 分：框缘是柱子的一半，而柱子的高是宽的 8 倍，并在顶部收分六分之一。由此推及，所有部件的尺寸都能逐一得到。并且当建筑师需要将其扩大，应严格遵守比例从事。建筑师应有一套较小的尺规从事尺度较小的设计，另备一套较大的尺规做较大尺度的设计，使用较小的尺度来推敲比例从而得到完美的结果。但建筑师应遵从维特鲁威的教谕（维特鲁威是我最推崇的建筑师，必须遵从而不背离他制定的原则），请暂时将这些装饰物、匾额、卷轴、涡旋等等附加物放在一边，要注意到我现在居住的国家[11]，您自己将我的遗漏之处逐渐补充完整；保重。

## 对30种粗面石饰风格大门的描述

I

　　首先，下文所示大门来自尊敬的和极负盛名的费拉拉红衣主教，唐·伊波利托·德·埃斯特的宅邸。[12] 它是由包裹在粗面石饰风格的塔司干柱式构成的。[13] 遵照维特鲁威的规则，其柱高应为柱宽的 7 倍，柱宽应从底面测量 [14]，但既然这些柱子已被埋入墙中并被粗面石饰风格的饰带（fascia）所环绕，其上并无荷载，因此柱高包括基座和柱头在内应为柱宽的 9 倍。[15] 柱宽应为 1.5 尺。框缘的每边都为柱子的一半，基座的高度应为 3 尺。大门的开口应为 8 尺宽，门高（算到拱券底面）应为 16 尺。柱子在上半部分应收分四分之一。楣梁、中楣和檐口的高度都应为柱宽的一半。檐口的纹饰作为山墙的顶点，应为 3 尺。拱券上的拱心石应做划分，其中央部分较其他部分在宽度上应多四分之一。[16] 木构件应在饰带以下开口；但在饰带以上部分则应嵌入石头构件中。因此，这部分开口的高度应为 11.25 尺。如果有人想将此门缩小或放大，应按比例增加或减小。[17]

## II

　　这种门是塔司干式的作品，但是刻有精美的粗面石饰风格的浅浮雕。它的宽度 [18] 是 6.5 尺；它的高度应该是 13 尺。柱的宽度是 1 尺，框缘 0.5 尺。两个柱子之间的距离是 1.5 尺。底座是 3 尺高。柱子高 10.5 尺，有浅 [ 浮雕 ]，或者间距太近都不会有问题。[19] 楣梁、中楣和檐口应该是柱的高度的五分之一。立面正中包括弯曲的山墙的高度等于入口的宽；它的宽度，包括小柱子，等同于包括了框缘的门洞。并且在立面上，这个开口可以作为一个窗口，如果这个门是私人住宅，房子的入口也需要光的话。如果不需要的光，你就可以放任何你想要放置的东西。[20]

## III

这种门完全是塔司干风格的，有粗面石饰风格装饰。柱高是宽度的 10 倍，因为这就是维特鲁威描述的塔司干圆形神庙的比例。[21] 它们有 1.5 尺宽，且有三分之二裸露在墙外。一个柱子与下一个之间应该有半柱的空间。底座高 3.66 尺。门口的宽度应该是 7.25 尺，它高为 14.75 尺。楣梁、中楣和檐口应有柱子的四分之一高。把整个分为 10 个部分，3 份是楣梁，4 份是中楣，3 份是檐口。从檐口条带到山墙的顶部应是 4 尺。拱券的拱石是以这种方式划分的，中央块比其他的部分大四分之一。打破了中楣和楣梁的平板是古代的放任设计，以便在其上放置大量的文字。谁不想要它的话应该去除它，整个作品就完整了。[22]

（4v）

# IIII

　　这里这种门完全是多立克式混合粗面石饰风格 [23]，并具有"柔和"（gentleness）的例外——柔和是指是柱头上的垫层 [24]，这是一个大胆的创作。[25] 不喜欢它的人应该让饰带延续过来，并且加上波纹花边。对于打破了中楣的面板也是一样；不喜欢它的人应该撤销它，让檐口贯穿。对于山墙线脚之间的粗面石饰风格片断也应该同样处理；因为缺少檐口 [26]，这些都被放置在那里。现在我们讨论尺寸。门道的宽度 8 尺，高度是 13.5 尺。柱子是 1.5 尺宽，12 尺高，也就是宽的 8 倍。底座有 2.5 尺高。两边的框缘都是 0.75 尺。楣梁，中楣和檐口高为柱高的四分之一。从代替了楣梁的饰带到山墙的顶部是 4.25 尺。应该有 19 块拱石，中央一个造得比其他的大上四分之一。[27]

## V

[sig. A3*v*]
(5*r*)

　　对于有的人来说，这个门看似与前面所述的门一样，因为圆柱与粗面石饰风格结合在一起。但只要你从整体上仔细地思考，就会发现它们截然不同。这些门是一种彻底的多立克式再加上粗面石饰风格。它的宽度[28] 是 8.75 尺；高度是 14.33 尺。立柱的宽度应该是 1.5 尺；高度是 12.5 尺。底座的高度是 3.2 尺。框缘的宽度应该是圆柱的一半。楣梁、中楣和檐口的高度是柱高的四分之一。但是读者在这里一定要注意，两个飞檐托饰应该像圆柱一样竖直；其宽度是立柱的一半，它们的高度是立柱的四分之三，两个飞檐托饰之间有 5 个三陇板和 6 块陇间板。如你足够认真地测量和计算，你就会发现所有这些的尺寸。当你把这些工作都完成了，就会发现得到的结果会让有品位的人感到满意。从遮板底部到山墙顶部的高度是 3.5 尺。半圆拱券的拱石有 17 块，但中间那块比其他部分大四分之一。[29]

（5ν）                                     VI

　　对某些人来说，在非常少的组成元素中做很多方面的改动的确是一个困难的事；因为当你有了一个纯粹的檐口，或是在门或窗上有弯曲的和三角形的山墙，就几乎没有进一步改动的可能。而我，因为我制定了设计 50 种不同大门的任务，每一个都与众不同，那我会尽最大的努力来满足所有人；因此我要继续工作，直到我知识的极限。现在的门完全是多立克式的 [30]，但做了一些伪装和掩蔽。这些立柱虽然没有完成，但它们的尺寸已经都有了。至于立柱上面打断了楣梁、中楣与檐口的两块面板，以及打断了饰带、楣梁与过梁（supercilium）的粗面石饰风格构件 [31]，一旦把它们全部移除，这门就显得很纯洁，所有的三陇板和陇间板的尺寸与分布就能够很轻松地看到。但是在某些情况下，一个人想设计一些不同于他人的作品时，他会很乐意使用这些创意。至于这里的尺寸，你应该考虑到圆柱有 1.5 尺宽，如果把尺分成 12 个部分，那每一部分的尺寸都可以很轻松地推算出来。[32]

## VII

　　为了做出不同于其他人的作品，我将继续创作这样的不完美的立柱，从这些我已经熟知的立柱之中，我要创作一个凯旋门。它的宽度[33] 是 11 尺，高度是 22 尺。其底座有 7 尺高。侧门应该有 6 尺高，3 尺宽。立柱有 2 尺宽，高达 9.33 尺。拱券的框缘有 1 尺，柱子之间相隔 5.25 尺。楣梁、中楣、檐口的高度应该是立柱的四分之一。但是因为在凯旋门上要有长铭文、武器与战衣，所以我希望除了上部的椭圆板外在这里增加三块面板。这种设计，包括整个的山墙，高达 13.5 尺。那里需要在放置 17 块拱石，其中最中间一个要比其余的大四分之一。[34]

## VIII

　　这下面的门是完全的多立克风格，由浅浮雕和精致的粗面石饰风格元素混合而成。它的入口有 6 尺宽和 12 尺高。柱是平的，两个柱字一起形成一个立柱结构。然而，为了让建筑结构更加的典雅（*gratiosa*），两个柱子之间接近一半柱宽的中心部位被挖空了。这些立柱[35]有 9 尺高。楣梁，中楣和檐口有 4 尺高[36]，在立柱上面有花纹装饰的飞檐托饰取代了三陇板；在它们之间还有一个嵌板可以用于刻字。不过，任何人如果不喜欢的话可以去除它，并排布上三陇板。同样的，如果和立柱连接在一起的两个嵌板，以及那些包含着立柱和缠绕着粗面石饰风格饰带的框缘并不讨人喜欢的话，那么它们就会被去除，而入口就会变得非常的"干净"。[37]山墙应该有 3 尺高，从檐口上拱顶花边（*cymatium*）的顶部到面具的底部。[38]

IX

在早期的时候，当大理石和其他任何石材都没有开始被使用的时候，建筑是由各种木材所建成的。[39] 因此，这个大门看起来就是由木材所建造的；如图所示，这些立柱的单个成分并不是完美无缺的，但至于大体的形式，可以看到各个尺寸。尽管两个[40]立柱上面的两个三陇板之间的[41]空间要比其他空间大，但这并不是一个错误的设计。[42]相反，这样的变化对于那些并不想严格遵守维特鲁威法则的人来说会显得典雅，维特鲁威在写作的时候并不能预见所有的最终状况。[43]

sig. A4r　　　这个大门有一些混合了多立克式、爱奥尼式的以及粗面石饰风格的元素 [44]，并且它也使用了一些砖。立柱的风格是多立克式的，尽管并不是所有在柱础和柱头元素都具备——然而还是会有材料去制造它们,遵循它们的尺寸。由于这个大门是一个"坚实"[45]的设计，这些立柱有 7 个半它的宽度那么高。拱门上方的拱石是爱奥尼式 [46] 的，因为那里没有凹雕。[47] 拱门里的拱石是交替着的，一些是粗面石饰风格的，其他则是砖砌的,这样会带来变化。[48] 如图所示，框缘和拱石有类似的变化，也是多种多样的。这种设计在建造的时候效果是很好的，就像在一些庞贝 [49] 门廊遗迹中所展现的，砖砌部分与活石 [50] 同时出现。[51]

　　如图所示的建筑是由木材构成，但遵循了多立克式风俗。[52] 成对的立柱有 8 个半柱宽那么高，并且靠近其他的立柱。[53] 这里没有柱础也没有柱头，但是为了更好更强地支撑，立柱的顶部和底部都有铁箍。正如我在另一个大门的设计中所说的[54]，如果这个是由希腊的大理石建成的，并且有垂直纹路装饰的话，就会变得很好看。或者说是由淡黄色的石头建造，就像我在采掘[55] 它们的地方看到过的那样，若使用斯卡佩罗（*scarpello*）[56] 去雕刻纹理图案的话，它就会变得更好看。除此之外，作为花园的入口，这个大门要是由木头制成的话也会起到很好的效果，尤其是这里所展示出来的这些木材：落叶松木、松树、板栗木、橡木或者是其他抗雨和抗日晒的木材。[57]

　　这种入口是"精致的"多立克式与粗面石饰风格的结合，有着正确的三陇板与陇间壁的排布[58]，尽管一部分的三陇板和陇间壁被容纳着大量刻字的面板所覆盖。这种门的立柱有 8 个半柱宽那么高[59]，像我在其他地方所说的[60]，它们有三个适合建造的原因：第一，它们插入了墙里三分之一，所以它们非常的牢固；第二，由于它们被粗面石饰风格的饰带所包围，它们的柔弱被去除了；第三，因为有凹槽，在视觉特性的作用下它们看起来[61]更宽，尤其是在凹陷的地方它们自身扩张得比实际更宽了。[62]

门的额外之书 **475**

## XIII

(9*r*)

这里的入口是爱奥尼式与粗面石饰风格的结合。[63] 就它的立柱而言，如果它们是规整的圆形，并且单独从墙壁中分离的话，它们就将是 8 倍或至多 8 倍半柱宽那么高。[64] 然而，由于它们有一部分在墙内并且也被饰带所覆盖着，所以它们的高度就成为自身宽度的 11 倍。正是因为这种布置，人的视觉感受才得到了满足。如果有人想要这些立柱比现在的尺寸更宽的话，那么这个人就可以使立柱变成 9 倍的宽度 [65]，保留其他的基座于线脚的尺寸，但是让框缘是立柱宽度的一半。

（9v） XIIII

这个大门，因为它没有柱子——让我们获悉建筑风格的要素 [66]——所以不能说是粗面石饰风格。[67] 但是有部分楣梁有爱奥尼式元素，就像中楣带有垫状元素，檐口也是爱奥尼式的。由于中楣上带有飞檐托饰，门道上的中心部位可以说是混合式风格的。[68]

## XV

　　这个大门是爱奥尼式的作品，协调并结合了粗面石饰风格。它的柱子有 10 个柱宽那么高。正如我在其他地方所说的，因为柱子之间靠得太近而且在很多地方装饰着粗面石饰风格，所以它们没有任何问题。这些柱头的设计背离了维特鲁威规则。不过我见过许多不错的类似的古代作品。事实上，因为丰富的纹饰，映入眼帘的比维特鲁威描述的更好。[69]

XVI

　　这完全是科林斯式混搭粗面石饰风格的作品。它的柱子，包括柱础和柱头，有 10 个半柱宽那么高。即使它们没有被饰带所包围，它们也不会有问题[70]，这是因为我所依赖的是古罗马人的权威，在许多罗马凯旋门里有一些的高度是 11 倍柱宽。[71]

## XVII

　　这里的门是精致的扁平粗面石饰风格的作品，包括三种柱式，它们是多立克式、爱奥尼式和混合式。两边的柱子是多立克式的，虽然它们显得瘦高，但是它们不是分开的；实际上它们在门[72]两侧形成了两个立柱，就像柱础和柱头所呈现的那样。这种分离的安排是为了营造更高的魅力，以便于搭配两侧高于柱子的飞檐托饰，它们是爱奥尼式的，因为没有凹雕。[73]飞檐托饰上面的楣梁、中楣和檐口是混合式的，因为中楣里有飞檐托饰。[74]

XVIII

　　一个大胆创新的建筑师曾经在一些古迹中发现了一种科林斯式门，也就是说，带有框缘和过梁。[75] 这个门的整体，就像维特鲁威描述的多立克式和爱奥尼式门一样，缩小了十四分之一。[76] 这个建筑师决定利用它。而且，这只是古代许多废墟中的一部分，他还发现了两个多立克式的扁柱。然而，因为它们的高度不适合这样的门，他在它们下面放了两个底座，在上面他采用了两个多立克飞檐托饰，从而达到过梁的高度。因此，为了完成门的剩余部分，他利用一些粗糙的石头和檐口，让它们在上面形成带有雕像台座的山墙。

## XIX

　　一个聪明的建筑师不应该对这个门的开口是如此的小而纹饰却是如此的大感到惊讶。因为如果他要做一个吊桥，他将需要在门的洞口上留两个开口，让抬升桥的横梁有空间进入墙内，而上述吊桥可以与门洞口周边的元素匹配在一起。[77]这是因为周围的粗面石饰风格石块都采用了深浮雕。即使有品位的人会去批评在堡垒中使用这种柱式，而且他所认为的塔司干柱式和多立克柱式适合堡垒[78]的观点是正确的，而不是采用像这样精致的柱子，但是我会回应他说，我这样的设计是用于一个流水环绕的极其美丽的花园的入口。

(12ν)

XX

这里的门是几种粗面石饰风格结合而成的 [79]，但山墙是多立克式的，代替柱子的是被交织的植物和粗糙的横带包围的界标。[80] 这些门的檐口被打断了，为了插入面板，如果需要，也可以刻字。为了获得整体尺寸，你应该考虑开口的宽度有多少尺，把 1 尺分成 12 份，这样你就可以得到整体尺寸。[81]

# XXI

这个门，因为它的圆柱以及檐口的片断，可以被称为多立克式的，它混杂几种类型的粗面石饰风格。可以看出它由许多片断构成。由于柱子的高度并不合适，下部被打破了，采用了两个柱脚和不完美的基底座[82]与柱子搭配。

　　　　　　　　　　　　　　　　　　**XXII**

　　这个门完全是科斯林式的，但由两种粗面石饰风格混合而成。[83] 柱子处于未完成的状态，但能够看到有足够的材料，并且在底部、顶部和中间可以看到相应的尺寸。同样，柱头的叶饰也还没有完成。由于山墙和檐口在几个地方被打断，我在这个八角形的区域中放置战衣雕刻。[84]

## XXIII

　　这个门一部分是多立克式，一部分是科林斯式。之所以是多立克式是因为框缘两旁有两个平柱。为了使这些柱子更典雅，我把它们分成三部分，在每一个柱子的中心雕刻凹槽，两旁则是三陇板凹槽[85]，然后我用精美的粗面石饰风格石块包裹这些柱子。在这些柱子上面是两个科林斯式肘托[86]，在它们之间是多立克陇间壁。[87]饰带也是科林斯式的，但是通过被拱石阻断来适应框缘的布局。

(14*v*)

XXIIII

　　这个门完全是爱奥尼式的，并夹杂着粗面石饰风格。[88] 它的柱子高度很合适。如图所示，其楣梁、中楣和檐口是柱子的四分之一高，这一比例一般来说效果非常好。过梁 [89] 既不是平的，也不是半圆形而是一个四分之一圆 [90]；如今它被称为雷米那托（*remenato*），它来自古代。为了能在门洞上放置大型战衣雕塑，一个六边形面板被放置在山墙壁中。[91]

## XXV

　　既然我让自己创作放任的方案，那么我就应该做出一些让人们看起来觉得奇怪而新奇的东西。这样可能会使有些看见以这种我所希望的方式建造建筑的人感到满足。[92] 这个门的框缘是爱奥尼式的，中楣与檐口也是，门洞的顶部减少了十四分之一。[93] 两边飞檐托饰取代了肘托，是多立克式的；它们出挑得与高度相同，也就是所谓的斯波托( *sporto* )。在它们上面是遮盖住整个门洞的檐口。门洞上窗户的装饰应该做成浅浮雕。两边圆柱是多立克式的，雕刻很浅。这个门适合那些需要把光从窗户透到走廊内的私人住宅。

## XXVI

　　这个门正如它的设计所显示的，采用了突出琢石处理的粗面石饰风格[94]，它的柱子是多立克式的，或者说是被分成两根柱子的立柱，这从柱础和柱头就可以看到。楣梁、中楣和檐口是混合式的；有些人称之为拉丁风格，另一些人认为是意大利式的[95]，因为它是由罗马人创造的[96]，被放置在罗马圆形剧场的顶部。

## XXVII

这完全是浮雕式的多立克式作品。没有任何粗面石饰处理，拱石和琢石都是平的，但是突出墙面 2 寸。[97] 因为它们是平的，并且不承重，所以高度是宽度的 9 倍。[98] 因为它们在侧边还有框缘，所以并没有缺陷，事实上，如果在这种情况下，它们是整个宽度的 7 倍[99]，这将会使整个作品非常敦实。[100]

# XXVIII

　　若不是因为有些人的大胆创新，别人的谦虚不会被认可。[101] 比如，我可以让大门是纯多立克式的，就像可以看到的那样，不用饰带和拱石去打破它并摧毁它的美。但由于过去、今天（这是我的信念）以及未来永远会有大胆创新的人去寻找不同寻常的东西，我希望打破和破坏这一多立克式大门的美丽形式。[102] 审慎的建筑师可以利用它，省略柱子两侧的粗面石饰风格侧翼，也可以去掉破坏楣梁和门过梁的拱石 [103]，并且以同样的方式去掉包围柱子的饰带。去除粗面石饰处理，在三陇板间放置牛头或盘子，因为这两样都提示了献祭，由此得到的大门将是纯多立克式的精细作品。[104]

## XXIX

　　这种门在有些方面是多立克式的，有些方面是科林斯式的或可以说是粗面石饰风格的，或是（说实话）野兽般（Bestial）的。[105] 其柱子是多立克式的，它们的柱头是多立克式和科林斯式的混合体。环绕门洞的框缘凹雕是科林斯式的，因为其上有这种风格的凹雕，楣梁、中楣和檐口也一样。门洞完全被粗面石饰风格元素所环绕，正如所看到的那样。至于野兽式的布局 [106]，不可否认，是因为大自然创造了那些有野兽形状的石块，野兽式的作品才会存在。[107]

## XXX

　　需要完成全部 30 种粗面石饰风格的大门，我做了很多方案，已经很疲惫。因此我不得不创作一种将塔司干式与粗面石饰风格混合的凯旋门。这种凯旋门可以充当进入一个城市或者要塞的大门，将其中一个门洞作为侧门 [108]，其他的则是假门。[109] 这种大门会因为有各种各样的元素使人心情愉悦。首先，主要的拱门的拱石是多样的，其中一个是活石 [110]，其他的是砖砌的。同样，那些小门的过梁 [111] 和小窗户，以及窗户上以网状砖构封闭的区域也都有多样的拱石砌块。类似的，门道上的空间也有多样的拱石，在这个区域可以放置任何美丽的历史场景半浮雕。两侧的壁龛也有类似的拱石，壁龛内可以放置一些雕像。接下来是中央有山墙的立面元素，两边可以放置任何东西以满足业主的愿望。[112] 这就是所有的混杂了各种柱式的粗面石饰风格设计，总共 30 种。

## 20种精细大门的描述

I

　　既然我已经谈到了混合和放任事物的大胆创新，那么我继续讨论遵循这一原则的事物就是正确的。这里的大门完全是科林斯式的，减少了十四分之一，就像维特鲁威在多立克与爱奥尼大门中所讨论的那样。[113] 上面的檐口应该向外出挑到肘托支撑的极限，这个檐口应该覆盖整个门洞。檐口上方有一扇让光线通入房间的窗。它的装饰物应该是浅浮雕，门道的侧翼也是一样，肘托也应该运用浅浮雕。[114]

II

　　这个大门的大部分是爱奥尼式的，但两侧的柱子是多立克式的，而且采用了浅浮雕，因为有柱础与柱头，甚至可以被称为立柱。在这些柱子上有一些壁龛和混合石材的面板。柱子上面有爱奥尼肘托支撑着檐口。檐口上面有一个窗口让光线进入通道并深入房屋，并且这个窗口的两边与上部都有装饰；这些装饰也是浅浮雕。[115]

III

　　这个大门是混合式的，就像在柱子、楣梁、中楣与檐口中看到的那样。这个门道的柱子采用了浅浮雕，在它们之间放置了各种混杂的石头。在这个门道上方，山墙壁应该开放，让光线进入通道，深入房屋。

# IIII

　　这个大门实际上是完全多立克式的，尽管中楣有一部分被篆刻了文字的面板占据。然而，拿掉面板，你可以继续放置三陇板与陇间壁。两边的柱子是扁平的，但它们都被从中分开，就好像是两个浅 [ 浮雕 ] 的小柱，这样做可以让观赏者更为愉悦。通过扩展柱础和柱头，立柱的形式得以保存。因为如果立柱这么宽却没有任何雕刻，这个门就不会有这么多技巧与装饰的美丽。

　　尽管上面柱子有多立克式形式的柱头，但这里的大门完全是爱奥尼式的，一些杰出的建筑师会批评说，优秀的古人以及优秀的现代人都会让柱子一直上到楣梁的底部。然而，你应该知道这一情况，一位建筑师曾经发现了四个非常美丽的高 8 尺 9 寸的爱奥尼柱，以及相同数量的小一些的以纯净条纹大理石打造的柱子，高度是 4.5 尺；他希望使用这些柱子建造一个大门，开口为 7.5 尺宽，15 尺高，将第一层柱子放置在 1 尺 2 寸高的基底座之上。[116] 然后他在所有这些元素上面放置多立克柱头作为拱券的拱基；宽度与柱子顶部的宽度一样。然后在上面说到的柱子上又放了一些更小的柱，柱上面设置楣梁，带有枕饰 (pulvinate) 的楣梁[117] 与檐口，其总高度是柱子的四分之一。他依靠这些片段设计出这个大门。对于一位建筑师这种情况某一天会出现。[118]

# VI

这个大门是纯粹的多立克式的，但是你可以通过在柱头凹雕纹饰的方法来丰富它，修饰的方式在上面其他柱头的处理中已经展示过。类似的，你可以在三陇板之间放置牛头、小的圆饰或者任何你想要的东西，这要听从雇主的意愿。[119]

## VII

这个大门是完全爱奥尼式的，柱子被组成对，比维特鲁威描述的柱子更细长。然而在这里，出于我上面提到的原因，它们不应受到批评。[120] 我在三个地方遮蔽了中楣，因为有些人喜欢大量的文字和不同种类的事物。但任何想要光滑中楣的人都可以修改它。

VII

## VIII

　　这个大门完全是科林斯式的。其成对的柱子有 10.5 尺高，就像我所说的其他柱子那样 [121]；但如果你在柱子上刻凹槽，那它们会显得厚一些，原因上面已经谈过 [122]，大门也会变得更丰富。尽管这些柱子部分埋在墙里，不过你可以把它们做成圆形 [123] 并且在它们后面设置平的柱壁（counter-column）。

IX

(22*r*)

　　这是一个典型的爱奥尼式大门。大门柱子的高度是其直径长度的 8 倍。[124] 由于柱子有三分之二在墙体外部，因而柱体表面的凹槽有 16 条可见，8 条在墙体之中，总共 24 条。[125] 柱头实际上比当时的建筑师维特鲁威所描述的更加丰富，但是为了视觉上的舒适，我在柱子底部的钟形饰下面增加了饰带。因为我曾看到过大量的古代建筑中与此相似的地方。[126] 如果这座房子的赞助者没有兴趣在门道的上面大量地刻字，他可以让檐口和中楣贯通，结果会让这个设计更完美。[127]

# X

　　尽管第七个大门的外观和这一个有一些相似，但由于这个大门的柱子完全是爱奥尼式的，因此它同另一个大门来说是完全不同的。[128] 大门柱子的高度为其直径长度的 9.5 倍，柱子有三分之二在墙体外。此外，如果某人希望这些柱子是圆形的，还带有平的柱壁，这个设计会更为显眼，并且上面的山墙也会呈现出更好的效果，同时要保留石砌中楣上面的中心部分。

XI

　　这就像一个凯旋门，它可以作为一个令人敬仰的神庙大门 [129]，因为其中有六个地方容纳不同的雕像 [130]，除了门口上方的核心部分，您可以雕刻一个历史场景画浅浮雕——它完全是科林斯式的。柱子是直径的 10.5 倍 [131]，正如上面提到的，如果雕上凹槽，那么它将显得更为厚重。[132]

## XII

　　这完全是科林斯式的。柱子高度是直径的 10 倍，它们可以有三分之二突出在墙体之外，或者是完全圆形的，搭配着平的柱壁。如果这是一座通道处需要光线的住宅，或者是有类似要求的教堂[133]，门口上方的窗口可以满足这一用途。如果不需要光，那儿应该放上一幅历史场景画。

## XIII

　　这个大门也是科林斯式的，就像之前那一个，但在样式上和工艺上都不一样。柱子高度是直径的 10.5 倍 [134]，柱子的三分之二在墙体外。这些半露在墙体外的柱子不可或缺地在两边大大丰富了这个大门。那些不愿保留上部的镶板 [135] 的，应当让中楣贯穿，它将会更加完美。尽管卓越的古人从来不用交叉网格包围柱子，而是从上到下雕刻凹槽，不过我是从耶路撒冷所罗门门门廊中提取了这种放任的做法。[136]

## XIIII

　　这可以作为神庙大门；这里有地方放置图像、浅浮雕、漂亮的石头和类似的事物。这项作品完全是爱奥尼式的。下面的柱子是直径的 9 倍。上面是平的，带有浅浮雕。这大门也可以作为凯旋门，它完全适合。[137]

## XV

　　可能有时建筑师希望设计一座 10 尺宽、20 尺高的大门，但是他只有不到半个门高的柱子。如果他希望用上这个柱子，他可以使得拱券的起拱点高于柱子的五分之一柱高，而起拱点应该包括一个檐口、枕形中楣 [138] 和楣梁。在柱子下面应该放置一个基座，位于门槛的位置。这个基座的高度是 3 尺 9 寸。柱子应该是 9 尺 3 寸高。柱子上方的楣梁、中楣和檐口是 2 尺。这使得总共是 15 尺 [139]，加上半圆拱一共 20 尺。在拱的中心应该放置一个飞檐托饰，1 尺 10 寸。在半圆柱上应该放置平柱，6 尺 10 寸 [140] 高；把楣梁、中楣和檐口放置在上面，整个高度比下面的少四分之一。这可以作为神庙大门，就如前面所讲的那样。[141]

## XVI

　　这个门可以被称为科林斯式的，因为其中大量的元素有雕刻。门洞的高度应该是它宽度的两倍。门洞的框缘是这个宽度的八分之一。飞檐托饰的正面应该与框缘一样。两个飞檐托饰之间的距离等同于飞檐托饰的宽度。中楣应该比框缘高四分之一，也就是过梁。[142] 檐口应该比过梁高八分之一。其他的装饰可由你自由裁量。[143]

## XVII

　　这个门是多立克式的，但稍微有些放任，因为楣梁、中楣与檐口突出在外。由于两个扁平半柱支撑着楣梁，这个突出非常有必要。[144] 这样做是为了在两边和上面让大门更丰富。虽然门不是很大，顾主可能仍然希望丰富自己的大门两边和上方的纹饰。如果进入这个房子的入口需要光照（是完全可信的），上面的窗口将给通道提供光线并且能够装饰大门。[145]

*(26v)*

## XVIII

建筑师可能会发现两个混合柱式的精美柱子，高 12 尺，宽度是高度的十分之一——这可能有点不合规范。[146] 不过，因为柱子的美丽和他的需求，建筑师会利用它们装饰宽度至少 8 尺的门，此外他希望表现门上纹饰的丰富。如果这门要与柱子对应，它应该有能够普遍接受的高度，也就是说，两个方形。[147] 因此，必须在这些柱子下面放置 4.5 尺高的基座，这将使到过梁底部的总高度为 16.5 尺。拱券应该有半尺，所以门洞将有 16 尺高。在柱子上面是楣梁、中楣与檐口，整个的高度应该是柱子的四分之一，包括柱础和柱头，还要建造山墙，就像可以看到的那样。为了让大门有很好的装饰（我在上面说过），你应该在圆柱背后设置柱壁，它重复了平柱，并且在它们之间嵌入壁龛，就像在下面平面中看到的那样。

X V III

# XIX

　　这个大门，在很大程度上与前一个相同——至少在设计上它有着同样的平面——但它的类型和尺寸不同。类型不同：因为柱子和其他纹饰是科林斯式的；尺寸不同：因为高度是宽度的 10.5 倍。[148] 此外，前面一个方案有山墙并截止在那里，这个设计支撑着一个"非正统"楼层 [149]，如果需要，门的上方将有地方放上历史场景画或大量的铭文，这和它的其他地方不同。[150]

## XX

　　即使已经设计了如此之多的大门并且已经疲惫不堪，我仍然想做一个可以认为是不同于他人的完全混合式的作品，以便依照规矩完成总共 20 种大门。这个门的宽度应该是（例如）10 尺，它的高度是 20 尺。每个框缘应该为 1 尺。柱的正面是 1.5 尺。柱子间距应该是一个半柱子。楣梁的高度要小于柱子的六分之一 [151]；中楣应该是一样的，檐口也是。飞檐托饰的柱头是檐口的一部分——为了更好地装饰，飞檐托饰中雕刻了叶子纹样。中央的立面元素应该是一个完美方形——我是说柱子之间的部位。这些柱子与飞檐托饰对齐，然后其余部分应该按照应该可以看到的方式去装饰。[152] 在这里大门的设计就完成了，总共 50 种 [153]，各不相同。

# 注　释

## 第六书

1. 这个标题页并没有出现在 Munich MS ( 或者是在 Columbia MS) 中。这个名称取自塞利奥在 Book Ⅵ fol. 126*r* 中列出的他打算出版的书的清单中。这一部分写作于 1537 年他仍然在威尼斯共和国时，这一题目显然没有包括国王住宅。Vitruvius 的第六书是讨论私人住宅建筑：Ⅵ、ⅴ 分别讨论了适合于社会不同阶层的建筑。Vitruvius（Ⅰ.ii.9) 根据雇主的地位来处理住宅的布局与陈设。Alberti (esp. v.1–5 [pp. 117–125]), Filarete (Book Ⅺ fol. 84*r*) 以及 Francesco di Giorgio 在他们的著作中都尝试着定义一系列的（城市）住宅类型来适合社会不同阶层（尽管不像这里还包括农民住宅）。Alvise Cornaro 在他的建筑手稿（约 1520 年和 1550—1553 年）中也考虑了大众住宅的问题。塞利奥签名的 Munich MS Book Ⅵ（本书翻译），完成于法国，第一页是献给 Henri Ⅱ，时间确定为约 1547—1554 年 ( 但 Fiore [ 引用如下 ] 将时间定于 1548/9—1550 年，当时塞利奥还在 Lyons，也见 Rosci [ 引用如下 ] pp. 57, 61 and Dinsmoor [ 引用如下 ] p. 140 n. 85)。只有前言（不见于 Columbia MS Book Ⅵ）和 Munich MS 中有限的章节或许可以将时间定于 1547 年以后，见 'Note on the Variations between the MS Versions of Book Ⅵ', pp. xlviii–xlix. 自 16 世纪末期以来，就收藏了 Dukes of Bavaria 手中，它现在存于 Staatsbibliothek, Munich, Codex Icon. 189 [ 见 Dinsmoor, W B., 'Literary Remains of Sebastiano Serlio', *The Art Bulletin*, vol. 24 (1942), pp. 124–

125]。早一些的签名的 Columbia MS, 再加上所有的引用都指向 François I 以及其他很多文本差异 ( 在附录 1 注明了 )，时间推定为约 1541–1547/9 年（除了 Project Ⅺ, [N,13A] Grand Ferrara,1549 年之后，由 Dinsmoor (*ibid.*, p. 139) 推定时间为 1551 年 )。关于 Book Ⅵ 的定期，在 Book Ⅱ (1545) fol. 73*v*[first ed.] 末尾的 Notice to Readers 中，塞利奥告诉我们当时 Book Ⅵ 完成了三分之二；关于在 1546 年 5 月 5 日，Giulio Alvarotti 写给 Duke of Ferrara 的信中提及这本书已经完成的事情，见 Dinsmoor, *ibid.*, p. 116; Frommel [née Kühbacher], S., *Sebastiano Serlio* (1998), p. 91. 这部 Columbia MS 存于 Avery Architectural Library, Columbia University, New York, AA.520. Se. 619. F. Book Ⅵ 中绘图的实验木刻存于 Ostcrreichische Nationalbibliothek, Vienna, 72.P.20; 它们展现了 Book Ⅵ(Ancy-le-Franc 的图像更接近于最后的建筑 ) 下一个版本的样貌，它们列在下面。这三组图片的差异下面也提到了，讨论见 Rosenfeld [(1978) 下面引用 ], pp. 61–68。

Munich MS 的高仿复制版本出版于 Rosei, M., Brizio, A. M., *Il Trattato di architettura di Sebastiano Serlio*, 2 vols. (1966) [vol. 2 facsimile: 我们对 Rosci 在 vol.1 中评论的翻译引用如下，见 http://www. serlio.org]; Fiore, F. P. (ed.), *Sebastiano Serlio architettura civile libri sesto, settima e ottavo nei manoscritti di Monaco e Vienna* [ 抄本, 注释出于 Fiore, F. P., Carunchio, T.] ( 1994 )；也见 Columbia MS 的高仿复制版本，发表于 Rosenfeld, M. N., *Sebastiano Serlio: On Domestic Architecture* (1978),

J. Ackerman 撰写简介，重新出版于 1996 年，未包括塞利奥的意大利文本；未出版的译本，W.B. Dinsmoor, Columbia University Library, Dinsmoor Archive Box 2 *c*.1951. 关于 Book VI 的两个版本，见 Du Colombier, P., D' Espezel, P., 'L' Habitation au seizième siècle d' aprèsle sixième livre de Serlio', *Humanisme et Renaissance*, vol. 1 (1934), pp. 31–49；Du Colombier, P., D' Espezel, P., 'Le sixième livre retrouvé de Serlio et l'architecture française de la renaissance', *Gazette des Beaux-Arts*, vol. 12 (1934), pp. 42–59; Dinsmoor, W.R., *op. cit.*, pp. 55–91 (pt. 1), esp. pp. 115–154 (pt. 2); Rosenfeld, M. N.. 'Sebastiano Serlio's Late Style in the Avery Library Version of the Sixth Book on Domestic Architecture', *Journal of the Society of Architectural Historians*, vol. 28 (1969), pp. 155–172; Humbert, M., 'Serlio: il Sesto Libro e l'architettura borghese in Francia', *Storia dell'Arte*, vol. 43 (1981), pp. 199–240; Thomson, D., *Renaissance Paris*: *Architecture and Growth, 1475—1600* (1984), pp. 11–18, 79–83; Carpo, M., 'The architectural principles of temperate classicism. Merchant dwellings in Sebastiano Serlio's Sixth Book', *Res*, vol. 22 (1992), pp. 135–151; Thomson, D., *Renaissance Architecture: Critics, Patrons, Luxury* (1993), pp. 118–121, 200–201; Carpo, M., *Metodo ed ordini nella teoria architettonica dei primi moderni: Alberti, Raffaello, Serlio e Camillo* (1993), pp. 92–97; Kruft, H.–W. , *A History of Architectural Theory from Vitruvius to the Present*, trans. 1994 ed., p. 78; Pérouse de Montclos, J.-M., *Fontainebleau* (1998), pp. 179–181. 也见 Brun, R., *Le Livre illustré en France au XVIé Siècle* (1930)。

2. 这开头的部分（以及 fol. 74*r* 结尾的部分）都不见于 Columbia MS。

3. Vitr. II.i.1–2. 不同于 Vitruvius 与 Alberti（序言 [p. 3]），塞利奥并没有提到火作为集体居住的最早起因。

4. 意大利语的 *frascata* (pl.–e) 意为 "一个遮蔽物"。这个描述类似于 Cesariano 的 *Vitruvius*(1521)，

fols. xxxiir–*v* 中对棚屋的描绘．也见 Filarete Book I fol. 5v. 塞利奥此后的遮蔽物（覆盖了树枝的洞）Vitruvius 并未提到，关于 Vitruvian hut, 见 Rykwert, J., *On Adam's House in Paradise* (1981)。

5. 关于装饰的起源，见 Vitr. IV.ii.2–3; 也见 Alberti, Books VI（关于装饰）与 IX（私人建筑上的装饰）。

6. 关于实用性与（古典）适宜性之间的调和，参考这里与以下，见 Carpo, M., 'Merchant dwellings', *op. cit.*, pp. 143–145。

7. 这里呼应了第六书中标明的题目（见上面，标题页注释）。见 Vitr. I.ii.9 关于民用建筑的 "经济性"，VI. v.3 城市 / 乡村二元差别，以及 VI.v 关于适合不同社会阶层的建筑。抄本不正确地在这里开始了一个新的段落。

8. Henri II 于 1547 年继承 François I 的王位。Columbia MS 中并没有提到 Henri，那里提到的是 François(见上面，标题页，关于手稿日期的注释 1，Columbia MS 中的差异见后面）。见 'Note on the Variations between the MS Versions of Book VI', pp. xlviii–xlix。

9. 这里在呼应 Alberti, VI.2 [p. 156], VI.5 [pp. 163–164], 关于这一差别见 Rosci, M., *op. cit.*, p. 60。

10. 'Vitruvius' 是一个家族名字或者部族名字，出现在这位罗马作者的现存手稿中，并无姓。在 4 世纪的 Faventius 记录过 Vitruvius 后面跟随着姓 "Pol[l]io"；1495 年与 1497 年版本的 Vitruvius 里面有 'L. Vitruvii Pollionis', Fra Gioeondo 的 *Vitruvius* (1511) 则使用了 "M. Vitruvius"，而 Cesariano 的 *Vitruvius* (1521) 回归到 'Lucio Vitruvio Pollione'。塞利奥这里引用的是两种风格的混合。但是在 Book VI fol. 112*r* 他与 Verona 建筑师 Arco dei Gavi 争论，总结道，因为题刻是 "L. Vitruvius"，不是 "Vitruvius Pollio"，"可能是另外一个 Vitruvius 建造了这个"。

11. 实际上 Vitr. II.v. 讨论的是基础；I.iv 讨论的是场地的健康影响（也见 VI.i 关于建筑的朝向）. Alberti, I.3–6 [pp. 9–18]。对 Alberti 和 Vitruvius 的引用如此显著（在早前的 Columbia MS 遗失了这

段文字），可能体现了在法国 Jean Martin 翻译的 Vitruvius 与 Alberti 著作的出版 (Paris, 1547, 1553)，以及 Guillaume Philandrier 扩展过的带有绘图的拉丁语 (Lyons, 1552)Vitruvius 评述的出版（有删减）。关于这里的引用，见 Jelmini, A., *Sebastiano Serlio, il trattato d'architettuiv* (1986), esp. pp. 144–145。也见 Rosenfeld, M. N., introduction to the 1996 republication of *On Domestic Architecture*, p. 8。

12. 关于这种和谐，见 Rosci, M., *op. cit.*, p. 60。关于这些词语的 Vitruvius 起源，见术语表。

13. 可能是对传统法国石匠，比如在 1553 年之前都在 Fontainebeau 活动的 Gilles Le Breton 的批评。也见 Book VII p. 70 关于 Fontainebleau 石匠的工作，以及 p. 96，那里有对 Salle de Bal at Fontainebleau 的建造者的批评。关于这一差别，见 Vitr. VI.viii. 10. 关于这一段话（以及 "design" 的理念）见 Rosci, M., *op. cit.*, p. 61。

14. 塞利奥时常使用明显重复的表述，比如 "可见设计" (*disegno visibile/disegno apparente*) 来描述他的图像，体现了文本作为一种平行展现的角色，就好像它是对 "设计" 不可见的表现，同时强调了他出版一个配有完整图像的 Vitruvius 的新颖性。他对这个措辞的使用也指向他让文本与图像携手合作的成就。关于这个术语，见 Book IV fol. 126；Book VIII p.1，以及 Vienna MS Project XXXXVII fols. 15*v*–16*r*（附录 2）; 'Book VIII' fols. 19*v*, 21*v*– 22*r*; 'Extraordinary Book of Doors', sig. A2*r*。

15. 关于法国建筑对塞利奥的影响贯穿 Book VI 一事，见 Chastel, A., 'Serlio en France', in *Quaderni dell'Istituto di Storia dell'Architettura*, Saggi in onore di Guglielmo De Angelis d'Ossat, n. s., 1–10 (1987), pp.321–322. Du Colombier, P., 'Sebastiano Serlio en France', *Etudes d'art*, vol. 2 (1946), pp. 31–50. Huber, M. R., 'Sebastiano Serlio: Sur une architecture civile 'alia parisiana' ; ses idées sur le gusto francese e italiano, sa contribution à l'évolution vers le classicisme français', *L'Information d'histoire de l'Art*, vol. 10 (Jan.–Feb. 1965), pp. 9–17. Rosenfeld, M. N., 'Late style', *op. cit.* Gloton, J. J., 'Le traité de Serlio et son influence en France',

in Guillaume, J., (d.), *Les Traités d'Architecture de la Renaissance* (1988), pp. 407–423. Guillaume, J., 'Serlio et l' architecture française', in Thoenes, C. (ed.), *Sebastiano Serlio* (1989) pp. 67–78. Carpo, M., 'Merchant dwellings', *op. cit.*。

16. 这第一个住宅复制了 Book II fol. 47*v*. 中嘲讽场景中简单的粗面石饰棚屋。塞利奥的案例指的是当时意大利的而非法国的农民住宅，见 Forster, K. W., 'Back to the Farm. Vernacular Architecture and the Development of the Renaissance Villa', *Architectura*, vol. 4 (1974), pp. 1–12. Guillaume, J., 'Serlio et l'architecture française', in Thoenes, C. (ed.), *op. cit.*, pp. 67–78. 关于 Alberti 讨论的火炉，见 Prologue [p. 3], v.17 [pp. 147–148], x.14 [pp. 355–356]。这些范例住宅结合了罗马院落住宅与法国风格阁楼、楼梯以及农地建筑。这里的敞廊预示了 Palladio 关于神庙门廊起源于朴素的居住建筑的观点。

17. 关于普遍使用的（标准化的）房屋比例，以及它们与墙厚的关系（很少写明，但常常容纳了螺旋楼梯与床龛），见 Rosci, M., *op. cit.*, p. 61。

18. Vitr. VI.vi.l. 也见 Alberti v.15 [p. 142]，Vitruvius 说明每个隔间 10–15 尺。根据 Vitruvius (II.i.1–2) 与 Alberti (Prologue [p. 3])，火在文明生活的起源时扮演重要角色。

19. 附加的建筑可以让塞利奥讨论四种等级的贫穷状态，而不是 Columbia MS I,A,I 中呈现的三种，在那里住宅没有附属部分。也参见 Vienna TW p. 3*v*。

20. Columbia MS I,A,1（文字遗失），Vienna TW p. 3*v*（这里与全书都使用高仿版本中的方案编号，是由 Rosenfeld, M. N. 编辑出版的，*On Domestic Architecture, op. cit.*)。

21. 即左手边。这里的文本以及 Munich MS 中的各处都谈到了为了印刷反向木刻的过程，见术语表。

22. 塞利奥标志性地将中部主厅设置为两层高（在 fol. 74*r* 中进一步解释）被 Fiore (*op. cit.*, p. 47 n. 1) 联系到 Sangallos 对 Vitruvius 中厅作为有顶空间的阐释；见 Giuliano da Sangallo 的设计，

Sulpicio da Veroli 的 Vitruvius (Rome, Bibl. Corsiniana 50 F.l) 一个复制版本中的图像是 Battista da Sangallo 完成的，以及 Antonio da Sangallo 为 Lodovico da Todi 所设计的别墅。当塞利奥在罗马时，人们显然在争论这个问题。见 Pagliara, P. N., 'L' attività edilizia di Antonio da Sangallo il Giovane. Il confronto tra gli studi sull'antico e la letteratura vitruviana. Influenze sangallesche sulla manualistica di Sebastiano Serlio', *Controspazio*, no. 7 (1972), pp. 19–55; Pellecchia, L., 'Architects read Vitruvius: Renaissance Interpretations of the Atrium of the Ancient House', *Journal of the Society of Architectural Historians*, vol. 51 (1992), pp. 377–416。

23. 一系列带有门廊的侧翼建筑中的第一个案例，这种类型被用于农业，非常类似于典型的威尼斯 *barchessa*，塞利奥与 Paliadio 都把它当作别墅布局的典范，主要由主人住宅以及两侧的附属建筑组成。在 Columbia MS. 中不见带有门廊的侧翼，见 Rosei, M., *op. cit.*, p.' 61.

24. 导向一种法国院落平面的范形结果，见术语表 'basecourt'。

25. Columbia MS I，B，2（文本遗失），Vienna TW p. 10*r*。在 Columbia MS 中，这个绘图上记录的名称是 'House of the middle-ranking peasant, through two degrees of moderate means'，马厩 "H"，储藏窖 "I"，以及边上的门廊与院落都省略了。

26. 就像上面所说，火塘是文明集体生活的中心，见 Vitr. II.i.1–2 以及 Alberti (Prologue [p. 3])。关于较大的农民住宅围绕一个 "乡村亲王"，联合在一起的状态，对比于威尼斯别墅的借贷情况，见 Rosei, M., *op. cit.*, p. 62。

27. 塞利奥的头四十年在 Marches 与 Romagna 之间度过，当时是这一地区历史上动荡的时期，高峰是 Cesare Borgia 企图施行专制统治的事件。在 1552 年 5 月 19 日写给 Fançois de Dinteville 的一封信中，塞利奥提到了 Lyons 周边当时的宗教动乱，他写道，在完成了 Book VII 之后，"因为战争，现在不是寻找出版商的时候"(Bibliothèque Nationale, Collection Dupuy, MS.728, fols. 178*r–v*)。见 Romier, L., *Les origines politiques des guerres de Religion*, 2 vols. (1974) 关于塞利奥提到的意大利战争，见 Book III fols. 121*r–v*。也见下面 fol. 27*v* 关于专制以及 fol. 57*r* 关于 *condottiero* 与 Book VII p. 88 关于意大利各国之间的冲突，见 Machiavelli 的 *The History of Florence*, Book 1, chapter 39 and *The Prince*, chapter 12 [ 见 *Machiavelli: The chief works and others*, trans. A. Gilbert (1965), vol. 1, pp. 48–51, vol. 3, p. 1079], 关于 François I 的冲突，见 Knecht, R. J., *Renaissance Warrior and Prince. The Reign of Francis I* (1994)。

28. 在 Munich MS 中，文本误写为 "LX"；长度按比例计算是 XL 尺。

29. 即与 "D" 同样尺寸。

30. Columbia MS I,C,3（文本遗失），Vienna TW p. 12*r*。在 Columbia MS 中记录在方案绘图上的题目是 'House of the wealthy peasant through two degrees of affluence'，侧翼的体量要窄一些，后部的院落也不见了。关于这个方案就是当时（虽然维特鲁威化了）真实（北意大利）农庄的记录，以及塞利奥的语言学术语的 Piedmontese/Lombardic 起源，见 Rosci, M., *op. cit.*, p. 61。

31. 关于这个为工匠以及后面为商人住宅立面的设计，见 Rosci, M., *op. cit.*, pp. 62–64; Carpo, M., 'Merchant dwellings', *op. cit.* 关于 Alberti 讨论的城市内外私人住宅合适程度的装饰（适宜），见 Book IX [pp. 291–319]。

32. Columbia MS II,D,4（存留下来的文本从这个方案开始），Vienna TW p. 9*v*。在 Columbia MS 中，这个建筑位于墙体环绕的空间的中心，被与主立面对齐的墙所划分。

33. 在 Columbia MS 中文字是 "习俗与装饰"。

34. 这些法国 *commodità*（舒适性）与意大利 *commodità* 的差别体现在立面上缺少门廊与敞廊（被通长的走廊替代），更多和更高的窗，屋顶坡度更大，而且因为有老虎窗（与下面的窗户对齐）所以可以住人，立面上有台阶以及螺旋楼梯 [ 但是使用意大利术语 *limaca*( 蜗牛 ) 来称呼的 ]。但是两种立面都是完全对称的（就像塞利奥对社会地位的排布）。Guillaume (*op. cit.*, pp. 67–78) 注意到，塞利奥实际上并没有准确地复制当时类似的法国居住建筑类型，尤其是门框的排布、梯步相对于立面的位置与比例以及对住所的命名，这实际上对"中产阶级"的贵族比对商人更有吸引力。关于这些商人设计中在意大利风格与适宜性之外所添加的法国 *commodità* 见 Carpo, M., 'Merchant dwellings', *op. cit.*, pp. 140–141。关于建造这些范例以及装饰，见 Rosci, M., *op. cit.*, p. 62。

35. Columbia MS II,E,5, 不见于 Vienna TW。在 Columbia MS 中这个建筑位于墙体环绕的空间的中心，被与主立面对齐的墙所划分。此外，屋顶上只有两个老虎窗，两边是烟囱。

36. 即这样就有空间设置夹层，见这里与后面。

37. 即宽度与长度，塞利奥在多边形与圆形中同样频繁地使用这个术语。

38. 在 Munich MS 中，文字是 *granaro*，字面意义是一个谷仓，但这里是指一个可以住人的地方。

39. Columbia MS II,F,6, Vienna TW p. 9*v*。在 Columbia MS 中这个建筑位于墙体环绕的空间的中心，被与主立面对齐的墙所划分。这个设计是一个小型威尼斯别墅缩减到最朴素的程度 [ 带有它们的"前厅"(*vestibolo/ portego*)]，与 Book VII 的第一部分相反，见 Rosci, M., *op. cit.*, p. 62。

40. 即在法国。

41. Columbia MS II,G,7, Vienna TW p. 13*v*。在 Columbia MS 中这个建筑位于墙体环绕的空间的中心，被与主立面对齐的墙所划分。Project VI 与 VII 的平面以及典型的国家特征（意大利的门廊与前厅，对比于法国的走廊；意大利的对称，对比于法国功能性的层级），很清楚地形成了此后法国与意大利设计的基础 [VIII 是奠基于 VI（意大利）之上的，IX 是建立在 VII（法国）之上的 ]。关于 Munich MS 中变化的老虎窗曲线三角形山墙（De l'Orme 在他为 château of Saint-Maur 所做的第一个方案中引入了这一元素），见 Rosci, M., *op. cit.*, p. 62。也见 'Book VIII' fol. 6*r*，这里有他们在 *quaestorium* 上的运用 [ 可能追随 Antonio da Sangailo the Younger 的罗马 Palazzo Farnese，或者是罗马 Palazzo Branconio dell' Aquila（见下面 fol. 62*v* 注释）]。

42. 关于这个与后面的（法国）方案 (IX)，见 Rosci, M., *op. cit.*, p. 63（注意方案 VIII 与 Sansovino 的 Pontecasale 之间的相似性）。

43. 这个楼梯的设计是基于通向 Vatican 中的 Statue Court 的 Belvedere stair，绘制于 Book IV fols. 119*v*–120*v*。

44. 意大利语词是 *ves[t]ibulo*，这里的意思是一个大厅 [ 也称为门廊（见 fol. 8*v*）: 见术语表 ]。

45. 即在法国。

46. 体现了威尼斯 *barchessa*；见 Rosci, M., *op. cit.*, p. 63。

47. Columbia MS III,H,8, Vienna TW p. 3*v*. Columbia MS 中的背立面在 Munich MS 中变成了正面（即平面翻转了），可能将装饰更多的立面放在了前面（即有柱式的立面）；仆人的侧翼在 Columbia MS 中省略了。对 *diritti* 的复数指代（多个立面）在 Munich MS 的最后一句话中是不正确的，因为只展现了一个立面，而不是像 Columbia MS 与 Vienna TW 展现了两个。在 Columbia MS 的文本中塞利奥提到，"因为这个住宅的后部，面向花园，与前立面同样美丽——实际上，它还更为美观，因为它布局中的敞廊与其他的敞廊大不相同。" Vienna TW 中遗失了平面。

48. 在 Columbia MS 中，塞利奥提到枫丹白露周边的建筑是非常好的法国风格的范例见附录 1, Project IV,1,9。

49. 即法国。

50. 即壁柱。

51. Columbia MS IV,I,9. 不见于 Vienna TW。Rosci (*op. cit.*, p. 63) 提到，典型的法国高烟囱第一次出现在这里，这个设计接近于 Joinville 的"Grand Jardin"。

52. 在 Columbia MS 中环绕住宅的整个院落以及鸽舍的准确位置都显示了出来。

53. 在 Columbia MS 中塞利奥对鸽舍给予了详细的描述，厕所在一边，楼梯在另一边，主室在一层，建筑从地面到屋顶顶部是 LXXX 尺高。

54. Columbia MS V,K,10, Vienna TW p. 9*v* 和 p. 10*r*。在 Columbia MS 中，平面显示了后部鸽舍的位置，立面的第二层有多立克壁柱。(圆形)的威尼斯烟囱值得注意，与此前方案中的法国高（方形）烟囱形成对比。Rosci (*op. cit.*, p. 63) 比较了这个 (Munich) 平面与 Book VII p. 49. 中的平面。

55. 典型的法国宫邸（*corps-de-logis*）是通过前面的（法国）案例进一步深化得到的（一个房间深一点，后续的房间排成一列）。这基本上就是塞利奥的 "Grand Ferrara" 平面，在下面继续发展 (fol. 14*v*)。

56. 抄本中误从此开始了一个新的段落。

57. 在 Columbia MS 中展现了环绕鸽舍的后面的花园与蔬菜花园。

58. 抄本中误从此开始了一个新的段落。

59. Columbia MS VI,L,11, Vienna TW p. 19*v*。在 Columbia MS 与 Vienna TW 中，都有边角塔，平面再次显示鸽舍位于后部。此外在 Columbia MS 中有两段独立的对这个方案的描述，第二条的题目在文字上方，尺寸（但不是字母）几乎与 Munich MS 中显示的方案一样大。这第二个 Columbia MS 文本的开头就提及 François I 对枫丹白露的特殊喜爱，见附录 1, Project VI, L,11。

60. 关于这个平面与塞利奥的威尼斯城市住宅方案 XV（平面在 fol. 52*r*）的对比，以及 Pietro Cataneo 的 *I quattro primi libri di architettum*, Venice (1554), chap. v (fol. 50*v*) 中 "有两个院落的亲王府邸"(Cataneo 也类似地受到 Peruzzi 的影响），见 Rosci, M., *op. cit.*, pp. 63–64. 也见 Antonio da Sangallo the Younger 为罗马的 Leo X 设计的一座美迪奇府邸的草图 (Uffizi A 1259). 在 Columbia MS 中塞利奥提出这个方案可以有四个入口，因此可以更密切地与 Poggio Reale 相连，见附录 1, Project VII,M,12。

61. 即前厅 (*portico*) "F" 与院落 "G"。

62. 在 Columbia MS 中文字是 "前厅"。见术语表 *portico*。

63. 在 Munich MS 中文字误多了一个 "R"。

64. 也见 Book III fol. 12l*r* (Poggio Reale) 中同样的评论。抄本中误从此开始了一个新的段落。

65. 在 Columbia MS 中塞利奥建议在这一组建筑中包括浴室建筑。

66. Fiore 提及 (*op. cit.*, p. 59 n. 3) 前厅（它的顶并未提及）可能与 Giulio Romano 位于 Mantua 的 Palazzo del Te 的四柱前厅相关联，也与 Sangallos 追随 Fra Giocondo 在他的 *Vitruvius* (1511) fols. 63*r*, 64*v* 提供的绘画将中厅以巴西利卡的方式阐释为一个有顶区域的做法有关；关于罗马住宅中的四柱中厅，也见 Cesariano 的 *Vitruvius* (1521) fols. xcviir 与 ciiir. 关于这里的 "中厅" 以及这个 *corps-de-logis* 花园（包括 Giulio Romano), 的可能的意大利来源，见 Rosci, M., *op. cit.*, p. 64. 也见 Pellecchia, L., *op. cit.* 在 Columbia MS 中塞利奥称赞了四个圆柱："首先是前厅，L，完整的方形。如果愿意，你可以省去四个圆柱，但是即使前厅很小，这四个圆柱也会给它丰富性与形状。" 在图像中，前厅被标为 "T"，四个圆柱也被省去。

67. Columbia MS VII,[M,12], Vienna TW p. 24*r*。

68. Fiore 指出 (*op. cit.*, p. 60 n. 3) 塞利奥一致性地将外部装饰与内部楼层相对应是源自罗马的一种特征，尤其是在 Raffaello 的作品中；见 Frommel, C., 'Serlio e la scuola romana', in Thoenes, C. (ed.), *op. cit.*, p. 46. 同样的内外对应也出现在 15 世纪的威尼斯府邸中，比较著名的是 Palazzo Corner/Spinelli 与 Palazzo Vendramin/Caleigi, Sansovino 也追随这一做法。

69. 后续楼层（和它们的装饰细节）减小四分之一的做法追随了 Book IV 中引入的范例立面的做法，因此将立面奠基于古代剧场的设计之上，见 Book IV fol. 150*v* 注释以及 Vitr. v.i.3 与 v.vi.6。

70. 关于典型的法国老虎窗设计，见 Book VII pp. 80–83。在 Columbia MS 中塞利奥建议在立面上粉刷装饰，见附录 1, Project VIII,M,12。

71. 即 1:8，比 Book IV fols. 127*r* 与 140*r* 中建议的 1:7 的多立克圆柱比例要细。

72. 关于相同的多立克拱廊 (Serliana) 见 Book IV fols. 151*v*–152*r*: 也见 Rosci, M., *op. cit.*, p. 64 (他比较了 Giulio Romano 的 Palazzo del Te, Mantua 的后部门廊）。关于这种类型的安排，见 Wilinski, S., 'La Serliana', *Bollettino del centro internazionale di Studi d'architettura A. Palladio*, vol. 7 (1965), pp. 115–125; vol. 11 (1969), pp. 399–429; De Jonge, K., 'La serliana di Sebastiano Serlio. Appunti sulla finestra veneziana', in Thoenes, C. (ed.), *op. cit.*, pp.

50–56。

73. 在乡村亲王住宅中描述了多立克圆柱（16 尺），fol. 22*v*（绘制在 fol. 23*r*)，乡村国王住宅中也讨论了 (17 尺)，fol. 37*v*（绘制于 fol. 38*r*)。

74. Fiore 指出 (*op. cit.*, p. 61 n. 3) 城堞的设计与当时的威尼斯建筑主体有关，这也同样启发了 Sanmicheli 与 Palladio 的类似设计。塞利奥可能在巴黎使用了类似的设计，比如 Hôtel de Cluny。

75. 在 Columbia MS 中塞利奥添加 "对应于这个地方的适宜性"。关于粗面石饰风格的门，见 Book IV 塔司干柱式（尤其是 fols. 132*r–v*)，以及 'Extraordinary Book of Doors' 的第一部分。

76. Columbia MS VIII, M.12, Vienna TW p. 23*v*. Columbia MS 与 Vienna TW 都显示了面向花园的敞廊中的窗户之间的壁龛。

77. 关于这个设计（它提供了法国式的舒适性，但有着意大利式的外皮），见 Rosci, M., *op. cit.*, pp. 64–65。

78. 这个楼梯的设计是基于通向 Vatican 中的 Statue Court 的 Belvedere stair，绘制于 Book IV fols. 119*v*–120*v*。

79. 或许是一个 "皇家网球" 场，虽然塞利奥没有使用这个运动的常用名 *pallacorda*。

80. Fiore 提及 (*op. cit.*, p. 63 n. 1) 通过一个侧面的院子将这个平面简略成长方形，不同于那不勒斯的 Poggio Reale 模式（但仍然是塞利奥的基础平面之一，绘制于 Book III, fols. 121*v*–122*r*)，这可能要归因于 Francesco di Giorgio 的府邸平面 ("T" fols. 17*r*–19*v*)，塞利奥可能是通过了解了 Peruzzi 这个设计。关于一个 "方形" 建筑的假象（以及院落之间独立站立的墙），也见 Rosci, M., *op. cit.*, p. 65。

81. 即在 fol. 12*r*. 上显示为 "B" 的内部隔墙，在 Columbia MS 中塞利奥添加道，这会让建筑更为 "通透"。

82. Columbia MS IX, N, 13, Vienna TW p. 16*r*. Columbia MS 与 Vienna TW 都显示了一个后部的花园，但是略去了前院，以及旁边的仆人区块 (Columbia MS 没有描述这个院子)。在 Columbia MS 中，这个地方塞利奥也描述了他建造可居住

地下室的方法，在页面底部有一个看起来是简介 Book VI 的片断，见附录 1, Project IX,N,13。

83. 在意大利住宅范例中引入的小老虎窗与法国老虎窗有强烈的不同，后者占据了整个一层，见 Book VII pp. 80–83。

84. 到这个末尾，山墙也是部分 "开放的"，一个更完整的开放山墙的例子，见 'Extraordinary Book of Doors'，精细的门 (fol. 21*r*)，以及 Book VII p. 17。

85. 也参考下面的 "非正统" 气窗（见 fols. 41*v*, 52*v*, 56*v* 和 58*v*)，以及 Book VII p. 22；这些窗户是 "非正统" (bastard) 的 [ 塞利奥也在其他地方使用这个词的，比如在 Book VII p. 100 与 Book V fols. 212*r* and 216*r* 中描述檐口，在 'Extraordinary Book of Doors'，精细的门中描述其中一层 XIX (fol. 27*r*)] 因为它们处于总体规则之外，这里是指没有遵循任何标准的窗户比例。也见 Book VII p.68 中定义的一个 "非正统" 的多立克细部，以及一个 "非正统" 的作品 p. 70。 Fiore 比较了 (*op. cit.*, p. 64 n. 2) 这些窗户与罗马 Palazzo Venezia 中二层用来为主厅照亮的高大窗户的区别。

86. 除了三陇板之间不规则的间距，这个门也类似于 Book IV fol. 147*r* 中的多立克门，中楣有支脚，形式接近于三陇板，受到了 Peruzzi 在罗马完成的 Palazzo Fusconi 的启发。

87. 这里使用的下落的拱顶石 [ 也在 'Extraordinary Book of Doors' 里的粗面石饰风格的门与 Book VII（比如 pp. 67, 73, 75, 79, 165）中普遍使用 ] 呼应了 Giulio Romano 的 Palazzo del Te, Mantua 中的做法。

88. 抄本不正确地写作 *me[n]o*（排除）而不是 *mer[l]o*（城堞），断句也是错误的：'me[n]o la cornice; sopra li merli…' 而不是 'mer[l]o. La cornice sopra li inerii…'（在 fol. 14*v* 有完全相同的表述）。

89. Columbia MS X,N,13, Vienna TW p. 15*v*. The Columbia MS 省略了墙与院落前门的图像，而且描绘了建筑后部的一个剖面，而不是后立面。Vienna TW 在这个剖面的位置绘制的是入口门的不同细部。

90. 类似的评述，见 Alberti, v.1 [pp. 117–

119] 与 Machiavelli, *The Prince*, chap. 20（结论）。Aquinas 给出了著名的专制者（相对于根据自然法则进行统治）的定义. 关于专制的本质，见 Machiavelli 的 *Discourses on the First Decade of Titus Livius*, Book 1, chaps. 10 与 33, 以及他的 *Life of Castruccio Castracani of Lucca*。关于 *condottieri*, 例如，见 Machiavelli 的 *The History of Florence*, Book 1, chap. 39, and *The Prince*, chap. 12 [见 Machiavelli: *The chief works and others*, *op. cit.*, vol. 1, pp. 80–81, 220–221, 264–266; vol. 2, pp. 533–550; vol. 1, pp.48–51; vol. 3, p. 1079], 也见下面, fol. 27*v* 与注释。

91. 关于这个方案（前一个设计中的秘密花园"I"在这里被发展成为一系列连续的住房），以及它在 Munich MS 中的位置，见 Rosci, M., *op. cit.,* pp. 58 and 65。

92. 塞利奥在 Book VII p. 88 中的堡垒设计中使用了吊桥。也参见"Book VIII" fol. 17*r*（以及注释）以及 "Extraordinary Book of Doors", 粗面石饰风格的门 XIX (fol. 12*r*)。

93. 即教皇国。在 Columbia MS 中的 Project LX,R, 关于城市中的 *condottiero*, 塞利奥做出了类似的评述"动乱与内战……尤其是在教皇统治的土地与城市里"。关于 Munich MS 中的这一段，见 Tafuri, M., *Venice and the Renaissance* (1989), pp. 66–67, 与 Carpo, M., 'Merchant dwellings', *op. cit.*, p. 139 n. 22. 也见 Du Colombier, P., 'L' Habitation', *op. cit.*, p. 37, 和总体论述 Carpo, M., *La maschera e il modello. Teoria architettonica ed evangelismo nell' 'Extraordinario Libra' di Sebastiano Serlio* (1551) (1993)。关于 Urbino 的麻烦，见下面 fol. 27*v* 注释。

94. 一个类似的构筑物，见 "Book VIII" fol. 1*v*. 中的堡垒。

95. 在 Munich MS 的文本中，误写为"C"。

96. 火绳枪是一种长枪管的，可携带的燧发火枪，也见下方的 fol. 13*v*。

97. 然而图像显示的是角部踏步，而不是休息平台。

98. 塞利奥在这里引入了一个无防守的入口。关于塞利奥作为军事建筑师的能力，见

Adams, N., 'Sebastiano Serlio, Military Architect?', in Thoenes, C. (ed.), *op. cit.*, pp. 222–227。见更受欢迎的一个分析,Rosci, M., *op. cit.*, p. 65, pp. 73–74（关于 Project XXVII fol. 28*r*）。

99. Columbia MS XIV,P,15, Vienna TW p. 29*v*. 在 Columbia MS 中，没有前院。在 Vienna TW 中院落位于住宅的后部，有更精细的敞廊，提高了后部入口的防御性。

100. 在 Munich MS 中文本是 *balestriere*（射击孔），这个术语来自于 13 世纪，虽然其中设置的火器是当时的。隐蔽的枪眼的想法可能受到了船上炮口的启发。

101. 后膛炮是一种瞄准很好的小型野战炮，直到 16 世纪仍在使用，发射 5–7 磅的弹丸。

102. 见 fol. 12*v* 注释。

103. 在剖面"C"，这个楣梁显示得与地面齐平，与正常的描述相同。

104. Columbia MS XV, P,15, Vienna TW p. 30*r*. 在 Columbia MS 中图像里院落（在 Munich MS 中标记为"B"）前方的墙不见了，而且院落立面显示每个拱里面都有真的（或者假的）窗户，即使它并不与平面相符。

105. 在 Columbia MS 中的文字是："我在讨论乡村中的绅士住宅，但也适合讨论一下当下的这个住宅"。这个住宅后来在 Munich MS 中重新分类（归于有名望的王子）。

106. 在 Columbia MS 中塞利奥提到，这个住宅建造在枫丹白露最高 [/ 最高贵 ] 的地方。

107. 塞利奥的 Grand Ferrara 是在 1544 年 4 月至 1546 年间，在枫丹白露为 Ercole d'Este 的兄弟，Ippolito II (Cardinal d'Este of Ferrara 以及 Archbishop of Lyons, 见 Dimier, L., 'Le cardinal de Ferrare en France', *Annales de la Société historique et archéologique du Gâtinais*, vol. 21 (1903), pp. 221–246) 所建造。1547 年，加建了下面提及的网球场。这个建筑现在已经损毁，只留下这里所绘制的门，作为粗面石饰风格的门，绘制于 'Extraordinary Book of Doors', sig. A3*r* (fol. 2*v*)。因为立面缺乏任何柱式 (Columbia MS 诚实记录了，但如同下面提到的，在这里进行了添加)，以

及当时对展现奢侈的抵制 ( 见 Introduction pp. xxiv-xxvi), 所以主教认为它过于朴素, 不应进入 Book VI ( 它被移去, 然后在主教离开 Lyons 前往意大利之后又恢复了 ( 在早前的 Columbia MS 中 ))( 见 Dinsmoor, W. B., *op. cit.*, pp. 122, 143; Fiore, F. P., *op. cit.*, p. XXII)。塞利奥注定要将他生命的最后几年用于 Grand Ferrara。关于这个住宅更多的讨论, 见 Book VII pp. 56–57 (Project XXIV, 基于 Grand Ferrara 的最后的乡村住宅的范例 ) 以及 Vienna MS, Book VII Project XXIV fol. 59*r*. 与 Grand Ferrara 相关的文献资料存于 Archivio Mediceo di Firenze, letters, 'Mediceo del Principato, filza 4592'。也见存于 Archivio Estense di Stato, Modena; 'Carteggio degli Ambasciatori in Francia', Cassetta 22, package VIII 的信件 ; 主教财政官的工作记录 'Amministrazione dei principi No. 917, Francia–Maneggio del Mag[nifi]co Tomaso Mosti te[so]rriero'; 账本 'Libro da Quitanze de Franza, 1544'。关于这些作为记录建造过程的文献来源, 见 Introduction pp. xv n.34. 也见 Dinsmoor, W. B., *op. cit.*, pp. 141–146; Rosci, M., *op. cit.*, p. 65; Du Colombier. P., 'L' Habitation', *op. cit.*, pp. 31–49, 以及 'Le Sixième livre', *op. cit.*, pp. 44–46; James, E. C., 'L'hôtel du cardinal de Ferrare à Fontainebleau d'après un document inédit', *Actes du colloque international sur l'art de Fontainebleau*, 1972 (1975), pp. 35–37 ( 关于 1542 年 3 月 3 日启动一个小型府邸的公证文件, 这个府邸包括一个 *corps-de-logis* 以及次要的侧翼, 可能影响了塞利奥设计的平面安排 ); Thomson, D., *Renaissance Paris, op. cit.*, pp. 105–112; Babelon, J. P., 'Du "Grand Ferrare" à Carnavalet. Naissance de l'hôtel classique', Revue de l'Art, vols. 40-41 (1978), pp. 83-108; Guillaume, J., 'Serlio et l'architecture française', in Thoenes, C. (ed.), op. cit.,pp. 67-78. Frommel [née Kühbacher], S., op. cit., pp. 219-241。

108. 即不同于 Columbia MS, 这里添加多立克拱廊, 下面会谈到。

109. 这两个入口没有出现在 Columbia MS 中, 那里写到这个住宅会让各种人感到高兴, 并

且被归类于绅士住宅 ( 下面会谈到 )。它们显然是依据在 Book VI 中绘制的住宅适用性的讨论所添加的。见上面的注释以及 Dinsmoor, W.B., *op. cit.*, pp. 142–143。关于 François 对这个住宅的称赞, 见 Archivio Estense di Stato, Modena, letters 'Carteggio degli Ambasciatori in Francia', Cassetta 22, package VIII, 17 May 1546 (Alvarotti to Ferrara), fols. 183*r*–186*r*. '所以陛下想要看到整个住宅的所有细节。他前往 *stufa* 并称赞了 *fabrica*, 住宅中的公寓、*stufa*、地毯、床和所有的东西, 并且说他没有在法国看到过更漂亮或者更好的 *intesa* 住宅 ' (fol. 185*r*)。Cassetta 147, 29 December 1546 (Ippolito to Ferrara), 记录着国王希望看到住宅的设计。抄本在这里没有能够开始一个段落。

110. 因为方院前有一道矮墙 ,*corps-de-logis* 以及中央踏步, 这个住宅帮助建立了一个典型的法国城堡的类型 ( 此后的例子是 Philibert de l'Orme 设计的 Saint–Maur 与 Anet)。这个平面也影响了法国文艺复兴公馆的通俗解决方案, 这是从 Hôtel Carnevalet 开始的, 它呈现出不只一个入口 ( 发源于 Giulio Romano 的 Mantua 住宅 )。见 Babelon, J. P., *op. cit.*, 以及 Guillaume, J., 'Serlio et l' architecture fraçaise', *op. cit.*, p. 70。

111. 这个门留存了下来, 它也被绘制于 "Extraordinary Book of Doors", sig. A3*r* (fol. 2*v*) 的粗面石饰风格的门 I。

112. 这里正确地提示了, 但是与下面的注释相悖 ( 见术语表 )。这里的绘图被认为是体现了住宅的真实排布。

113. 这个楼梯的设计是基于通向 Vatican 中的 Statue Court 的 Belvedere stair, 绘制于 Book IV fols. 119*v*–120*v*. 但是它并不是这样建造的 ; 在 Columbia MS 中 ( 也是在 Book VII p. 57) 楼梯有 12 个梯步, 在三个方向上上升, 体现在 Giulio Alvarotti 写给 Ercole d'Este (Duke of Ferrara) 的, 时间为 1546 年 5 月 17 日的信中 : 12 位骑士, 其中 Pietro Strozzi "往上升了 12 步, 这些踏步从三个方向上升朝向入口", Archivio Estense di Stato, Modena, letters 'Carteggio degli Ambasciatori in Francia', Cassetta 22, package VIII, fols. 183*r* and 186*v*。

114. 关于这个浴室与它的怪异（可能归因于 Primaticcio），见 Rosci, M., *op. cit.*, p. 65 n.21。

115. 或许是一个"皇家网球"场，虽然塞利奥没有使用这个运动的常用名 *pallacorda*。见 fol. 10*v*，那里它被称为一种"法国球类运动场地"。关于这个"皇家网球"场，见 Archivio Estense di Stato, Modena, letters 'Carteggio degli Ambasciatori in Francia', Cassetta 25, package v, 23 October 1547 (Alverotti to Ferrara), fol. 144*v*: "Ippolito 正在建造一个网球场，工作非常仔细。国王 [Henri II] 说过他希望在某天早上去那里放松并玩玩网球"。塞利奥所完成的"皇家网球"场的平面与立面（存于 Archivio Estense di Stato, Modena, 'Amministrazione dei Principi, Disegni fabbriche', No. 94/34）复制于 Frommel [née Kühbacher], S., *op. cit.*, p. 233。

116. 即 1:7¹/₃，比 Book IV, fols. 127*v* and 140*r* 中建议的 1:7 的多立克式圆柱比例更细。这个敞廊采用了 Book IV fol. 152*r* 的建议（添加了中心的圆柱）；Rosci(*op. cit.*, p.67) 比较了这个作品与 De l'Orme 的位于 Anet 的 *corps-de-logis* 前部的双柱的差异。几乎可以肯定这个多立克式敞廊没有修建，在 Columbia MS 中（更为准确）也被略去。

117. 在 'Extraordinary Book of Doors', sig. A3*r* (fol. 2*v*) 的粗面石饰风格的门中，这些圆柱有 13.5 尺高（比例 1:9）。

118. Columbia MS XI,[N,13A],Vienna TW p.21*r* 与 p.22*r*。在 Columbia MS 中这个方案没有塞利奥的编号（但是绘图上有标注"枫丹白露非常受尊敬的 Ferrara 主教的住宅的墙"），在手稿完成后根据上一个平面的标号 IX,N,13 添加了编号，这样就干扰了原有页码。Dinsmoor 随后在 Columbia MS 的顺序中给予它这个编号（见上面的注释以及 Dinsmoor, W. B., *op. cit.*, p. 122）。就如 Dinsmoor 所提示的 (pp. 141–146),Columbia MS 的设计是最接近于建造方案的（入口与门，比如，就更忠实地展现了现存的门）。Rosci (*op. cit.*, pp. 65–67)，考虑到各个版本之间的差异，他总结道，Munich MS 中较晚的图像，以及 Vienna MS 中的 Book VII (Project XXIV fol. 59*r*) 和第一版本（Book VII pp.56–57），不过是 Columbia MS 中作为建筑"类型"来展现的建造方案的修饰。主要的修饰是 Munich MS 中的多立克式拱廊，塞利奥自己承认他将要添加一些"美观的元素"。就像 Ancy-le-Franc 的方案，但不同于其他地方,Grand Ferrara 的绘图被认为是复制了真实的（即建造的）场地布局，尤其是左边与后边的安排（见 Rosci, M., *op. cit.*, p. 66）。在 Vienna TW 中有礼拜堂与浴室的细部，而第二个周边院落有添加的牲畜栏及其相应特征。

119. 这个楼梯的设计是基于通向 Vatican 中的 Statue Court 的 Belvedere stair，绘制于 Book IV fols. 119*v*–120*v*。

120. 这里与下面，或许是一个"皇家网球"场，虽然塞利奥没有使用这个运动的常用名 *pallacorda*。见 fol. 10*v*，那里它被称为一种"法国球类运动场地"。见上面的注释,fol.14*v*。

121. 高度标明为 14 尺多。

122. 即 1:8¹/₂，比 Book IV fols. 127*r* and 158*v* 中建议的 1:8 的爱奥尼式圆柱比例更细一些（这里，依据场地与建筑的组成"更细一些的比例是允许的"）。

123. 檐部采用了塔司干而非爱奥尼的式样，楣梁没有檐板饰带，檐口没有明显的齿饰。然而，因为中楣要进行雕刻，它设置得比楣梁与檐口更大一些，这里没有追随塔司干样式那样给予各个部分同样的尺寸，而是采用了爱奥尼样式（这个门是塔司干式与爱奥尼式的混合）。

124. 关于下落的拱顶石，见上面 fol. 11*v* 注释。

125. Columbia MS XII,O,14 与 XIII,O,14, Vienna TW p.11*v*。立面设计（显示在 Columbia MS 的透视图中）非常清楚地呼应了 Peruzzi 的 Villa Chigi，以及往后的罗马 Farnesina。Columbia MS 绘制了老虎窗以及（就像是在 Vienna TW 中）后部一个大花园。Columbia 平面被错误的命名为"枫丹白露非常受尊敬的 Ferrara 主教的住宅"。

126. 在 Columbia MS 中绘图上记录的标题是"能够抵御轻武力攻击的高贵绅士的防御性住宅"。

127. 在 Columbia MS 中塞利奥提及，这个住宅的设计追随了"这些部分在民用安排上的习俗 [quanto al abitare]，但是我尽量保留了装饰

[*accompagnamenti*] 与适宜性"。

128. Burgundy 的 château of Ancy-le-Franc 是由塞利奥为 Count Antoine III de Clermont-Tonnerre 所设计的，在 1541-1550 年（后门的时间是 1546 年）之间建造的（与这里展示的设计有轻微的不同。这个形式与 Peruzzi 的草图 [sketchbook (*Taccuino*) fol. 34*v* (Siena, Biblioteca Comunale)] 非常接近。Vienna TW 中的图像比这里的更接近于最后的建筑（暗示此后的一个第三版的 Book VI 的存在）：敞廊中，只有入口一（'C'）建造了，柱式延伸到三层高. 完整的设计绘制在 Du Cerceau, J. A., *Livre d'architecture contenant cinquante bastiments* (1559) 以及（加上稍后的修改）他此后的 *Les plus excellents Bastiments de France* (1576—1579)。见 Chaillou des Barres, C., 'Ancy-le-Franc', *Annuaire de l'Yonne* (1883), pp. 219-238; Dinsmoor, W. B., *op. cit.*, pp. 146-150; Schreiber, F., *Die französische Renaissance* (1938), pp. 50-56（提及 Poggiu Reale 可能是一个来源）; Yates, F., *The French Academies of the Sixteenth Century* (1947), pp. 138-139; Rosci, M., *op. cit.*, pp. 67-69; Du Colombier, P., 'L'Habitation', *op. cit.*, pp. 31-49 和 'Le Sixième livre', *op. cit.*, pp. 44-46; Hautecoeur, L., 'Château d'Ancy-le-Franc', *Congrès archéologique de France*, vol, 116 (1958), pp. 240-243; Guillaume, J., 'Serlio, est-il l'architecte d'Ancy-le-Franc? A propos d'un dessin inédit de la Bibliothèque Nationale', *Revue de l'Art*, vol. 5 (1969), pp. 9-18; Corboz, A., 'Serlio au carré, pour une lecture "psycho-iconologique" d'Ancy-le-Franc', *Psicon*, vol. 1(1974), pp. 88-90; De Gaigneron, A., 'Open doors on Ancy-le-Franc; Architects: (1541-1550): Sebastiano Serlio', *Connaissance des Arts*, no. 381 (1983), pp. 54-61. Hohl, C., 'Le Portail du Château d'Ancy-le-Franc', *Bulletin de la Société d'archéologie et d'histoire du Tonnerois*, vol. 27, no. 3 (1984), pp. 46-51. Babelon, J. P., *Les Châteaux de France au siècle de la Renaissance* (1989). Kühbacher 坚定地将这个城堡归功于 Serlio [Frommel], S., 'II problema di Ancy-le-Franc', in Thoenes, C. (ed.), *op. cit.*, pp. 79-91; 也见 Frommel [née Kühbacher], S., *Sebastiano Serlio* (1998), pp. 83-216. 关于这种形式的别墅，见 Ackerman, J., 'Sources of the Renaissance Villa', *Distance Points* (1992), pp. 302-324; Frommel, C. L., *Die Farnesina and Peruzzis architektonisches Frühwerk*, Neue münchner Beiträge zur Kunstgeschichte, I (1961)。

129. 见上面 fol.12*v* 注释。

130. 这个敞廊，以及下面的"N"，都没有修建。

131. 但这个图像显示，厨房"X"位于主厅"T"的同一端，就像餐柜"V"一样。

132. 实际上这些多立克式壁柱建造了三个，显示在 Vienna TW (p. 45*v*) 中关于在军事建筑中使用柱式是否恰当的问题，见'Book VIII' fol. 2*v* 注释，以及导言，pp. xxxvii-xliv。

133. Fiore 提及 (*op. cit.*, p.74 n.2) 塞利奥一定是同意这些未实施的窗户，因为它们保存在 Vienna TW 的立面上：它们非常像 Giuliano da Sangallo 在罗马设计的 Palazzo San Pietro in Vincoli，随后也出现在 Antonio da Sangallo the Younger（时间定为 1537 年）所设计的 Castro 中。在 Columbia MS 中，塞利奥实际上提到了这个窗户设计以及伴随的走道是"放任"的，但是也添加道"我并不指责它，特别是因为这个建筑远离城市，它可以有这样的东西，从远处看来很漂亮。"其他元素为 Clermont-Tonnerre 所喜爱，并做了更改，塞利奥在 Columbia MS (text to XVIII,Q, 16) 中提到了：一个铺着石板的平台位于两个角塔的屋檐高度；引向前门的外部梯段被替换为内部的梯步。对于屋顶，塞利奥在 Columbia MS 中记录到"虽然这个建筑在法国，业主想要一个意大利风格的屋顶"。

134. 在 Columbia MS 中 (Project XVIII,Q,16)，文本记录了建造更早之前的一个阶段："这个建筑现在可以看到已经升出了地面，内部与外部都到达了起拱的高度，使用了白色的非常坚硬的石头。"

135. Alberti 的"redivivus"。这个术语用于

指展现出某种"生命"或者"活力"的石头，比如，见 Alberti, x.4. [p. 328; 也见 "Tough stone" on pp. 425–426]，也见 Serlio Book IV fol. 188ᵥ。

136. 或者是 "scalpello"，一种凿子或石头切割工具，见 Book III fol. 93ᵥ。

137. Fiore 提及 (op. cit., p. 74 n. 3) 在立面上与院落中的低矮的浮雕接受了 Francesco di Giorgio 的建议，并且通过 Cancellaria 的立面引入罗马的风格。

138. 在 Columbia MS 中塞利奥批评了那些贵族业余建筑师，见附录 1, Project XVIII,Q,16. 关于威尼斯贵族中的业余建筑师，见 Olivato, L., 'Ancora per il Serlio a Venezia. La cronologia dell'arrivo e i suoi rapporti con i "dilettanti di architettura'"，in *Museum Patavinum*, vol. 3, no. 1 (1985), pp. 145–154; Olivato, L., 'Con il Serlio tra i "dilettanti di architettura" veneziani della prima metàdel' 500。Il ruolo di Marcantonio Michiel'，in Guillaume, J. (ed.), *Les traités d'architecture de la Renaissance* (1988), pp.247–254; Morresi, M., 'Treatises and the Architecture of Venice in the Fifteenth and Sixteenth Centuries'，in Hart. V., Hicks P. (eds.), *Paper Palaces: The Rise of the Renaissance Architectural Treatise* (1998), pp. 273–274。

139. Columbia MS XVI,Q,16，与 XVIII,Q,16 ( 低一点 )，Vienna TW p. 45ᵥ。

140. 敞廊没有建造，取而代之的是建造了展廊。

141. 就像上面所说，敞廊没有建造，取而代之的是建造了 Galerie de la Pharsale。

142. 这个院落根据不同于塞利奥设计的方式建造。甚至是 Vienna TW 也没有记录在院落的两层实际建造的壁柱与填充的拱，它几乎与 Book IV fol. 174ᵥ 中的科林斯部分完全一样，显然受到了 Bramante 于 1505 年开始的 Vatican Cortile del Belvedere 的影响。见 Dinsmoor, W. B., op. cit., p. 149; Frommel [née Kühbacher], S., op. cit., p. 153。

143. 这些小窗户在 Vienna TW 中保留下来 ( 见上面注释 )。

144. Columbia MS XVII,Q,16 与 XVIII,Q,16 ( 上面 )，Vienna TW p. 46ᵣ。在 Columbia MS 中的立面，粗面石饰风格的立柱以及院落里的爱奥尼壁柱可能受到了 Palladio 在 Vicenza 设计的 Palazzo Thiene 的影响 ( 此后绘制于 *Quattro libri*, II.3); 关于这一点，以及如何消除表现法国式等级 ( 通过差异性的立面 ) 与意大利形式要求 ( 对称与秩序 ) 之间的张力，见 Rosci, M., op. cit., pp. 68–69。在 Columbia MS 中显示了上部一个八边形礼拜堂的细部。

145. 在 Columbia MS 中绘图上记录的题目是 'Plan and elevation of a house almost identical to the previous one, but the arrangement of the defences and also the architectural accompaniments are more strictly observed'。

146. 关于 Project XVIII，见 Rosci, M., op. cit., p.69 ( 他指出了不断出现的对 Poggio Reale 的借鉴 ); 关于这种形式的别墅，见 Ackerman, J., op. cit.; Frommel, C. L., op. cit。

147. 在 Columbia MS 中塞利奥列出了对 Ancy-le-Franc 可能的潜在批评，见附录 1, project XIX,R,17。

148. 即壁柱。

149. 塞利奥追随了"堡垒式前沿"的防御措施，火力点的布局可以提供覆盖性的 ( 即火力覆盖整个建筑的一边 ) 火力，保卫堡垒，从 15 世纪末期开始，意大利就采用这种设计。

150. 见上面 fol. 12ᵥ 注释。

151. Columbia MS XIX,R,17, Vienna TW p. 49ᵥ。

152. 在 Columbia MS 中绘图上的题目 'House outside the city for a Prince with a small household, for his pleasur'。

153. 这种使用六边形来形成居住建筑的形式，接受了 Francesco di Giorgio( 'T' fol.17ᵥ) 的建议，有着类似的内部布局与周边建筑相似的向心环绕布局。Rabelais 在 *Gargantua* (1534) 中描述了绝妙的 Abbey of Teleme 是一个对称的六边形城堡 ( 关于 Columbia MS 中更大家居的住宿安排，见下面的注释 )。关于 Munich MS Project (XIX)，这里见 Rosci, M., op. cit., pp. 69-71 [ 他提出这个设计受到的影响包括 Antonio da Sangallo the Younger (c. 1520–1525) 的设计，以及 Peruzzi 在 Caprarola 完成的五边形 Palazzo Farnese 的设计 ( 也见 Project

XXVIII, fol. 29*v* 与注释 ), 还有 Leonardo 设计的中心集中式堡垒 (Cod. Atl. fols. 43*v* a, 48*r* a, b)]。

154. 轴线上的一个非对称的椭圆形, 在 Book I fol. 12*v* 中定义为一个 "蛋"。关于这种几何形的早期运用, 见 Lotz, W., 'Die ovale Kirchenräume des Cinqueceuto'.*Römisches Jahrbuch für Kunstgeschichte* (1955), vol. 7.4, pp. 7–99; Concina, E., *Navis. L'umancsimo sul mare (1470–1710)* (1990), pp. 185–187。

155. Fiore 提及 (*op. cit.*, p. 79 n. 1) 就前一个案例看来, 这个四柱前厅引入了一个带有侧面桶形拱顶的中心十字交叉拱顶, 一个归功于 Peruzzi 的没有先例的解决方案 ( 见他为一个教堂所做的设计, Uffizi 942A*r*)。

156. 不像 Columbia MS, 事实上并没有连接在一起。

157. 在 Columbia MS 中塞利奥将房间层高与场地的气候条件联系在一起, 见附录 1, Project XXI, S,18。

158. 在 Columbia MS 中塞利奥称赞了法国屋顶, 见附录 1,Project XXI,S,18。

159. 即上面讨论过的较小平面上的 "B" 部分。

160. Columbia MS XX,S,18 与 XXI,S,18, Vienna TW p. 41*v* 与 p. 42*r*。在 Vienna TW 中这个六边形建筑侧面有花园而不是建筑环绕, 后立面面对着一个宽度等同于六边形直径体块中的一个半圆凹室 ( 类似于城市中皇家宫殿的设计 (fols. 67—68*r*))。在 Columbia MS 中家居用品存储在被塞利奥称为 "道路" 的引向建筑正立面与后立面的路径 ( 但是只有前方 "道路" 绘制了出来 ) 两边排列的低矮建筑中, 此外有围墙环绕六边形, 形成一个广场。

161. 在 Columbia MS 中绘图上记录的题目是 'House outside the city for a Prince with a small household, for his pleasure'。

162. 关于 Project XX/XXI 见 Rosci, M., *op. cit.*, p. 71。

163. 这个楼梯的设计是基于通向 Vatican 中的 Statue Court 的 Belvedere stair, 绘制于 Book IV fols. 119*v*–120*v*。

164. 即上面的敞廊 "A"。

165. 抄本误于此开始了一个新的段落。

166. 在 Munich MS 中, 线上添加了字母 "F"。

167. 这个院落设计明显是基于 Alvise [Luigi] Cornaro 在 Padua 设计的著名的剧场 (*odeo*), 建造于 (1530—1533 年 ), 用于音乐表演, 在 Book VII pp.218–223 中讨论并描绘了它。它也构成了 Book VII p. 5. 中描绘的别墅范例的基础。

168. Columbia MS XXII,T,19, Vienna TW p. 17*v*。

169. 这几乎完全重复了 Book IV fol. 174*v* ( 也就是完全基于 Book III fol. 117*v* 所描绘的 Bramante 的 Cortile del Belvedere 的设计 ) 中的科林斯柱式设计, 这个设计也在 Ancy-le-Franc 的院落中得以建造。唯一重要的变化是地面层对柱之间的窗户可能启发了 De l'Orme 为的 Saint-Maur 的入口翼内部前立面的设计 (1563 年之后 )。

170. 即 1:8 $^2/_5$, 比 Book IV fols. 127*r* 与 169*r* 中建议的 1:9 的科林斯柱式的比例要粗壮一些。这是第一次在这些别墅立面上使用科林斯柱式。

171. Vitr. IV.vi.3; 见 Book IV fols. 143*v* and 162*v*。

172. 关于这里与下面的细节的删减, 见上面 fol. 9*v* 注释。

173. 关于这种类型 "壁柱" ( 相比于 Peruzzi、Raffaello 以及 Genga 的 Villa Imperiale 中所使用的 ) 的讨论在 Frommel, C. L., 'Serlio e la scuola romana', in Thoenes, C. (ed.), *op. cit.*, pp. 42, 46。

174. 即 1:7$^3/_5$, 比 Book IV fols. 127*r* 与 158*v* 中建议的 1:9 的科林斯柱式的比例要粗壮一些。

175. 在 Munich MS 中, 文本错误地重复了词语 *è piedi* ( 是尺 )。Fiore (*op. cit.*, p. 82 n. 2) 错误地假设一个空隙, 并让上面的立柱比下面的宽 ( 即 7.25 尺 )。

176. 即 1:8 $^2/_3$, 比 Book IV fols. 127*r* 与 169*r* 中建议的 1:9 的科林斯柱式的比例要粗壮一些。

177. 在 Columbia MS 中, 文本是以一个视觉和谐的定义来结尾的: "这样所有的部分自己都有良好的比例, 在它们当中会有被称为视觉和谐的相互对应。"

178. Columbia MS xxⅢ,T,19。不见于 Vienna TW。在 Columbia MS 中，前立面有连续的坡屋顶，以及第二层的敞廊，而后立面的绘制仅仅限于粗面石饰风格的地面层的敞廊。在 Munich MS 中，耶稣会风格的立面导致人们将这个设计与 Giuliano da Sangallos 与 Michelangelo 为 Florence 的 S.Lorenzo 所设计的立面相比较，见 Rosci, M., *op. cit.*, p. 71。关于 Columbia MS 中这个立面的设计见 Rosenfeld, M. N., 'Late Style', *op. cit.*, pp. 167–168。

179. 塞利奥在这里融合了他的两个题目 'in the countryside' 与 'outside the city'。在 Columbia MS 中，绘图上记录的题目是 'House for a Prince which is almost identical to the previous one but varied somewhat both inside and out'。

180. 关于 Project xxⅡ/xxⅢ 见 Rosci, M., *op. cit.*, pp. 71–72。

181. Columbia MS xxⅣ, V, 20, Vienna TW p. 52*r*。

182. 即 1:8，比 Book ⅳ fols. 127, 与 140, 中建议的 1:7 的多立克圆柱比例要细。

183. 在上面的文本中，下面的敞廊被标注为 "cⅡ" 尺。在 Munich MS 中，"cxvⅡ 尺" 一词被添加在线上。

184. 在 Munich MS 中，文字在这里与下面使用的都是（基石）。

185. 即 1:8 $^8/_9$，比 Book ⅳ fols. 127*r* 与 158*v* 中建议的 1:8 的爱奥尼柱式的比例要细（这里，依据场地与建筑的构成 "更细一些的比例是允许的"）。

186. 关于这细节的删减，见上面 fol. 9c 注释。

187. 图像中没有这个字母。在 Columbia MS 中（文字中误注为 T, 19)，塞利奥提及："在建筑中没有比不和谐更丑陋的东西——实际上，作为傲慢的结构，这种现象可以在大多数建筑中看到，它是无知的女儿"；他为自己把一个圆柱置于圆拱上辩护道："任何人都不应该认为柱子放置在拱的顶点之上是错误的，因为我是以罗马的 Portico of Pompey 为范例来设计的，一个所有人都称赞的建筑"（见 Book Ⅲ fols. 75*v*–76*r*)；而且他讨论了在拱的建造中使用陶罐做填充，见 Book Ⅶ p.

222 以及注释。

188. 在 Munich MS 中，文本误写为 'courtyard'。在 Munich MS 中的敞廊复制了 Columbia MS 中给予上一个设计的敞廊 (Columbia MS xxⅢ,T,19)。Rosci (*op. cit.*, p. 72) 比较了这个粗面石饰风格的设计与 Villa Madama 的水池，以及 Mantua Palazzo Ducale 的 Cortile della Cavalierizza 之间的异同（绘制于 Book ⅳ fol. 131*r*)。它与 De l'Orme 在 Anet 的 *corps-de-logis* 的后部采用的类似设计属于同一时期，开工于 1547 年。关于下移拱顶石，见上面 fol. 11*v* 注释。

189. 这里抄本没有正确地开始一个新的段落。

190. Columbia MS xxv,V,20 [文本误注为 T,19], Vienna TW p. 18*r*。Columbia MS 只显示了前立面，是北欧风格，在第二层的敞廊有细圆柱，法国风格的屋顶以及中央的大老虎窗。Munich 与 Columbia MS 中的设计都有前面方案中讨论过的角部壁柱，以及圆拱之上的有双柱的地面层敞廊，类似于 Book ⅳ fol. 152*r* 中的设计，它体现了 Mantua 的 Palazzo del Te 前门廊的影响（以及同一建筑中 sala dei Vend 中的 *Arcturus* 壁画，见 Frommel, C. L., *op. cit.*, p. 47)。Rosci 注意到 (*op. cit.*, p. 72) Munich 立面，尤其是角部 "壁柱" 与 Michelangelo 设计的 Florence S. Lorenzo(从上一个方案看来) 之间的相似性。Vienna TW 也是法国风格的（虽然有些过于狂想），有着一层与二层的敞廊，一个很陡峭的屋顶与塔楼。

191. 关于 Project (xxⅣ/xxv)（明显对应于 Guise 或者 Bourbon 亲王庭院的设计），见 Rosei, M., *op. cit.*, p. 72。

192. 即在法国。

193. 这显然只有在地面层是真实的，也就是较低的展廊 "F"，而不是上面层的展廊 "M"。

194. Rosci 提及 (*op. cit.*, p. 72) 这个设计与 *Podestà* 的公共楼梯的设计 [fols. 60*r*（平面），61*r*（立面）] 可能受到了 Veneto 地区两个案例的影响，塞利奥在前往法国之前可能看过，其中一个是 Castello di Udine 前面的大楼梯，被认为是 Giovanni da Udine 所设计的，另一个是 Lonigo 的 Palazzo Thiene 的巨大楼梯，它的中心休息平台连着三折的梯段，这个设计的建筑师不明，但通常认为是 Sanmichcli。Rosci 提出塞利奥的设计随后影响了 Primaticcio 的 Fontainebleau 'Belle Cheminée' 侧翼踏步的设计 ( 最早在 1568—1570 年提到 )。关于这种双向楼梯在公共建筑中适合性，见 Book II fol. 37r。

195. 抄本误印为 Ж。

196. 即地面层。

197. Columbia MS XXVI,X,21, Vienna TW p. 51v。Columbia MS 与 Vienna TW 都描绘了一个有四个圆柱的入口前厅。在中 Columbia MS 后部的敞廊面向建筑内部，但是在 Munich MS 与 Vienna TW 中，转为面向花园。

198. 在 Columbia MS 中塞利奥写道 "就像能看到的那样，立面是法国风格的，但是它们与古代风格的装饰相协调。"

199. 关于 Columbia MS (xxv,X,21) 中这个立面的设计，见 Rosenfeld, M. N., 'Late Style', op. cit., p. 167。

200. 关于这细节的删减，见上面 fol. 9。注释。

201. 在 Columbia MS 中塞利奥写道 "地下室有很多用途，但是不是用于睡眠的——虽然宫廷中很多人睡的地方比这里要差得多。"

202. 即 1:7，这里遵循了 Book IV fols. 127r 与 140r 中建议的多立克柱式比例。

203. 即在法国。虽然屋顶坡度很大，但因为是意大利风格的，在衍架的排布上没有采用法国的习俗。见 Book VII pp. 196–199。

204. 即 1:10 $\frac{1}{2}$ 比 Book IV fols. 127r 与 169r 中建议的 1:9 的科林斯柱式比例要细。

205. Columbia MS XXVII,X,21。未见于 Vienna TW。在 Columbia MS 中，前立面有一个大的中央老虎窗，屋顶也更陡峭；后部敞廊 ( 这里进行了旋转 ) 显示了出来，壁龛的山墙是三角形与半圆形的，由壁柱支撑，这些壁龛与带有山墙框架的壁龛交替出现 [Fiore 提到 (op. cit., p.86 n. 1) 这种交替也出现在罗马的 Palazzo Branconio]。

206. 在 Columbia MS 中，绘图上记录的题目是 "House outside the city for a Prince which is enclosed within a fortified place capable of resisting light–armed combat"。

207. 塔与敞廊的排布吸收了 Poggio Reale 的平面 (Book III fol. 122r)，就像上面的 fols. 17r 和 18r，以及下面的 fol. 41r 一样。关于这个方案 (XXVI) 见 Rosci, M., op. cit., pp. 72–73。Fiore 提及 (op. cit., p.89 n. 1) 这种安排——长方形周长中的一个圆形院落，最著名的来源是 Francesco di Giorgio 的 Codice Maqliabechiano ( 比如 fol. 20v)，但是柱子的节奏与 Peruzzi 的 Palazzo Oisini 更为接近，后者建造在 Agrippa 浴场的废墟上 (Uffizi 456 A); 也见 Codex Atlanticus (315r b) 中 Leonardo 绘制的带有八边形庭院的方形别墅的草图，以及 Pedro Machuca 为 Charles V 在 Granada 设计的带有原型院落的府邸的设计 ( 开始于 1527 年，但完成于 1633 年 )，后者是第一个实现建造的带有柱廊的圆形庭院。

208. 抄本误印为 "RFG"。

209. 即尽可能接近的范围。

210. Fiore 提及 (op. cit., p. 88 n. 2) 塞利奥追随着 Francesco di Giorgio、Peruzzi 以及 Sangallos 的传统，没有将建筑师与军事工程师的角色分开。这里显示的弹道，虽然是简化了，仍然显示了抛物线的大体方向。如 Adams, N., op. cit. 所提到的，对防御堡垒的细节考虑并不充分。

211. 即壁柱。

212. 即遵循了 Book IV fols. 127r 与 140r 中建议的 1:7 的多立克柱式比例。

213. Columbia MS XXVIII,22 ( 文本遗失 ) 以及 XXIX,22, Vienna TW p. 43v and p. 44r。

214. Fiore 提及 (op. cit., p. 90 n. 1) 即使是这些房间也可以提供防御功能，它们面向敞廊的墙上有狭窄开口提供交叉火力 ( 塞利奥并未提到 )。Antonio da Sangallo the Younger 为 Castro 的 "Hosteria" 或者是 Palazzo Ducale dei Famese 的防御提供了类似的解决方案 (Uffizi 733 Ar)。

215. 在 Munich MS 中在线上添加了字母 "M"。

216. 即地面层。

217. Columbia MS XXVIII,22 与 XXIX,22, Vienna TW p. 33r 与 p. 44r。Columbia MS 与 Vienna TW 此外还有院落立面的一个大幅细部绘图。在

Columbia MS 中塞利奥鼓励做模型，还提到他忽略了对厕所的讨论，见附录 1,Project XXIX,22。

218. 塞利奥这里融合了两个题目，'in the countryside' 与 'outside the city'。在 Columbia MS 中，绘图上记录的题目是 'House enclosed by double fortifications, for the tyrant Prince'。

219. 塞利奥提到了 Francesco Maria della Rovere, Duke of Urbino 以及威尼斯军队的领袖的名声 [ 塞利奥认识他，并且在 Book II fols. 18v and 47r 中提到了他，见 Concilia, E., *La macchina territoride. La progettczione della difesa nel Cinquecento veneto* (1983)]。塞利奥这里回应了关于亲王最好的防御方式的争论，这是由 Machiavelli 所发起的，他记载了 Francesco Maria 的前任，Guidobaldo da Montefeltro (1482–1508) 在 1502 年逃亡威尼斯时,Urbino 堡垒的摧毁（"相信人民"，他的堡垒可以被他的敌人使用 "来制约他的朋友们"，见 Machiavelli, N, *Descrizione del modo tenuto dal duca Valentino nello ammazzare Vitellozzo Vitelli*...(c. 1520s)（描述了 Duke Valentino 杀死 Vitellozzo Vitelli、Oliverotto da Fermo 与其他人的方法）；也参见 *The Prince*, ch. 20（结论）以及 *Discorsi sopra la Prima Deca di Tito Livio* (Discourses on the First Decade of Titus Livius), Book 2, ch. 24 [*Machiavelli: The chief works and others*, *op. cit.*, vol. 1, pp. 80–81, 165–166, 394])。Guidobaldo 已经在 1503 年归来，但是 Pope Leo X 决定逐出 Guidobaldo 的接任者 della Rovere，而更倾向于他的侄子 Lorenzo di Pietro de' Medici，这样 della Rovere 再一次在 1516 年失去了公爵领地，他在 1517 年夺回,1519 年再次失去，在 1521 年教皇死后最终回归。Guirciardini 的 *History* 记录了在 Leo X 的命令下摧毁了 Urbino 的城墙。Guicciardini 强调了臣民们对合法的 Dukes of Urbino 的忠诚，这要归功于 Guidobaldo 的优秀管理。关于意大利战争，见上面的 fol. 2v 注释。

220. Aquinas 给出了著名的专制者（相对于根据自然法则进行统治）的定义。关于专制的本质，见 Machiavelli 的 *Discourses on the First Decade of Titus Livius*, Book 1, chaps. 10 and 33, 以及他的 *Life of Castruccio Castracani of Lucca*. [ 见 *Machiavelli: The chief works and others*, *op. cit.*, vol. 1, pp. 220–221, 264–266; vol. 2, pp. 533–560]。关于专制统治者的防御性建筑，见 Alberti, v.1–5 [pp.117–125]; Alberti 讨论了城市中的专制者，但没有讨论乡村的（塞利奥的行政官住宅 (fol. 61v) 取代了城市专制统治者的范例）。Alberti 预见了塞利奥的论述，他写到专制统治者必须 "巩固他的城市来抵御外来者以及属地民众"[p.117]（关于美在防御建筑中的作用，见 VI.2 [p. 156]）。Herodotus 讨论了专制国王 Ecbatana 的防御性城市 (*Histories*, Book 1, 100–103)。Rocca di San Leo 就是这样的一个 "专制统治者的居所"。

221. 关于 Project XXVII 以及塞利奥的作为军事建筑师的能力，见 Rosci, M., *op. cit.*, pp. 73–74; 也见 Adams, N, *op. cit*。这个方案复制了（虽然转化为长方形的形式）Ancy-le-Franc (project XVIII, fol. 17r) 的平面,因此是对 Poggio Reale "类型" 的另一个致敬的方案;Rosci 讨论了脱离复杂的城市防御（在意大利属于常规情况），别墅模式的防御几乎是无效的情况。Maggi, G., I. Castriotto, 的 *Fortificatione della città* (Venice, 1564) fol. 43v 中有类似的平面，这证明了塞利奥的平面在当时是常见的以及其实用性本质。如果我们接受他在 1532 年曾经去过罗马的假设，那么塞利奥有可能知道 Peruzzi 的锡耶纳堡垒设计（见 Frommel, C. L., *op. cit.*, p. 45）。关于影响塞利奥设计的因素，见 Rosenfeld, M. N., 'Late Style', *op. cit.*, pp. 157–158。关于 Du Cerceau 与设计，见 Rosenfeld, M. N., 'From drawn to printed model book: Jacques Androuet Du Cerceau and the Transmission of Ideas from Designer to Patron, Master Mason and Architect in the Renaissance', *Revue d'art Canadienne*, vol. 16.2 (1989), pp.131–145。

222. 在 Munich MS 中，词语 '在它们中' 添加在了线上。

223. 比古代的 3 掌的尺寸稍微长一点（在 Book III fol. 93r 中定义）。见术语表中的 'Measure' vol. 1, p. 458。

224. 即在墙体和壁垒之后的土堆斜坡；也是指壁垒胸墙后面的平面，位于射击用踏垛与内部斜面之间，用于安放枪支，绘制于 fol. 30*r* 的图像的底部 ※ 处。

225. 塔的各种不同形式与位置出现在 Francesco di Giorgio 的论著中 [ 这里所描绘的角部被称为 orecchioni ( 字面意思为 "大耳朵" )]。关于这里提到的 '争论'，见 Rosci, M., *op. cit.* p. 74, 以及 Fiore, *op. cit.*, p. 92 n.3: 这些引用了 Sanmicheli 与 Antonio da Sangallo the Younger [ 他使用了 Perugia 的 Rocca Paolina 的尖角形式 ( 较低堡垒的平面，称为 San Cataldo, 时间为 1540 年，Uffizi 272 A*r*)] 的作品与 Giuliano da Sangailo 和 Antonio da Sangallo the Elder( 他在 1501—1502 年间于 Lazio 海岸的 Nettuno 使用的圆角 ) 早前的堡垒设计；见 Frommel, C. L., Adams, N. (eds.), *The Architectural Drawings of Antonio da Sangallo the Younger and his Circle* (1994)。也见 De la Croix, H., 'The Literature on Fortification in Renaissance Italy', *Technology and Culture*, vol. 4 (1963), pp. 30–50; Hale, J. R., *Renaissance Fortification — Art or Engineering?* (1977)。

226. 即为大炮和防守者建造的斜坡。塞利奥的堡垒没有为侧翼的炮提供足够的回转空间。

227. Fiore 提及 (*op. cit.*, p.93 n.1) 从墙体到壕沟底面以下挖掘反地道，来阻止攻击者为了破坏堡垒可能挖掘的地道。antonio da Sangallo 于 1542 年在罗马的 Ardeatine 堡垒中挖掘了地道与房间 ( 1537 年的绘画，Uffizi 1505 A*r*)，塞利奥并不知道这些，虽然他显然知道一些此前的案例。

228. 即地面层。

229. 在 Columbia MS 中 (Project xxxi,Et,24)，塞利奥 ( 仍然是因为页面空间的限制 ) 把下面建筑的侧面画得很短，但是在文字中写道："这种形式的 '周长' 应该足够大，这样棱堡的侧翼就不会相互击中对方。" Fiore 注意到 (*op. cit.*, p. 93 n. 2)，当时棱堡之间的距离可以达到 350 米，比如 Antonio da Sangallo the Younger 于 1537–1542 年为罗马的防御所做的设计。然而他在 Sant'Antonino 顶部为新 Vatican 所做的设计中，仅仅设置了 110 米的距离 ( 1542 年的绘图，Uffizi 937 A*r*) – Francesco Maria della Rovere 也更

喜欢这个距离。

230. Columbia MS xvx,Et,23 ( 文字遗失 )，Vienna TW p. 47*v*。

231. 关于这个设计，见 Adams, N., 'Sebastiano Serlio, Military Architect?', in Thoenes, C. (ed.), *op. cit.*, pp. 222–227。

232. 见上面 fol. 12*v* 注释。

233. 在 Munich MS 中词语 (to) 添加在线上。

234. 关于视觉纠正，见 Vienna MS Book vii; fols. 15*v*–16*r* ( 附录 2)。也见 Book ii fol. 8*v* 与 Book iv fol. 161*r*。也见 Vitr. iii.v.9 与 vi.ii.4。

235. 在 Munich MS 中词语 picole( 小 ) 添加在线上。

236. 在 Columbia MS ( 但是见上面，方案 XXX,Et,23) 与 Vienna TW 中都没有。

237. 在 Columbia MS 中，绘图上记录的题目是 'House outside the city enclosed by fortifications which are different from the previous ones, for the tyrant Prince'。

238. 这个与下面的详细平面 (fol. 31*r*) 体现了 Antonio da Sangallo the Younger (Uffizi A 775 *c.* 1515) 与 Peruzzi (Uffizi A 500 A*r–v*, A 506 A*r*) 为 Palazzo Farnese di Caprarola [ 最终由 Vignola 在 1558—1572 年实现，见 Coffin, D, *The Villa in the Life of Renaissance Rome* (1979), pp.281–302] 所做的设计。Fiore (op cit., p. 98 n.1) 怀疑这里的院落可能影响了 Vignola 的圆形院落 (Rosci 也这样认为，见 Rosci, M., *op. cit.*, pp. 74–75; 也见 pp. 70–71)。关于这个方案 (xxviii) 见 Rosenfeld, M. N., 'Late Style', *op. cit.*, pp. 157–158; Adams, N., *op. cit.* 也见前面的六边形方案 xix, fols. 18*v*–19*r* ( 平面 )。有可能塞利奥呈送了一个五边形设计，用于 Antoine de Ciermont 的姐姐 Louise d'Uzès 的狩猎住所，这个建筑于 1560 年代早期在距离 Ancy-le-Franc 几里远的 Maulnes 建造，见 Frommel [née Kühbacher], S., *op. cit.* (1998), pp. 30, 42 n. 189。

239. 见上面 fol. 21*v* 注释。

240. 见上面 fol. 27*v* 注释。

241. 由图像底部的 ※ 指示出来，见上面 fol. 21*v* 注释。

242. 一个蛇形（colobrina）炮，是一种长炮管的火炮，有支撑结构，口径上比 falcone 或者是隼炮（falconetto）要小。

243. 这里与下面，见上面 fol. 12v 注释。

244. 即向前开火的碉堡。也见 fol. 18v。

245. 灌满水的壕沟让敌人更难以挖地道靠近——地道中会灌满水，这样就没有必要建造高于壕沟底部的反地道了。关于反地道，见上面 fol. 21v 注释。

246. Columbia MS xxxi,Et,24, Vienna TW p. 48r. 此外，Columbia MS 还多了碉堡与住宅的门（分别是粗面石饰 – 塔司干风格与粗面石饰风格）。

247. 塞利奥在这里合并了他的两个题目，"in the countryside"与"outside the city"。

248. 关于这个平面，见上面 fol. 29v 注释。也见 Adams, N., op. cit。

249. 在 Munich MS 中，文字误写为 largliezza（宽度）。

250. 即主室"L"。

251. 即主室"M"。

252. 即主厅"G"。

253. 即主室"L""M"与"N"（xxiiii 尺长）。

254. 抄本错从此开始了一个新的段落。

255. 不见于 Columbia MS 与 Vienna TW。

256. 在 Columbia MS 中，绘图上记录的题目是"Pavilion in the French style"。

257. 塞利奥的最早对这本书的设想，发表于 Book iv fol. 126r（形成了这里我们开头使用的题目）体现了他当时所处的威尼斯地区对所讨论住宅的限制，仅仅限于"亲王最华丽的府邸"。但是在他于 1541 年到达法国之后，这本书的概念就变化了。在 Columbia MS 中提到了威尼斯府邸，比如方案 liv，P。

258. 总体讨论，见 Dimier, L., Fontainebleau (1925); Herbet, F., Le château de Fontainebleau (1937); Bray, A., 'Le Premier Grand Escalier du Paiais de Fontainebleau', Bulletin Monumental, vol. 99 (1940), pp. 193–203; Chastel, A., 'L'Escalier de la Cour Ovale à Fontainebleau', in Fraser, D., Hibbard, H., Lewine, M. J. (eds.), Essays in the History of Architecture presented to Rudolf Wittkower (1967), pp.74–80; Pressouyre, S., 'Remarques sur le devenir d'un château royal: Fontainebleau au XVI è siècle', L'Information d'histoire de l'Art, vol. 19 (1974), pp. 25–37; Guillaume, J., Grodecki, C., 'Le jardin des Pins à Fontainebleau', Bulletin de la société de l'histoire de l'Art Français (1978), pp. 43–51; Guillaume, J., 'Fontainebleau 1530: Le Pavillon des armes et sa Porte Egyptienne', Bulletin Monumental, vol. 137 (1979), pp. 225–240. B é guin, S., Guillaume, J., Roy, A., La Galerie d'Ulysse à Fontainebleau (1985); Herrig, D., Fontainebleau (1992)。至于可能是塞利奥自己写的关于 Fontainebleau 的作品，见 Pérnuse de Montclos, J.-M., Fontainebleau (1998), esp. pp. 161, 163, 179–191, 210–211, 216, 222, 232–233; Frommel [née Kühbacher], S., op. cit. (1998), pp. 249–266。

259. 在 Munich MS 中，文字为 boteghe（商店/工坊）；位于低院南面侧边上的 Aile de la galerie d'Ulysse（今天被称为 Aile Louis XV），被租赁给"追随宫廷的有特权的商人"，见 Pérouse de Montclos, J.-M., ibid., p. 187。

260. 关于塞利奥所做的有可能是用于的 Salle de Bal at Fontainebleau 前面的敞廊，见 Book vii pp. 96–97。也见 Lossky, B. 'A propos du château de Fontainebleau. Identifications et considérations nouvelles. Serlio – Escalier du fer à cheval – Peintures de Verdier et de Sauvage – Trône de Napoléon', Bulletin de la société de l'histoire de l'Art Français (1970), pp. 27–44. Pérouse de Montclos, J.-M., ibid。

261. 在 Columbia MS 中，长度被注明为"一匹好马疾驰"。

262. Fiore (op. cit., p. 100 n. 3) 认为这座桥就是横跨 Pérouse de Montclos 的 Grand Jardin 的桥，J.-M. (op. cit., pp. 221–222) 则将这座桥置于 Jardin des Pins。

263. 即地面层。

264. 关于"亭阁"（padiglione）一词的使用，以及在法国的起源（最早指君主的大型帐篷），见 Rosci, M., op. cit., p. 76。实际上，在

Columbia MS 中，塞利奥在这里评论道，用来称呼在这里描述了其各个部位的建筑的名称是"*paviglione*"。

265. 这里的 *modello* 显然是指"模型"而不是绘图；Alberti 曾经建议过制作模型，见 II.1–3 [pp. 33–37]，以及 IX.8. [p. 313]。关于文艺复兴设计中模型的使用，见 Millon, H. A. (ed.), *The Renaissance from Brunelleschi to Michelangelo: The Representation of Architecture* (1994), pp. 19–74。也见 Book v fol. 215v 注释。

266. Rosenfeld 认为这个平面以及下面的立面所记录的是塞利奥为 Fontainebleau 的 'Grotte des Pins' 所做的设计，最终实施采用了不同的方案（设计者被认为是 Primaticcio），约 1543 年（在 1541 年抵达法国时，塞利奥被 François I 任命为枫丹白露的 'primier peintre et architecte'）：见 Rosenfeld, M. N., *On Domestic Architecture, op. cit.*, pp. 5, 54。但是，这个设计被认为是为 Pérouse de Montclos 的 Jardin des Pins 所设计的 'pavilion des bains'，见 J.-M., *op. cit.*, pp. 221–222。关于方案 (XXIX) 更总体的讨论，见 Rosci, M., *op. cit.*, p.75。关于塞利奥设计的来源，Rosci 提到了 Leonardo 为 château of Romurantin (1517—1518 年) 所设计的可移动亭阁 (Codex Arundel fol. 270v)。也参见 Golson, L. M., 'Serlio, Prinaaticcio and the Architectural Grotto', *Gazette des Beaux-Arts*, vol. 77 (1971), pp. 95–108; Guillaume, J., Grodecki, C., 'Le jardin des Pins à Fontainebleau', *Bulletin de la société de l'histoire de l'Art Français* (1978), pp. 43–51。Frommel [née Kühbacherj, S., *op. cit.*, pp. 254–264。关于 Du Cerceau 以及塞利奥这里的设计，见 Rosenfeld, M. N., 'From drawn to printed model book', *op. cit.*, pp. 131–145。

267. 在 Columbia MS 中塞利奥写道，因为有更厚的墙，这个房间会夏天清凉，冬天温暖。

268. 适合马行走的台阶式法国狩猎住所与城堡的典型细节，比如 Blois 的螺旋楼梯（1519—1520 年）。关于适合马的楼梯，见 Lossky, B., *op. cit.*。

269. 在 Munich MS 中，文本误写为 'E'。

270. 一个类似的圆形浴室是 15 世纪晚期的

位于 Ostia 要塞的一个浴室。也见 Peruzzi 的椭圆浴室设计 (Uffizi 599 Ar), Francesco di Giorgio 的六边形浴室 (Ashburnham 1828 App. fol. 97) 以及他在 Urbino 的 Palazzo Ducale 中设计的长方形浴室。

271. Columbia MS XXXII,Y,25, Vienna TW p. 58r。在 Columbia MS 中上面的平面省略了。

272. 在 Munich MS 中，文字是 'e più alti et più bassi'，意思可能是"高一点或矮一点"。

273. 即 1:7 $^1/_3$，比 Book IV fols. 127, 与 140, 中建议的 1:7 的多立克柱式比例要细（这里显示的檐部没有三垅板）。

274. 即 1:6，遵循了 Book IV fols. 127, 与 127v 中建议的塔司干柱式比例。

275. 在 Book III foi. 50, 的万神庙案例中，塞利奥高度赞扬竖直方向的光线；也参见 Vienna MS Book VII Project II fol. 1r（见 Book VII p. 4 注释）。

276. 在 Munich MS 中，文字误写为 'hot-room'。

277. 在 Munich MS 中，文字将 'camino'（壁炉）误写为 'camerino'（小房间）。

278. Columbia MS XXXIII,Y,25, 不见于 Vienna TW。在 Columbia MS 中细节 'E' 与 'G' 都省略了。

279. 在 Columbia MS 中，绘图上记录的题目是 'Pavilion whose plan is different from the previous one'。

280. 即建造在桥上。塞利奥在桥上设计的别墅是原创性的。随后由 Catherine de'Medici 在 Château de Chenonceau 加建的展廊就是建在一座桥上，Jean Bullanc 在 Château de Fère-en-Tardenois 建造的也是一样。关于这个方案 (XXX/XXXI)，以及它的基础，Project VIII (fol. 5r)，见 Rosci, M., *op. cit.*, p. 76。

281. 在 Munich MS 中，文字误写成"长度"；Columbia MS 在这里是正确的。

282. 即在法国。

283. Columbia MS XXXIV,Ro,26, Vienna TW p. 20r。在 Columbia MS 中，后部立面的绘图被前方上部平台的平面所替代。

284. 在 Munich MS 中，词语 è(是) 添加在线上。

285. 地面层的敞廊在这里呼应了 Fontainebleau 的 Grotte des Pins 的粗面石饰风格 (最终建造的样子)。Rosci 提及 (*op. cit.*, p. 76) 它与 Mantua 的 Palazzo del

Te, 以及 Sansovino 的威尼斯 Venetian Palazzo Cornaro 之间的相似性。Fiore 提及 (*op. cit.*, p. 104 n. 2) 窗户的竖向性, 屋顶的陡峭, 以及立面上的楼梯, 都夸张地体现了塞利奥创作中"法国化"的精神。

286. 即二层中央的三个窗户。

287. 见 Vitr. II.ix 关于木材。

288. Columbia MS xxxv,Ro,26 ( 文本遗失 )。不见于 Vienna TW。在 Columbia MS 中, 陡峭的屋顶被削去了顶端, 平台被圆形的塔而不是长方形的所环绕。剖面被省略了。

289. 在 Columbia MS 中, 绘图上记录的题目是 'House in an unusual form outside the city, for a King'。

290. 在 Columbia MS 中关于雇主的评论, 见 Baldassare Peruzzi 与 François I, 见附录 1, Project xxxvi,27。

291. 较低的平面清楚地展现了 Book v fol. 210, [ 可能源于 Antonio da Sangallo the Younger 的一个平面 (Uffizi 1363A,)] 中的教堂范例。一个类似的八边形主厅, 也见 Book vII pp. 4–5 中的别墅方案 (II)。 Rosenfeld 认为 Nero 的 Domus Aurea 中的一个前厅, 是这个设计的罗马原型, 见 'Late Style', *op. cit.*, p. 160。 也 见 Bruschi, A., 'Le chiese del Serlio', Thoenes, C. (ed.), *op. cit.*, pp. 183 与 186 n. 58, 关于 Project xxxII, 见 Rosci, M., *op. cit.*, pp. 76– 77。

292. 在 Munich MS 中, 文字是 "L"。

293. 抄本未能正确地在这里开始一个新的段落。

294. Columbia MS xxxvi,27, Vienna TW p. 37,。

295. 即地面层。

296. 即 1:8 $\frac{1}{3}$, 比 Book IV fols. 127, 与 140, 中建议的 1:7 的多立克柱式比例要细。

297. 在 Munich MS 中, 词语 *è mezzo* ( 再加上一半 ) 被添加在线上。

298. 即 1:10 $\frac{1}{2}$, 比 Book IV fols. 127, 与 169, 中建议的 1:9 的科林斯柱式比例要细。

299. 即 1:10, 比 Book IV fols. 127r 与 158v 中建议的 1:8 的爱奥尼柱式比例要细。( 这里, 依据场地与建筑的组成 "更细一些的比例是允许的" )。

300. 在 Columbia MS 中, 塞利奥为这些窗户辩护, 写道 : "没有任何理由质疑这些有一定角度的开口, 通过它们从室以及螺旋楼梯都获得了光线, 因为根据经验我知道它们能工作得很好"。

301. 关于使用正投影而不是透视的方式来展现建筑, 赋予其测量上的准确度的必要性, 见 Book III fol. 52,。关于 Raffaello 写给 Leo X ( 约 1519 年 ) 的信中对这个事情的讨论, 见导言, vol. 1 p. xx, 以及 Hart, V., 'Serlio and the Representation of Architecture', Hart, V., Hicks, P. (eds.), *Paper Palaces: The Rise of the Renaissance Architectural Treatise* (1998), pp. 170–185。

302. 在 Munich MS 中, 文字为 *oratorio*, 被描述为 "忏悔室", Book vI fol. 179,, 它是教堂中的一处地方, 位于主要圣坛之下, 用于储存圣徒遗体、殉教者遗骸以及忏悔者告解等用途。

303. 这里的意大利文的意思也可能是 "只有那些是正直人的神父才能居住在礼拜堂之上"。

304. Columbia MS xxxvII,27,Vienna TW p.37*v* 与 p.38*r*。在 Vienna TW 中, 立面与这里所呈现的一样, 只有圆顶顶部的百合被新月形所替代, 那是 Henri II 的徽记。

305. 关于这个方案 (xxxIII), 方案 xxx/xxxI fol.34*r* 的一种变形, 见 Rosci, M., *op. cit.*, p. 77 ( 他把这个别墅描述为法国 / 意大利手法主义建筑中最好的范例, "显然是塞利奥希望在第六书中追寻的最终成果" )。

306. 在 Munich MS 中, 字母 (B) 被添加在线上。

307. 就像在 fols. 25*r*, 42*r* 与 44*r* 中所显示的那样, 相互连接的木梁被金属条带联系在一起。在 Columbia MS 中 ( 平面的文本在 xxxvIII,28), 塞利奥谈到了在这一方面法国木匠的能力。Fiore 提及 (*op. cit.*, p.109 n. 1), 类似的梁也出现在 Francesco di Giorgio 与 Giuliano da Sangallo 的设计中。也见 Book vII pp. 196–197。

308. 获得的结果 [ 意大利语中称为 *architravata* ( 有楣梁的 )], 被 Bramante 与 Raffaello 用于各种不同的场景中, 见 Fiore, *op. cit.*, p. 109 n. 2。

309. Rosci 提及 (*op. cit.*, p. 77) 这个中庭类似于 S. Angelo 的威尼斯 Pabzzo Cornaro–Spinelli 原来前方的中庭, 这个方案被认为是由 Sanmicheli

所设计的 (Vasari 提到过 )。

310. 即 1:7，遵循了 Book IV fols. 127，与 140，中建议的多立克柱式比例。

311. 在 Munich MS 中，文本为 zochi( 基座 )。

312. 即 1:8，遵循了 Book IV fols. 127，与 158v 中建议的爱奥尼柱式比例。

313. 这里是在 Munich MS 中第一次出现一个纪念性的法国老虎窗的"古典"诠释，在 Book VII pp.30–83 中有详细描绘。

314. 在 Munich MS 中，文本误写成"高度"。

315. 在 Columbia MS 中，塞利奥提及 Girolamo Genga 位于 Pesaro 的 Villa Impériale，以此结束他的讨论，见附录 1, Project XXXIX,28。

316. Columbia MS XXXVIII,28, XXXIX, 28, Vienna TW p. 34，。Columbia MS 将 Munich MS 中的地面层平面作为二层平面，而地面层则有一个四柱空间，四边环绕粗面石饰风格的敞廊——在 XXXIX 上给出了这些敞廊的立面 ( 在主立面上也有 )。Vienna TW 展现了 Munich MS 中的排布，但是屋顶的斜度更为现实。

317. 在 Columbia MS 中塞利奥提及的是 François I, 见附录 1,Project XL,29。

318. Project XXXIV, 表现了一个"理想"的绝对君主体制，在规模上预示了此后在法国 (Versailles) 与西班牙 (Escorial) 的类似方案，讨论见 Rosci, M., *op. cit.*, pp.77–78 ( 也见 p.82)，他认为 Leonardo 在 Codex Atlanticus (fols. 348，and 349，c) 的平面是一个来源。Fiore 注意到 (*op. cit.*, p.110 n.3) 这让人想起 Francesco di Giorgio ( 'M' fol. 20，) 的一个平面，尤其是 Peruzzi ( 见 Uffizi 529 A，) 所绘制的一种排布方式。它清楚地体现了 Pliny 的影响，塞利奥在 Vienna MS Project XVI fol. 5，( 附录 2) 中提到了他对别墅的讨论。关于这个设计也见 Du Colombier. P., 'L' Habitation', *op. cit.*, p.41。

319. 在 Munich MS 中，词语 ma una ( 然而，只有 ) 被添加在边上。

320. 在 Columbia MS 中，塞利奥添加道："所有为基础挖出的土方都应该放置在院落中，以提高地坪和节省开支，因为将这么多泥土运走是非常昂贵的。"

321. 在 Columbia MS 中，塞利奥将这个敞廊描述为展廊。

322. 使用"庙宇"而不是"教堂"或"礼拜堂"呼应了 Alberti 的做法，比如 v.6 [p.126]。这个设计可能反映了 Bramante's 'tempietto'，它位于罗马 Montorio 的 S. Pietro 内院中，在 Book III fols. 67r–68v 中描绘了这个建筑。至于 Leonardo 的在 Codex Atlanticus (fol. 349v) 的平面，八边形的庭院有一个中兴的礼拜堂与圣坛。

323. 塞利奥设计两个礼拜堂的理念，其中一个在另外一个上面，可能来源于他曾经在巴黎 Ile de la Cité 的 Sainte Chapelle 中看到过这样的布局。在 Columbia MS 中塞利奥详细描述了这个建筑，见附录 1,Project XLII,29。

324. 在 Columbia MS 中，塞利奥将这些敞廊描述为"展廊上的展廊"。

325. 即地面层的房间。

326. 在 Munich MS 中，文字为 modello; 见上面 fol.31v 注释。

327. Columbia MS XL,29, Vienna TW p.35v。在 Columbia MS 中有八边形的主厅与主要庭院的轴线对齐。

328. 在 Columbia MS 中 (XLI,29) 中这个立面上柱式的运用，吸收了 Château de Blois 的 Aile François Premier 的方式，见 Rosenfeld, M. N., 'Late Style', *op. cit.*, pp. 165–167. 也见 Guillaume, J., 'Serlio et l' architecture française', *op. cit.*, p. 68。

329. 即在法国。

330. 在 Book V fol. 2l4v 中定义为一个"半筒拱顶"：见 Vitr. v.x.1。

331. 这个设计类似于 Book IV fol.130v 中的塔司干 / 粗面石饰风格大门。

332. Columbia MS XLI,29, XLII,29,Vienna TW p.36r。在 Columbia MS 中，主要立面由多立克、爱奥尼、科林斯楼层组成。这里塞利奥描述可怎样将 tempietto 围合起来抵御坏天气。关于在马厩内院的主要立面上提及和谐的不一致，见附录 1。关于和谐的不一致的概念，见下方 fol.74；也参见 Book VII pp.122,168 ( 这里是一个完整的解释 ) 以及 p.232。也见导言，pp.xxiii–xxiv. 关于 Munich

MS 中这个自由放任设计的图像，见 Rosenfeld, M. N., *On Domestic Architecture*, *op. cit.*, p. 63。

333. 塞利奥在这里将他的两个题目 "in the countryside" 与 'outside the city' 混合在一起，在 Columbia MS 中，绘图上记录的题目是 'House for a King, enclosed by *loggiamenti* for gentlemen and officiais'。

334. Project XXXIX 的讨论，见 Rosci, M., *op. cit.*, p.79，他指向了 Leonardo(Codex Windsor 12591r, fol. 1507; 也见 Codex K, fol. 116v) 所做的，平台上一个带有圆塔的方形城堡的草图。塞利奥在这里放弃了在宫殿前方设置马厩庭院的安排，回到 fol. 19*r* 中描绘的中心集中式布局。中央住宅的平面又一次吸收了 Poggio Reale (Book III fol. 122*r*) 平面与一些法国城堡平面，比如 Chambord (1519—1539 年) 的希腊十字式平面；见 Rosenfeld, M. N., 'Late Style', *op. cit.*, pp. 158–159。也见 Du Colombier, P., 'L'Habitation', *op. cit.*, pp.42–43。

335. 平面上实际有两个入口。在 Columbia MS 中塞利奥建议设置三个入口，但绘图显示的是四个。

336. 这个台阶的设计是基于通向 Vatican 中的 Statue Court 的 Belvedere stair, 绘制于 Book IV fols. 119*v*–120*v*。

337. 即主厅 "C"。

338. 即第二层。

339. Columbia MS XLIII,30, Vienna TW p. 54*r* ( 在 Munich MS 中编号错误，见 Dinsmoor, W. B., *op. cit.*, p.126)。

340. 主要住宅立面很显然受到了 Chambord 的启发，而周围庭院建筑则体现了枫丹白露的影响。关于这个方案以及它与枫丹白露 Cour du Cheval Blanc 侧翼建筑 ( 可能为塞利奥设计 ) 之间的联系，见 Pérouse de Montclos, J.-M., *op. cit.*, pp.179–192。

341. 见上面 fol.11*v* 注释。

342. 即梁上表面到下表面的距离应该大于两侧边之间的距离，来获得更大的强度。关于这些梁，见上面 fol. 37*v* 注释。

343. 二层的房间此前是 21 尺，再上面的是 20 尺。

344. 这一共占据了 57 尺中的 53 尺，也就意味着地面是 4 尺，从而在圆屋顶下创造这第三个主厅。

345. 在 Columbia MS 中，塞利奥在这一讨论的结尾处强烈地暗示了 François I，认为他应该建造这个方案，见附录 1，XLIV,30。这个评论，甚至是措辞上，都非常类似于 Munich MS fol. 42*v* 中此后方案里提及 François 的地方。

346. Columbia MS XLIV,30; 不见于 Vienna TW。

347. 在 Columbia MS 中，文字为 "triumphs and fêtes"。

348. 这个 ( 最后 )Project XL 的讨论，见 Rosci, M., *op. cit.*, p.79。这个环绕椭圆庭院的平面可能受到了枫丹白露椭圆庭院的影响，它由 Gilles Le Breton 于 1538 年重新改造。也见下面的城市宫殿平面，fols. 64–64a; 关于其他的带有椭圆庭院的范例住宅，见 Book VII p.30。Francesco di Giorgio ( 'T', fols.19*r* 与 21*r*) 使用了圆形剧场模式，Pietro Cataneo 在他的 *I quattro primi libri di architettura*, Venice (1554), fols. 53*v*–54*r* ( 在命名为 'The Form of the circular Palace in an unusual Style' 的一章 ) 中也使用了。也见 Lotz, W., *op. cit.*; Rosenfeld, M. N., 'Late Style', *op. cit.*, pp.161–162。

349. 考虑到在一开始就提到了 François 的继承者 Henri, Munich MS 的这一部分显然被塞利奥在修订时 ( 在 1547 年之前 ) 略去了。在更早前的哥伦比亚版本中没有提及国王。关于城市中的国王住宅，以及以现在时态提及 François, 也见 fol. 66*v*。

350. 关于理想雇主，见 fol. 16*v*。

351. 关于塞利奥多罗马环形剧场的重建，见 "Book VIII" fol. 14*r*。关于大斗兽场中抬升的观赏平台，见 Book III fol.79*v*。

352. 这里的椭圆是遵循 Book I fol. 13*v* ( 不同于 "Book VIII" fols. 12*v* 与 14*r*, 那里的椭圆形是根据第三种 ( "两方形" ) 方法建造的 ) 中描绘的第一种方法 ( "等边三角形" ) 建造的。见 Lotz, W, *op. cit.*。

353. Columbia MS XLV,31 ( 文本遗失 ), XLVI,31,

Vienna TW p. 60,。在 Columbia MS 中，环绕的马厩院落是长方形的，进入建筑是通过主轴线上的拱廊。Vienna TW 通过楼梯与去除侧面入口强调了中心轴线。

354. 即在法国，这里与下面都是。

355. 在 Munich MS 中，文字是 *tempio*。这个词的使用（而不是其他地方所使用的"礼拜堂"）体现了这个方案的考古性特征。见上面 fol. 38, 注释。

356. 即竖向的，见 Book v fol. 212,。

357. 在 Columbia MS 中塞利奥写道："在这么大的建筑中，会有一些地方光线暗淡。但是，所有这些地方都会有次一级的光线，就像在很多外层墙依然矗立的古代建筑所能看到的那样。对于那些知道如何在 90° 或者斜角的方向安排开口的建筑师来说，他的开口将总是能提供适当的光线。"

358. Columbia MS ⅩLⅤⅡ, 31, Vienna TW p.50,。在 Columbia MS 中，建筑有额外一层。其中还有一个正立面以及贯穿整个建筑的剖面，外加内院的一个详细的立面。Vienna TW 重复了 Munich MS 中的这个楼层安排。

359. 在 Columbia MS 中文本写作"国家"。

360. 以下立面可能反映了 Alvise Cornaro 关于住宅建筑的论文（约 1520 年和 1550–1553 年）的影响。关于法国城镇住宅对塞利奥设计的影响，参 见 Du Colombier, P., 'L' Habitation', *op. cit.*, pp. 35–37 (on the concept of the 'workers' city'); Guillaume, J., 'Serlio et l'architecture française', *op. cit.*, p. 68。也见 Rosci, M., *op. cit.*, pp. 79–81; Carpo, M., 'Merchant dwellings', *op. cit.* ；这些房屋反映了极力减少单个住宅的街道立面的标准长条形哥特式场地，在许多中世纪城市中都有类似做法。塞利奥似乎没有采用位于地面层的大门直通位于房屋一侧的楼梯，同时在一层有两个窗户给主厅和主室采光的典型意大利中部哥特式露台住宅的做法。此外，他减少了通常的立面宽度（5–6 米）。根据 Guillaume（*op. cit.*,p.68）所述，除了塞利奥使楼梯占据过多立面空间以外，这非常像一个复制版的法式露台住宅。关于 Filarete 为一位工匠建造的房子，见他的第 12 书 fols. 86,<sub>r–v</sub>（未

绘图）。

361. 在 Columbia MS 中塞利奥添加道，应该在"壁炉的任一侧留出空间给大箱子或者保险柜"。

362. 关于塞利奥书中这一共享设施（井、烟囱、厕所）的概念，及其在单元（或家庭）建构中扮演的角色，见 Rosci, M., *op. cit.*, p. 79。

363. Columbia MS ⅩLⅤⅢ,A,Vienna TW p.1,,Ⅰ。在 Columbia MS 里记录在此方案图纸中的标题为"城市中贫穷工匠的单层住宅"。

364. 在 Columbia MS 中塞利奥提及"富人可以建造许多房屋用来出租"。

365. Columbia MS ⅩLⅤⅢ,B,Vienna TW p.1,,Ⅱ。在 Columbia MS 里记录在此方案图纸中的标题为"城市中贫穷工匠的单层住宅的另一个版本"。

366. 在 Columbia MS 中塞利奥提及"有时你会拥有一块城市中心非常贵的土地，在此处富人会倾向于将一些小房子换成一个大房子自己居住。"

367. Columbia MS ⅩLⅤⅢ,C,Vienna TW p.1,,Ⅲ。在 Columbia MS 里记录在此方案图纸中的标题为"城市中贫穷工匠的与其他不同的一个单层住宅。"

368. 在 Columbia MS 中塞利奥提及"有时你会看到一个小型的基地，与前面那个相似，让我们举例说它 40 尺宽，158 尺长。在这样一个场地上，你可以建造 24 幢小型的低矮的单层住宅……两口井，每条巷道一口，就足以服务于所有房屋。"

369. Columbia MS ⅩLⅤⅢ,D,Vienna TW p.1ⅴ, Ⅲ。在 Columbia MS 里记录在此方案图纸中的标题为"城市中贫穷工匠单层住宅的一个变体"。

370. 关于接下来的四个方案（ⅴ,ⅵ,ⅶ,ⅷ）见 Rosci, M., *op. cit.*, p. 80。

371. 在 Munich MS 中字母 Q 是后来添加的。在 Columbia MS 里塞利奥提及："如果场地允许，这可以成为一个小型的 *bottega*（商店／工作坊）。"

372. 在 Columbia MS 中此处以及下一个方案，这一布局颠倒了（内部厕所用于楼下，外部厕所用于楼上）。

373. 在 Munich MS 中文本写作 *suolo morto*,

意味"死去的"层。

374. Columbia MS xlviii,E,Vienna TW p.1ᵥ,v。在 Columbia MS 里记录在此方案图纸中的标题为"富裕工匠的底层和一层住宅"。同样在 Columbia MS 中此处以及下一个方案，塞利奥提及："使用此方案你可以建造一长街住宅"（在下一个方案中增加了"全部统一的"），见 Carpo, M., 'Merchant dwellings', *op. cit.*, p. 147。

375. 布局没有任何变化，但屋顶被分割以标记这里有两个主人，就像在最古老的巴黎和其他北欧城市的绘画中看到的那样。意大利风格的方案（v）因此从外观上说更加"社群化"。在 Columbia MS 中塞利奥注释道："通过使装饰类型符合各个国家的传统，这一类型的房屋可以用于所有国家。"

376. Rosci 提及（*op. cit.*, p. 80），尽管试图设计为"意大利风格"，这个方案（以及下一个方案）在布局上更加法国化——因为其庭院紧挨隔墙设置而不是在中心（被房间环绕）。

377. 在 Munich MS 中单词 è（是）是后来添加的。

378. 在 Munich MS 中文本误写作"楼下"。

379. Columbia MS xlviii,F,Vienna TW p.1ᵥ,vi。在 Columbia MS 里记录在此方案图纸中的标题为"法式风格房屋，同样带有一个一层，为同一人所作"。

380. 关于对塞利奥的出生地——博洛尼亚的凉廊及门廊之实用性的评述，见于 Book iii fol.122v。见 Rosci, M., *op. cit.*, p. 80。

381. 在 Columbia MS 中塞利奥曾提及门廊的实用性，见附录 1，Project xlix,G。

382. Fiore 提及（*op. cit.*, p. 122 n. 3)门廊的出现、场地的宽度（大约为 5 米）以及内部楼梯的位置，反映了博洛尼亚的连续住宅。门廊有使这些意大利城市规范化的作用，在其后表达的是不同的富裕程度，这一角色是由法式三角山墙做到的。在 Columbia MS 中展示了两个门廊，一个有 5 根柱子另外一个有 6 根，并且"业主可以根据他的喜好来选择"。

383. 在 Columbia MS 中，塞利奥提及楼上的

家庭可以拥有门廊上方的额外空间。

384. Columbia MS xlix,G，Vienna TW p.2r,vii。在 Columbia MS 里记录在此方案图纸中的标题为"更加富裕商人的带有底层和一层的住宅"。插图同时展示了 Munich MS 中 6 根柱子的门廊，以及在此处被忽略的 5 根柱子的版本（有一个随意的中柱）。

385. Project vii（Columbia MS xlix,H）的双坡屋顶体现了昂热的亚当之家（Maison d'Adam）的示范作用，见 Du Colombier,P., 'L' Habitation', *op cit.*,pp.35–37。

386. 在手抄本中误将这个字母标为一个批改记号。

387. 这在平面中被标为一个正式的花园。Guillaume（*op. cit.*, p. 68) 提及"这样正式的城市住宅规划（庭院和花园）与当时的法国住宅建设情况并不相符。"

388. 在 Columbia MS 中塞利奥提及"对于这些类型的住宅，因为有烟囱和井，你需要成对建造它们"。

389. Columbia MS xlix,H. Vienna TW p.23,viii。在 Columbia MS 中没有正式的花园。

390. 在 Columbia MS 里记录在图中的标题为"富裕工人或成功商人或者市民的住宅"。

391. 在 Columbia MS 中塞利奥添加："它们在一致性和附属物上更加趋于完美"。

392. 关于此方案（ix）以及 Columbia MS 中一致的案例（xlix,I 和 K），见 Rosci, M., *op. cit.*, p. 80; Carpo, M., 'Merchant dwellings', *op. cit.*, pp. 143–145。关于菲拉雷特为商人设计的住宅，见于他的第 12 书 fols. 85v–86r（平面和立面）。

393. 在 Columbia MS 中塞利奥注明门廊的进深应和其两侧房屋的门廊相匹配。

394. 狭长的中心前厅和庭院是古罗马中庭式住宅的基本特征 [ 见于 Fra Giocondo's *Vitruvius* (1511), fols. 63r, 64v; Cesariano's *Vitruvius* (1521), fol. xcvii r]。见 Pellecchia., L., *op. cit.* 也见塞利奥的兵营方案，"Book vii" fols. 11r–12r, 15r–16v。

395. 此处及下文是塞利奥书中罕见的关于墙厚的说明。见 Rosci, M., *op. cit.*, p. 61。

396. 在 Munich MS 中原文使用了"*boteghe*"一词（商店 / 作坊），包括此处及下文。

397. Munich MS 中 *e mezzo*（以及一半）一词是后来添加在文字上方的。

398. 此处以及整幢房子中除后门廊外的其他开间尺寸之和都是 61 尺，比相邻两侧房屋间距宽 1 尺。

399. 这似乎暗示了相邻住宅的平面与之相异。在 Columbia MS 中塞利奥指出，比邻"楼梯所在地，应是一条小巷或者庭院——我们可以寄希望于这里正好留作空地或者有时会有不得进行建设的责任约定"。

400. 即"垂直的"。也见于 Book v fol. 212*r*。

401. Fiore 提 及 (*op. cit.*, p. 124 n. 2)Giuliano da sangallo 方 案 是 个 先 例 (Biblioteca Apostolica Vaticana, codex Barb. Lat. 4424 fol. 9*r*)。

402. Columbia MS XLIX,I, Vienna TW p. 4*r*,XI。在 Columbia MS 中塞利奥说明了他不想为这个住宅划分等级的原因，见附录 1。

403. 关于连续细节减少四分之一的问题，见以上 fol.9*v* 的注释。

404. 在 Munich MS 中"xxx"是后来添加的。

405. Columbia MS XLIX,K, Vienna TW p. 4*r*,x。在 Columbia MS 里该房屋立面上有更多窗户并且采用了木结构，适合（如 Columbia MS 所述）"英格兰这个人们特别喜欢充裕阳光的地方"。在 Columbia MS 中塞利奥同时指出如果采用石结构，那么应该像慕尼黑方案那样只开三个主要的窗户。关于这一节见 Carpo, M., 'Merchant dwellings', *op. cit.*, p. 144。

406. Project x 体现了诸如 Maison du Sept Rue des Marches at Reims 的山墙等此类案例的特点（也见 Columbia MS 'K'）；见 Du Colombier, P., 'L' Habitation', *op. cit.*, pp. 35–37。

407. 关于法式"舒适"与降低屋顶高度有关这一概念，见 Carpo, M., 'Merchant dwellings', *op. cit.*, pp. 141–142，也见于下文 fol. 74*r*。

408. 即那些位于二层的窗户。

409. 手抄本中误将这一数据记为"XVII"。

410. 在 Columbia MS 中塞利奥就商人这一主题进行了说明，他提及"由于商业活动可以带来巨大利润，商人的住宅和生活条件可能比一些绅士还要好。"

411. 在 Columbia MS 中这个门廊的进深与其两侧门廊进深相同。

412. 即楼上的通道。

413. Columbia MS L,L, Vienna TW p. 6,,XI。Columbia MS 中省略了背立面和花园平面。Vienna TW 中有这些图，除了前、后立面外还有庭院立面，甚至包括将庭院一分为二的凉廊。在 Columbia MS 中也确实提到了这样一个凉廊的可行性。

414. 关于曲线三角山花的替换方案，见上文 fol. 3*v* 注释（Project VII）。也见下文 fol. 62*v* 的注释。

415. 关于连续细节减少四分之一的问题，见上文 fol.9*v* 注释。

416. 即每一层的小型高窗。

417. 此处及下文是塞利奥书中罕见的关于墙厚的说明。见 Rosci, M., *op. cit.*, p. 61。

418. 这样一来该房屋的总面宽为 67 尺，而非上文所述的 63 尺。

419. Columbia MS L,M, Vienna TW p.5,。Columbia MS 省略了背立面。Vienna TW 用花园立面（及剖面）替代了背立面。

420. 可能是反映了 Hôtel de Ville at Amboise 的坡屋顶（同时建于 Columbia MS 'M'）；见 Du Colombier, P., 'L'Habitation', *op. cit.*, pp. 35–37。

421. Vitr. v.i.3 and v.vi.6。关于连续楼层（及细部）减少四分之一的问题，见上文 fol. 9*v* 注释。

422. 即指法国。

423. Fiore 提及（*op. cit.*, p. 128 n. 1）此处塞利奥并未提到（也许是有意为之）任何一座各楼层等高的 16 世纪罗马宫殿或 15 世纪末宫殿（例如 Mantua 的 Domus Nova 和罗马的 Cancellaria），也没有提到二层层高大于一层的 Ferrara 钻石宫( Palazzo dei Diamanti )。塞利奥 Book v 中还有许多其他未能遵守维特鲁威准则的地方都未明确标注。

424. Columbia MS 中此方案仅为三层。

425. Munich MS 里"XII"这一数字看起来像后来添加上去的。

426. 关于这一节请见 James Ackerman in

Rosenfeld, M. N., *On Domestic Architecture*, *op. cit.*, p. 12. 手抄本中误从此另起一段。

427. 这个方案带有 Book VII pp. 156–159, 168–171 所述的改造性质。

428. 即两侧墙共厚 5 尺。

429. 这样一来该房屋的总面宽为 70 尺，而非上文所述的 72 尺。

430. Columbia MS LI,N（正文缺失），Vienna TW p.8*r*。Columbia MS 省略了庭院剖面、花园平面以及凉亭细部。

431. 尽管一些位于庭院背立面（图 D）的窗户和壁龛的确可以开合，院墙（在平面中同样标记为 D）上的那些全部都是假的。

432. 此处及下文是塞利奥书中罕见的关于墙厚的说明。见 Rosci, M., *op. cit.*, p. 61。

433. Munich MS 中字母 "A" 是后来添加的。

434. Columbia MS LI，O（正文缺失），Vienna TW p. 7*v*,XIII。Columbia MS 省略了庭院立面和花园平面，金字塔形屋顶和天窗也只画出了一部分，不过该手稿中保存了一份凉廊的剖透视图。

435. 关于法式"舒适"与大量窗户有关这一概念，见 Carpo, M., 'Merchant dwellings', *op. cit.*, pp. 141–142, 具体到此处的设计见 pp. 145–147。不过 Guillaume 质疑塞利奥将这一风格称作"巴黎式"，他更倾向将此类型的立面归于佛兰德斯地区。也见 Babelon, J. P., *Paris au xvi siècle* (1987), 后续发展见于 Babelon, J. P., *Demeures Parisiennes sous Henry IV et Louis xiii* (1991)。

436. 即人行铺地。

437. 手抄本从此并没有另起一段。

438. 关于这个方案（xv）见 Rosci, M., *op. cit.*, pp. 80–81, 书中将其形容为"最伟大的进步之一……由 16 世纪建筑带来的，从宜居性（即它的"价值"）的角度去思考民用建筑。"这座"独门独户"的住宅可以与 fol.9*r*（Project XII）中的别墅相比较，塞利奥在此处采用了威尼斯风格的平面布局。关于 Filarete 的绅士住宅可见他的第十一书 fols.84*r*( 平面 )，84*v*( 立面 )。

439. Columbia MS 原文记有——我在此度过了人生中的一段好时光。

440. 关于塞利奥在威尼斯的旧识见导言，pp. x–xi。见 Serlio 和 Aretino 在 Book IV 介绍信中的评论。同时见于 Olivato, L., 'Per il Serlio a Venezia: documenti nuovi e documenti rivisitati', *Arte Veneta*, vol. 25 (1971), pp. 284–291; Howard, D., 'Sebastiano Serlio's Venetian Copyrights', *Burlington Magazine*, vol. 115 (1973), 2, pp. 512–516; Rosenfeld, M. N., *On Domestic Architecture*, *op. cit.*, pp. 18–19; Günther, H., 'Studien zum Venezianis chen Aufenthalt des Sebastiano Serlio', *Münchner Jahrbuch der bildenden Kunst*, vol. 32 (1981), pp. 42–94; Onians, J., *Bearers of Meaning* (1988), pp. 299–301; Tafuri, M., 'Ipotesi sulla religiosità di Sebastiano Serlio', in Thoenes, C. (ed.), *op. cit.*, pp. 57–66;Tafuri, M., *Venice and the Renaissance* (trans., 1989 ed.); Concina, E., *Navis. L'umanesimo sul mare (1470-1740)* (1990)。

441. 相似言论见 Book IV fol.153*v*。

442. 即威尼斯 *portego*。见术语表。

443. Columbia MS 中塞利奥指出这个入口"实际上在大运河之上"。类似关于出入口的评论见于 Book VII p.184。

444. Columbia MS 明确指出这个地方可以放三张床给孩子们和他们的保姆。

445. 如以下剖面（fol.53*r*）所示，此图只展示了上层部分。

446. 在 Columbia MS 中塞利奥提及"这个楼梯平台是用来进入夹层的，因为在这个城市里由河水的缘故没有人住在底层。底层用作储物、酒窖或其他必要功能。在这些房间之上是装饰华丽的夹层。"关于同一个方案（见于 LIII,P）塞利奥再次指出威尼斯地区的夹层通常带有布满雕刻、鎏金和绘画的木质平天花。

447. 在 Columbia MS 中塞利奥提及"按照传统，在庭院的一侧有露天的楼梯梯段"。

448. 此处反映了威尼斯（而不是法国）贵族的传统礼节。

449. 一个相似的设计见于 Book VII pp.242–243。

450. 即主楼梯 "E"（见 fol.53*r* 的剖面）。

451. 正如 Fiore 所说 (*op. cit.*, p. 134 n. 2)，塞利奥曾不止一次将不同楼层画在同一张平面上。实际上，一层的其中一个门 'S' 在图中是看不见的，它或者通入庭院，或者连接通向地下室的楼梯。

452. Munich MS 中误将其写作 'S'。

453. Fiore 提及（*op. cit.*, p. 134 n .3）在浴室和蒸汽室楼上设置礼拜堂可能是受到了 Palazzo Ducale in Urbino 中浴室布局的影响。

454. Columbia MS LII,P, Vienna TW p.27*v*。

455. 在 Columbia MS 中塞利奥指出继续建造楼梯会妨碍面对庭院的大窗户。

456. Columbia MS LLI,P( 剖面 ),LVI,P( 正立面 ), Vienna TW p.28*r*。

457. 关于类似的威尼斯立面模型，见 Book IV fols. 153*v*–156*r*, 177*r*–*v*. Rosenfeld 在 *On Domestic Architecture*, *op. cit.*, p. 34 将此立面与 Mauro Codussi's Palazzo Vendramin–Calerghi 进行了比较。Columbia MS 里塞利奥为他在此立面中并不完全严谨的装饰进行了辩护，见附录1，Project LVI,P。

458. Munich MS 中写作 "空心格"。

459. 在 Columbia MS 中塞利奥建议主要房间降低高度（实际上其与门廊高度相同），采用木质镶板藻井天花（如图 LIII,P 所绘），使其高度与宽度相同。相似的天花和雕带（后退达 6 尺！）出现在 Project LVI,P。关于威尼斯天花以及塞利奥为 Sala della Libreria in the Palazzo Ducale 设计的天花见 Book IV fols.192*v*–193*v*。

460. 在 Book IV fol.155*v*,188*v*–189*r*( 图 A ) 中出现的建议。考虑到外墙会因此变弱，塞利奥并不赞同威尼斯式的悬挑阳台。

461. 见上文 fol.11*v* 注释。

462. 也就是说，如果将 "非正统气窗" 与其下的窗户合二为一，则该窗户在竖直方向上过长。

463. 关于连续细节减少四分之一的问题，见上文 fol.9*v* 注释。

464. 在 Munich MS 中单词 *di*( 即 of) 是后来添加的。

465. 混合柱式檐壁上的中楣，其灵感来自于大斗兽场的顶层，见 Book IV fols.183*r*–*v*。

466. 在 Columbia MS 中塞利奥紧接着讨论了阁楼高度与房间高度的关系，见于附录1，Project LV,P。

467. 在 Columbia MS 中（Project LVI.P），谈到立面中央大型窗这一主题时，塞利奥指出，顶层檐口以上的布置在作为装饰的同时增加了便利性。其实许多屋顶之上——实际上是所有屋顶之上——都有木质格栅围合而成的屋顶平台以充分利用阳光。不过这种做法与如此高贵的住宅并不相称。关于这类格栅参见 Book IV fol.165*v*。

468. 在 Columbia MS 中塞利奥提供了一份如何在威尼斯建设酒窖以便夏季时保持藏酒凉爽的说明，见于附录1，Project LIII,P。

469. 关于此处及以下 Project（XVI、XVII）见 Rosci, M., *op. cit.*, p. 81。Fiore 提及 (*op. cit.*, p. 136 n. 2) 这座为威尼斯贵族设计的住宅及其中央庭院，与小 Antonio da Sangallo 在罗马所做的 Palazzo Farnese 十分相像。在 Columbia MS 里，庭院的凉廊由简单的立柱组成，如最早由 Bramante 在罗马的 Palazzo Castellesi 中所用的那样，而不是此处采用的圆柱，塞利奥对这两种方案表现出了一种令人费解的无动于衷。在此手稿中塞利奥指出这个方案 "与前幢住宅是在同一个平面上进行分隔布局的，他们有着同样的正立面开口以及后部凉廊，但其他部分的分隔方式却十分不同。" 手抄本在此处没有另起一段。

470. 关于 Château–fort Mauline（其平面由塞利奥所做）的楼梯井，见 Miller, N., 'Musings on Mauline: Problems and Parallels', *The Art Bulletin*, vol. 58 (1976), pp. 196–214。也见 *quaestorium* 的平面，'Book VIII' fol.4*v*。

471. Columbia MS 中塞利奥提及这些房间可用作 "蒸汽室、浴室、礼拜堂、书房及类似功能"。

472. 在 Columbia MS 中塞利奥提及这个立面同样可以面对大街。

473. Columbia MS LIV.P, Vienna TW p.31*v*( 展示了花园的一部分 )。在 Columbia MS 中塞利奥指出 "此宅不仅用于威尼斯，同样也可用于其他任何地区。拥有大量门窗的这幢房屋永远也不会过时，考虑到大风或严寒天气可密封其中一些开口"。在 Munich MS 中这最后一句话似乎是后来添加的。

474. 即 fol.52*r*。

475. 这个立面与此平面的主立面并不相符。它看起来似乎与方案 xv 和此方案（xvi）（但是这一背立面已在此页中以图 C 的形式绘出）的背立面更加匹配，仅此二者带有门廊。Columbia MS 清晰的展示了正立面（LVI,P），并且塞利奥在此提及"以下立面适用于我上文提到的两个平面。"

476. 即 1:7½，比 Book IV fols. 127*r* 和 140*r* 中推荐的多立克柱式 1:7 的比例略微细长。

477. 也就是说拱券加上拱形线脚的高度即为凉廊的高度。

478. 手抄本误为 *un piede*(1 尺)。

479. 这一技术被广泛采用，并且在 Book IV fols. 151*v*, 152*v*, 166*r* 中被绘制于门廊之上。

480. 这与 Book IV fols.127*r* 和 158*v* 中推荐的爱奥尼柱式比例 1:8 相匹配。

481. 在 Munich MS 中单词 *piedi*（尺）是后来添加的。

482. 即 1:10，这一比例比 Book IV fols.127*r* 和 169*r* 中推荐的 1:9 的科林斯柱式比例要细长得多。

483. 关于连续细节减少四分之一的问题，见上文 fol.9*v* 注释。在 Columbia MS 中塞利奥用互相搭接的石砌块构成了上层楣梁，见附录 1，Project LVII,P。

484. Columbia MS Project LV,P 中的凉廊与此处敞廊的底层和一层都不相同。在一层中壁柱（在方柱之上）被延长以支撑一个被柱头打破的檐部，塞利奥自己认为这一手法有一些"小小的越矩"。Fiore 推测 (*op. cit.*, p. 138 n. 3) 这一做法来自 Francesco di Giorgio 设计的 Palazzo Ducale in Urbino 的底层大门至螺旋坡道部分。关于这一放任手法的论述，见 Rosenfeld, M. N, *On Domestic Architecture, op. cit.*, pp. 63–64。

485. 即 1:7，这一比例比 Book IV fols.127*r* 和 127*v* 中推荐的 1:7 的塔司干柱式比例要细长得多。

486. 在 Columbia MS 中（Project LV,P）塞利奥建议在露台下方设置一个"死"拱券（即图中空的部分），"这样湿气和雨水便不会轻易下渗"。他同时对实用性与 decorum 的结合做出了评价，见附录 1，Project LV,P。

487. 在 Columbia MS 中（Project LV,P）塞利奥指出："进入阁楼区域以增加门廊高度不是不可以，但应留给业主去判断。事实上，无论设计做得有多好，都永远不会得到一丝不苟的执行。"

488. Columbia MS LV,P(剖面),LVII,P(背立面)，Vienna TW p.32*r*( 此处 Munich MS 的立面是重复的 )。关于 LV 反面的铅笔画稿（Project LXVII?）参见附录 3。

489. 关于装饰与壮丽之间的关系这一议题，见 Carpo, M.,'Merchant dwellings', *op. cit.*, p. 144。Aristode 关于建筑壮丽的理论见 Onians, J., *op. cii.*, p. 124。也见前言 pp.xxi–xxvi。

490. 手抄本在此处没有另起一段。

491. 此处及下文是塞利奥书中罕见的关于墙厚的说明。见 Rosci, M., *op. cit.*, p. 61。

492. Columbia MS 正文有"活石"，见下文注释。

493. 在 Columbia MS 中塞利奥解释了这句话，他指出砖砌体应首先在阳光下晒干，接着用大量柴火进行烧制。

494. Columbia MS 正文中有"罗马和意大利其他地方的历史遗迹"。在所有案例中，塞利奥似乎想到的是 Book IV fol.131*v* 中描绘的 SS. Cosma e Damiano 的砖砌搭建做法类型。

495. Alberti 的"复活"（*redivivus*），一个用来形容含有"生命"或"生命力"的石头的词语。例如，见 Alberti, x.4 [p. 328; 也见 'Tough stone' pp. 425–426], 也见 Book III fols. 72*v* 和 93*v*，以及 Book IV fol. 188*v*。

496. 在 Columbia MS 中塞利奥提及"当前厅与走廊之间的门关闭时，这个房间就与此宅中的其他部分隔离了。"

497. Fiore 提及 (*op. cit.*, p. 140 n. 1) 通过采用前厅、走廊、庭院的空间序列——以及通过使用这些名称——塞利奥避免了重复 Raffaello 将维特鲁威式中厅（Vitruvian atrium）与庭院区别对待的错误。

498. 在 Columbia MS 中塞利奥另行指出："这个（浴室）应该采用古代的方式从下方加热。"

499. 在 Columbia MS 中塞利奥增加了用于货车及马车的一个门廊的细节，见附录 1，Project LVIII.Q。

500. Columbia MS LVIII,Q，Vienna TW p.14r。Columbia MS 中的庭院是矩形的，尽管塞利奥在文中称其为完美的正方形。

501. 在 Columbia MS 中塞利奥补充道："但是混合着古典风格。"

502. 在 Munich MS 中 "*piedi*"（尺）一词是后来添加的。

503. 在 Columbia MS 中，塞利奥讨论了气候与房间层高的关系，见附录 1，Project LIX,Q。

504. 见以上 fol.11v 注释。

505. 关于法式天窗，见 Book VII pp. 80–81。关于法式"舒适"与天窗有关这一概念，见于 Carpo, M., 'Merchant dwellings'，*op. cit.*，pp. 141–142。

506. Columbia MS LIX,Q，Vienna TW p.13v。Vienna TW 中只有正立面。Rosenfeld 将 Columbia MS 中的立面与罗马的 Palazzo Farnese（在 Michelangelo 加建之后）进行了比较，见 *On Domestic Architecture, op. cit.*, p. 34。

507. 在 Columbia MS 中塞利奥提及 "如果该住宅为三层，那么在'层叠凉廊'之上必须要有露台。但如果业主满足于两层的话，建造单层凉廊及其上露台就足够了。"

508. 手抄本误，将 'che sono piedi XVIII per l'altezza del segondo suolo. Sopra questa loggia...' 标为 'che sono piedi XVIII. Per l'altezza del segondo suolo sopra questa loggia...'。

509. 在 Columbia MS 中，塞利奥提及 "鉴于其宽度，这些凉廊不应用石材起拱。地板应采用木质，第二、三层的楣梁由木材制成，支撑楣梁的是采用附近最合适材料制成的柱子。一层当然应该上好的石材起拱，同样由于其长度合适，楣梁也应采用石材。"

510. 手抄本误将 'nella muraglia, così da alto come da basso. Li pilastri...' 写作 'nella muraglia; così da alto come da basso, li pilastri...'。

511. 这与 Columbia MS（Project LIX,Q）中的图相关。上文 Munich MS 中关于低层凉廊的描述的确与（Munich）手稿中的插图相匹配，这一作品确实并未出现在 Columbia MS 里。

512. 即藻井镶板。关于木质楣梁见 Vitr. III.iii.5。Rosci 提及 (*op. cit.*, p. 81) 其可能受到 Peruzzi 在罗马 Palazzo Massimo 第一个内院中的短廊的影响 [ 这一方案的图纸——立面、剖面和庭院平面——在 Uffizi 被认为是塞利奥所绘（Uffizi 372A, 372Ar, 367A）]。

513. Columbia MS 中没有 "其中他们的数量可与伯爵和最高贵的骑士相类比" 这句话。

514. 见上文 fol.2v 注释。

515. 在 Columbia MS 中塞利奥添加："特别是在教皇统治下的土地和城市。"相似的评论见上文 fol.12v（雇佣军乡村住宅）。

516. Fiore(*op. cit.*, p. 142 n. 4) 误将 "*disensioni*"（破碎的）一词的冷僻用法解释为 "*decadenze*"（衰落）。实际上塞利奥将其用作 "*dispersioni*"（分散）的同义词，Columbia MS 解读。

517. 关于雇佣军及其乡村住宅（方案 XIV），以及塞利奥从 Machiavelli 那里借用的关于这些人物的善与恶，见上文 fols.12v–14r。关于此方案见 Rosci, M., *op. cit.*, p. 81，他指出，至 1550 年代，这幅关于雇佣军的描绘对于意大利来说已经有些过时了。但是却预示了天主教与胡格诺派（同时也是洛林 – 吉斯和波旁王朝）在法国的纷争。在 Columbia MS 中 "上级" 允许雇佣军建造坚固的围墙。

518. 在 Columbia MS 中塞利奥添加："我不希望其面对广场，以免敌人大量聚集且带来有木结构防护的火炮。出于同样的原因大门也不应面对街道。"

519. 即亲王或总督的府邸。

520. 手抄本误将 *atti*（行为）写作 *arti*（托词）。关于塞利奥手稿中 –rt– 和 –tt– 的不同，见 Rosci (*op. cit.*, fol. 57,) 中的正文复写，*tutte*（atti 之下三行）和 *morti*（其下五行）。*Atti* 也是从 Columbia MS 中使用的。

521. Fiore (*op. cit.*, p. 143 n. 3) 误将其注释为

雇佣军不应该以山贼、恶人和罪犯为其下属。

522. 见 Machiavelli 的 *The History of Florence*, Book I ,chap. 39 "雇佣兵"列表 [ 见 *Machiavelli: The chief works and others, op. cit.*, vol. 3, p. 1079]。

523. 见上文 fol.12*v* 注释。

524. 见上文 fol.13*v* 注释。

525. 沥青和硫磺制成球体并点燃，用于海军战争，在意大利语中被称作 *fuoco greco*（希腊火）。

526. 与隼炮类似的一种火炮，采用 8-20 磅的炮弹。

527. 在 Columbia MS 中（Project LXI,R），塞利奥提及："宫殿方面，因为惧怕人民的怒火（比如在此情况下博洛尼亚群众可怕的暴乱）会十分愿意进行休战。"

528. 此处我们回到了 fol.8*v*( 也见 fol.55*v* 走廊代替中厅的部分 ) 的注释中前厅、中厅、庭院的空间次序。在 Columbia MS 里塞利奥指出离开中厅 D 的旋转楼梯应为逆时针，这样"楼上的防御者的弱点可以隐藏而楼下敌人的弱点将会暴露"。所有旋转楼梯都应这样安排。

529. 即小房间"G"。

530. 在 Columbia MS 中塞利奥提及"这个庭院并未如别处一样环绕以敞廊，这样是为了使其更加宽敞以方便进行持续的军事演习，同时在需要防御的时候可以更好地布阵而不会被两侧柱子妨碍。"

531. Fiore 提及 (*op. cit.*, p. 144 n. 5) Cesariano 的 *Vitruvius* (1521), fol. CIIIr 中底层前厅 / 大厅的布局与此相似，同时 Galeazzo Alessi 在米兰的 Palazzo Marino 中也采用了这种布局方式。与 fol.16*r*（project XIII）的别墅相同，后门是防御最薄弱的地方。

532. Columbia MS LX,R, Vienna TW p.25*v*。

533. Columbia MS 中塞利奥将这些位于前部的房间称为"公共 *ridotto*"（即"交易厅"）。

534. 在 Columbia MS 中塞利奥提及"出于房屋安全考虑，这些位于一层的窗户需要安装栅栏。高处的窗户因为离地面较远，所以无须栅栏，并且在防御立面时可以从此处投掷岩石及其他重物。"

535. 见上文 fol.11*v* 注释。

536. Columbia MS 中此宅共有三层，塞利奥提及"这些高度与 Vitruvius 的论述不同，但考虑到可居住性，这样的安排还是合适的。但是的确，对于其长度和宽度来说，前厅太矮了，如果能将其稍微拔高，比如一层前厅 25 尺、二层 21 尺、三层 16 尺，并且小房间均设置夹层，那么这幢房屋会更加敞亮并且有更多可以居住的房间"。

537. 关于塞利奥对于"折中路线"的偏好，见导言，pp.xxi–xxvi。也见 Book VII, p.126。

538. 关于法式"舒适"与利用加大坡度的屋顶有关这一概念，见 Carpo, M., 'Merchant dwellings', *op. cit.*, pp. 141–142。

539. Columbia MS LXI,R，Vienna TW p.26*r*。在 Columbia MS 中三层中的最下层没有使用粗面石饰立面，如细部 A 和 N 所示，天窗也被省略了。

540. 在 Columbia MS 中塞利奥提及这些地下部分"实际上在很多地方我将其设置为马厩并且运行得很好。如果这幢房屋临近荒芜且无法居住的灌木丛地，或者紧挨着湍急的溪流，又或是处于山地（正如我在这座城市中多次见到的那样），在万不得已的情况下人们可以从密道逃走，这样也是很好的。但是不能对此太过依赖。与其这样不如在标记为 P 的部分（在 Munich MS 中标记为 R）躲避一些时日，因为在那里可以活下去，还能骚扰敌军"。

541. 在 Columbia MS 中（Project LX,R），塞利奥提及"楼梯梯段下方应该设置一条通道，以便一侧的人到另一侧提供援助。同样的，如果不得不放弃住宅前部，两侧的门可以用铁闸门（在墙内）封闭，人们通过秘密通道可抵达庭院以加入其余人中。"

542. 即如剖面及平面( 此处省略 ) 上所标记。

543. 关于塞利奥对罗马城市广场的重建，见 'Book VIII' fols.7*v*–10*v*。

544. 在 13 世纪、14 世纪的意大利城市，*podestà* 是一位拥有法律与军事力量并领导公民共同体的地方行政官（执政官）。他通常并非出自此共同体，并且任期往往很短。从法国的视角看，这个方案象征着商人和中产阶级（资产阶级）力量的增长——特别是在塞利奥于 1550 年代居住过的城市里昂。关于由中产阶级选举出来的法兰西 *prévot*，见 Frommel [née Kühbacher]，S., *op. cit.*, p. 349。这个设计同时与威尼斯的 *broletti* 和 *basiliche*（相对于意大利中部的 *palazzi comunali*）有关。事实上此方案与 Palladio 的维琴察巴西利卡十分相似，为了该方案的重建维琴察公社曾在 1539 年举办过一个竞赛（Palladio 获胜）。鉴于塞利奥参加过这个竞赛，那么也许此处的方案反应了他的设计——Columbia 立面方案 LXIV.S（底部）和 Munich 立面 fol.6r（底部）与 Book IV fol.154r 的立面非常相似，有时也与塞利奥的维琴察巴西利卡方案等同。关于此处 *podestà* 的设计与博洛尼亚 Maggiore 广场上类似建筑 [Columbia MS LXII（平面）和 LXIV（立面）] 的关系，见 Moos, S. von, 'The Palace as a Fortress: Rome and Bologna under Pope Julius II', in Millon, H. A., Nochlin, L., *Art and Architecture in the Service of Politics* (1978), p. 65;Tuttle, R. J., 'Sebastiano Serlio bolognese', in Thoenes, C. (ed.), *op. cit.*, p. 24。也见 Book VII pp.158–159。关于此方案（XIX）见 Rosci, M., *op. cit.*, pp. 81–82; Rosenfeld, M. N., *On Domestic Architecture, op. cit.*, p. 60 [ 将平面与 Palladio 在罗马的 Palazzo dei Tribunali 相对比（始于 1508 年）]。关于 Filarete 的 *podestà* 设计，见他的 Book X fols. 71r–v, 75r。关于塞利奥对罗马 *praetorium* 的重建，见 Book VIII fols. 1br–4r。

545. 在 Columbia MS 里塞利奥提及 "执政官宅邸在 *forum* 中是恰如其分的，也就是说在广场中。" 很明显他将古代 *forum* 与当代城镇中的主广场联系在一起。

546. 在 Munich MS 中正文中写作 *bot[t]eghe*（商店或作坊），此处及下文。

547. 即 *fandaco*，比如说著名的威尼斯 Fondaco dei Tedeschi。关于商店面对论坛，见 Vitr. v.i.2。关于塞利奥在里昂的商人敞廊见 Book VII pp.192–195。

548. 即长边。

549. 即指庭院，之前未定义。自然地，Columbia MS 正文写道："在前厅的左右手边是标记为 D 的办公室。这些空间是给办事员和其他公证人用的。从这里可以来到敞廊 E。"

550. 在 Columbia MS 中塞利奥提及 "这些是用来做生意的。"

551. 半圆形殿堂反映的是古罗马巴西利卡中类似空间里的法院功能。

552. 尽管此楼梯是通向上层的，底层平面图中仍将其完整绘出。

553. Munich MS 正文此处再次出现 *bot[t]eghe*（商店或作坊）。此类木门在这一时期用于佛罗伦萨的 Palazzo della Signoria 的庭院中。同时见于 Book VII p.184 和 Book VIII fol.7v 论坛中的商店。

554. 在 Columbia MS 中（Project LXIV,S）塞利奥指出此钟可在遭遇袭击或发生火灾时示警。

555. 手抄本误将 *Quest[o] è*（这是）写作 *Queste*（这些）。Columbia MS LXII,S, Vienna TW p. 39v。

556. 即 1:6，比 Book IV fols. 127, 和 158v（其规模约为 37 尺）推荐的 1:8 的爱奥尼柱式比例要矮胖许多。

557. 关于此原则见 Book IV fol.187r–v。

558. 关于檐壁间的飞檐托饰见 Book IV fol.170r。

559. 即第三层。

560. 在 Columbia MS 中（Project LXII,S），塞利奥提及："门廊之上应该是一个大型主厅 25 尺宽——因为墙壁并不厚。根据场合的不同，此处可用于城市议会（general council）或民众节日。" 塞利奥稍后提及（LXIV,S）"此主厅的墙壁应设置较多壁龛以便执政官将文书存放于此。"

561. Columbia MS LXIV,S, Vienna TW p. 40r。在 Columbia MS 中主立面为两层带阁楼，庭院楼梯从中间向两侧升起而不是从两侧到中轴。剖面穿过主厅，而并非像此处的 Munich MS 那样穿过庭院。在 Vienna TW，背立面缺失并代以一张主厅剖面。在 Dinsmoor, W. B., *op. cit.*, p. 126 和 Rosenfeld, M. N., *On Domestic Architecture, op. cit.* (1978& 1996 eds.)，（以及 Fiore, F. P., *op. cit.*, p. 148 n. 1), 在 Columbia MS 中方案 LXIII,S( 正文缺失 ) 误与 *podestà* 方案 S 相关联 [ 可能是参照

绘图中粗略的意大利语注释将立面和简介归至 'potestà'（sic）]。此页实际上为方案 W 的细节，见下文 fols.70v 和 71v 注释。

562. Fiore 提及（op. cit., p. 149 n. 1）楼梯和空间布局反映了 Francesco di Giorgio 关于 'palazzi di republice' 的第二个方案（'M', fol. 23v）；此处的两个梯段与中间的楼梯平台可能受到 Vatican Belvedere 中央楼梯的启发，他们同时与 Michelangelo 在罗马 Campidoglio 的 Palazzo Senatorio 相一致，建于 1547 年（见 Moos, S. von, op. cit., p. 65）。关于此类双向楼梯在公共建筑中的适应性，见 Book II fol. 37r。关于一个相似的楼梯，见上文 fol. 23v 注释。

563. Munich MS 中为 'columns' 圆柱一词。

564. 关于连续细节减少四分之一的问题，见上文 fol.9v 的注释。

565. Columbia MS 中展示了一个穹顶（但是没有下层的钟），Rosci 认为（op. cit., p. 81）此塔反映了（遗失的）Palazzo di S. Biagio 方案。

566. 塞利奥没有采用能够反映此类宅邸传统形象的雉堞，同时雉堞也是罗马 Palazzo dei Tribunali 中塔的显著特征，由 Bramante 首创。

567. 在 Columbia MS 中，文本里写的是 'more violently'（更加暴力的）。

568. 即博洛尼亚周边。关于此条引用和方案见于 Moos, S. von, op. cit., p. 65. 见导言，pp. xxvii-xxviii。

569. 在 Columbia MS 中塞利奥提及："与此同时，在我那个年代有些统治者被谋杀，另外一些被迫逃跑"。

570. 在 Columbia MS 中塞利奥提及："尽管我将这座宫殿献给统治者，但它同样可以用于那些被怀疑所困扰的专制亲王，尽管事实上，他们有一个坚不可摧的与城墙相连的堡垒，使他们可以抵御比自己更加强大的敌方军队。其实，即使对于那些不能随后坚持抵抗的人来说，结果通常也只是签订协议而已。"

571. 关于这个和接下来的两个宫殿方案（xx, xxi, xxii）见 Rosci, M., op. cit., p. 82, 他（与上文中 Fiore 类似）回想到 Francesco di Giorgio 那个试

图重建古罗马住宅和宫殿的平面（Domus Aurea 和 Palatine 山上的废墟可以证明这一点）。Rosci 认为塞利奥最终的宫殿方案因此回顾了之前那个 Vitruvius 的权威和考古学的正确性战胜当代实用性（便利）的年代（实际上是世纪），这个方案以及接下来的那两个宫殿于是被 Rosci 认为是与 Book VI 中其他追随 Raffaello 和 Bramnte 新观点的方案相对立的。Rosci 指出这种"正确性"可以被认为是带来 Palladio 的作品和 Barbaro 1556 年的 Vitruvius(和其对古代住宅的重建，见于 p.280) 的在 1540 年代末期和 1550 年代发生的普遍的 Vitruvius 学说复兴的一部分。同时见于乡村中的皇宫（Project XXXIV）fol.37r(平面)，fol.38v 注释。Rosci(ibid.,pp.82–83) 同时也讨论了这个献给统治者的方案与 Jacques Andronet du Cerceau [ 他曾经拥有 Columbia MS，见 Rosenfeld, M. N., On Domestic Architecture, op. cit. (1996 ed.), p. 5] 所设计的 château of Charleval 的相似性。

572. 见上文 fol.31 注释。

573. 在 Munich MS 里文本中有多余单词"在长度上"。

574. 即从一侧外墙到另一侧。这一行列的中央部分在下文有进一步的定义。

575. 在 Columbia MS 中，这些敞廊被称为展廊（gallerie，见术语表）。

576. 在 Columbia MS 中，这些士兵被描述为统治者的护卫。

577. 在 Columbia MS 中，塞利奥提及这些铺位是为两名士兵设计的。

578. 手抄本误将 'per abeverare li cavalli. Et per ralegrare la vista, dalli capi di questo cortile' 断句为 'per abeverare li cavalli et per ralegrare la vista. Dalli capi di questo cortile'。

579. Columbia MS LXV,T, Vienna TW p. 53v。

580. 此处仅展示了两个设计而不是文中所说的三个，另外还有两个在 fol.63ar。考虑到在 Columbia MS 中每一页的设计图都是三个一组，这一矛盾就不难理解了。关于 Columbia MS(LXVI,T)中最下方的立面设计，见 Rosenfeld, M. N., 'Late Style', op. cit., p. 169。

581. 这个大门（以及它那因向下错位而让人想起 Giulio Romano 在 Mantua 所设计的 Palazzo del Te 的拱心石）可以与 "门的额外之书"，fol. I7*v* 里最后一个粗面石饰大门 (xxx) 的下层相比较。在 Columbia MS 中塞利奥提及类似这样一种在大门上方的阳台，对于 "这一类型的宫殿来说是绝对必要的"。Rosenfeld(*ibid.*) 认为罗马的 Porta Maggiore 可能是塞利奥在 Columbia MS 中大门样式的来源。

582. 即 1:8⅓，比 Book Ⅳ fols. 127*r* 和 140*r* 中建议的 1:7 的多立克柱式比例要纤细得多（而且在此处被用于窗户任意一侧的柱子）。

583. 见上文注释。

584. Munich MS 的文本误写作 *primo suolo*（第一层）。

585. Columbia MS 中，这一层被称作是 "精致的塔司干"。

586. 在 Columbia MS 中，塞利奥添加："同时带有座位以便舒适地在此处休息。"

587. 即 1:8⅓，比 Book Ⅳ fols. 127*r* 和 158*v* 中建议的 1:8 的爱奥尼柱式比例要略微纤细（尽管在此处，更加纤细的比例也是被允许的，"取决于场地和建筑物的组成"）。当爱奥尼柱式小于或等于 15 尺高时其上部要做出收分，参见 Book Ⅳ fol. 159*r*。

588. 见上文 fol.11*v* 注释。

589. 在 Columbia MS 中，塞利奥提及窗间的墙面应该用绘画进行装饰，"如果绘画者技艺精湛且品味良好，这将给建筑物带来极大的装饰效果。"

590. 关于连续细节减少四分之一的问题，见上文 fol.9*v* 注释。

591. Columbia MS LXVI，T（底部和中间）以及 Lxvia,T（文本缺失）。在 Vienna TW 中缺失。

592. 即 1:7 ¹/₇，见上文注释。

593. 在 Columbia MS 中，塞利奥提及 "这些柱子之上并没有使用楣梁而是用檐板饰带代替中楣与楣梁以使工程更加坚固。"

594. 即左手边的那张图，与正立面高度相同。Fiore 提及（*op. cit.*, p. 153 n. 1) 间隔使用不同宽度的窗户序列来自罗马的 Palazzo Branconio dell'Aquila，同时较大的窗户则以来自 Villa Lante 的爱奥尼涡卷收尾，如同正立面上的那些一样。在 Columbia MS 中，三角形与曲线山花的交替使用（如同 "慕尼黑" 方案 Ⅶ（乡村）fol.4*r* 和 XI（城市）fol.48*r* 中使用的那样），再一次让人回想到 Palazzo Branconio（同时还有小 Antonio da Sangallo 所设计的罗马 Palazzo Farnese）。也见 Book Ⅷ fol.6*r* 的 *quaestorium* 立面。

595. 即 1:8½，见上文注释。

596. 在 Columbia MS 中，塞利奥提及："鉴于这一主厅供洽谈生意所用并且因此将总是人满为患，所以它必须足够高。这样一来它将占用两层的高度，并且在其上方的第三层应该有另外一个大型主厅。"

597. 见上文 fol.11*v* 注释。

598. 即底层。

599. Columbia MS LXVI,T（上层，A,B），Vienna TW p. 55*v*。

600. 在 Columbia MS 中，塞利奥提及 "小礼拜堂也应如此，因为小礼拜堂是与之相伴的"（即哥伦比亚平面 LXV 的左手边）。

601. 在 Columbia MS 中记录在草图纸上的标题为："亲王宅邸的平面"。

602. 关于其轴线的另一侧，以及接下来的宫殿平面，见 Rosenfeld, M. N., 'Late Style', *op. cit.*, pp. 162–163; Frommel, C. L., 'Serlio e la scuola romana', *op. cit.*, p. 48（还提及了 Peruzzi (Uffizi 350A*r*) 的一个修道院平面）。Fiore 认为（*op. cit.*, p. 156 n. 2) 此平面反映了 Francesco di Giorgio 所作的一个宫殿设计（'M', fol. 20*r*），在那里一个环形庭院和围绕着它的四个环形空间以一个矩形庭院为边界。关于 Filarete 为 Duke 设计的宫殿，见他的 Book Ⅷ fols. 57*v*（平面），58*v*（立面）。在 Columbia MS 中这些开场白被省略了。

603. 在 Columbia MS 中，这个入口与最后那个院落平行，在 Munich 图像中，它（不一致地）放在了府邸综合体的前方，与第一个院落对齐。

604. 在 Columbia MS 中，这个四柱前厅向外开放并且以一对柱子立于其前方。

605. 在 Columbia MS 中，塞利奥将这些房间形容为"来访贵族的住所"。

606. 见上文 fol.57v 注释。在 Columbia MS 中，塞利奥注释："此处可以封闭，门厅中应有一个固定的守卫。"

607. 在 Columbia MS 中，塞利奥提及"这些将用于大法官法庭以及其他类似的办公场所。"

608. 见上文 fol.31v 注释。

609. 在 Columbia MS 中，塞利奥通过注释称赞了这些房间："它们在冬天和夏天都非常有利于健康，因为在冬季敞廊保护这些房间不受风雨侵袭，夏天的时候阳光也不会直射入内，同时这些房间由于拱顶的高度而不至于显得昏暗。"

610. 即这一宽度的两倍。

611. 在 Columbia MS 中，塞利奥将此房间设置为塔，"当亲王怀疑有麻烦时可以回撤至此"。

612. 见上文 fol.42v 注释。

613. 关于凯旋仪式以及塞利奥本人对此的影响，见 Strong, R., *Art and Power* (1984)。

614. 在 Columbia MS 中，塞利奥提及"如果亲王对这些住房感到满意，他可以将第三个庭院用作花园。但是如果他更加富有且慷慨，一旦穿过了过厅 I，这里可以有第三个带有敞廊及两侧设有供职员使用的住房的庭院，在其后将会有两个用于安置小车、马车、马以及类似物品的庭院。所有的物资都将在此装卸以保持第三个庭院的安静与整洁。在花园的任意一侧都有一条封闭的通道供亲王私下漫步——在这里通常被称为展廊。"

615. 在 Columbia MS 中，此处以及两侧的房间是"小礼拜堂 K。并且鉴于其是此住宅中最大的房间，它可以有多种用途，首先，可用作一个可以举办任何大型仪式的教堂，或者用作大型会议室，还可以用来举办庄重的宴会、庆功会、节日庆典等。尽管不完全合适，但在我看来，一切体面不会有损场所尊严的活动都是可以接受的。"

616. 在 Columbia MS 中，塞利奥在小礼拜堂的任意一侧均设置了"两条通道……这些是两个 *ridotti* 因为它们非常宽阔并且可以避雨遮阳，所以应该用来做生意。"

617. 在 Munich MS 中，文本误写作"Y"（在平面上没有标出）。

618. 在 Columbia MS 中，塞利奥总结："我没有提及温室、浴室、喷泉及其他与如此伟大的建筑物相匹配的设置，因为精明的建筑师会根据场地以及便利性为其找到合适的场所。"

619. Columbia MS LXVII, V( 背面的铅笔稿，以及在 LXV，见附录 3)。Vienna TW 中缺失。在 Columbia MS 中，中央庭院是矩形而非椭圆形，侧边的花园较为狭窄并且其外侧是一道简单的边界墙。在 Munich MS 中缺失的纪念性主厅，或者说是 *giesia*( 即教堂)"正如我们想称呼它的那样"，在 Columbia MS 里被置于轴线之上（两侧都有四柱式的 *ridotti* ），在一系列的庭院尽头，其细节在 LXVIII, V[ 这一布局被 Fiore (*op. cit.*, p. 154 n. 1) 用来与 Giuliano da Sangallo 为 Naples 国王所作的宫殿相比较 ]。

620. 也就是说，转角对柱的柱间距（没有展示）应该与门两侧的小柱间距相匹配。

621. 见上面 fol. 11v 注释，这里与下面都是。

622. 即 1:8，比 Book IV fols. 127r 和 140r 中建议的 1:7 的多立克柱式比例要纤细得多。

623. 即 1:8 $^8/_9$，比 Book IV fols. 127r 和 158v 中建议的 1:8 的爱奥尼柱式比例要纤细得多。

624. 即在法国。

625. Columbia MS LXIX.V, (A)——开放式过厅。Columbia MS LXX,V（文本及剖面图缺失）——封闭式过厅。Vienna TW p.62r( 下图)。在 Columbia MS 中，塞利奥提及"在法国传统中，三层的住房盗取了屋顶空间，由于其既便利又美观，我永远不会对此做出批评。事实上我认为，这些老虎窗在很大程度上装饰了建筑物。"

626. 在 Columbia MS 中，塞利奥提及"一层的窗户，尽管看起来似乎是两个，在内部只有单独的一个窗户，遵循这一地区的传统窗户被制成十字形，因此被称作 *crocee*"（即 *croisée* 或者棂窗）。

627. Columbia MS IXIX.V, (B)。Vienna TW p. 62r ( 下部 )。

628. 即在宽度上。

629. 即 1:10 又 ¾，比 Book IV fols. 127r 和 169r 中建议的 1:9 的科林斯柱式比例要纤细得多

（因为在此处成对出现）。

630. 在 Columbia MS 中，塞利奥提及"我希望用法国风格展示这些窗户，因为，我必须坦白，我发现它们非常实用，因为每扇窗都有窗棂划分，每一个块都可以独立开启，这样他就可以根据自己需要获取或多或少的光线。尽管如此，这个窗户可以被建造成任何希望的风格。"

631. Columbia MS LXIX,V,(C)。Vienna TW p.62r（上图）。在 Columbia MS 中敞廊由毛石制成，并且一层中是成对的爱奥尼式壁柱（没有上层敞廊）。还包括第二个庭院（这里为矩形）的细部（"D"）。

632. 砖石交替做法的古代来源是传说中的庞贝门廊（Portico of Pompey），其图示见于 Book III fols,75r–76r and cited in Vienna MS Book VII Project XXV fol.9v（附录 2）和"Extraordinary Book of Doors"里的毛石大门 X 中被引用。Fiore 认为（op. cit., p. 159 n. 1）这一混合体与塞利奥可能在威尼斯和意大利北方散布的中世纪墙体中看到的拜占庭条纹墙体类似。塞利奥还可能在巴黎和阿尔勒见过采用相似墙体做法的晚期的古代浴场。正如怀疑该做法是塞利奥的发明创造的 Guillaume（op. cit., p. 72）所指出，这一手法自 château of Fleury-en-Bière（1550—1555年）开始在法国非常流行（被称作 en brique et pierre，"用砖和石"）。

633. 即 1:10，比 Book IV fols. 127, 和 169, 中建议的 1:9 的科林斯柱式比例要纤细得多。

634. 在 Munich MS 中，单词 è mezzo（和一半）被添加在页边的空白处。

635. 见上文的注释 fol.11v，此处及下文。

636. 即第三个庭院，此处全部是毛石做法。

637. 即 1:7 $^5/_{13}$，比 Book IV fols. 127r 和 158v 中建议的 1:8 的爱奥尼柱式比例要粗矮得多。

638. 即 1:6 $^2/_5$，比 Book IV fols. 127r 和 140r 中建议的 1:7 的多立克柱式比例要粗矮得多。

639. Fiore 提及（op. cit., p. 160n.2）除了柱式，这个过厅与 Giulio Romano 在 Mantua 所作的 Palazzo del Te 相类似。

640. 如上所述，这里比通常的 1:8 的爱奥尼柱式比例要粗矮得多。

641. Columbia MS，Vienna TW p.61v 中缺失。在 Munich MS 中并未讨论细部"E"。

642. 关于装饰与壮丽之间的关系这一议题，见 Carpo, M., 'Merchant dwellings', op. cit., p. 144。Aristolte 关于建筑壮丽的理论见 Onians, J., op. cit., p. 124。也见导言 pp.xxi–xxvi。

643. 一个关于 François I 相似的讨论，涉及国王的乡村住宅，见上文 fol.42v 注释。

644. 这个平面被认为是塞利奥为 François I 从 1527 年开始考虑的卢浮宫的重建做的设计（未实现）。Claude Perrault 在其于 1573 年翻译的 Vitruvius 著作的前言中提到塞利奥曾经为卢浮宫做过一版设计。而实际上这里呈现出来的尺度的确与卢浮宫场地相匹配。这一方案因为 Pierre Lescot 所做的更加谦逊的提议而被舍弃。这一平面与 Bramante 的 Belvedere 庭院以及 Palatine 山上的古代范例 Domus Flavia 和 Domus Augustana 有关，Rosenfeld, M. N., 'Late Style', op. cit., pp. 162–163（也见 p. 170）（关于这些古代的来源，同时见于统治者府邸，fol. 61v 注释）。它同时反映了诸如 Diocletian 等古罗马浴场的复杂平面，其图纸见于 Book III fols.94v–95r，反过来又在第八书古罗马兵营（castrum）的平面中被理想化。关于这一方案也见 Hautecoeur, L., 'Le Louvre de Pierre Lescot', Gazette des Beaux-Arts, vol. 69 (1927), pp. 199–218; Hautecoeur, L., Histoire du Louvre (1928); Du Colombier, P., 'L' Habitation', op. cit., p. 48（他对此方案为卢浮宫平面表示质疑）: Dinsmoor, W. B., op. cit., pp. 150–152; Rosei, M., op. cit., p. 83（他认为这个方案与国王的卢浮宫方案只有微弱的相关性）: Chastel, A., 'La Demeure Royale au XVI è siècle et le Nouveau Louvre', in J. Pope–Hennessy et al. (eds.), Studies in Renaissance and Baroque Art Presented to Anthony Blunt on his 60th birthday (1967), pp. 78–82; Thomson, D., Renaissance Paris: Architetture and Growth, 1475–1600 (1984), pp. 79–83; Chastel, A., 'Serlio en France', in Quaderni dell'Istituto di Storia dell'Architecture, Saggi in onore di Guglielmo De Angelis d'Ossat, n. s., 1–10 (1987), pp. 321–322. Ballon, H., The Paris of Henri

*IV: Architecture and Urbanism*(1991), pp. 15–20; Frommel [née Kühbacher], S., *op. cit.*, pp. 267–285。

645. 在 Columbia MS 中，塞利奥提及 "它必须位于广场之上并且处在全城最高贵的地方。立面大约 600 尺长，主入口位于中央。"

646. 在 Columbia MS 中，塞利奥提及 "它永久性开放并且没有可以关闭的门。这里反倒应该有护栏和日夜守在那里的护卫。"

647. 在前面亲王宫殿中提到的四柱式前厅在此处被加倍并且与立面平行设置。

648. 在这里我们回到了在 fols.8*v* 和 55*v* 提及的前厅、中庭和庭院的序列。

649. Fiore 提及 (*op. cit.*, p. 162 n. 1) Francesco di Giorgio ('M', fol. 20*r*) 在宫殿平面中采用了正方形、八角形和圆形，尽管采用的是一个不同的序列。

650. 见上文 fol.31*v* 注释。楼梯两侧的短距离 "邀请" 梯段第一次出现在乌尔比诺的公爵宫殿中，随后就成为 15 世纪罗马宫殿的流行式样。

651. 在 Columbia MS 中，塞利奥将这一系列房间归为一个 "房间"。

652. 在 Munich MS 中文本误写作 "F"。

653. 这些房间难以识别，除非它们在 "D"、"G" 和 "H" 之后的一连串房间中。

654. 大体上是一个 "皇家网球" 场，尽管塞利奥没有使用 *pallacorda*，用来形容这一运动的惯用词汇。

655. 即主厅 "G"。

656. 在 Munich MS 中 *o*（或者）一词是后来添加的。

657. 在 Columbia MS 中，塞利奥还包括进了 "理发师"。

658. 这个半圆形的设计模仿了罗马 Palatine 山上 Domitian 的半圆壁龛，以及塞利奥的学生 Vignola 设计的更加高贵的罗马教皇 Julius III 别墅中的大型内院，见 Coffin, D., *op. cit.*, pp. 152–164。半圆形的设置同时反映了 Diocletian 浴场中的 "剧场" 形式（Book III fols.94*v*–95*r*），以及 Vatican Belvedere 庭院中的一侧，见 Coffin, *ibid.*, pp. 241–243, 以及 fig. 146; 见 Book IV fols. 119*v*–120*v*. 也见 Book VII pp. 12–13, 38–39。

659. 关于在这个平面中加入法语文本见 "关于翻译的注释"，Book II p. liv（第一版, fol 73,*v*）。塞利奥称希望随后的书中意大利语和法语文本可以平行出现。也见下文 fol. 74*r*。

660. Columbia MS LXXI.W（日期约 1542–1543 年: 见 Dinsmoor, W. B., *op. cit.*）。Vienna TW 中缺失。

661. 即遵照了 Book IV fols. 127*r* 和 140*r* 中推荐的 1:7 的多立克柱式比例。

662. 见上文 fol.11*v* 注释，此处及下文。

663. 即 1:8 $^4/_5$，比 Book IV fols. 127*r* 和 158*v* 中建议的 1:8 的爱奥尼柱式比例要纤细得多。

664. 即 1:10，比 Book IV fols. 127*r* 和 169*r* 中建议的 1:9 的科林斯柱式比例要纤细得多。

665. 见上文注释。

666. 即镶板藻井装饰。

667. Columbia MS LXXII,W, (D)（过厅细部缺失），LXXIII.W, LXXIIIa,W and LXXXIIIb.W（文本缺失）。

668. 关于向下错位的拱心石见上文 fol.11*v* 注释。

669. 即 1:10¾, 比 Book IV fols. 127*r* 和 169*r* 中建议的 1:9 的科林斯柱式比例要纤细得多。

670. Columbia MS LXXII W, (A)（八边形庭院），(C)（第一个庭院）（文本缺失）。Vienna TW 中缺失。Fiore 指出 (*op. cit.*, p. 164 n. 4)Columbia MS 中第一个（方形）庭院的二层窗间壁龛与 Raffaello 在罗马 Palazzo Branconio 一层提出的解决方式相类似。

671. 在 Munich MS 中数字 'x' 是后来添加的。

672. 此处及下文遵照的是 Book IV fols.127*r* 和 140*r* 中建议的 1:7 的多立克柱式比例。

673. 关于向下错位的拱心石见上文 fol.11*v* 注释。

674. 参见上文注释。

675. 参见上文 fol.11*v* 注释。

676. Columbia MS LXXII.W, (B)（文本缺失），Vienna TW p. 56*r*(下面)。Vienna TW 和 Columbia MS 中的圆形庭院被拉直了（即正交投影）而不是像此处 Munich MS 图示中的曲线。

677. 即圆形庭院的左侧和右侧。

678. 即 1:9 $^7/_9$, 比 Book IV fols. 127*r* 和 169*r* 中建议的 1:9 的科林斯柱式比例要纤细得多。

679. Columbia MS LXIII,S（见 Rosenfeld, M. N., *On Domestic Architecture*, *op. cit.* (1978 and 1996 eds.)，此处误与方案 S（文本缺失）相关联。Columbia MS 展示了方形庭院左右两侧水平方向（下层）主厅（标记为 G）的内部，并且展示了一些其他的细部。Vienna TW p.55*v*（上面）。

680. 见上文 fol.11*v* 注释。

681. 在 Columbia MS 中缺失。Vienna TW（p.56*r*）（上面）。

682. 在 Munich MS 中文本写为 *ordine*，意思是"安排"；见术语表。

683. 即 1:8，比 Book IV fols. 127*r* 和 140*r* 中建议的 1:7 的多立克柱式比例要纤细得多。

684. 即柱基。

685. Columbia MS LXIII.S（如上文，此处误与方案 S（文本缺失）相关联）展示了方形庭院左右两侧水平方向（下层）主厅（标记为 G）的立面。Vienna TW p.55*v*（下面）。

686. Columbia MS 中缺失。Vienna TW p.56r（上面）。

687. 即 1:8 $^1/_7$，比 Book IV fols. 127*r* 和 140*r* 中建议的 1:7 的多立克柱式比例要纤细得多。

688. 即 1:8 又 $^4/_5$，比 Book IV fols. 127*r* 和 158*r* 中建议的 1:8 的爱奥尼柱式比例要纤细得多。

689. 在 Munich MS 中字母 T 是后来添加的。

690. Columbia MS 中缺失。Vienna TW p.59*v*。

691. 这个最终环节（与 fol.1*r* 中的开场白部分一起）在 Columbia MS 中缺失了。

692. 见上文 fol.66*v* 注释。

693. 关于法式"舒适"与降低天花高度有关这一概念，见 Carpo, M., 'Merchant dwellings', *op. cit.*, pp. 141-142。

694. Alplionso I d'Este（Ferrarà 公爵,1505—1534 年），Ercole II 的父亲（公爵，1534—1559 年），塞利奥在 1537 年将其 Book IV 献给他。塞利奥在他 Book IV 第二版（1540 年）的前言信中提到了 Alplionso。见 vol. 1，附录 2，p. 469。

695. Vitr. VI.iii.8。

696. 更合理的是因此与通道的高度相等。

697. 此处反映了 Franchino Gaffurio 的名言 'Harmonia est discordia concors'（和谐是协调的不一致），于 1508 年在他的 *Angelicum ac divinum opus* 提及（并在 1518 年他出版的 *De harmonia musicorum instrumentorum* 中再次使用）。也见 Alberti, 1.9. [p. 24]。更进一步的定义见 Columbia MS，Project XLI，29（附录 1），Book VII pp.122,168,232，也见 Book V fol.211*v* 以及注释。

698. 见前言 pp. xxxiv–xxxvii。也见 Kruft, H.-W., *op. cit.*, p. 78。手抄本误在此另起一段。

699. 即垂直光线是"诚实"的光。也见塞利奥对 Pantheon 光线的评价，Book III fol.50*r*。

700. 在此情况下表示几乎垂直的光照。

701. 手抄本在此没能另起一段。

702. 在 Munich MS 中 *Operis huius Author est Sebastianus Serlius*（这部作品的作者是塞利奥）出现在此页的顶部。

# 第七书

1.文本写作 Serglio，此处及下文。现存手稿[参考下文]的日期为约 1541—1550 年 [在 fols.74*v* 和 83*r*（Project XXXII 和 XXXX）上标记有 1542 年，并且其中一个版本已确定在 1550 年被 Jacopo Strada 收购（见下文）——尽管文中提到了与"在意大利我们的"完全不同的法式烟道（附录 2，Project XXVI[I]fol.10*r*）]。该文本可能由塞利奥的原始文档复制而来并被 Mino Celsi——一个被意大利宗教法庭流放的曼托瓦人——所编辑。只有开头粘贴在封面里侧的"简介"和某些编号是塞利奥的笔记，尽管配图也被认为是塞利奥所做的。在一封于 1552 年 5 月 19 日写给 François de Dinteville 的信中塞利奥说："我已经完成了我的第七书，也就是说我写完了文字画完了插图，所以我没有其他要做的了，但是因为战争，现在还不是和出版商打交道的时候" (Bibliothèque Nationale, Collection Dupuy, MS.728, fols. 178*r–v*)。这份手稿收藏在维也纳 Österreichische Nationalbibliothek, Codex ser. nov. 2649（也就是所谓的 Vienna MS）。然而此手稿中文本的不同（见下文注释以及附录 2）、插图的不同（见下文注释和 Dinsmooor[下文引用]pp.81–

83）以及一些额外的图纸 (fols.78*r*,84*r* 和 116*r* [ 中间 ]) 都表明了它不是 1575 年 Strada 出版的那本书的来源 : 关于此手稿的手抄本 ( 此后称其为 Vienna MS) 见 Fiore, F. P., *Sebastiano Serlio architettura civile libri sesto, settimo e ottavo nei manoscritti di Monaco e Vienna* (1994). 关于此 Book Ⅶ 和它的手稿见 Schlosser, J., *Die Kunstliteratur* (1924), pp. 362, 374; Dinsmoor,W. B., 'The Literary Remains of Sebastiano Serlio', *The Art Bulletin*, vol. 24 (1942), pp. 77–83; Unterkirchner, F., 'Ambraser Handschriften, ein Tausch zwischen dem Kunsthistorischen Museum und der Nationalbibliothek im Jahr 1936', *Jahrbuch der Kunsthistorischen Sammlungen in Wien*, vol. 59 (xxiii) (1963), pp. 223–250. Rosenfeld, M. N., 'Sebastiano Serlio's Drawings in the Nationalbibliothek in Vienna for his Seventh Book on Architecture', *The Art Bulletin*, vol. 56 (1974), pp. 400–409. Carunchio, T., 'Il manoscritto del Settimo Libra di Sebastiano Serlio', in Thoenes, C. (ed.), *Sebastiano Serlio* (1989), pp.203–206. Carpo, M., *Metodo ed ordini nella teoria architettonica del primi moderni: Alberti, Raffaello, Serlio e Camillo* (1993), pp.87–91. Kruft, H.-W., *A History of Architectural Theory from Vitruvius to the Present* (1994), pp. 77–78。

2. 意大利语标题（此处及下文 [sig. vi*r*]）写作 *servici(i)*（服务）。然而，拉丁文标题写作 *adhibere*（利用），同时在 Strada 于 1574 年被授予皇家特权的书单中记录的意大利语标题写作 *servirei*（利用），亦即此处的文本。关于这份名单，见 Jansen, D. J., in Thoenes, C. (ed.), *ibid.*, p. 215 n. 27 以及 pp. 211–212。

3. 这份材料——没有出现在 Vienna MS 中——很可能是 Strada 添加的，同时，最终的设计并非塞利奥所作（而是如文本指出的来自 Valerio da l'Andenara）。见 Dinsmoor, W. B., *op. cit.*, p. 79. Uffizi 保存的罗马 Peruzzi's Palazzo Massimo 的图纸（立面、剖面和庭院平面）被认为是塞利奥的手笔 (Uffizi 372A, 372A*v*, 367A)。

4. 这张标题页上的文本为拉丁语，并用意大利语复制。在 Vienna MS 里没有标题页。

5. Jacopo Strada（Mantua, 1515–Vienna,1588），建筑师、文物研究者、绘图员和收藏家，于 1563 年被授予哈布斯堡 Ferdinand I 的 Imperial Antiquary，又服务于 Ferdinand 的继任者 Maximilian Ⅱ (1527—1597 年 ) 与 Rudolf Ⅱ (1551—1612 年 ) 直到 1579 年退休。在此处提及的 Strada 的"musaeum"或者说收藏品存放在他位于维也纳的住宅中，包括超过三千卷书籍、草图（见下文）、绘画和古董。关于 Strada 和此书的出版，见 Hayward, J. F., 'Jacopo Strada, XVI cencury antique dealer', *Art at Auction*, 1971–1972 (1973), pp. 68–74 [some errors on Serlio's daces]. Jansen, D. J., 'Jacopo Strada edicore del Settimo Libro', in Thoenes, C. (ed.), *op. cit.*., pp. 207–215. Jansen, D. J., 'Example and Examples: The Potential Influence of Jacopo Strada on the Development of Rudolphine Art', in *Prag um 1600: Beiträgt zur Kunst und Kultur am Hofe Rudolfs II* (1988), pp. 132–146. See also Fucikovä, E., *Rudolf II and Prague* (1997), pp. 9–11。

6. 关于 André (Andreas) Wechel 和此书的印刷，见 Jansen, D. J., in Thoenes, C. (ed.), *op. cit.*, p. 212; Evans, R. J. W., *The Wechel Presses: Humanism and Calvinism in Central Europe*, 1572–1627, in 'Past and Present', Supplement 2 (1975)。Strada 的儿子, Ottavio 在一封于 1574 年 9 月 5 日自 Nuremberg 写给他父亲的信中讨论了此书的出版情况 (Nacionalbibliochek Vienna, Codex 9039, fols. 112*r*–113*v*)，同时不完全收录于 Rosenfeld, M. N., 'Sebastiano Serlio's Drawings in the Nationalbibliothek in Vienna for his Seventh Book on Archiceccure', *op. cit.*, p. 409。在一封于 1552 年 5 月 20 日写给 Auxerre 主教 François de Dinteville 的信中，塞利奥说他正在亲自切割用于此书插图的木板。随着 Strada 1550 年于里昂对这部著作手稿的收购，这些木板也于 1553 年在 Strada 对里昂进行第二次访问时被其收入囊中，然而根据 Ottavio 的信，这些木板在一次从威尼斯到法兰克福的旅行中被损坏了 [Rosenfeld, M. N., *On Domestic Architecture* (1996 ed.), p. 6]。

7. 文本在此处写作 *botteghe*( 商店 / 工作坊 )。

8. 文本在此处误写作 'si per le sale, come

ancho per camere: camerini sopra a tetti'（同时用于屋顶上的主厅、主室和从室）。拉丁文本为 ornamenta caminorum, qui tum in coenaculis, tum in maioribus et minoribus cubiculis, et super tectis etiam . . . adhibentur（壁炉的装饰同样用于主厅以及主室和从室，以及那些屋顶上的烟囱）。此处以及其他各处我们均采用拉丁文本校正错误的意大利文。

9. 拉丁文本中"按比例绘出"一词被省略了。Vienna MS 中用"皆是精美的创作并且仔细地按照比例绘制而成"取代了"按比例绘出"。

10. 柱子的重复使用这一概念在早年就牢牢吸引着塞利奥，例如见 Book IV fol.135r 和 "Extraordinary Book of Doors" 精致大门 5 (fol.20r)。罗马人惯于重复使用柱子，如 Pliny 所记录，Sulla 将未完工的雅典 Jupiter Olympius 神庙中的柱子用于 Capitol 上的神庙，*Nat. Hist.*, XXXVI, 45。塞利奥提及 Pantheon 的柱子来自希腊一个拥有百根柱子的门廊，Book III fol.97r。关于将这种元素用于新建建筑物，见 Payne, A., 'Creativity and *bricolage* in architectural licerature of the Renaissance', *Res*, vol. 34 (1998), pp. 20– 38。

11. 拉丁文本写作 'Qua ratione igitur huiuscemodi columnae in similibus operibus adhiberi queant, hîc evidencissimè oste[n]ditur'（因此将此种柱子用于这一类型作品中的方法在此处就非常清晰了）。

12. 拉丁文本写作 'Sic & columnae pretiosiores, quae ad 7. pedum altitudinem excurrunt, quomodo in usum redigi possint, docetur'（同样的，它也展示了更加昂贵的 7 尺高的柱子是如何使用的）。

13. 在 Vienna MS 中文本写作 'XVIII'。

14. 此处提到的这些元素的位置是按照 Vienna MS 排列的，而不是印刷版本。在印刷版本中窗、门和老虎窗在壁炉和烟囱之后，在教堂屏风之前。

15. 文本在此处误将 *propositiones proposizioni* 写作 *proportioni*（比例），对应于拉丁文稿和 Vienna MS 各自的文字。

16. 方括号里的单词在意大利文本中缺失，但拉丁文本和 Vienna MS 中都有，反义词组的修辞性质似乎说明意大利文本是错误的。

17. 即 pp.120–126 的"风格"。在 Vienna MS 中，此处有关于"风格"讨论的概述，但在印刷版本里"风格"出现在"柱子装饰主题"中。在 p.1 塞利奥的"致读者"中没有提及关于辨认不同风格的讨论。

18. 在 Vienna MS 中，这个"简介……"在一个没有页码的空白页上（粘贴在封面里侧）。拉丁文本写作 '122... su[n]c folia, quae huiuscemodi ornamenta fabricaru[m] luculencissimè proferunt, atq[ue] exponunt'（这里共有 122 页……非常清晰地展示了建筑物的装饰并予以说明）。在 Vienna MS 中文本写作"100 页插图"而不是"122 页"。关于此见 Dinsmoor, W. B., *op. cit.*, p.79。

19. 这封信用拉丁文写作。Strada 准备了手稿并且可能为 Vilém Vok Rožmberk 购买了艺术品。关于 Rožmberk 的艺术活动，见 Fučíkovâ, E., *op. cit.*, pp. 226, 228, 272, 274。关于 Rožmberk 和他的建筑活动，也见 Jansen, D. J., in Thoenes, C. (éd.), *op. cit.*, p. 211 and p. 215 n. 26. See also Krčálová. J.,' Palac pánu z Rožmberka', *Umĕni*, vol. 19 (1970); Krčálová, J., *Renesančni stavby Baldassare Meggiho v Čechách a na Moravâĕ* (1986); Molik, J., *Das Staatliche Schloss Trĕboň*。

20. 来自罗马的 Orsini 家族是最伟大的王侯家庭之一，因教皇 Celestin III(1191–1198) 以及随后的 Matteo Rosso Orsini（d. after 1254）而取得了越来越显著的地位。家族中的杰出资助人包括 Fulvio Orsini(1529–1600) 和 Pier Francesco (Vicino) Orsini(1523–1585) 以 及 Pier Francesco (Vicino) Orsini(1523–1585)。家族徽章是一个站立的熊(*orso*)，在此处绘出。

21. 著名的是 Sansovino, E, *De gli huomini illustri della casa Orsini*, Venice(1565)。

22. 即由 Jacopo Strada 编辑并在 1557 年于威尼斯出版的 Onofrio Panvinio 的 *Epitome Pontificum Romunorum*。

23. 事实上 Nicholas III (Giovanni Gaetano) 于 1277 年当选为教皇并于 1280 年去世。

24. 著名的士兵包括 Virgimo Orsini (d.1497) 和 Renzo di Ceri (d.1536)，都在意大利战争中声名大

著，以及雇佣兵头领 Giordano Orsini (1525–1564) 和 Paolo Giordano I Orsini, Duca di Bracciano (d.1585).

25. Rožmberk 家族在南波西米亚拥有非常大的鱼塘。见 Molik, J., *op. cit.*。

26. Rožmberk 家族的主要宫殿（建于 1545—1556 年，1573—1574 年重建）在布拉格城堡地区，见 Fučíkovâ, E., *op. cit.*, p. 16。关于布拉格 Hradčany 的这个大型宫殿，见 Thoenes, C. (ed.), *op. cit.*, p. 215 n. 26。

27. Strada 曾经在圈子内接受过建筑师训练，如果不是在 Giulio Romano 的工作坊中的话（见下文）。慕尼黑古物陈列馆（1569 年，但是并未按照这些设计建造），维也纳郊外的 Neugebäude（始于 1568 年）以及他在维也纳的自宅（始于 1564 年，"Musaeum" 的家）都是他的设计作品。

28. 即 François I of France (1494–1547)。见 Knecht, R. J., *Renaissance Warrior and Prince. The Reign of Francis I* (1994)。关于塞利奥在 François 宫廷内的作品，见 p. 96; 也见 vol. I, 导言 p. xiii。

29. 在 1549 年的 3 月 Strada 被授予 Nuremberg 市民身份。这一德语版本从未出版，Book VII 只在 1663 年的威尼斯以单卷本的形式重新出版过一次（被下文提到的防止盗版的"特权"所阻止）。

30. 即 Leon Battista Alberti (1404–1472)。

31. 文本是意大利语的。

32. 见上文 sig. ãii*v* 注释。

33. 关于这些木板的历史，见上文标题页注释。

34. 即"用同样的方法"Book VII 的木板也准备妥当了。

35. 这个传说中的 Book VIII 从未出版。关于此书的现存手稿（不同于这里使用的全文版本的另一版本），参见 Book VIII, 标题页，p.1。

36. Dinsmoor 认为 Strada 离开的原因可能是因为随着 *Epitome thesauri antiquitatum* 的出版，他在里昂的作品已经完成，该书的木版画插图由里昂的 Bernard Salomon 创作，书籍由 Thomas Guerin 于 1553 年出版，见 *op. cit.*, p. 78。

37. 关于 Strada 的建筑事业见上文注释 sig. ãii*v*。

38. I.e., 大约（或者稍晚）1553 年的某个时间，这是 Strada 随后前往 Lyons 旅程的日期（见上部注释，标题页）。

39. 即 1553 年中（或者之后）的某个时间，Strada 第二次访问里昂之时（见上文注释，标题页）Julius III, 于 1550 年当选教皇，1555 年 3 月 23 日去世；Marcello Cervino, 1555 年 4 月 9 日当选为教皇 Marcellus II, 在当年 5 月 1 日去世。这样在 Strada 关于 1550 年（他与塞利奥进行交易的那年）到 1555 年（他"重返"罗马的那年）的叙述中就有出现了一个矛盾。见上文注释。

40. Perino del Vaga (1501–1547) 首先在佛罗伦萨接受训练，然后在 Giulio Romano（见下文注释）和画家 Giovanni Francesco Penni 的推荐下加入了 Raffaello 的工作坊。他于 1552 年与 Penni 的妹妹 Caterina（在此处提及）结婚，并被认为在 1530 年代与 Penni 在罗马的工作室工作。

41. 在罗马停留之时，Strada 委托多位年轻艺术家为古代和现代纪念物绘制精准的图纸，这些，与此处和下文提到的 Perino 和 Romano 的图纸一起，构成了他那著名的，存放在 Musaeum 中的由大小相同的钢笔绘图组成的 *libri di disegni* 的基础。在一封写于 1588 年（他父亲去世的同一年）12 月 6 日，在布拉格写给 Grand Duke Francesco I Medici 的信中，Ottavio Strada 主动提出售卖这些来自 Raffaello, del Vaga ,Giulio Romano 以及 Michelangelo 和 Francesco Parmigiano (Parmesano) 的绘画。Ottavio 将这些形容为"对我来说毫无用处"(Archivio Mediceo di Firenze, Mediceo del Principato, filza 810, c,129*r–v*)。Ottavio 之后于 1590 年 1 月 1 日写信（还是从布拉格）给 Belisario Vinta, Grand Duke 的代理人，承诺于 8 天之内寄送一些作品，尽管这些作品在维也纳 (filza 813 *c*.2*r–v*)。在一封于 1590 年 1 月 15 日写给 Grand Duke 的信中，Ottavio 再一次承诺了那些设计作品（其中的 240 件）以及表达了他希望在夏天回到维也纳取回剩下那些的愿望。他许诺了一本由 Giulio Romano 所作其中含有为 Great Prince 定制的，非常美丽的，餐柜的设计图纸的书。图纸的价格可由 Grand Duke 决定 (filza 813 *c*.110*r*)。在另一封 Ottavio 于 1 月 22 日写给 Grand

Duke 的信中，提到这些图纸终于在 8 天前被寄送 (filza 813 *c.l72r*)。

42. Strada 于 1556 年返回 Nuremberg。

43. Giulio Romano（1499–1546）由 Raffaello 训练出的建筑师和画家。关于塞利奥对 Romano 的描述见 Book II fol.18*v*, Book III fol.120*v* 和 Book IV fol.133*v*。Strada 曾经在 Romano 的圈子中受过训练，见上文注释。关于这项收购见 Jansen, D. J., 'Jacopo Strada antiquario Mantovano e la fortuna di Giulio Romano', *Giulio Romano: Atti del Convegno Internazionale di Studi su 'Giulio Romano e l'espansione europea del Rinascimento'*(1989), pp. 361–374。

44. 文本误将 *che*（哪个）写作 *que*。

45. 一幅由 Strada 于 1569 年出品的慕尼黑古物陈列馆的立面（未执行），铅笔纸稿，收藏在 Bayerisches Hauptstaat–sarchiv, Munich, Plansammlung 7931。

46. 关于 Ottavio Strada(1550—1606) 的事业，见 Schulz, F., 'Ottavio Strada', *Thieine—Berker Kunstler Lexicon*, Leipzig, vol. 32 (1938), pp. 147–148。关于 Ottavio 在此书的出版过程中扮演的角色，见 Rosenfeld, M. N., 'Sebastiano Serlio's Drawings in the Nationalbibliothek in Vienna for his Seventh Book on Architecture' *op. cit.*, pp. 401, 409。Boom, A. C. van der, 'Tra Principi e Imprese: The Life and Works of Ottavio Strada', in *Prag um 1600: Beiträge zur Kunst und Kultur am Hofe Rudolfs II* (1988), pp. 19–23. See also Fučíkovâ, E., *op. cit.*, pp. 26, 48–49。

47. 文本为拉丁语。

48. 关于 François I, 见上文注释 sig. ãii*v*。

49. 在这里用来指"剖面"，来自 Vitruvius 建筑表现的三部分，Vitr. I.ii.2。见 Hart, V., 'Serlio and the Representation of Architecture', in Hart, V., Hicks, P. (eds.), *Paper Palaces: The Rise of the Renaissance architectural Treatise* (1998), pp. 170–185。

50. 关于 Book VII 的木板见上文注释（标题页）。

51. 即 Book VII 的木板以"同样的方式"准备妥当。

52. 这个传说中的 Book VIII 从未出版。关于此书的现存手稿（不同于这里使用的全文版本的另一版本），见 Book VIII, 标题页 , p.1。

53. 关于 Strada 的建筑事业见上文注释（意大利字母，sigs. ãiiii*v*–ãiiiii*v*）。

54. 参见上文注释（意大利字母 , sigs. ãiiii*v*–ãiiiii*v*）。

55. 关于 Julius III 和 Cervino 见上文注释（意大利字母，sigs.ãiiii*v*–ãiiiii*v*）。

56. 关于 Perino del Vaga 见上文注释（意大利字母，sigs. ãiiii*v*–ãiiiii*v*）。

57. Strada 于 1556 年返回 Nuremberg。

58. 关于 Giulio Romano 见上文注释（意大利字母，sigs. ãiiii*v*–ãiiiii*v*）。

59. 关于 Strada 的一幅绘画作品见上文注释（意大利字母，sigs. ãiiii*v*–ãiiiii*v*）。

60. 关于 Ottavio Stada 见上文注释（意大利字母，sigs. ãiiii*v*–ãiiiii*v*）。

61. 文本以拉丁文写作。1574 年授予 Strada 的皇家特权在 Haus–Hof–und Staatsarchiv Wien, *Reichsregesten Maximillian II*, 17, fols. 312*v*–314*v*, published in: *Jahrbuch der Kunsthistorischen Sammlungen des allerböchsten Kaisershauses*, XIII (1892), II, Regest. n. 8979 被提到。见 Jansen, D. J., in Thoenes, C. (ed.), *op. cit.*, pp. 211–212 and p. 215 n. 27。关于总体特权，见 Febvre, L., Martin, H.–J., *The Coming of the Book* (1993 ed.), pp. 240–244。

62. 即哈布斯堡的 Maximilian II (1527–1597)（Strada 曾出任他的 Imperial Antiquary，如下文所述）。

63. 即指 Strada 图书馆中的 *Index sive Catalogus* [日期为 1576 年，在 Vienna Nationalbibliothek, cod. 10117 fol. 2*v*（17 世纪版本：cod. 10101 fols. 4*r*–4*v*）]；关于此见 Jansen, D. J., in Thoenes, C. (ed.), *op. cit*, p. 207 and p. 214 nn. 5 and 14。

64. 文本为意大利语。

65. 文本为法语。关于法兰西的 Charles IX (1550–1574)（Henry II 和 Catherine de' Medici 的儿子），他在此书出版前一年逝世，致使这项特权彻底过时了。

66. 即哈布斯堡的 Maximilian II (1527–1597)；见前文特权。

67. 标题为意大利语。

68. Book VII 1618/1619 年版本中的页码与第一版相同，在此 Commentary 中提到。

69. 文本为意大利语。在 Vienna MS 中这封塞利奥的信被忽略了。

70. 见 Book IV fol. 126r。

71. 塞利奥频繁地使用一个明显冗余的表达方式"可见的设计"(disegno visibile/disegno apparente) 来形容他的插图，用以强调其文本的作用是一种平行的设计表达，就好像它是"不可见的"一样，并强调他出版全绘图版本 Vitruvins 的新颖性。他采用这一短语同样表明了他在使文本和插图协同工作上取得的成就。关于这一说法同时见 Vienna MS Project XXXXVII fols.15v–16r（附录 2），Book IV fol.126r, Book VI fol.1r, "Book VIII" fols.19v,21v–22r, 'Extraordinary Book of Doors', sig. A2r。

72. 拉丁文本增加了 Deo volente（上帝的意愿）。

73. 即 Book VII。

74. 即民用建筑的创作，如 Book VI 所述，在这里被定义为不同于"情形"。见前言，pp. xxxii–xxxiv。

75. 关于柱子的重复利用，见上文注释，标题页。

76. 在拉丁文本中最后一句话被忽略了。这些宫殿很可能是 Strada 添加的，因为他曾在标题页中提到它们，并且它们未出现在 Vienna MS 中。见上文注释，标题页。

77. 与 Book VI 相同，这些别墅设计在规模和柱式使用上逐渐升级，并且从乡村进升至城市场地（最后一个，第 25 个设计，pp.58–67）。庭院的平面，和它们敞廊一起，清晰地反映了古罗马中厅，或 Vitruvius 在其 Book VI 中讨论的列柱围廊、住宅。见 Pellecchia, L., 'Architects read Vitruvius: Renaissance Interpretations of the Atrium of the Ancient House', *Journal of the Society of Architectural Historians*, vol. 51 (1992), pp.

377–416。关于此别墅及其后的别墅，见 Rosci, M., 'Schemi di ville nel VII libro del Serlio e ville Palladiane', *Bollettiuo del Centra internazionale di Studi d'architettura A. Palladio*, vol. 8, pt. 2 (1966), pp. 128–133. See also Carunchio, T, 'Dal VII Libra di Sebastiano Serlio: "XXIIII case per edificar nella villa"', *Quaderni dell'Institute di Storia dell'Architettura*, vol. 22 (1975), pp. 127–132; vol. 23 (1976), pp. 95–126. 关于第一幢别墅与它在 Vienna MS 中的副本的对比，见 Rosenfeld, M. N, 'Sebastiano Serlio's Drawings in the Nationalbibliothek in Vienna for his Seventh Book on Architecture', *op. cit.*, p. 401, and Carunchio, T., 'Il manoscritto del Settimo Libro di Sebastiano Serlio', in Thoenes, C. (ed.), *op. cit.*, p. 205。

78. 在 Vienna MS 中没有"鉴于我……高出通常地面（5 尺）"这段话。

79. 文本误将 "montata"（已经爬了）写作 "montara"，见文本 p.6。

80. Carunchio 提及 (in Fiore, F. P., *op. cit.*. p. 280 n. 4) 在 Peruzzi 的设计中椭圆形的使用。Uffizi 581 Ar（部分）, Uffizi 599Ar, Uffizi 579Ar（部分）。关于塞利奥使用的其他椭圆形，见下文 p.30, Book V fols.204r–v, Book VI fols.42v–43r(基于古罗马圆形剧场的国王乡村住宅)。概述见 Lotz, W., 'Die ovale Kirchenräume des Cinquecento', *Römisches Jahrbuch für Kunstgeschichte*, vol. 7.4 (1955), pp. 7–99。

81. 在 Vienna MS 中这些窗户采用的是内部带有座椅的假壁龛的造型。塞利奥赞扬这些壁龛因为它们减少了这些点上墙体石材的需求量同时也因为它们使主厅看起来更大。之所以能带来这种印象是因为人们坐在壁龛里释放了主要房间的空间，同时也因为他称之为 virtù visiva（视线）的东西"散发"进空洞而使所有东西都变大了。关于这一点见下文 p.46 注释。

82. 文本误写作 "VXI"。

83. 床龛（在此处及下文使用）同样是一个在 Book VI 的住宅设计中贯穿始终的特征（见，例如 ,fol.10v）。拉丁文本写作 "qu[a]e duorum lectorum

locum constituent"（提供了两张床的空间）。

84. 意大利和拉丁文本误写作 *finestre / fenestr[a]e*（窗户）。

85. 文本误写作 *scala*（楼梯）。

86. Vienna MS，Project I fols. l*r* and 32*v*。

87. 此前从未有过这样的语言，在 Vienna MS 中没有这条陈述。拉丁文本添加 'quantumq[ue] mihi per facultatem con- cederetur'（尽我所能）。

88. 在 Vienna MS 中开始的文本为"第二幢房屋应该为完美的正方形，带有一个凉亭式屋顶，即四坡顶。房屋的地面应至少抬高 3.5 尺"。

89. 这个设计很明显是基于 Alvise [Luigi] Cornaro 位于帕多瓦的著名的剧院（*odeo*），为音乐表演所建造（1530—1533 年），此项目的讨论和绘图见下文 pp. 218–219, 222–223。Carunchio 提及 (Fiore. F. P., *op. cit.*, p. 281 n 9) 此平面与小 Antonio da Sangallo 在 Ancona 所做的 Villa Ferretti 相类似 (Uffizi 722A*v*)。八边形的使用反映了 Peruzzi 所绘的罗马 Diocletian 浴场的八边形温室 (Uffizi 622A*r*)，Caracalla 浴场 (Uffizi 476A*r*) 和一所修道院的研究 (Uffizi 558A*r*)。

90. 拉丁文本增加了 "quem ipsa domus consequetur"（房子实际朝向的）。

91. 文本误写作 "D"，拉丁文本中没有这个字母，并且在括号中写道 "de quibus hucusq[ue] sumus loeuti"（关于所有之前我们讲过的）。

92. 即比 Book IV 127*r* 和 127*v* 中推荐的 1:6 的塔司干柱式比例或 Book IV fols. 127*r* and 140*r*1:7 的多立克柱式比例要纤细得多。

93. Vienna MS，Project II fols.1*r* 和 33*r*。在此手稿中没有"主厅（中间的比例尺）可以提供（数据）"，而是"中央的主厅应为拱顶并采用轻质材料，35 尺高，从拱顶的四扇天窗中采光，在这一地区被称为 *luccarnes*，光线是垂直的。你完全不用怀疑光线的亮度是否合适，因为万神庙已经展示了它的效果，在那里单一的孔洞就提供了足够完美的照明"（见 Book III fol.50*r*）。

94. 在 Vienna MS 中，文本添加"这些花园应与房屋处于同一地面，因为建造地下室和喷泉所移出的土会使花园高于通常地面，这对建造

者是很有利的"。

95. 拉丁文本写有 'iuvenes, & tales similes bonos socios, qui s[a]epe simul quoque cubare consueuerunt, no[n] rarò in illis reperiri accidat'（在这里通常能找到年轻人，或者其他类似性格的，互为好朋并且喜欢有人陪伴着睡觉的人）。

96. 文本误将 'finestre a gli angoli. Nel mezzo'（角上的窗户……中间）断句为 'finestre. A gli angoli nel mezzo'（窗户，在角落在中间）。

97. 尽管意大利和拉丁文本都写作"20 尺"，但从图中可以明显看出主厅的天花应该更高（结合主室的高度以及为主厅采光的高窗）。在 Vienna MS 中，文本写作"30 尺"。

98. 即上层的小型窗，在下文被定义为位于"一层檐口之上"。

99. Vienna MS,Project III 1*r*–1*v* 和 34*v*。

100. 在 Vienna MS 中，取代第一句话，文本写作"第四个住宅应该是五个亭子"。

101. 拉丁文本中省略了"这里还有一个从室"。

102. 拉丁文本写作 *viginti* (20)。

103. 在 Vienna MS 中，主室 K 通向次厅。

104. 在 Vienna MS 中，塞利奥添加"主厅上方的阁楼，由于墙间距过大，应该以强化托梁建造以承托屋顶。"

105. 拉丁文本写作 '*domus quart[a]e*'（第四个房子），在 Vienna MS 中，图片展示的是背面。

106. 在 Vienna MS 中，塞利奥添加"在敞廊之上是露台。你穿过阁楼并通过一扇在主室之上看起来像老虎窗的小门来到此处"，这些窗户没有在印刷的插图中出现（正立面）。

107. Vienna MS，Project IV fol.1*v* 和 35*r*（平面和背立面）。

108. 在 Vienna MS 中标题为"关于城市以外的第五幢住宅"。

109. 拉丁文本写作 'hortus quidarn quadrangularis'（一个正方形花园）。Carunchio 提及 (Fiore, F. P., *op. cit*, p. 285 n 3) 塞利奥总是建议使用 "all' italiana"（矩形）花园，这是 Alberti (ix.4[p.300]) 曾经描述过的一种形式。这些花园以与建筑物对称布局并且带有踏步梯段为特色。

546

110. 在 Vienna MS 中 "事实上，……周围高很多的位置" 这段话被省略了。

111. 文本误写作 *il*（那个）而不是 *al*（到那个）。

112. 文本将 'xviii' 误写作 'xxiii'，拉丁文本写为 "18"。

113. 这一中央空间同样反映了 Cornaro 在 Padua 所作的著名的剧场 (*odeo*)，见上文注释，p.4。文本误将 *dentro*（里面）写作 *dietro*（后面），拉丁文本写作 *intrinsecus*（里面）。

114. Vienna MS Project v fols. 2*r* 和 36*v*。在此手稿中描写中心凉亭的最后一段话被省略了。

115. 文本误将 '*si deve*'（你必须）写作 *si vede*（你可以看见/可见）；拉丁文本写作 *necesse est*（它必要）。

116. 在 Vienna MS 中，文本将 "无论何时……就更好" 写作 "第六幢住宅，它正面的形象，在某种程度上应采取一个剧场的形式，在这种情况下首先你登上一级踏步来到一个类似舞台的区域——10 尺深、50 尺宽"。Carunchio(Fiore, F. P., *op. cit.*, p. 286 n. 2) 将此方案与 Sangallo 设计的 Villa Madama 和 Giuliano da Sangallo 绘制的罗马 Trajan's Markets (Vat. Barb. Lat. 4244, fol. 5*v*) 进行对比。关于半圆形形式的更多实例见下文 p.38 及其注释。

117. 此设计基于梵蒂冈通向 Statue Court 的 Belvedere Stair，在 Book IV fols.119*v*–120*v* 有绘图。拉丁文添加 "per gradationes rotundas pulchrioris apparenti[a]e & maiestatis gratia"（设计为圆形以便看起来更加华美壮丽）。

118. 拉丁文本写作 ad alteram quidem angulum（在一个角落）用来与紧接着的 in altero angulo ...（在 [主室] 的另外一个角落）相匹配（意大利文本也是如此）。

119. 即标记为 "N"。

120. 文本写作 'la parte daventi d'essa'（它的前面部分），意指平面。拉丁文本和 Vienna MS 分别写作 "pars anterior ... fabricate' 和 'la parte davanti de l' edificio'（建筑物的正面），是此处更加合理的解读。

121. 即地面铺装，见 Book III fol.123*r*。

122. 比通常推荐的 1:2（两个正方形）的比例大。拉丁文写作 'quibus ut ipsa ianua aequa proportione adhibita, accommodetur, ea secundum latitudinem & secundum altitudinem 13. pedes occupabit'（为了使门洞与这些窗户在比例上相协调它应有合适的宽度，高度以 13 尺为宜）。Vienna MS, Project VI fols.2*r* 和 37*r*。

123. 在 Vienna MS 中标题写作 "关于在城外建设的第七幢房屋"。

124. 在 Vienna MS 中，代替 "此住宅……面向四个花园" 的是 "此住宅应设置五个屋顶，均为锥形坡顶，并且其应比周围地面抬高 5 尺，正如我讨论其他房屋时所说的那样"。

125. 在 Vienna MS 中，没有 "（主厅的）……另一边有餐边柜" 这句话。该手稿平面显示此处为两个壁炉面对面。

126. 在 Vienna MS 中，没有 "旋转楼梯 B……可以下到花园" 这句话。

127. 在 Vienna MS 中，没有 "所以这个房间的地面空间可以完全自由布局" 这句话。

128. 拉丁文本写作 *latrina*（洗手间）。

129. Vienna MS 中添加 "主厅中的正方形指示了主厅的天花。在一边有四根强化托梁支撑屋顶。另一边则将梁做成正方形以形成退格藻井镶板。如此一来天花将十分坚固安全。"（见 Vitr. VI,iii 1 关于古代住宅）。Carunchio 提及 (Fiore, F. P., *op. cit.*, p. 287 n. 3) 在平面上将梁绘出的做法可以与 Peruzzi 的设计相比较 Uffizi 15Ab*r*。

130. 文本误 *porta*（门）写作 *posta*。

131. 拉丁文本添加 *maiores*（大）。

132. 文本误将 '*dotta mano*'（见下文 p.52）写作 *detta mano*（所谓的手）。同样的拼写错误出现在下文 p.182 上。拉丁文本写作 'At duo reliqua latera huiuscemodi fenestris rectè quiciem carebunt: diversis tamen illa atque pulchris exornari debebunt figuris'（但是剩下的两个表面上不应该有窗户是正确的，其上将装饰有丰富多彩的绘画）。Vienna MS, Project VII fols.2*v* 和 38*v*。在此手稿中，没有 "（这样留下来的）两面墙……由能工巧匠（绘上精美的图案）" 这句话，并且在立面图中中央主厅由

两层加一个带有老虎窗的阁楼组成。

133. 在 Vienna MS 中标题写作"城外的第八幢住宅"。

134. 在 Vienna MS 中没有"这是一个住起来非常舒适……几乎无法照到"这句话，而是写作"这幢房屋侧边应有两排主室和从室，并且在中央有一个圆形主厅。"

135. 此设计基于梵蒂冈通向 Statue Court 的 Belvedere Stair，在 Book Ⅳ fols.119*v*–120*v* 有绘图。

136. 在 Vienna MS 中"它有可供倚靠的栏板"这句话被省略了。

137. 这一中央空间同样反映了 Cornaro 在 Padua 所作的著名的剧场 (*odeo*)，见上文注释，p.4。

138. 文本误将 *doi*（二）写作 *dai*，此处及下文。拉丁文本写作 *2/duas/duabus*（二）。

139. 见上文注释。

140. Vienna MS 解释了当从主厅中央观看壁龛时，其外形相同内部迥异"在可见的部分可以看到四个拱形，两个（壁龛）是中空的，另外两个是平面的"。

141. 在图中实际标记为 O。

142. 在 Vienna MS 中，文本是 'ⅥI'。

143. 方括号中的文字在意大利文本中缺失了，但拉丁文本里有 '10 in longitudine, in latitudine aute[m] 5 pedibus dimetitum, annectetur. Hîc in medio latere coenaculi similiter ad dexreram cubiculum F'。Vienna MS 中同样有这些文字。

144. 即铺地，见 Book Ⅲ，fol.123*r*。

145. 参见 Vitr.Ⅵ.iii.1 论古代住宅。在 Vienna MS 中，没有"天花上横梁的排列展示在主厅的地面上"这句话，取而代之的是"成对出现并形成五个正方形四个三角形的线指示了天花的分隔。天花由强化托梁组成以承托屋顶——同时带有形成四个中型方形退格和三角形的梁"。

146. 关于这个开放的三角山花，见 'Extraordinary Book of Doors'，精致大门 Ⅲ（fol.21*r*）。

147. Vienna MS, Project Ⅷ fols.2*v* 和 39*r*。在此手稿中没有"我不会……平面下方（的比例尺获得）"这句话。

148. 在 Vienna MS 中标题仅为"Ⅸ"。

149. 在 Vienna MS 中，没有"下面这个平面……采光极好"这句话，取而代之的是"这幢房屋应该像其他房屋一样，比地面抬高 5 尺或更多，因为越多这些独栋并免受邻居干扰的房屋升高其室内地面，其底层的房间就会越健康，同时整幢建筑物也会越增加宏伟"关于塞利奥对建筑宏伟性的描述，见导言，pp.xxi–xxii。

150. 即内侧通向主厅的门洞。

151. 在 Vienna MS 中文本增加了"环绕花园应为带有栏杆的回廊。从这里可以眺望乡间并且可以下至花园中。"

152. Vienna MS，Project Ⅸ fols.3*r* 和 40*v*。在此手稿中这段话被省略了。

153. 在 Vienna MS 中标题写作"关于第九幢房屋的表面和立面"。

154. 拉丁文本误将 *portae* 或 *ianuae*（门）写作 *domus*（房子的）。

155. 中括号内的文字在意大利语文本里缺失但是存在于拉丁语文本中 'domus extrue[n]tur, eae 3 pedes in iatitudine & 7 in altitudine consequentur. At reliqui[a]e deinde omnes。'

156. 可供马攀登的楼梯是法国狩猎小屋以及城堡的典型细节，例如 Blois(1519–1520) 的旋转楼梯。见 Lossky, B., 'A propos du château de Fontainebleau. Identifications et consid é rations nouvelles. Serlio–Escalier du fer à cheval – Peintures de Verdier et de Sauvage–Trône de Napoléon, *Bulletin de la société de l'histoire de l'Art Français* (1970), pp. 27–44。

157. 文本误将"*sporge*"（方案）写作"*sparge*"（分散）。

158. 在 Vienna MS 中，文本添加"因为外部回廊带有低矮的栏杆，所以可以通过这些回廊向乡间眺望，特别是当人的视点高度距离地面 3.5 尺左右的时候。"

159. Vienna MS，Project Ⅸ fols.3*r* 和 41*r*。

160. 在 Vienna MS 中没有标题。

161. 文本误将 qui dimostrata（现在展示）写作 *qui dimostrara*（将要 / 应该展示）。

162. 在 Vienna MS 的此处以及下文的方案

中，这些房间被描述成"五个凉亭"。

163. 即铺地，见 Book III fol.123r。

164. 见 Vitr.vi.iii.1 on the ancient house。在 Vienna MS 中以大型拱券取代这些梁。

165. 文本误写作 si travava（这里曾经有）。应为 si trovara（这里应该有）或者 si troua（这里有）。

166. 在 Vienna MS 中，文本添加"同时用来填充页面以及用来使装饰看起来更加清楚"。

167. 即比 Book IV fols.127r 和 127v 中推荐的 1:6 的塔司干柱式比例要细长得多。或者比 Book IV fols.127r 和 140r 中推荐的 1:7 的多立克柱式比例要细长得多。这在对柱的情况下是允许的，见 Book IV, fol.178r。

168. 拉丁文本添加 'crassitudeai verò eorum aequnm proportionem attribuere doctus Architectus bene noverit'（但是学识渊博的建筑师会知道给它们每一个以相同的尺寸）。

169. 这些条形窗是"非正统的"[根据塞利奥之前对这一词汇的使用，例如，下文一个檐口 p.100 以及 Book V fol.212r 和 216r 以及在"Extraordinary Book of Doors"，精致大门 xix (fol.27ij) 中的一个楼层]，因为它们处于通常规范之外，并不遵循任何一个标准窗户的比例。见 Book V fol.11v 中的说明。同时见下文定义的一个"非正统的"多立克细部，p.68 和"非正统的"作品 p.70。

170. Vienna MS, Project 'La decimacasa' fols. 3v 和 42v。在此手稿中塞利奥同时建议"在花园周围树立墙体或者坚固的树篱，并且用一条壕沟环绕以上全部"。

171. 拉丁文本添加"ita presens quoqf [ue] totidem potissima loca habuura est"（这样一来所有主要房间的数量恰巧相同）。

172. 此设计基于梵蒂冈通向 Statue Court 的 Belvedere 楼梯，在 Book IV fols.119v–120v 有绘图。文本误将 scala（踏步梯段）写作 sala。

173. 在 Vienna MS 中没有"在它一半的位置……是餐边柜"这句话。

174. 拉丁文本添加 'Sicq[ue] domus ipsa integram tandem atque perfectam suam consequetur formam'（因此房屋自己最终获得完整的形式）。

175. 在 Vienna MS 中，塞利奥说立面的绘图比例比平面大。

176. 即 1:9，比 Book IV fols.127r 和 1258v 中推荐的 1:8 的爱奥尼柱式比例要细长得多（尽管在此处，更加纤细的比例也是被允许的，"取决于场地和建筑物的组成"）。这是在这些别墅立面上第一次出现爱奥尼柱式。

177. 拉丁文本添加 maiorum（大）。

178. 文本误标为"parapetto. Fra la cornice . . ."（栏板，在檐口之间……）。拉丁文本的标点是正确的并且增加了"fenestrarum"（窗户的）。

179. 拉丁文本添加 primam（一层）。

180. Vienna MS, Project XI fols.3v 和 43r。在此手稿中立面的比例比平面大（如上文注释），因此没有这些边上的门。

181. Carunchio 将这一方案与 Uffizi 490Ar 和 Uffizzi 552Ar（Peruzzi 设计）以及小 Sangallo 的 Uffizi 772Av 相比较。在 Vienna MS 中，文本用"第十二幢房屋在其中心应该有一个圆形的庭院，庭院周围是居住空间"代替了第一句话。

182. 中括号里的文字在意大利语文本中缺失，拉丁文本中存留。

183. 拉丁文本没有分段，并且写作 'Demum non erit etiam inutile, si ad bina latera huiusce domus duae maiores portae erigantur. Fiet enim eo modo, ut ipsi quidem domui non ingrata elegantia accedat: area verò ante domum constituta tanto amplior reddatur. Quod quidem in figura, quam supra Ichnographiam delineavimus, setis tibi manifestum esse poterit'（房屋可以从侧边增加的两个大门上得到很多益处，大门使房屋更加优雅并使庭院扩大。这在平面上方的图上可以清楚看到）。

184. 拉丁文本写作 'Secundo, quia magna parte habitationum sic humili const ituta, fiet ut exhalationes illae aestivie, per patentes altioris partis fenestras liberiorem exitum habeant, mansionésque ips[a]e tanto frigidoriores reddantur'（其次，由于大多数居住空间的屋顶都比较低矮，此（高度）使热空气可通过上部的开启窗自由排出房屋，房间本身会更加凉爽）。

185. 法式风格在左侧，意大利风格在右侧：见下文，pp.68–69（法国传统），pp.72–73（意大利风格）在 Vienna MS 中没有壁炉。

186. 即在下方的立面上。

187. Vienna MS, Project XII fols.3*v*–4*r* 和 44*v*。此手稿最顶端的插图没有壁炉（如上文注释所述），中间的插图绘图比例依然大于平面，并且没有边门和屋顶。

188. 关于此别墅与其在 Vienna MS 中的副本的对比，见 Carunchio, T., 'Il manoscritto del Settimo Libro di Sebastiano Serlio', in Thoenes, C. (ed.), *op. cit.*, p. 205.Carunchio (in Fiore, r. P., *op. cit.*, p. 294 n. 1) 将此方案与 Uffizi 529A*rv* 和 Uffizi 107A*v* Peruzzi 的设计、Leonardo 中心布局的教堂和巴西利卡以及小 Sangallo the Uffizi 1363A*r* 相对比。在 Vienna MS 中没有"我一直在想……是固定的"这句话，取而代之的是"这幢房屋与我见过的所有其他房屋都截然不同——它的造型有点类似于 St.Andrew 十字架，或者说是一个风车——事实上当我设计出它的时候我觉得我的思想在旋转。"

189. 拉丁文本在段落开始处添加 'Ut autem institutum ea brevitate qua fieri poterit, perstringam, scito tale aedificium ...'（但是为了让此描述尽量简洁，考虑到这幢房屋……）。自 Vienna MS 中此过厅是一个标准的正方形。

190. 文本误将 '*a l'entrata*'（在入口处）写作 "*è l'antrata*"。

191. 即边界线：Albertt 关于 *lineamenta* 的观念，或者说建造轮廓线以形成定义并包围建筑表面的构造线，见 Alberti, L. B., *On the Art of Building, trans*, J. Rykwert *et al.*, I and pp. 422–423. See also Serlio's concept of *Linee occulte*, vol. 1, p. 458。

192. 拉丁文本写作 'totam quidem partem aedificii, quae a terra ipsa in altum exurgit'（地面之上的整个建筑）。在 Vienna MS 中文本帮助澄清了短语"实景"（*il vero*）的含义："平面上方的插图展示了整个建筑物的体量，也就是说所有可以看到的部分。"

193. 关于塞利奥对短语 *sciographia* 的使用，以及他在 Book II (fol.18*r*) 中定义为"透视"的变体 *scenographia*, 和 Vitruvius 所述"前面和后退各边的轮廓线，所有线条与中心圆的一致"(Vitr. I.ii.2)，见 Hart, V., 'Serlio and the Representation of Architecture', in Hart,V., Hicks, P., (eds.), *Paper Palaces, op. cit.*, pp. 170–185。拉丁文写作 'sciographiam, id est membra & partes intimiores, simulque & earum frontes per adumbrationem qua[n]dam'（seriography，即为后退的部分与前方的建筑物以某种阴影的技巧同时展现）。在 Vienna MS 中，没有"它看起来像……在一起的部分"这句话。

194. 拉丁文本添加 '(quemadmodum id antea diximus)'（如我们前面所说的那样）。

195. 关于印刷问题的相似参考，见 Book II fol.37*r*。Vienna MS, Project XIII fols.4*r*–4*v* 和 45*r*。在此手稿中最上方的图及其描述缺失了。

196. 拉丁文本添加："extra m[o]enia in aperto quopiafm] loco erigend[a]e"（它将建造在城外的开阔地带）。

197. 塞利奥将国王宫殿的平面安排在一个椭圆形庭院周围（基于古罗马圆形剧场），见 Book V fols.42*r*–43*r*。Carunchio 提及 (in Fiore, F. P., *op. cit.*, p. 295 n. 2) 在此建造的椭圆形采用了 Book I fol.13*v* 的第三种方法。也见上文 p.2 的注释和 Lotz, W., *op. cit.*

198. 在 Vienna MS 中开头的文字为"这幢房屋有大量的套间，中央有一个椭圆形庭院——在我们这个时代一个非常新颖的特征——以及，我在它处所说的那样，应该比地平面至少抬高 5 尺。这会给建造者带来极大的便利，因为所有建设喷泉时挖掘出的碎片都可以用来抬高庭院，以及所有其下方无须挖掘的部分。"Carunchio 认为 (in Fiore, F. P., *op. cit.*, p. 295 n. 1) 采用椭圆形之所以"新颖"是因为它被作为一个中心布局空间的支点。

199. 文本误将 *A lato alla*（旁边）写作 *Nella*（里面），此处及下文。

200. 即直径（从面到面）为 9 尺。

201. 文本误将 *intorno*（周围）写作 *interno*（内部），拉丁文本写作 Circundabitur aute[m], elegantiae gratia, muro aliquo exiguo（为了让这个

花园更加优雅，应砌一圈矮墙将之环绕）。

202. 见上文注释，p.20。

203. 在 Vienna MS 中，从此处到段落结尾都被省略了。

204. 此方案与附加的方案 5，下文 pp.230–239 非常相似。关于通过用砂石底净化喷泉水，见下文 pp.160–161。Vienna MS，Project XIV fol.4*v* 和 46*v*。在此手稿中平面包括部分花园。

205. 在 Vienna MS 中标题被省略了。

206. 关于此别墅的立面和其在 Vienna MS 中副本的比较，见 Rosenfeld, M. N., 'Sebastiano Serlio's Drawings in the Nationalbibliothek in Vienna for his Seventh Book on ArchitecCure', *op. cit.*, p. 401。

207. 在 Vienna MS 中，文本继续道："在房屋前面我设计了一个标准正方形的庭院，其边长为整个立面包括两个大门，这个庭院应该由带有城垛的墙围合成封闭式，并带有一个位于中心的大门。"

208. 法国风格在下方，意大利风格在上方，见下文 ,pp.68–69( 法式传统 )，pp.72–73( 意大利风格 )。在 Vienna MS 中没有 "A 部分……意大利传统" 这句话。

209. 在 Vienna MS 中，从此处到段落结尾都缺失了。

210. 拉丁文本添加 "atque equitabiles, uti antea id relaium est"（并且适用于马匹，如上文所述）。

211. Vienna MS，方案 XIV fols.4*v* 和 47*r*。

212. 在 Vienna MS 中标题被省略了。

213. 关于 Naples 的 Poggio Reale 中的外部和内部凉廊，见 Book IV，fol.121*v*; 也见塞利奥基于此别墅的设计所作的关于敞廊与气候因素的关系的评论，fol.122*v*。Bernardo Rossellino 设计的位于 Pienza 的 Ruccellai Palace 有两个凉廊，一个用于早晨，一个用于夜间。

214. 在 Vienna MS 中，从开头到此处写作"这幢住宅完美的适合于夏季，因为它有三处大型空间用来餐饮和宴会，即两个面对面的敞廊和一个与敞廊长度相同的大型主厅"。

215. 在意大利文本和拉丁文本中，此处误写作 'xv/15'。维也纳版本中的 XXV 是正确的。

216. 拉丁文本添加 'id quod si ita fiat, ornatui illi commoditas quoque non exigua accedet'（ 这个，如果实现的话，会给最终的装饰带来显著的便利）。

217. 即铺地，见 Book III ,fol.123*r*。

218. Vienna MS, Project XV fols. 4*r*–5*r* 和 48*v*。

219. 它在角落上的塔，反映了塞利奥在 Burgundy 设计的 Ancy-le-Franc 城堡，于 1541 年前后为 Count Antoine de Clermont-Tonnerre 所做（ Book VI ,fols.16*v*-18*r*）。关于这一类型的别墅设计见 Ackerman, J., 'Sources of the Renaissance Villa', in *Distance Points* (1992), [pp. 302–324]; Frommel, C. L., *Die Farnesina und Peruzzis architektonisches Frühwerk*, Neue münchner Beiträge zur Kunstgeschichte, I (1961)。

220. 拉丁文本省略了关于庭院大门的部分。

221. 拉丁文本添加 *quibus columnae innituntur*（柱子在其上安装）。

222. 比 Book IV fols.127*r* 和 158*v* 中推荐的 1:8 的爱奥尼柱式比例要细长得多（尽管在此处，更加纤细的比例也是被允许的，"取决于场地和建筑物的组成"）。

223. 此处及以下见上文注释，p.22。

224. Vienna MS 中没有第一段，并且在此处塞利奥注释道：在这些拱券之上的天花应为木质，因为壁柱和墙均不承重，大窗户上面的小窗供夹层使用，为简便起见，他不会提供所有数据，但读者可以利用图上的小比例尺以及参考 Book IV 来找到它们。

225. 在 Vienna MS 中，塞利奥是说柱间距 10 尺对于一个石质楣梁来讲太长了。

226. Vienna MS, Project XV fols.5*r* 和 49*r*。在此手稿中没有 "但主厅应有……会提供（数据）" 这句话。

227. 在 Vienna MS 中，塞利奥申明这一设计模仿自小 Pliny 的一个方案，见附录 2，方案 XVI fol.5*r*。小 Pliny，在 *Letters* II, 17，描绘了一个 'porticus in D littene similitudinis ' circumactae' （一个 D 形的门廊）。这个半圆形的设计模仿了罗马 Palatine 山上 Domitian 的 exedra，以及塞利奥的学生 Vignola 设计的更加高贵的罗马教皇

Julius III 别墅中的大型内院，见 Coffin, D., *The Villa in the Life of Renaissance Rome* (1979), pp. 152–164.。楼梯和半圆形庭院同样反映了梵蒂冈通向 Statue Court 的 Belvedere Stair，在 Book IV fols.119*v*–120*v* 有绘图。也见 Book VII pp.12–13 以及 Book V fols.67–68*r* 的国王城市宫殿中的 exedra。Carunchio (Fiore, E P., *op. cit.*, p. 298 n. 3 and 4) 将此方案与 Theatre of Marcellus 的全部图纸和 Peruzzi 为 Spoleto 剧院所作的一幅小型速写相关联（Uffizi 634A*v*）。

228. 在 Vienna MS 中，文本里用"剧场的管弦乐团"代替了"剧场"。

229. 在 Vienna MS 中关于小 Pliny 的文字取代了此处的这段话，见附录 2, Project XVI fol.5*r*。

230. 在 Vienna MS 中没有"此外……三个"这句话，取而代之的是"在这个主厅中有三个用于生火的炉床。中间的那条线，标记为 T，是支撑屋顶的横梁"。Carunchio(Fiore, F. P., *op. cit.*, p. 298 n. 3) 认为这些线与真实剧场中的分隔墙相一致。

231. 在 Vienna MS 中没有这些壁龛。

232. 在 Vienna MS 中，塞利奥添加"首先进入这个主室 [ 即 G ] 再到小房间是更加符合逻辑的，但是这个会影响主室中床龛的使用，因为这一居住空间用于冬季，所以这个床龛必须挨着壁炉。"

233. 拉丁文本添加 'Servient enim sic turn ornamento ipsius domus, turn etiam necessitate'（这样一来，这些 [ 小的地方 ] 会同时为房屋增加装饰和便利性）。

234. 文本误把 le cantine（酒窖）写作 il camin（壁炉）。拉丁文本写作 celiac…vinariae（酒窖）。

235. 层高的逐级递减四分之一（及其装饰细节）遵循的是 Book IV（例如 ,fol.150*v*）模式立面中介绍的做法，同时基于古代剧场的立面，见 Book IV fol.150*v* 的注释和 Vitr.v.i.3 以及 v.vi.6. 也见塞利奥在 Vienna MS 中的讨论，Project XXXXVI fols.15*v*–16*r*( 附录 2)。

236. 这一宽度带来了一个 1:6 的比例（3 尺 :18 尺）比 Book IV 中 1:7 的多立克柱式要矮胖。

237. 目前尚不清楚这四分之一到底是哪一

部分，如果是底部的组件（3 尺），那么爱奥尼柱式的比例就在 1:6⅔（2.25 尺 :15 尺）（即比 Book IV 中的 1:8 要矮胖）。这一规则（很明显与柱子宽度相关）似乎为塞利奥常用的逐层（因此柱高也是）减少四分之一的建议带来了困扰。也见 Book VIII fol.5*v*。

238. Vienna MS，Project XVI fols.5*r*–5*v* 和 50*v*。在此手稿中文本增加了"在主厅之后，为使场地方正，在两个角落各有一个小花园，但是大型花园和农场应该在房子的前面、侧面和后面"。

239. 在 Vienna MS 中代替第一句话，文本写道："这一类型带有环绕以敞廊的中央庭院的正方形住宅很常见，但是对于其中这个特别的类型——在敞廊中带有楼梯，并没有妨碍敞廊的回廊——我从来没见过任何一个类似的。"Carunchio 指出 (Fiore, F. P., *op. cit.*, p. 299 n. 4)，这个创意的确令人震撼，特别是跟典型的意大利皇宫诸如小 Sangallo 所作 Parma Palazzo Cantelli（Uffizi 292A*r*）和 Peruzzi 的设计（Uffizi 546*r* 和 Uffizi 566A*r*）相比较。

240. 在 Vienna MS 中这个楼梯是半圆形的。

241. 文本误将 vuoto（空）写作 volo，拉丁文写作 vacua。

242. 即在宽度上减少 1 尺，此处及下文（房间"L"）

243. Vienna MS 中，文本添加"这些楼梯不会妨碍敞廊的通道，也不会影响敞廊之上的露台，并且它们会一直从最底部的 cantine 通向阁楼。"

244. 文本误将宽度写为"XXIII"，拉丁文本以及 Vienna MS 都写作"24"/"XXIIII"。在此手稿中文本增加了这是"一个特别优美的比例"。这个比例，如 Carunchio 所说 (Fiore, F. P., *op. cit.*, p. 300, n. 1), superbipartiens tertias，即 3:5，塞利奥在 Book IV fols.127*r*,130*r* 和 Book I fol.15*r* 对其进行过讨论。维特鲁威将这一比例指定给三个中厅平面的第一个（Vitr.VI.iii.3）。

245. 房间 B25 尺长，通道 A12 尺宽。这样一来主厅至少可以有 62 尺长，而不是文中所说的 56 尺，而且很有可能为 66 尺 [ 很容易误写作

LVI(56)]，如果我们认为通道两侧的墙为 2 尺后的话。拉丁文本误写为 50 尺。

246. 即 1:10，比 Book IV fols.127r 和 169r 中推荐的 1:9 的科林斯柱式比例要纤细得多。在 Vienna MS 里塞利奥不赞同这种随意的行为，见附录 2，Project XVII fol.5v。这是这些别墅中第一次出现科林斯柱式。

247. 在 Vienna MS 中塞利奥添加："尽管事实上，一些人，其实绝大多数，会将上层的房间做得比下层低矮，但你仍然可以将上层房间设计为 16 尺高同时保持主厅高度为 23 尺，这样一来主室之上的阁楼高度就会增加并且更加舒适。"

248. 事实上比例尺在中央庭院。

249. Vienna MS，Project XVII fols.5v 和 51r。

250. 拉 丁 文 本 写 作 'Volens quispiam à communi modo extruendi aedificia excedere, id pro gcnerali regula habeat sibi is necesse est, ut novum aliquod & inusitatum aedificandi genus adinveniat: idque ta[m]quam pulchrum & rarum pro usu postea hominibus proponat'（任何想脱离常规建筑传统的人都应该记住，作为一项普遍法则，他们必须提供一个新颖不寻常的形式，美丽、杰出并且对人类有益）。在 Vienna MS 中这第一句话被省略了。

251. 在 Vienna MS 中这句话被省略了。

252. 见 Vitr. VI.iii.l on the ancient house。

253. 在 插 图 中 cameretta H 服务于 E。在 Vienna MS 里 H 实际上服务于 F。

254. 在 Vienna MS 中没有"因为（主要房间的）高度……墙很厚"这句话。

255. 拉丁文本省略了"法语叫作 galerie"。Vienna MS 中同样没有这些文字，并且房间被描述为"上层敞廊"。见术语表"galleria"条目。

256. Vienna MS，Project XVIII fols.6r 和 52v。在此手稿中没有"但是 B，D，I，O 四处……设置夹层"这句话。

257. 拉 丁 文 本 写 作 'partes posteriores ac interiors'（后部和内部）。

258. 拉 丁 文 本 写 作 'planam ... scalaf [m]atque spaciosam'（梯段宽阔台阶低矮）。

259. 即遵循 Book IV fols.127r 和 140r 中多立

克柱式比例的建议。此处绘出的柱式可能实际上是塔司干，就像内部的那些一样。

260. 在 Vienna MS 中没有"但是我们需要讨论……阁楼（的窗户）"这句话。

261. 即比 Book IV fols.127r 和 127v 中建议的 1:6 的塔司干柱式比例要纤细得多。塞利奥在 'Extraordinary Book of Doors' 粗石大门 III（fol.4r）中使用了这一比例，遵循了 Vitruvius 关于圆形神庙中塔司干柱式的建议 Vitr. IV.viii.1（与明确规定为 7 部分的 IV.vii.2 形成了对比）。也见 Vitr. VI.iii.1 中关于古代住宅横梁使用的讨论。

262. 在 Vienna MS 中，没有"至于梁如何分布在（平面）设计中已经可以看到了"这句话。

263. 上文定义为 salette。

264. 拉丁文本添加 'quod Galli vulgo Galeriam vocant'（法国方言称其为 galerie）。见术语表 galleria 条目。

265. 文本误将 è il（这是）写作 à il（对于）。

266. 关于建筑模型见 Book V fol.215v 及注释。

267. Vienna MS，Project XVIII fols.6r 和 53r。在此手稿中没有最后一句话，取而代之的是"我之所以想沿着长边方向展示内部是因为这样一来整个建筑物的每一侧——以及它的屋顶形式——都可以表达清楚：屋顶是意大利风格。在插图中，中央的剖面忽略了地下室。"

268. 文 本 写 作 virtu visiva，还 出 现 在 "Extraordinary Book of Doors"，粗石大门 XII(fol.8v) 中。这一段短语 virtu visiva 同时出现在 Pèlerin, J. ['Viator'], De Artificiali p[er]spectiva (1505), sig. aiiii.v。关于视线的讨论见 Book IV fol.177r 和 Vienna MS 方案 I fol.1r（n.81 之上）。也见 Alberti, L . B., On painting。概述见 Carunchio in Fiore, F. P., op. cit., p. 281 n. 1.。

269. 拉丁文本添加 'a longinquo prospiciens... non secus atque si in propinquo esset'（远观与近看一样多）。

270. 拉 丁 文 本 加 'porticibus tamen abu[n] daret (& per consequens pulchrae appare[n]tiae esset' [ 但是却充满了敞廊（因此非常美丽）]。

271. 在 Vienna MS 中从开头到此处写作"这

个住宅不大，但令人赏心悦目，因为敞廊和与塔相似的立面带来了眺望乡村的良好景致，特别是在树木和绿色植物中。"

272. 文本误写作 *alter*（其他的），拉丁文本写作 *minora coenacula*（次厅），Vienna MS 中是次厅。

273. 在 Vienna MS 中，文本写作"露台"。塞利奥添加"此房屋没有大型主厅，但鉴于此处供夏季使用，根据光照的地点，露台和敞廊可以取代主厅。"

274. 拉丁文本添加 'Atq[ue] haec quidem, quoad compositionem areae huius 19 domus'（这是第 19 幢房子所有的平面布局），并且省略了从此处到结尾的段落。

275. 此设计基于梵蒂冈通向 Statue Court 的 Belvedere stair，在 Book IV fols.119*v*-120*v* 有绘图。

276. 即 1:8，比 Book IV fols. 127*r* 和 140*r* 中推荐的 1:7 的多立克柱式比例要纤细得多。同样在此处，绘出的柱子实际上可能是塔司干式，因为檐壁间没有三陇板。

277. 在 Vienna MS 中文本添加了"同样此高度也不能任意决定，因为夏季房间需要高屋顶——因此夹层也会更高更舒适。但最重要的是，考虑到适宜性，整个立面会看起来更加宏伟。"关于建筑宏伟性的概念，见前言，pp.xxi–xxii。

278. 在 Vienna MS 中塞利奥在敞廊内的窗户底部增加了屏风，这样路过的人们将无法看到内部。

279. 关于连续细节减少四分之一，见上文 p.38 注释。

280. 在 Vienna MS 中，没有"拱券 10.5 尺宽……有阁楼的天窗"这句话。

281. Vienna MS, Project XIX fols.6*v* 和 54*v*。Caruchio(Fiore, F. P., *op. cit.*, p. 303 n. 2) 将此方案与 Peruzzi 的设计（Uffizi 616A*r*）相对比。

282. 拉丁文本添加 'species . . . quae quamvis pcrdcibus careat ad visum tamen extenden dum ac dissipandum quàm niaximeè conferre solet'（一个设计……尽管它没有敞廊，视线仍然可以延伸并尽可能发散）。

283. 在 Vienna MS 中，从开始到此处文本写作"也许有人认为这幢住宅与之前那个很相似，除了前部的后面有屋顶。但是任何人如果仔细观察全部建筑就会发现它是完全不同的，无论是形式上还是套间上。"

284. 即铺地，见 Book III fol.123*r*。

285. 此处显示为直线梯段，Vienna MS 中的配图为旋转楼梯。

286. 拉丁文本没有"另外的一排"这句话。

287. 即与下层（20 尺）相比减少了四分之一，循序了一般法则：细节减少四分之一，见上文 p.38 注释。

288. 即与下层楣梁相比（4 尺）减少了四分之一：见上文注释。

289. 见上文注释，p.22。

290. 在 Vienna MS 中，没有"楣梁、檐壁和檐口……12 尺高"这句话，取而代之的是塞利奥为贪得无厌的赞助人而悲伤，见附录 2，Project XX fols.6*v*–7*r*。

291. Vienna MS, Project XX fols. 6*r*–7*r* and 55*r*. Vienna MS, Project XX fols.6*v*–7*r* 和 55*r*。

292. 在 Vienna MS 中没有"但是它们之间可以通过秘密通道互相串联"这句话。

293. 在 Vienna MS 中这句话被省略了。

294. 在插图中没有连接主厅 F 和房间 H,I,K 的门洞。在 Vienna MS 里，图片中有两个门洞，一个连接 G 和 H，另一个连接 G 和 K。

295. 在 Vienna MS 此处及下文，这些拱券被形容为"会幕"。

296. 拉丁文本在此处添加 'sicq[ue] tota tande[m] domus suam sortietur perfectionem'（这样一来整个房屋最终会呈现出完美的形式）。在 Vienna MS 里，所有房屋的尺寸都进行了记录。

297. 在 Vienna MS 里，敞廊、主厅和主室 T、V 都是 20 尺高。

298. 在 Vienna MS 里，没有"下层房间……20 尺"这句话。

299. 字母 A 在此处的立面上没有标记，但是出现在 Vienna MS 的插图里。

300. 遵循 Book IV fols.127*r* 和 140*r* 对多立克

柱式比例的规定。

301. 拉丁文本添加 'brevicatis gracia'（为简便起见）。

302. 在 Vienna MS 中没有"转角的柱子……平面下方"在这个手稿中，塞利奥在每个屋顶顶部都添加了小塔，他告诉我们："这是为了美，而不是实用"这句话。

303. 拉丁文本添加 '& spectandi'（观看）。

304. Vienna MS 中，文本添加"无论来自阳光或雨"。

305. Vienna MS，Project XXI fos.7r 和 56v。在此手稿中没有"整个房子……主厅 G"这句话，因为这是最后一个细节（标记为 Ⅹ）；每个房顶上都安装有一个小塔（上文已注）。

306. 这幢 H 形的房屋可以被视为吸引 Henri II 注意力的一个尝试。事实上，François I 曾被致以相似的敬意，在 Grand Ferrara 的宴会上，有一张字母 F 形状的桌子[记录在一封由 Giulio Alverotti 于 1546 年 5 月 17 日写给 Ercole d'Este（Duke of Ferrara）的信上，Archivio Estense di Stato, Carteggio degli Ambasciatori in Francia, Cassetta 22, package VIII, fol. 185r]。

307. 在威尼斯手稿中没有"房子的前面应该有一个庭院"这句话。

308. 即铺地，见 Book III fol.123r。

309. 此处平面上没有标记出字母 C，但是出现在 Vienna MS 的插图里。

310. 拉丁文本添加 'sicque tandem totam suam perfectione[m] atque co[m]positionem assequetur'（这样一来套间最终会呈现出完美的形态）。

311. 在此处的平面上，通往 M 的入口实际上位于敞廊的尽头而不是铺地的尽头。在 Vienna MS 中，的确有一个门道连接铺地 L 和 M，另外一个连接 M 和 N。

312. 在 Vienna MS 中，文本添加了"其后应为主花园，其可根据场地的便利以及业主的意愿而尽可能大。"

313. 在 Vienna MS 中除了 G,K,P,S 以外的所有房间都提供了尺寸。

314. 拉丁文本写作 'quos . . . [modulos] sine labore excerpere, & ad usum accommodare optimè poceris'（你可以轻易收集这些[尺寸]并加以善用）。

315. 拉丁文本添加 '(quemadmodum superius relatum est)'（如上文提到的）。

316. 拉丁文本没有关于"敞廊"这个词。

317. 拉丁文本写作 'Columnae ta[m] superiores quam etiam inferiores Ionico opere constabunt'（上下层的柱子都是爱奥尼式的）。在图中上层柱式似乎是科林斯式或者混合式。

318. 即 1:9，比 Book IV fols.127r 和 158v 中推荐的 1:8 的爱奥尼柱式比例要细长得多（尽管在此处，更加纤细的比例也是被允许的，"取决于场地和建筑物的组成"）。在双柱的情况下是肯定被允许的，见 Book IV fol.178r。也见上文 p.24。

319. 即 1:10，遵循了 Book IV fols.127r 和 183r 推荐的混合柱式的比例。

320. 关于细节减少四分之一，见上文 p.38 注释。

321. 拉丁文本添加 'sic eminejnlribus'（极负盛名的）。

322. Vienna MS，Project XXII fols.7r–7v 和 57r。印刷版本在此处提到了 Peruzzi 的绘画大厅和 Raffaello 在 Peruzzi(1508–1511) 设计的罗马 Chigi's Villa Farnesina 中 Loggia of Cupid and Psyche(1518) 里的绘画天花。事实上，此方案的底层平面与 Villa Farnesina 非常相似。这一作品在 Book IV fols.192r 和 192v 中有非常详细的描述。拉丁文本写作 'Is enim ut domum suam, quam Romae habuit, elegantissimis exornaret figuris, no[n] simplices & ignaros, neq[uej quoscunque, sed selectissimos comparavit sibi pictores . . . Qui quanta cum elegantia domum eam depinxerint, patet ex operibus illorum, quae Romae in ipsa domo extant. Verùm nos his modo omissis, ad vigesimam tertiam domum tandem veniamus'（为了用最美的图画装饰他在罗马的家，他 [Chigi] 没有雇用贫穷或者中等水平的画师，而是最优秀的画师……这幢房子的墙仍然展示着它是如何被绘制得如此美丽的。但是忽略此处提及的这些，让我们来到第 23 个

住宅）。在 Vienna MS 中没有"敞廊的……到其他一些人"这句话，取而代之的是"对于这两部分，一个在右边，另一个在左边，是没有窗户的，因为 camerini 从侧面采光。柱子之间的正方形空间应根据业主意愿由能工巧匠进行绘画。正如我在其他房屋中所说的那样，所有服务性用房都应该安排在地下"。也见附录 2，Project xxv fol.9v。

323. 在 Vienna MS 里标题写作"关于城外的第 23 幢住宅"。

324. 可能是向 Ippolito d'Este，塞利奥的 Grand Ferrara（参见导言，p.xv，和 n.344 下）的业主致敬。

325. 拉丁文写作 'et quamvis paucas sit habitura partes, erit tamen satis tum amoena tum quoque artificiosa'（尽管此处没有很多套间，但仍然非常具有吸引力和艺术性）。

326. 在 Vienna MS 中没有"整个基地……绿地"这句话，取代它的是塞利奥对抬升建筑物的不同方法的讨论，见附录 2，Project xxiii fol.7v。

327. 此设计基于梵蒂冈通向 Statue Court 的 Belvedere stair，在 Book iv fols.119v–120v 有绘图。

328. 中括号里的文字在意大利文本里缺失，但是拉丁文本中留存。

329. 拉丁文本写作 '& circa ipsum [fontem] elegans atq[ue] anioenus hortus co[n]ficietur. Rursiu ex horto & loeo isto . . .'（在喷泉周围应该布置一个美丽且令人愉悦的花园。从这个花园和地区……）。

330. 这一踏步的设计很明显同时用于塞利奥位于枫丹白露的 Grand Ferrara，如 Giulio Alvarotti 于 1546 年 5 月 17 日写给 Ercole d'Este (Duke of Ferrara) 的信中所述，台阶从三个方向升起通向入口，Archivio Estense di Stato, Modena, Carteggio degli Ambasciatori in Francia, Cissetta 22, package viii, fols. 183r, 186r。

331. 拉丁文本误写作 'Ad sinistrum…latus'（在左手边）

332. 拉丁文本误写作 in dextero latere（在右手边）

333. 此处及下文中括号中的文字在意大利

文本中缺失，但是保留于拉丁文本中。

334. 即与主室 C 和从室 D 尺寸相同。

335. 在 Vienna MS 中，文本添加"炙热的太阳或雨"。

336. 在 Vienna MS 中，文本添加"农田和一些用于娱乐的地方"。

337. 拉丁文本没有提及喷泉。

338. 在 Vienna MS 中没有"但是主厅……乡间（一道美丽的风景线）"这句话。

339. 一个奇怪的尺寸，考虑到从门槛到楣梁底部的高度是 24 尺。在 Vienna MS 中底层房间 24 尺高，一层房间 20 尺高。

340. 即与下层（24 尺）相比减少了四分之一，循序了一般法则：细节减少四分之一，见上文 p.38 注释。

341. 关于细节减少四分之一见上文 p.38 注释。

342. Vienna MS，Project xxiii fols.7v–8r 和 58v。在 Vienna MS 中塞利奥进一步阐述了这幢房屋的细节，见附录 2,Project xxiii fol.8r。

343. 拉丁文本添加 'domoru [m]ruralium'（乡间的住宅）。

344. 关于 1544–1546 年间为 Ercole d'Este 的兄弟，Ippolito 建于枫丹白露的 Grand Ferrara（现已损毁），有一份图示见 Book vi fol.14v(Columbia MS xi[N,13A])。Grand Ferrara（以及它那带有前部矮墙并且环绕出一个几乎为正方形庭院的三个侧翼）形成了一种法国居住建筑的类型特征，在此处塞利奥度过了他人生中的最后一段时光。

345. 在 Vienna MS 中没有"话虽这样说……完美的式样"这句话，取而代之的是，"因为，实话说，我现在不再有太多奇特造型的构思。但是这幢住宅非常便利，景致优美，适合任何一位正直的绅士。"

346. 即铺地，见 Book iii fol.123r。

347. 在 Vienna MS 中没有"环绕着……管道中"这句话。

348. 在 Vienna MS 中房间 B、C、D、E、F 标记有尺寸。

349. 这些楼梯和敞廊被与 Gilles Le Breton 在

枫丹白露椭圆形庭院所做的大楼梯（始于1531年）相对比，见 Rosci, M., *i1 Tmttaw di architecture di Sebastiano Serlio* (1966), p. 67。

350. 从图上来看只有 N 边长 24 尺。

351. 拉丁文本没有"法语里称作 *galerie*"这句话。在 Vienna MS 中，文本增加了"沿着这个 *galleria* 可以建造一个法式球场"，并且在左边的插图中可以看到这个球场。

352. 拉丁文本添加 'unuf [m] sacellut[m] eo modo eòq [ue] ordine, quo id descriptufm] vides ... Deniq[ue] his omnibus sic collocntis atq[ue] co[m]positis, ad egressum . . .'（小礼拜堂按照图中所示排布。最后一旦所有这些都被安排妥当，离开……）。

353. 文本误写作"*canone*"。

354. 在 Vienna MS 中关于立面的讨论形成了单独一章，标题为"关于城外的第 24 个住宅"。

355. 在 Vienna MS 中没有"转角的柱子……10 尺高"那段话。

356. Vienna MS, Project xxiii fols, 8*r*–8*v* 和 59*r*。

357. 在 Vienna MS 中没有"或者建在城市中被市场花园围绕并远离广场的开敞地带"这句话。

358. 在 Vienna MS 中没有"150 尺长……忙碌的小街道"这句话。

359. 意大利语单词 *bottega* 同时有商店和工作坊的含义，拉丁文本增加了 *seu ergasteria*（或工作坊）。关于塞利奥为里昂设计的带有一圈商店／工作坊的商人庭院，见下文 pp.184–189。

360. Carunchio 提及 (Fiore, F. P., *op. cit.*, p. 312 n. 2) 这一关于府邸中商店的收益性的评论来自从罗马类似府邸中得到的经验，如 Bramante 的 Palazzo Caprini，Raffaello 的 Palazzo Alberini 和 Palazzo Branconio 以及小 Antonio da Sangallo 为 Nicosia 大主教设计的府邸和为 Cervia 主教设计的府邸。拉丁文本简单写作 utilitatis atq[ue] ornatus gratia（出于便利和装饰性）。

361. 总和实际为 121 尺。

362. 拉丁文本添加 '*praedicti*'（如上文所述）。

363. 没有在图中表现出来，Vienna MS 的插图中有。

364. 在图中只有一个楼梯标记为 D。在 Vienna MS 里两者都标记为 D。

365. 在 Vienna MS 中，文本误在此处另起一章（与前章标题相同）。

366. 在 Vienna MS 里没有"在这个主室里有一个房间没有直接采光，可以在标记为 L 的地方放床"这句话，取而代之的是，"鉴于与其连接的房间没有窗户，应该在此处放置标记为 L 的窗，在此之上是从主室采光的夹层。这对女士来说非常舒适，因为在儿童和保姆可以睡在床上。"相似的评论见 p.242。

367. 在 Vienna MS 中塞利奥探讨了场地的多种可能性，见附录 2，Project xxv fol.9*r*。

368. Vienna MS, Project xxv fols.8*v*–9*r* 和 60*r*。

369. 拉丁文本写作 'De eadem vigesima quinta domo intra civitatem in loco spacioso ac nobili exaedificanda'（关于同一座）25 幢住宅建于城市中高贵且宽敞地段。

370. 拉丁文本添加 'eleganter . . . atque ad utilitatem'（两者都非常优雅……出于实用性考虑）。

371. 在 Vienna MS 中没有"但是前面那些商店的布局改变了"这句话，取而代之的是，"但是上层的墙要薄一些，因为是木梁而非这些墙承托拱顶的重量。"

372. 在 Vienna MS 中没有"这里是露天的……但是因为墙体的厚度缩小了所以面积会大上一点点"这句话。

373. 在 Vienna MS 中标题在开头没有出现而被放置在了此处。

374. 拉丁文本添加 'Porro posteriori parte huius aedificii sic constituta, supra ipsum introitum···'（这样，一旦这幢房屋的后部被如此安排，在入口大厅上方……）。

375. 文本误写作"X"，拉丁文本写作"Y"。

376. 拉丁文本写作 *quatuorderim*（14）。

377. 在图中 Y 和 S 之间没有窗户。在 Vienna MS 里墙体上嵌入了一个带有窗户的床龛（标记为∈一）。

378. Vienna MS，Project xxv fols.9*r* 和 61*r*。

379. 文本误将 *una*（a）写作 *un*[']altra（另一个），拉丁文本写作 'De orthographia eiusdem domus'（关于同一所房屋的正投影）。

380. 拉丁文本没有 "正立面和背立面，以及室内的部分" 这句话。

381. 在 Vienna MS 中没有 "因为它们有相邻的墙作为良好的支撑" 这句话。

382. 拉丁文本添加 '(quemadmodum antea quoq[ue] praemonuimus)'（正如我们上文所述）。

383. 在 Vienna MS 中标题在开头没有出现而被放置在了此处。

384. 见上文注释 p.22。

385. 即铺地，见 Book Ⅲ,fol.123*r*。

386. 文本误将 "*sotto*"（底部）写作 "*sono*"（它们是）。

387. 即 1:8⅔，比 Book Ⅳ fols.127*r* 和 158*v* 中推荐的 1:8 的爱奥尼柱式比例要细长得多（尽管在此处，更加纤细的比例也是被允许的，"取决于场地和建筑物的组成"）。Vienna MS 没有提及柱子的宽度。在此手稿中塞利奥同时描绘了多立克柱式的细部，添加了 "尽管在立面的上部我采用了爱奥尼柱式，我同时认为在此毛石上面，多立克柱式更加合适。因此，在插图底部我绘制了柱式底部以及楣梁、檐壁、檐口和柱头，以及部分柱子的大比例图纸。这样一来读者可以更加清晰地理解它们。"

388. 拉丁文本写作 'septem & medio'（7.5）——这些栏杆仅出现在细部中。

389. 即在法国。

390. 在 Vienna MS 里没有 "同样的……在法语里称为顶阁楼" 这句话，取而代之的是 "尽管这幢房屋遵照古代传统被设计为意大利风格，我仍然希望根据法国传统利用檐口之上的窗户给阁楼采光，因为它们不仅能给阁楼带来光线同时也起到很大的装饰作用。因此，考虑到我们的祖父和曾祖父在他们宫殿的立面顶端曾经使用过城堞——毫无实际用途但沉重且破坏性极大——采用带来如此美观和实用性的老虎窗难道不是更好吗？"

391. 拉丁文本添加 'atque in usum redigi'（使用）。

392. Vienna MS，Project xxv Fols, 9*r*-9*v* 和 62*v*-63*r*。在此手稿中没有这三个细部；细部展示了多立克柱式的柱础和檐部，还包括一层前面的墙体的平面，用来展示窗户是如何安置在墙体中的，并且在底层没有任何东西突出于墙体。

393. 拉丁文本写作 'De eadem . vigesima quinta domo'（关于同一座 25 号住宅）。在 Vienna MS 中没有标题。

394. 在平面中庭院没有标明字母，并且 H 不在此剖面中。

395. 关于混合檐壁（带有飞檐托饰）见 Book Ⅳ，fols.183*r-v*。

396. 拉丁文本误写作 'imae'（下方）。

397. 即一层中的椭圆形窗和它们之间的小窗。

398. 意大利和拉丁文本写作 'in forma ritonda/formam rotundam'（形状为圆形），在 Vienna MS 中这些窗户是椭圆形的。

399. 文本误将 'cosa'（有些）写作 'causa'（原因）。

400. Vienna MS,Project xxv fols.10*r* 和 64*v*-65*r*(上部)。在此手稿中没有 "上面的部分……大比例的图" 这句话，也没有五张细部图，但绘出了背立面的下层。

401. 拉丁文有 'Caput aliud de eadern domo'（关于同一所房子的另一章中）。在 Vienna MS 中这个称呼被省略了，以下全文变成关于房子的材料和面貌的讨论，将一面粉刷得美轮美奂的立面比喻为美女，见附录 2，Project xxv fol. 9*v*.

402. 拉丁文有 *septipedales*（7 尺）字样。

403. 关于光学纠正可见 Vienna MS Project xxxxvi fols. 15*v*-16*r* (Appendix 2), Book Ⅱ fol. 8*v* 和 Book Ⅳ fol. 161*r*。也见 Vitr.Ⅲ.v.9 和 Ⅵ.ii.4。

404. 拉丁文本还有 'eorumque structura & moduli distinctius percipi, atque ad usum adhiberi'（他们的结构与大小可清楚看见，所以可以应用）。

405. 此处用降低了的拱心石，呼应 Giulio Romano 的 Plalzzo del Te, Mantua。

406. 这是 Book IV fol. 161r 中爱奥尼式横梁的变形。

407. Vienna MS, Project xxv fols. 9v 与 64v–65r（下文）。其中只显出这个背面的下面一层楼（在前面印出的横截面之下）。细节被省略。

408. Vienna MS 中 的 标 题 是 'On some individual Elements belonging to Houses'。

409. 关于这些"法式"的壁炉与烟囱（以下）见 Guillaume, J., "Serlio, est-il l'' architecte d'Ancy-le-Franc? A propos d'un dessin inédit de la Bibliothèque Nationale", *Revue de l'Art*, vol.5 (1969), pp. 9–18; 也见 Gloton, J. J., "Le traité de Serlio et son influence en France", in Guillaume, J. (d.), *op. cit.* (1988), pp. 407–423。关于那五种（意大利式）壁炉，见 Book IV fol. 138r（塔司干）; fols. 156v–157r（多立克）; fols. 167r–168v（爱奥尼）; fols. 181r–182v（科林斯）; fols. 185v–186v（混合式）。至于"意大利"壁炉，见下面 pp.72–73。在 Vienna MS 中，没有"壁炉是……及柱式"，取而代之的是关于前面 25 号住宅的评论以及关于壁炉的开场白，见附录 2, Project xxvi fol. 10r。

410. 文本 *andando*（"去到"或"上升至"）误写为 andara（它将去到）。

411. 文本在这里以及下文（柱式／楼层／布置）均出现 *ordine*，见词汇表。Vienna MS 省略了"任何人都不可以在楼层上……"这些字。

412. 飞檐托饰代替三陇板，见 'Extraordinary Book of Doors' 粗面石饰门 VIII (fol. 6v)：在 Book IV fols. 146v–147r 中的一个门的设计图中混用了三陇板的托臂。在 Vienna MS 的文本中加入了"在这些当中你可以加入任何你想要的东西，但是这里的垂花饰必须恰当"。

413. 在 Vienna MS 中"通常……侧面"被省略。

414. 在 Vienna MS 中是"多立克式混合着粗面石饰"。

415. 参考 Vitruvius 关于塔司干柱式的适宜性理论：见 Book IV fol. 126v，在这里，这种混合做法特指用于堡垒 [ 虽然在 fol. 139r 中多立克式被明指为适用于"强硬的性格"，加上"性格越强硬，越坚固的设计就越合适"：如上所述，在 Vienna MS 的文本中有"多立克柱式" ]。

416. Vienna MS, Project xxvi fols. 10r 与 66v。此手稿省略了"此柱式非常……在壁炉下方"这段文字。

417. 拉丁文本为 '*De aiiis quibusdam caminis*'（在某些别的壁炉／烟囱上）。在 Vienna MS 中，题目为"关于屋顶上的烟囱"。

418. 关于 Chateau de Chambord (1519–1539) 存守塔中装饰性烟囱的特征，以及在枫丹白露宫中，如下面所描绘。

419. Vienna MS 省略了"在巴黎，例如"。

420. 文本为 *schietto*；见词汇表中的 smooth。

421. 拉丁文本为 *Callicis terminis*( 法国传统 )。

422. 拉丁文本省略"极其华丽"。

423. 在塞利奥的时代，枫丹白露宫的烟囱布置是按照 Jacques Androuet dü Cerceau 的 *Le second volume des plus excellents bastimems de France*, Paris (1576) 来说明的。关于枫丹白露宫更多的参考请看下面 p.96。

424. 此处及下面，关于一个楼层的类似评价见 'Extraordinary Book of Doors', 精致之门 19 ( fol. 27r )。拉丁文本为 '*quartus autem Compositum seu (ut vocant) Spurium & Mixtum opus erit*' [ 但是第四个应该是混合式，或者（如他们所称的）非正统式或混杂的 ]。

425. Vienna MS 文本陈述：在那里的两个柱子是为了使烟囱更加牢固，它们既是墩基也是装饰。

426. 拉丁文本为 *ex Composito opera*( 混合式的 )。

427. 类似的攻击，见下面 p.96。关于塞利奥和石匠，见导言 pp.xviii–xix。拉丁文本为 '*Dum itaq[ue] ii bonae Architectur[a]e terminos in compositionibus suis minimè desiderant, poterit eos faber murarious pro posse tantummodo suo extrudere, artificiumque peculiare, quod in aliis requiritur, vel omittere vel autem tenaciter adhibere*'（同时如此，因为在这里有好的建筑构成所有的描绘，一个石匠可以尽他的能力去建造，并且执着地用他这个

行业特有的技能，或者他可以决定不要去建造）。Vienna MS, Project xxvı[ı] fols. 10*r* 与 67*r*。在这个手稿中，文本为"请注意这些烟囱并不是正方形，而是跟烟道一样狭长。烟道本身与炉子一样宽，而在另一个方向上它非常狭窄，人不可以进入，与我们意大利的烟囱不同。"而不是"请不要……建造它们。"

428. 在 Vienna MS 中题目是"论建筑的一些装饰"。

429. 另外可选的法国壁炉见上面 pp.68–69 及注释。在 Vienna MS 中用文字"在第 28 页上有四个在主室与主厅里建造的壁炉"取代了第一句。

430. 关于这个"非正统"的设计见上面 p.68 及注释。

431. 拉丁文本另有 'ornnmenta... quae no[n] nisi amplos requirunt locos: qualia maiora coeuacula esse debent'（装饰……需要大的地方，例如大的主厅）。

432. 拉丁文本添加 'Qua ratione fiet, ut constructio aequalem ubiq[ue] postea tum proportionem tum etiam elegantiam assequatur'（因此，无论在哪里建造，其做法会与这儿的比例与优雅风格一致）。在 Vienna MS 中明确指出在柱子与墙之间应有足够的空间，可以让人站在那里取暖。

433. Vienna MS 省略了"请留意……取暖人的眼睛"。

434. 拉丁文本添加 ''tunc cubiculis eum maximè co[m]petere nemini est dubium'（那么，如此一个壁炉就毫无疑问会适用于主室）。

435. 在 Vienna MS 文本中，"壁炉 M……爱奥尼柱式"被"壁炉 M 是爱奥尼式，并且与墙壁分离——如旁边的侧面图所示——这样使得几个人可以同时享受壁炉"代替。

436. 这里使用下降了的拱心石（自始至终贯穿于整个粗面石饰门的设计。在 'Extraordinary Book of Doors' 中）让人想起 Giulio Romanos 在 Mantua 的 Palazzo del Te。在 Vienna MS 中塞利奥提出壁炉也是爱奥尼式，因为"楣梁、中楣、檐部是爱奥尼式"。

437. 在 Vienna MS 中塞利奥省去了对金字塔

形烟道大小的讨论，另外详细说明了爱奥尼式楣梁，并且规定柱子必须离开墙面，"与之相距半尺，方便更多的人取暖"。

438. 拉丁文本添加 'Si primo modo, tunc cubiculis competet: si verò altero modo, tunc in coenaculis quide[m] erit illius usus'（假如采用第一种方法，那么壁炉适用于主室，但是如果采用第二种方法，则壁炉应该用于主厅）。

439. Vienna MS, Project xxvııı fols. 10*v* 与 68*v*。在这个手稿中，"同时适用于……在壁炉图纸的下方"被省略了，取而代之，塞利奥建议用一个金属板保护取暖人的脸，而且有助于将热能散发至房间中。

440. 事实上中间的烟囱又是"法国"式，如塞利奥自己在下面所述的一样。

441. 塞利奥与 Ferrara 的关系是通过 D'Este 家族建立的。Book ıv 既得到 Ferrara Ercole II 公爵的支持，也是献给 Ercole II 公爵的。塞利奥在枫丹白露为 Ercole II 公爵的兄弟 Ippolito（罗马教廷驻法国使节）建造了 Grand Ferrara (1544–1546)。塞利奥师从于 Ferrara 来的 Jacopo Meleghino。关于 Ferrara 的建筑可进一步参考 Book ıv，Aretino letter fol.[II]。也见 Olivato, L., 'Sebastiano Serlio e Ferrara', in AA.VV., *Il Duca Ercole I e il suo architetto Biagio Rossetti* (1995), pp. 89–93。

442. 塞利奥自己设计的威尼斯宫殿有小烟囱，例如 Book ıv fol. 156*r*，而 fol. 155*r* 的烟囱设计有更传统的外形。

443. Vienna MS 省去了第一段。

444. Vienna MS 省略"假如烟囱……自行决定"。

445. 即在法国。

446. Vienna MS 省略"烟应该从……比意大利烟道还更宽。"

447. 见 Vitr, ıx, vii 关于刻度盘。这种放射光芒的母题类似于 Alberti 在佛罗伦萨的 Santa Maria Novella，也在塞利奥的 "Piazzetta" 舞台设计 (Uffizi 5282A) 中的中间塔楼上出现过。

448. 这里（并且在 "Extraordinary Book of Doors" 中整个粗面石饰门的设计中）使用下降的拱心石让人想起 Giulio Romano 在曼图亚的

Palazzo del Te，在 Vienna MS, Project ⅩⅩⅧ[I] fols. 10*v* 与 69*r*。在这个手稿里，塞利奥提及他"几个月前"已经建造了那个烟囱。他也指出烟道两边的两扇窗户作为支撑物，烟囱独立置于铁栏杆后的屋顶上，同时由于烟囱狭窄，两扇窗之间的拱形壁龛其实是画上去的。他也指出在这个高度不可用机械钟，一个带着指针的日晷更合适。

449. 在 Vienna MS 中题目是"论建筑的一些因素"。

450. Vienna MS 省略了第一段，取而代之的是"虽然在第六书里，以及这一书里，我展示了不同的建筑，这些建筑需要各种各样的窗户，但是在这本书里我会展示一些，原因有两个：一是这样一来，读者更易明白窗户的组成部分和尺寸，因为它们的图纸比以前的放大了。二是有这本书的人不一定拥有另一本书，因此我希望这本书应包括所有对于处在各种情况下的建筑师有帮助的东西"。

451. 即楣梁，在此处及下文中。见 Vitr. Ⅳ. vi. 2 与 4。

452. 文本中有 *schietto*，见词汇表中的 'smooth'。

453. 即 Book Ⅳ fol. 145*v*; Book Ⅳ fol. 163*r* 中有一类似的门。

454. 见上面注释。

455. Vienna MS 省去了"可以从……看出"。关于柱子的类型如"种类"，见导言，p.xxxviii 及下面 n.469。

456. 在 Vienna MS 中这个元素叫窗。

457. 文本误为 *altezza*(高度)；拉丁文本正确地用了 *crassitudo*(宽度)。

458. 即比 Book Ⅳ fols. 127*r* 与 169*r* 中建议的科林斯式柱子 1:9 的比例更纤细。

459. 即弯曲的山墙。

460. Vienna MS, Project ⅩⅩⅩⅩI fols. 14*r–v* 与 84*r*。

461. 在 Vienna MS 中题目是"论建筑的一些元素"。

462. Vienna MS 文本中开头有"在第 42 页中有四个不同柱式、并且与传统做法非常不同的窗户"。

463. 关于这个"非正统"的作品见上述第 68 页及注释。在 Vienna MS 中这个项目被描述为"与多立克式非常接近"。Carunchio 指出（在 Fiore, F. P., *op. cit.*, p.337 n. 1 中）这个设计与 Peruzzi 的 Palazzo Fusconi–Pighini 上带枕梁的窗户之间的相似之处。

464. 即楣梁，此处及下文。见 Vitr. Ⅳ. vi. 2 与 4。

465. Vienna MS 中的意大利文本和拉丁文本在数字后面有 *doi*（二）。

466. 这里称为"非正统式"是因为没有三陇板，同时檐部有破缺。在 Vienna MS 中这个设计被描述为"本质是多立克式，它会被认为是违背了 Vitruvius 风格，但也许有些人会喜欢它。"

467. Vienna MS 文本为"四分之一"。

468. 文本中用没有意思的 *loccarne* 替代了 *loccarvi*（从而可以放置饰板），并且强调 'per loccarne. La tabella'［拉丁文翻译把 *loccarne* 译为 *luccarne*（老虎窗）］。Vienna MS 有"至于檐口，按图示把饰板放置于中间。檐口上的涡卷……"，也是这里建议的理解。

469. 文本为 *specie* 见下文 p.122。关于把柱子作为 *species* 的想法，见词汇表中的"Order"；也见 Rowland, L. D., "Vitruvius in Print and in Vernacular Translation", in Hart, V., Hicks. P. (eds), *Paper Palaces, op. cit.*, pp. 117–118，以及 Payne, A, *The Architectural Treatise in the Italian Renaissance* (1999), pp. 141–143。

470. 即弯曲的山墙，此处及下文。

471. Vienna MS 省去了"它带有多立克柱式的线脚"。

472. 见 Book Ⅳ fol. 145*v*。

473. Alberti 的 *redivivas*，这个词用于展现出某种"生命力"或"活力"的石头，例如，Alberti, x.4. [p. 328; 也见 pp.425–426 "坚硬的石头"]。也可参考 Book Ⅲ fol. 72*v* 与 fol. 93*v*, Book Ⅳ fol. 188*v* 及注释。

474. 拉丁文本添加 'in hisce portis atq(ue) fenestris'（适用于这些门和窗）。

475. 拉丁文本添加 'quippe quòd medius ille, ut aliis, qui circa ipsum erunt, grandior semper efficiatur, propter elegantiam necessariò requiretur. Cui quidem rei se ingeniosus Architectus accommodare sat noverit'（因为它是中心拱石，它要比周围的拱石更大才能显得高雅。在这里聪明的建筑师会知道如何处理得让自己觉得舒服）。这里使用的下降的拱心石（并且在 "Extraordinary Book of Doors" 中用于整个粗面石饰门的设计）使人想起 Giulio Romano 在曼图亚的 Palazzo de Te 上用的拱心石，在 Vienna MS, Project xxxxii fols. 14v 与 85r。在这个 MS 中，塞利奥用 "在有判断力的建筑师的指导下，所有这些东西可以用于许多地方" 来作为结尾。

476. 文本误为 '76'。

477. 在 Vienna MS 中题目是 "论建筑的一些元素"。

478. 即老虎窗。

479. 在 Vienna MS 中，第一段被省略了，取而代之的是 "至于建在屋顶上的窗户，这里称为 luccarnes，我在第六书中多处采用，在这本书中的一些房子上也用了少量。然而，因为这些是普通的类型，我想在这些页面上展示……一些不同的窗户，人们可以自行选择自己喜欢的类型，并在合适的地方建造"。

480. "非正统式" 是因为框缘没有像在 Book iv 中勾画出的科林斯柱式 "普遍规则" 的范例细节可供遵循。柱式的次序也被颠倒，多立克柱位于科林斯柱上面。见下文中没有柱式的窗户（"D"）上的词汇。

481. Vienna MS 省去 "较小的窗户之间……混合着多立克柱式"，取而代之的是 "或位于门的上方。 在枫丹白露宫的庭院中可见到一些这样的窗户"。的确，在 Jacques Androuet du Cerceau 的枫丹白露宫 "Veues du logis du coste de letang" 中，在低院的北边门道上有一个类似的大老虎窗。文章发表于 *Le second volume des plus excellent bastiments de France*, Paris (1576)。

482. 即比 Book iv fols. 127r 与 169r 中建议的科林斯柱式 1:9 的比例更加纤细。在双柱子的情况下允许这样，见 Book iv fol. 178r。

483. 即中间部分和弯曲山墙的高度。Vienna MS 省去了 "其开口……由建筑师决定"，取而代之的是 "它适用于房子的正中，如我所说的一样，因为它有双柱子，而普通的老虎窗每边只有一个柱子"。

484. 见上面 p.76 注释。Vienna MS 省去了 "开口……跟其他地方描写的山墙做法一致"，取而代之的是 "你可以将这些老虎窗连续环绕屋面"。

485. Vienna MS 省去了 "完全的 '非正统式' ……决定它们的大小"，取而代之的是 "它可以被称为科林斯柱式，因为其上部有涡旋形饰和凹雕"。

486. 文本中有 'schiettezza e semplicità' 见词汇表中的 'smooth' 和 'simple'。

487. Vienna MS 省去了这一句，取而代之的是 "至于窗户 E，由于它光滑，没有凹雕，并且有一个枕状的中楣——既不适用于多立克柱式也不适用于塔司干柱式——它可以被称为爱奥尼柱式"，同时省略了剩下的描述。

488. 在 Book iv fol. 15r 定义为 'superbipartiens tertias'。见 Vitr. vi.iii.3 中房间的比例（事实上 Vitruvius 没有给出窗户具体的比例）。塞利奥相信 Vitruvius 把铁门的比例定为 5:3（采用 Fra Giocondo 的 1511 年的版本），而 Vitruvius 更可靠的手稿将比例定为 5:2。见 Book iv fol.162v 及注释。也可参考 Alberti, ix.5 [p. 305]。

489. 即楣梁，此处及下文。见 Vitr. iv. vi. 2 与 4。

490. 拉丁文本添加 'coronis in altitudinem supetcilij ascendit'（檐口应与窗楣同高）。

491. 即弯曲的墙，见上文 p.76。Vienna MS, Project xxxxiii fols. 14v 与 86v。

492. 字面意思是 "牛眼"。

493. 在 Vienna MS 中，题目及开场白被省略。

494. 误用一个平面来定义高度，此处及下文（"M"）。

495. 即比 Book iv fols. 127r 与 158v 中建议的爱奥尼柱式 1:8 的比例更纤细（虽然这种更纤细的比例的认可 "取决于建筑的场地和布局"）。

496. Vienna MS 省略 "是爱奥尼柱式……成为一个整体"。

497. 文本使用的是 *bizarre*：这个概念见 Carpo, M., *La maschera e il modello. Teoria architettonica ed evangelismo nell'* '*Extrordinario Libro' di Sebastiano Serlio (1551)* (1993), pp. 68-70。也见 'Extraordinary Book of Doors', Rustic gate IIII (fol. 4*v*)。

498. 关于这个概念见导言 pp. xxxiv–xxxvii. Onians, J., *Bearers of Meaning* (1988), pp. 281–282; Carpo, M., *ibid.*, esp. p. 69。也见 "Extraordinary Book of Doors", Rustic gate VI (fol. 5*v*). Carunchio (in Fiore, F. P., *op. cit.*, p. 339 n. 1) 把罗马权威范例确认为塞利奥的 "门 C……在连接 Foligno 与 Rome 的路边"，在 Book III fol. 74*v*，还将设计与 Palazzo Stati Maccarani 的大门作了比较。Vienna MS 省去了这一段，取而代之的是 "窗户 L 是多立克式，不应该被认为有缺点——楣梁、中楣与檐部相应地有破缺——因为我在古代建筑上看过这样的东西。窗户 M 是科林斯柱式，其根据来自前面一个窗户"。

499. 即比 Book IV fols. 127*r* 与 140*r* 中建议的多立克柱式 1:7 的比例更加纤细。

500. 见上面 p.78 注释。

501. Vienna MS 省略 "开口高……顶上的山墙"。

502. 即比 Book IV fols. 127*r* 与 169*r* 中建议的科林斯柱 1:9 的比例更加纤细。

503. 即弯曲的山墙。

504. Vienna MS Project XXXXIIII fols. 14*v*–15*r* 与 87*r*。在这份手稿中省略了 "而且相似地……在上面做雕刻"。

505. 在 Vienna MS 中（文本 Project "XXIX"），在这一标题下的段落这样开始："既然我已经一开始就讨论了不同的门，然后是要建造的 'alla villa' 房子，换句话说，就是位于市郊的房子（虽然法国人把城市称为 'ville'），接着展示了一座位于市内高贵地区的房子，并且展示了各种不同的壁炉和烟囱。同时因为我想加入更多的元素，所以 Book VII 写了关于各种可能出现的情况。我

现在开始展示建筑师在不同情况下可能运用的各种东西。"在此之后，在印刷的版本中，手稿文本接着这个重复的标题继续下去（但是编号为 "XXX"，并且用 "一些元素" 代替了 "一些装饰"）。

506. 文本为 *cloasone*。

507. 杆（*decempeda or pertica*）是罗马度量体系的一部分，虽然一杆相当于 10 罗马尺，而作为英国的栖木或木桩一杆相当于 5 又 1/2 码。塞利奥用的是哪个体系并不清楚，尤其是他在下文 p.128 中指出杆有 10 尺。在 Book III fol. 69*r*，他也用刻度测量 Mausoleum of Romulus，在这里一杆相当于 10 个手掌长。

508. 在 Vienna MS 中，"中心的门道……那个地点的其他" 这个语句被替换了，塞利奥写道，因为图像上有比尺，所以他不会讨论尺寸，他更愿意讨论与三陇板和陇间板的分布有关的更困难的问题，见附录 2，Project XXX fol.11*r*。

509. 即 1:8，比 Book IV fols. 127*r* 与 140*r* 中建议的多立克柱式 1:7 的比例更加纤细。

510. 即比 Book IV fols. 127*r* 与 158*v* 中建议的爱奥尼柱式 1:8 的比例更加纤细（虽然这里允许更细长的比例，"取决于地形和建筑的布局"）。

511. Vienna MS，Project XXX fols. 10*v*–11*r* 与 70*v*–71*r*。在这个手稿的图中，檐口上方有装饰性的涡旋。

512. 拉丁文本为 'De alio quodam modo dividendi templa'（论另外一个划分庙宇的方法）。

513. 关于这个屏风，相对于 Vienna MS 中的对应物，见 Rosenfeld, M. N., 'Sebastiano Serlio's Drawings in the Nationalbibliothek in Vienna for his Seventh Book on Architecture', *op. cit.*, p. 402。拉丁文本添加 'à personis qu[a]e in quieto suas orationes perficere consueverunt, adhiberi eleganter solitam'（适用于这些习惯于祈祷时不被打扰的人）。

514. 文本误为 "v"：下文（及这里的拉丁文）有 "VI/*sex*"，（加上那个尺）即是图中圣坛的宽度。

515. 文本误将 *altari*（圣坛）写成 *altri*（其他）；拉丁文本正确地用了 *altaria*（圣坛）。

516. 即 1:10½，比 Book IV fols. 127*r* 与 169*r* 中建议的科林斯柱式 1:9 的比例更加纤细。这

在双柱子的情况下是可以允许的，见 Book IV fol. 178*r*。

517. 见上面的注释。

518. Vienna MS, Project XXXI fols. 11*r*–*v* 与 72*v*–73*r*。这个手稿中省略了"护墙应……小洞"，取而代之的是"尽管我把这两面隔墙用于一座神庙，它们其实可以用于很多地方。尤其是，如果你想要把一个花园与庭院隔开，它们会非常有用，而且上面有很多空间可以放置雕塑、各种各样的绘画、铜器或大理石历史场景浅浮雕，以及其他类似的元素，取决于地点与业主的意愿。"在这个手稿的图中，檐口上方装饰性的涡旋，在屏风的中间的"porta regia"一边可以看到透视的布景。Carunhio 提及（在 Fiore, F. P., *op. cit.*, p. 323 n.3）这幅图可以看成是戏院布景，类似于 Palladio 在维琴察的 Teatro Olimpico 所建议的方法。

519. Vienna MS 中的题目是"论一些跟建筑相关的问题"。

520. 关于这些门，见 Adams, N., 'Sebastiano Serlio, Military Architect?', in Thoenes, C. (ed.), *op. cit.*, pp.222–227。至于罗马堡垒，见 Book VIII fols. 17*r*–18*r*, bridge gates fols. 19*v*–20*r*。塔司干门设计图在 Book IV fols. 129*v*–1309*v*，塞利奥设计的古门则在 Book III fols. 81*v*–82*r*。

521. 塞利奥的前四十年往返于 Marches 和 Romagna 之间，那时正是这个地区动荡的时期，以 Cesare Borgia 雄心壮志企图"专制"为顶点。关于塞利奥所提到的所谓意大利战争，见 Book III fols. 121*r*–*v* 和 Book VI fols. 2*v* 与 57*v*（关于 *condottiero*）。关于 François I 的战争，见 Romier, L., *Les origines politiques des guerres de Religion*, 2 vols. (1974)；Knecht, R. J., *Renaissance Warrior and Prince*。*The Reign of Francis I* (1994)。在 Vienna MS 中，塞利奥又讲了 Book VII 是最后一书："目前正是战时，不宜与出版商打交道"（Bibliothèque Nationale, Collection Dupuy, MS 728, fols. 178*r*–*v*）。在印刷的版本中，拉丁文文本添加 'Considerantes ergo summam hanc necessitatem huiusce inve[n]tionis, quin tibi aliquot illius f[o]etus in mediu[m] adduceremus, facere nulla ratione

potuimus'（因此，考虑到这一发明有绝对的必要性，我只能够提供这个类型的一些例子）。

522. 在 Vienna MS 中，'FOR-TIS:'（坚强）的文字和 XMCLLI CAL.[ENDAE] MAR. [TII] ix' 的日期（例如 1542 年？和 3 月 9 日？）都刻在这个门上，就如 Project XXXX fol. 83*r* 一样。关于这个手稿日期的意义，见 Rosenfeld, M. N., 'Sebastiano Serlio's Drawings in the Nationalbibliothek in Vienna for his Seventh Book on Architecture', *op, cit.*, pp. 401–402。

523. 拉丁文本省略"军事"一字。Vienna MS 省去了第一段。

524. 即 I:9$\frac{3}{5}$，比 Book IV fols. 127*r* 与 127*v* 建议的塔司干柱式 1:6 的比例更纤细。

525. 见 Adams, N, *op. cit.* 也见 Book VI fols. 12*v* 与 16*v*。

526. 拉丁文本添加 'noctu vel interdiu ante hostes'（在夜晚或者有敌人时）。

527. 塞利奥在 Book IV 的堡垒的设计中使用了吊桥，例如 fol. 12*v*: 也见 Book VIII fol. 17*r*（及注释），还有 "Extraordinary Book of Doors", Rustic gate XIX (fol. 12*r*)。

528. Vienna MS, Project XXXII fols. 11*v* 与 74*v*。

529. Vienna MS 省略了题目。

530. 在 Vienna MS 中，除了下文的文本，塞利奥大篇幅地重复了之前对三陇板和陇间板分布的讨论（见附录 2, Project XXX fol. 11*r*），他说关于分布，是分解成三陇板和陇间板的中楣（不包括隐蔽的边翼）的宽"支配着整个设计"。

531. 即 1:8，比 Book IV fols. 127*r* 与 140*r* 建议的多立克柱式 1:7 的比例更纤细。

532. Vienna MS, Project 'La porta a numero XXXIII' fols. 11*v* 与 75*r*。见 Adams, N, *op. cit.* 也见 Book VI fols. 12*v* 与 16*v*。

533. 在 Vienna MS 中题目是"论一些与建筑有关的问题"。

534. 即遵循 Book IV fol. 126*v* 的建议。也见塞利奥在 "Extraordinary Book of Doors" 中关于粗面石饰门的评论。

535. 在 Vienna MS 中，文本添加了"一个让旁观者非常舒服、又被 Vitruvius 称赞的比例"。这个比例，称为 *superbipartiens tertias*，被 Vitruvius 指定用于最前三个平面图中的中庭 (VI.iii.3)。

536. 见上面 p.88。这种纤细在下文有解释。

537. Vienna MS 省略"如果这些圆柱……与体量"。

538. Vitr. III. v.15 描述了使用狮子头作为怪兽状滴水嘴，塞利奥在 Book VIII fol. 6*v* 参考了这个。

539. Vienna MS，Project XXXIX fols. 13*v* 与 82*v*。

540. Vienna MS 中的题目是"论一些与建筑相关的问题"。

541. 即一个用多立克框缘装饰的门。

542. Vienna MS 省略了第一段。

543. Vienna MS 误添加"这个比例是 *superbipartiens tertias*，极受 Vitruvius 的推崇"，见上面 p.92 注释。这个手稿的图中，"MDXLII" "CAL.[ENDAE]M.[ARTII]DIE.[S]I" 的日期（例如，1542 年和 3 月 1 日？）被刻在门上，与 Project XXXII fol. 74*v* 相似。关于这个手稿日期的意义参见 Rosenfeld, M.N., 'Sebastiano Serlio's Drawing in the Nationalbibliothek in Vienna for his seventh Book on Architecture', *op. cit.* pp. 401–402。

544. Vienna MS 文本添加"这些柱子模仿了维罗纳的露天剧场。"

545. 即 1:8，比 Book IV fols. 127*r* 与 140*r* 中建议的多立克柱式 1:7 的比例更加纤细。

546. Vienna MS 文本添加，"在每个陇间板中应有一个面具，水可以从眼睛和口中喷出。它们在这个手稿的图中没有出现。"

547. 见 Adams, N., *op. cit.* 也见 Book VI fols. 12*v* 与 16*v*，拉丁文本添加 'Atque haec quidem hactenus de praesidiariis portis dixisse sufficiant'（使得在军事防备之处的大门这一主题上有足够的讨论）。Vienna MS, Project XXXX fols. 13*v*–14*r* 与 83*r*。

548. Vienna MS 中的题目是"论一些与建筑相关的问题"。

549. 至于塞利奥对枫丹白露宫的描述，见 Book IV fol. 31*v*。关于枫丹白露宫的艺术和建筑，见 Blunt, A., *Art and Architecture in France, 1500-1700* (1988 ed); Knecht, R. J., *op. cit.*, pp. 398–419; Pérouse de Montclos, J.–M, *Fontainebleau* (1998)。

550. 被确认为是枫丹白露宫的 Salle de Bal（在椭圆形庭院的东南边，Porte Dorée 的旁边），这个早期室内设计一向归功于塞利奥，虽然它是在 1541 年由 Gilles Le Breton 开始，并在 1548 年由 Philibert de l'Orme 完工。完工的建筑在 Du Cerceau's *Le second volume des plus excellents bastiments de France*, Paris (1576) 中在讨论城堡的部分有图片。见 Blunt, A, *Philibert de L'Orme* (1958), p.60。Frommel [née Kühbacher], S., *Sebastiano Serlio* (1998), pp. 252–258。为比较这个主题与 Vienna MS 中对应的主题，见 Rosenfeld, M. N., 'Sebastiano Serlio's Drawings in the Nationalbibliothek in Vienna for his Seventh Book on Architecture', *op. cit.*, pp. 403, 406–407。关于这里举例的敞廊在 Salle de Guet 中可能的位置，而不是在 Salle de Bal，见 Pérouse de Montclos. J.–M., *ibid.*, pp. 154–155。

551. 即 Chapelle St–Saturnin。

552. 文本为 '*ordine*'：见术语表，'order'。

553. 即 Philibert de l'Orme。关于 l'Orme 在 the Salle de Bal 的工作，见 Pérouse de Montclos, J.–M., *op. cit.*, pp.44, 82。

554. 即 Gilles Le Breton。关于塞利奥和泥瓦匠，见上面 p.70 和导言，pp. xviii–xix。

555. The Salle de Bal 的平屋顶建于 1550 年（与 Strada 购买这本书的手稿同时）。屋顶被分成八边形和方形图案，上面覆盖着雕刻，是法国自 16 世纪遗留下来的这种类型的屋顶中的精品。

556. 塞利奥 1541 年一到法国就被 Françcois I 指派为枫丹白露宫的首席画家和建筑师。至于塞利奥的 Grotte des Pins 的项目，见 Book VI fol. 31*v*。

557. 在 Vienna MS 中这些拱侧翼上有壁龛（在表示上层通道的线内）。Carunchio 提及（Fiore, F. P., *op. cit.*, p. 331 n.2）这个粗面石饰设计（特别是末端的盲拱）与 Palazzo Salviati Adimari alla Lungara，以及后来罗马的 Villa Giulia 之间的相似之处。

558. 这些雕塑是梵蒂冈 Belvedere 的雕塑庭院中古董的青铜复制品（见 Book III fol. 119*v*），

是 1540 年由 Francesco Primaticcio III 制作的模；它们的存在使得 Vasari 把枫丹白露宫称为"新罗马"。

559. 拉丁文文本为'Habeat etis[m] haec porticus ex nostra opinione & sente[n]tia, fenestra[m] una[m]'（根据我关于此设计的版本，敞廊应该有一个窗户）。

560. 即 1:9，比 Book IV fols. 127r 与 140r 中建议的多立克柱 1:7 的比例更加纤细。

561. 这些基座在立面图中没显示出来，但是在 Vienna MS 中有图片说明。

562. 见 Book IV fols. 142v–143r 中关于三陇板和陇间板的分布。

563. 这个栏杆在立面图中没显示出来，但是在 Vienna MS 中有图片说明。

564. Vienna MS, Project XXXVIII fols. 13r–v 与 80v–81r。除了"立柱正面宽 6 尺……加起来是 24 尺"和"檐部上方应有一面带栏杆的护墙……阻碍"，此手稿中这个项目的文字也非常不同，见附录 2，Project XXXVIII fols. 13r–v。

565. Vienna MS 中的题目是"论在各种情况下与建筑相关的一些问题"。

566. 此处与 Alberti, VI.13 [p. 183] 相呼应。

567. Vienna MS 省略了此文本。至于这些文字的重新措辞，见下面 p.106 注释。

568. 见上面扉页注释。Vienna MS 用"古代柱子"代替"大量以前用过的柱子"。

569. 即 1:10 $^1/_2$，见上面 p.86 注释。

570. 即 1:10 $^1/_2$，见上文。

571. Vienna MS 省略了"建造一条坚固的敞廊"。

572. Vienna MS 添加"这个檐口的高度是为了拱顶的填充物，同时此处将是上层敞廊的过道"。

573. 文本无条理地添加"带有栏杆柱"；在拉丁文文本和 Vienna MS 中这些文字被省略了。但是有可能这些字本意是紧跟着前面的"胸墙"，因为图中胸墙带有栏杆柱。

574. Vienna MS 省略"将每根立柱相互固定……或浮石"。

575. The gonfalonier 是一些意大利共和国的行政长官；此处的 Gonfalonieri del Popolo，其办公楼在博洛尼亚的 Palazzo Comuale 见 Tuttle, R. J., 'Sebastiano Serlio Bolognese', in Thoenes, C. (ed.), *op. cit.*, p. 24。关于塞利奥在博洛尼亚的建筑，见 Lenzi, D., 'Palazzo Fantuzzi: un problema aperto e nuovi dati sulla residenza del Serlio a Bologna', in *ibid.*, pp. 30–38; Tuttle, R.J., 'Vignola's Facciata dei Banchi in Bologna', *Journal of the Society of Architectural Historians*, vol. 52, no. 1 (1993), pp. 68–87。

576. 在他学习建筑的早期,1511—1514 年期间，塞利奥居住在 Pesaro。

577. 见上面 p.78 注释。

578. Toumelles 布局凌乱的皇宫（酒店）在 Henri II 死于在那里举行的一次比赛中后，就被 Catherine de' Medici 抛弃了。1605 年 Henri IV 将其拆除，为 Place Royale 让地，现在称为 Place des Vosges。见 Thomson, D., *Renaissance Paris* (1984), pp. 30, 35, 195 n. 12; Ballon, H., *The Paris of Henri IV: Architecture and Urbanism* (1991), pp. 66–67。

579. Vienna MS, Project XXXIIII fols. 11v–12r 与 76v。在这个手稿中，"并粉刷……不会损坏它"被省去了，取而代之的是"我见过这类似的做法，三百年前的仍完好无损"。

580. 在首版中 p.98 图片误放在 p.100 之后，而 p.100 图片误放在 p.98 之后。

581. 拉丁文本为'De secunda propositione ad columnarum constitutionem pertinente'（论柱子的布置的第二个提议）。Vienna MS 的题目是"论一些与建筑相关的问题"。

582. Vienna MS 有"楣梁出挑大"。

583. Vienna MS 省去了"拱应放置其上……高 20 尺"，取而代之的是"其上应放置双层拱。柱子上方的上一层拱从墙面伸出，落在柱子的柱身上。柱子边上其他拱应该用浅浮雕表现。柱子上方的拱宽 10 尺，高 25 尺,柱子两边的拱宽 9 尺,高 20 尺"。

584. 这里不带楣梁或中楣，见 Book V fols. 212r 与 216r。关于此处及下文的"非正统式"，见上面 p.22 注释。拉丁文本为 "*Composito*"（混合的）。

585. Vienna MS 省略 "拱上面……高 16.5 尺"。

586. 拉丁文本为 *Composito*（混合的）。

587. Vienna MS，Project xxxv fols. 12*r* 与 77*r*。这个手稿省略 "下面的图片展示了……提供尺寸"。

588. 见上面 p.101 注释。

589. 拉丁文本为 'De tertia proposicione ad columnarum constructionem pertinente'（论用柱子建筑的第三个提议），Vienna MS 误读了 "Number xxxv"；将图片标为 "xxxv"。

590. Vienna MS 省略了 "包括它们的大部分的条纹装饰"，取而代之的是 "有楣梁、中楣和檐口"，同时省去了 "三分之一……在墙里"。

591. 关于这个观点，见 Payne, A., 'Creativity', *op. cit.*, p. 21。拉丁文本添加：'Unde quaeritur qua ratione usum fructum earum habere, & quomodo in ipsa fabrica constituere eas possit'（因此，出现了如何最好地运用它们并且把它们立在建筑中）。

592. Vienna MS 的文本添加 "在这条小敞廊上建一平台，敞廊外面应有一庭院。同时为了让建筑师清楚这个小敞廊的立面，在上一页的背面可以看到其立面。" 这个没有标示号码的图片（印刷的版本没有）出现在这个手稿 fol. 78*r* 中。

593. Vienna MS 省略 "从风景和健康方面考虑"，取而代之的是 "既为了有更好的风景，也为了下层主房间更加有利于健康"，同时也省去了 "也因为许多别的原因……从地面抬高 5 尺"。

594. 即可以居住的楼层。由于缺少柱子，上层的窗户比平常矮胖些。

595. 事实上下层窗户的宽和高缩小为 5 尺 ×10 尺，而上层窗户缩小为 5 尺 ×7 尺。但是 Vienna MS 中所有的窗户缩小为 4 尺 ×8 尺。

596. Vienna MS，Project xxxxv[l] fols. 12*r–v* 与 78*r–v*。这个手稿省略 "因此，这些圆柱既庄严又得体地装饰了……" 和 "如果这个房子……（你应当顺着）小敞廊（两端的螺旋楼梯进入地下室）"。Carunchio 提及（Fiore, F. P., *cp. cit.*, p. 327 n.3）这个项目与 Peruzzi 设计的 Uffizi 359A*r* 与 594A*r* 之间的相似之处。

597. 拉丁文本为 'De quarta propositione ad columnarum dispositiones spectante'（论柱子的分布的第四个提议）。Vienna MS 的题目是 "论一些与建筑相关的问题"。

598. Vienna MS 用 "这个房子" 代替了 "每一个高贵的房子"。

599. 为了 "风景" 与健康而抬高，如 p.102 所引用的一样。

600. Vienna MS 省略 "正方块"。

601. 在图片中看不到。在 Vienna MS 中这些 "非正统式" 窗户配有图片。这个手稿对这个问题做了更详尽的论述，见附录 2，Project xxxvii fol. 13*r*。也可见上面 p.22 注释。

602. Vienna MS 对这些托架进行了讨论，暗示了使用托架在结构上的原因，见附录 2，Project xxxvii fols. 12*v*–13*r*。Carunchio (Fiore, F. P., *op. cit.*, p. 330 n. 1) 把这些托架看作是用托架支撑楣梁的 Brunelleschi 主题的陈腐的版本，如佛罗伦萨 San Lorenzo 中优美的中殿所示。

603. Vienna MS，Project xxxvii fols. 12*v*–13*r* 与 79*r*。

604. 拉丁文本为 'De quinta propositione ad collocationem columnarum attinente'（论关于柱子的分布的第五个提议）。Vienna MS 的题目是 "论与建筑相关的一些问题"。这个手稿增加了 "毫无疑问柱子是建筑中最美及最具装饰性的部分。尽管我已经写过许多关于不得不将旧柱子重新用于建筑中所可能发生的情况，还有柱子各种不同的尺寸和形状，但是我还要再次讨论这个问题，给自己一个机会来展示各种富于装饰性的划分" 作为第一段，对第 xli 章印刷版中开头的几句进行了重新措辞（见上面 p.98）。

605. 这些柱子也比 Book iv fols 127*r* 与 140*r* 中建议的多立克柱子 1:7 的比例更加纤细。

606. Vienna MS 用 "男人的大小与女人的大小" 代替了 "比真人稍微矮一点"。

607. Vienna MS 用 "门廊或敞廊" 代替了 "高贵的敞廊"。

608. Vienna MS 添加 "一个非常优美的比例"。

609. Vienna MS 省略"扁平的角柱采用多立克柱式",取而代之的是"每个立柱的正面应分成四个部分。边上的两个部分应为两个小小的扁平柱,如图所示刻上凹槽。柱础和柱头的高应为 1 尺,所有的构件覆盖柱子整个宽度——柱子间的分隔使得柱子看起来更加纤细。柱子之间用各种各样的石头,柱头作为拱墩。"这种立柱是借鉴于 Raffaello 的 Villa Madama,在第三书 fol. 121*r* 里受到塞利奥的高度赞赏。

610. 即 1:9 $\frac{1}{3}$,比 Book IV fols. 127*r* 与 140*r* 中建议的多立克柱 1:7 的比例更加纤细。

611. 即此处及下文中的楣梁,见 Vitr. IV.vi.2 与 4。

612. 事实上图中的楣梁看起来与门楣一样;在 Vienna MS 的图中中楣比门楣更短。

613. Vitr. IV.vi.3;见 Book IV fols. 143*v* 与 162*v*。拉丁文文本添加 'a cuius quidem sententia neque nobis ducimus recedendum esse'(而且我们认为按照他的指导是非常合适的)。Vienna MS, Project xxxxv fols. 15*r* 与 88*v*。这个手稿省略了"(门)宽(6 尺)……和爱奥尼柱式(上所做的一样)",而且在图片中的门没有被缩小,窗户取代了上层的壁龛。

614. 拉丁文文本为 'Sexta propositio de usu minorum columnarum, in operibus grandioribus'(关于在大型建筑中采用小柱子的第六提议)。Vienna MS 的题目是"论与建筑相关的一些问题"。

615. Vienna MS 省略"谨慎的"和"其他零碎的构件"。

616. Vienna MS 省略"也就是说……散步(的地方)",取而代之的是"我称它为回廊,因为它狭窄,它只有 7 尺宽。它可以环绕一个庭院,无论庭院的形状是方的、圆的或椭圆的。"

617. Vienna MS 省略"基座"。

618. 见上面 p.98。也见 Book IV fol.151*v*。Vienna MS 省略"我觉得没办法……,(除非有)……藤条和灰泥(作拱)",取而代之的是"敞廊廊顶的建造方法应该在以下三个方法选择一个:如果这里有 9 尺长又坚硬的石板,那么如图所示(没有拱顶)是一个好方法;而如果想给敞

廊加上拱顶,那么就须要铁或铜拉条,使得拱顶不把柱子向外推挤;要不然,在敞廊上用耐用的木横梁,建议用落叶松木,把好的水泥仔细铺在横梁上面"。

619. 见上面 p.100 注释。拉丁文文本为 'Compositi Ordinis'(混合柱式)。

620. Vienna MS 省略"但必须……积滞雨水"。

621. 拉丁文文本添加 'si ita iudicium & voluntas Architecti ac domini consulat'(如果建筑师和资助人希望或认为这是正确的)。Vienna MS 省去了最后一句话,添加"从这个平台可以到达不同的房间,但从房子来讲非常便利。"

622. 拉丁文文本为 'In medio huius porticus, eo quo diximus modo constitutae, porta in ipsum aedificium nos deducens summa elegantia statuatur'(在这长敞廊的中间,如上一个敞廊一样,有一道非常优美的门通往房子)。

623. Vienna MS, Project xxxxvi fols. 15*r*–*v* 与 89*r*。这个手稿省略"门宽 5 尺……废弃的材料来进行装饰"。

624. Vienna MS 的题目是"论与建筑相关的一些问题"。

625. Vienna MS 文本为"四"。

626. 即 1:6 $\frac{3}{8}$,比 Book IV fols. 127*r* 与 158*v* 建议的爱奥尼柱 1:8 的比例更合适。拉丁文文本为 *viginti sex* 26.5 尺高,*tres*(3)尺宽;Vienna MS 文本中为 '25.5 尺 ×3 尺'。

627. Vienna MS 文本为"四",同时将圆柱明确为"科林斯柱式"。

628. Vienna MS 用"建造(一座神庙)"代替了"装饰(一座神殿的)正面"。

629. 即神庙的地板,如下面 p.112 所讲的一样。

630. 拉丁文本为 'Quaproprer templum in quo similes columnas similiàque fragmenta constituere debebit, ad minimum triginta pedum latitudine, & tanta tum altitudinis turn longitudinis proportione definiatur, quantum ipsa sua latitudine ferre rectè poterit'(可以配得上这些圆柱和碎片的神庙应该至少有 30 尺宽和 30 尺高,只要这个宽度适当的

话）。Vienna MS 也有这段话。

631. Vienna MS 省略"（檐口）上应……观看神庙"，塞利奥在这里详细讨论了立面的高度和正确的观看角度，见附录 2，Project XXXXVII fols. 15v–16r。Carunchio 提 及（Fiore, F. P., *op. cit.*, p.342 n.2）这个手稿中讨论的视角纠正方法被 Bramante (Santa Maris della Pace 中回廊上的拱廊）和 Raffaello（在罗马的 Cappella Chigi in Santa Maria del Popolo 中的拱）采用。

632. 见上面 p.106 注释。Vienna MS 文本添加"如 Vitruvius 对其在多立克柱式和爱奥尼柱式中的描述一致"。

633. Vienna MS, Project XXXXVII fols. 15v–16r 与 90v。这个手稿省略"神殿（主要的采光）来自……十分明亮"和"框缘……应再置匾"，取而代之的是"在上一层可以看到的圆孔的直径为 10 尺，是神庙宽的三分之一，如我在第一书关于几何的部分用几何原理证明一样。门道宽应一致，但是狭窄的柱间距并不允许这样做"。见 Book I fol. 16r。

634. 这个平面图是 Book V fol. 218v 中最后一张神庙平面图的简化（长方形）版本。同时它反映出 Book V fol. 202r 中第一个神庙平面图的小礼拜堂和壁龛的排布。也见 Book III fol. 62v 中的筒形拱神庙。

635. 虽然这些壁龛在 Vienna MS 出现了，但是被螺旋楼梯的入口代替了，在这个手稿中放在第一对外墙的壁龛中。

636. 即船体的形状。

637. Vienna MS, Project XXXXVII（缺少文字）fol. 90r。这个手稿省略这两个小礼拜堂的细节。

638. Vienna MS 的题目是"论与建筑相关的一些问题"。

639. 即 1:8 ½，比 Book IV fols. 127r 与 158v 里建议的爱奥尼柱 1:8 的比例更纤细。

640. Vienna MS 省略"来配合一个现存的建筑"和"如果他想……柱础相碰"，同时柱子被明确为"爱奥尼式"。

641. 即 p.110；如果楣梁只有 1 尺（上文中的"足足 1 尺"），3:4:3 的比例不能与 4 ½ 的高度相平衡。

642. Vienna MS 省略了"结果是……与中楣同为一体"和"敞廊宽不超过……风雨"，取而代之的是"这里的屋顶应该是平的，如果所在地方能提供足够的石头，那么用石头建造。如果没有石头，则用最坚实的木头。"

643. 即在法国。

644. 图中没有格子，但在 Vienna MS 中展示出来了。

645. Vienna MS, Project XXXXVIII fols. 16r 与 91r（上层）。这个手稿省略这一段，图中也没展示上面一层。

646. Vienna MS 的题目是"论与建筑相关的一些问题"。

647. Vienna MS 省略"一个敞廊，或者"、"或执政官"、"除了公共的敞廊"和"一个可以办理个人私事的房间"。

648. 比如见塞利奥自己在里昂的设计，下文 p.192–195。

649. 文本误为"XVIII"。

650. 见上面 p.114 注释：然而这里的圆柱不再是成双。

651. 即按 Book IV fols. 127r 与 183r 中建议的混合柱式的比例。

652. Vienna MS 省略"其中……也就是敞廊"。

653. 拉丁文文本为"23"。

654. Vienna MS, Project XXXXVIII fols. 16r–v 与 91v。这个手稿省略了"敞廊的正中应……其他公众设施"。

655. Vienna MS 省略前面这部分文本，同时题目"论与建筑相关的一些问题"出现在"应采用坚硬的木头"后面。

656. Vienna MS 用"既然一根（楣梁）的长度不及两根柱子之间的距离"代替了"为了让楣梁更加坚固"。

657. Vienna MS 省略了"老虎窗的建造……由委托人自行决定"，取而代之的是"檐口上应放置屋顶。虽然屋顶是意大利式，但是我想采用法国式的老虎窗为阁楼采光。然而这些老虎窗是"非正统式"，因为按照传统的做法，它们要与下层的窗户同宽。

658. Vienna MS 文本添加"上层窗户很高，可以照亮客厅的天花——这个天花富有雕刻，上面的绘画精美，因而需要充足的光线。虽然，如我在其他时候说的，有人可能会说一个更高更宽的窗户会更好，而且上层的窗户会减少建筑的庄严感。我的回答是，把窗户做高做宽有两个不良的后果：第一，没有足够的空间用脚线装饰窗户；第二，很难从里面关上这些窗户。因此，我觉得我这里的办法更便利也更加利于装饰"。

659. Vienna MS 省略"应有……坐下。类似地"。

660. Vitr. II. ix. 1–2.

661. L. Junius Moderatus Columella 是公元1世纪罗马著名的农业作家；见 *Res Rustica (On Agriculture)*, XI.ii.11, cited by Alberti, II. 4 [p. 40]。

662. 参考的是 Alberti, *ibid.*, [pp. 39–40]。一个稀有的引文，见 Book IV fol. IIII（献给 Ercole II）。Vienna MS, Project XXXXVIII fols. 16*r*–*v*; 与 91*r*（下层）。这个手稿省略了"落叶松木……Alberti"。

663. Vienna MS 中的题目是"与建筑相关的一些问题的讨论和解决方法"。

664. 关于这个讨论，见术语表中的"judgement"。

665. 文本中有"*sia lodato*"（被赞扬）；拉丁文文本为"*concede*"（被赋予），Vienna MS 有"*sia dotato*"（被赋予），是这里选择的文本。

666. Vienna MS 用"而且比起别人几乎一无所知"代替"很少工作"。

667. Vienna MS 省略"因此，我得出（结论）……优势"。

668. 即"soda, semplice, [s]chietta, dolce e morbida"。Vienna MS 文本只有 *soda, semplice* 与 *morbida*，同时拉丁文文本省略了 *[s]chietta*。见术语表和导言, pp. xxii–xxiii。关于这个风格的词汇见 Onians, J., *op. cit.*, pp. 266—271; Carpo, M., *op. cit.*, esp. pp. 56–59; Payne, A., *Treatise*, *op. cit.*, pp. 136–138。遵从 Book IV fol. 126*r* 里适宜性的概述，下面四个设计的装饰特征反映了 Aristotelian 对道德相对面的调和（这里指"光"和"影"），

如 *Ethics* 所概述的一样，强调了这种"中道"（在下文中被塞利奥赞扬，在 Book VI fol. 58*v*, p.126）和人为判断所扮演的角色（自始至终被塞利奥强调）；"黄金中道"是一个斯多葛派（Stoic）的哲学理想，由 Horace 和 Seneca 创立。这里使用的装饰/道德上的范畴也反映出"Extraordinary Book of Doors"的结构，见 Rustic gate XXVIII (fol. 16*v*) 注释。Book VI 中用于商界成员的建筑代表了非常贫穷的人和非常富裕的人之间的"公正的中道"，受 Calvin 在其 *Christianae religionis Institutio*, Basle (1536) 中提倡的"寻求中间方式"的观念的影响，见 Carpo, M., "The architectural principles of temperate classicism. Merchant dwellings in Sebastiano Serlio's Sixth Book", *Res*, vol. 22 (1992), pp. 135–151。这些词汇也跟塞利奥的过剩/放肆的理论相关，见 "Extraordinary Book of Doors", letter fol. 2*r* 注释；也见 esp. Carpo, M., "L'idée de superflu dans le traité d'architecture de Sebastinao Serlio", *Revue de Synthèse*, vol. 113, nos. 1–2 (1992), pp. 134–162。

669. 即 'debole, gracile, delicata, affettata, cruda … oscura e co[n]fusa'。Vienna MS 的文本只有 *debole, gracile* 与 *cruda*，同时拉丁文文本省略 "*delicate*" 的翻译。见词汇表和序言, pp. xxii–xxiii。

670. Vienna MS 省略"它也可以称为'柔软'……好的'判断力'"，取而代之的是"你也可以在圆柱上刻槽，也可以雕刻柱头而丝毫不损伤柱式的'坚固'。这种柱式是'简单'的——因为没有凹雕的矫情——'纯粹'而'光滑'。它也可以被形容为'柔软'，因为它具有某种'柔软性'和统一性，使得整个设计看成来是一个整体。这里也没有任何'粗糙'，在我看来它非常赏心悦目。"

671. 即按照 Book IV fols. 127*r* 与 158*v* 中建议的爱奥尼柱的比例。

672. Vienna MS 省略"圆柱下的基座的高是圆柱宽的3倍"，取而代之的是"不包括其底部和上层，基座的台座是1.5个正方形。把台座分成六部分，一份给上层，一份给底部，不包括柱础下面的基石"。抄本（Carunchio, T., in Fiore,

F. P., *op. cit.*, p. 382） 把 'lo zocco sotto essa. Lo intercolunnio…' 错误断句为 'lo zocco. Sotto essa lo intercolunnio …'。

673. Vienna MS 省略 "（把这四分之一）分成……檐口"。

674. Vienna MS 中有 "四"。

675. 误用平面来解释高度。Vienna MS 没有详细说明这个高度。

676. Vienna MS 中有 "三"。

677. Vienna MS，Project 'Discussion and solution…' fols. 28*v* 与 125*v*（上层）。这个手稿省略了 "高为宽的 2 倍……如何运用它"。

678. Vienna MS 省略了这个标题。

679. 印刷版本的图片中没有出现。

680. 关于这些术语，见上面 p.120 注释。

681. 见上面 p.78 注释。

682. Vienna MS 省略 "除了好的'判断力'"。

683. Vienna MS 用 "为双柱" 代替 "有三分之一嵌在墙里"。

684. Vitr. IV.iii.4。见 Book IV fol. 140*r*。

685. Vienna MS 省略 "这使得它们……很好的支撑"。

686. Vienna MS 省略 "（三陇板的）头高为楣梁的六分之一"。

687. 如果三陇板头包括在檐口里面，檐部比规定的两个圆柱的宽度（圆柱高的四分之一）少了四分之一圆柱的宽度；如果三陇板头不包括在檐口中，则少六分之一。

688. 这里回应了 Franchino Gaffurio 有名的话 "Harmonia est discordia concors"（和谐是谐调的混乱），出现在其 1508 年的 *Angelicum ac divinimi opus* 中（并且 1518 年在其 *De harmonia musicorum instrumentorum* 中重申）。也见 Alberti, I.9. [p.24]。进一步解释见下面 p.168 和 p.232；也见 Book V fol. 211*v* 及注释、Bool VI Munich MS fols. 74*r*、Columbia MS，Project XLI 29（附录 1）。

689. Vienna MS，'Discussion and solution...' fols. 28*v* 与 125*v*（下层）。这个手稿省略了 "通过……放置……古罗马人（的习惯）"，取而代之的是 "不必惊讶三陇板的距离不一致，间隙也不

是正方形，这是由三个柱宽的柱间距引起的——两个圆柱间是半个圆柱宽。但是如果建筑师不怕麻烦想改变柱间距，让柱间距更宽或更窄，他可以把三陇板间的空间变成正方形，可以在上面做任何他想要的雕刻。圆柱间可放置壁龛、窗户或门，取决于需要什么"。手稿中的图片省略了山墙。

690. Vienna MS 省略题目。

691. 文本误用 'F'；拉丁文本按照图中的字母用 'C'。

692. 最后一词，文本用 *secca*（干）。关于这个词汇，见上面 p.120 注释。这个设计图及下一个设计图，与 Vienna MS 中的设计图相比，见 Rosenfeld, M. N., 'Sebastiano Serlio's Drawings in the Nationalbibliothek in Vienna for his Seventh Book on Architecture', *op. cit.*, p. 402.

693. 文本误把 "*si dirà*"（被形容为）写成 "*si darà*"（被赋予）。拉丁文本用 "*dicitur*"（被形容为）。

694. Vienna MS 在到此为止的这段话中，文本对于这个题目有不同的处理方式，见附录 2 'Discussion and solution……' fol. 29*r*。

695. 即比 Book IV fols. 127*r* 与 183*r* 中建议的混合柱 1:10 的比例更加纤细。Vienna MS 添加 "而且，如果它们是 11 倍，又如果距离大的话，会显得十分'贫瘠'、十分单薄。因此，我在边上放置了两个扁平的半圆柱"。

696. Vienna MS 对基座的大小有详细的描述。

697. Vienna MS 省略 "楣梁、中楣……给檐口"。

698. Vienna MS 文本中有 "四"。

699. Vienna MS 文本中有 "三"。

700. 见上面 pp.22、68、80 及注释。拉丁文本为 *Compositi generis ordo*（混合柱式的楼层）。

701. Vienna MS，'Discussion and solution...' fols. 29*r* 与 126*r*（上层）。这个手稿省略了 "中间的门道……如图所示"，同时，中间的门道区域和末端的柱子排布也不一样。

702. Vienna MS 省略题目。

703. 文本为 *oscura*（暗淡）和 *Chiara*（光明）。关于这些词语见上面 p.120 注释。

704. 拉丁文本为 'in coronice, zophoro &

epistylio'（檐口、中楣和楣梁的）。

705. 见 Book III fols. 50*r*–56*r*, Book IV fols. 171*r* 与 172*r*。拉丁文本为 'Est primò Romae fanum quoddam è Corinthio opere depromptum, quod vulgò Rotundum, Latinè autem Pantheon nominant. Hoc quàm praeclarum sit aedificium, nemo est cui non optimè constet: nihilominus tamen paucissimas habet incisiones. Et quoniam illae elegantissimam adeptae sunt inter se divisionem, opus quidem ipsum quàm ornatissimum efficiunt'（首先在罗马有一个科林斯柱式的神庙，当地人称之为 "Rotonda"，拉丁文是万神庙。这是一个伟大的建筑，没有人会否认，可是它有极少量的凹雕。由于这些凹雕被优雅地分隔开来，使得整个建筑看起来十分华丽。）

706. 见 Book III fols. 107*r*–109*r*, Book IV fol. 171*r*。

707. 见上面 p.120 注释和 Book VI fol. 58*v*。

708. 关于塞利奥过剩／放任的理论，见 'Extraordinary Book of Doors', letter fol. 2r note；见 esp. Carpo, M., 'Superflu', *op. cit.*, pp. 134–162, 也见（关于这一段）Payne, A., *Treatise, op. cit.*, p. 140。

709. Vienna MS 省略开始至此的句子，取而代之的是对这个问题不同的处理方法，见附录 2，'Discussion and solution...' fol. 29*v*。

710. 即比 Book IV fols. 127*r* 与 169*r* 中建议的科林斯柱式 1:9 的比例更加纤细。

711. 见上面 p.106 注释。

712. 意大利文文本没有方括号中的文字，拉丁文文本有。

713. Vienna MS, 'Discussion and solution...' fols. 29*v* 与 126*r*（下方）。这个手稿省略了 "门道……其他类型的场地"。

714. Vienna MS 的题目是 "论与各种不常见的场地相关的情形"。

715. 塞利奥关于 "哥特式" 的论述（称为 "现代" 或 "日耳曼" 式），见 Book III fol. 85*v*, Book V fol. 217*r*。关于哥特人和文物破坏者，见 Book III fols. 51*v* 与 107*v*。Rafaello 在给 Leo X 著名的信中批评了 "日耳曼式"，Vasari 在其著作的序言中也作了批评。关于塞利奥对 "哥特式" 的接

纳，见 Rosenfeld, M. N., 'Sebastiano Serlio's Late Style in the Avery Library Version of the Sixth Book on Domestic Architecture', *Journal of the Society of Architectural Historians*. vol. 28 (1969), p. 170, 与 *On Domestic Architecture, op. cit.* (1978 ed.) pp. 66–68, Carpo, M., "Temperate Classicism", *op. cit.*, pp. 135–151。关于文艺复兴时期对哥特式的总体态度，见 Panofsky, E., "The First Pages of Giorgio Vasari's Libro", in *Meaning in the Visual Arts* (1955) [1993 ed., pp. 206–265]; Burnheimer, R., "Gothic Survival and Revival in Bologna", *The Art Bulletin*, vol. 36 (1954), pp. 262–285。拉丁文文本（并不意外地提供了日期）省略了 "直到最近人们才重新发现它"。

716. 可能是指 Palazzo Massimo。关于下面"不规整"的平面图，见 Lefaivre, L., Tzonis, A., 'The question of Autonomy in Architecture', *Harvard Architecture Review*, vol. 3 (1984), pp. 33–35。

717. Vienna MS 省略从开始至此处的句子，取而代之的是 "读者不应该奇怪我在这本论不同情形的书中没有合理的结构，我一会儿讨论这个问题，一会儿讨论另一个问题。即是因为我顺着思维而写，这个时候一件事，那个时候另一件事，把它们按照在脑中出现的次序写下来。这样一直写到了 L，这在我看来还不够多，我会增加一些可能对建筑师有用的建议"。

718. Vienna MS 添加 "或者在一个广场上，同时长应该是 63 尺"。

719. Vienna MS 添加 "这样一来，你应该可以组成所有的公寓，使它们成为方形并在平面图中显示"。

720. Vienna MS 省略 "过了庭院……地下室"。

721. 拉丁文文本为 "23"。

722. Vienna MS 包括了所有元素的尺寸。

723. 见上面 p.84 注释。

724. Vienna MS, Project XLIX fols. 16*v*–17*r* 与 92*v*。这个手稿省略 "我也还没讲……（厨子的）卧房"，取而代之的是 "如果这个场地是在一个可能往下挖掘的地方，我先假定所有的服务房间可以放在地下，如饭厅、厨房、仆人餐厅、储存木

头及类似东西的房间。人应通过门 K 和螺旋楼梯到这些房间"。

725. Vienna MS 省略题目，文本变成上一章的一个部分。

726. Vienna MS 有"两个图"，但是却展示了三个图。第三个图（没有讨论）是庭院 E。

727. Vienna MS 省略"立面长……格子玻璃"。

728. Vienna MS 指明了一道用于第一层窗户的三尺高的护墙，并且详细描述了第二层楼的檐部。

729. 关于视角纠正，见 Book II fol. 8*v* 和 Book IV fol. 161*r*。也见 Vitr. III.v.9 与 VI.ii.4。Vienna MS 省略"由于……不少（高度）"。在这个手稿中，Project XXXXVII fols. 15*v*–16*r*（附录 2）中对视角纠正进行了讨论。

730. 拉丁文文本添加 'ultra caetera sua ornamenta'（除了其他的装饰）。

731. Vienna MS 省略"（中楣上的）小窗户……过道"。

732. 文本误用 *parte obtiqua da ABC*（从 ABC 倾斜的部分）。拉丁文文本为 'obliquam partem [ . . . ] quae est iisdem literis ab A ad B'（倾斜的部分用了同样的 A 至 B 表示出来）。

733. Vienna MS, Project XLIX fols. 17*r* 与 93*r*。Vienna MS 省略了"其中一些窗户……（与另一个中楣的做法一致）"，与图 X 相同。

734. Vienna MS 的题目是"第二个提议"。

735. 意大利文本和拉丁文文本误用"A，B，C，D"，这些字母及其下面的注释，符合 Vienna MS 中的图片。在这个印刷版本的图片中，相比于手稿与文字中的提示，这些字母跨 AG 轴呈镜像出现。

736. 文本误为 'D、E、F、G'。

737. 文本误为 'G、H、I、K'。

738. 文本误为 'A、M、L、K'。

739. 按照 Book I fols. 5*r*–8*r* 中实用的几何训练。

740. Vienna MS 省略"这时候建筑师……委托人（提供实用性）"，取而代之的是"由于所有的建筑商，在没有得到公社或亲王的明确认可下，

不得侵占公共场地，建筑师可以采用以下方法"。

741. 拉丁文文本为"7"。

742. 从点线量起；事实上折回面是 10 尺。

743. 见上面的注释。

744. Vienna MS, Project L fols. 17*r*–*v* 与 94*v*。在这个手稿中，只要场地允许，服务房间放置于地下，如之前的项目所示。

745. Vienna MS 省略题目，文本成了前面一章的一个部分。

746. Vienna MS 省略"首先，最上面……（门在房子的）正中"。

747. 见上面 p.22 注释。拉丁文文本为 *è Composito opere*（混合柱式的）。

748. 文本误把 *riempimento*（填充）写成 *rompimento*（裂开）；拉丁文文本为 *repletura*（填充）。

749. 文本把 'sala di dietro, dove si veggono …' 错误断句为 'sala. Di dietro, dove si veggono…'（大厅。从后面可以看到）。

750. Vienna MS, Project L fols. 17*v* 与 95*r*。这个手稿省略了"中间部分……提供尺寸"，取而代之的是"包括两边庭院和房间在内，它与前面的部分同高。至于敞廊和圆柱，一切均可以用小比例尺算出。两个敞廊的天花可以用石板建造，因为 7 尺长度并不过长"。

751. Vienna MS 的题目是"第三提议"。

752. 意大利文本和拉丁文本误为 'A、B、C、D'。

753. Vienna MS 添加"这将主宰着整个套间。前面这部分应为 100 尺。因此，建筑师必须小心分配主要的部位，使得它们与整体相吻合。Vitruvius 称之为 'eurhythmy'，即部位与'身体'的比例和谐。同时，由于房子的普通部位是 24 尺，那么前厅宽应该是 16 尺，与别的部位形成和谐的比例。同时，由于 L（印刷版本中是 'T'）24 尺，楼梯 10 尺——加在一起是 34 尺——两面墙宽加起来是 5 尺——一共是 39 尺——因此前厅应该是 39 尺长，图标为 'A'"。Vitruvius 的 'eurhythmy'（Vitr. I. ii. 3）观念，例如，被 Alberti（I.9 [pp. 23–4]）和 Francesco di Giorgio (Codex 'T', fol. 3*r*) 取用。

754. Vienna MS，Project LI fols. 17v–18r。这个手稿省略"请注意……宽 30 尺"，同时提供了所有房间与庭院的尺寸。

755. Vienna MS 省略题目，文本成了前一章的一个部分。

756. Vienna MS 省略第一句，而且只有五个图片。

757. 见上面 p.16 注释。

758. 在 Vienna MS 中，塞利奥又一次（与在 Project XXXXVIII fols. 16r–v [printed edition p. 108] 中一样）为主窗户上面的小窗户辩护，用它们代替很难从屋里开关的单个大窗。另外，他告诉我们小窗户更适合夹层。

759. Vienna MS 添加"屋顶应该部分为法式，同时檐口以上部分应可以住人"。

760. Vienna MS 添加"从檐板饰带的顶部（用于划分楼层）至楣梁的底部应该是 20 尺。也许这个高度在这些古老的国家看起来足够高，但是请注意，读者们，我考虑的是普遍的各种各样的国家。因此，建筑师应采用这个创新，但是根据具体地方把楼层变得更矮或更高。而我所给的高度永远不会被杰出的建筑师批评"。

761. 关于平的木屋顶，见 Book IV fols. 192v–197r。

762. Vienna MS 省略"图 I……更加清楚易懂"。

763. Vienna MS 省略"（教堂的）底层可以作为……加温室"，取而代之的是"如果不想在小礼拜堂中用这个，可以做两个书房或者音乐室——由于房间是凹形的，后者尤其适合"。

764. Vienna MS，Project LI fols. 18v 与 97r。这个手稿省略了图 I 和图 P。

765. Vienna MS 的题目为"第四提议"。

766. Vienna MS 添加"这里角落 B 与街道成一钝角，明显有缺陷"。

767. 拉丁文本为 'hoc enim in utilitate[m] ipsius aedificii maximè cedet'（这个会大大增加建筑的实用性）。

768. 意大利文本没有方括号内的文字，但是拉丁文本里面有。

769. Vienna MS 添加"房子抬得越高，房间就会越有利于健康，而且立面会显得更加高贵"。

770. 拉丁文本用 'domusq[ue] aedificanda similiter bonam qualitatem adipiscatur'（房子也会一样的出色）代替了"不会被公民投诉"。

771. Vienna MS 省略"画了所有的线……为这座城市（提供了装饰）"，取而代之的是"为了去掉角 E（印刷版为"M"），可以从 D 到 F 画一条直线（文本误为"E，I"，印刷版用"N，L"），尽管建筑商打算把这部分让给公众，也是守财奴绝不会做的事，守财奴会忍受任何丑陋而不会放弃任何一小块地。然而，一个理性的、慷慨的人不会因为这么小的事而放弃把房子的平面拉直。事实上，这种高贵的行为对他自己有益，假如街道的开口足够宽，就可以从前面的角 C 步行到街上——如里面的线所示——两个 S、X [印刷版为"S、Q"] 的面积可以大大增加。亲王们通常允许这样的做法，为了装饰他们的城市"。

772. Vienna MS 添加"从这里应取所有的直角"。

773. Vienna MS 省略"剩下的一边……庭院（四周）"。

774. 这个图片没有标示。

775. 文本误为"N"。

776. Vienna MS，Project LII fols. 18r–v 与 98v。这个手稿省略了"至于各自的……用庭院（中显示的比例尺计算出来）"，尺寸也记录在文本中。

777. 拉丁文本为 'Orthographia praecedentis ichnographiae'（前一张平面图的立面）。Vienna MS 省略了题目，文本成了前面一章的一部分。

778. Vienna MS 只有两个图片。

779. 拉丁文本省略这个句子。

780. 拉丁文本省略"当大门关闭时"。Vienna MS 省略了"我先……当大门关闭时，（通道里仍有亮光）"。

781. 在 Vienna MS 中，塞利奥将这种实用性指明为一个"更明亮"的庭院，也是可以贯穿整个房子而无须妨碍任何一个公寓。

782. Vienna MS，Project LII fols. 18v–19r 与 99r。Vienna MS 省略"接着有房间 K……所有东西（可以根据比例尺计算出来）"，与这个背立面

一样（"I"）。

783. 拉丁文本为 "Quinta propositio de iisdem rudibus & incompositis domibus"（第五提议，关于设计非常笨拙的房屋）。Vienna MS 的题目是"第五提议"。

784. 拉丁文本添加 'eam sequenti modo reformare, atque in rectam qualitate[m] reducere poterit'（他可以按下面的方法纠正及拉直）。

785. Vienna MS 省略"这样，所占用与所拟补的公共用地将一样多"，取而代之的是"事实上，建筑商占用的公共场所比让出的多，但是由于建筑本身是城市很好的装饰，建筑商还是可以取得许可证。"

786. Vienna MS 用"因此不能够拉直"代替了"不透光"。

787. Vienna MS 添加"并且画一根与场地同长的直线"。

788. Vienna MS 添加"为了给三个地方采光"。拉丁文本省略"这个非常重要"。

789. Vienna MS 省略"以及通往上层的螺旋楼梯"，取而代之的是"在这上面应建另外一张床——还有一个没有窗的从室"。

790. Vienna MS 省略"（在 O 的）一角……螺旋楼梯 R"，取而代之的是"这里有两扇对着庭院 P 的窗户，两扇对着庭院 N [ 在这个手稿和印刷版中均没标出 ]，还有一扇在门上方。这里的末端有从室 Q……有一个公用的螺旋楼梯 R，顺着楼梯可以到达楼上其他……"

791. Vienna MS 添加"这个楼梯上有两扇门，一扇向上，另一扇向下至地下的房间"。

792. 文本误将 'un camerino sottc la scala. Nel mezzo del cortile...' 断句为 'un camerino. Sotto la scala, nel mezzo del cortile...'（一个从室。在庭院中间的楼梯下面……）。

793. 拉丁文本添加 & temporis（和时间）。

794. 事实上在平面图的下方展示了。Vienna MS, Project LIII fols. 19r–v 与 100v。这个手稿省略了"（由于）篇幅有限……推算出所有数据"，同时文本记录了所有的数据。

795. 拉丁文本为 'De orthographia quintae propositionis'（论第五提议的立面）。Vienna MS 省略了题目，文本成了前一章的一部分。

796. 事实上只有两个图是立面图，第三个图是内墙。

797. 拉丁文本省略这个句子。

798. Vienna MS 省略"可是要是有人……都采用木材"。

799. Vienna MS 说老虎窗宽 3 尺高 4.5 尺——图中的窗户是方形的。在印刷版中老虎窗被描述为方形的，但画出来的宽与高却是 1:2。

800. Vienna MS 的文本详细叙述了檐部的比例。

801. 拉丁文本添加 seu mauis ambulacru[m]（如果你更想要一个平台）。

802. Vienna MS 明确指出高度是"不包括护墙"。

803. 在图中没有标示出来。

804. Vienna MS, Project LIII fols. 19v 与 101r。这个手稿省略了"立柱的正面……用尺"和"宽为 11 尺……上面这部分（会很安全）"，虽然里面仍有图 I 和图 K。

805. 拉丁文本为 'Sexta propositio, similiter rudium domorum reformationem ostendens'（第六提议展示了"如何纠正形状一样不方便的房子"）。Vienna MS 的题目是"第六提议"。它与 Palazzo Massimo 相似。

806. Vienna MS 省略第一段，文本添加"我在意大利的街道上看见过，尤其在博洛尼亚，一排排不规整的房子，里面的房间也同样不规整。我认为有以下几个原因：一些道路恰巧与主道斜向交叉，没有知识的建筑师跟着这些道路建造，既然这个已经发生……"。

807. 文本误把 cosa（东西）写成 casa（房子）。

808. 拉丁文本为 dispositionem（排布）。

809. Vienna MS 省略"下图中的场地……这些套间"，取而代之的是"但是我认为，如果这个场地很破旧，那么需要注意的不是地基，而是界限与街道，把所有的公寓放在正确的角度。首先取 AB 的中线，由前至后画一根垂直的线至你想结束的地方。这条线应作为所有公寓的直尺，但是建筑师在处理庭院时需要要点手段，使得房子里面所有的房间都明亮。如果一个庭院并不足够，那么建造一个花园，房子就会更加明亮更加怡人，这样比建造整个房子的费用会少些"。

810. Vienna MS 添加"角落处有一从室……在另一从室里，在墙身的厚度里，有一处可以放置餐柜，其上方有一处可以给音乐家。同样地，另一个从室应有夹层可供家里的女儿们在适当而又私密的地方看到事情的进展"。

811. Vienna MS 添加"这里有足够的空间建两个床龛，在楼梯下还有一个从室"。

812. Vienna MS 添加这天井"没有遮盖，部分从这条楼梯采光"。关于楼梯井的天井，见"Book VIII" fol. 15v。

813. Vienna MS 省略"呈正（方形）……美丽"。

814. Vienna MS 省略"四周环绕着……四周"。

815. 此处及下文误用面积定义长度。

816. 关于这些各式各样的房间，见术语表。Vienna MS, Project LIIII fols. 19v–20r 与 102v。这个手稿省略了"但要谨记……比我能创建更好的理论的人"。Carunchio 提及 (in Fiore, F. P., *op. cit.*, p. 357 n. 1) 这个方案类似于 Peruzzi 位于 Montepulciano 的 Palazzo Ricci, Uffizi 355Ar, Uffizi 356Ar, Uffizi 357Ar, 与 Uffizi 358Ar。

817. 拉丁文本为 'Praecedentis propositionis orthographia'（上一个提议的立面）。Vienna MS 省略题目，文本成为上一章的一个部分。

818. 图中是长方形；Vienna MS 的图中下面一层没有夹层的窗户，第二层的窗户带拱。

819. Vienna MS 省略"H……装饰（丰富的地方）"。

820. 文本误把 *porta*（门道）写成 *pianta*（平面图）；拉丁文本为 *porta*（门道）。

821. Vienna MS 里所有的元素有更详细的尺寸。

822. 逆转此处立面图上和 p.149 平面图上的壁龛的尺寸

823. Vienna MS, Project LIIII fols. 20r–v 与 103r。Vienna MS 省略"因为（没有比拙笨的绘画）

更能丑化……采用绘画"。

824. 拉丁文本为 'Septima propositio de eadem inornatarum aedium recta restauratione'（第七提议，再次讨论排布不当的建筑的修正）。Vienna MS 题目是"第七提议"。

825. Vienna MS 省略"几年前……荒废（的场地）"和"委托人……富有"，取而代之的是"有时你会面对这样一个场地，前部狭窄但向后逐渐扩大，和这个情况一样"。

826. 意大利文本和拉丁文本误把 *larghezza/latitudinem*（宽）写成 *longhezza/longitudinem*（长）。

827. Vienna MS 省略"把楼梯放在门的入口处"，取而代之的是"既然在右手边有一个非常尖的锐角，不容易在这里放一个正室，我认为把楼梯放在这里很好，可以让人看到楼梯"。

828. Vienna MS 省略"有点……处于正中"。

829. Vienna MS 添加"这么做有很好的道理，即邻居可以通过四扇窗户看到房子里面。因此建造了一道墙，按照法律与规章要求的距离把邻居的房子隔开，最后效果非常好"。

830. Vienna MS 省略"在过道……5 尺宽（的过道）"。

831. 即次厅"M"。

832. Vienna MS, Project LV. fols 20v–21r 与 104v。这个手稿省略"（上面一层）要有相同的……提供所有的尺寸"。

833. 拉丁文本为 'De profilo areae praecedentis'（关于前一平面图的立面）。Vienna MS 省略了题目，文本成为上一章的一部分。

834. 事实上只有三个图是立面图，第四个是个假拱门。

835. 即为了配合一定会有的楼阶。

836. 事实上只有背立面的二层有窗户。此处及下面的文本指的是 Vienna MS 里的图片。

837. Vienna MS 中这个元素是楼上的敞廊，"既可采光，在热天又可降温"。

838. 这些尺寸的比例（1:1 ½ - *sesquialtera*）与图中所展示的门"P"不相称（那里明显是 1:2-八度）。Vienna MS 省略了这一句。

839. Vienna MS 还提及这个建筑应该"由一

个巧匠"，像 "il Vignola" 一样精通透视法的人来绘画。Vignola 在博洛尼亚跟随塞利奥学习绘画和透视法，他应该和 Primaticcio 在去枫丹白露宫为 François I 效力的途中与他的老师又有所交叉。

840. Vienna MS, Project LV fols. 21*r* 与 105*r*。这个手稿省略了 "这会使得……花园（四周的墙壁）"，而且这个门（"Q"）是爱奥尼柱式、檐口上有装饰性的涡旋，中间的拱门有透视效果。

841. 拉丁文本为 'Octava propositio de antiquarum domorum & ruinarum restauratione'（关于重修旧房子和废墟的第八提议）。Vienna MS 的题目是 "第八提议"。

842. 这里的哥特元素突出了其不和谐性，威尼斯风格在改建中被抹去。（见上面 p.128 关于哥特式的评论）。关于这处改建见 Onians, J., *op. cit.*, p. 286; Cevese, R., 'La "riformatione" delle case vecchie secondo Sebastiano Serlio', in Thoenes, C. (ed.), *op. cit.*, pp. 196–202。Philibert de l'Orme 在 *Premier tome* (1567), fols. 66 与 67 中计划加入一个把不规则的城堡秩序化的设计。这里将一组不规则的建筑放在新的对称平面上。

843. Vienna MS 添加 "比例失调"。

844. Vienna MS 省略 "但他们自己却很少这样做"。

845. Vienna MS 省略 "A、B、C、D、E……如图（划分）"，塞利奥给了房间的尺寸，窗户、檐口、中楣、楣梁的高，同时强调了门处于正中的位置。

846. Vienna MS 用了 "极度贪婪，贪婪是道德之敌" 代替 "本应将一尊（贪婪的）雕像……尊贵的位置"。

847. 一个因遵循传统与法律而受人尊敬的古犹太宗派的自视清高的成员，自认为神圣。见 Matthew 23.27; Luke 11.42–54。Aristotle 在 the *Ethics* (IV.2) 中提出富人凿井是道德上的义务：见 Onians, J., *op. cit.*, pp. 123–124。

848. Vienna MS, Project LVI fols. 21*r*–22*r* 与 106*v*。

849. Vienna MS 的题目是 "第九提议"。

850. 可能参考了 Palazzo del Podestà in the Piazza Maggiore, Bologna。它影响了 Book VI fol. 60*r*（平面图）, fol. 61*r*（立面图）中的理想 *podestà* 设计。它在 Columbia MS, LXII,S（平面图）与 LXIV,S（立面图）中有更加严谨的叙述，见 Tuttle, R. J., 'Sebastiano Serlio bolognese', in Thoenes, C. (ed.), *op. cit.*, p. 24。也见 Moos, S. von, 'The Palace as a Fortress: Rome and Bologna under Pope Julius II', in Millon, H.A., Nochlin, L. (eds.), *Art and Architecture in the Service of Politics* (1978), p. 65。进一步的阅读可见 Book VII 中关于塞利奥在博洛尼亚的建筑，见上面 p.98 及注释。

851. 即在博洛尼亚的 Piazza Maggiore 中的 Palazzo Communile 有这么一个砖筑的门廊。类似的评论见 Book III fol. 122*v*。Vienna MS 省略了 "我早年时……圆形砖柱（的公共柱廊）"，取而代之的是 "当我在自己的出生地——肥沃的博洛尼亚时，大约有 97 个现代风格的建筑，人们非常喜欢，他们建造了许多带有圆柱的门廊和敞廊，大多数采用砖头"。塞利奥那时 23 岁，还没前往 Pesaro。

852. Vienna MS 添加 "在石灰和沙石后面上灰泥。干的时候它们会缩小，收缩不利于支撑重量"。

853. Vienna MS 省略 "不移离柱子的加固方法是这样"。

854. 见上面 p.78 注释。

855. Vienna MS 省略 "几乎不用石灰"，增加了 "这些石头应该铺得很好，每一块石头之间填上薄薄的'胖'石灰，当重量往下压的时候，几乎所有的石灰都会被挤出来，待石灰变干就不会下沉。这些壁柱被 Vitruvius 称为 'parastate'……如果这些圆柱多处被钉在或绑在壁柱上也不错。但是钉子应该是铜钉而不是铁钉，因为铁很快就会生锈，一生锈就会膨胀，损坏石头。另一方面，铜要耐久得多，许多地方的古建筑已经见证了这点"。

856. Vienna MS, Project LVII fols. 22*r*–*v* 与 107*r*。这个手稿省略 "框缘上……背后（建造壁柱）"。

857. 拉丁文本为 'Decima propositio, de

ratione aedificandi domos super colles & loccs declives'（第十提议，论在山坡上和斜坡上建造房子）。Vienna MS 的题目是"第十提议"。Carunchio 提及（in Fiore, F P., *op. cit.*, p. 365 n. 4）塞利奥可能已经知道几个这种在山坡上建筑的例子，特别是：Villa Madama, Villa dei Vescovi in Luvigliano, Villa del Monte in Fumane 和 Villa Godi in Lonedo，更不用说 Villa Imperiale。

858. 这种排布的别墅的原型当然是罗马梵蒂冈宫殿的 Belvedere 庭院，其楼阶、庭院敞廊的细节在 Book III fols. 117v–120r 中用图片加以说明。见 Coffin, D., *op. cit.*, pp. 69–87。也见 Book III fol. 86v 中 Palazzo di Monte Cavallo in Rome 的平面图。

859. 文本误把 "*pu[n]ti*"（池塘）写成 "*po[n]ti*"（桥）；拉丁文本用了 "*punctis*"（带点）。

860. Vienna MS 的文本添加 "一个被赞成并认为是好的规则"。

861. Vienna MS 的文本添加对下层敞廊 "O" 的详细描述——16 尺 X × 70 尺，每个壁龛都有喷泉，每个壁龛都作为山坡的扶壁。

862. Vienna MS 的文本添加 "在特定的时候作为典范"。

863. Vienna MS 用 "流经所有的房间" 代替了 "流经所有的洗手间"。

864. 拉丁文本为 in valle( 在山谷中 )。

865. 很明显门和窗用比敞廊平面图更大的比例尺画出。Vienna MS 只画出敞廊的侧面。

866. Vienna MS, Projecc LVIII fols. 22v–23r 与 108v。这个手稿省略这一段，也省略了这三个图（平面图 "O"、"D" 和拱门）。

867. 拉丁文本为 'De orthographia praecedentis Ichnographiae'（关于上一个平面图的立面）。Vienna MS 的题目是 "第十提议"。

868. Vienna MS 省略 "垂直"。

869. Vienna MS 用 "粗面石饰（窗）" 代替了 "拱窗"。

870. 在 Vienna MS 中，主要的窗户上面还有小窗户。塞利奥建议：如果房间有充足的光线，则可以不用建造这些窗户，可是如果天花上有绘画或镀了金，这些窗户可以使得天花更加明亮。

871. 拉丁文本为 *pilarum inferiorum*（下层立柱）。

872. Vienna MS 省略 "但是拱宽（10 尺）……因为有这个差别" 和 "上一层的石板……用好的水泥（填补）"。

873. Vienna MS, Project LVIII, fols. 23r 与 109r。

874. 拉丁文本为 'Undecima propositio, similiter de modo aedificandi supra locos declives'（第十一提议，再论在倾斜的场地建筑的方法）。Vienna MS 的题目是 "第十一提议"。

875. Vienna MS 用 "用其他方式" 代替 "在其他地方"。

876. 拉丁文本为 'Poterit in eodem situ quem antea retulimus, & alia quaeda[m] fabrica erígi, quae in forma & mensuris atq[ue] symznetriis diversam à priori constructionem adipiscatur'（在同样的场地，如上面所示，可以建造另一个外形、大小、比例都不一样的建筑）。

877. 此处及 p.167 平面图显示了七级台阶（门 D），但是，p.166 跟随图片的文本却明确指出上七级台阶。

878. 文本误把 'loggia, al piano G, nel...' 断句为 'loggia. A1 piano G. nel...'。

879. 即不指明比例尺。

880. 此处（及在 'Extraordinary Book of Doors' 里整个粗面石饰门设计中）所用的下降的拱心石让人想起在 Mantua 的 Giulio Romano 的 Palazzo del Te 上面的拱心石。

881. 见上面 p.22 注释。

882. Vienna MS, Project LIX fols. 23r–v 与 110v。这个手稿省略了最后两段和三个插图。

883. 拉丁文本为 'Sequitur praecedentium figurarum clarior declaration'（在此之前有关于前几个图片更详细的处理方法）Vienna MS 省略了题目，文本成为上一章的一个部分。

884. Vienna MS 的文本添加 "F 应带有一个，在楼梯下面。同时这个在楼梯井的入口处有一出口"。

885. 文本误用 *"dalli lati"*（在边上）。

886. Vienna MS 省略"应该建多个喷泉"，取而代之的是"因为有跨过敞廊的扶壁。通道宽只有 8 尺，但是如果 6 尺会更好，更加坚固。这样就足够了，因为每个拱会有一道喷泉，四周还有可以坐下的地方"。

887. Vienna MS 省略"但是这并不重要……螺旋楼梯"，取而代之的是"但是这并没有缺陷，因为它象征着一个岩洞，这种阴暗适合这样一个地方"。

888. Vienna MS，Project LIX fols. 23*v*–24*r* 与 111*r*。

889. Vienna MS 的题目是"第十二提议"。

890. Vienna MS 用"绅士"和"他"取代了此处及下面的"公民"。

891. 关于这个改建见 Onians, J., *op. cit.*, p. 286. Cevese, R.,'La "riformatione" delle case vecchie secondo Sebastiano Serlio', in Thoenes, C. (ed.), *op. cit.*, pp. 196–202。

892. 文本为 *ordini*（柱式），见术语表。

893. Vienna MS 省略了"为了不显得……对称"。

894. 文本误把 *discommodo*（干扰）写成 *commodo*（实用）；拉丁文文本为 *incommodo*（混乱）。

895. 意大利文本没有方括号中的文字，但是拉丁文文本为 'ad utramq[ue] illius partem bina cubicula cum conclavibus suis erigantur'。

896. 参考 Vienna MS 中的图片，中间的门上方建了一个大 'Serliana'。这个手稿省略了"你可以获得一个主厅……在门的上方"，取而代之的是"可是这样就能有一个主室。应该让上层的主厅吸纳入口和西边的主室，这样就得到一个更长的，两端带两个壁炉和两个主室的主厅。然后按已修复的下层的做法划分窗户，并且应当使用大量旧建筑上的装饰——的确，谨慎的建筑师会简单地把它们从一个位置挪到另一个位置上"。

897. 这里省略的格子网在 Vienna MS 中的图里出现了。

898. "旧"平面图中明显可见的中间的窗户

在"旧"立面图中消失了。它们都出现在 Vienna MS 中。

899. 见上面 p.122 注释。

900. Vienna MS，Project LX fols. 24*r*–*v* 与 112*v*。这个手稿省略了"大门采用粗面石饰……总是均等"，同时图中重修的立面有 Serlianas。

901. Vienna MS 的题目是"第十三提议"。

902. 关于这个改建，见 Onians, J., *op. cit.*, p. 286. Cevese, R. 'La "riformatione" delle case vecchie secondo Sebastiano Serlio', in Thoenes, C. (ed.), *op. cit.*, pp. 196–202。

903. Vienna MS 省略了"因此他应该请求公众允许他"，取而代之的是"公民应依靠一位学识渊博的建筑师，在他做了全面的考虑后，应请求公众允许他"。

904. Vienna MS 添加"他没给近邻带来坏的影响，拉直了街道，又装饰了城市"。

905. Vienna MS 添加"尽一切可能地利用现存的墙壁——但是不要担忧偶尔会多半尺或少半尺"。

906. Vienna MS 增加"虽然有些人会认会这对于一个大房子来说太狭窄了点，但是它并不是太小"。

907. 即地板区域用现存的立面右边上的两道线标示。

908. 即地板区域用现存的立面右边上的最低的那道线标示。

909. 即地板区域用现存的立面左边上的最低的那道线标示。

910. Vienna MS 省略"E 部分……如最下方的平面图（所示）"和"由于（两个房子的楼层）存在着（2.5 尺的）差距……最下面的立面"。

911. Vienna MS，Project LXI fols. 24*v* 与 113*r*。

912. Vienna MS 的题目是"第十四提议"。

913. 文本误把 *risquadrarla*（把房子摆正）写成 *riguardarla*（仔细检查房子）；拉丁文文本为 *ad quadratura[m] redigatur*（为了摆正而建筑）。

914. Vienna MS 省略"为横跨（庭院时提供遮盖）……井的旁边"。

915. Vienna MS 的文本为"三"。

916. 拉丁文文本为 *pro stabulariis*（给马厩的仆人）。

917. 拉丁文文本添加 *in linea putei: situato*。（在井的另一边）。

918. 拉丁文文本添加 'Porrò post ipsum ambulacru[m], fiat iteru[m] in anteriore[m] tra[n]situ[m] regressio'（过了这条短廊后应回到前面的过道）。

919. Vienna MS 用"庭院"代替了"敞廊"。

920. 在图中没有标出。

921. 在图中没有标出。

922. 拉丁文文本为 *septipedali*（7 尺）。

923. 图中的敞廊带有陡峭的屋顶，二层没有敞廊或任何通往房子后部的通道。然而，Vienna MS 的图中是一条无盖的敞廊，为建造二层的敞廊提供了可能性。Vienna MS 省略了"虽然小……看着很协调"，"实事上……带来光亮"，"（上一层的）三个窗户……B"，"拱宽 8 尺……上面应有敞廊"。拉丁文本添加 'Et haec quidem hactenus de hac propo[si]tione decimaquarta'（这就是所有关于第十四提议的讨论）。

924. Vienna MS，Project LXII fols. 24*v*–25*r* 与 114*v*。

925. Vienna MS 的题目是"第十五提议"。

926. 关于罗马 Palazzo di Monte Cavallo 里类似的楼梯设计，见 Book III fol. 86*v*，也见上面 p.160 注释。

927. Vienna MS 添加"台阶长 10 尺，宽度如果一样会很好，但是这里只有 6 尺"。

928. Vienna MS 省略"因为敞廊（靠着山坡）……宽 12 尺"。

929. 文本并不一致地断句 'al suo servitio. Sotto la scala N. piu quà verso…'（配有。在楼梯 N 下面，朝着里面……）。

930. 拉丁文文本为"18"。

931. 拉丁文文本为"6"。

932. Vienna MS，Project LXIII fols. 25*r*–*v*，115*r*。

933. Vienna MS 的题目是"第十六提议"。

934. 拉丁文文文本为 'Tunc in reformatione atque in exaedificatione illius, acutus Architectus haec sequentia praecepta servare imitariq[ue] debebit. Sumet...'（改变并重建这个建筑，精明的建筑师应按照下面指示。让他……）。

935. 文本误把 *farà*（他应该做）写成 *farò*（我会做）；拉丁文文本为 *attollet*（他应该做）。

936. 拉丁文本为 *novem*（九）。

937. Vienna MS 文本添加"建筑师必须为庭院做准备，使得它与房子其他部分协调，并且为从房子前部走到后部提供遮盖"。

938. Vienna MS 添加"它有出口通往小广场，因此可以采光"。

939. Vienna MS 添加"用木板围起，因为它从厨房取光"。

940. Vienna MS 添加"（楼梯）折回。* 标示了通往储藏窖的门的位置。楼梯下面剩下的空间应储放木材，可以经庭院到达此处"。

941. Vienna MS 添加"从小庭院取光"。

942. Vienna MS，Project LXIIII fols. 25*v*–26*r* 与 115a*v*（Carunchio, T. in Fioie, *op. cit.*, VII tav. 84 中把它误写为 fol. 115*v*）。

943. 拉丁文本为 'De orthographia praecedentis ichnographiae'（关于上一个平面图的立面）。Vienna MS 省略题目，文本成为前一章的一个部分。

944. 意大利文本和拉丁文本都误写为 "LXXI"。

945. 在 Vienna MS 中文本是"3"。第三个图像（"P"）是面向小广场的立面。

946. 即一层的檐板饰带（在 Vienna MS 中被画成楣梁）。

947. 即一层的檐板饰带至窗台檐板饰带（在 Vienna MS 中被画成檐口）

948. Vienna MS 省略了最后这句。

949. 拉丁文本为 '(praesertim autem culina superior) . . . Nam ea quide[m] ratione scito, à culina ad mediocre coenaculum co[m]moditatem cibos transfere[n]di omnem ademptam inhabitatoribus iri: scala enim principalis nimiu[m] aberit ab eodem coenaculo' [（尤其是二层厨房）在二层设计这个厨房的原因是：将食物从厨房传送到次厅给居住

者享用这个过程有点困难，因为主楼梯距离这个
次厅太远）。

950. Vienna MS, Project LXIIII fols. 26*r* 与
116*r*。这个手稿省略了"这样的布局……图下方
的（比例尺推算出来）"和附加的图 P，即面向小
广场的正立面图（如上所指）。

951. 拉丁文文本 'Propositic decima septima,
similiter de alio quodam situ irregulari'（第十七提议。
关于另一个同样不规整的场地）。Vienna MS 题目
是"第十七提议"。

952. Vienna MS 添加"在这个情况下，地窄
而光线不足，房间就有必要是一模一样的，才能
使每个房间都只有一个入口"。

953. Vienna MS 省略"庭院长 56 尺……另
一个房间"。

954. Vienna MS 添加"但是它可以从其他从
室的小窗户取光"。

955. 拉丁文本添加 'Deniq[ue] ut sic tandem
omnia in recta[m] formam in rectu[m]q[ue] statu[m]
reducantur, ad caput...'（最终使得所有房间的形
状方整、位置端正，最后）。

956. Vienna MS 省略"这为……整个房子"。

957. 关于最后的评论，拉丁文本添加
'Quam rem nos totam indicio Architecti diligentis
relinquimus'（至于这个问题，我们把它完全交给
有判断力的建筑师来决定）。Vienna MS, Project
LXV fois. 26 *r–v* 与 117*v*。Vienna MS 省略"一上了
螺旋形主楼梯就进入过道 E"和"（通过同一条）
螺旋楼梯……可以贮藏酒"。

958. 拉丁文文本为 'Sequitur de orthographia
praecedentis ichnographiae'（Here follows a
discussion of the elevation belonging to the preceding
plan。Vienna MS 省略了题目，文本成为前一章的
一个部分。

959. 事实上最下面的图是一个剖面图。

960. Vienna MS 省略"（你可以）从两点……
讨论这个立面"。

961. Vienna MS 省略"这样的高度是因为每
一个主室只有一扇窗"。

962. 拉丁文文本为 *octo pedes & dimidium*

（8.5 尺）。

963. Vienna MS 的文本添加"整个房子应挖
掘地下空间，把所有的服务房间放置于地下，因
为地皮珍贵"。

964. 这些老虎窗没有在图 C 中显示，同时
拉丁文文本省略了这一句。Vienna MS 再次省略
这些老虎窗，并用"庭院开阔明亮，不受敞廊的
阻碍，因为敞廊的两边开放"代替了"（从）中
央敞廊上方的门……（与）其他老虎窗（一致）"。

965. Vienna MS 省略最后一句。

966. 文本误把 *dotta*（有才能的）写成 *detta*
（说的）；拉丁文文本为 *perito*（熟练的）。在前面 p.14
也有同样的拼写错误。Vignola 可能参考了这
个，见上面 p.154 注释。

967. 拉丁文文本为 'Similiter aute[m] & testudo
ipsa pulcherrimis perpoliri atq[ue] depingi debebit
imaginibus quib[us] quide[m] elegantia etia[m] coronidu[m],
circu[m]circa à perito quopia[m] magistro depictaru[m]
ut accedat, necessariò requiritur'（同样的，拱本身应
用精美的绘画装饰，而且必须与周边檐口高雅相
称，由大师亲手执笔）。Vienna MS, Project LXV fols.
26*v*–27*r* 与 118*r*。这个手稿用"花园的末端可以这
样装饰，花园的两边也可以"代替了"这里有一道
拱门……（与）环绕花园（的脚线相呼应）"。

968. 拉丁文文本添加 *& curvis*（并弯曲）。
Vienna MS 的题目是"第十八提议"。

969. 此处及下面的文本为 *bottega*，意思可
以是"商店"或"作坊"。拉丁文文本为"*apothecarum
et cellarum mercatorum*"（商人的商铺和房间）。

970. 在现代的法国，这种路称为 *rue Merrier*
（商业街）。

971. Vienna MS 省略最后一句。

972. 这个以及下面一个带有商店 / 作坊
（*botteghe*）的商人庭院的设计显然最后没有建
成；设计的初衷是紧靠着 *rue Petit-David*、*rue de
la Monnaie* 与 *place du Port-du-Temple*，见 Charvet,
L., *Sebastiano Serlio*, 1475–1554 (1869), pp. 87–88.
见 Frommel [née Kühbacher], S., *op. cit.*, pp. 333–
336。也见里昂商人交易场所（或"敞廊"）的设
计，在下面 p.192–195 上有插图，也可见塞利奥

一个罗马聚会广场的平面图，Book VIII fols. 7*v*–8*r*，以及 'Praetor' 的宫殿，Book VI fol. 60*r*。

973. 拉丁文文本为 'Admonitus itaque quum semel ab amico quodam fuissem, ut (more meo solito) quanam ratione haec structura antiquitate iam obesa & nimiu[m] iregularis, bonam aliquam formam atque aream consequi posset, mecum perpenderem: statui in hoc septimo meo libro subsequentem ei dispositionem inter reliquos meos labores attribuere. Anteriorem verò partem, ut nobiliorem magisq[ue] directam suscepi' [ 因此当朋友向我请教如何（用我常用的方式）为这些建筑（年久失修，又极不规整）设计一个好的样子和平面图时，我决定用下面的方法排布场地并把它放在第七书中，与其他设计放在一起。同时我做了一个最高贵最整齐的正面 ]。Vienna MS 省略了这一段，取而代之的是 "至于这个场地，因为我也正在讨论类似的情形，一个高贵的人（我的老师）为这个场地设计了一座高贵的建筑。因此，既然我决定遵从一个对我非常珍重的人，我毫不犹豫就开始动手。事实上，这样的划分可能对某些人有帮助，如果不是全部借鉴，至少可以部分参考。这所房子的大门应朝着河流，因为那是空气最畅通的地方，也是景色最优美的地方。为健康着想，房子应抬离街面七级台阶"。

974. Vienna MS 省略 "其中有洗手间"。

975. 拉丁文文本添加 'Caeterùm hisce cunctis hoc modo pulchr è & eleganter in rectam formam redactis, ex altero latere…' (可是一旦这些元素如此优美地被改为直线形，另一边……)。维也纳省略 "这道小敞廊……为许多房间（带来阳光）"。

976. Vienna MS, Project LXVI fols. 27*r*–*v* 与 119*v*。

977. 在印刷版本中，这个图误换成 "Saône site" 第二版的图。

978. 拉丁文文本为 'De orthographia areae praecedentis' (关于上一个平面图的立面)。Vienna MS 省略了题目，文本成了前一章的一个部分。

979. 事实上最下面的图包括了一个剖面图和一个透视图。Vienna MS 的文本为 "四个图像"。

这个手稿省略了最下面的细节。

980. Vienna MS 用 "用 A 标示的部分是大门，窗户跨过整个正立面，从一角至另一角" 代替 "第一个图 A……夹层（的实用性）"。

981. Vienna MS 省略 "类似地……'商店'（的门）"，取而代之的是 "整个排布应继续下去，这样的排布也可用于狭窄的小街，但是不用琢石装饰"。

982. Vienna MS 省略 "（这立面与其他立面）同高……比其他立面（好看）"，取而代之的是 "其对面有一个储放鞍具、缰绳、干草盒子的从室。马厩的末端应有仆人的卧室。在马厩的外面，过道的末端有一道通往二层的楼梯。上面是铺床的稻草，下面是洗手间，既服务于马厩，又服务于主室"。

983. 即平面图中用 'G' 和 'Z' 标示的敞廊。在 Vienna MS 中，这些敞廊的上部被形容为 "也是敞廊……为二层通往其他街道的过道提供遮盖"。

984. 拉丁文文本为 'ac ostiolu[m] illud quod est versus transitum superiorem' (通往二层过道的小门道)。

985. Vienna MS, Project LXVI fols. 27*v* 与 119*v*。Vienna MS 省略最后一段，印刷版本中省略了图中最下方的细节（如上所述）。

986. 拉丁文文本为 'Sequitur alter modus aedificandi supra aream eiusdem 72 capit' (此处在同一个平面上采用了第 72 章的方法)。Vienna MS 的题目是 "第十九提议"。

987. 见上面 p.184 注释。

988. 在 Vienna MS 中，塞利奥详细讨论了这些过道，见附录 2，Project LXVII fol. 27*v*。

989. Vienna MS 的文本添加 "应有一个螺旋楼梯可至二层取草。窗户下面，在螺旋楼梯旁边的墙体里应有一个干草盒子"。

990. Vienna MS 的文本添加 "这些 '商店' 和仓库的二层不住人。这部分业主有其他用途"。

991. Vienna MS 省略了 "任何（想要有一个大主厅的）人……法国的习俗"。

992. Vienna MS, Project LXVII fols. 27*v*–28*r* 与

120*r*。

993. 在印刷版本中，这个图误换成 "Saône site" 的第一个版本。

994. 拉丁文文本为 'De orthographia praecedentis ichnographiae'（关于上一个平面图的立面）。Vienna MS 省略题目，文本成为上一章的一个部分。

995. Vienna MS 的文本说这些立面图用了更大的比例尺，更清楚易懂。

996. 文本误把 *cantine*（储藏窖）写成了 *camine*（烟囱）：拉丁文文本为 *cellae vinariae*（酒窖）。

997. 关于视角纠正，见 Vienna MS, Project XXXXVII fols. 15*v*–16*r*（附录 2），Book II fol. 8*v* 和 Book IV fol. 161*r*。也见 Vitr. III.*v*.9 与 VI.ii.4。

998. Vienna MS 省略 "表达了（沿河展开的大立面的）整体排布……从中楣上（的开口获取光线）"，取而代之的是 "用窗户的排布来表达正面的门，在别的立面也应做同样的排布"。

999. 即夹层。

1000. 即用单一、统一的排布。

1001. Vienna MS, Project LXVII fols. 28*r* 与 120*r*。这个手稿省略最后一段，取而代之的是 "图 I 展示了另一条街道上的门和窗户，这些门窗应排布在整个立面上。一切尺寸可以用这个小比例尺算出，第七书 关于各种情形的讨论就到此为止。" 但是这个项目之后是 "与建筑相关的问题的讨论和解决方法"。Vienna MS 里有 pp.192–199 图片（但是没有文字）。

1002. Vienna MS 省略这章和下章关于这个项目的题名和所有的文本，只提供了插图（如下）。

1003. 1450 年许多佛罗伦萨银行家和德国商人定居于这个城市。关于里昂的贸易见 Charléty, S., *Histoire de Lyon* (1903); Steyert, A. *Nouvelle Histone de Lyon et des provinces de Lyonnais Forez, Beaujolais*, 3 vols. (1895–1989); Boucher, J. (ed.), *Lyon et la vie lyonnaise au XVIe siècle, textes et documents* (1992).

1004. 此处及下面的文本为 *bottega*，意思以是 "商店" 或 "作坊"；拉丁文文本为 "*apotbecis*

*seu officinis*"（商人的仓库或作坊）。

1005. 商人的交易场所（或 "敞廊"），设计于 1550 年（Vienna MS 最后一个可能的年份）以前，可能建于 1552 年（里昂，Registre consulaire BB. 66. [1547]; BB. 72. [1552]）：地点位于 *rue de Flandres*，靠近 St Eloy 教堂。亨利二世在 1551 年 6 月 23 日下令建造 "敞廊"（他同时成立一个图卢斯的商人交易所团体），见 Charvet, L., *op. cit.*, pp. 79–87。Hubertus Günther 用电脑模拟了敞廊及周边环境，见 http://www.khist.unizli.ch/projects/serlio。也见上面 p.184 商人的庭院。也见 Frommel [née Kühbacher], S., *op. cit.*, pp. 336–337。关于这个设计与 Vienna MS 中对应物的比较——在屋顶陡坡和窗户细节上作了大量的修改——见 Rosenfeld, M. N., 'Sebastiano Serlio's Drawings in the Nationalbibliothek in Vienna for his Seventh Book on Architecture', *op. cit.*, p. 408. 也见上面, pp. 116–119。

1006. 文本误用 "五"，拉丁文文本省略了关于角支柱的内容。根据上面给出的场地的宽度，角支柱宽应该是 7 尺。p.194 给出了这个正确的尺寸。

1007. 文本误将 *pisciare*（小解）写作 *pasciare*（牧场）。拉丁文文本也误写为 *urinando | , mingendo*（用于小解，用于小解）——此处的线 "|" 代表排字工人要删除的地方，但没执行。

1008. 图中没有比例尺。Vienna MS，没有标号的方案（缺失文字）fol. 121*v*。

1009. 拉丁文文本为 'Sequitur de orthographia praecedentis ichnographiae'（此处之前是前一个平面图的立面的处理方法）。

1010. 即铺地，见 Book III fol. 123*r*。

1011. 拉丁文文本也是 6.5 尺。但是，在印刷版本和 Vienna MS 中的插图中，这些圆柱被缩小为大约 15 尺高。

1012. 即比 Book IV fols. 127*r* 与 140*r* 中建议的多立克柱式 1:7 的比例更加纤细。

1013. 即比 Book IV fols. 127*r* 与 158*v* 建议的爱奥尼柱式 1:8 的比例更纤细（虽然此处允许更细长的比例，"还要取决于场地和建筑的布置"）。

1014. 楼层递减（及楼层的装饰细节）四分之一，是按照 Book IV（例如 fol. 150v）中介绍的立面模型的做法，而后者又是根据 Book IV fol. 150v 注释和 Vitr. v.i.3 与 v.vi.6 中的古剧院的立面。

1015. 事实上这些老虎窗画出来是正方形的；它们在 Vienna MS 中是长方形的。

1016. 这是对于 Vienna MS 中图片的描述。在印刷版本中门没有山墙，并且缩小为 4 尺 × 8 尺。

1017. Vienna MS，没有标号的项目（文本缺失）fol. 122r。这个手稿只展现了三个间隔（带着不同的屋顶）。

1018. 在印刷版本中，这一章是第 73 章。但是前一章也是第 73 章，是关于另一个主题，而这一章（关于意大利屋顶）明显是下一章的头半部分（74，论法式屋顶）。

1019. 拉丁文文本添加 *ea brevitate qua possam*（尽可能简短）。

1020. 在把这个部分融入屋顶的结构时，塞利奥预示了 De l'Orme 更为新颖的 *Nouvelles inventions pour bien bastir*, Paris (1561)。

1021. 拉丁文文本为 'fit etiam ut faber lignarius nunc magis, nunc minus pendentia illa conficere debeat'（木匠会知道什么情况下应该把坡度做得更陡或更平）。

1022. 拉丁文文本省略这一句。Vienna MS, Project LXVI（文本缺失）fol. 123v。

1023. 文本误把 'De gli armamenti di legname'（关于木桁架）写成 'De gli ornamenti di legname'（关于木装饰）：拉丁文文本为 'De iisdem armamentis ligneis'（关于相似的木桁架）。

1024. 即法国 *ardoise* 的通俗名称，意思是石板。也可见 Book V fol. 219r 里面的例子。

1025. Vienna MS, Projects LXVI（文本缺失）和 LXVII（文本缺失）fols. 123v–124r。这个手稿省略图 A。

1026. 拉丁文文本为 'De eorundem armamentorum constructione'（关于建造类似的桁架）。

1027. 文本误写为 'Se'l fiume sarà navigabile, sarà bene tenere il ponte tanto alto, che li legni possino passar sotto, quando le aque saranno più in colmo. E se la riviera (come suole per isperienza degl'habitanti del paese, de quali ve n'è sempre de vecchij, che hanno gran ricordanza: o per lo detto de vecchij passati) li travi…'（如果河道可以通航，那么最好保留这样的桥高，水涨时船还可以通行。即使河流（这符合当地人的经验，他们中总有一些年纪大的人记得前人所传授的经验）桩……"。此处采用了拉丁文文本 'Caeterùm si fluvius cui pons iste superponetur, navigabilis fortassis existat, tantae altitudinis illum esse oportebit, ut sub eo naves ipsae rectè pertransire queant. Imò si iustam altitudinem pons adipiscatur, etiamsi fluvius navigabilis non sit, habebit tamen hanc utilitatem, quòd in excretione fluminis (quaequidem excretiones semper ab antiquioribus aucupari debebunt) aqua ipsa eundem pontem non contingat, & transitus hominum ritè per eum confici possit. Fiat autem isthaec elevatio hac ratione'。

1028. Vienna MS 省略这一个和下一个房子的项目。

1029. 除了这个，还有下面五个乡村别墅，见上面 sig. air 注释。Vienna MS 没有这些设计。

1030. 拉丁文文本添加 'Quapropter eorum gratia, qui similibus accidentiis no[n]nihil operam dare co[n]sueverunt, domum unam . . . afferenda[m] existimavi…'（因此，为了帮助习惯在相似的情形下建造房子的人，我认为示范一下很好）。

1031. 众所周知这种排布后来被 Palladio 用于圆厅别墅，也如下文所建议的，位于一座小山上。关于这个别墅设计对 Palladio 的影响，见 Rosci, M., 'Schemi di ville nel VII libro del Serlio e ville Palladiane', *Bollettino del Centro internazionale di Studi d'architettura A. Palladio*, vol. 8, pt. 2 (1966), pp. 128–133。

1032. 即用 "L" 标示的空间。

1033. 文本误把 "*sala*"（大厅）写作 "*stala*"（楼梯）当成；拉丁文文本为 "*coenaculi*"（至大厅）。

1034. 即 1:9 的多立克圆柱，比 Book IV fols. 127r 与 140r 中建议的多立克柱 1:7 的比例更加纤细。

1035. 文本误用了 *tre*（三）：拉丁文文本为 "4"。

1036. 此处及下面的楼层递减（以及各层的装饰细节）四分之一，依照 Book IV（例如 fol. 150*v*）中的立面的模型的做法，后者又是基于 Book IV fol. 150*v* 的注释和 Vitr. v.i.3 与 v.vi.6 中的古剧场的立面。

1037. 由于主室的窗户比阁楼的窗户更宽（宽 0.5 尺），暗示了前者比后者高，但是这个被装饰更高阁楼窗户的装饰所抵消。实际上，比一般的窗户高 9.5 尺。

1038. 拉丁文文本为 'De nonnullis ichnographiae praecedentis interioribus partibus atque membris'（关于上一个平面图的室内部分与元素）。

1039. 塞利奥在里昂的时间不够明确，处于 1550 年（也许最早可以到 1548 年）至 1553 年之间。在这里暗示的所谓的宗教战争期间，Jean I de Tournes 家族，一个虔诚的新教家族、塞利奥的 "Extrodianry Book of Doors" 的出版商，正计划在日内瓦重新开始他们的出版事业：见 Carpo, M., *La Mashaera e il Modello, op. cit.*, pp. 85–105; Rosenfeld, M. N, *On Domestic Architecture, op. cit.*, (1996 ed.), p. 4。

1040. 拉丁文文本添加 'Quum itaq[ue] officiu[m] meum illi denegare nequaquam possem, qu[a]enam mea mens in eius restauratione tum fuerit, paucis referendum hoc loco Lectoribus censui'（既然我无法拒绝为这个人服务，我整个心思被这个修复主题占据，我想值得在这里把它简单介绍给读者）。

1041. 塞利奥对 François D'Agoult（一个著名的普罗旺斯人，在 1567 年为新教在圣丹尼斯战役中牺牲）于 15 世纪建了一半的普罗旺斯 château at Lourmarin 的加建设计并没有实施，在这里被作为完美的 château of 'Rosmarino' 呈献给读者。其平面与形式与塞利奥于 1541 年前后在勃艮第为 Count Antoine III de Clermont-Tonnerre 设计的 château of Ancy-leFranc 相似（Book VI fols. 16*v*–18*r*）。Rosmarino 的平面图为始建于 1628 年的爱丁堡的 Heriot's Hospital 提供了原型。关于这个别墅的形式

见 Ackerman, J., 'Sources of the Renaissance Villa', in *Distance Points* (1992) [pp. 302–324]; Frommel, C. L., *Die Farnesina und Peruzzis architektonisches Frühwerk*, Neue münchner Beiträge zur Kunstgeschichte, I (1961)。关于塞利奥于 1551 年 6 月 3 日写给 François de Dinteville, Bishop ofAuxerre 的关于这个建筑的信件，见 Rosenfeld, M. N., *op. cit.* (1996 ed.), p. 6. 也见 Frommel [née Kühbacher], S., *op. cit.*, pp. 337–345。

1042. 见上面 p.78 注释。

1043. 即铺地：见 Book III fol. 123*r*。

1044. 此处及下面的文本没有记录用于印刷的反向木刻的过程，见术语表 "Left-/Right-hand side"。谈到 15 世纪的建筑，Rosmarino 的平面图从后向前被印出来的，见 Frommel [née Kühbacher], S., *op. cit.*, p. 343。

1045. 文本误把 *loughezza*（长）写成 *larghezza*（宽）：拉丁文文本为 *longitudine*（长）。

1046. 拉丁文文本为 "44"。

1047. 在下文中被（正确地）引用为前室。

1048. 在图中标号为 "XVI"。

1049. 在下文中再次（正确地）被引用为前室。

1050. 平面图 "标号 XXV" 是圆形。

1051. 在图中标号为 "XVI"。

1052. 拉丁文文本为 "si solummodo per antecubiculum esset in illud hominibus ingredie[n]dum"（除非经过前室，要不不可能进入这个房间）。

1053. 图中标号为 "XX"。

1054. 图中标号为 "XXI"。

1055. 图中标号为 "XXII"。

1056. 图中标号为 "XXIII"。

1057. 图中标号为 "XXIIII"。

1058. 拉丁文文本为 'Ita tandem fit, ut quicquid ad dispositionem areae attinet, ita perficiatur, ut planè nihil ad eius perfectionem amplius desiderare queas'（因此，最终一切关于平面的布局按此进行排布，你无须做任何改动。）

1059. 拉丁文文本为 'Sequitur de secundo ordine

praecedentis ichnographiae'（在此之前是关于上一个平面图的二层的讨论）。

1060. 文本没有记录用于印刷的反向木刻的过程。

1061. 事实上，从室 Z 用于服务 E，Z 的夹层服务主室 Y。

1062. 拉丁文文本为 'Sequitur orthographia partis anterioris Ichnographiarum antea declaratarum'（在此之前是上文所描述的平面图的前部分立面）。

1063. 见 p.78 注释。

1064. 即 1:8，比 Book IV fols. 127*r* 与 140*r* 中建议的多立克柱 1:7 的比例更加纤细。

1065. 见上面 pp.22 注释。

1066. 文本误为"III"：拉丁文文本为 *quatuor pedum*（4 尺），而且第一层楼高在下文中是"24"尺，例如底座 4 尺，圆柱 16 尺，檐部 4 尺。

1067. 即比下一层缩减四分之一。此处依照 Book IV（例如 fol. 150*v*）中立面的模型，后者又是基于 Book IV fol. 150*v* 的注释和 Vitr. v.i.3 与 v.vi.6 中古剧院的立面。

1068. 即 1:9 $^3/_5$，比 Book IV fols. 127*r* 与 158*v* 中建议的爱奥尼柱式 1:8 的比例更加纤细（虽然这里允许更细长的比例，"这要取决于场地和建筑的布置"）。

1069. 即 1:10，比 Book IV fols. 127*r* 与 169*r* 中建议的科林斯柱式 1:9 的比例更加纤细（但是在任何情况下科林斯柱式（1:9）明显地并不比瘦了四分之一的爱奥尼柱式（1:8）更加纤细，如此处所建议的一样）。

1070. 根据 Book IV fol. 183*r* 的混合柱式的元素。

1071. 文本误把 'triangolo perfetto. Sopra la cornice del secondo ordine, per nascondere le coperture…' 断句为 'triangolo perfetto sopra la cornice del secondo ordine. Per nascondere le coperture…'（二层檐口上方的等边三角形。为了掩盖遮盖物……）

1072. 拉丁文文本为 "De interiori parte cavaedii eiusdem aedificii"（关于同一个建筑的庭院的内部）。

1073. 上面 p.208 和 p.209 误把这里的尺寸记录为"LX VIII"。

1074. 上面 p.214 二层的高度记录为"XVIII"。

1075. 这个尺寸与之前指明的从檐板饰带顶部到楣梁底部 15 尺的高度不符。

1076. 拉丁文文本为 'De dispositione cuiusdam domus Patavinae'（关于 Pardua 的房子的安排）。

1077. 拉丁文文本为 'Qnare non ignorans quanti ab omnibus Patavinis ilia Alloysii Cornari structura sit facienda…'（深知 Alvise Coriiaro 的建筑在帕多瓦人中多么有名）。

1078. 拉丁文文本省略括号中的文字。

1079. Alvise [Luigi] Cornaro（1484–1566）与 Giovanni Maria Falconetto 在 Padua 为剧场的表演建造了这个敞廊 (1524; 被塞利奥在他给 Ercole II 的书信中引用，在 Book IV fol. III 中，见 vol. 1, p. 448 n. 30）。这里展示的用于音乐表演的古典剧院 (odeo)（1530—1533 年）被改建为带有陡峭的屋顶和法国手法主义风格的老虎窗，估计是按照要求进行的改良。这些建筑源于古罗马建筑原型，在庭院中形成一个聚集的空间。见 Fiocco, G., 'Alvise Cornaro e il Teatro', in Fraser, D., Hibbard, H., Lewine, M.J. (eds.), *Essays in the History of Architecture presented to Rudolf Wittkouvr* (1967), pp. 34–39。也见 Tavernor, R., R. Schofield (trans. and eds.), *Andrea Palladio: The Pour Books on Architecture* (1997), p. x。

1080. In Columbia MS of Book VI（Project LXXI, W），塞利奥提及八边形的主厅"适合音乐家"。

1081. 文本误把 "*faccia*"（面）写成 "*fascia*'（檐板饰带）；拉丁文文本为 "*orthographia*"（立面）。

1082. 拉丁文文本为 'De orthographia praecedentis areae'（关于上一个平面图的立面）。

1083. 虽然一个 'jalousie'（*gelosia*）通常是一个用朝外向上的板条做成的百叶窗，用于遮掩阳光与雨水，同时空气与光线又可以进入，在这里这个词语指的是矮的屏风。

1084. 事实上，由于下面的剖面图展示了 G 和次厅 F，二层的夹层并没显示出来。

1085. 即上下两层。此处文本并不一致地写为 'Le seconde finestre dunquè daran luce alli mezzati secondi'（二层的窗户由此为二层的夹层带来亮

光）。拉丁文文本为 'Quare ut illae suis luminibus non carerent, has utique fenestellas extruere, & maioribus superaddere oportuit, ut videlicet medianis mansionibus lucem praeberent'（因此，为了使夹层明亮，有必要建造这些小窗户，把它们置于大的窗户上，以供夹层采光）。

1086. 上面 p.218 所给的高度是"19"尺，夹层是"8"尺。

1087. 装饰细节减少四分之一是依据 Book Ⅳ（例如 fol. 150v）里的立面范例，后者又是基于古代剧院的立面，见 Book Ⅳ fol. 150v 和 Vitr. v.i.3 与 v.vi.6。

1088. 屋顶的坡度对于 Pardua 建筑的改造（如上所述）。

1089. 此处及下面文本误现"F"。

1090. 参考罗马地热的坑式系统。

1091. In Columbia MS of Book Ⅵ（Project xxv, V, 20 [文字误标为 T,19]），塞利奥有类似的评论："拱和拱顶的侧面不能用实心的材料填充，而应该用各式各样的陶瓦花瓶，使得肋与拱顶更加轻盈，这样的填充物也会非常坚固"。

1092. 拉丁文文本省略"住宅 4"。

1093. 拉丁文文本省略"远离广场的"。

1094. 拉丁文文本添加 'ut puta buxo, aut niyrto compacta'（例如，种满了黄杨树和桃香木）。

1095. 拉丁文文本省略这句话。

1096. 拉丁文本中有 'De anteriori facie domus, & ichnographiae proximè designatae'（上述平面对应的建筑的正立面）。

1097. 关于视觉修正的内容请看 Vienna MS Project xxxxvii fols.15v–16r（附录 2），Bool Ⅱ fol.8v 与 Book Ⅳ fol.161r。也参见 Vitr.Ⅲ.v.9 与 Ⅵ.ii.4。

1098. 拉丁文本中省略这句话。

1099. 拉丁文本中有 tredecim pedes（13 尺）。

1100. Vitr.Ⅳ.vi.2–3。也见塞利奥 Book Ⅳ fols.143v 与 162v。

1101. 拉丁文本中有 'Et haec quoad primum & secundum ordinem'（这是对于第一二层的所有考虑），并且更符合逻辑地将这些词句放在了下一句之后。

1102. 这里和接下来所说的装饰性细节缩小四分之一是参照 Book Ⅳ 中提到的典范立面，它们是基于古代剧院的立面。见 Book Ⅳ fol.150v 注释与 Vitr.v.i.3 与 v.vi.6。

1103. 即三个檐部。

1104. "非正统"是因为混合檐口并没有配以混合式圆柱。见 Book v fols.212r 与 216r 的"非正统"檐口。

1105. 适于马匹通行的楼梯是法国狩猎住宅与城堡的典型细节，比如说法国 Blois（1519–1520）的螺旋式楼梯。

1106. 在 Book Ⅵ fols.42v–43r，塞利奥围绕一个椭圆形内院布置国王宫殿的平面（基于罗马圆形剧场）。也见上面 Project，pp.2，30。见 Lotz,W.,op.cit。

1107. 拉丁文本为 "De facie domus & areac proximè declaratae."（上述平面对应的建筑的正立面）。

1108. 即遵循适宜性的原则，见导言，pp.xxxvii–xxxix。

1109. 这里是引用了 Alberti，ix.2[p.294]。

1110. 见上面 p.122 注释和塞利奥在 p.168 相关注释。

1111. 在这里以及此后案例中，装饰细节减少四分之一是依据 Book Ⅳ（例如 fol.150v）里的立面范例，后者又是基于古剧院的立面，见 Book Ⅳ fol.150v 注释和 Vitr.v.i.3 与 v.vi.6。

1112. 拉丁文献中省略这个句子。

1113. 即 1:8，比 Book Ⅳ fols.127r 和 140r 中所建议的 1:7 的多立克圆柱比例要细。

1114. 即这里的 $1:7^1/_3$，第三层是 $1:7^{19}/_{27}$（在这里下方注明）。因此，将相连的柱子宽度缩减了四分之一，而不是为同一柱式采用一致的比例（这里多立克式应该为 Book Ⅳ 所建议的 1:7），塞利奥喜欢自由地采用自己的规则来控制相邻楼层高度的缩减（见上面注释 1111）。

1115. 即对于第一层窗户来说是"额外"的。

1116. 拉丁文本添加 'alias enim aquaru[m] desce[n]sib[us] & similib[us] aliis te[m]poru[m] injuriis resistere minimè posset'（否则将无法抵抗暴雨和

其他类似的严酷天气）。

1117. 关于这里以及此后的缩减，见上面的注释,p.232。

1118. 意大利文和拉丁文本都是错误的。分别写成 cortile/covaedio（庭院）。

1119. 这种设计是基于 Vantican 通往 Statue Court 的 Belvedere 楼梯完成的，后者描绘在 Book IV fols.119v–120v。

1120. 正立面上的第一层被注明为 24 尺。

1121. 正立面上的第二层被注明为 16.5 尺。

1122. 正立面上的第三层被注明为 13 尺。

1123. 在图片中，有两个标有"E"的檐部，没有标为"F"的檐部。上面的檐部缺少了檐口，下面的檐部在中楣部分有混合式的飞檐托饰，虽然正立面（p.233）的第二与第三层中都没有这个元素。这个较低的檐部（混合式的）应该被标为"F"，这是基于塞利奥在 p.236 上的论述，他说背面第三层的檐部应该是"混合式作品"。

1124. 见以上注释，p.22。

1125. 见以上注释，p.232。

1126. 在 p.232 注明为 5 尺。

1127. 在塞利奥和 Strada 的信中都没有过这样的对读者的承诺。Fra Valerio dal'Andenara 的最终设计可能是由 Strada 添加的。这平面的特殊之处在于，它并没有反映出塞利奥对房间的规整排布。

1128. 拉丁文中省略"作为第六住所"这句话。

1129. 拉丁文中添加 '& quatuor partes principals'（和四个主要部分）这句话。

1130. 拉丁文本为 "aliquot gradibus erit ascendendum..."（你应该要爬几级台阶……）。

1131. 这里和下面的文字没有考虑反向雕刻木板用于印刷这一过程。

1132. 拉丁文本为 'E regione horum locorum, & praesertim cubiculi F...'（面向这些地方，尤其是主室 F）。

1133. 技术上讲，一条船的桅杆所固定的地方。

1134. 通常是个水桶，这里是个水槽。

1135. 即走廊跨过了整个房屋的长度（在下面有楼梯通达）。

1136. 拉丁文本中省略"应为这类的房间是很实用的"。

1137. 文本误把 'andàndo più là per làndito' 写成 'venendo piu quà per l'andito'（通过走廊来到页面下方的领域）；拉丁文本直接翻译了这一错误。

1138. 文本误把 'essa'（这些）写成 'essa'（它）；拉丁文本为 'illarum'（属于它们——即属于这些门）。

1139. 一个塞利奥的未被提及的"学生"，显然是负责记录的业余建筑师（尽管 Strada 可能要对这一归属负责）。

1140. 拉丁文中省略"六号"。

1141. 即 1:8$\frac{1}{5}$，比 Book IV fols.127r 和 140r 中所建议的 1:7 的多立克圆柱比例要细。

1142. 即在平面图上。

1143. 拉丁文本为 'ancillis'（侍女），解释了这种布局的便利特性。关于相似的布局（称作 'albergo'）见 Book VI fol.52r（细部"C"）。

1144. 即私下通过，不影响女性的谦逊谨慎。

1145. 这一文本是用拉丁文书写的。

## 第八书

1. 这项工作从未公布过。这个标题（这里"Serlio"替代了原文的"Serglio"）并没有出现在亲笔签名的手稿中 [约 1546—1550 年（但是见下方以及 fol. 1r 注释）]，是从 Mantua 古物收集者 Jacopo Strada 出版的一系列书籍列表中提取出来的。他在 1574 年被授予皇家特权 (Haus–Hof–und Staatsarchiv Wien, *Reichsregesten Maximilian II*, 17, fols. 312v–314v, published in: *Jahrbuch der kunsthistorischen Sammlungen des allerhöchsten Kaiserhauses*, XIII (1892), II, Regest n. 8979)；见 Jansen, D. J., "Jacopo Strada editore del Settimo Libro", in Thoenes, C. (ed.), *Sebastiano Serlio* (1989), p. 215 n. 27. 这个手稿存储在 Staatsbibliothek Munich (Codex Icon. 190) 中，而且有一张约 1558 年的图书馆标签粘贴在衬页上，上面文字是 'Architecturae de Castrametatione

antiquorum Polibij…'[Dinsmoor( cited below )(1942), p. 86]。这个或者是另一个不同的手稿是由 Strada 在 1550 年从塞利奥那里购买的，他在 Book VII( sig. àiiiv ) 里的致读者中将它们成为 Book VIII。这部手稿后来又 Fugger family of Augsburg 所获得。在 Strada 在 1578 年 8 月 15 日写给印刷商 Christophe Plantin 的信中，Strada 说这本书还没有出版，因为当时他正在以 Book VII 的大小准备木版 (sarrà un libro della grandezza del suo Settimo ch'io ò fatto stampare a Francaforte); 见 Jansen, D. J., in Thoenes, C. (ed.), *ibid*., pp. 207, 214 n. 4. 关于手稿中图像的复写版见 Fiore, F. P., *Sebastiano Serlio architettur a Civile libri sesto, settimoe ottavo nei manoscritti di Monaco e Vienna* ( 1994 ) (Fiore 认定 MS 的日期是约为 1550–1553 年，这是 Strada 迁往 Lyons 两次旅途的时间 )。关于手稿的历史见 Introduction, pp. xvi, xxxix–xli; Dinsmoor, W. B., "The Literary Remains of Sebastiano Serlio", *The Art Bulletin*, vol. 24 (1942), pp. 83–91. 关于塞利奥重建设计的乌托邦特色以及与罗马 Vitruvian academy 的关系，见 Marconi, P., 'L'VIII libro inedito di Sebastiano Serlio, un progetto di città militare', *Controspazio*, no. 1, pp. 51–59: nos. 4–5 (1969) pp. 52–59. Pagliara, P. N., 'L'attività edilizia di Antonio da Sangallo il Giovane. Il confronto tra gli studi sull'antico e la letteratura vitruviana. Influenze sangallesche sulla manualistica di Sebastiano Serlio', *Controspazio*, no. 7 (1972), pp. 19–55. Wischermann, H., 'Castrametatio und Städtebau im 16. Jahrhundert: Sebastiano Serlio', *Bonner Jahrbücher des Rheinischen Landesmuseums in Bonn und des Vereins von Altertumsfreunden im Rheinland*, vol. 175 (1975), pp. 171–186. Rosenfeld, M. N., *On Domestic Architecture* (1978), pp. 45–47 [new introduction published in the 1996 reprint]. Johnson, J. G., *Sebastiano Serlio's Treatise on Military Architecture (Bayerische Staatsbibliothek, Munich, Codex Icon. 190)* (1985) [unreliable translation in appendix A], Onians, J., *Bearers of Meaning, The Classical Orders in Antiquity, the Middle Ages, and the Renaissance* (1988), pp. 277—

279. Fiore, F. P., 'Sebastiano Serlio e il manoscritto dell'Ottavo Libro', in Thoenes, C. (ed.), *ibid*., pp. 216–221。

2. 根据 Strada 对这项工作最初安排的描述，在第七书中概述的，我们的翻译的组织方式的解释在 'Note on the Arrangement of "Book VIII"', pp. lii–liii（同样解释了这些数字）。接下来这个部分有可能包括为遗失的 Polybius 翻译准备的插图。这个平面绘制在羊皮纸上，虽然剩余的临时营地是绘制在纸上的 :（随后的）石质营地完全是画在羊皮纸上的（见 Dinsmoor, W. B., *op. cit*. pp. 87–88 )。

3. 恺撒的莱茵河大桥是在公元前 55 年建成的，见 Bundgård, J. A., 'Caesar's Bridges over the Rhine', *Acta Archaeologica*, vol. 36 (1965), pp. 86–103; Caesar, *Gallic Wars*, IV.17, 也见 Dio Cassio, *Roman History*, XXXIX.48 [Loeb ed. (1914), vol. 3 p. 381]。Alberti 描述了这个桥（IV.6 [pp. 108–109] )，Palladio 描绘了它（1570, Book III.6, pp. 12–14 )。塞利奥依据建造的容易程度清楚区分了恺撒与图拉真的桥（在下面重建设计, fols. 19r–20r )（恺撒的桥是用木头做的所以会以最快的速度腐蚀 )。

4. Polybius 的 Book VI（26.7–42）描述了一个共和国时代两个执政官军团的军营（但是塞利奥在 fol. 1r 中认定为图拉真皇帝）。Polybius 提供了一个无比珍贵的罗马城市布局的资料来源，见 Polybius, *The Histories*, trans. W. R. Paton (1967–1968), vol. 3, pp. 329–367. 见 Fabricius, E., 'Some Notes on Polybius' Description of Roman Camps", *Journal of Roman Studies*, vol. 12 (1932), pp. 78–87. Brink, C. O., Walbank, F. W., 'The construction of the sixth book of Polybius', *Classical Quarterly*, n.s. 4, nos. 3–4 (1954), pp. 97–122. Alberti 在 v. 10–11 [pp.131–136] 中描述了这一军事营地。

5. Polybiu 的第六书的现代版包括了 Janus Lascaris 的拉丁语译本，*Liber ex Polybii historiis excerptus de militia Romanorum, et castrorum metatione inventu rarissimus a Jano Lascare in Latinam linguam translatus*, Venice (1529), 与 *De romanorum militia, et castrorum metatione liber*

*utilissimus, ex Polybii historiis*, Basel (1537)。 也见 *Fragmenta duo e sexto Polybii historiarum libro de diversis rerum publicarum formis, deq. Romanae praestantia*, Bologna (1543)。法文译本由 Loys Maigret 完成，*Deux restes du sixième livre de Polybe, avec un extrait touchant l"assiette du camp des Romains*, Paris (1542): Paris (1545). 意大利文译本由 Lodovico Domenichi [Books I–V 与 VI 的片段 ]）完成，*Polibio tradotto per L. Domenichi. Con duc fragmenti ne i quali si ragiona delle republiche et della grandezza di Romani*, Venice (1545)。 意大利文译本 (Polybius 的 Book VI 以及 Bartolomeo Cavalcanti 的 castrametation) 由 Filippo Strozzi 与 Lelio Carani 完成，*Polibio del modo d'accampare tradotto di greco per M. Philippo Strozzi e Calculo della casuametatione di M. Bartolomeo Cavalcanti. Compartitione dell'armatura & dell'ordinanza de" Romani e de' Macedoni di Polibio tradotta dal medesimo. Scelta degli Apophtegmi di Plutarco tradotti per M. Philippo Strozzi. Elicalo de uomini & degli ordini militari tradotti di greco per M. Lelio Carani*, Florence (1552)。1534 年，François I 根据罗马传统重组了一些军队。国王的军事顾问 Guillaume du Bellay 在 *Instructions sur le faict de la guelfe extraictes des livres de Polyhe*, Paris (1548) 中探讨了 Polybius 的军营，Strada 曾希望与塞利奥的"Book VIII"一同发表这本书 ( 见 Jansen, D. J., in Thoenes, C. (ed.), *op. cit.*, p. 215 n. 27)。Polybius 的军营为 Niccolò Machiavelli 在 *Libro della arte della guerra di Niccolò Machiavelli cittadino et segretario fiorentino*, Florence (1521) [Venice, 1537: Paris, 1546] Book VI 中描述的罗马军营提供了基础。见 *Machiavelli: The chief works and others*, trans. A. Gilbert, 3 vols. (1965) [*The Art of War*, vol. 2, pp. 561–726]. 关于这些影响见 Marconi, P., *op. cit.*, no. 1 pp. 52–53, no. 2 p. 54; Rosenfeld, M. N., *op. cit.*, p, 46. Johnson, J. G., *op. cit.*, p. 31。

6. 塞利奥频繁使用明显重复的"可视化设计"来描述他的图像，显示了他将文本视为一种平行的"不可见"的设计表现，由此强调了他创作一个完全图像化的 Vitruvius 著作的新颖性。他使用这个短语也提示出他让文字与图像相辅相成的成就。关于这个术语，见 Book IV fol. 126*r*, Book VI fol. 1*r*: Book VII p. 1 与 Vienna MS Project XXXXVII fols. 15*v*–16*r* ( 附 录 2); the "Extraordinary Book of Doors", sig. A2*r*。

7. 完全按照 Polybius 给出的信息重建军营并不可能，因为他没有提供精锐步兵和骑兵的数量细节，它们沿禁卫大道扎营。也没有说明在他们身后要保留多少空间给予其他盟军部队。Polybius 的方阵被记录在 Machiavelli 的著作中 *op. cit.*, Maigrets 1545 年的 Polybius( 前面提到了 ) 法文译本的一个副本中，明显包括了一个牛皮纸上的平面 (Johnson, J. G., *op cit.*, p. 45)。这个营地被 Albrecht Dürer 在 *Etliche Under- richt zu Befestigung der Stett, Schloss, und Flecken*, Nuremberg (1527), sig. EI*v* 中重新诠释。就像塞利奥，丢勒在他的理想方形城市平面中整合成一个军事的，与一个民事的、经济的结构体系。关于 Pietro Cataneo ( 以他的 *trattato* 手稿开始 ( cod. IV.10 in the Biblioteca comunale di Siena) 描绘的各种堡垒，见 Marconi, P., *op. cit.*, no. 2 p. 57。Vitruvius 简短描述了一个八边形的防御性城市 ( "fixed camp") (I.v.ff)，他警告了方形平面恶劣的视线 (I.v.2)，但是 Fra Giocondo 于 1511 年完成的带有绘图的 *Vitruvius* (fol. 12) 中仍然包含了一个方形布局。也见 Alberti v.10–11 [pp. 131–136]。关于这些资料来源对塞利奥可能的影响，见 Rosenfeld, M. N., *op. cit.*, pp. 46–47; Rosenfeld, 'Sebastiano Serlio's Contributions to the Creation of the Modern Illustrated Architectural Manual', in Thoenes, C. (ed.), *op. cit.*, p. 103; Johnson, J. G., *op. cit.*, p. 44。关于 Ippolito II d'Este 收藏中的一个军营图像，可能归功于塞利奥，见 Pacifici, V., *Ippolito II d'Este, cardinale di Ferrara (da documenti originali inediti)* (1923), p. 395; Dinsmoor, W. B., *op. cit.*, p. 89。

8. 塞利奥研究 Polybius 临时军营的日期和可能的目的，可以通过 Giulio Alvarotti 于 1546 年 5 月 5 日写给 Ercole II d'Este, Ferrara 公爵的信中探知。这封信宣称 Pietro Strozzi 正在阅

读 Castrametatione di Polibio，这是塞利奥依照 Gabriele Cesano, Ippolito II d'Este 的秘书的要求绘制的。Pietro Strozzi 是一个军人，是 François I 的管家，以及 Filippo 的儿子（前面提到过，一个未来的 Polybius 译者），以及 Lorenzo 的侄子，Machiavelli 的 *Art of War* 就是献给 Lorenzo 的。见 Archivio Estense di Stato, Modena, letters "Carteggio degli Ambasciatori in Francia"，Cassetta 22, package VIII, fols. 128*r*–129*v*; Dinsmoor, W. B., *op. cit.*, p. 84; Marconi, P., *op. cit.*, no. 2, pp. 53–54 n. 14; Johnson, J. G., *op. cit.*, pp. 31, 44。

9. 即在 fol. 33*r* 与 36*r* 描绘的木头小屋。

10. Polybius, VI 27.1：将军的营帐（Alberti 在 v.11[p.134] 中引用）。通常情况下，在永久营地（fol. 1*v*）中，塞利奥将将军营帐延长 50 尺，在这里，他跟随 Polybius 的尺寸，让将军营帐与军需营帐和广场对齐。在永久营地中，大道不是在上面，而是在将军营帐的下面。Polybius 把将军营帐放置在中心，但是塞利奥以及此后的翻译者都没有理解这一事实，Cataneo（1567）与 Palladio（1575）都重复了塞利奥稍微偏离中心的布局。Fiore 相信 (*Architettura civile, op. cit.*, p. 520 n. 2)，塞利奥的将军营帐安排反映了 Polybius 对于两个执政官军团营地的描述 (VI.32.8)，在那里，广场、军需营帐以及将军营帐被设置在两军之间（即在联盟兵团之上）；见 Wilbank, F. W, *A Historical Commentary on Polybius* (1957); Fraccaro, P., 'Polibio e l'accampamento romano', *Atheneum*, n.s., vol. 12 (1934), I, pp. 154–161。

11. Polybius, VI. 31.1：在这个平面的左侧，这里与下面都翻转了，用于木刻印刷（但是在其他地方图像与文字是对应的，比如 fol. 13*v*）。在 fol.27 上的细节里，军需营帐是 200 尺 ×400 尺，在 fol.28，它（大约）是 200 尺 ×320 尺，使用这些页面中显示的比尺推算（在永久营地里是 200 尺 ×325 尺）。

12. Polybius, VI.31.1：在这个平面的右侧，在 fol.27 的细节里，这个广场是 200 尺 ×400 尺，然而在 fol. 35*v*–36*r* 中，它是 200 尺 ×320 尺（与军需营帐一样）。

13. Polybius，VI.31.2–3：[骑兵和步兵是从外国盟军中"选"出来的，直接听命于执政官；他们因此被称为联盟兵团 (Polybius, VI .26.6)]。在副本中这里的文字断句是错误的。

14. 在总体平面里，精选骑兵和步兵场地是 200 尺 ×450 尺（与永久营地一样），在 fol.27 是 200 尺 ×410 尺。此外，在后面的开页中，不同于总体平面，这些住房毗邻（就像在 fols. 25*v* 与 29*r* 中一样）行政官的住房。

15. 实际上，绘制成 100 尺宽。

16. Polybius，VI.27.5–6：监督官每个军团六个，成对工作，每对在 6 个月里工作两个月，他们的职责都是监督（Polybius VI.34.3–4）。

17. 文本中省略尺寸，但规模缩比为 100 尺 ×400 尺（与"P、O、N、M"等行列的总体尺度相符）。

18. Polybius，VI.27.5–6，VI.31.2–5：在总体平面里，监督官的住房与军需营帐 – 将军营帐 – 广场轴线之间由一条 100 尺宽的街道分开，在 fol. 27*r* 中没有这条街（其中大道位于军需营帐 – 将军营帐 – 广场以及监督官住房的下面）塞利奥承认这种背靠背的安排更接近 Polybius 的文本，虽然在总体平面中他采用了不同的解决方案。

19. 实际上，绘制成 100 尺宽。

20. Polybius，VI. 27.2，VI. 31.10："整个营地形成一个方形"。事实上，根据这些尺寸计算出来的临时营地平面是 2240 尺宽 [ 使用 A、B、C、D、E（2280 尺，使用 H、I、K、L、M、N、O、P）计算 ]×2150 尺长，而在图像上，考虑到将行政官与监督官场地以及上部与下部的街道从 50 尺扩大到 100 尺的话，是 2240 尺宽 ×2400 尺长。

21. 实际上，绘制成 100 尺宽。

22. Polybius, VI.28.2–4。

23. Polybius, VI.29.3–4. 后备兵指的是三线的老兵，装备长矛，每个军团 600 人。见 Parker, H. M. D.,*The Roman legions* (1928)。

24. Polybius, VI.29.5–7. 壮年兵是二线军队，装备短矛和短剑，每个军团 1200 人。

25. Polybius, VI.29.8. 青年兵是一线军队，也装备短矛和短剑，每个军团 1200 人。

26. Polybius, VI.30.1. 联军骑兵。减去 600 个联盟兵团骑兵（他们也是联军骑兵的一部分），两个兵团共有 1200 个联军骑兵。这里开始的是第二 *strigae* 的联军住房，也就是所谓的 *alae sociorum*（联军侧翼），比罗马士兵的 *strigae* 要大很多。Polybius 没有说明联军后备兵军团、壮年兵军团、青年兵军团的住房布局。联军后备兵，再加上壮年兵与青年兵和联盟兵团，总数等于两个罗马步兵军团（共 8400 人）。

27. 与 fol. 23*r* 中的细节尺寸相同，但是不同于 fol. 29*v*–30*r*，后者完全展现附属兵团的布局安排。每一个单独区块的大小都是 100 尺 ×150 尺，和永久营地中的一样大。

28. 即宽度。与整体平面相同。但是在 fol. 23*r* 的细节中宽为 100 尺（和永久营地中绘制的一样），在 fol. 29*v*–30*r* 的细节中为 125 尺。

29. 与整体平面相同。然而在 fols. 23*r* 与 30*v* 中，宽为 100 尺（和永久营地中绘制的一样），在 fols. 29*v*–30*r* 的细节中为 125 尺。

30. 事实上是 *intervallum*，文本中通篇使用的是 *vallo*(壁垒)，反映了 Polybius 的 *agger*（VI. 31.11），

31. Polybius, VI.30.6。

32. Polybius，VI.31.6–8。从 1800 名联军骑兵和 8400 名联军步兵中挑选出来的骑兵与步兵，人数与罗马兵团中相应兵种的人数相同。塞利奥似乎尚未认识到这一点，此外，他说分配给联盟骑兵和联盟步兵的住房数量相同。

33. 与 fols.24*v*–25*r* 的细节相同，也与永久营地中描绘的相同。Fol. 27*r* 中的细节是 475 尺 ×200 尺。

34. Polybius，VI.31.8。

35. Polybius VI.31.9：那些空间"分配给外国军队或某些临时外来的军队"。Polybius 实际上并未给出这些空间的尺寸。

36. 这文本误写为 *longo*(长)。

37. 这些尺寸和永久营地是一样的，但是和 fol. 27*r* 的细节不一样，那里的场地是 200 尺 ×410 尺，在 fol. 32*v* 上市 85 尺 ×170 尺。

38. Polybius，VI.31.11：被引述为 *agger*。

39. Polybius, VI.31.12–14。Polybius 评论说罗马士兵的帐篷相距 200 尺，跨越堡垒，在敌军火力覆盖范围之外。Fiore 进一步指出那些帐篷由皮革覆盖，这样更不易着火且更能够抵挡敌人的投掷攻击。

40. 在永久营地中，那些物品存放在角塔中。值得注意的是周边观察塔的布置要求能看到所有的临时帐篷。它们在这里设置得比在永久营地中的观察塔稀疏得多，只是用来保护角部、大门、主要街道。这里有一个塔替代了大门，而一些理论家认为这个门应该在后方部队（见下面 fol. 18*r* 注释），它在永久营地中被剧院所取代，fol. 28*r* 描绘了一个观察塔。

41. 关于这页的铅笔插画见附录 3。

42. 这页的墨笔平面以及 *vuoto*（空白区域）的标注见附录 3。

43. 在 fol. 1*r* 中恰当地给予提及，这个罗马观察塔（在 Book III fols. 76*v*–77*r* 中描绘和讨论过）类似于罗马的图拉真记功柱上雕刻的（见浮雕 I，4–6），Guillaume du Choul 在 *Discours sur la castarmétation et discipline militaire des romains*, Lyons (1555) 中描绘过，还附有对 Polybius 的注解。见 Johnson, J. G., *op. cit.*, p. 45。关于塞利奥在著作 p.45 有说明，塞利奥为了依照图拉真柱上的图像绘制罗马士兵制服所做的准备，（为法国驻威尼斯大使 Lazare de Baïf 所做），见 Fiore, F. P., *op. cit.*, p. xx。

44. 在文本中，这个词被加在这一行上方。

45. 即更大的尺寸。

46. 关于本页的铅笔画见附录 3。

47. 见 "'Book VIII' 排布的注释", pp. lii–liii。

48. 继 Polybius 之后，Machiavelli[*Art of War* (1521), VI] 也曾赞扬罗马军队在搭帐篷以及攻击帐篷时的秩序与纪律。

49. Marco Grimani 的生涯开始于政治活动，他在 1514 年（当时只有 20 岁）加入了议会，他于 1522 年被选为 Commisarie de citra 的行政长官。1529 年，他成为 Aquileia 的教区长。同时，他的兄弟 Marino 位居同样职位。他的第一趟东方之旅从 1531 年 3 月持续到 12 月，经由 Satalia 前往

Jerusalem，这样在9月到达Constantinople。在那里，他受到了苏丹的接待。他从这里出发经陆路到达Zara，在这里他登上一艘前往威尼斯的船。因此，Grimani可能沿着多瑙河上行的过程中见到了Dacia。他的第二次航行从1534年10月到1536年夏天。再一次去往Palestine。很可能正是在这次长途旅行中Grimani带回了Pyramid of Cheops以及Sepulchre of the Kings of Jerusalem的消息。塞利奥在Book III fols. 93r–94r中有图解。见Dinsmoor, W. B., *op. cit.*, p. 90; Rosenfeld, M N., *On Domestic Architecture, op. at.*, pp. 19–20 [Dinsmoor (p. 90 n. 166)与Marconi (*op. cit.*)混淆了Marco与他的兄弟Marino，但是Rosenfeld (p. 20)没有弄错]。也见Johnson, J. G., *op. cit.*, pp. 32, 51–52; Jelmini, A., *Sebastiano Serlio, il trattato d'architettura* (1986), pp. 51–52, and p. 50 n. 3; Paschini, P., 'Un Prelato veneziano in Levante nel primo Cinquecento', *Rivista di Storia della Chiesa in Italia*, VI, (1952), 3, pp. 363–378; Paschini, P., *Il cardinale Marino Grimani ed i prelati della sua famiglia* (1960); Fiore, F. P., *op. cit.*, pp. 493–498. 也见vol. 1, Introduction, p. xxix, and p. 442 n. 233。

50. 关于确认这个城市是否为Dacia，有许多不同观点，包括Spalato的Palace of Diocletian[Dinsmoor, W. B., *op. cit.*, pp. 90–91; Rosei, M ., *Il Trattato di architettura di Sebastiano Serlio* (1966), p. 17]，然而Marconi认为Dacia就是Datia（即匈牙利）——而不是Dalmatia（即以前是Yugoslavia），并提出首都是Sarmizegethusa（*op. cit.*, no. 1 pp. 57–58）。最近，Johnson提出这座城市是罗马Dacia省Pontes的一座堡垒，在公元1世纪为罗马皇帝图拉真建造。位于Dacia靠近多瑙河一边，并且在大陆上通过图拉真著名的多瑙河桥（见fols. 19v–20r）与Drobeta桥头堡（即Turnu Severin）相连，这座桥是由Apollodorus of Damascus于104–105年间建造的（图拉真圆柱有所描绘，reliefs XCVII–C），Johnson, J. G., *op. cit.*, pp. 52–55, 162–165。也见Tudor, D, 'Les Ponts Romains du Bas-Danube', *Bibliotheca Historicae Romaniae Etudes*, vol.

51 (1974), pp. 47–134; Garasanin, M., Vasic, M., "Le Pont de Trajan et le castellum Pontes. Rapport préliminaire pour l'année 1979", *Cahier des Portes de fer*, vol. 1 (1980), pp. 25–50。Fiore质疑这种观点（认为Johnson对于Pontes的Drobeta的观点是错误的），*op. cit.*, p. 503。

51. 塞利奥十分崇尚图拉真（见下面fol. 1v）：关于记录Dacia战役而建的罗马的图真圆柱见Book III fols. 76v–77r，关于他在Ancona的拱门见fols. 107v–109r与Onians, J., *op. cit.*, p. 277。

52. 最终由Francesco Marcolini于1540年在威尼斯出版，名为*Il terzo libro di Sebastiano Serlio Bolognese*，Grimani所描述的开罗附近的Pyramid of Cheops以及the Sepulchre of the Kings of Jerusalem出现在fols. 93r–94r。

53. Polybius, VI.31.9。

54. 浴室和圆形剧场遵循上面所描述的Dacia的先例，被定义为"椭圆形"，依照它们庭院的形状。Fiore认为塞利奥两个资料来源的对应是"高度可疑"的，尤其是浴场与圆形剧场的（大）尺度。"塞利奥几乎是被迫将这些元素置于重建设计当中，以便填满由他重现的Polybius营地设计里格网的空白"（*op. cit.*, Foreword, pp. 507–508）。

55. MS的年份可确定在约1546—1550年 [即根据Alvarotti的信件（在fols. 21v–22r注释，以及导言，pp. xl–xli中讨论过）与Book VII中提到的Strada在里昂购买"Book VIII"的日期推断出来]。Fiore提及（*op. cit*, p. 519 n. 2）在写作这一部分的时候，塞利奥已经完成了所有承诺的七书，以及"门的额外之书"，后者1551年在里昂出版。Fiore将MS的日期设定在约1550—1553年，即Strada两次里昂旅行的时间。

56. 由于攻击战术的改变，在MS写作的时代，古罗马兵营被成角的堡垒所取代（塞利奥在Book VI, fols. 27v–31r中的专制者的堡垒里描绘过），塞利奥老套的直角理想城市方案中注定无法取得实际效果。见Johnson, J. G., *op. cit.*, pp. 58, 60；关于堡垒设计的演化，见Kruft, H.-W., *A History of Architectural Theory from Vitruvius to the Present* (1994 ed.), pp. 109–127. Fiore提及这个表

述，再加上他在前言 (*op. cit.*, pp. 490–498) 提到的关于纪年的考虑，进一步质疑了一些人所认为的在"Book VIII"与塞利奥为 François I 准备的军事营地平面之间存在关系的论点，Strada 在他图书馆的 *Index sive Catalogue* (1576, in the Vienna Nationalbibliothek, cod. 10117 fol. 2*v* (17 世纪复本；cod. 10101 fols. 4*r*–4*v*)) 中记录到，后者在 Piedmont 与 Flanders 建造起来；见 Dinsmoor, W. B., *op. cit.*, p. 85 n. 136; Jansen, D. J., in Thoenes, C. (ed.), *op. cit.*, p. 207, p. 214 nn. 5, 14)。此外，营地中主要建筑的巨大尺度也让这个用于前线城市的设计不切实际。塞利奥显然不再希望获得"门的额外之书"的受赠者——Henri II 的资助，虽然他的徽记仍然出现在 Vienna MS 的 Book VII 中。

57. 这个城堡反映了像 Timgad (Thamugadi, 由图拉真在公元 100 年建立的) 和 Turin (Augusta Taurinorum, 约公元前 25 年) 这样的罗马城市的格网平面。见 Cavaglieri, G., 'Outline for a History of City Planning', *Journal of the Society of Architectural Historians*, vol. 8 (1949), pp. 29–32, 36–8. MacKendrick, P., The Dacian Stones Speak (1975), pp. 108–109, 123。这个设计很可能受到了 Leonardo da Vinci 的 Romorantin (1517–1518) 小镇方案的影响。

58. 阐释 Polybius, VI.27.2。

59. 执政官宅邸基于被称为 *praetorium* 的将军营帐 (Polybius, VI.27.1)。总督府位于象征着罗马的权威的主要街道交叉口。见 Johnson, J. G., *op. cit.*, p. 89. Fabricius, E., 'Some Notes on Polybius' Description of Roman Camps', *Journal of Roman Studies*, vol. 12 (1932), pp. 78–87。

60. Polybius, VI.27.2。

61. 即根据 Polybius 的营地，其中这些地点位于将军营帐之前 (VI. 27.5)。塞利奥的评论强调了先期讨论 Polybius 营地的必要，就像在这里重新安排的那样。参见上面 fols. 21*v*-22*r* 里他的论证。塞利奥为突出将军营帐的重要性而增加了 50 尺，所以建筑正面突出到了街上，这个营地平面里街道受到阻碍的唯一实例。因此，塞利奥在将军营帐和监督官住房之间加入大道，创造出一个对应于执政官官邸与入口梯步的广场，主要的交通被分配到与大道对齐的道路上，并且改进了营地的整体分布。在总体平面中，只有公共建筑有梯步通向入口，居民的住宅楼配备了抬升的步道，它的外凸包括在街道的宽度中。Fiore 提及 (op. tit., p. 520 n. 3) Machiavelli [*Art of War* (1521), VI] 也在将军营帐之前放置了一个广场，在当时的重建设计中这显然是必不可少的元素。

62. 在这个平面的左边（这里以及下面都是反向的，可能是考虑到木版雕刻印刷——这表明塞利奥打算出版"第八书"的意愿）。

63. 在这个平面的右边。

64. 这里塞利奥为行政官规划了共十二个住房：每个的尺寸是 60 尺 × 75 尺，fol.11*r*。

65. 即 *strigae*。

66. Polybius VI.31.9（这些空间"分配给外国军队或者是联军，就看谁来用"）。Polybius 实际上并没有说明这些空间的尺寸。

67. 圆形剧场和浴室都没有被 Polybius 提到，但是遵循了上面描述的 Dacia 场地的先例。Fiore 提及（*op. cit.*, p.521n.10），因为塞利奥反映了 Polybius 营地的布局，他不得不给予浴室，尤其是圆形剧场看起来似乎过度的尺度。圆形剧场约 133 米长，差不多是斗兽场长轴长度（188 米）的三分之二那么宽。

68. 事实上 *intervallum*。文本通篇为 *vallo*（壁垒），反映了 Polybius 的 *agger*（VI.31.11）。壁垒展现为 *intervallum* 周边的阴影区（100 尺宽）。

69. Polybius 也没有提到剧场，但图拉真的例子给予其支持。它遵循了 Baths of Diocletian 的布局，后者描绘在 Book III fols. 94*r*—95*r*，并且在 Book VI fols. 67–68*r* 发展成为城市宫殿平面的形式。在临时营地，塞利奥在这个地方放置了一个塔，像一些理论家所认为的是一座门（见下文 fol.18*r* 注释）。以下直径 200 尺是 *orchestra* 的地方，比罗马的 Theatre of Marcellus 还大。

70. 在文本中，字母"I"被添加在线上。在抄本中这个字母遗失了。

71. 即 *intervallum*。

72. 即 *intervallum*。

73. Polybius, VI.27.2 和 VI.31.10，这个营地被描述为一个完美的正方形（如上所述）。塞利奥所参考的观点很可能是 Gabriele Cesano 和 Pietro Strozzi 的观点，后者是未来的 Marshal of France（见上文注释，fols. 21v–22r）。但塞利奥也可能从成功的雇佣军（condottieri），比如 Francesco Maria della Rovere，或者是从文人（letterati），比如 Trissino 那里获得了信息，后者的观点出版在 像 *La Italia liberata da Gotthi*, Rome (1547)：关于 Trissino，见 Moore. J. M., *The Manuscript Tradition of Polybius* (1965)。

74. Polybius 中并未提及塔。Vitruvius 在他的八角形堡垒城镇的描述中介绍了圆形或多边形的塔，Vitr.I.v 2-4。Alberti（v.11[p.134]）提到每 100 尺一个炮塔，采用了 Caesar (*Gallic Wars*, VII.72) 的布局。也见上面的临时营地，fols.21v–22r。塞利奥圆形角塔在 1550 年代已经过时，被角塔所取代。它们可能与 Machiavelli (*Art of War* (1521), VI fol. 89r [Gilbert, A., *op. cit.*, vol. 2, p.687]) 关于营地角部防御的论述有关："对于炮火，我也会在营地的每一个角落设置半圆形沟渠，从这里火炮可以从侧翼攻击攻击沟渠的人"。塞利奥塔和意大利的 Grottaferrata（Julius II 创立）的低塔有关，最重要的是那些由 Ferrara 的 Rossetti 和那些由 Treviso 的 Fra Giocondo 在 Padua 建造的塔有关，塞利奥当然知道所有的例子。Fiore 提及(*op. cit.*, p.523 n.2)，塞利奥提到了塔内部的分隔墙，以便更好地利用圆形空间，如果这些空间的功能是储存子弹和特别笨重的补给品。

75. Fiore 提及，(*op.cit.*, p.523 n.3) 这些炮塔等同于临时营地的瞭望塔，它们的存在，解释了大塔侧面火炮阵地的缺失。炮塔对墙面提供侧翼火力（从它们不同的间隔可以得出）以便能保卫大门和主街道的轴线。

76. 看下面，fol.18r 注释。

77. 即将军营帐。fol. 2r 上（以及军需营帐）这个官邸的平面非常类似于罗马中庭或者绕柱式内院，Vitruvius 在他的第六书中讨论了这个建筑。见 Pellecchia, L., 'Architects read Vitruvius: Renaissance Interpretations of the Atrium of the Ancient House'，*Journal of the Society of Architectural Historians*, vol. 51 (1992), pp. 377–416。塞利奥在城市里 "高贵绅士" 的住宅中采用了双门厅与五开间柱廊庭院的平面，Book VI fols. 55v–56v。也见雇佣兵首领的住宅平面，fol.58r。Fiore 提及（*op. cit.*, p.524 n.2），四周都有柱廊的雄伟的方形庭院凸显了将军营帐的重要性，起到同样作用的还有两个主立面上的双列房间，这是通过在 Polybius 平面上添加 50 尺来获得的（VI.27.2）。

78. 关于将这个规则应用到寺庙，见 Book V fol.203r。

79. 建议提高地面至少 5 尺以上，以便容纳服务性房间是第六书和第七书中贯穿始终的特征。

80. 连续的楼层减少了四分之一遵循了第六书范例立面中所介绍的做法（即 fol.150v），也就是说是基于对古代剧场的立面，见 Book IV fol. 150v 注释和 Vitr.v.i.3 和 v.vi.6（见 Book IV fol. 187r）。这里通过将地下室包括到第一层的高度里优化了规则。

81. 即宽度，下同。塞利奥经常使用这个词来指代一个正多边形的边。

82. 此图意味着前面的将军营帐的正面与军需营帐的相对齐并且相互连接，后者有 250 尺深（不同于总体平面 (fol. 1v) 和详细平面（fol. 5r））。

83. 在这里，像别的地方一样，塞利奥避免使用常见的术语 *artic*；关于这个术语见 Book VI fol. 8v 注释和 fol. 55v 注释。

84. Johnson 提出，立面（fols. 2r and 3r）上带框的平板可能是墙面装饰，*op. cit.*, p. 95。塞利奥在 Book VII p. 52 中讨论了这个样的面板。

85. 关于装饰在军事城市的应用的悖论，见 导 言 p. xlii 和 Fiore, F. P. 'Sebastiano Serlio e il manoscritto dell'Ottavo Libro', *op. cit.*, p. 220'。Alberti 认为美可以影响一个敌人，VI. 2 [p.156]。一些理论家如 Girolamo Maggi（1523–1572）和 Giovan Battista Bellucci（1506–1554）认为因为实际的原因，军事建筑很少或根本没有装饰（Johnson, J. G., *op. cit.*, p. 62）。塞利奥在 Book VII

中设计的一系列大门（pp.89-95）都有塔司干或者多立克柱，然而，尽管在 Book VI 中要塞的外立面都是无柱式（Ancy-le-Franc 是显著的例外，在业主的要求下添加了额外的柱子，fol. 16v）。关于塞利奥作为军事建筑师在实践能力上的受到的质疑，见 Adams, N., 'Sebastiano Serlio, Military Architect?', in Thoenes, C. (ed.), *op. cit.*, pp. 222-227。然而，根据 Jacopo Strada 的 *Index*（见上面 fol. 1r 注释），François I 考虑过基于塞利奥设计建造两个军事营地，一个在 Piedmont，另一个在 Flanders。这里的门类似于 Giulio Romano 设计的 Palazzo Stati-Maccarani 中的门。

86. 关于楼层高度的降低，见上面注释 fol. 1br。这里的台阶比一般平面图的阐述的更加谦逊（fol. 1v）。

87. 下降的楔石（以及 fols. 7r, 17r-17v）让人想起 Giulio Romano 的 Palazzo del Te, Mantua。在门上面设置椭圆窗让人想起 Book VI fol. 65r 的宫殿立面。

88. 与门一样，窗户也有一样的 1:2 的比例。

89. 即阁楼层。值得注意的是，每层窗口的高度有轻微的增加。

90. Fiore 提及（*Architctuira civile, op. cit.*, p. 527 n. 1），檐部是简化的多立克式，在中楣处没有三陇板，而是一个比冠状饰短的波纹花边，就像是环绕窗口被标有"B、C、D"的纹饰一样，虽然与 Bramante 的 Tempietto 一样，这里的檐部有两条饰带。在檐部，下部（"E"），以及上层窗户的壁柱和中心壁龛中使用多立克式，遵循了第六书中阐述的适宜性的理论，这一理论认为多立克适合于"拥有武器"和"坚强性格"的男人（fol. 139r）。将军营帐门道也是多立克式的（见 fol. 18r）。多立克风格和将军营帐简朴的立面相匹配，它的墙壁是无柱式的。中央的门和窗户是"混合式作品"（粗石与砖），这种严峻风格通过一个适合军队建筑的粗面石饰风格拱廊延续到庭院中：塞利奥清楚地写道，粗面石饰风格作为保护和力量的象征是"非常适合"的（见下面，fol. 17v）。见导言 pp. xxxvii-xliv。

91. 这里的檐部显然也是多立克柱式（如

上所述），即使波纹花边同样是小于冠状饰（与 Book IV fol. 140v 相反）。此外，没有柱子也使得三陇板可以放在角部，与塞利奥总体上所推崇的 Vitruvius 原则相反（IV. iii.2）。窗户（'F'）和 Book VI fol. 152r 的一样。

92. 还用在一楼的窗户上，这种砖和石头的混合在法国流行，被称为 *en brique et pierre*（砖和石头）。在"门的额外之书"中很常见，例如粗面石饰风格的门 x fol.7v。在罗马的 Portico of Pompey 中也使用它，见 Book III fols. 75v-76r 和 Book IV fol.65v 注释。也见 Fiore, F. P., *op. cit.*, p.159 n.1。

93. 这与 Book VI fol.74r 中的总体规则相矛盾，敞廊和入口大厅的高应该是它们宽的两倍。

94. 关于塞利奥的绘制方法见 Johnson, J. G., *op. cit.*, p. 34。

95. 为了让庭院细节与外立面相匹配，这么做是必要的，对于这个细节塞利奥特别地关注。

96. 在这本书中，这个词的唯一的一次出现（见术语表）；关于在这里这个术语的缺失（以及在 Book VI 中的广泛使用），见导言，p. xlii。

97. 与顶部和外部的檐部（'A'）相似，但不相同。

98. 下方的拱基/柱头（'C'）和柱础（'G'）是塔司干式的（见 Book IV fol. 128r）。

99. 事实上，这一数字是在 fol. 5r。

100. 即营地的金库和仓库，通常安置在军需官的帐篷里。Polybius (VI.31.1) 中描述了军需官的帐篷，Vitruvius (v.ii.1) 提到了靠近广场的金库。

101. 这条街以前在 fol. 1br 被描述为一个"通道"（在 fol. 2r 的平面上画成一个封闭的通道）。

102. 这个"里面的"墙是庭院墙。一种罕见的关于壁厚的引文：关于第六书中民用建筑墙厚的重要性，参阅 Rosci, M., *op. cit.*, p. 61。

103. 即在 fol. 5v 上。

104. 关于塞利奥在 Ostia 所重建的商店（带有敞廊），见 Book III fol. 88r。

105. 文本中缺少尺寸。Fiore (*op. cit.*, p. 529 n. 3) 认为是 17.5 尺；然而这种长度似乎缩减到了 17 尺。

106. 关于 château-fort Mauline 楼梯井（该平面是由塞利奥设计的）中的水井，见 Miller, N., 'Musings on Mauline: Problems and Parallels', *The Art Bulletin*, vol. 58 (1976), pp. 196–214。更多的例子见 Book VI fol. 53v。

107. 参阅词汇表。这里的侧面是火绳枪阵地，以扫射防御大门。

108. 这里的军需营帐被视为一种官邸，并在下面也这样表述 (fol. 6v)。关于这里采用的形式的先例（如突出的角塔和较低的中心块，就像塞利奥在 Book III fol. 123r 的范例别墅以及 Book VI fol. 17r 的 Ancy-le-Franc 中所采用的那样），比如 Peruzzi 的罗马 Villa Farnesina 和中世纪民用建筑。见 Ackerman, J., 'Sources of the Renaissance Villa' in *Distance Points* (1992), pp. 302–324. Fronnnel, C. L., *Die Farnesina und Peruzzis architektonisches Frühwerk* (1961). 也见 Latte, K., 'The origins of the Roman Quaestorship', *Transactions and Proceedings of the American Philological Association*, vol. 67 (1936), pp. 24–33。

109. 在 fol. 5r 的总体立面上，塞利奥展示了多立克、爱奥尼与科林斯柱式的基本序列；然而这里的檐部显示为不同于 Book IV 的一种有趣变形，因为第一个（"C"）是装饰有压缩波纹花边的 [Fiore 提及 (op. cit., p. 530 n. 11) 来自"Bramante 的启发"]，第二个 ('B') 有着类似的装饰，比爱奥尼柱式有更多混合元素，只有第三个（"A"）对应于 Book IV (fol. 170r) 中描绘的科林斯柱式范例。中楣里有飞檐托饰的檐部"B"是合理的，因为在建筑的大多数地方，这里代表了立面与屋顶相会的地方。

110. 即在 fol. 6r，对面。

111. 此处和下边的文本均为 *ordine*：见术语表。这个更加正确的檐部替代了在 fol.4v 上面更为自由的檐部'B'。Fiore 提及 (*op. cit.*, p. 530 n. 3) 在第四书中所有的爱奥尼柱式的成分都被用在了"A"当中。唯一的不同是中楣高出了很多，并且比例更接近于科林斯柱式——也许这样可以在其中加入夹层窗户。此外，柱头（"B"）的涡卷看起来是徒手绘制的，而不是按照规则绘制的。

112. 塞利奥更喜欢这种简单的解决方案，尽管更为复杂的柱础是正确的，就像塞利奥自己在 Book IV fol. 159r 中所提到的 Vitruvius 的版本那样。

113. 这里角部的三陇板以（"正确的"）Vitruvius 的方式布局，即在壁柱的中轴线上；然而陇间壁的比例是 1:2，甚至比后面的总体立面 (fol. 6r) 更为极端。

114. 在第四书 fol.18r 中又被提及的这个有很强的装饰性的柱头范例，可能是罗马的 Forum Boarium 上的，后者描绘在 Book IV fol. 141v 上，尽管那里的中楣（"Hypotrachelium"）稍微高些。关于添加这种凹雕的作用，见 Book VII pp. 120–126；见 Onions, J., *op. cit.*, pp.264–286；Carpo, M., *La maschera e il modello. Teori architettonica ed evangelismo nell 'Extraordinario Libro' di Sebastiano Serlio (1551)* (1993)。

115. 即在 fol. 6r 上。在之前的小一些的立面中没有出现山墙。在 Antonio da Sangallo the Younger 于 1541 年设计，并且由 Michelangelo 于约 1546 年完成的，罗马 Palazzo Farnese 中可以看到类似的对弯曲山墙和三角山墙的运用。在罗马的 Palazzo Branconio dell'Aquila 中也是一样；关于运用它们的例子，见 Book VI fols. 4r 与 48r。这种 12 步台阶的形式显然被塞利奥用在了 Grand Ferrara 的设计中，Giulio Alvarotti 于 1546 年 5 月 17 日写给 Ercole d'Este (Duke of Ferrara) 的信中提到了这一点："十二个骑士，其中之一是 Pietro Strozzi"骑上马从三个方向朝入口走了 12 步。Archivio Estense di Stato, Modena, letters 'Carteggio degli Ambasciatori in Francia', Cassetta 22, package VIII, fols. 183r and 186v。在绘图上，一个屋顶的痕迹被抹掉了。

116. 即壁柱。

117. 即比 Book IV, fols. 127r 与 140r 中 1:7 的多立克柱式更加纤细。

118. 这个"四分之一部分"到底是什么东西的一个片断并不清楚；如果按照下部的模度（3 尺），爱奥尼柱式的比例是 1:8 $\frac{1}{3}$（即比 Book IV 中 1:8 的比例细一些）。这个规则（显然是关于柱子的宽度）看起来与塞利奥对于连续楼层缩减（柱高也是）四分之一的常规建议相混淆。见 Book VII p. 38。

119. 即在 fol. 5v。

120. 塞利奥放弃了法国高屋顶的传统。这个评论似乎与 fol. 6v 相关，在那里房顶线都被擦除了。

121. 文本误把 e（和）写成了 è（是）。

122. Vitr. III.v.15。

123. 对于斯巴达俘虏的雕像，可以在 Vitr. I.i.6 的"波斯柱廊"中看到。在罗马 Arch of Constantine 的雕刻中包含了 Dacia 囚犯的形象；图拉真记功柱上描绘了在罗马营地围墙周边树立杆子，上面悬挂着 Dacia 俘虏的头骨。这种雕塑在 15 世纪 Venice, San Zaccaria、Veronese Palazzo del Consiglio (c. 1490s)、Roman Zecca (c. 1530) 以及 Vicenza 的 Palazzo Chiericafi (c. 1550s) 里重现。

124. 这是个科林斯檐口，比 Book IV fol. 170r 中的例子简化了一些，这里的冠状饰也比波纹花边高。

125. 上部的"多立克"柱头（"B"）（带有爱奥尼细槽）因此有爱奥尼式柱础。整个效果是混合式的，见 Book IV fol. 184v。

126. 低一些的楼层可以被视为多立克柱式的，柱头类似于 Book IV fol. 141v 中描绘的罗马 Forum Boarium，其柱础在同一本书中的 fol. 184v 中描绘，塞利奥评论这个作品具有多立克－科林斯复合特征。

127. 文本为 parapetto。

128. 见 Vitr. v.i.1。塞利奥以神庙最终完成的罗马广场重建，延续了罗马帝国广场以拱廊庭院为基础的模式。（例如，Forum of Vespasian 中心有 Temple of Peace）。Johnson 把它与图拉真广场（op. cit., p.117）相比较。在里昂，塞利奥于 Book VII (pp. 184–191) 上绘制了商店或工坊（botteghe）的商人庭院或广场，但是这个方案从未被实行 [见 Charvet, L., *Sebastiano Serlio*, 1475–1554(1869), pp.87–88]。他的设计类似 Venice 的 Fondaco dei Tedeschi，它被用来安置德国商人和他们的商品，在一场大火之后，于 1505 年重建，反映了 Fra Giocondc 在 1511 年出版的 Vitruvius 版本中所描

绘的庭院平面，fol. 4r。也见，塞利奥设计的司令官（带有商店）官邸平面，Book VI fol. 60r。

129. 即带有三角形山墙和门的阁楼，与寺庙的立面十分相似，尽管那是在建筑物的最顶部。在 fol. 9r 替代立面的设计中被省略了。

130. 塞利奥在这里遵循了 Book IV fol. 183r 上混合式檐部的比例。值得注意的是是以三陇板形式出现的飞檐托饰，首先由 Peruzzi 在罗马的 Palazzo Fusconi-Pighini 中使用。

131. 即比 Book IV fols. 127r and 183r 中的混合柱式更细，在那里柱子包括柱础与柱头是柱径的 10 倍。这里的柱础符合第四书，为半个模度，柱头符合塞利奥推荐的对 Vitruvius 的更正（IV.i.11），将柱顶盘（七分之一模度）从柱头高度的计算中排除（见 Book IV fol. 171r and Book III fol. 110v）。

132. 很明显地，塞利奥随后打算将广场两侧的入口以阴影线覆盖，只有在一个中轴线上留另外一个口，与主要入口一同作为入口。

133. 即和主室"C"有一样的长度，30 尺。

134. 文本误将 alcuni（"一些"：理解成"一些尺"）拼成了 alcune（"一些"：理解成"一些主室"）。

135. 文本为 bot[t]eghe，"商店/工坊"。也见 Book VII p. 184。

136. 木质隔板——类似于当时用于佛罗伦萨 Palazzo della Signoria 的——也用在了 Book VI fol. 59v 上的"行政官官邸"里。

137. 这个广场的设计体现了当时理想城市的图景：一座寺庙在广场的中心，周边是商店。因此，不像 Polybius，塞利奥在营地布局中包括了一座神庙（它的直径只比 Bramante 的 Tempietto 大 5 尺）的设计。

138. 关于纳入这个替代性立面设计的原因，见导言 p. xliii。Fiore 提及 (op. cit., p. 534 n. 6) 入口拱门上方墙壁设计与 Giulio Romano 的 Mantua 住宅设计之间的相似性。

139. 遵循了 Book IV fols.127r 和 169r。

140. 这里及以下，见上面关于楼层高度（和它们的细节）缩减的注释，fol. 1br（尽管这里第

二层的剩余高度只是被减少了不到下一层的四分之一）。

141. 在 Book IV fol. 170r 有两种科林斯式檐部。

142. 即比第二层的檐口还短，它本身比第一层的短四分之一。关于这个混合式檐口象征意义的重要性，见导言，p. xliii。Fiore 提及（*op. cit.*, p. 535 n. 6）塞利奥没有采用托斯卡纳（佛罗伦萨）地区在顶层设置大挑檐的处理方案，而是加入了带基座的胸墙作为山尖饰。

143. 这个圆形寺庙让人想起 Tivoli 的 Vesta 神庙，后者描绘在 Book III fol. 60v。关于这个寺庙，见 Johnson, J. G., *op. cit.*, p. 119。

144. 即一个三模度柱间距（diastyle）与 1.5 倍模度柱间距（pycnostyle）的（放任）混合。

145. 即遵循 Book IV fols. 127r and 183r 中建议的 1:10 的比例。然而神庙柱式是科林斯风格的。

146. Rosenfeld 将这个敞廊与 Columbia MS, LXIV, S 里 Book VI 中总督官邸的敞廊进行了比较（*op. cit.*, pp. 58–60）。

147. 即在 fol. 8v 上绘制了图像之后，那里没有上方敞廊。

148. 即遵循 Book IV fols. 127r and 169r 中建议的科林斯柱式 1:9 的比例。

149. 等于柱子高度的三分之一（而不是 Book IV fol. 170r 中为科林斯柱式建议的四分之一）。

150. 就像 fol.5v，这个规则看起来与塞利奥对于连续楼层缩减四分之一的常规建议相混淆。这个混合式柱子的比例是 1:13（即比 Book IV fols. 127r and 183r 中的要细，那里是 1:10）。

151. 文本是 “*bot[t]eghe*”，“商店 / 工坊”。也见 Book VII p.184。

152. Vitr. IV.vi.2，多立克式门；塞利奥对多立克式门的论述，见 Book IV fol. 143v。

153. 在这塞利奥承认他没有给出精确的解决方案，而是在做设计练习。相同的注释见 fol.1v。关于这一段，见 Fiore, F. P., 'Sebastiano Serlio e il mano– scritto dell'Ottavo Libro', *op. cit.*, p. 217。

154. 其他地方也建议因为高度的原因进行视觉修正，比如 Book I fol. 9v, Book IV fol. 161r。也见 Vienna MS Book VII project XXXXVII fols. 15v–16r（附录 2）。由于视觉原因，Vitruvius 将爱奥尼柱础中两个中间的半圆饰连接在一起（塞利奥在 Book IV fol. 183v 的混合柱式中使用了）形成一个大的半圆饰。

155. 即比敞廊与神庙中的柱头有更好的形式。柱头 'D' 也略高于这些，这是塞利奥所建议的对 Vitruvius (IV.i.ll) 的修正，从柱头高度中减去了柱顶盘（七分之一模度），而不是包括进去 (Book IV fol. 171r and Book III fol. 110v)。也见上面，fol. 7v（事实上，所有三个例子中都采用了这种修正，但 "D" 还是高一些）。Fiore (Architettura civile, op. at., p. 537 n. 4) 将柱头 "D" 认同为 "Sangallo 类型" 的科林斯柱头。

156. 这些兵营以及下面的那些（fols. 11v–12v, 15r–16v）类似于 Book VI (Munich MS fols. 46r–51r, Columbia MS, Projects G–O, XLIX–LI) 里的一系列城市住宅。Rosenfeld 指出（*op. cit.*, p. 47），它们有着典型的威尼斯式平面，中心有高通道，类似于 Marinarezza 住宅综合体以及 Grain Brokers 住宅。Pagliara（*op. cit.*, pp. 48—51）将这些兵营与 Sangallo the Youngers 1534 年接受 Farnese 委托，在 Castro (e.g., Uffizi 744Ar) 所设计的进行了比较，它们体现了 16 世纪头 40 年在罗马对古代住宅进行研究的成果；也见 Fiore, F. P., *op. cit.*, pp. 506–513。这里的简单装饰（以及柱式的缺乏），可能体现了 Alvise Cornaro 以朴素威尼斯范例为基础的住宅论述的影响。关于立面的无柱特征（除了军事监督官的部分），见导言，p. xliii。

157. 关于在军事监督官（军事法官）部分运用多立克式与爱奥尼式壁柱，见导言，p. xliii。

158. Johnson（*op. cit.*, p. 131）将这些兵营的平面与罗马岛式住宅和 Augsburg 的 Fuggerei 住宅 (1519–1543 年) 进行了比较。也见 Pagliara, P. N., *op. cit.* 联盟兵团步兵与骑兵的住房占据了 250 尺 ×450 尺的场地，在总平面上是 250 尺 ×400 尺；但是后面精锐步兵与骑兵的住房与总平面相同。

159. 关于这些兵营的排布（为了护卫执政

官），见上面 fol. 11*r* 注释。

160. 即上一页的平面，fol. 12*r*。在总平面上标记为"D"（fol. 1*v*）。

161. 即在 fol. 13*r*。

162. 这种形状的古代浴室没有见过，塞利奥也没有详细说明庭院的功能。塞利奥对椭圆庭院的使用见下方 fol. 13*v* 注释。这里的椭圆（和 fol. 14*r* 一样）是遵循 Book I fol. 13*v* 上描绘的第三种（"两个方形"）方法（Fiore 误认为是第一种方法，*op. cit.*, p. 538 n. 2) 建造的。总体讨论见 Lotz, W, 'Die ovale Kiröhenräume des Cinquecento', *Römisches Jahrbuch für Kunstgeschichte*, vol. 7.4 (1955), pp. 7-99。

163. 不论是浴房还是接下来的椭圆竞技场都包括在了 Polybius 的描述里面。塞利奥显然从前面叙述的 Grimani 的考古发现中获得了论据支持（这可能是这些房子在这个报告里被挑选出来叙述的原因）。

164. Fiore 提及（*op. cit.*, p.538 n. 3），这里塞利奥对保暖房间的描述与 Urbino 的 Palazzo Ducale 里的保暖房相当相似，它们的沐浴部分（除开暖炉和烟囱的空间）由四个单元组成，分别被命名成浴室，暖房（*stuja*），冷水浴室（*frigida lavazione*），还有一个主室。见 Book VI fol. 31*v* 和注释。

165. Fiore 提及（*op. cit.*, p. 538 n. 4) 建筑物的外立面极其类似于保存在 Urbino 的 Galleria Nazionale Delle Marche 里的 15 世纪晚期"理想城市"壁画中的右侧前景建筑，虽然在这里主题被简化了，在立柱上没有被附加上柱式。

166. 这个庭院和它的敞廊与古代住宅（Vitr. VI.iii, 1-5）中的"中庭"类似，这与套间主室之间出现中心轴线的情况一样：即通道（'A'），敞廊（'E'）与院落。这些敞廊使用了著名的"塞利奥"主题。

167. Fiore 提及 (*op. cit.* p.539 n.1) 塞利奥的意图，言下之意，是将上层作为一家妓院。

168. 文本是 *ordine*，见术语表。值得注意的是以三陇板形式出现的多立克立柱，多立克－多立克－混合式系列的上升模式，以及（右侧）小

庭院敞廊中简化的爱奥尼柱础。

169. 抄本中这里的标点有误。

170. 即 fol. 14*r*。这个位移再次显示了手稿的"未完成"性质。

171. 塞利奥环绕椭圆形庭院设计的国王宫殿是基于罗马圆形剧场设计的（其中会有游戏、战斗以及各种各样的表演），Book VI fols. 42*v*-43*r*。罗马圆形大剧场出现在 Book IV fols. 78*v*-79*r*，还有 Verona（fols. 78*v*-79*r*）与 Pula(fol. 85*r*) 的圆形剧场。这里的椭圆是遵循 Book I fol. 13*v* 上描绘的第三种（"两个方形"）方法 (Fiore 误认为是第一种方法，*op. cit.*, p. 539 n. 7) 建造的，与上面浴场的庭院相同。最终形成的竞技场（大约 55 米 × 73 米）几乎与大斗兽场的尺寸相同。总体讨论见 Lotz, W., *op. cit*。

172. 这个平面有点令人困惑地将服务层（即地面层）平面——表现为长方形外围以及环绕椭圆形的房间——与公共层平面——表现为带有座椅台阶的拱廊敞廊——结合在一起。

173. 事实上，在第二层只显示了一个敞廊，下面的文本指的是这上面的浅浮雕柱。

174. 即剖面上在院子里墙壁上的中央门两侧的三个门，但是与平面上的门不相符。

175. 关于斗兽场上的这个保护装置，见 Book III fol. 79*v*。在罗马圆形大剧场，这个高度的观众席上悬挂了网，防止野兽跳跃到观众席上。

176. 即壁柱，只是部分显示在图像上。

177. 文本为 *ordine*，从这往后的文本都是，见术语表。

178. 这就特别像是罗马的 Arch of Titus，图像见 Book III fol. 99*r*。

179. 即 1:9 $\frac{1}{2}$，Book IV fols. 127*r* 与 169*r* 中的科林斯柱要细，在那里柱子包括柱础与柱头是 9 倍柱宽。

180. 这些柱子和第二个层的（在下面的文字中所提到的）比拱券的柱子略厚，但是遵循第四书的建议（见上文注释，fol. 1b*r*）。

181. 因此比下面的檐部减少了四分之一，见 fol. 16*r*。

182. 这个比例遵循了 Book IV, fols 127*r* 与

183*r* 中关于混合柱式的建议。它们的使用遵循了罗马大斗兽场的先例，见塞利奥在 Book IV fol. 183*r* 中的讨论。

183. 比如在 fols. 7*v* 与 10*v* 上。

184. 见上文 fol. 6*v* 注释。

185. 即平面的左边部分。关于这些罗马骑兵的兵营的排布，在总体平面上标志着"K"，见上 fol. 11*r* 注释。

186. Fiore 提及 (*op. cit.*, p.542 n.3) 这个主厅是供每层的四个居住单元公共使用的；每个单元包括一个主室和一个从室 / 后室。然而，这个大厅仅仅对于上面两层才具有重要性 (在那里，它不是一个入口大厅)。

187. 事实上，这面对的是执政官官邸而不是广场，后者在总平面的更靠右的地方 (fol. 1*v*)。

188. 在这种情况下，主厅成了简易住房。

189. 关于这些兵营 (在总平面上标记为"M") 见 fol. 11*r* 注释。这是前一个罗马骑兵住房平面的变形，在同一个 100 尺见方的地点上。

190. 关于这里与下文中的这些井，见上面 fol. 4*v* 注释。这个和下面的平面尝试了各种楼梯，无休息平台的螺旋楼梯，圆形楼梯 (带有井)，狗腿式，以及圆方式 (带有中心柱)。圆形楼梯显然反映了法国的做法，见 Fiore, F. P., *op. cit.*, pp. 493, 506。也见 Guillaume, J., 'Leonardo and Architecture', in Galluzi, P. (ed.), *Leonardo da Vinci: Engineer and Architect* (1987), pp. 277–286。

191. 在抄本中，这个和后面的符号 (错误地) 互换。

192. 大型旋转楼梯的中心位置让人想起了 Château de Chambord 的大螺旋楼梯 (见 Guillaume, J., *op. cit.*)。

193. 左边的平面，用于附属兵团的青年兵的 (在总平面上标记为"R"，fol. 1*v*)，是中庭式住宅的一个变体。右边用于附属兵团壮年兵的平面 (在总平面中标记为"Q") 与法国传统中用侧翼围合住前院的做法有关，这描绘在以富有乡民住宅开始的 Book VI 中，fol. 3*r*。这里的两个平面都不同于总平面上的图解式排布。关于兵营的总体讨论，见上面 fol. 11*r* 注释。

194. 即壁间带 (*intervallum*)。

195. 关于这些楼梯，见上面 fol. 15*v* 注释 (这里值得注意的是楼梯旁边的厕所)。

196. 这种类型的人行道是第六书中住宅的普遍特征。

197. 在平面中宽度是 130 尺，而深度仍然是 100 尺，就像前面的地块一样。与连续的后备兵住宅一起，得到 180 尺的宽度，比 fol. 1*v* 描述总平面文字里的 *striga* 的 150 尺要多。

198. 关于这些兵营 (在总体平面中标记为"O"和"P"，fol. 1*v*) 见上 fol. 11*r* 注释。

199. 即入口通道，此处和下文都是。

200. 这个第十大门提示出十字交叉 (*decumanus*) 军营布局 (这里第十大门被错误地放置在禁卫大门的位置上，见下方 fol. 18*r* 注释)。在他关于军营的描述中，Polybius 很奇怪的没有讨论入口，Alberti 只是简单提及这个第十门，v.11 [p.134]。大多数罗马军营有四个大门，但塞利奥将剧场 (总平面上标记为"I") 放在后门的位置上 (见下 fol. 18*r* 注释)。关于这个主要门道，见 Onians, J., *op. cit.*, p. 277. Fiore, F. P., 'Sebastiano Serlio e il manoscritto dell'Ottavo Libro', *op. cit.*, p. 217. 关于这里使用的柱式与粗面石饰风格，见 Gombrich, E., 'Zum Werke Giulio Romanos', *Jahrbuch der kunsthistorischen Sammlungen in Wien*, vol. 9 (1935), p. 143. 也见导言，p. xxiii。见塞利奥的评论。

201. 即 *superbipartiens tertias*，一种塞利奥常用的比例。见 Book I fol. 15*r*，Book IV fols. 127*r* 与 130*r*，及 Book VII p. 92 与注释。

202. 即 1:10，比 Book IV fols. 127*r* 与 169*r* 中的科林斯柱要细，在那里柱子包括柱础与柱头是 9 倍柱宽 (这里的比例是混合柱式的比例)。

203. 关于科林斯檐部的比例，见 Book IV fol. 170*r*。

204. 这里与下文下降的拱心石让人想起 Giulio Romano 的 Palazzo del Te, Mantua。

205. 第六书中，塞利奥在堡垒设计中使用了吊桥，比如 fol. 12*v*。也见 'Extraordinary Book of Door'，Rustic gate XIX, fol. 12*r*。Book VII (pp. 88–95) 描绘了标准的吊桥设计，墙体里凿出了空

洞来容纳升起桥的木杆。

206. 在 Francesco di Giorgio 的 *Trattati* 以及 *Codicctto* 中机械设计一直是持续存在的兴趣（c.1465, Biblioteca Apostolica Vaticana, cod Urb. 1757）。这个作品继续使用了 Mariano di Jacopo（被称为 "il Taccola"），一个著名的对机械极富兴趣的锡耶纳人，所用的机械术语。这些部件被 Vitruvius 称为 *machinatio*，并被像 Vegetius、Frontinus、Marcus Graecus 和 Ptolemy 这样的古代作家所讨论。

207. 见 Book II fol. 40*r* 和注释。

208. 这种半圆形平面类似于小型钥匙（*clavicula*）形状的古代大门，Hyginus Gromaticus 在他的 *De munitionibus castrum* 中复制了这个大门，此后影响了 Antonie da Sangallo the Younger 为罗马 Porta di Santo Spirito（Uffizi 1359A*r* 与 1360A*r*）提出的曲线设计以及 Galeazzo Alessi 为 Genoa 的 Porta Molo 所做的设计；见 Frommel, C. N. Adams (eds.), *The Architectural Drawings of Antonio da Sangallo the Younger and his Circle* (1994) p.209。带有半圆壁龛和门廊的通道让人想起罗马的奥勒留墙。

209. 关于这个门，见 Onians, J.*op.cit.* p.277。

210. 在 Alberti 的 *lineamenta* 概念，或是利用轮廓线形成建造框架，定义和围合建筑的表面，见 Alberti, I [ 以及 Rykwert, J., *et al.*, *On the Art of Building in Ten Books* (1988), Glossary, pp. 422–423]。

211. 这就是说，真正的柱子是隐藏在粗石表面之下。见 'Extraordinary Book of Doors' 中塞利奥的 'To the Readers' fol. 2*r*，以及 Rustic gate VI fol. 5*v* 中类似的评论。也见 Carpo, M., *op. cit.*。Fiore 提及（*Architettura civile, op. cit.*, p. 547 n. 4），塞利奥在这里采用了 Giulio Romano 在 Palazzo del Te 的入口所使用的粗面石饰风格柱子，还强调了不同的柱子比例，虽然这些圆柱、半圆柱以及壁柱都是同样柱式（多立克），并且一个一个相邻放置。

212. 柱头是多立克，柱础是塔司干式（虽然有不同寻常的装饰）。

213. Vegctius（在 *De re militari*）认为禁卫大门面向营地前方的敌人（不是右侧，这里的广场一侧），而 Livy 提到这个门在营地后方。关于塞利奥的大门，见 Onians, J., *op.cit.*, p. 277。也见导言, pp. xxiii, xlii。

214. 遵循 Book IV fol. 139*r* 对多立克柱式适宜性的讨论。也见导言, p. xlii。塞利奥在 Book VII pp. 88–95 的大门中使用了塔司干与多立克柱式。Antonio da Sangallo the Younger 在他的防御性大门中更倾向于多立克 [ 比如在罗马小 Antonio da Sangallo *the Younger*，见 Frommel, C., N., Adams (eds.), *op. cit.*, p .209(on Ufrizi 1359A*r*)]。

215. 即柱础的基座。

216. 即 1:8，比在 Book IV fols. 127*r* 与 140*r* 中 1:7 的多立克柱更细。

217. 这有一整个陇间壁被放在了角部，一个涡形装饰掩盖了中央陇间壁的延长。

218. 即从外侧柱子到门的边缘的那一部分墙。

219. 军需营帐立面上描绘有类似的柱头（fol. 5*v*），类似的柱础出现在军需营帐庭院的门廊中（fol. 7*r*）。

220. 见上面的注释，fols. 21*v*–22*r*。

221. 关于塞利奥的书的教导目的，见 Book IV fol. 99*v*, Book IV fol. 126*r* 与导言, vol. 1, p. xviii。

222. 这座和接下来的桥拱（在 fol. 20*v* 上）显示出同样粗面石饰风格与精细作品之间的风格对立，这两种风格构成了 'Extraordinary Book of Doors' 的主体部分。关于这里的粗面石饰风格拱券，参考案例 fol. 7*v*。

223. 这里的文字被擦去了。

224. 即 1:10 的比例（第四书中推荐的混合柱式比例）。事实上，Vitruvius (IV. vii.2) 为塔司干柱式推荐了 1:7 的比例，正如塞利奥本人在 Book IV fol. 127*v* 的记录中一样，尽管他采用了 Vitruvius 的比例（只是指柱身），并且将柱础与柱头也包括进来。然而，Vitruvius 为圆形的塔司干神庙推荐柱子的比例为 1:10，见 Vitr, IV.viii. 1。

225. Book IV fol.145*v*。其他规则出现在 fols. 142*v*, 146*v* and 148*v*。

226. Johnson 提及（*op. cit.*, pp. 52–55,162–

165) 这是图拉真著名的由 Apollodorus of Damascus 大约于 104–105 年建造的位于 Drobeta 的多瑙河大桥的重建。见 fol. 1r 的注释。这座桥不应该与塞利奥在上面提到（fol. 21v）的恺撒的桥相混淆。很多古代与拜占庭学者都记录了这座桥 (Dio Cassio, *Roman History*, LXVIII.13 [Lobe ed.(1925), vol. 8, pp. 383–387], Procopius, *Buildings* IV,vi.11–18 [Loeb ed.(1940), vol. 7, pp. 271–273] and Tzetzes, *Histories* VI.61–73 与 86–94), 在 1858 年一场干旱中, 这座桥 20 个桩基中 16 个是可见的。Palladio [(1570) Book III.11, p.22] 确认, 在河的中心一些柱子仍然可以看到, 并且记录了如下铭刻 'PROVIDENTIA AUCUSTI VERE PONTIFICIS VIRTUS ROMANA QUID NON DOMET? SUB IUGO ECCE RAPIDUS ET DANUBIUS'。在 1515—1547 年之间 François I 的前往拜见 Sultan Suleyman I 的大使曾经试图获得允许研究桥的遗存（Johnson, J. G., *op. cit.*, p. 54 提及这一点）。在图拉真柱上雕刻的桥是木料和石料建成的, 塞利奥的石桥的尺寸符合由 Dio Cassio 所记载的图拉真多瑙河桥。见 Tudor, D., *op. cit.* Garasanin, M., Vasic., *op. cit*。关于塞利奥的桥的表现的各个方面, 见 Onians, J., *op. cit.*, p. 277（那里这座桥并没有被确认身份）。

227. 关于适宜性原则的运用, 见导言, pp. xxxvii–xlvii。

228. Hadrian 拆除了这座位于 Drobeta 的桥, 以阻止敌对入侵者进入帝国; 它的柱子被留在原地, 这获得了 Dio Cassio 的证明, 他曾经见过它们, 就此认为没有什么能媲美人类智慧。

229. 即 Marco Grimani, 位于 fol. 1r。

230. 即图拉真, 在 fols. 1r 与 1v 中提及。

231. 即 37 尺, 比粗面石饰风格拱券短 3 尺。

232. 即比 Book IV fols. 127r 与 169r 中的科林斯柱式要细, 在那里柱子包括柱础与柱头是 9 倍柱宽。

233. Book IV fol. 170r 中科林斯檐部比例的一种变体, 在那里其中 4 个部分分配给檐口。一个檐口为柱子五分之一的高度的例子, 见 Vitr. v.vi 6。

234. 即在外面角落的半壁柱, 在前一个拱券中被称为框缘。

235. 文本为 *pilastro*。塞利奥通常使用这个词表示 "立柱", 但是在这里特别的用来指代 "壁柱"[ 他通常称呼壁柱为 *colonna piaria*（平柱）]。

236. 关于这个与带有雕刻的基座, 见 fol. 6v 注释。

## 门的额外之书

1. Jean de Tournes（1504–1564）, 一位实践派新教徒, 于 1552 年在里昂同样出版了带有 Philandrier 注释的 Vitruvius。关于 De Tournes, 见 Davis, H. Z., 'The Protestant Printing Workers of Lyons in 1551', in AA.VV., *Aspects de la propagande religieuse* (1957), pp. 247–257; Carpo, M., *La maschera e il modello. Teoria architettonica ed evangelismo nell''Extraordinario Libro' di Sebastiano Serlio (1551)* (1993), pp. 99–105; Carpo, M., *L'architettura dell' età della stampa* (1998), pp. 87–110。

2. Henri II Valois（1519–1559）, 自 1547 年起为法国国王。Delicate gate v (fol. 20r) 上有他的名字首字母（"H"）。

3. 有关这本书, 见 Charvet, L., *Sebastiano Serlio, 1475–1554* (1869); Dinsmoor, W. B., 'The Literary Remains of Sebastiano Serlio', *The Art Bulletin*, vol. 24 (1942), pp. 75–77; Fowler, L., Baer, E., *The Fowler Architectural Collection of the Johns Hopkins University* (1961), pp. 260–261; Argan, G. C, 'Il 'Libro Extraordinario' di Sebastiano Serlio', *Studi e note da Bramante a Canova* (1970), pp. 60–70; Rosenfeld, M. N., *On Domestic Architecture* (1978), n. 39; Perrin, D., 'Le Livre 'Extraordinaire' de Serlio, ou le sens confiné de la représentation', *Dessin/Chantier*, vol. 2 (1983), pp.71–81; Onians, J., *Bearers of Meaning* (1988), pp. 280–282; Carpo, M., 'L' idée de superflu dans le traité d'architecture de Sebastiano Serlio', *Revue de Synthèse*, vol. 113, nos. 1–2 (1992), pp. 134–162; Carpo, M., *La maschera e*

*il,aodello, op. cit.*; Wiebenson, D., *The Mark J. Millard Architectural Collection*, vol. 1 [*French Books: Sixteenth through Nineteenth Centuries*] (1993), entry 153, pp. 438–439。

这本书的手稿被放在 Staats–und Stadtbibliothek, Augsburg 中，2°Codex 496。基于塞利奥对 Grand Ferrara (1544 之后 )(fol. 2*v*) 门的阐述，以及第一版 fol. 20*r* 中曾经出现的 Henri II（1547 之后）名字缩写在这里的缺失（虽然 Henri 的月形标记出现在手稿的 Rustic gate XXVIII 中），它能被追溯到约 1544—1547 年。这种在手稿和最初版的差异被列在了下方。关于这个手稿，见 Erichsen, J., 'L'Extraordinario Libro di Architettura. Note su un manoscritto inedito' ,in Thoenes, C. (ed.), *Sebastiano Serlio*(1989),pp. 190–195。

4. 塞利奥频繁地使用显然同义的"可视化设计"（*disegno visibile/disegno apparente*）来描述的图像，以此强调文本作为一种平行表现的角色，就仿佛它们是"不可见的"，这样就突出了他出版一部配有完整图像的 Vitruvius 的新颖性。他对这个术语的使用同样体现出他将文字与图像结合在一起的成就。关于这个词，见 Book IV fol. 126*r*；Book VI fol. 1*r*；Book VII p. 1 and Vienna MS Project XXXXVII fols. 15*v*–16*r* (Appendix 2); "Book VIII" fols.19*v*, 21*v*–22*r*。Serlio 第一次在出版物（而不是木版）中使用雕版画，呼应了他与 Agostino Veneziano 的早期合作（见 vol. 1, p. xii n.11, p.466），并且模仿了 Jacques Androuet du Cerceau 于 1545–1550 年之间在 Orléans 出版的雕版画。见 Zerner, H., 'Du motà l'image: le rôle de la gravure sur cuivre' , in Guillaume, J. (ed.), *Les traités d'architecture de la Renaissance* (1988), p. 284。Zerner 并不相信塞利奥自己制作了这些雕版画，虽然 Dinsmoor (*op. cit.*, p. 74) 在回应 Vasari 的 Giorgio Mantovano（关于他，见 vol. 1, p. xx）生平时认为就是塞利奥完成的。

5. 即在枫丹白露通向 Grand Ferrara (1544-1546) 的大门，这是为 Don Ippolito d'Este 建造的，被描绘为 Rustic gate 1。这个大门也描绘（与 Grand Ferrara 一起）在 Book VI (Munich MS fol. 15*r*；Columbia MS XI,[N,13A])，见 Dinsmoor, W.

B., *op. cit.*, p. 145 与 figs. 11–12; Onians, J., *op. cit.*, p. 280; Thomson, D., *Renaissance Paris* (1984), pp. 110–111。塞利奥还被认为建造了位于 Picardy at Fontaine Chaalis 的 Ippolito 住宅花园粗面石饰风格大门（1544 年 4 月 23 日，塞利奥花了 14 个铜币去租了一匹马，用来从巴黎旅行到 Chaalis，见 Archivio Estense di Stato di Modena, Amministrazione dei principi 的 917 号 'Francia-Maneggio del Mag[nifi]co Tomaso Mosti te[so]rriero' fol. 151*v*）。见 Frommel [née Kühbacher], S. *Sebastiano Serlio* (1998)，pp.242-246（Fontaine Chaalis），pp. 227-229（Grand Ferrara）。关于 Ancy-le-Frane 的大门，见 Hohl, C., 'Le Portail du Château d' Ancy-le-Franc', *Bulletin de la Société d'archéologie et d'histoire du Tonneois*, vol. 27, no. 3 (1984), pp. 46–51。

6. 文本 (Itahan) 为 'dove io mi tengo di continuo'：Jean de Tournes I 1551年在里昂平行出版的版本为 'ou continuellement je me tiens'。这也可以被翻译为"我永久居住的地方"。

7. 此处文本为精细 (*delicate*)，是塞利奥在 Book VII, p. 120 中定义建筑术语之一（见术语表）。见 Onians. J., *op. cit.*, pp. 266–271。

8. 即对立于 Vitruvius 与其他古代范例的放任做法，这一点在这封信的末尾给予说明，并且在 fol. 16*v* 作了进一步的论证。比如，Vitruvius 谴责了将不同柱式混合使用的做法，Vitr.I. ii. 6。虽然第二组二十种精细的大门或多或少符合 Vitruvius 规则，但是第一组的三十种粗面石饰风格大门看起来与塞利奥在 Book IV 标题"建筑的总体原则……取自古代的，绝大多数符合 Vitruvius 原则的范例"中体现的方法背道而驰。参见 Book III fol. 110*r* 中对过度装饰的谴责。关于塞利奥的"放任"理念，见术语表。也见 Carpo, M., "L'idée de superflu dans le traité d'architecture de Sebastiano Serlio', *op. cit* ; Carpo, M. *La maschera e il modello, op. cit.*, esp. chap. 1。最近，Rosenfeld（在 1996 年重印的 *On Domestic Architecture* 简介中）提出，塞利奥并不是希望建筑师在需要判断力的事物上拒绝放任的形式，他设计这样的大门是"因为法国的美学品味与意大利的不同"（p. 8）。也见 PayneA., 'Creativity and *bricolage* in architectural literatuie of the Renaissance', *Res*, vol. 34 (1998), pp. 20–38（关于利用片断元素来构成作品）; Payne, *The Architectural Treatise in the Italian Renaissance* (1999), pp. 116–122。

9. "新"是指没有古代先例：关于 Castiglione 以及对创作的渴望（没有任何模仿）见 Payne, A., *Treatise, op. cit.*, p. 61。大胆创作时塞利奥这一部分的主要论证理由。

10. 即门框缘，见 Vitr. IV.vi.2 和 4。

11. 例如，在法国。关于这一点的解释，见导言 pp. xxx, xxxvii。

12. 关于这个通向塞利奥设计的 Grand Ferrara 的大门，见开头写给 Henri 的信，sig. A2r 与注释。也见 Book VI fol. 14v。关于顶部山墙饰里交织的 C(在手稿的图像中，这些山墙饰被略去了），以及最后（精细）一个大门顶的"P.V.O."(在手稿的图像中也被略去了），见 Charvet, L., *op. cit.*, pp. 73–76, 与 Dinsmoor, W. B., *op. cit.*, p. 75 n. 100（他认为这些 C 是指 Catherine de'Medici）

13. 混杂着粗面石饰风格的塔司干式门描绘在 Book IV fols. 133v–134r。这里塞利奥讨论了 Giulio Romano 在 Mantua 的 Palazzo del Te (c.1526–1534) 中的混合用法。关于粗面石饰风格的象征性角色，见 Gombrich, E., 'Zum Werke Giulio Romanos', *Jahrbuch der kunsthistorischen Sammlungen in Wien*, vol. 8 (1934), pp. 79–104; vol. 9 (1935), pp. 121–150。关于这个例子对塞利奥的影响，见 Rosci, M., *Il Trattalo di architettura di Sebastiano Serlio* (1966), pp. 39, 47; Onians, J., *op. cit.*, p. 282. 也见 Ackerman, J., 'The Tuscan/Rustic Order, A Study in the Metaphorical Language of Architecture', in *Distance Points* (1992), pp. 495–541, esp. pp. 531–535。

14. 是指 Vitruvius 的模度，等于柱础位置的柱宽。根据 Vitr. I.ii.4, III.iii.7, IV.i.l, 8, v.ix.3, 模度控制了整个柱式中各个元素的比例。这里最先推荐的比例遵循了 Vitr. IV.vii.2 与塞利奥的 Book IV fols. I27r–v。

15. 关于改变柱子比例的法则可见 Book IV fols. 187r–188r。关于尺寸变化的例子，参见 Book VI fol. 14v。

16. 在这里所有粗面石饰风格大门中都使用的下降的拱顶石，让人想起 Giulio Romano 的 Palazzo del Te, Mantua。

17. 手稿中没有这封自荐信，也没有关于这个入口的文字；面向图像的一页有横线，但是空白的。

18. 即门的宽度。

19. 这里的文字(及以下)是 *vicioso*(邪恶的)：见术语"有缺陷的"。关于这个形容词的道德内涵，见导言, pp. xxi–xxvi。

20. 在手稿中，有关这个入口的整个文字中写道："门是塔司干式的，混合着精细的粗面石饰风格。它的柱子是平的，刻有浮雕。它们的高度是宽度的 10 倍，这是基于 Vitruvius 对圆形神庙的权威解释。这样做并没有缺陷，因为两根柱子被放在了一起，而且也都有浅浮雕。"

21. Vitr. IV. viii.I（不同于 LV.vii.2，那里写明是 7 倍）。

22. 在手稿中，有关这个入口的整个文字中写道："同样是带着粗面石饰风格外观的塔司干式作品。它的柱子也是十倍柱宽的高度，因为这是 Vitruvius 在圆形神庙中所描述的，在柱子顶部收分了四分之一。"

23. 混合了粗面石饰风格的多立克式门，描绘在 Book IV fols. 147v–148r。

24. 这里的枕形饰在这里被随意地解释为垫子（来自拉丁语 *pulvinus*，意思是"垫子"）。

25. 此处文本为 *bizzaria*，关于这个概念，见 Carpo, M., *La maschera e il modello, op. cit.*, pp. 68–70。

26. 即由片断构成，就像 Rustic gates XVIII (fol. 11v) 与 XXI (fol. 13r)。

27. 在手稿中，有关这个入口的整个文字中写道："这个入口是多立克式与粗面石饰风格的结合，但是其中某些元素是放任和随意的；举个例子，在柱头与面板之上的垫子进入山墙，打断了掩口——所有的都超出了规则。然而这些似乎会比符合规范的那些结构更加好看。所以不需要认为多立克式柱子有9个半柱宽的高度是错误的，因为是那些包围着它们的连接结构使它们变得更加坚固和好看。"

28. 即门口的宽度。

29. 在手稿中，图像省略了雕像底座。在手稿中，有关这个入口的整个文字中写道："出现在这里的这种入口可以被称作是多立克式与粗面石饰式的结合，尽管柱子的柱础是多立克式的，并且高度超过了 Vitruvius 所描述的。然而，由于柱子被5条饰带所包围，它们非常坚固，看起来也令人愉悦。但是，读者，一定要确保在柱子上原来三陇板的位置有檐托，在相邻两个飞檐托饰之间有5块三陇板。"

30. 见 Onians, J., *op. cit.*, pp. 281–282; Carpo, M., *op. cit.*, esp. p. 69。

31. 即门的楣梁。见 Vitr. IV.vi.2 以及 4。

32. 在手稿中，有关这个入口的整个文字中写道："因为柱础与柱头的形式，这个入口还是可以被称为多立克式的。这个入口的立柱并没有完工，但是用来建造它剩下部分的材料还是可见的，尤其是底层、中层和高层部分的尺寸已经清晰可见。有些人希望它有可以容纳刻字和纹章的地方，所以在立柱上面有两个方形区域。并且三角墙上面的面板就是用于容纳刻字的。"

33. 即门口的宽度。

34. 在手稿中的图像描绘了雕像底座。在手稿中，有关这个入口的整个文字中写道："现在这个入口可以被用于堡垒，因为它协调使用了粗面石饰风格和多立克式，因为一个堡垒需要一个主入口和一个侧门。这种入口非常华丽，并且它有容纳雕像、镌刻、纹章和其他东西的地方。也许两边的两个三角山墙看起来粗俗和随意了一些。我承认，在最开始我就辩解过，说这30种大门的设计是放任的，可能这些东西回避那些遵循规则的更令人愉悦。"

35. 文本误写为 *piedestal*（基座）。

36. 实际上比2尺略高。

37. 这里对装饰"奢侈"的强调。见 Carpo, M., *op. cit.*, esp. p. 70 n. 14. 也见 Carpo, M., 'L'idée

de superflu dans le traité d'architecture de Sebastiano Serlio', *op. cit.*。

38. 在手稿中，有关这个入口的整个文字中写道："这入口可称为多立克式、粗面石饰风格以及混合式的。因为柱子的缘故它是多立克式的。这些都是浅浮雕，一些粗面石饰风格饰带包围着它们，并且被两块面板所覆盖，在上面你可以放置战衣，刻字和浮雕历史场景画。它也可以被称为混合式，因为中楣上有飞檐托饰。中楣上的面板是用于刻字的。此外，你可以把任何你想要的东西都放在山墙里。"

39. 遵循 Vitruvius 关于建筑起源的说明，Vitr. II.i.3–7. 塞利奥的原初多立克柱式体现了 Vitr. IV.ii.1–5 里讨论的多立克式起源。

40. 在手稿中，词语2（*due*）被省略了。

41. 在手稿中，词语2（*due*）被省略了。

42. 然而，这与塞利奥在 Book IV fol. 142*v* 里关于三陇板分布的讨论是相反的。这一描述是指手稿中的图像，而不是第一版中的图像，后者的中心空间是最大的。

43. 见 Vitr. IV.iii.3–5. 手稿中原文为："但是对那些对雕塑并不过于严格要求的人来说，这种多样性看起来是'典雅'的。"

44. 在手稿中，句子的剩余部分被省略了。

45. 此处文本为 *soda*，塞利奥在 Book VII, p. 120 中定义的建筑术语之一，见 Onians, J., *op. cit.*, pp. 266–271。见术语表。

46. 在手稿中，此处文本为 'conio di mezzo … è Ionico'（中心拱石……是爱奥尼式的），句子的剩余部分被省略了。

47. 关于爱奥尼式大门的线脚，塞利奥在 Book IV fol. 178r 中提及"那种元素，当它们经过了精心雕刻，而且有更多的装饰，就成为科林斯式的。"对凹雕的效果，见 Book VII pp. 120–127。

48. 在手稿中，文本总结道："在拱券中拱石是交替的，一些是以粗面石饰风格雕刻的活石，一些是砖的，仔细地结合在一起，框缘也是被用同样的方式划分的。这种设计效果很好，就像在罗马 Portico of Pompey 的拱券上看到的那样。"

49. 罗 马 的 Portico of Pompey 也 被 称 作

'Crypta Balbi'。 见 Book III fols. 75r–76r and vol. 1, p. 439 n. 143, Book VI fol. 65r 注释。也见塞利奥在 Book VII Vienna MS Project xxv fol. 9v（附录 2）中对这个建筑的引用。关于塞利奥和 Portico of Pompey， 见 Günther, H., 'Porticus Pompeji: Zur archäologischen Erforschung eines antiken Bauwerkes in der Renaissance und seiner Rekonstruktion im dritten Buch des Sebastiano Serlio', *Zeitschrift für Kunstgeschichte*, vol. 44, no. 3 (1981), pp. 358–398。

50. 见 Book IV fol. 188v 与 vol. 1, p. 453 n. 308。

51. 在手稿中，图像省略了小天使。

52. 如同 Rustic gate IX (fol. 7r)，塞利奥的原初多立克柱式反映了 Vitr. IV.ii.1–5 中讨论的多立克式起源。

53. 即比 Vitruvius（IV. iii 4）推荐的，以及塞利奥在 Book IV. Fols. 127r 与 140r 中推荐的要高，在这两处，多立克柱是 7 倍柱宽那么高。关于柱子比例交替的规则参见 Book IV fols. 187r–188r。

54. 实际上之前没有讨论过。

55. 在手稿中，文字为 'in qualche minere in italia'（在一些意大利的矿井中）。

56. 或者是 scalpello，一种凿子或石头切割工具。见 Book III fol. 93v。

57. 在手稿中最后一个句子是这样的："除此之外，作为花园的入口，这个木质的大门可以采用防雨的木材，比如松木、松树、板栗木、橡木，但要是使用落叶松的话，它就会变得持久，并且有一个漂亮的外观。"

58. 即接着 Book IV fol. l42v。

59. 即高度。

60. 见 fol. 8r 的例子。

61. 遵循 Vitr. IV.iv.3。关于塞利奥通过添加凹槽明显扩展柱子宽度的做法，见 Book IV fol. 159v。也见 Book IV fol. 177r。这里以及在 Book VII p. 46 使用的意大利语是 *virtù visiva*，也出现在 Pèlerin, J. [ 'Viator'], *De Artificiali p[er]spectiva*, (1505) sig. aiiiiv。见 Book VII Vienna MS Project I fol. 1r [ 与 Carunehio, T., in Fiore, F. P., *Sebastiano Serlio architettura civile* (1994), p. 281 n. 1], 也见 Alberti, L. B., *On Painting*。

62. 在手稿图像中，面具的位置被放置了名牌。

63. 混合粗面石饰风格的爱奥尼式门，描绘在 Book IV fols. 164r–v。

64. 即高度。这里遵循了 Book IV fols. 127r 与 158v（8 倍）以及 Vitr. IV.i.8（8 倍半）。

65. 即高度。

66. 关于建筑五种"风格"的定义，见 Book IV fol. 126r。

67. 关于爱奥尼枕形饰中楣，Book IV fol. 161v。也见上面，Rustic gate IIII fol. 4v 注释。

68. 关于中楣上的飞檐托饰，作为混合柱式的元素（基于 Colosseum），见 Book IV fol. 183r。

69. 关于在罗马发现的这个爱奥尼柱头的变体，见 Book IV fol. 160v（柱头"P"）。也见门上的柱头，Bock IV fol. 163v。

70. 即使它的比例与塞利奥在 Book IV fols. 127r 与 169r 所推荐的 9 倍是矛盾的。

71. 在手稿图像中，一个球替代了月亮（Henri II 的名徽）。但是这个月亮符号出现在手稿以及印刷出版的 Rustic gate XXVIII。

72. 此处文本为 'al alto la porta'（在门的上部），而手稿更正为 'a lato [del]la porta'（在门的一侧）。

73. 见 fol. Iv 注释。

74. 见 fol. 9v 注释。

75. 即门的楣梁，这里与下面都是。见 Vitr. IV.vi.2 与 4。

76. Vitr. IV .vi.2–3。参见塞利奥 Book IV fols. 143v 与 162v。

77. 这种类型的吊桥在 Book VII pp. 88–95 中有所描绘。塞利奥也在他 Book VI, e.g., fol. 12v 里的堡垒设计中使用了吊桥：一种滑动类型的桥描绘在"Book VIII"fol. 17r。

78. 遵循 Book IV fols. 126v and 139r 中概括的适宜性原则。见术语表与导言 pp. xxxvii–xxxix。

79. 关于这个门， 见 Hersey, G., *The Lost Meaning of Classical Architecture* (1988), pp. 83, 126。关于不同类型的粗面石饰风格，见 Book IV fol. 158v。

80. 相似的图像也出现在 Book Ⅳ fols. 182*r–v* 的科林斯式壁炉。

81. 在手稿中最后一句被省略了。

82. 此处文本为 *sottobase*（塞利奥发明了这个术语）

83. 关于这个门，见 Carpo, M., *La maschera e il modello*, *op. cit.*, pp. 69–70。在手稿中，文字添加了 *del altro*（另外一个的），显然是指前一个门的两种粗面石饰处理（这里将 "*del'altro*" 读为 "*dell'altra*"）。

84. 在手稿图像中，粗糙和平滑条带相互交替。

85. 在手稿中，文本为 *cannellatura ionica*（爱奥尼式凹槽）

86. 类似的支撑臂也出现在 Book Ⅳ fol. 181*r* 的科林斯式壁炉里。

87. 在手稿图像中在檐口的位置描绘了圆形饰。

88. 在手稿中，文字为 'legata di rustic pulito'（与 "干净" 的粗面石饰在一起）。

89. 即门楣梁，见 Vitr.Ⅳ.vi.2 与 4。

90. 事实上一个圆的六分之一：类似的拱券形式，见 Book Ⅳ fols. I33*r–v*。

91. 在手稿图像中，山墙壁被描绘为檐口下没有齿饰的网状形态。柱子的饰带是光滑的。

92. 关于这个出入口，见 Carpo, M., *op. cit.*, p. 66。

93. 见 fol. 11*v* 注释。

94. 在 Book Ⅳ fol. 138*v* 描述粗面石饰风格类型的文字中没有单独标明 *Rustico a bognioni colmi*。

95. Alberti 将这种 "风格" 称为意大利式的，Ⅶ. 6 [p. 201] 并且用于 Tempio Malatestiano。也见 Philandrier 版本的 Vitruvius, *In decem libros M. Vitruvii Pollionis de architectura annotationes*, Rome (1544), pp. 91–93

96. 即 Colosseum。关于这个见 Book Ⅲ fol. 80*v* 与 Book Ⅳ fol. 183*r*。

97. 第一个版本误将琢石描绘为粗面石饰风格的，但是手稿图像将他们描绘为光滑的（没有粗面石饰处理）。

98. 这里的文本和手稿中没有多余的词 *in altezza*（在高度上）。

99. 即遵循 Vitr. Ⅳ.iii.4，以及塞利奥 Book Ⅳ fols. 127*r* 与 140*r*。

100. 在手稿中，文本为 *vana*（并无价值可言）。

101. 忠于 Book Ⅳ fol.126*r* 中概括的适宜性原则，在精细 / 粗面石饰风格两个极端之间的装饰范畴构成了这本书（以及 Book Ⅶ pp. 120–127 的装饰术语）的主要两个部分，在这里它们与 Aristote 在两个对立的道德极端之间的变化相对应，后者出现在 *Ethics* 一书之中，比如大胆或挥霍对立于谦逊与克制（*bizzaria/modestia*）。Book Ⅵ 中的商人阶层代表了非常贫穷与非常富有之间的 "中道"，这里遵循了 Calvin 在他的 *Christianae religionis Inslitutio*, Basle (1536) 中支持的 "追求中道"，见 Carpo, M., 'The Architectural Principles of Temperate Classicism. Merchant Dwellings in Sebastiano Serlio's Sixth Book', *Res*, vol. 22 (1992), pp. 135–151. 见导言, pp. xxi–xxvi

102. 对于塞利奥为某些建筑的放任设计所做的辩护，见他致读者的信 fol. 2*r*。关于这个门，见 Onians J., *op. cit.*, pp. 280–281。

103. 即门的楣梁，见 Vitr. Ⅳ.vi.2 与 4。

104. 正如在 Book Ⅳ fol. 140*v* 中所讨论的那样。也见 Alberti, Ⅶ .9[pp. 212–213]。关于这一引用，见 Carpo, M., *La maschera e il modello*, *op. cit.*, p.70。

105. 特别是指拱石之间的野兽面具。见 Carpo, M., *ibid.*, pp.70, 80. Onians, J., *op. cit.*, pp.280–281。Payne, A., *Treatise*, *op. cit.*; 'Creativity', *op. cit.*。也见导言, p.xxxvii。塞利奥在他给 Henri Ⅱ 的篇首信（sig.A2*r*.）中提到了他在枫丹白露时周围环境的 "荒野" 性质。

106. 此处文本为 *ordine*，见术语表中的 *order*：对拱石之间野兽面具的进一步指代。

107. 关于这个概念，见导言, p.xxxvii。在手稿中这个文本和之后的门与前面的 28 种有不同的笔迹。

108. 也参见 Book Ⅳ fol. 129*v*。这里的文本误将 *porticella*（侧门）写作 *Ponticello*（小桥）。

109. 文本误将 'finta'（假的）写作 'finite'

（完成的），手稿是正确的。

110. 见 fol. 7v 与注释。

111. 即门的楣梁，参见 Vitr. IV.vi.2 和 4。

112. 在手稿图像中省略了两个方尖碑以及中央栏杆。

113. 见 fol.11v 注释。

114. 手稿图像中描绘了门上的名牌，山墙是三角形的，带有雕像底座。

115. 在手稿图像中涡卷的位置绘制的是雕像底座。

116. 此处文本为 sottobase( 塞利奥发明了这个术语 )。也见 fol.13r。

117. 见 Book IV fol. 161v。

118. 在这里回应了 Book VII 的内容，那里提供了使用古代柱子的无数案例（见 pp. 98–118；也见 sig. ãiv 注释）。在手稿中，图中省略了 Henri II 名徽（"H" 和月亮）。关于这种省略在确定手稿时间上的重要性，见 Erichsen, J., in Thoenes, C. (ed.), op. cit., p. 191。在这个精细的门里，Henri，此书所敬献的人，与爱奥尼柱式联系在一起。这种柱式（根据 Book IV fol. 158v）适合于"有文化的男人"（这里与更为"坚固"的多立克式混合在一起）。通过这个设计，塞利奥可能想进一步吸引 Henri 对建筑或者资助建筑工程的兴趣。

119. 见 fol.16v. 注释。

120. 见 fol. 9r。关于为多立克柱所做的同样辩护，也见 fol. 8r。

121. 关于这种科林斯柱更多的例子，见 fol. 10v。关于塞利奥带有 10 倍半柱宽高度的科林斯柱式的拱券范例，见 Book IV fols.180r–v。

122. 参见 fol. 8v 与注释。

123. 文本误写为 e mettendi di drietto，而手稿是 et metterli [sic] di drieto（并且放置在其后）。

124. 见 fol.9r 与注释。

125. 遵循 Book IV fol. 159v 和 Alberti, VII.9 [p.216]。Vitruvius 在 Vitr. IV.iv.2 提到二十四种凹槽。

126. 见 fol.10r 和 Book IV fol. 160v（柱头"P"）。

127. 在手稿图像中省略了雕像底座。

128. 此处文本为 dal'altre( 来自别人 ) 而手稿是 dal'altra( 来自另一个 )，这里采用了后者。

129. 文本误将 porta( 门 / 通道 ) 写为 potra。

130. 是指手稿，在手稿图像上部"立面"里面板的位置描绘了的壁龛。雕像底座被略去了。

131. 见 fol. 10v。关于塞利奥带有 10 倍半柱宽高度的科林斯柱的拱券范例，见 Book IV fols. 180r–v。

132. 见 fol. 8v 与注释。

133. 文本误将 ghiesa（教堂）写为 ghiesiesia。

134. 见 fol.10v。

135. 此处文本为 quelle tabeile（那些面板），而手稿则是 quella tabella（那块面板），这里采用了后者。

136. 是指传说中的 Temple of Solomon 中所谓的"美丽的门"，Raffaello 在他著名的插画 The Healing of the Lame Man (1515) 中描绘了它。这些柱子是基于罗马圣彼得教堂柱子，人们（错误地）认为后者是由第一位基督教皇帝 Constantine 从神庙的 Holy of Holies 那里取来的（这些柱子中的八根被 Bernini 重新用在华盖之中，面向他的 Baldacchino，位于十字交叉处内部斜角之中）。这些柱子与 Raffaello 的扭曲柱子都装饰了夸张的饰带，与塞利奥柱子的扭曲凹槽相类似。关于圣彼得教堂装饰过的柱子，见 Filarete 的 Book VIII fol. 57r。

137. 在手稿中图像省略了雕像底座。

138. 见 Book IV fol. 161v。也见 Rustic gate IIII fol. 4v 与注释。

139. 文本省略了词语 il（这个），在手稿中是有的。

140. 此处文本为 dieci（十），而手稿是 'X'，这里采用了后者。

141. 在手稿中的图像省略了雕像底座。

142. 即门的楣梁，参见 Vitr. IV.iv.2 和 4。

143. 在手稿中的图像省略了涡卷和山形墙上部的盾饰；制成格子状图案。

144. 即这些平柱子的存在进一步将圆柱向外推出，因此檐部必须外凸与其对齐。在每一个例子中个，柱子都从墙面更向外突出 (XVI, XVII 与 XVIII)。

145. 在手稿中的图像省略了山墙上的涡卷，在山墙饰的位置绘制了名牌与涡卷。

146. 即打破了 Book IV fols. 127*r* 与 183*r* 的规则，在那里混合式柱子的高度是 10 倍柱宽。

147 这里错误地使用面积来定义一个高度。

148. 见 fol.10*v*。关于塞利奥带有 10 倍半柱宽高度的科林斯柱的拱券范例，见 Book IV fols.180*r–v*。

149. 此处文本为 *Ordine bastardo*。这楼层 / 柱子是"非法的"，是由于其位于檐口和山形墙之间，在古代神庙立面（就像 Book IV fol. 143*r* 中描绘的）中没有这种元素。关于柱子缺失所形成的"非正统"檐口，参见 Book V fols. 212*r* 与 216*r*。

150. 在手稿中的图像省略了涡卷。

151. 即柱宽。这是指手稿里（更高的）楣梁。

152. 在拱券顶部的 'P.V.O.' 上 [ 以及第一个（粗面石饰风格）大门顶部雕像底座中交错的 C 里 ]——都在手稿图像中省略了——见 Charvet, L., *op. cit.*, pp. 73–76, 以及 Dinsmoor, W. B., *op. cit.*, p. 75 n. 100。

153. 此处文本为 'lo numero delle porti'（所有的大门全部），在手稿中为 'lo numero di L porti'（所有 L 大门全部），这里采用了后者。

# 术语表

塞利奥将很多法语词源的词意大利化了（比如 *bassacorte* 来自 *basse-cour*，*galatà* 来自 *galetas*）。他还通过给拉丁词语加上意大利词尾，来创造了很多新的意大利语术语：关于这个见 Jelmini, A., Sebastiano Serlio, il trattato d'architettura (1986), pp. 199–269, 281; Rosenfeld, M. N., Sebastiano Serlio: On Domestic Architecture (1996 ed.), p. 3.

**Affected**（*affettata*）做作：

在第七书中（pp.120-127）定义的一系列风格术语之一，塞利奥提及，"因为我要讨论各种可能出现的情形，我希望简短地——作为某种插曲——'清醒的'建筑，特别是关于装饰与适宜性。我想要以我微薄的智力尽可能解释，两种不同建筑之间的区别，其中一种是'坚固'、'简单'、光滑、甜美与柔软的，另一种是'虚弱'、'易碎'、'精细'、'做作'、'粗糙'、'暗淡'以及'迷惑'的，我将在此后的 4 张图像中说明这些。" John Onians[*Bearers of Meaning* (1988), pp.266-277] 提及，在这里"塞利奥描述和描绘了此前从未被讨论过的建筑风格的一些品质，使用的工具是由 5 对术语构成的语汇，其中每一对指代两种相互对立的特征。很明显，每一对都对应建筑风格不同的方面：比如，第一组词 *soda*['坚固']与 *debole*['虚弱']所指为是否具有结构强度，中间一组 *shietta*['光滑']与 *delicata*['精细']所指为雕刻细节的多少程度，而最后一组 *morbida*['柔软']与 *cruda*['粗糙']指代的是效果的强烈程度。"通过理解这些术语，

塞利奥的读者不仅能够区别不同的风格，还能够选择其中最好的风格。它们与画家所使用的词汇之间的关系在此后的一个例子中（p.126）得到了鲜明的体现，在那里描述了 *istoria*（见后面内容）相互对立的光线效果。忠实于第四书 fol.126*r* 中所描述的适宜性原则（见后面内容），这些装饰属于体现了在相互对立的道德品质之间所进行的亚里士多德式的调和（这里的"暗淡"与"光亮"），亚里士多德在《伦理学》（*Ethics*）一书中强调了"中道"（塞利奥在第七书 p.126 与第六书 fol.58v 等处均给予了赞扬）以及人的判断（塞利奥一直强调）所扮演的角色："黄金中道"是一种斯多葛学派的哲学理想，在 Horace 与 Seneca 的论述中可以看到。这里所涵盖的装饰与道德理念的范畴，也体现了"门的额外之书"中以粗糙／精细划分的结构特征——见粗面石饰的门 xxviii（fol. 16*v*）注释。这些词语也与塞利奥关于多余和放任的理论有关，参见"关于门的额外之书"，"给读者的信"fol. 2*r* 注释；尤其可以参考 Carpo, M., 'L'idée de superflu dans le traité d'architecture de Sebastiano Serlio', *Revue de Synthése*, vol. 113, nos. 1-2 (1992), pp. 134-162. 关于这些风格词汇，也见 Carpo, M., *La maschera e il modello. Teoria architettonica ed evangelismo nell' 'Extraordinario Libro' di Sebastiano Serlio* (1551) (1993), esp. pp. 56-59. Payne, A., *The Architectural Treatise in the Italian Renaissance* (1999), pp. 136-138. 更进一步的讨论参考导言 pp. xxi-xxvi.

*Anticamera*[pl. *−e*] 前室：

（较大的）主室（见后面内容）的外部服务（等待）房间；对应有内部的后室。关于房间比例的定义，见第六书 fol. 74*r* 与第七书 p. 148。Sabine Frommei 认为塞利奥基于这些房间在教皇与罗马主教的宫殿中所具备的重要性，而将它们引入了法国，见 *Sebastiano Serlio* (1998), p. 231。关于这种前室，见 Waddy, P., 'The Roman Apartment from the Sixteenth to the Seventeenth Century', in Guillaume, J. (ed.), *Architecture et Vie sociale ... à la Renaissance* (1994), pp. 155–166. 也见 Rosci, M. (ed.), *Il Trattato di architettura di Sebastiano Serlio* (1966), vol. 1, p. 61; Frommel, C. L., *Der Römische Palastbau der Hochrenaissance* (1973), vol. 1, pp. 71ff; Thornton, P., *The Italian Renaissance Interior 1400–1600* (1991), pp.294ff.

**Apartment (*appartamento*) [pl. *-i*] 套房：**

这个词可见 Cosimo Bartoli 于 1550 年出版的阿尔伯蒂的译本，以及 Vincenzo Borghini 的 *Trattato della Chiesa e dei Vescovi Fiorentini*（在他去世后出版的 *Discorsi*, Florence (1584–1585)）（他提及这是个新出现的词）：见 Waddy, P., *op. cit.*, pp. 155–166; Rosci, M., *op. cit.*, p. 64; Thornton, P., *op. cit.*, pp. 300ff.

**Arrangement 排布：**

见后面的"秩序"（*ordine*）

**Basecourt (*bassacorte*) [pl. *-i*] 低院：**

塞利奥将法语词汇 *basse-cour*（字面意义为"低院"）转化为意大利语，成为 *bassacorte* 一词。在第六书 fol. 14*v*（Grand Ferrara）低院被等同于外院（农场），但是在 fol. 38*v*（国王的别墅）中，它构成了前院（方形的），在第六书的哥伦比亚手稿（方案 XLI, 29）中进一步讨论道："因为这些最靠前的院落在法语中被称为 *bassacorte*，这完全正确，因为[周围的]……民居的阶层比主要的或王族的住宅要低。"在枫丹白露宫的 *basse-cour* 的讨论中这个词的使用是最具启发性的，他在第六书（慕尼黑手稿）fol. 31*v* 中将其称之为一个"巨大的、宽广的低院"，

虽然塞利奥对有着几个内院的意大利宫殿平面非常熟悉，其中包括博洛尼亚的 Palazzo Bentivoglio 以及 Ferrara 宫殿等案例。关于 Château de Saint-Germain-en-Laye 的 *basse-cour*，见 Knecht, R. J., *The Reign of Francis I, Renaissance Warrior and Patron* (1994), p. 422; 也见 Guillaume, J. (ed.), *op. cit.*。

**Camera [pl. *-e*] 主室：**

一种中等大小的私密的房间，通常配备有一个外部前室（见上面内容）与内部的（后室，见后面内容）。关于房间比例的定义，见第六书 fol. 74*r* 与第七书 p. 148。也见 Waddy, P., *op. cit.*, pp. 155–166; Rosci, M., *op. cit.*, p. 61; Frommel, C. L., *op. cit.*, vol. 1, pp. 71ff; Thornton, P., *op. cit.*, 285ff.

*Camerino*[pl. *-i*]/*Cameretta*[pl. *-e*] 从室：

一种小的主室（见上），或者是后室（见下）。此外，有时也是卫生间。关于从室的例子，见第七书，p.18。关于房间比例的定义，见第六书 fol. 74*r* 和第七书 p.148。也可见于 Rosci, M., *op. cit.*, p. 61。

*Camerotto* 次室：

一种比从室大，但是比主室小的房间，见第七书 p.18。

*Canova/Cantina* [pl. *-e*] 储藏窖：

一种外屋或地窖，用于储存或者是制作葡萄酒与橄榄油。

*Casamento* [pl. *-i*] 临时住房：

一种暂住房（*loggiamento*）（见下）。

**Casemate 射击暗堡：**

在军事建筑中，从厚墙中掏出的有射击孔的拱顶房间，用来作为射击据点（见 Francesco di Giorgio, codex 'L' fol. 3*r*）。一层射击暗堡的例子出现在 Palazzo Farnese di Caprarola 中，位于五边形宫殿的角上：它们出现在 Peruzzi 的平面上（Uffizi A500）。也见小 Antonio da Sangallo 的设计中（1537 年之后的绘图，Uffizi 754A*r*）类似的射

击暗堡，见 Adams, N., 'Sebastiano Serlio, Military Architect?', in Thoenes, C. (ed.), *Sebastiano Serlio* (1989), pp. 222–227。

**Citizen (cittadino) 公民：**

在第六书的第二部分中出现了一些城邦的社会类型（但是去除了教士住宅，纳入了雇佣兵首领住宅以及服务于外来政权的统治者的住宅），显然由一个君主体制统治（对立于威尼斯形式的共和国，但是符合塞利奥当时的资助人法国的王权体制），"公民"就受其管辖。在第六书的第一部分中，"公民"等同于手工艺人与商人（但不是农民），被安置在"城市之外"（fol. 3r）。奇怪的是，在城市内部，手工艺人不再被明显地称为"公民"，这个称呼被用于一个地位等同于商人的阶层，与他们成为对比的是"高贵的绅士"（富有的商人也被定义为一个"个人绅士"，fol. 51r）。在哥伦比亚手稿中，法语注释（Du Cerceau 所写）将平民与商人都翻译为"布尔乔亚"。乡村农民（在城市中没有对应者）以及城市手工艺人（但不包括乡间对应者）被塞利奥拒绝给予公民权（就像罗马帝国法律不给奴隶以公民权）。塞利奥有五个阶层，构成了第六书的两个部分：

1）有地农民（即并非地主，住在乡村，不是"公民"）以及手工艺人（但当他们是城市居民的时候，就成了"公民"）。

2）商人与公民 [富有的公民，以及商人也是"个人绅士"（fol. 51v）]。

3）绅士（包括雇佣兵首领）[但没有被清晰地定义为一个公民，虽然"高贵"（fol. 51v）]。

4）贵族（包括专制亲王，只居住在乡间）以及他在城市中的对应者，城市统治者（同样没有清楚地定义为公民）

5）王族

在意大利的公社时期（11–14 世纪），"公民"阶层获得了更清楚的定义，阿尔伯蒂在《论幸福》（*On Happiness*）中讨论了公民这一主题，就像他在《论建筑十书》[*On the Art of Building in Ten Books*(trans)J. Rykwert *et al.*, 1988], IV. 1（pp. 92–93）] 中讨论了古代的社会等级。参见亚里士多德的《政治学》（*Politics*, Chaps. 7,8）。关于塞利奥的阶层体系，见 J. S. Ackerman in Rosenfeld, M. N., *op. cit.* (1978 ed.), pp. 11–13。Ackerman 声称"即使塞利奥使用的术语'公民'有威尼斯特征：它所指代的是在一个法律上不同类别的人们，在今天被称为'职业'阶层——医生、律师、社会服务者，他们享有相当程度的权利与特权，但是并不包括直接参与共和国的立法活动，这被限制在有限数量的贵族阶层中。"也见 Ackerman, J. S., Rosenfeld, M. N., 'Social Stratification in Renaissance Urban Planning', in Zimmerman, S., Weissman, R. F. E. (eds.), *Urban Life in the Renaissance* (1989), pp. 21–49。

**Commodity (commodità)/Commodious (commodo) 实用：**

是指具有实用性以及总体便利的事物。这个术语体现了维特鲁威三个术语 *firmitas*、*utilitas*、*venustas* (Vitr. I.iii.2) 中的 *utilitas*。阿尔伯蒂谈到了"三种 [ 建筑的特征 ] 永远不应该被忽视……它们的各个部分应该安排得适合于它们被设计来要服务的任务，总而言之，应该非常实用；至于强度与耐久，它们应该坚固，非常能持久；至于优美与典雅，它们的各个部分都应该有装扮、有秩序、有装饰"– *op. cit.*, 1.2 [p. 9]。关于维特鲁威的 *commoda distribution* 的概念，作为 *utilitas* 中最根本的部分，见 Vitr. I.ii.3。可参考 Kruft, H.-W., *A History of Architectural Theory from Vitruvius to the Present* (1994 ed.), pp. 24, 84–85。塞利奥在他自己的设计中，致力于古代的适宜性（见下）与现代的实用性（体现在壁炉的形式，舒适房间的高度以及大窗户等处）之间的平衡。因此，他的第六书所宣称的目标就是"讨论这种适宜性与实用性的统一"（fol. 1r），法国的舒适概念也体现在明显为法国商人设计的住宅中。但塞利奥在他最早的出版物中就已经使用了这一概念（第四书 fol. 128v）。在"第八书"的"理想"军事城市中，因为缺少任何当代的功能或者是地区性的起源，这个词仅仅出现了一次（fol. 3v，关于小窗户）。关于第六书住宅中"添加的"法国实用性设计，见 Carpo, M., 'The architectural principles of temperate classicism. Merchant dwellings in Sebastiano Serlio's Sixth Book', *Res*, vol. 22 (1992), pp. 140–141 ( 也可见 Fiore, F. P., *Sebastiano Serlio architettura civile* (1994) pp. xxxii– xxxiv)。关于塞利奥对来自法国与意大利传统中的不同实用性标准的使用，见 Rosci. M., *op. cit.*, p. 62。也见导言，p. xiv。

### Commodities 服务房：

特殊情况下，指一个住宅中的服务房间，比如侍从的区域，以及厨房，但更多时候，是指所有的房间。

### Compartition (*compartimento*)/Compartitioned (*compartito*) 划分：

当塞利奥将正面或平面划分为更小的可以度量的单位时，塞利奥使用了这个概念。阿尔伯蒂已经定义过这个概念 [*op. cit.*, 1.2（p. 8）]："划分是将一个场地切分成更小的单元，这样建筑可以被理解为由紧密组合的小一些的建筑构成的，就像身体的各个部位结合在一起那样。"在另外一个地方 [*ibid.*, 1.9（pp. 23–24）]，阿尔伯蒂给予它更维特鲁威化的背景，他指出，通过将所有线条、角度组合成一个和谐的，尊重实用、尊严以及愉悦的作品时，划分整合了 [ 一个建筑 ] 的各个部分。

### Conceived (*inteso*) 理智的：

这个概念体现了维特鲁威设计中暗含的"秩序"（见下）理念。比如，塞利奥在第三书（fol. 50*r*）中介绍万神庙时使用了这个概念，他写道，"作为一个单体"，他是罗马古代建筑中，"最为美丽，最为完整以及最理智的。"在这种情况下，每一个元素都构成了一致整体的部分，就像塞利奥在第三书 fol. 94*v* 中写道："事实是，建筑中最美丽的部分是各个对应元素之间的和谐，建筑不应当被任何触犯眼睛的事物所损害。"这回应了阿尔伯蒂的类似理念："美就是一个单体中各个部分的理性和谐，以至于任何添加、消减或者是改变都只能让它变得更差"（*ibid.*, vi.2 [p. 156]）。也见阿尔伯蒂关于 *concinnitas* 的讨论，IX.5 [p. 302]。

### Confused (*confusa*) 含混：

风格术语，见前面的 "*affettata*"（做作），以及 Onians, J., *op. cit.*, pp. 266–277: Payne, A., *op. cit.*, pp. 136–138。

### *Credenza* 餐柜：

餐具柜或者橱柜，比如第七书 pp. 14, 142。也见 Waddy, P., *op. cit.*, p. 161。

### Crude (*cruda*) 粗鲁：

风格术语，见前面的 "*affettata*"（做作），以及 Onians, J., *op. cit.*, pp. 266–277: Payne, A., *op. cit.*, pp. 136–138。

### Curtain wall 外围墙：

军事建筑中的外围墙，通常在角部有堡垒，周围有壕沟：在第六书中用于乡村堡垒，fols. 25*v*–26*r*, 27*v*–28*r*, 29*v*–30*r*。

### Dark (*oscura*) 暗淡：

风格术语，见前面的 "*affettata*"（做作），以及 Onians, J., *op. cit.*, pp. 266–277: Payne, A., *op. cit.*, pp. 136–138。

### Decorum (*decoro*) 适宜性：

维特鲁威列出了三种希腊柱式的性别特征——从多立克的"雄性"到爱奥尼的"妇女"再到科林斯的"少女"——并且将这些人的类型与献祭特定神的庙宇的品性或者是"适宜性"（*decor*）相关联。所以，因其"力量"，多立克柱式适用于 Mineva，Mars 和 Hercules；考虑到"中性特质"，爱奥尼适用于 Juno、Diana 和 Bacchus；出于她们的温柔，科林斯适用于 Venus、Proserpine 和 Flora。在这种方式下，每一个柱式通过其品质来定义，比如对于爱奥尼神庙，"就处于多立克的严肃与科林斯的柔软之间"（Vitr. I .ii.5）。维特鲁威对适宜性的论述见 Onians, J., *op. cit.*, pp. 36–38 ( 参考了 Cicero 的 *De officiis*), 塞利奥对同一问题的论述见 pp. 272–274; Kruft, H.-W., *op. cit.*, pp. 26–27; Payne, A., *op. cit.*, pp. 35–41,

52–60(讨论了适宜性与文学术语 decor 之间的关系），122–123, 138–141。通过将这一理念用于当代功能以及基督教建筑类型的设计中，塞利奥提供了到那时为止最为完整一致的对适宜性原则的解释 [ 比如，关于实用性原则（见上）]。在第四书起始写给读者的信中，他提及"古代人将庙宇奉献给神，让建筑对应于他们的本性，坚固或者细腻，相应的"（fol. 126r）。塞利奥在当代建筑类型中进一步发展了这种"适宜性"原则，强调塔司干柱式适于堡垒与"城门、防御性山城、城堡、国库以及保存武器与军火的设施、监狱、海港，以及其他用于战争的类似设施"（fol. 126v）；多立克适用于那些服务于"有武力的男人"以及"有着强硬品性的人，不管是高、中、低阶层的"（fol. 139r）；爱奥尼适于那些有文化或者有"安静生活"的男人（fol.158v）；科林斯适于修道院、"女修士们献身于神圣信仰的女修道院"，以及那些"正直，有着纯洁生活的人"的住宅，以此"维护适宜性"（fol. 169r）。将柱式用于功能有冲突的建筑之上（比如，超出了柱式使用的常规范畴）将是"放任的"，用塞利奥的概念来说（见下）。在实践中，有着更多装饰的柱式的使用进一步受到了清教徒与加尔文主义者厌恶奢华展现的限制，这一因素也影响了塞利奥在第六书中住宅设计上对柱式的使用。建筑的所处位置同样会清楚地影响一个设计的装饰以及"适宜性"。虽然装饰始终应该与雇主的阶层相适应，在城镇中心，雕刻应该"庄重和克制"，在更为开放的地方以及乡村，"可以容许某种程度的放任" [ 第七书，p.232；这里重复了阿尔伯蒂的论述 op. cit., IX.2（p. 294）]。为当代的实用性理论做设计的需求也弱化了对古代适宜性的全面展现（比如，采用大窗户这样的"放任"）。关于运用在塞利奥住宅建筑上的适宜性，见 Carpo, M., op. cit.（也见 Hore, F. P., op. cit., pp. XXXII–XXXIV）；关于在他军事建筑上的运用，在"第八书"中，见导言 ,pp. xxxvii–xliv

**Delicate (delicate) 精细：**

风格术语，在"门的额外之书"中的双重结构里，与"粗糙的"相反。也见第七书 pp. 120–127 中塞利奥对建筑理念的论述。见前面的

"affettata"（做作），以及 Onians, J., op. cit., pp. 266–277; Payne, A., op. cit., pp. 136–138。

**Design (disegno) 设计制图：**

这个术语有设计与绘图两个意思，后者在文艺复兴早期成为建筑师更为喜爱的呈现媒介（对立于石匠的模型）。在第六书 fol. 1 中塞利奥写道（在对法国石匠可能的分析中）"所有那些没有研究有价值的建筑很多年，以及无法绘图 [privi della grafida]，也就是设计制图的人，应该让位于那些在这些事宜上有着充分了解的人。"贯穿全书，塞利奥在谈及他的绘图时都在这两种结合的意义上使用这个词，来同时指代绘图与"设计"（比如第七书 p.44）。一个图像通常被称为图片（figura），但有时也称为一种"创作"（invenzione，见下）或者是"可见设计"（disegno visible）：后一个词强调了文字的平行角色，仿佛它是设计"不可见"的表现，并且强调了塞利奥提供完整绘图的著作模式所带来的出版事业的革新。关于这个多元概念，见 Hart, V., 'Serlio and the Representation of Architecture', in Hart, V., Hicks, P. (eds.), *Paper Palaces: The Rise of the Renaissance Architectural Treatise* (1998), p. 171 and 'From Alberti to Scamozzi', ibid., p. 13。关于 disegno，见 Onians, J., op. cit., pp. 159, 172–173; Kruft, H.-W, op. cit., pp. 54, 58。

**Escarpment 斜墙基：**

在军事建筑中作为壁垒或墙体基础的一段倾斜的墙。

**Faulty (vicioso) 有缺陷的：**

邪恶的或道德败坏的，一个在"门的额外之书"中大量适用于描述粗面石饰门的词语。关于装饰的道德背景，见导言，pp. xxi–xxvi。

**Flank 侧翼：**

在军事建筑中，堡垒的一部分（外凸的角部），从外防护墙上伸出来（见上面），朝向堡垒的正面，以防卫对面的堡垒（比如第六书 fol.

30r）。也指塔的回墙，见"第八书"fol. 4v。关于侧面延伸出来的开火线，见第六书 fol. 18ar。

**Fragile (*gracile*) 脆弱：**

风格术语，见前面的"*affettata*"（做作），以及 Onians, J., *op. cit.*, pp. 266–277; Payne, A., *op. cit.*, pp. 136–138。

***Galetas* 顶阁楼：**

顶楼或阁楼（可能源于 Bosphorus 的 Galata 塔的带有阁楼的顶部）。塞利奥采用了法语 14 世纪后出现的词语 *galetas*，并且将它意大利化成为 *galatà*（在第六书 fol.39v 与第七书 p.62 中称之为法语词汇）。这种阁楼在法国被称为孟厦式屋顶，名字来源于 François Mansard（1598–1666）。见 Rosci, M., *op. cit.*, p. 66 n. 23。

***Galleria* 展廊：**

法国城堡中的一个长房间，用于漫步（见下面的次厅），欢庆节日和展览艺术作品。在第六书 fol. 23v 中定义为"有窗户的敞廊"（即封闭的敞廊）。在第六书 fol. 4v 和第七书 p.42 中，塞利奥记录了法国"敞廊"与意大利文艺复兴府邸院落中上层长敞廊（通常是开放的）和次厅之间的联系。也在第七书 p.44 中称为"回廊"。见 Rosci, M., *op. cit.*, p. 63; Prinz, W., *Die Entstehung der Galerie in Frankreich und Italien* (1970); Guillaume, J., 'La galerie dans le château français: place et fonction', *Revue de l'Art*, vol. 102 (1993), pp. 32–42; Waddy, P., *op. cit.*, pp. 155–166; Carunchio, T., in Fiore, F. P., *op. cit.*, p. 311 n. 1。

***Gratia, Disgratia and Gratioso* 典雅：**

这些词用来指代事物外观的品质。它们可以受到光和对比的影响。比如在万神庙的例子中，塞利奥强调了均匀顶光多带来的效果："而且并不仅仅是建筑的物质部分有精彩的典雅（*gratia*），也包括在内部可以看到的人们；即使它们只是普通的建筑和样貌，也能在尺寸和美观上获益"（第三书 fol.50r）。在塞利奥看来，部分的平衡也能够产生这种效果：因此在论及万神庙中一个横楣的各个部分时，他注意到"因为这些硬实的部分被放置在曲线形的部件中，它自身就有了显著的 *gratia*"（fol. 54r）。当塞利奥看来这些部分不均衡时，他称他们不典雅（*disgratia*）。比如，他提出，"所有檐口，如果其鼓出部分没有合适的外伸时，就严重地缺乏典雅"（第三书 fol.102v）。也见"门的额外之书"粗面石饰门 VIII（fol. 6v），以及第七书 p.80（'bastard' 作品与 'gratiosa' 作品的混杂）。关于塞利奥在第七书（p.120）中对相关建筑术语的讨论和定义，见前面的"*affettata*"（做作）。

***Guardacamera* [pl. -e] 等候室：**

在 Urbino 宫殿的公爵住宅中，一个等候室是前室 – 主室 – 等候室 – 服务室序列中的一个：宫殿的行为准则（*Ordini et Officii*）上写道，等候室是值得信任的财政大臣在等待接受公爵的讯息和命令时睡觉休息的地方。关于房间比例的定义，见第六书 fol.74r 以及第七书 pp.30,148。也见 Rosci, M., *op. cit.*, p. 61。

***Guardaroba* [pl. -e] 服务室：**

一个主室的服务室。可以指卫生间。尽管从 14 世纪就进入了意大利知识分子圈子中，这个词还是被塞利奥在第六书 fol.3r 中定义为法语词（意大利语后室的法语版本）。关于房间的比例，见第六书 fol.74r。也见于 Rosci, M., *op. cit.*, p. 61; Knecht, R., *op. cit.*, p. 422。

**Intaglios 凹雕：**

一种切入式的雕刻。在第七书（p.122）中塞利奥评论一个设计时，塞利奥谈道，"如果柱子的凹槽中以及柱头中有凹雕，并不会减弱'坚实性'，但会确实地减弱一部分的'简单性'。"类似的，过多的凹雕会导致"混乱"的作品（p.126）。通过添加这些雕刻，作品的"精细"（delicacy，见前面）获得增强，也增加了柱式的表现范畴 [见前面的 "*decorum*"（适宜性）]。见 Payne, A., *op. cit.*, pp. 133–138。

**Invention (*invenzione*) 创作：**

这个词语涵盖了我们现在称为"设计"（design，见上面）的内容；这包括在构造元素中使用柱式，范围包括从住宅立面到壁炉。它们并没有古代先例，因此需要至关重要的建筑师的"判断力"（judgement, 见下面）。在整个第六书中塞利奥都用这个术语来描述他的图像。关于这个概念以及塞利奥第七书中的"情形"（situations，见下面）的概念，见导言 pp. xxxii–xxxiv。关于塞利奥"创作"概念的本质，见 Tafuri, M., *Venice and the Renaissance* (1989 ed.), p. 68. 也见"门的额外之书"，它本身就是完全的创作（*invenzione*）和怪异的精湛合成。

**Istoria/Istorietta 历史场景：**

在 *On the Art of Building* 与 *On Painting* 中，阿尔伯蒂提到了历史场景（*historia*）的概念。在这些作品中，一个历史场景被描述为来自文学与传说中的场景，其中包含了有各种态度的人物形象；见 *On the Art of Building, op. cit.*, VIII.6（p. 268），以及 *On Painting and On Sculpture* (1972 ed.), esp. II.33（p. 71），35（p. 73），40–41（pp. 79–81）。作为一种艺术形式，从阿尔伯蒂的时代到 19 世纪，它都被视为绘画品质的最高程度。在第三书（fol. 76*v*）中，塞利奥将图拉真纪功柱上的场景描绘为历史场景，在第四书（fol. 191*v*）中，他将历史场景置于描绘牺牲、战争与传说的背景之中。塞利奥自己设计了一个基于图拉真历史的历史场景。见第二书 fol.18*r* 注释。关于历史场景，见第六书 fol. 65*v* 以及塞利奥在"门的额外之书"中的"致读者"（sig. A2*v*/2*r*）。关于历史场景的效果，见第七书 p. 126。

**Judgement (*giudicio*) 判断力：**

优秀的判断力是一个富有灵感的艺术家或建筑师的关键标志。尽管塞利奥的目标是要一系列"总体法则"（*regole generali*），他也承认这些只是对读者艺术判断力的指引。关于判断力的起源（教授或者是天生的），见第七书 p. 120。关于阿尔伯蒂对建筑师基于感觉和学识的判断力的讨论，见

*On the Art of Building, op. cit.*, IX. 10（p. 315）。在 *On Painting* [Book III.61（p. 94）] 中他写道"勤奋与天生的能力应同样受欢迎"。在他关于绘画的著作中一直称赞学习 [II. 29（p. 64）；III.55（p. 89）]。关于 Castiglione 对天生判断力的讨论，见 Payne, A., *op. cit.*, p. 61。关于艺术与判断力（卓越性）是否可以教授的讨论，见柏拉图的 *Meno*。

**Left-/Right-hand side 左手边、右手边：**

在第六书与"第八书"的文字里提到了图像的左边与右边，已经考虑了最终的木刻，因此是作为母板（作为木刻的模板）采用与文字相反的方向绘制的。

**Licentious (*licencioso*) 放任的：**

塞利奥对于什么东西是"放任的"的概念包括了所有那些超出了建筑模拟范畴的元素。这里的模拟是指维特鲁威确立的原则：正当的元素是那些通过参照自然以及木质建筑的建筑细节，比如他在 Vitr. IV.ii.5–6 中列出的木质建筑。因此，对于塞利奥来说，齿形饰与飞檐托饰在一个檐口同时出现是一种普遍的"放任的"细节，因为两种饰带都是梁的端头的石刻表现，在木质建筑中，只需要一组梁 [ 这种组合，用维特鲁威的术语来说，缺乏"适宜性"（decorum，见上面）]。这个概念在第三书 fol. 54*r* 和第四书 fol. 170*r* 中进行了讨论，而且在第三书里讨论提图斯凯旋门 (fol. 99*v*) 和康斯坦丁凯旋门 (fol. 106*v*) 时作为贯穿始终的批评出现。也见塞利奥讨论 Theatre of Marcellus 的多立克檐口时的评论（第三书 fol. 69*rv*）。在 Book II 中，塞利奥谈论讽刺性舞台布景时 (fol. 47*r*) 将乡村生活缺乏控制的混乱与"放任"相关联。关于塞利奥在"门的额外之书"中显然也支持"放任的"范例（包括古怪的粗石砌筑以及断裂的山墙），并由此带来的矛盾，见 Carpo, M., *La maschera e il modello, op. cit.*; Onians, J., *op. cit.*, pp. 280–282。也见 Carpo, M., 'L'idée de superflu dans le traité d'architectnre de Sebastiano Serlio', *op cit.*: 关于塞利奥书中这个词与变化的品质，参见 Payne, A., *op. cit.*, pp. 116–122; 也见导言，pp. xxxiv–xxxvii。

***Loggiamento* [pl. *-i*] 住房：**
指代住宿房或借宿房的通用词汇。

***Luccarne* [pl. *-s*] 老虎窗：**
老虎窗。

**Merlon 城堞：**
在军事建筑中，胸墙两个开口间的城堞，开口在内部放大，被称为射击孔。城堞与射击孔加在一起，合称为城垛。

**Order (*ordine*) 柱式：**
"柱式"的概念主要指从塔司干到混合柱式等一系列圆柱，以及它在总体"秩序"和等级体系中的位置。这些圆柱因为基于其宽度或者是"模度"而决定的装饰与比例而有所不同。圆柱的"柱式"决定了细分元素的细节，比如柱础与柱上楣构。因此，"柱式"可以仅仅指圆柱本身，也可以包括符合圆柱比例的对应元素 [ 见前面 "conceived"（理智的）]。延续着拉斐尔在他著名的写给 Leo X 的信件中用"柱式"来称呼圆柱的先例，塞利奥是第一个在印刷出版物中使用这个术语指代圆柱的人。维特鲁威（e.g., I.ii.5）与阿尔伯蒂 (ix.7[ 在 *On the Art of Building, op. cit.*. p. 309 中翻译为"风格"] 将（希腊）圆柱称为"类型"（genus）；另一个替换的词语"风格"被塞利奥用于他第四书的标题中，关于这一点，见 Rykwert, J., *The Dancing Column: On Order in Architecture* (1996), pp. 3–4; Rowland, I., 'Raphael, Angelo Colocci and the Genesis of the Architectural Orders', *The Art Bulletin*, vol. 76 (1994), pp. 81–108; Rowland, I., 'Vitruvius in Print and in Vernacular Translation: Fra Giocondo, Bramante, Raphael and Cesare Cesariano', in Hart, V., Hicks, P. (eds.), *op. cit.*, pp. 117–118; Payne, A., *op. cit.*, pp. 141–143, 284 n. 95. 也见 Thoenes, C., Günther. H., 'Gli ordini architettonici: rinascita o invenzione?', in Fagiclo, M. (ed.), *Roma e l'antico nell'arte e nella cultura del Cinquecento* (1985), pp. 261–310; Guillaume, J., Chastel, A. (eds.), *L'emploi des Ordres dans l'architecture de la renaissance* (1992)。塞利奥

也使用词语 *ordine* 来指代将建筑划分为数层（当然有着不同的柱式），也指代壁炉上部的元素，以及建筑总体的排布（e.g., 第二书 fol. 32*v*）。

***Pilastrade* (*pilastrata*) 框缘：**
塞利奥用这个词指代门的周边或者是门框，现在被称为过梁。在第四书 (fol. 143*v*) 与第七书 p. 110，塞利奥将"门框"（pilastrades）等同于维特鲁威的"*antepagmenta*"概念（Vitr. IV. vi. 2）。

***Portico* 门廊：**
这个词被塞利奥用来总体性地指代一个有屋顶覆盖的入口空间（或者是"门廊"），也用于指一些中心的前厅（中厅），因为它们类似于威尼斯住宅地面层中从前贯穿到后的门廊（*portego*）。就像在第七书 p. 240 中写道，它"作为一种敞廊"与住宅"区分"开来。这个名字与安排被用于第六书 fol. 51*v* 威尼斯风格的城市住宅设计中。也见第六书 fols. 8*v* 和 21*v*，以及第七书 pp. 240, 242。现存的这种类型平面的早期范例包括 Palazzi Loredan (1100–1200), Cà d'Oro (1427) 和 Foscari (1450)。

***Retrocamera* [pl. *-e*] 后室：**
内部的服务于主室的房间，在第六书 fol. 3*v*. 中被定义为一个服务室（guardaroba，见前面）。有时是从室（camerino，见前面）的同义词。关于房间的比例，见第六书 fol. 74*r* 和 第七书 p. 148。也见 Rosci, M., *op. cit.*, p. 61. Waddy, P., *op. cit.*, p. 165. Frommel, C L., *op. cit.*, vol. 1, pp. 71ff。

***Sala* [pl. *-e*] 主厅：**
主厅，比次厅大，有时用于晚餐 [ 第七书的拉丁文本中有晚餐室（*coenaculum*）一词 ]；见阿尔伯蒂, *op. cit.*, v.2 [p. 119] 他记录到"交谊厅"（salon）[ 我想是来自动词"跳舞"（*saltare*）]，因为通常在这里举行婚礼和宴会是用于各种不同使用功能，并非只为住户使用"。Joseph Rykwert (*ibid.*, p. 383 n. 9) 注意到："阿尔伯蒂认为意大利语的主厅一词来自拉丁语的 *saltatio*, *triclinium saltatorium*,

但实际上这个意大利词是一个伦巴第词语的变形，与德语中的 *Saal* 有关。"关于房间比例的定义，包括主厅，见第六书 fol. 74*r* 与第七书 p. 148（这里定义为长度是宽度的两倍）。也见 Rosci, M., *op. cit.*, p. 61; Knecht, R., *op. cit.*, pp. 419–423. Waddy, P., *op. cit.*, pp. 155–166. Frommel, C. L., *op. cit.*, vol. 1, pp. 71–72. Thornton, P., *op. cit.*, pp. 290ff。

**Saletta [pl. -e] 次厅**：

一个有壁炉的中等尺寸的房间，并不用于睡眠或者饮食。塞利奥在第七书（p.42）中写道，一个次厅，"在法语中被称为展廊，在其中踱步" [ 见前面的 "galleria"（展廊）]，在第六书中编号 VI（意大利风格）中的次厅变成了编号 VII（法国风格）的展廊（fols. 3*v*–4*r*）。关于房间比例的定义，包括次厅，见第六书 fol. 74*r* 与第七书 p. 148（宽与长的比例是 3 : 5，但宽度上不小于一个大的主室）。也见 Rosci, M., *op. cit.*, p. 61。

**Salotto [pl. -i] 副厅**：

一个大的接待厅，比主厅小，但是比次厅大，见第四书 fol. 182*r*。Waddy 称这种类型的房间为第二级主室（*op. cit.*, p. 161）。关于房间比例的定义，包括副厅，见第六书 fol. 74*r* 与第七书 p. 148（这里定义为比大的主室大，但是长度上并不比短边的 1.5 倍长 [sic]）。也见 Rosci, M., *op. cit.*, p. 61. Frommel, C. L., *op. cit.*, vol. 1, pp. 66, 71–72. Thornton, P., *op. cit.*, pp. 290–291。

**Shops (botteghe) 店铺**：

商店或者作坊。

**Simple (semplice) 简单**：

风格术语，见前面的 "*affettata*"（做作），以及 Onians, J., *op. cit.*, pp. 266–277: Payne, A., *op. cit.*, pp. 136–138。

**Situation (accidente) [pl. -i] 情形**：

这个词用于第七书的书名以及全书之中（比如 p.68）。这个词中涵盖了超出建筑师掌控以及超出维特鲁威设计的范畴的事物。其中包括不同寻常的 "情形"（比如重新利用不符合既有的或新建层高的圆柱，及在倾斜场地上设计）以及没有古代或者维特鲁威的先例的事物 / 元素（比如壁炉与烟囱）。阿尔伯蒂也在他的著作的最后部分（第十书）来处理建筑中可能出现的那些建筑师必须要考虑的纰漏。关于这个概念，见导言 pp. xxxii–xxxiv。

**Smooth (schietto) 光滑**：

风格术语，见前面的 "*affettata*"（做作），以及 Onians, J., *op. cit.*, pp. 266–277: Payne, A., *op. cit.*, pp. 136–138。

**Soft (morbida) 柔软**：

风格术语，见前面的 "*affettata*"（做作），以及 Onians, J., *op. cit.*, pp. 266–277: Payne, A., *op. cit.*, pp. 136–138。

**Solid (sodo) 坚实**：

风格术语，见前面的 "*affettata*"（做作），以及 Onians, J., *op. cit.*, pp. 266–277: Payne, A., *op. cit.*, pp. 136–138。

**Sweet (dolce) 甜美**：

风格术语，见前面的 "*affettata*"（做作），以及 Onians, J., *op. cit.*, pp. 266–277: Payne, A., *op. cit.*, pp. 136–138。

**Tinello 仆从餐室**：

侍从的餐厅；见第七书 p. 56。也见 Frommel, C. L., *op. cit.*, vol. 1, pp. 81–82；Thornton, P., *op. cit.*, pp. 290–2991。

**Weak (debole) 虚弱**：

风格术语，见前面的 "*affettata*"（做作），以及 Onians, J., *op. cit.*, pp. 266–277: Payne, A., *op. cit.*, pp. 136–138。

# 参考文献

For a list of editions of Serlio's Books I–V, VII and the 'Extraordinary Book of Doors', with details concerning the manuscripts, see Volume 1, Appendix III, pp. 470–71.

Ackerman, J., 'The Belvedere as a Classical Villa', *Journal of the Warburg and Courtauld Institutes*, vol. 14 (1951), pp. 70–91.

Ackerman, J., 'Architectural Practice in the Italian Renaissance', *Journal of the Society of Architectural Historians*, vol. 13 (1954), pp. 3–11.

Ackerman, J., *The Cortile del Belvedere*, Biblioteca Apostolica Vaticana, Studi e documenti per la storia del Palazzo Apostolico Vaticano, III, Vatican City (1954).

Ackerman, J., *Palladio*, Harmondsworth (1977 ed.).

Ackerman, J., *The Villa: Form and Ideology of Country Houses*, London (1990).

Ackerman, J., 'Sources of the Renaissance Villa' in *Distance Points*, Cambridge, Mass. (1992), pp. 302–24.

Ackerman, J., 'The Tuscan/Rustic Order, A Study in the Metaphorical Language of Architecture', in *Distance Points*, Cambridge, Mass. (1992), pp. 495–541.

Ackerman, J., Rosenfeld, M. N., 'Social Stratification in Renaissance Urban Planning', in Zimmerman, S., Weissman, R. F. E. (eds.), *Urban Life in the Renaissance*, London and Toronto (1989), pp. 21–49.

Adams, N., 'Sebastiano Serlio, Military Architect?', in Thoenes, C. (ed.), *Sebastiano Serlio*, Milan (1989) pp. 222–7.

Adhémar, J., 'Aretino: Artistic Advisor to Francis I', *Journal of the Warburg and Courtauld Institutes*, vol. 17 (1954), pp. 311–18.

Alberti, L. B., *Intercenali inedite (c.1432–50): Dinner Pieces* (trans. D. Marsh), Binghampton, N.Y. (1987).

Alberti, L. B., *De Pictura (c.1435, first ed., Basel, 1540): On Painting and On Sculpture* (trans. C. Grayson), London (1972).

Alberti, L. B., *De Re Aedificatoria (c.1450, first ed., Florence, 1486): On the Art of Building in Ten Books* (trans. J. Rykwert, N. Leach, R. Tavernor), Cambridge, Mass. (1988).

Alce, F. V., 'Sebastiano Serlio e le tarsie di Fra Damiano Zambelli in S. Domenico di Bologna', in *Strenna della Famèja bulgnèisa*, vol. 3 (1957), pp. 7–21.

Alce, F. V., *Il Coro di San Domenico in Bologna*, Bologna (1969).

Aretino, P., *Il secondo libro delle lettere di M. Pietro Aretino*, Venice (1542): *Primo-Sesto libro*, Paris (1609).

Aretino, P., *Lettere sull'arte di Pietro Aretino* (ed. F. Pertile and C. Cordié) 3 vols., Milan (1957–8).

Aretino, P., *Selected Letters of Aretino* (trans. G. Bull), Harmondsworth (1976).

Argan, G. C., 'Sebastiano Serlio', *L'Arte*, vol. 35 (1932), III, pp. 183–99.

Argan, G. C., 'Il "Libro Extraordinario" di Sebastiano Serlio', *Studi e note da Bramante a Canova*, Rome (1970), pp. 60–70.

Babelon, J. P., 'Du "Grand Ferrare" à Carnavalet. Naissance de l'hôtel classique', *Revue de l'Art*, vols. 40–41 (1978), pp. 83–108.

Babelon, J. P., *Paris au XVI siècle*, Paris (1987).

Babelon, J. P., *Les Châteaux de France au siècle de la Renaissance*, Paris (1989).

Babelon, J. P., *Demeures Parisiennes sous Henry IV et Louis XIII*, Paris (1991).

Ballon, H., *The Paris of Henri IV: Architecture and Urbanism*, Cambridge, Mass. (1991).

Barocchi, P. (ed.), *Scritti d'arte del Cinquecento*, 3 vols., Milan and Naples (1971–77).

Bartoli, A., *I monumenti antichi di Roma nei disegni degli Uffizi di Firenze*, 5 vols., Rome (1914–22).

Battilotti, D., Franco, M. T., 'Regesti di committenti e dei primi collezionisti di Giorgione', *Antichità Viva*, vol. 17 (1978), IV–V, pp. 286ff.

Béguin, S., Guillaume, J., Roy, A., *La Galérie d'Ulysse à Fontainebleau*, Paris (1985).

Belluzzi, A., 'L'opera rustica nell'architettura italiana del primo Cinquecento', in Fagiolo, M. (ed.), *Natura e artificio*, Rome (1979), pp. 55–97.

Belluzzi, G. B., *Diario autobiografico (1535–1541)* (ed. P. Egidi), Naples (1907).

Bentivoglio, E., Valtieri, S., 'Bibliografia di Sebastiano Serlio', *Bollettino della Biblioteca, Facoltà di Architettura dell'università degli Studi di Roma*, vols. 11–12 (1975), pp. 287–95.

Bernheimer, R., 'Gothic Survival and Revival in Bologna', *The Art Bulletin*, vol. 36 (1954), pp. 262–84.

Billig, R., 'Die Kirchenpläne al modo antico von Sebastiano Serlio', *Opuscula Romana*, vol. 18 (1954), I, pp. 21–38.

Blunt, A., *Philibert de L'Orme*, London (1958).

Blunt, A., Review of M. N. Rosenfeld, *Sebastiano Serlio:*

*On Domestic Architecture*, in *Journal of the Society of Architectural Historians*, vol. 38 (1979), ii, pp. 391–2.

Blunt, A., *Art and Architecture in France, 1500–1700*, Harmondsworth (1988 ed.).

Bolognini Amorini, A., *Elogio di Sebastiano Serlio: Architetto Bolognese*, Bologna (1823).

Boom, A. C. van der, 'Tra Principi e Imprese: The Life and Works of Ottavio Strada', in *Prag um 1600: Beiträge zur Kunst und Kultur am Hofe Rudolfs II*, Freren (1988), pp. 19–23.

Boucher, J. (ed.), *Lyon et la vie lyonnaise au XVIè siècle: textes et documents*, Lyons (1992).

Boudon, F., Chatenet, M., 'Les logis du roi de France au XVIè siècle', in Guillaume, J. (ed.), *Architecture et Vie sociale . . . à la Renaissance*, Paris (1994), pp. 65–82.

Bray, A., 'Le Premier Grand Escalier du Palais de Fontainebleau', *Bulletin Monumental*, vol. 99 (1940), pp. 193–203.

Brink, C. O., Walbank, F. W., 'The construction of the sixth book of Polybius', *Classical Quarterly*, n.s. 4 (1954), iii–iv, pp. 97–122.

Brummer, H. H., *The Statue Court in the Vatican Belvedere*, Stockholm (1970).

Brun, R., *Le Livre illustré en France au XVIè Siècle*, Paris (1930).

Bruschi, A., *Bramante*, London (trans. 1973 ed.).

Bruschi, A., 'Le chiese del Serlio', in Thoenes, C. (ed.), *op. cit.*, pp. 169–86.

Bruschi, A., *et al.* (eds.), *Scritti Rinascimentali di Architettura*, Milan (1978).

Bundgård, J. A., 'Caesar's Bridges over the Rhine', *Acta Archaeologica*, vol. 36 (1965), pp. 86–103.

Burd, L. A., *The Literary Sources of Machiavelli's 'Arte della guerra'*, Oxford (1891).

Burns, H., 'A Peruzzi Drawing in Ferrara', *Mitteilungen des kunsthistorischen Institutes in Florenz*, vols. 11–12 (1966), pp. 245–70.

Burns, H., 'Baldassarre Peruzzi and Sixteenth-Century Architectural Theory', in Guillaume, J. (ed.), *Les traités d'architecture de la Renaissance*, Paris (1988), pp. 207–26.

Burns, H., Tafuri, M., 'Da Serlio all'Escorial', in AA.VV., *Giulio Romano, saggi di Ernst Gombrich . . .*, Milan (1989), pp. 575–81.

Bury, J., 'Serlio. Some Bibliographical Notes', in Thoenes, C. (ed.), *op. cit.*, pp. 92–101.

Cable, C., *Sebastiano Serlio, architect: a bibliography*, Monticello, Ill. (1980).

Cairns, C., *Pietro Aretino and the Republic of Venice: Research on Aretino and his Circle in Venice, 1527–1556*, Florence (1985).

Cantone, G., *La Città di Marmo: da Alberti a Serlio la Storia tra progettazione e restauro*, Rome (1978).

Carpeggiani, P., 'Giulio Romano e un modello di villa per Sebastiano Serlio', *Quaderni di Palazzo Tè*, vol. 2 (1986), iv, pp. 7–14.

Carpo, M., 'Ancora su Serlio e Delminio. La teoria architettonica, il metodo e la riforma dell'imitazione', in Thoenes, C. (ed.), *op. cit.*, pp. 111–13.

Carpo, M., 'L'idée de superflu dans le traité d'architecture de Sebastiano Serlio', *Revue de Synthèse*, vol. 113 (1992), i–ii, pp. 134–62.

Carpo, M., 'The architectural principles of temperate classicism. Merchant dwellings in Sebastiano Serlio's Sixth Book', *Res*, vol. 22 (1992), pp. 135–51.

Carpo, M., *La maschera e il modello. Teoria architettonica ed evangelismo nell' 'Extraordinario Libro' di Sebastiano Serlio (1551)*, Milan (1993).

Carpo, M., *Metodo ed ordini nella teoria architettonica dei primi moderni: Alberti, Raffaello, Serlio e Camillo*, vol. 271 of 'Travaux d'Humanisme et Renaissance', Geneva (1993).

Carpo, M., *L'architettura dell'età della stampa. Oralità, scrittura, libro stampato e riproduzione meccanica dell'immagine nella storia delle teorie architettoniche*, Milan (1998).

Carpo, M., 'The Making of the Typographical Architect', in Hart, V., Hicks, P. (eds.), *Paper Palaces: The Rise of the Renaissance Architectural Treatise*, New Haven, Conn. (1998), pp. 158–69.

Carunchio, T., *Origini della villa rinascimentale*, Rome (1974).

Carunchio, T., 'Dal VII Libro di Sebastiano Serlio: "XXIIII case per edificar nella villa" ', *Quaderni dell'Instituto di Storia dell'Architettura*, vol. 22 (1975), pp. 127–32; vol. 23 (1976), pp. 95–126.

Carunchio, T., 'I progetti Serliani per edifici religiosi', *Bollettino del centro internazionale di Studi d'architettura A. Palladio*, vol. 19 (1977), pp. 179–89.

Carunchio, T., 'Il manoscritto del Settimo Libro di Sebastiano Serlio', in Thoenes, C. (ed.), *op. cit.*, pp. 203–206.

Cavaglieri, G., 'Outline for a History of City Planning', *Journal of the Society of Architectural Historians*, vol. 8 (1949), pp. 29–32, 36–8.

Cellini, B., *Discorso della architettura*, in *Opere* (ed. G. G. Ferrero), Turin (1971).

Cellini, B., *La Vita* (ed. G. Davico Bonino), Turin (1982).

Cesariano, C., *Di Lucio Vitruvio Pollione De Architectura Libri Dece traducti de latino in vulgare affigurati*, Como (1521).

Cevese, R., 'La "riformatione" delle case vecchie secondo Sebastiano Serlio', in Thoenes, C. (ed.), *op. cit.*, pp. 196–202.

Chagneau, C., 'Le château de Maulnes-en-Tonnerois', *L'Information d'Histoire de l'Art*, vol. 2 (1974), pp. 126–37.

Chaillou des Barres, C., 'Ancy-le-Franc', *Annuaire de l'Yonne* (1883), pp. 219–38.

Charléty, S., *Bibliographie Critique de l'histoire de Lyon*, 2 vols., Lyons (1902).

Charvet, L., *Sebastiano Serlio, 1475–1554*, Lyons (1869).

Chastel, A., 'Cortile et Théâtre', *Le lieu Théâtrale à la Renaissance*, C.N.R.S., Paris (1964).

Chastel, A., 'La Demeure Royale au XVIè siècle et le Nouveau Louvre', in Pope-Hennessy, J. *et al.* (eds.), *Studies in Renaissance and Baroque Art presented to*

*Anthony Blunt on his 60th birthday*, New York and London (1967), pp. 78–82.

Chastel, A., 'L'Escalier de la Cour Ovale à Fontainebleau', in Fraser, D., Hibbard, H., Lewine, M. J. (eds.), *Essays in the History of Architecture presented to Rudolf Wittkower*, London (1967), pp. 74–80.

Chastel, A., 'Serlio en France', in *Quaderni dell'Istituto di Storia dell'Architettura, Saggi in Onore di Guglielmo de Angelis d'Ossat*, n.s., 1–10 (1987), pp. 321–2.

Chastel, A., *Culture et demeures en France au XVIè siècle*, Paris (1989).

Chastel, A., *Architettura e cultura nella Francia del Cinquecento*, Turin (1991 ed.).

Chatenet, M., 'Une demeure royale au milieu du XVIè siècle, la distribution des espaces au château de Saint-Germain-en-Laye', *Revue de l'Art*, vol. 81 (1988), pp. 20–30.

Chatenet, M., 'Les coûts des travaux dans les résidences royales de l'Ile-de-France entre 1528 et 1550', in Guillaume, J. (ed.), *Les chantiers de la Renaissance*, (CESR, Tours) Paris (1991) pp. 115–29.

Chatenet, M., James, F. C., 'Les expériences de la région parisienne 1525–1540', in Babelon, J. P. (ed.), *Le Château en France*, Paris (1986), pp. 191–204.

Choay, F., *The Rule and the Model: On the Theory of Architecture and Urbanism*, Cambridge, Mass. (trans. 1997 ed.).

Cockle, M., *A Bibliography of Military Books up to 1642*, London (1957).

Cole, T., 'The sources and composition of Polybius VI', *Historia*, vol. 13 (1964), pp. 440–86.

Colonna, F., *Hypnerotomachia Poliphili*, Venice (1499).

Concina, E., *La macchina territoriale. La progettazione della difesa nel Cinquecento veneto*, Rome and Bari (1983).

Concina, E., 'Fra Oriente e Occidente: gli Zen, un palazzo e il mito di Trebisonda', in Tafuri, M. (ed.), *'Renovatio urbis', Venezia nell'età di Andrea Gritti, (1523–1538)*, Rome (1984), pp. 265–90.

Concina, E., *Navis. L'umanesimo sul mare (1470–1740)*, Turin (1990).

Corboz, A., 'Serlio au carré, pour une lecture "psycho-iconologique" d'Ancy-le-Franc', *Psicon*, vol. 1 (1974), pp. 88–90.

Cruciani, F., *Il teatro del Campidoglio e le feste Romane del 1513*, Milan (1969).

Davis, N. Z., 'The Protestant Printing Workers of Lyons in 1551', in AA.VV., *Aspects de la propagande religieuse*, Geneva (1957), pp. 247–57.

D'Ayala, M., *Bibliografia militare – Italiana*, Turin (1854).

De Bure, J.-J. (ed.), *Catalogue des livres rares et précieux de la bibliothèque de feu M. le comte de Mac-Carthy Reagh*, 2 vols., Paris (1815).

De Gaigneron, A., 'Open doors on Ancy-le-Franc; Architects: (1541–50): Sebastiano Serlio', *Connaissance des Arts*, no. 381 (1983), pp. 54–61.

De Jonge, K., 'La serliana di Sebastiano Serlio. Appunti sulla finestra veneziana', in Thoenes, C. (ed.), *op. cit.*, pp. 50–56.

De Jonge, K., 'Vitruvius, Alberti and Serlio: Architectural Treatises in the Low Countries, 1530–1620', in Hart, V., Hicks, P. (eds.), *Paper Palaces, op. cit.*, pp. 281–96.

De Laborde, L. E., *Les comptes des bâtiments du roi (1528–71) suivis de documents inédits sur les châteaux royaux et les beaux-arts au XVI siècle*, 2 vols., Paris (1877–80).

De Laborde, L. E., *La Renaissance des arts à la cour de France*, 2 vols., Paris (1886).

De la Croix, H., 'Military Architecture and the Radial City Plan in Sixteenth Century Italy', *The Art Bulletin*, vol. 42 (1960), pp. 263–90.

De la Croix, H., 'The Literature on Fortification in Renaissance Italy', *Technology and Culture*, vol. 4 (1963), pp. 30–50.

De La Fontaine Verwey, H., 'Pieter Coecke van Aelst en de uitgaven van Serlio's architecturboek', *Het Boek*, vol. 31 (1952–54), pp. 251–70 [translated in *Quaerendo*, vol. 6 (1976), II, pp. 166–94].

Della Valle, G., *Vallo, libro continente appartenentie ad capitani, retenere et fortificare una città*, Venice (1528).

Devèze, M., *La vie de la forêt française au XVIè siècle*, 2 vols., Paris (1961).

Di Giorgio Martini, F., *Trattati di architettura, ingegneria e arte militare c.1485* (transcription C. Maltese, L. Maltese Degrassi), 2 vols., Milan (1967).

Dimacopoulos, J. E., 'Ho Sebastiano Serlio sta monasteria tes Kretes', in *Deltion tes Christianikes archaiologikes hetaireias*, Athens (1972).

Dimier, L., 'Le cardinal de Ferrare en France', *Annales de la Société historique et archéologique du Gâtinais*, vol. 21 (1903), pp. 221–46 [trans. of Venturi, A., *op. cit.*, (1881)].

Dimier, L., *Fontainebleau*, Paris (1925).

Dinsmoor, W. B., 'The Literary Remains of Sebastiano Serlio', *The Art Bulletin*, vol. 24 (1942), pp. 55–91 (pt. 1), pp. 115–54 (pt. 2).

Dittscheid, H.-C., 'Serlio, Roma e Vitruvio', in Thoenes, C. (ed.), *op. cit.*, pp. 132–48.

D'Orliac, J., *Francis I*, London (1922 ed.).

Du Bellay, G., *Instructions sur le faict de la Guerre, extraictes des livres de Polybe*, Paris (1548).

Du Cerceau, J. A., *De Architectura Jacobi Androueti Cerceau, opus*, Paris (1559).

Du Cerceau, J. A., *Livre d'architecture contenant cinquante bastiments*, Paris (1559).

Du Cerceau, J. A., *Les plus excellents Bastiments de France. Auquel sont designez les plans de quinze Bastiments, & de leur contenu ensemble les elevations & singularites d'un chascun*, 2 vols., Paris (1576–9).

Du Cerceau, J. A., *Livre d'Architecture de Jacques Androuet du Cerceau*, Paris (1582).

Du Choul, G., *Discours sur la castramétation et discipline militaire des Romains*, Lyons (1555) [Italian trans., G. Symeoni, Lyons (1555)].

Du Colombier, P., 'L'enigme de Vallery', *Bibliothèque d'Humanisme et Renaissance*, vol. 4 (1937), pp. 7–17.

Du Colombier, P., 'Sebastiano Serlio en France', *Etudes d'art*, vol. 2 (1946), pp. 31–50.

Du Colombier, P., D'Espezel, P., 'L'Habitation au seizième siècle d'après le sixième livre de Serlio', *Humanisme et Renaissance*, vol. 1 (1934), pp. 31–49.

Du Colombier, P., D'Espezel, P., 'Le sixième livre retrouvé de Serlio et l'architecture française de la renaissance', *Gazette des Beaux-Arts*, vol. 12 (1934), pp. 42–59.

Dürer, A., *Etliche Underricht zu Befestigung der Stett, Schloss, und Flecken*, Nuremberg (1527).

Eisenstein, E. L., *The Printing Revolution in Early Modern Europe*, Cambridge (1983).

Erichsen, J., 'L'Extraordinario Libro di Architettura: Note su un manoscritto inedito', in Thoenes, C. (ed.), *op. cit.*, pp. 190–95.

Erichsen, J., 'Sebastiano Serlio: Sesto Seminario Internazionali di Storia dell'Archittura . . . 31 August bis 4 September 1987', *Kunstchronik*, vol. 40 (1987), II, pp. 548–53.

Esposito, R., *Ordine e conflitto. Machiavelli e la letteratura politica del Rinascimento italiano*, Naples (1984).

Evans, R. J. W., *The Wechel Presses: Humanism and Calvinism in Central Europe, 1572–1627*, in 'Past and Present', Supplement 2, (1975).

Fabricius, E., 'Some Notes on Polybius' description of Roman Camps', *Journal of Roman Studies*, vol. 12 (1932), pp. 78–87.

Fagiolo, M., Madonna, M. L. (eds.), *Baldassare Peruzzi: Pittura, Scena e Architettura nel Cinquecento*, Rome (1987).

Faietti, M., Oberhuber, K. (eds.), *Bologna e l'Umanesimo, 1490–1510*, Bologna (1988).

Febvre, L., Martin, H. J., *The Coming of the Book: The Impact of Printing 1450–1800*, London (trans. 1976 ed.).

Ferrari, D., *Giulio Romano. Repertorio di fonti documentarie*, 2 vols., Rome (1992).

Filarete (Antonio Averlino), *Filarete's Treatise on Architecture* (trans. and ed. J. Spencer), 2 vols., New Haven, Conn. (1965) [see review by Tigler, P., *The Art Bulletin*, vol. 49 (1967), pp. 352–60].

Fiocco, G., *Alvise Cornaro, il suo tempo e la sua opera*, Venice (1965).

Fiocco, G., 'Alvise Cornaro e il Teatro', in Fraser, D., Hibbard, H., Lewine, M. J. (eds.), *Essays in the History of Architecture presented to Rudolf Wittkower*, London (1967), pp. 34–39.

Fiore, F. P., 'Sebastiano Serlio e il manoscritto dell'Ottavo Libro', in Thoenes, C. (ed.), *op. cit.*, pp. 216–21.

Fiore, F. P. (ed.), *Sebastiano Serlio architettura civile libri sesto, settimo e ottavo nei manoscritti di Monaco e Vienna* [transcription of the 'Munich' MS of Serlio's Book VI, Vienna MS Book VII, and of 'Book VIII', with notes by F. P. Fiore, T. Carunchio], Milan (1994).

Folkerts, M. (ed.), *Mass, Zahl und Gewicht*, Göttingen (1989).

Forssman, E., *Säule und Ornament*, Stockholm and Cologne (1956).

Forssman, E., *Dorico, ionico, corinzio nell'architettura del Rinascimento*, Stockholm (1961).

Forster, K. W., 'Back to the Farm. Vernacular Architecture and the Development of the Renaissance Villa', *Architectura*, vol. 4 (1974), pp. 1–12.

Foscari, A., Tafuri, M., *L'armonia e i conflitti. La chiesa di San Francesco della Vigna nella Venezia del Cinquecento*, Turin (1983).

Fowler, L., Baer, E., *The Fowler Architectural Collection of the Johns Hopkins University*, Baltimore (1961).

Fraccaro, P., 'Polibio e l'accampamento romano', *Atheneum*, n.s., vol. 12 (1934), I, pp. 154–61.

François, M., *Le Cardinal François de Tournon*, Paris (1951).

Franzoni, L., 'Antiquari e Collezionisti nel '500', in *Storia Cultura Veneta*, vol. 3, Vicenza (1981), pp. 207–66.

Frommel, C. L., *Die Farnesina und Peruzzis architektonisches Frühwerk*, Neue münchner Beiträge zur Kunstgeschichte, I, Berlin (1961).

Frommel, C. L., 'Baldassare Peruzzi als Maler und Zeichner', *Römisches Jahrbuch für Kunstgeschichte*, vol. 11 (1967–68).

Frommel, C. L., *Der Römische Palastbau der Hochrenaissance*, 3 vols., Tübingen (1973).

Frommel, C. L., 'Serlio e la scuola romana', in Thoenes, C. (ed.), *op. cit.*, pp. 39–49.

Frommel, C. L., 'Peruzzis römische Anfänge', *Römisches Jahrbuch der Bibliotheca Hertziana*, vols. 27–8 (1991–92), pp. 139–82.

Frommel, C. L., 'Poggio Reale: Problemi di ricostruzione e di tipologia', in Lamberini, D., Lotti, M., Lunardi, R. (eds.), *Giuliano e la bottega dei da Maiano*, Florence (1994), pp. 104–111.

Frommel, C. L., Adams, N. (eds.), *The Architectural Drawings of Antonio da Sangallo the Younger and his Circle*, New York (1994).

Frommel [née Kühbacher], S., *Sebastiano Serlio*, Milan (1998).

Fučíková, E., *Rudolf II and Prague*, London (1997).

Garasanin, M., Vasic, M., 'Le Pont de Trajan et le castellum Pontes. Rapport préliminaire pour l'année 1979', *Cahier des Portes de fer*, vol. 1 (1980), pp. 25–50.

Garin, E., *Machiavelli tra politica e storia*, Turin (1993).

Gazzola, P., *Michele Sanmicheli*, Venice (1960).

Gébelin, F., *Les Châteaux de la Renaissance*, Paris (1927).

Giocondo, Fra G., *M. Vitruvius per Iocundum solito castigatior factus cum figuris et tabula ut iam legi et intellegi possit*, Venice (1511).

Gioseffi, D., 'Introduzione alla prospettiva di Sebastiano Serlio', in Thoenes, C. (ed.), *op. cit.*, pp. 126–31.

Giovannoni, G., *Antonio da Sangallo il Giovane*, 2 vols., Rome (1959).

Gloton, J. J., *Renaissance et Baroque à Aix-en-Provence*, 2 vols., Rome (1979).

Gloton, J. J., 'Le traité de Serlio et son influence en France', in Guillaume, J. (ed.), *op. cit.* (1988), pp. 407–23.

Golson, L. M., 'Serlio, Primaticcio and the Architectural Grotto', *Gazette des Beaux-Arts*, vol. 77 (1971), pp. 95–108.

Gombrich, E., 'Zum Werke Giulio Romanos', *Jahrbuch der kunsthistorischen Sammlungen in Wien*, vol. 8 (1934), pp. 79–104; vol. 9 (1935), pp. 121–50.

Gould, C., 'Sebastiano Serlio and Venetian Painting', *Journal of the Warburg and Courtauld Institutes*, vol. 25 (1962), pp. 56–64.

Grodecki, C., 'Les chantiers de la noblesse et de la haute bourgeoisie dans la région parisienne', in Guillaume, J. (ed.), *Les chantiers de la Renaissance*, (CESR, Tours) Paris (1991), pp. 131–54.

Guillaume, J., Review of M. Rosci, *Il Trattato di architettura di Sebastiano Serlio*, in *Revue de l'Art*, vol. 4 (1969), pp. 95–6.

Guillaume, J., 'Serlio, est-il l'architecte d'Ancy-le-Franc? A propos d'un dessin inédit de la Bibliothèque Nationale', *Revue de l'Art*, vol. 5 (1969), pp. 9–18.

Guillaume, J., 'Leonardo da Vinci et l'architecture française, Le problème de Chambord', *Revue de l'Art*, vol. 25 (1974), pp. 71–84.

Guillaume, J., 'La villa de Charles d'Amboise et le château de Romorantin: Reflexion sur un livre de Carlo Pedretti', *Revue de l'Art*, vol. 25 (1974), pp. 85–91.

Guillaume, J., 'Fontainebleau 1530: Le Pavillon des armes et sa Porte Egyptienne', *Bulletin Monumental*, vol. 137 (1979), pp. 225–40.

Guillaume, J., 'L'escalier dans l'architecture française de la première moitié du XVIe siècle', in Guillaume, J., Chastel, A. (eds.), *L'escalier dans l'Architecture de la Renaissance*, Paris (1985), pp. 27–47.

Guillaume, J., 'Leonardo and Architecture', in Galluzzi, P. (ed.), *Leonardo da Vinci: Engineer and Architect*, Montreal (1987), pp. 207–86.

Guillaume, J. (ed.), *Les traités d'architecture de la Renaissance*, Paris (1988).

Guillaume, J., 'Serlio et l'architecture française', in Thoenes, C. (ed.), *op. cit.*, pp. 67–78.

Guillaume, J. (ed.), *Les chantiers de la Renaissance*, (CESR, Tours) Paris (1991).

Guillaume, J., 'La galerie dans le château français: place et fonction', *Revue de l'Art*, vol. 102 (1993), pp. 32–42.

Guillaume, J., Chastel, A. (eds.), *L'emploi des Ordres dans l'architecture de la renaissance*, Paris (1992).

Guillaume, J., Chastel, A. (eds.), *Architecture et Vie sociale: l'organisation intérieure des grandes demeures à la fin du moyen âge et à la Renaissance*, Paris (1994).

Guillaume, J., Grodecki, C., 'Le jardin des Pins à Fontainebleau', *Bulletin de la société de l'histoire de l'Art Français*, (1978), pp. 43–51.

Günther, H., 'Bramante's Hofprojekt um den Tempietto und seine Darstellung in Serlios dritten Buch', in *Studi Bramanteschi*, Rome (1974), pp. 483–501.

Günther, H., 'Studien zum Venezianischen Aufenthalt des Sebastiano Serlio', *Münchner Jahrbuch der bildenden Kunst*, vol. 32 (1981), pp. 42–94.

Günther, H., 'Porticus Pompeji: Zur archäologischen Erforschung eines antiken Bauwerkes in der Renaissance und seiner Rekonstruktion im dritten Buch des Sebastiano Serlio', *Zeitschrift für Kunstgeschichte*, vol. 44 (1981), III, pp. 358–98.

Günther, H., 'Das geistige Erbe Peruzzis im vierten und dritten Buch des Sebastiano Serlio', in Guillaume, J. (ed.), *op. cit.* (1988), pp. 227–45.

Günther, H., *Das Studium der antiken Architektur in den Zeichnungen der Hochrenaissance*, Tübingen (1988).

Günther, H., 'Serlio e gli ordini architettonici', in Thoenes, C. (ed.), *op. cit.*, pp. 154–68.

Günther, H., 'Ein Entwurf Baldassare Peruzzis für ein Architekturtraktat', *Römisches Jahrbuch der Bibliotheca Hertziana*, vol. 26 (1990), pp. 135–70.

Hale, J. R. (ed.), 'The early development of the Bastion: An Italian chronology *c.*1450–1534', *Europe in the Late Middle Ages*, London (1965), pp. 466–94.

Hale, J. R., *Machiavelli and Renaissance Italy*, London (1972).

Hale, J. R., 'Andrea Palladio, Polybius and Julius Caesar', *Journal of the Warburg and Courtauld Institutes*, vol. 40 (1977), IV, pp. 245–55.

Hale, J. R., 'Printing and military culture of Renaissance Venice', *Medievalia et Humanistica*, n.s., vol. 8 (1977), pp. 21–62.

Hale, J. R., *Renaissance Fortification – Art or Engineering?*, London (1977).

Hale, J. R., *War and Society in Renaissance Europe, 1450–1620*, Baltimore (1986).

Harris, E., 'Serlio', in *British Architectural Books and Writers 1556–1785*, Cambridge (1990), pp. 414–17.

Hart, V., *Art and Magic in the Court of the Stuarts*, London (1994).

Hart, V., 'Sebastiano Serlio and the Representation of Architecture', in Hart, V., Hicks, P. (eds.), *Paper Palaces, op. cit.*, pp. 170–85.

Hart, V., 'Decorum and the five Orders of Architecture: Sebastiano Serlio's Military City', *Res*, vol. 34 (1998), pp. 75–84.

Hart, V., Day, A., 'The Renaissance Theatre of Sebastiano Serlio *c.*1545', *Computers and the History of Art*, Courtauld Institute, vol. 5 (1995), I, pp. 41–52.

Hart, V., Hicks, P. (eds.), *Paper Palaces: The Rise of the Renaissance Architectural Treatise*, New Haven, Conn. (1998) [see esp. on Serlio, chaps. 7 and 9, pp. 140–57, 170–85].

Hart, V., Hicks., P., 'On Sebastiano Serlio: Decorum and the Art of Architectural Invention', in Hart, V., Hicks, P. (eds.), *Paper Palaces, op. cit.*, pp. 140–57.

Hart, V., Thwaite, N., *Paper Palaces: Architectural works from the collections of Cambridge University Library* [catalogue of exhibition in the Fitzwilliam Museum], Cambridge (1997).

Hartig, O., 'Die Gründung der Münchener Hofbibliothek durch Albrecht V und Johann Jakob Fugger', *Abhandlungen der Königlich Bayerischen, Akademie der Wissenschaften*, vol. 28, Munich (1917), pp. 276, 347.

Hartt, F., 'Gonzaga symbols in the Palazzo del Te', *Journal of the Warburg and Courtauld Institutes*, vol. 13 (1950), pp. 151–88.

Hauss, B., 'Renaissance Architektur zwischen Italien und Deutschland', *Unsere Kunstdenkmaler*, vol. 41 (1990), II, pp. 223–32.

Hautecoeur, L., 'Le Louvre de Pierre Lescot', *Gazette des Beaux-Arts*, vol. 69 (1927), pp. 199–218.

Hautecoeur, L., *Histoire du Louvre*, Paris (1928).

Hautecoeur, L., *Histoire de l'architecture classique en France*, 11 vols., Paris (1943–48).

Hautecoeur, L., 'Château d'Ancy-le-Franc', *Congrès archéologique de France*, vol. 116 (1958), pp. 240–43.

Hayward, J. F., 'Jacopo Strada, XVI century antique dealer', *Art at Auction, 1971–72*, New York (1973), pp. 68–74 [with some errors on Serlio's dates].

Herbet, F., *Le château de Fontainebleau*, Paris (1937).

Herrig, D., *Fontainebleau*, Munich (1992).

Hersey, G. L., *Alfonso II and the Artistic Renewal of Naples, 1485–1495*, New Haven, Conn. (1969).

Hersey, G. L., 'Poggioreale: Notes on a Reconstruction, and an Early Replication', *Architectura*, vol. 1 (1973), pp. 13–21.

Hersey, G. L., *Pythagorean Palaces*, Ithaca, N.Y. (1976).

Hersey, G. L., *The Lost Meaning of Classical Architecture*, Cambridge, Mass. (1988).

Hervé, G., 'L'enigme de Maulne', *Connaissance des arts*, vol. 477 (1991), p. 100.

Heydenreich, L. H., 'Sebastiano Serlio', in Thieme, U., Becker, F. (eds.), *Allgemeines Lexikon der bildenden Künstler*, vol. 30, Leipzig (1936), pp. 513–15.

Heydenreich, L. H., 'Leonardo da Vinci, Architect to Francis I', *Burlington Magazine*, vol. 94 (1952), pp. 277–85.

Hexter, J. H., 'Machiavelli and Polybius VI: The Mystery of the Missing Translation', *Studies in the Renaissance*, vol. 3 (1956), pp. 75–96.

Hind, A. M., *A History of Engravings and Etchings*, London (1923 ed.).

Hind, A. M., *Early Italian Engravings*, 7 vols., London (1938–48).

Hohl, C., 'Le Portail du Château d'Ancy-le-Franc', *Bulletin de la Société d'archéologie et d'histoire du Tonnerois*, vol. 27 (1984), III, pp. 46–51.

Howard, D., 'Sebastiano Serlio's Venetian Copyrights', *Burlington Magazine*, vol. 115 (1973), II, pp. 512–16.

Howard, D., *Jacopo Sansovino: Architecture and Patronage in Renaissance Venice*, New Haven, Conn. (1975).

Howard, D., *The Architectural History of Venice*, London (1980).

Howard, D., 'Sebastiano Serlio', in Turner, J. (ed.), *The Dictionary of Art*, New York (1996), vol. 28, pp. 466–72.

Huber, M. R., 'Sebastiano Serlio: Sur une architecture civile "alla parisiana"; ses idées sur le gusto francese e italiano, sa contribution à l'évolution vers le classicisme français', *L'Information d'histoire de l'Art*, vol. 10 (January–February 1965), pp. 9–17.

Hülsen, C., *Il libro di G. da Sangallo, codice Vaticano Barberiniano Latino 4424*, Leipzig (1910).

Hülsen, C., 'Septizonium', *Zeitschrift für Geschichte der Architektur*, vol. 5 (1911–12), pp. 1–24.

Humbert, M., 'Serlio: il Sesto Libro e l'architettura borghese in Francia', *Storia dell'Arte*, vol. 43 (1981), pp. 199–240.

Hyginus gromaticus, *Pseudo-Hygin. Des Fortifications du camp*, (trans. M. Lenoir), Paris (1979).

Irace, F., Introduction to facsimile of the 1584 Venice edition of Serlio's 'Architettura', *I sette libri dell'architettura di Sebastiano Serlio*, 2 vols., Bologna (1978).

Isermeyer, C. A., 'Le chiese del Palladio in rapporto al culto', *Bollettino del centro internazionale di Studi d'architettura A. Palladio*, vol. 10 (1968), p. 48.

Jackson, C. C., *The Court of France in the Sixteenth Century, 1514–1559*, Boston (1896).

James, F. C., 'L'hôtel du cardinal de Ferrare à Fontainebleau d'après un document inédit', *Actes du colloque international sur l'art de Fontainebleau, 1972*, Paris (1975), pp. 35–37.

Jansen, D. J., 'Example and Examples: The Potential Influence of Jacopo Strada on the Development of Rudolphine Art', *Prag um 1600: Beiträge zur Kunst und Kultur am Hofe Rudolfs II*, Freren (1988), pp. 132–46.

Jansen, D. J., 'Jacopo Strada antiquario Mantovano e la fortuna di Giulio Romano', *Giulio Romano: Atti del Convegno Internazionale di Studi su 'Giulio Romano e l'espansione europea del Rinascimento'*, Mantua (1989), pp. 361–74.

Jansen, D. J., 'Jacopo Strada editore del Settimo Libro', in Thoenes, C. (ed.), *op. cit.*, pp. 207–15.

Jarrard, A., Review of M. Carpo, *Metodo ed ordini . . .* and *La maschere e il modello . . .* , in *Journal of the Society of Architectural Historians*, vol. 55 (1996), I, pp. 103–105.

Jelmini, A., *Sebastiano Serlio, il trattato d'architettura*, Friburg (1986) (facsimile Ph.D., University of Friburg, 1975) [Tipografia Stazione Sa Locarno].

Johnson, J. G., *Sebastiano Serlio's Treatise on Military Architecture (Bayerische Staatsbibliothek, Munich, Codex Icon. 190)*, Michigan (1985) (facsimile Ph.D., University of California, Los Angeles, 1984).

Juřen, V., 'Un traité inédit sur les ordres d'architecture, et le problème des sources du Libro IV de Serlio', in 'Fondation Eugène Piot', *Monuments et Mémoires publiés par L'Académie des Inscriptions et Belles-Lettres*, vol. 64 (1981), pp. 195–239.

Kent, W. W., *The Life and Works of Baldassare Peruzzi*, New York (1925).

Kitaeff, M., 'Le château de Saint-Maur-lès-Fossés', in *Monuments et Mémoires publiés par L'Académie des Inscriptions et Belles-Lettres*, vol. 75, Paris (1966), pp. 65–126.

Klotz, H., *Filippo Brunelleschi*, London (1990).

Knecht, R. J., *Renaissance Warrior and Prince. The Reign of Francis I*, Cambridge (1994).

Knecht, R. J., *The Rise and Fall of Renaissance France, 1483–1610*, London (1996).

Krautheimer, R., 'Alberti and Vitruvius', *Acts of the XXth International Congress for the History of Art, Studies in Western Art II: The Renaissance and Mannerism*, Princeton (1963), pp. 42–52.

Krautheimer, R., 'The Tragic and Comic Scenes of the Renaissance. The Baltimore and Urbino Panels', in *Studies in Early Christian, Medieval, and Renaissance Art*, New York (1969), pp. 345–60 [see revisions in Millon, H. A. (ed.), *op. cit.*, pp. 232–57].

Krautheimer, R., *Rome, Profile of a City, 312–1308*, Princeton, N.J. (1980).

Krčálová, J., 'Palac pánu z Rožmberka', *Uměni*, vol. 19 (1970).

Krčálová, J., *Renesančni stavby Baldassare Meggiho v Čechách a na Moravě*, Prague (1986).

Krinsky, C. H., 'Seventy-eight Vitruvian Manuscripts', *Journal of the Warburg and Courtauld Institutes*, vol. 30 (1967), pp. 36–70.

Kruft, H.-W., *A History of Architectural Theory from Vitruvius to the Present*, London (trans. 1994 ed.).

Kühbacher [Frommel], S., 'Giulio Romano e la grotta di Fontainebleau', *Giulio Romano: Atti del Convegno Internazionale di Studi su 'Giulio Romano e l'espansione europea del Rinascimento'*, Mantua (1989), pp. 345–60.

Kühbacher [Frommel], S., 'Il problema di Ancy-le-Franc', in Thoenes, C. (ed.), *op. cit.*, pp. 79–91.

Kühbacher [Frommel], S., 'Il principio della corrispondenza nell'opera del Serlio e quella del Palladio', in Cevese, R., Chastel, A. (eds.), *Andrea Palladio: nuovi contributi*, Milan (1990), pp. 116–81.

Laborde, L. de, *Les Comptes des Bâtiments du Roi (1528–1571)*, 2 vols., Paris (1877).

Latte, K., 'The origins of the Roman Quaestorship', *Transactions and Proceedings of the American Philological Association*, vol. 67 (1936), pp. 24–33.

Laven, P. J., 'The "Causa Grimani" and its Political Overtones', *Journal of Religious History*, vol. 4 (1966–7), pp. 184–205.

Leacroft, R., 'Serlio's theatre and perspective scenes', *Theatre notebook*, vol. 36 (1982), III, pp. 120–22.

Lefaivre, L., Tzonis, A., 'The question of Autonomy in Architecture', *Harvard Architecture Review*, vol. 3 (1984), pp. 25–42.

Lehmann, P., *Eine Geschichte der alten Fugger Bibliotheken*, 2 vols., Tübingen (1956–61).

Lemerle, F., 'Genèse de la théorie des ordres: Philandrier et Serlio', *Revue de l'Art*, vol. 103 (1994), pp. 33–41.

Lenzi, D., 'Palazzo Fantuzzi: un problema aperto e nuovi dati sulla residenza del Serlio a Bologna', in Thoenes, C. (ed.), *op. cit.*, pp. 30–38.

Lewis, D., 'Un disegno autografo del Sanmicheli e la notizia del committente del Sansovino per S. Francesco della Vigna', *Bollettino dei Musei civici veneziani*, vols. 3–4 (1972), pp. 7–36.

Lewis Kolb, C., 'Portfolio for the Villa Priuli: Dates, Documents and Designs', *Bollettino del centro internazionale di Studi d'architettura A. Palladio*, vol. 11 (1969), pp. 353–69.

Liverani, F., 'I vasi del Serlio', *Quaderni Arte Letteratura Storia*, vol. 10 (1990), pp. 49–58.

Llewellyn, N., 'Diego de Sagredo and the Renaissance in Italy', in Guillaume, J. (ed.), *op. cit.* (1988), pp. 295–306.

Lorber, M., 'I primi due libri di Sebastiano Serlio. Dalla struttura ipotetico-deduttiva alla struttura pragmatica', in Thoenes, C. (ed.), *op. cit.*, pp. 114–25.

Lorenz, H., 'Überlegungen zum venezianischen Palastbau der Renaissance', *Zeitschrift für Kunstgeschichte*, vol. 43 (1980), I, pp. 33–53.

L'Orme, P. de, *Le premier tome de l'architecture*, Paris (1567) [ed. J. M. Pérouse de Montclos, Paris (1988)].

Lossky, B., 'A propos du château de Fontainebleau. Identifications et considérations nouvelles. Serlio – Escalier du fer à cheval – Peintures de Verdier et de Sauvage – Trône de Napoléon', *Bulletin de la société de l'histoire de l'Art Français* (1970), pp. 27–44.

Lotz, W., 'Die ovale Kirchenräume des Cinquecento', *Römisches Jahrbuch für Kunstgeschichte*, vol. 7 no. 4 (1955), pp. 7–99.

Lotz, W., 'Sull'unità di misura nei disegni di architettura del Cinquecento', *Bollettino del centro internazionale di Studi d'architettura A. Palladio*, vol. 21 (1979), pp. 223–32.

Machiavelli, N., *Libro della arte della guerra di Niccolò Machiavelli cittadino et segretario fiorentino*, Florence (1521) [Venice, 1537: Paris, 1546].

Machiavelli, N., *Machiavelli: The chief works and others* (trans. A. Gilbert), 3 vols., Durham, N.C. (1965) [*The Art of War*, vol. 2, pp. 561–726].

MacKendrick, P., *The Dacian Stones Speak*, Chapel Hill (1975).

Maggi, G., Castriotto, I., *Fortificatione della città*, Venice (1564).

Maggiori, A., *Intorno alla vita e l'opere di Sebastiano Serlio architetto bolognese*, Ancona (1824).

Malaguzzi Valeri, F., 'La Chiesa della Madonna di Galliera in Bologna', *Archivio Storico dell'Arte*, vol. 6 (1893), pp. 32–48.

March, L., *Architectonics of Humanism: Essays on Number in Architecture*, London (1998).

Marchini, G., *Giuliano da Sangallo*, Florence (1942).

Marconi, P., 'L'VIII libro inedito di Sebastiano Serlio, un progetto di città militare', *Controspazio*, no. 1 (1969), pp. 51–59: nos. 4–5 (1969), pp. 52–9.

Marconi, P. (ed.), *La città come forma simbolica; studi sulla teoria dell'architettura nel Rinascimento*, Rome (1973).

Marotti, F., 'Teoria e tecnica dello spazio scenico dal Serlio al Palladio nella trattatistica rinascimentale', *Bollettino del centro internazionale di Studi d'architettura A. Palladio*, vol. 16 (1974), pp. 257–70.

Marsden, E. W., 'Polybius as a Military Historian', *Entretiens sur l'antiquité classique: Polybe*, vol. 20 (1974), pp. 267–301.

Martin, J., *Architecture ou Art de bien bastir, de Marc Vitruve Pollion, autheur romain antique, Mis de latin en francoys, par Ian Martin*, Paris (1547).

Matteucci, A. M., 'Per una preistoria di Sebastiano Serlio', in Thoenes, C. (ed.), *op. cit.*, pp. 19–21.

McKean, J. M., 'Sebastiano Serlio', *AAQ: Architectural Association Quarterly*, vol. 11 (1979), IV, pp. 14–27.

Michiel, M., *Notizia d'opere di disegno* (ed. G. Frizzoni), Bologna (1884 ed.).

Middleton, R., Beasley, G., Savage, N. (eds.), *The Mark J. Millard Architectural Collection: British Books: Seventeenth through Nineteenth Centuries*, vol. 2, Washington (1998) [Serlio no. 74, pp. 267–71].

Miles, H. A. D., 'The Italians in Fontainebleau', *Journal of the encouragement of arts, manufactures and commerce*, vol. 119 (1970–72), pp. 851–61.

Miller, N., 'Musings on Mauline: Problems and Parallels', *The Art Bulletin*, vol. 58 (1976), pp. 196–214.

Millon, H. A., (ed.), *The Renaissance from Brunelleschi to Michelangelo: The Representation of Architecture*, London (1994).

Molik, J., *Das Staatliche Schloss Třeboň*, České Budejovice (1979).

Momigliano, A., 'Polybius's Reappearance in Western Europe', *Polybe: Entretiens sur l'antiquité classique*, vol. 20 (1974), pp. 347–72.

Moneti, A., 'Sebastiano Serlio e il "Barocco" antico. A proposito di un edificio raffigurato nel Terzo Libro', in Thoenes, C. (ed.), *op. cit.*, pp. 149–53.

Moore, J. M., *The Manuscript Tradition of Polybius*, Cambridge (1965).

Moos, S. von, 'The Palace as a Fortress: Rome and Bologna under Pope Julius II', in Millon, H. A., Nochlin, L. (eds.), *Art and Architecture in the Service of Politics*, Cambridge, Mass. (1978), pp. 46–79.

Morresi, M., *Villa Porto Colleoni a Thiene*, Milan (1988).

Morresi, M., 'Giangiorgio Trissino, Sebastiano Serlio e la villa di Cricoli: ipotesi per una revisione attributiva', *Annali di Architettura del Centro Palladio di Vicenza*, vol. 6 (1994), pp. 116–34.

Morresi, M., 'Treatises and the Architecture of Venice in the Fifteenth and Sixteenth Centuries', in Hart, V., Hicks, P. (eds.), *Paper Palaces, op. cit.*, pp. 263–80.

Mortimer, R., *Italian 16th Century Books*, 2 vols., Harvard College Library Department of Printing and Graphic Arts. Catalogue of Books and Manuscripts, Cambridge, Mass. (1974), vol. 2, nos. 471–77, pp. 651–61.

Moughtin, C., 'The European City Street, Part 1: Paths and Places', *Town Planning Review*, vol. 62 (1991), I, pp. 51–77.

Müller, J. H., 'Das regulierte Oval. Zu den Ovalkonstruktionen im Primo Libro di Architettura des Sebastiano Serlio, ihrem architekturtheoretischen Hintergrund und ihrer Bedeutung für die Ovalbau-Praxis von ca. 1520 bis 1640', Diss. Philipps Universität Marburg/Lahn, Bremen (1967).

Oberhuber, K., 'Sebastiano Serlio', *Albertina Informationen*, vol. 5 (1968), pp. 2–3.

Offerhaus, J., 'Pieter Coecke et l'introduction des traités d'architecture aux Pays-Bas', in Guillaume, J. (ed.), *op. cit.* (1988), pp. 443–52.

Olivato, L., 'Per il Serlio a Venezia: documenti nuovi e documenti rivisitati', *Arte Veneta*, vol. 25 (1971), pp. 284–91.

Olivato, L., 'Il Serlio in Polonia', *Arte Veneta*, vol. 27 (1973), pp. 327–8.

Olivato, L., 'Dal Teatro della memoria al grande teatro dell'architettura: Giulio Camillo Delminio e Sebastiano Serlio', *Bollettino del Centro internazionale di Studi d'architettura A. Palladio*, vol. 21 (1979), pp. 233–52.

Olivato, L., 'Sebastiano Serlio. Planimetria di un palazzo e profilo di base di una colonna', in Puppi, L. (ed.), *Architettura e utopia nella Venezia del Cinquecento*, Milan (1980), p. 175.

Olivato, L., 'Ancora per il Serlio a Venezia. La cronologia dell'arrivo e i suoi rapporti con i "dilettanti di architettura"', in *Museum Patavinum*, vol. 3 (1985), I, pp. 145–54.

Olivato, L., 'Paris Bordon e Sebastiano Serlio. Nuove Riflessioni', in *Paris Bordon e il suo tempo*, Treviso (1987), pp. 33–40.

Olivato, L., 'Con il Serlio tra i "dilettanti di architettura" veneziani della prima metà del '500. Il ruolo di Marcantonio Michiel', in Guillaume, J. (ed.), *op. cit.* (1988), pp. 247–54.

Olivato, L., 'Sebastiano Serlio e Ferrara', in AA.VV., *Il Duca Ercole I e il suo architetto Biagio Rossetti*, Rome (1995), pp. 89–93.

Onians, J., *Bearers of Meaning: The Classical Orders in Antiquity, the Middle Ages, and the Renaissance*, Cambridge (1988).

Orazi, A. M., *Jacopo Barozzi da Vignola, 1528–1550*, Rome (1982).

Orrell, J., *The Human Stage, English Theatre Design, 1567–1640*, Cambridge (1988).

Pacifici, V., *Ippolito II d'Este, cardinale di Ferrara (da documenti originali inediti)*, Tivoli (1923).

Pagliara, P. N., 'L'attività edilizia di Antonio da Sangallo il Giovane. Il confronto tra gli studi sull'antico e la letteratura vitruviana. Influenze sangallesche sulla manualistica di Sebastiano Serlio', *Controspazio*, no. 7 (1972), pp. 19–55.

Pagliara, P. N., 'La Rustica', in AA.VV., *Giulio Romano, saggi di Ernst Gombrich . . .*, Milan (1989), pp. 418–23.

Palladio, A., *I quattro libri dell'architettura*, Venice (1570) [trans. R. Tavernor, R. Schofield, Cambridge, Mass. (1997)].

Palladio, A., *Commentari di C. Giulio Cesare*, Venice (1575).

Palustre, L., *L'Architecture de la Renaissance*, Paris (1902).

Panofsky, E., *Early Netherlandish Painting*, 2 vols., Cambridge, Mass. (1953).

Panofsky, E., 'The First Page of Giorgio Vasari's Libro',

in *Meaning in the Visual Arts*, New York (1955), [1993 ed., pp. 206–65].

Pardoe, J., *The Court and Reign of Francis the First, King of France*, 3 vols., New York (1887).

Parker, G., *The Military revolution*, Cambridge (1988).

Parker, H. M. D., *The Roman legions*, Oxford (1928).

Paschini, P., 'Un Prelato veneziano in Levante nel primo Cinquecento', *Rivista di Storia della Chiesa in Italia*, vol. 6 (1952), III, pp. 363–78.

Paschini, P., *Il cardinale Marino Grimani ed i prelati della sua famiglia*, Rome (1960).

Pauwels, Y., 'Les origines de l'ordre Composite', *Annali di Architettura del Centro Palladio di Vicenza*, vol. 1 (1989), pp. 29–46.

Payne, A., 'Creativity and *bricolage* in architectural literature of the Renaissance', *Res*, vol. 34 (1998), pp. 20–38.

Payne, A., *The Architectural Treatise in the Italian Renaissance. Architectural Invention, Ornament and Literary Culture*, Cambridge (1999).

Pedretti, C., 'Machiavelli and Leonardo on the Fortification at Piombino', *Italian Quarterly*, vol. 12 (1968), pp. 3–31.

Pedretti, C., *Leonardo da Vinci: the Royal Palace at Romorantin*, Cambridge, Mass. (1972).

Pedretti, C., 'Tiziano e Serlio', *Tiziano e Venezia, atti del congresso internazionale*, Venice (1980), pp. 243–8.

Pellecchia, L., 'Architects read Vitruvius: Renaissance Interpretations of the Atrium of the Ancient House', *Journal of the Society of Architectural Historians*, vol. 51 (1992), pp. 377–416.

Pellicier, G., *Correspondance politique de Guillaume Pellicier ambassadeur de France à Venise, 1540–1542* (ed. A. Tausserat-Radel), Paris (1899).

Pérouse de Montclos, J.-M., *L'architecture à la française*, Paris (1982).

Pérouse de Montclos, J.-M., 'Louvre', in *Le Guide du Patrimoine: Paris*, Paris (1994) pp. 291–92.

Pérouse de Montclos, J.-M., *Fontainebleau*, Paris (1998).

Perrault, C., *Ordonnance des Cinq Espèces de Colonnes*, Paris, (1683): *Ordonnance for the Five Kinds of Columns after the Method of the Ancients* (trans. I. K. McEwen), Santa Monica (1993).

Perrin, D., 'Le Livre "Extraordinaire" de Serlio, ou le sens confiné de la représentation', *Dessin/Chantier*, vol. 2 (1983), pp. 71–81.

Philandrier, G. [Philander], *In decem libros M. Vitruvii Pollionis de architectura annotationes*, Rome (ed. A. D. Dossene, 1544); Paris (ed. M. Fezendat, 1545); Paris (ed. J. Kerver, 1545).

Piot, E., *Les Italiens en France au XVIè siècle*, Bordeaux (1901–18).

Planchenault, R., 'Les châteaux de Vallery', *Bulletin Monumental*, vol. 74 (1963), pp. 237–59.

Poité, P., *Philibert Delorme*, Paris (1996).

Pollak, M., *Turin, 1564–1680: Urban design, military culture and the creation of the Absolutist Capital*, Chicago and London (1991).

Polybius (Latin trans. J. Lascaris), *Liber ex Polybii historiis excerptus de militia Romanorum, et castrorum metatione*

*inventu rarissimus a Jano Lascare in Latinam linguam translatus*, Venice (1529).

Polybius (Latin trans. J. Lascaris), *De romanorum militia, et castrorum metatione liber utilissimus, ex Polybii historiis per A. Ianum Lascarem Rhyndacenum excerptus, et ab eodem latinitate donatus, ipso etiam graeco libro, ut omnia conferri possint, in studiosorum gratiam adiuncto*, Basel (1537).

Polybius, *Fragmenta duo e sexto Polybii historiarum libro de diversis rerum publicarum formis, deq. Romanae praestantia*, Bologna (1543).

Polybius (French trans. L. Meygret) *Deux restes du sixième livre de Polybe, avec un extrait touchant l'assiette du camp des Romains*, Paris (1545).

Polybius (Italian trans. L. Domenichi [Books I–V and fragment of VI]), *Polibio tradotto per L. Domenichi. Con due fragmenti ne i quali si ragiona delle republiche et della grandezza di Romani*, Venice (1545).

Polybius (and B. Cavalcanti) (Italian trans. P. Strozzi, L. Carini), *Polibio del modo d'accampare tradotto di greco per M. Philippo Strozzi e Calculo della castrametatione di M. Bartolomeo Cavalcanti. Compartitione dell'armatura & dell'ordinanza de' Romani e de' Macedoni di Polibio tradotta dal medesimo. Scelta degli Apophtegmi di Plutarco tradotti per M. Philippo Strozzi. Eliano de uomini & degli ordini militari tradotti di greco per M. Lelio Carani*, Florence (1552).

Polybius, *The Histories* (trans. W. R. Paton), 6 vols., London and Cambridge, Mass. (1967–68), vol. 3.

Pressouyre, S., 'Remarques sur le devenir d'un château royal: Fontainebleau au XVIè siècle', *L'Information d'histoire de l'Art*, vol. 19 (1974), pp. 25–37.

Prinz, W., *Die Entstehung der Galerie in Frankreich und Italien*, Berlin (1970).

Puppi, L., 'Il VI libro di Sebastiano Serlio', *Arte Veneta*, vol. 21 (1967), pp. 242–3.

Puppi, L., 'Un letterato in villa: Giangiorgio Trissino a Cricoli', *Arte Veneta*, vol. 25 (1971), pp. 72–91.

Puppi, L., *Andrea Palladio*, London (trans. 1975 ed.).

Puppi, L., *Michele Sanmicheli Architetto*, Rome (1986).

Puppi, L., 'Il problema dell'eredità di Baldassarre Peruzzi: Jacopo Meleghino, il "mistero" di Francesco Sanese e Sebastiano Serlio', in Fagiolo, M., Madonna, M. L. (eds.), *op. cit.*, pp. 491–503.

Raffaello, *Raffaello Sanzio. Tutti gli scritti* (ed. E. Camesasca), Milan (1956).

Raimondi, E., *Codro e l'Umanesimo a Bologna*, Bologna (1987 ed.).

Randall, C., *Building Codes: The Aesthetics of Calvinism in Early Modern Europe*, Philadelphia (1999).

Richmond, I. A., 'Trajan's Army on Trajan's Column', *Papers of the British School at Rome*, vol. 13 (1935), pp. 1–40.

Romier, L., *Les origines politiques des guerres de Religion*, 2 vols., Paris (1974).

Rosci, M., Brizio, A. M., *Il Trattato di architettura di Sebastiano Serlio*, 2 vols., Milan (1966) [vol. 2 facsimile of the 'Munich' MS of Serlio's Book VI: our translation of Rosci's commentary in vol. 1 is available at <http://www.serlio.org>].

Rosci, M., 'Schemi di ville nel VII libro del Serlio e ville Palladiane', *Bollettino del Centro internazionale di Studi d'architettura A. Palladio*, vol. 8 (1966), II, pp. 128–33.

Rosci, M., 'Sebastiano Serlio e il manierismo nel Veneto', *Bollettino del Centro internazionale di Studi d'architettura A. Palladio*, vol. 9 (1967), pp. 330–36.

Rosci, M., 'I rapporti tra Serlio e Palladio e la più recente letteratura critica', *Bollettino del Centro internazionale di Studi d'architettura A. Palladio*, vol. 15 (1973), pp. 143–8.

Rosci, M., 'Sebastiano Serlio e il teatro del cinquecento', *Bollettino del centro internazionale di Studi d'architettura A. Palladio*, vol. 16 (1974), pp. 235–42.

Rosenau, H., *The Ideal City in its Architectural Evolution*, London (1959).

Rosenfeld, M. N., 'Sebastiano Serlio's Late Style in the Avery Library Version of the Sixth Book on Domestic Architecture', *Journal of the Society of Architectural Historians*, vol. 28 (1969), pp. 155–72.

Rosenfeld, M. N., Review of M. Rosci, *Il Trattato di architettura de Sebastiano Serlio*, in *The Art Bulletin*, vol. 52 (1970), pp. 319–22.

Rosenfeld, M. N., 'Sebastiano Serlio's Drawings in the Nationalbibliothek in Vienna for his Seventh Book on Architecture', *The Art Bulletin*, vol. 56 (1974), pp. 400–409.

Rosenfeld, M. N., *Serlio: An Exhibition in Honour of the Five Hundredth Anniversary of his Birth*, Avery Architectural Library, New York, unpublished cat. (1975).

Rosenfeld, M. N., *Sebastiano Serlio: On Domestic Architecture*, New York (1978): [facsimile of the 'Columbia' MS of Serlio's Book VI, intro. J. Ackerman]. Republished without Serlio's Italian text, New York (1996).

Rosenfeld, M. N., 'Sebastiano Serlio', in *Macmillan Encyclopedia of Architects*, London (1982), pp. 37–9.

Rosenfeld, M. N., 'Sebastiano Serlio's Contributions to the Creation of the Modern Illustrated Architectural Manual', in Thoenes, C. (ed.), *op. cit.*, pp. 102–10.

Rosenfeld, M. N., 'From drawn to printed model book: Jacques Androuet du Cerceau and the Transmission of Ideas from Designer to Patron, Master Mason and Architect in the Renaissance', *Revue d'art Canadienne*, vol. 16 (1989), II, pp. 131–45.

Rosenfeld, M. N., Review of M. Carpo, *La maschera e il modello . . .* , in *Design Book Review*, vol. 34 (1994), pp. 41–3.

Rosenfeld, M. N., Review of V. Hart and P. Hicks, *Sebastiano Serlio on Architecture*, in *Journal of the Society of Architectural Historians*, vol. 57 (1998), I, pp. 98–101.

Rossi, L., *Trajan's column and the Dacian Wars*, Ithaca, N.Y. (1971).

Rowland, I. D., 'Raphael, Angelo Colocci and the Genesis of the Architectural Orders', *The Art Bulletin*, vol. 76 (1994), pp. 81–108.

Rowland, I. D., 'Vitruvius in Print and in Vernacular Translation: Fra Giocondo, Bramante, Raphael and Cesare Cesariano', in Hart, V., Hicks, P. (eds.), *Paper Palaces, op. cit.*, pp. 105–21.

Rykwert, J., *The First Moderns*, Cambridge, Mass. (1980).

Rykwert, J., *On Adam's House in Paradise*, Cambridge, Mass. (1981 ed.).

Rykwert, J., 'On the Oral Transmission of Architectural Theory', in Guillaume, J. (ed.), *op. cit.* (1988), pp. 31–48.

Rykwert, J., *The Dancing Column: On Order in Architecture*, Cambridge, Mass. (1996).

Santaniello, A. E., Introduction to Robert Peake's 1611 ed. of 'Serlio', *The Five Books of Architecture*, New York (1980).

Sarayna, T., *De origine et amplitudine civitatis Veronae*, Verona (1540).

Scalabrini, G. A., *Memorie istoriche delle chiese di Ferrara e de' suoi borghi*, Bologna (1989).

Schlosser, J., *Die Kunstliteratur*, Vienna (1924).

Schoene, G., *Die Entwicklung der Perspektivbühne von Serlio bis Galli-Bibiena, nach den Perspektivbüchern*, Leipzig (1933).

Schreiber, F., *Die französische Renaissance – Architectur und die Poggio Reale – Variationen des Sebastiano Serlio*, Berlin (1938).

Schultz, J., *Venetian Painted Ceilings of the Renaissance*, Berkeley and Los Angeles (1968), pp. 139–41.

Schultz, J., *Titian, his world and his legacy: The houses of Titian, Aretino and Sansovino*, New York (1982).

Schulz, F., 'Ottavio Strada', *Thieme-Becker Kunstler Lexicon*, vol. 32, Leipzig (1938), pp. 147–8.

Serlio, S., *Regole generali di architettura. Sopra le cinque maniere degli edifici*, Venice: Francesco Marcolini (1537).

Serlio, S., *Il terzo libro di Sebastiano Serlio bolognese*, Venice: Francesco Marcolini (1540).

Serlio, S., *Il primo libro [e secondo libro] d'architettura, di Sebastiano Serlio, bolognese*, Paris: Jean Barbé (1545).

Serlio, S., *Quinto Libro d'architettura di Sebastiano Serlio bolognese*, Paris: Michel de Vascosan (1547).

Serlio, S., *Extraordinario libro di architettura di Sebastiano Serlio, architetto del re christianissimo nel quale si dimostrano trenta porte di opera rustica mista con diversi ordini et venti di opera dilicata di diverse specie con la scrittura davanti che narra il tutto*, Lyons: Jean de Tournes (1551).

Serlio, S., [The so-called 'Vienna' trial woodcuts of Book VI], Österreichische Nationalbibliothek, Vienna, 72.P.20 [fac. Fiore, *op. cit.*].

Serlio, S., *Il settimo libro d'architettura di Sebastiano Ser<g>lio bolognese, nel qual si tratta di molti accidenti che possono occorrere a l'Architetto in diversi luoghi, e istrane forme de' siti, e nelle restauramenti o restitutioni di case, e come habiamo a far, per servicii de gli altri edifici e simil cose, come nella seguente pagina si lege*, Frankfurt: André Wechel (1575).

Serlio, S., *I Sette Libri dell'Architettura*, Venice: Francesco de' Franceschi (1584) [Books I–V, 'Extraordinary

Book of Doors' and Book VII: facsimile published in Bologna (Arnaldo Forni Editore) in 1978, with Introduction and Scamozzi's Subject Index].

Serlio, S., *The Renaissance Stage, Documents of Serlio, Sabbattini and Furttenbach* (trans. A. Nicoll, J. H. Mc.Dowell, G. R. Kernodle), Miami, Fla (1958).

Seward, D., *Prince of the Renaissance: The life of François I*, London (1973).

Sgarbi, C., 'A newly discovered corpus of Vitruvian images', *Res*, vol. 23 (1993), pp. 31–51.

Stenvest, R., *Constructing the Past: Computer Assisted Architectural-Historical Research*, Amsterdam (1991), pp. 179–91.

Steyert, A., *Nouvelle Histoire de Lyon et des provinces de Lyonnais Forez, Beaujolais*, 3 vols., Lyons (1895–9).

Strieder, J., *Jacob Fugger, the Rich Merchant and Banker of Augsburg, 1459–1525*, New York (1931).

Strozzi, F., Cavalcanti, B., see Polybius, *op. cit.*, Florence (1552).

Tafuri, M., 'Il mito naturalistico nell'architettura del '500', *L'Arte*, vol. 1 (1968), pp. 7–36.

Tafuri, M. (ed.), *'Renovatio Urbis': Venezia nell'età di Andrea Gritti (1523–1538)*, Rome (1984).

Tafuri, M., 'Ipotesi sulla religiosità di Sebastiano Serlio', in Thoenes, C. (ed.), *op. cit.*, pp. 57–66.

Tafuri, M., *Venice and the Renaissance*, Cambridge, Mass. (trans., 1989 ed.).

Talasne-Moeneclaey, A., 'Serlio en Limousin: Le decor du Château du Fraisse', *Bulletin Monumental*, vol. 136 (1978), pp. 341–5.

Tausserat-Radel, A. (ed.), *Correspondance politique de Guillaume Pellicier ambassadeur de France à Venise, 1540–1542*, Paris (1899).

Thoenes, C. (ed.), *Sebastiano Serlio*, Milan (1989).

Thoenes, C., 'Serlio e la trattatistica', in Thoenes, C. (ed.), *ibid.*, pp. 9–18.

Thoenes, C., 'Appunti sui trattati di architettura del Rinascimento', *Zodiac*, vol. 15 (1996), pp. 12–32.

Thoenes, C., Günther, H., 'Gli ordini architettonici: rinascita o invenzione?' in Fagiolo, M. (ed.), *Roma e l'antico nell'arte e nella cultura del Cinquecento*, Rome (1985), pp. 261–310.

Thomson, D., *Jacques et Baptiste du Cerceau. Recherches sur l'architecture française 1545–1590*, Paris and Geneva (1980).

Thomson, D., *Renaissance Paris: Architecture and Growth, 1475–1600*, London (1984).

Thomson, D., *Jacques Androuet Du Cerceau, les plus excellents bastiments de France*, Paris (1988).

Thomson, D., *Renaissance Architecture: Critics, Patrons, Luxury*, Manchester (1993).

Thornton, P., *The Italian Renaissance Interior 1400–1600*, London (1991).

Tiberi, C., 'Componenti manieristiche nell'opera di Sebastiano Serlio', *Atti del XIV Congresso di Storia dell'Architettura, 1965*, Rome (1972), pp. 157–77.

Timofiewitsch, W., 'Ein Gutachten Sebastiano Serlios

für die "Scuola Di S. Rocco"', *Arte Veneta*, vol. 17 (1963), pp. 158–60.

Toy, S., *A History of Fortification from 3000 B.C. to A.D. 1700*, London (1955).

Tudor, D., 'Les Ponts Romains du Bas-Danube', *Bibliotheca Historicae Romaniae Etudes*, vol. 51 (1974), pp. 47–134.

Tuttle, R. J., 'Sebastiano Serlio bolognese', in Thoenes, C. (ed.), *op. cit.*, pp. 22–9.

Tuttle, R. J., 'Vignola's Facciata dei Banchi in Bologna', *Journal of the Society of Architectural Historians*, vol. 52 (1993), I, pp. 68–87.

Unterkirchner, F., 'Ambraser Handschriften, ein Tausch zwischen dem Kunsthistorischen Museum und der Nationalbibliothek im Jahr 1936', *Jahrbuch der Kunsthistorischen Sammlungen in Wien*, vol. 59 (1963), XXIII, pp. 223–50.

Van Eck, C., 'The Structure of *De re aedificatoria* Reconsidered', *Journal of the Society of Architectural Historians*, vol. 57 (1998), III, pp. 280–97.

Vasari, G., *Le Vite de' più eccellenti Architetti, Pittori et Scultori Italiani*, Florence (1550): *Lives of the most eminent Painters, Sculptors and Architects* (trans. G. Du C. De Vere), 10 vols., London (1912–14) [References to Serlio in vols. 5, 6 and 9].

Venturi, A., 'L'arte e gli Estensi: Ippolito II di Ferrara in Francia', *Rivista Europea, rivista internazionale*, vol. 24 (1881), pp. 23–37.

Venturi, A., 'Un disegno del Primaticcio e un altro del Serlio', *Archivio storico dell'arte*, vol. 2 (1889), pp. 158–9.

Venturi, A., 'Sebastiano Serlio', *Storia dell'arte italiana*, vol. 11, pt. 1, Milan (1939), pp. 440–68.

Vergèce, A., *De re militare quattro libri*, Antwerp (1525).

Vignola, G. B., *Regole delli cinque ordini d'architettura*, Rome (1562).

Vitruvius, *De Architectura*, Books I–X (ed. and trans. F. Granger), London (1931 ed.); (ed. and trans. I. D. Rowland), Cambridge (1999).

Vitruvius, *De l'Architecture* (ed. P. Gros), 'Les Belles Lettres', Paris (1990) [Books I, III, VIII, IX, X].

Waddy, P., 'The Roman Apartment from the Sixteenth to the Seventeenth Century', in Guillaume, J. (ed.), *Architecture et Vie sociale . . . à la Renaissance*, Paris (1994), pp. 155–66.

Walbank, F. W., *A Historical Commentary on Polybius*, Oxford (1957).

Ward, H. W., *French Châteaux and Gardens in the Sixteenth Century*, New York (1976 ed.).

Wiebenson, D. (ed.), *Architectural Theory and Practice from Alberti to Ledoux*, Chicago (1982).

Wiebenson, D., 'Guillaume Philander's Annotationes to Vitruvius', in Guillaume, J. (ed.), *op. cit.* (1988), pp. 67–74.

Wiebenson, D. (ed.), *The Mark J. Millard Architectural Collection: French Books: Sixteenth through Nineteenth Centuries*, vol. 1, Washington (1993) [Serlio nos. 152–3, pp. 434–9].

Wilinski, S., 'Sebastiano Serlio ai lettori del III e IV libro sull'Architettura', *Bollettino del Centro internazionale di Studi d'architettura A. Palladio*, vol. 3 (1961), pp. 57–69.

Wilinski, S., 'Sebastiano Serlio e Andrea Palladio', *Bollettino del Centro internazionale di Studi d'architettura A. Palladio*, vol. 6 (1964), pp. 131–43.

Wilinski, S., 'La Serliana', *Bollettino del centro internazionale di Studi d'architettura A. Palladio*, vol. 7 (1965), pp. 115–25; vol. 11 (1969), pp. 399–429.

Wilinski, S., 'Miedzy Teoria e Praktyka W. Ksiegach O Architekturze Sebastiano Serlio', *Przeglad humanistyczny*, vol. 10 (1975), pp. 11–29.

Wilinski, S., 'L'Alessi e il Serlio', *Galeazzo Alessi e l'architettura del Cinquecento*, Geneva (1975) pp. 141–45.

Wilson Jones, M., 'Palazzo Massimo and Baldassarre Peruzzi's approach to architectural design', *Architectural History*, vol. 31 (1988), pp. 59–87.

Wilson Jones, M., 'The Tempietto and the roots of Coincidence', *Architectural History*, vol. 33 (1990), pp. 1–28.

Wischermann, H., 'Castrametatio und Städtebau im 16. Jahrhundert: Sebastiano Serlio', *Bonner Jahrbücher des Rheinischen Landesmuseums in Bonn und des Vereins von Altertumsfreunden im Rheinland*, vol. 175 (1975), pp. 171–86.

Wittkower, R. (ed.), *Gothic versus Classic*, London (1974).

Wittkower, R., *Architectural Principles in the Age of Humanism*, London (1988 ed.).

Wolff Metternich, F. G., 'Über die Massgrundlagen des Kuppelentwurfes Bramantes für die Peterskirche in Rom', in Fraser, D., Hibbard, H., Lewine, M. J. (eds.), *Essays in the History of Architecture presented to Rudolf Wittkower*, London (1967), pp. 40–52.

Wolters, W., 'La decorazione plastica delle volte e dei soffitti a Venezia e nel Veneto nel secolo XVI', *Bollettino del Centro internazionale di Studi d'architettura A. Palladio*, vol. 10 (1968), pp. 268–78.

Wolters, W., *Plastische Deckendekorationen des Cinquecento in Venedig und im Veneto*, Berlin (1968).

Wolters, W., 'Sebastiano Serlio e il suo contributo alla villa Veneziana prima del Palladio', *Bollettino del Centro internazionale di Studi d'architettura A. Palladio*, vol. 11 (1969), pp. 83–94.

Wolters, W., 'Architettura e decorazione nel Cinquecento veneto', *Annali di Architettura*, vols. 4–5, (1992–3), pp. 102–10.

Wurm, H., *Der Palazzo Massimo alle Colonne*, Berlin (1965).

Wurm, H., *Baldassarre Peruzzi Architekturzeichnungen*, Tübingen (1984).

Yates, F., *The French Academies of the Sixteenth Century*, London (1947).

Yates, F., *The Art of Memory*, London (1966).

Zampa, P., 'Proporzioni ed ordini nelle chiese del Serlio', in Thoenes, C. (ed.), *op. cit.*, pp. 187–9.

Zerner, H., 'Du mot à l'image: Le rôle de la gravure sur cuivre', in Guillaume, J. (ed.), *op. cit.* (1988), pp. 281–94.

Zucchini, G., 'La casa del Serlio', *L'Archiginnasio*, vol. 4 (1909), pp. 42–3.

## MANUSCRIPTS

Serlio, S., [Book VI], MS of *c.*1541–47/9, Avery Architecture Library, Columbia University, New York, AA.520.Se.619.F [fac. Rosenfeld, *op. cit.*].

Serlio, S., [Book VI], MS of *c.*1547–54, Munich, Bayerische Staatsbibliothek, codex Icon. 189 [fac. Rosci, *op. cit.*; transcription with figures published by Fiore, *op. cit.*, who dates the MS to *c.*1548/9–50].

　　Trial woodcuts of figures to Book VI, Österreichische Nationalbibliothek, Vienna, 72.P.20] [published by Rosenfeld, *op. cit.*, and Fiore, *op. cit.*].

Serlio, S., [Book VII], MS of *c.*1541–50 [date of 1542 on fols. 74*v* and 83*r*], Österreichische Nationalbibliothek, Vienna, Cod. ser. nov. 2649: see Mazal-Unterkircher (ed.), *Katalog der Abendländischen Handschriften der O.N. series 'nova'*, vol. 2, Vienna (1965), p. 327 [transcription with figures published by Fiore, *op. cit.*].

Serlio, S., [Book 'VIII'], MS of *c.*1546–50, Munich, Bayerische Staatsbibliothek, codex Icon. 190 [transcription with figures published by Fiore, *op. cit.*, who dates the MS to *c.*1550–53; translation by Johnson, *op. cit.*, Appendix A].

Serlio, S., ['Extraordinario libro'], MS of *c.*1544–47 [on this dating see J. Erichsen, *op. cit.*, pp. 191–2], Staats- und Stadtbibliothek, Augsburg, 2° Cod. 496.

Serlio's letters to François de Dinteville, Bishop of Auxerre in the Bibliothèque Nationale, Paris: BN Collection Dupuy, MS 728, fols. 180*r–v*, 181*v* of 3 June 1551 and BN Collection Dupuy, MS 728, fols. 178*r–v*, of 19 May 1552 [facsimiles and transcriptions in Frommel [née Kühbacher], *op. cit.* (1998), pp. 33–9].

References to Serlio in the acts of François I: Copie Bibliothèque Nationale, MS fr. 11179 (anc. suppl. fr. 336). Listed in *Catalogue des Actes de François I<sup>er</sup>*, Paris (1890), vol. IV, p. 270 (no. 12254): 'Mandement à Nicholas Picart, notaire et secretaire du roi, commis à tenir le compte des bâtiments de Fontainebleau, Boulogne, Villers-Cotterets, Saint-Germain, etc., de payer à Bastianet (alias Sébastien) Serlio, peintre et architecte bolonais, 400 livres de gages par an en quattre termes pour ses travaux au château de Fontainebleau. Fontainebleau 27 décembre 1541'.

References to Serlio in the correspondance of Guillaume Pellicier (mostly to Marguerite d'Angoulême) in: *Inventaires analytique, Affaires Etrangères, Correspondance Politique, Venise (1540–42)*, vol. 19, pp.

# 附录1  与慕尼黑手稿相比，
# 哥伦比亚手稿的第六书中重要的添加内容[1]

### PROJECT IV, I, 9

就像我在上面的住宅中显示的那样，法国人习惯采用一种不同于我们的住宅风格，但是实用性上相同。下面我要用另外一种方式安排这些实用功能，或者是多少有些不同的方式。在这些位于城市外的部分，尤其是枫丹白露周边的地区，他们通常有一个通长的住房，宽度一般不超过23尺，也就是两面墙之间的地面宽度。墙的厚度不超过2尺，但它们有大量的木材与铁件来强化。现在讨论的住宅要抬升到地面以上5尺。事实上，所有我设计的建筑都会被抬升到这一高度，因为随着时间流逝，大地会按照自己的步伐膨胀扩展，就像在很多古代与现代建筑中出现的那样，300年后，建筑就会比地面低，在所有国家都会看到这种情况……

### PROJECT VI, L, 11(第二版)

枫丹白露——一个最漂亮的地方，尤其为我的国王弗朗索瓦所钟爱——周边绝大部分的住所都是按照这种方式建造的，沿长向延伸。遵循日常习俗，它们有24尺宽，也就是说，墙之间的空间……

### PROJECT VII, M, 12

……如果愿意，这个住宅可以有4个入口。所以每个院落可以有一个小的前厅，标记

为D……[2]任何人如果想要两个入口——这是我推荐的——可以将这个前厅与主室E合并成一个主厅……这样任何正直的绅士与他的妻子以及侍从都可以舒适地居住，还可以有4个相互分离的住所……

### PROJECT VIII, M, 12

……因为在意大利，这些住宅中的大部分都以精美的神话或历史场景绘画来装饰，因此这些面上将会有漂亮和精心划分的表面，以不同的绘画装饰来修饰……

### PROJECT IX, N, 13

……即使这些上面提到的[3]住所仅有一半在地面上，我也不会认为它们对于睡眠来说是足够健康的，除非它周边都是木板，地面上铺着木炭，上面是木块铺地，并且是建造在干燥的地区。我建造了一些这样的住宅，它们都很健康，适合居住……

文雅和虔诚的读者，我的愿望始终是服务于人类，因为上帝出于他的善赋予我恩典，让我对人们有用，尤其是那些喜欢这一高贵艺术的人。因此，我会尽我所能去做所有的事情，来证明上帝在我年轻时出于他的善给予我的东西。因此，我尊敬所有那些使用了我的劳动成果的人，他们在设计中使用了以尺为单位的比例。请以愉快的心态使用这些我的劳动成果，再会。

---

1. 所有重要的，但较短的添加段落（以及所有省略的）都在注释中引用了。

2. 在慕尼黑手稿中这里是从室（camerino），标记为"O"。

3. 也就是地下室。

### PROJECT XVIII, Q, 16

……就像其他许多人那样他[4]不信任自己的能力与学识。他们仅仅知道4本手册[5]以及两个建筑术语，就想成为建筑师。但是考虑到这些人，非常清楚的是，一旦他们的设计建造起来，他们所理解的这门艺术会多大程度上……

### PROJECT XIX, R, 17

我上面展示和描述的宫殿非常实用，有大量的住房以及丰富装饰。尽管如此，一个严格的建筑师可能会说它没有宽大的敞廊环绕，而且，考虑到内部的部分，一些形式在建筑的另一边并没有对应物，这一点当然存在不同的意见。因此，这个建筑不会有很多住房或者是丰富的装饰，但两个主要方面得到了更仔细的考虑。第一个是侧翼会以侧面火力更有效地保护塔的正面，因为塔是"非正方形"的，就像他们应是的那样。第二条是应该有宽阔的敞廊，而且所有的部分都与其他部分相呼应……

### PROJECT XXI, S, 18

……应该根据地区设定高度。如果地区气候温和，并且风不大，那么有着高屋顶的房间，尤其是主厅和大的主室就会受到高度的称赞。但如果地区气候寒冷而多风，就像我现在所在的地方一样[6]，那么主室就应该适度地短一些——但是大一些应该不少于16尺半，主厅因为很大，它的高度应该不少于20尺。尽管如此，就下面将要使用的高度，我想尽可能地达到完美，但是并不是在每一个案例里面都是，因为一个房间至少应该有它的宽度那么高……

……我想要屋顶是法国风格的，因为我发现这种屋顶有三种主要优点：第一，如果保持良好的修理与定期检查，它们比我们的屋顶更耐久；第二，这些屋顶的斜面上覆盖着被称为"石板"（ardoise）的美丽石头；第三，屋顶上的窗户，被称为老虎窗，为建筑带来很好的装饰，尤其是在乡村。实际上，如果有合适的材料，比如阿朵撒石（arduosa）或者是煅烧的砖，我会在意大利的一些地方用这种屋顶来建造……

### PROJECT XXIX, 22

……因为在这个建筑中有很多东西很难理解，应该建造一个坚固的模型，这样就能理解它们。有些时候，人们不得不改变一些部分，而有的时候，他会发现有些地方比我所展示的更好。从贫穷手工艺者的住宅到那些我还没有讨论过的重要人物。虽然至关重要，我并不认为应该如此卑微地讨论这么简单的事情。但是我假设它们会被建造在厚墙中——最重要的是，它们以及其中的通风口应该位于最高的位置，这样臭味就会在空气中消散。

### PROJECT XXXVI, 27

在意大利的很多地方以及世界的其他地方，我看到过很多富有和有权势的人，想要建造美丽的建筑，而且他们给予了建造的资金。但是他们的命运决定了他们未能遇到具有足够的理论与实践能力的建筑师，来建造出能够得到那些在这些事务上有充分经验的人赞扬的建筑；尽管如此，那些伟大的人并不缺少良好的意愿，要将他们自由的手张得更开。

我也见过一些建筑师——有格外丰富的理论与实践知识——学习并且努力以上千种方式展现他们的所学；然而，他们从未发现能够信任他们的技艺与学识的伟大人物。这种情况出现在我们[7]这一代中富有学识的来自于锡耶纳的巴尔达萨雷·佩鲁齐（Baldassare Peruzzi）身上。他是我[8]的老师，虽然我完全尊敬其他人，但没有人能与他

---

4. 昂西-勒-弗朗（Ancy-le-Franc）的雇主，安托万三世克莱蒙特-图内伯爵（Count Antoine III de Clemont-Tonnerre）。

5. 文本中是 lettere（信件）。

6. 是指法国。

---

7. 在文本中，词语 mei（我的）被删除了，另一个词 nostril（我们的）被添加在上面。

8. 在文本中，词语 mei（我的）被添加在上面。

相比，更不要说超越了。所以，我，他谦卑的学生以及他极少部分学识的继承人 [9]，从来没有遇到一个伟大的人物给予我一个值得赞颂的杰出项目，我最终决定，即使不是为了他人，而只是为了我自己的欢愉与消遣，将我的想法表达在纸面上，让那些觉得值得使用这些的人感到满意。因此不要惊讶于我展现了一些非常不同于周边建筑的东西，比如这里的平面。那些见到这些平面被建造起来的人，即使因为它很新、很不寻常而不能崇敬它，也可能 [10] 会称赞它。因为我现在在讨论皇家建筑，我将要在花园中设计一个属于伟大国王弗朗索瓦的小屋，他是我无与伦比的主人……

### PROJECT XXXIX, 28

……而且即使这是以法国风格建造的，它也可以用于不同国家。根据地点以及水源泉水的便利性，许多东西，既为了实用也为了愉悦，可以在地下室建造——比如蓄水池、暖房、浴室、洞穴以及其他建造中可能想到的东西——像距离佩萨罗半里之外的皇家宫殿所证明的那样，它的绝大部分是在几年前根据乌尔比诺大公（Duke of Urbino）的命令，由吉奥拉莫·真加（Girolamo Genga）建造的。

### PROJECT XL, 29

基督教国王经常参加圣礼，尤其是伟大的国王弗朗索瓦，我将会时常谈到他，因为他不仅是最重要的基督教国王，也是我无与伦比的主人，他不仅是我的资助人，也是任何致力于这一美丽艺术的人的开明赞助者……

### PROJECT XLI, 29

……可能有的人看来窗户的划分有些不协调，但是住所内部的便利性必须要考虑，就像我在其他地方所说的，窗户要服务于那些需求。尽

管如此，可以在这个立面上看到和谐，我称之为和谐的不一致。如果在圆柱与其他装饰之外这个立面还饰有绘画——因为在立面上可以看到六个良好的表面，非常适合绘制过去国王或者是当下统治者的事迹——那么它就会显得非常美观，同时也很丰富。

### PROJECT XLII, 29

……而且这个平面同时用于下面与上面的部分。任何人如果愿意可以将下部转变成一个庙宇，这将用于较低的住宿。上面的庙宇可以服务于上面的人……

### PROJECT XLIV, 30

我不会再讨论高度了，因为我已经在上面记录了它们。看看整个建筑的图就足够了。从这张图你可以理解这个建筑如何很好地运作，从远处看，你可以看到五个高的元素相距很远，四个小一些的圆顶低一些，低院有房屋环绕，还有八个亭子。弗朗索瓦国王如果愿意，以他的丰功伟绩，能在很短的时间内完成这些建造。

### PROJECT XLIX, G

……这样的门廊能提供很大的便利。首先，当空气清新并且通透，人能活得更久，其次，这种安排有利于抵御阳光与雨水。还有，建筑在街道上获得了与门廊宽度相同的空间。住宅也更为健康，因为雨水如果直接落在墙上，墙就会潮湿。而且，尽管有人说从门廊下采光的房间会很暗，我要回答说，它们有足够的光线，它们也比其他类型的地方更健康。因此，现在不用其他更多的争论，让我们来看住宅……

### PROJECT XLIX, I

……虽然在这个设计中我展现了两层，但是以同样的安排可以只修一层，它也很合适。而且这种住所适用于不同阶层的人。有时一个富有的手工艺匠人会想要有一个。一个好的公民可能会对这种地方满意。我曾经见过很重要的商人用着很小和昏暗的住宅，因为有时富有但贪婪的人住

9.　在文本中，在词语 herede（继承人）之前的词语 imparte（部分的）被删除了。

10.　在文本中，词语 almeno（至少）被删除了，另一个词 forsi（可能）被添加在上面。

得很糟糕。你也看到，收入有限但是性情慷慨的人有时会将他们大部分的财富用于住宅。事实上，有两种稍纵即逝的东西会给人带来幸福，也就是一个美丽和合理的住宅以及一个美丽和性格好的妻子，她能够满足丈夫的要求。但是说到哪儿了？因此，我不会将这个住宅限于一个阶层……

### PROJECT LIII, P

……因为城市[11]中的水位，不可能在地下挖掘酒窖——因此夏天不会有凉爽的葡萄酒——尽管如此，建造房屋时你可以选择地下水位较低的地方建造地窖。你应该尽量往下挖，然后地面抹上厚厚的黏土层，周围的墙壁也应该抹上黏土层。然后抹上一层混有粗砾石的混凝土，再抹上一层混有细砾石的混凝土层。除了墙上的黏土层外，再建一道墙，这次是由砖砌的，抹二至三层砾石混凝土。这样水就不可能进入，除非是在洪水时从上面流下来。可能有的人会说在炎热的情况下，时间一长，黏土会收缩然后裂开，那么当水位上升就会经过裂缝渗入干的黏土中。对此有一种补救措施：环绕储藏窖的墙面，在拱顶升起的地方设置一条水槽。在水槽中注水，它会湿润整个墙壁使其保持潮湿。对于高贵的绅士来说这并不难，他会有城里绝无仅有的东西，夏天凉爽的葡萄酒……

### PROJECT LV, P

任何人如果愿意可以直接上到屋顶的梁架，他们就会有更高的主室，21尺高，但是这种情况下的阁楼会减小很多——因此很重要的是关注两个方面，你按照最让业主满意的方式处理。因为，真理是，住宅首先是为了便利，其次是为了适宜而建造。如果两者都能在住宅中看到，那么这个住宅就接近完美……

### PROJECT LVI, P

……在这个城市[12]中，住宅上大部分的装饰

都是放任的，而且各个元素缺乏秩序。因此，我，受制于大量开窗，会选择一种严格的建筑师可能不会赞赏的安排方式。尽管如此，我非常肯定绝大多数人会对这里显示的方案中装饰的多样性与魅力感到满意……

### PROJECT LVII, P

……楣梁不应该是柱子之间的一块坚固石头，而应该是很多石头利用覆盖有铅皮的青铜钉仔细结合而成。而且这应该在添加中楣与飞檐托饰之前完成。我在很多地方古代建筑中看到过类似的楣梁。特别是，在威尼斯 San Eustachio 教堂后面一处废墟里，在一个粗鲁建筑的很多柱子上，有用很多石块结合而成的楣梁——这个建筑并不是古代的，虽然它非常古老。尽管如此，在那个作品中，这种楣梁很坚固，就像它是……

### PROJECT LVIII, Q

……在这个[13]的端头，你应该建造一个马厩——如果你还有了另一出入口，就可以这样做。你也可以建造一个门廊，存放二轮货车、四轮马车，或者类似的东西，我认为马匹将无法进入前部，因为它被抬高到街面以上5尺；除非有一条抵达这个高度的斜坡，这是完全可能的……

### PROJECT LIX, Q

……如果你希望给这些房间[14]建造拱顶，那就要让这些墙的厚度足够支撑建造拱顶的那些材料。然而，坚固和厚实的基础——地面上的墙体也是——永远不会受到批评，因为有厚墙的住所在冬天温暖、夏天凉爽。它们在冬季温暖是因为风和雨不能轻易地侵入住宅，在夏季凉爽是因为阳关与热空气无法进入。房间的高度要根据地区确定。如果周边寒冷多风，那么房间就不应该有高屋顶。如果这个地区气候温和，那么房间应该有中等的高度。如果这个地区很炎热，那么更高的房间会很好……

---

11. 是指威尼斯。
12. 是指威尼斯。

13. 即，花园。
14. 即，地下室。

# 附录2　与出版的第一版（1575年）相比维也纳手稿中第七书重要的添加内容[1]

PROJECT XVI fol. 5r

小普利尼给他的朋友写了一封信，提到他为了休闲在城外修建了一所住宅，在各种设施之中，有一个主厅是用于冬季，其中有采暖，从日出到日落，因为这个主厅是半圆形的，日出时太阳首先照射到房间的右手边，标记为 L，然后逐渐转移到标为 P 的西边。因为，为了模仿这种布置，我希望以剧场的方式来设计一所住宅，其中有一间依照我所理解设计的主厅……

PROJECT XVII fol. 5v

……虽然这个柱子很细，不在规则之内，但对于观察者的眼睛来说它们有一种优雅与魅力，因此是可以接受的，因为这是在乡间，在这种情况下我要比在城市中做设计有更多的放任与自由。如果建筑师仍然想要更严格地遵循规则，他们也可以去那样建造，因为有足够的空间。但是考虑到柱础与楣梁、中楣与檐口，结果可能不会那么好，因为它们的组件会更大……

PROJECT XX fols. 6v–7r

……如果有的人认为这个高度[2]太过分，尤其是在寒冷的地区，你可以减少 3 尺并且不建造小窗而是通过大窗给夹层提供光线，并且填充上不再需要的窗洞。上面的主室应该是 18 尺，但是当缩减下面的尺寸，上面的也应该缩减 11 尺

半，同样的取消小窗，用大窗给夹层采光。但是，上天的神啊，在我去过的任何地方都碰到了如此卑微的、习惯于低劣的、可怜的、粗鲁的住宅——也可能他们落入了贪婪之中——以至于为了按照自己的想法不去建造 3 尺厚的墙，他们非常乐于居住在狭小的地窖中。他们辩解道这个区域很寒冷，但真正的原因是贪婪或者不可饶恕的无知。让我们回到主题——我之所以偏题是因为我对这样的人是如此愤怒。至于门与窗的高度以及其他事物，平面下的比尺能让你计算出所有的尺寸……

PROJECT XXIII fols. 7v–8r

……如果你把场地抬高到周围地面之上，将会很有效，无论这是自然形成还是人工堆砌的——就像我在很多地方看到的那样——或者是在一个山丘的顶上会更好；如果有一眼泉水，那就是最好的场地了。如果你在平原上找不到这样的场地，你仍然可以建造它，因为你用来挖掘基础以及为地下室挖出的土——我希望所有服务用房所处的地方——可以被用来抬高建筑以及大部分花园的地面。剩余的花园可以用周围的泥土抬高——任何人如果想要壕沟环绕场地就会有充足的泥土……

……可以从这些喷泉中取水，通过上面标记为 H 的洞口获得，用于浇灌花园……就像我在上面说过的，整个建筑的下面应该挖空，用拱顶支撑。这里会是储藏室、厨房、佣人餐厅以及其他需要的服务房间。通向房间的入口要穿过花园，但是你也应该在潮湿的天气中通过

---

1.　所有具备重要性的较短的添加内容（或者是省略内容）都在注释中注明。

2.　即房间高度。

螺旋楼梯下到那里。虽然在这一页上花园很小（因为页面很窄），实际的意图是花园应该如同业主所想要的或者是场地允许的那么大。

### PROJECT xxv fols. 9r–v

……离开前厅是花园 P，长度应该是场地允许的那么大。有时会有一个小院落，或者住宅可以直接出到大街或小巷，取决于具体情况。可能周边会有建筑，那么就有必要从院落采光。也可能出现的情况是场地较窄，被相邻的住宅围住，那么你只能省略两个"商铺"，院落也无法在侧面建造敞廊。还有一些情况，场地有 150 尺或者更多，审慎的建筑师不仅可以在立面上使用装饰，还可以建造敞廊……

……我也不会对尺寸进行过多讨论，因为图像在各个方面都完成了这一任务，使用正面下方的比尺可以找到所有的细节尺寸。但是我要讨论一下材料与其他方面。对于材料，我会说檐口应该用活石建造，这取决于地区特性；门和窗的装饰应该部分是活石，部分是砖，就像在设计中所看到的那样。这种变化会让观赏者愉悦，这种古代设计至今仍然可以在罗马庞贝的一些拱券中看到。这就是全部的材料讨论。至于其他方面，应该理解，因为这个正面面向花园，它应该完全是欢快和让人愉悦的。装饰有富有技巧的人手绘制的图像。这应该出现在窗户与眼窗之间的空白处。我说过应该由富有技巧的人来绘制，是因为就像丑陋、不知修饰的女人会让人那些优雅和高贵的灵魂感到恶心和悲伤，所以丑陋和粗糙的绘画会让有品位的人厌恶和鄙视，这会导致一种印象，即房主与绘画相类似。但是从反面看，看到一个有着快乐面庞的美丽、高贵和优雅的女人会让任何人的灵魂感到幸福与健康。看到美丽和精良的绘画会发生同样的事情。观赏者的心里会感到快乐，他们感到高兴并且判断这个住宅的主人非常高贵，有着卓越的鉴赏力，确实极为慷慨，因为不可能不付出代价就获得优秀和熟练的绘画人。此外，不光是他们花费不菲，还需要恭维他们，与他们交友，最后还要给他们昂贵的礼物来满足所有的要求。话题已经谈到了这里，我认为

谈一下并非毫无益处，因为在我的时代，我认识一些非常富有和高贵的人，他们宣称自己有品位，并且对艺术有深入理解，但是他们在自己住宅的内部与绘画上所做的事情，会让我更希望墙壁不是留白而是进行了粗石风格处理。但现在让我们回到我的主题，我说过这些空白空间应给装饰上美丽的绘画……

### PROJECT xxvi fol. 10r

在这上面我讨论了 24 种不同于常俗的住宅，每一个适用于特殊情形下的特殊个人，而且应该建造在城外或者是城市内类似于乡村的宽敞场地上。要达到 25 个，我添加了这最后的一个，前面已经描述过了。

现在我要展示属于这个建筑的各种元素的创作。首先我要讨论住宅内部的壁炉，以及在屋顶上建造的烟囱。在第一页上的四个都是法国风格，因为它们的烟道不像我们意大利的是金字塔，而是从上到下垂直的，一个烟道可以服务于 6 个壁炉——换句话说，在一面分隔两个房间的墙中，一条烟道可以服务两个房间，而这样成对的上下有三组。这样，一条烟道可以服务六个壁炉……

### PROJECT xxx fol. 11r.

这个中楣的长度要划分为 59.5 份，每一份的宽度等同于一个三陇板。在右边——与左边——的角落应该留下半个三陇板的空间——但是这比一半要小，少了柱子在顶部收分的尺寸。在这半个三陇板空间的旁边，是一个完整的三陇板，与它对齐的是一根柱子。柱子的宽度是两块三陇板——维特鲁威将每一个三陇板的宽度称为一个"模度"。[3] 三陇板的高度是宽度的 1.5 倍，一块到另一块的距离与高度相同——维特鲁威将这个空间称为陇间壁。[4] 这样，在两个柱子之间——我是说在角部——中心部分应该有两个陇间壁与一块三陇板。在大一些的柱间距里，有 4 块三陇板与 5 块陇间壁。一旦你把三个大一些的和 4 个

---

3. Vitr. iv.iii.3.
4. Vitr. iii.v.11.

小一些的空间分布在柱子之间，这 59.5 个三陇板的长度就安排好了。至于柱子的高度，维特鲁威将它们描述为 14 个模度，包括柱础和柱头。[5] 他所说的是独立站立的，两边没有支撑的圆柱，它们承受了所有的重量。在这里它们嵌入墙体三分之二，并没有承受那么多重量。包括柱础与柱头，它们应该有 16 个模度高……

PROJECT XXXVII fols. 12*v*–13*r*

……这些托架，或者我们所说的卡特尔（*cartelle*）位于楣梁之下，是用来支撑楣梁的，因为柱子突出墙体三分之二，而楣梁放置在柱身之上，因为柱子与楣梁之间的距离太大，无法成为一个整体；还有用一些能够提供装饰的东西来支撑楣梁是符合逻辑的。因为这个托架有很好的装饰与支撑作用……

……现在可能有的人会说一个上面没有小窗户的大窗户会更为宏伟，也能更好地与柱子的巨大尺寸相配。我并不否认这一点，并且总是在公共建筑中这样做。但是这个住宅是为了业主的实用性，整年都会居住，无论白天还是黑夜，小一些的窗户会给居住在里面的人带来很大的便利。这个住宅的屋顶部分是法国风格的，除了阁楼之外，屋顶内的空间也可以用来居住，为了给这些房间充分的采光，应该在檐口上建造老虎窗……

PROJECT XXXVIII fols. 13*r–v*

有时会出现这样的情况，建筑师要建造一个公共主厅，用于在国王和亲王宫殿中举行各种类型的胜利表演，这个主厅不应毗邻其他建筑——如果有另一个建筑毗邻，这个主厅应该与那个建筑在装饰上相适应。这个建筑师应该在场地里划出 132 尺长的地块，细分成 22 份——一份的宽度应该等同于立柱的宽度，也就是 6 尺，每个拱券的宽度是两份，总共有 8 个立柱。这就是 132 尺长的建筑是如何划分的，就像在平面中看到的那样，它展现了整个主厅的长度；但这里只展示了一半的宽度。就像我

说的，立柱宽度是 6 尺，但是有 9 尺厚，也就是说在侧面。宽度是 30 尺，这个宽度应该再加上立柱之间空隙宽度那么多，因为在前部，不包括胸墙，有 8 尺的空间；在另一面——在花园或院落之上——应该有同样大小的空间，因为墙有 9 尺厚，也有同样的拱券……这就是[6]我所希望的上部，在建筑旁边的立面里可以看到，因为下面的部分是公共敞廊，87 尺半长，不包括两个半圆。在这些半圆中，应该抬高到地面上一步，应该有座椅。再往上应该有剧场风格的一些座椅，供女士使用。在另一边，低一些的敞廊可以用雕像装饰，因为立柱的前面有 14 寸[7]——面向花园的一面有同样的数量，更不用说对着拱券的 4 个壁龛，里面可以容纳靠着墙的或者是坐着的几个雕像，比如拉奥孔（Laocoon）、尼罗（Nile）、台伯（Tiber）、克里奥巴特拉（Cleopatra）与其他人物。在这四个壁龛之上，在四个圆形浮雕中，半浮雕或浅浮雕的历史场景画可以用大理石或青铜制作，或许，如果愿意，也可以绘制。在敞廊中心有一个窗户看向花园或者是庭院。现在让我们讨论立面。下面的部分是塔司干粗面石饰风格……从这些平板[8]到饰带的顶部是上面主厅的胸墙。主厅的高度是 25 尺，也就是到楣梁的底部。主厅的屋顶应该由托梁支撑，并且很好地强化，材料应该是耐久的枞木或松木，但落叶松是最好的。如果这些木材都没有，可以在该区域轻易获得的橡木或者其他木材也可以使用。但是，不应该在最繁盛的月份砍伐木头，还要进行彻底的风干使其成熟。那些在墙上使用的要通过下面三种方式准备：完全用沥青涂抹；用铅片包裹；用火燎烤让整个表面都碳化，这样可以更为持久。上面的拱券应该与下面的一样宽，它们从饰带到拱券底部的高度是 20 尺。这是多立克式的。尽管柱子很薄，这并不是错误的，

---

5. Vitr. IV.iii.4.

---

6. 即小门道的设计。

7. 即在拱券旁边的部分，再加上在立柱后部的四个（面向敞廊）。

8. 即地面层拱券上面的部分。

因为它们是扁平的，刻有浅浮雕。它们在上部要缩减十二分之一——我在其他古代柱子中看到过对应的处理——至于那些下面的，正面应该缩减四分之一。楣梁、中楣与檐口应该是柱子四分之一的高度，并且以维特鲁威所描述的多立克柱式的方式划分[9]……角部的立面，爱奥尼式的，比多立克式短四分之一。类似的，前面的柱子应该比多立克窄四分之一。一旦你将窗户的胸墙设定为2尺半高——这将为柱子提供基座——从这往上将分为5个部分：一份是楣梁，中楣与檐口；剩下的4个部分用于柱子，包括柱础与柱头。下面的门道以及所有的窗户都是3尺宽8尺高。这个建筑的地面至少要抬高到地面以上1尺半——如果抬得更高我也总会赞同。注意，读者，在格外奢华的枫丹白露城堡有一个与这此类似的建筑，但是没有采用这里的平面安排[10]，只有那些没有去过法国之外，甚至是没有远离过那一区域的法国石匠才能够建造它。由于这个建筑非常优美，宽宏大量的国王对它的慷慨也毫不吝啬，我决定展现我将如何设计建造它，如果我接受了委托的话。这个项目已经在我的时代被建造了——我说"我的时代"因为我正在为该国王效力。请注意，读者，第一层，也就是较低一层的右边标记为 Ж 的地方被无心地多画出来2尺。我想圆规被拉开了。

### PROJECT XXXXVII fols. 15v–16r

从铺地到拱顶底部的神庙高度不应少于50尺，因为在这个设计中其他四根柱子所处的地方应该有必要设置夹层。但是这里你必须注意，审慎的建筑师，维特鲁威说过第二层应该比第一层矮四分之一，这说得很对。[11] 但这位杰出的作者所谈论的是在正确的距离上所看到的部分。如果柱子的柱础放置在檐口之上，下方没有任何东西，那么对于站在广场上的观赏者，那些柱础以及柱子的一部分会被檐口所混淆。因此建筑师应

该这样谨慎地处理：将柱子抬高到檐口之上，以至于柱础也高于檐口……观赏者站在正确的距离上——这个距离远离建筑的长度等同于神庙的宽度。当柱子下的基座是2尺高，那么，就像设计中所看到的，科林斯柱就要比爱奥尼柱矮四分之一。同样的，楣梁、中楣与檐口应该是柱子的四分之一，就像前面提到的，整个高度分为10份。至于其余的部分，让山墙位于中心，就像在可见设计中那样。可能有的人会说，扁平半柱在这样窄的立面上会显得过度，有圆柱就足够了，这样正面就会更开放，也少一些"含混"。对此的回答是，在两侧没有辅助的圆柱无法为檐口的出挑提供支撑，这样楣梁就必须要有同样的厚度，也就是柱子的三分之二。不可能找到这样厚度的、横跨整个门洞的楣梁。还有另外一个困难：如果上部的檐口是贯通的，没有出挑，那么在一个没有出挑的檐口上升起山墙不会美观；根据理论，在单一柱子上挑出檐口也不会美观，无论它是平柱还是圆柱。这是因为超出柱子之外的线脚不会有任何支撑。尽管如此，很多建筑师落入了——并且仍然陷在——这个将檐口线脚突出到柱子之外的陷阱中，这是极度错误的做法，任何优秀的建筑师都不会赞同。因为这个原因，我希望做出上面的那些评论，以此警告那些可能想要犯这种错误的建筑师。现在，让我们回到我之前的论述。山墙是有必要的，一是作为装饰，也是为了覆盖屋顶的顶部。它应该超出神庙拱顶的上部，依靠墙的厚度支撑，按照一个好的木工所熟悉的方式排布木架……

### PROJECT LXVII fol. 27v

……在上面，它们[12]会合成为从前部到后部，以及到各个房间的回廊。托架的设计有些放任因为优秀的建筑师不会容许事物悬在空中——这种元素应该在地面上有基础，我也同意这一点。尽管如此，有两个原因让我允许自己做这样的设计：第一，因为这个平面划分是在如此狭小的场地上，而且我希望设置三行套间以及

---

9. Vitr. IV.iii.4–6。

10. 文本是 *ordini*：见术语表 'order'。

11. Vitr. v.i.3 与 v.vi.6（古代剧场）。

12. 即通道。

中心的院落，这样就会给很多房间提供光线；第二个原因是这种由托架支撑的，装饰有栏杆的通道会影响令人愉悦的观感，可能对于大多数人来说，这种实用性与典雅比进行排布的敞廊更让人愉快……

"讨论与解答……", fols. 29*r–v*

下面标记为 C 的部分是复合式的，可以被称为"精细"、"脆弱"与"粗鲁"。它的"精细"是因为有凹雕的部分，它的"脆弱"是因为柱子的纤细，此外柱子下的基座更是"脆弱"，结果就是整个设计可以别描述为"极为脆弱"。说它"粗鲁"的原因不是那么容易解释或者是不通过比较就让别人理解。很明显，但处理近在眼前的事物时，相比于较远的部分，优秀的画家会更仔细地描绘颜色浅的部分，这样它可以更容易地看到。他们同样以良好的"判断力"来完成这一工作。在我看来，对于建筑装饰也应该这么做。比如说，一个建筑师如果要设计这里标记为 C 的装饰，他有一些颜色深的柱子，还希望使用混杂的石材来制作嵌入成分，最终希望使用所有这些元素，按照右手边标记为 C 的图像建造这个建筑——不管是柱子的三分之二突出墙外还是离开墙壁，背后是平柱——我会认为在浅色背景之前有深色元素会损坏整个建筑，让它变得"含混"和"粗鲁"，去除了所有在左侧面可以看到的"整体性"与"柔软"。在基座上也是一样，它看起来很"坚实"，离我们的眼睛很近。即使如此，如果它们嵌入了深色石材，这都会打破整个作品，让它变得"粗鲁"。其他也会让建筑变得"含混"的元素包括檐部的大量凹雕。如果檐口与楣梁的各个部分都有凹雕，再加上中楣被刻上叶饰与动物，很显然这个设计会是"含混的"——虽然在事实上很多古代罗马建筑师就是这样做的。可能一些被这样的作品所迷惑的人会以此为例来批评我。但我不会在乎这些人。对于我来说，有那些能够理解理论，并且具备稀有的"判断力"的人支持我就足够了。但如果一个建筑师希望使用这样的柱子，我会强烈建议他们这样做：他应该将它们分开，每个都独自站立，周围没有其他东西，无论是在

开放敞廊、带窗户的敞廊、在门廊还是类似的地方——这样的柱子被充分的空间所环绕，不会冒犯有良好判断力的人的眼睛——他还应该在墙中嵌入大理石，这样无论是哪一个都不会受到批评……

下面标记为 D 的部分是科林斯式的，在它的左边可以被称为"粗鲁"和"含混"的——这一部分柱子是深色的——原因在上面已经谈过。"含混"的品质，在我看来，来自于这个事实，即檐口的各个部分都有凹雕，楣梁也是一样，由于中楣上有动物与叶饰雕刻，各个部件的美遗失了，整个作品变得"含混"。但如果檐口与楣梁进行了划分，一部分有凹雕，另一部分完全是"平滑的"，那么这个作品将更为"开放"，它的美会更容易觉察，令观赏者愉悦。这就好像是一个美丽的女人在其他装扮之外在前额佩戴有宝石，耳朵上挂有两个美丽的耳环——这些东西为她的美丽添加了装饰。但是如果这个女人不仅仅在额前有宝石，耳朵上有耳环，还在她脸上的其他位置有各种宝石，请告诉我，她是否会比之前更美丽。当然不会！她会显得很怪诞。同样的，我想说，当精心排布的建筑有"更为简单"的凹雕，它的外观在"有判断力"的人眼里会更令人愉悦。告诉我，至善的上天，在那非凡的神庙，罗马万神庙——完全科林斯式的，严格遵循柱式规则——当中，除了柱头、一些飞檐托饰以及线脚与檐口上的少数装饰之外，那里还有凹雕？至于哈德良[13]在安科纳修建的不仅优美而且广受赞誉的科林斯拱门中，除了柱头外并无任何凹雕。至于其他许多美丽的古迹，我在此略过，但我认为，这些作品的建筑师与雕工一同工作，并且获得了雕刻工作的部分酬金，因此他们才会在自己的作品中放置如此多的雕刻，就像是我在我这个时代曾经看到过的那样。现在回到我之前的主题……

---

13. 塞利奥自己在第三书（fol. 107*v*）中提到过，这实际上是由图拉真建造的。

# 附录3 塞利奥未出版的"背页"轮廓草图

在慕尼黑手稿中的第五书中，所有页面均为前页绘图、背页文字（除fols.1r 文字,64r-v 和67r-v 背为空白折页，73v 空白,74r 文字），同时哥伦比亚手稿中有若干单独的，大小不同的背页空白的纸张。由此我们有理由认为双面的慕尼黑手稿页面不是用来印刷的，尽管早期的哥伦比亚手稿页面可能一度作此功用。事实上，慕尼黑手稿书写在羊皮纸上，而哥伦比亚手稿则在法国纸上。对于"第八书"来说，只有在临时营地部分，有若干（明显）空白的背页(fols.22v,23v,24r,26v,27v 和 34v )。在哥伦比亚手稿第五书和"第八书"手稿中一些（明显）空白的背页上有轮廓草图，除了其中一个住宅平面外，都没有在摹写本中被复制。[1]它们是：

哥伦比亚手稿 第六书：两个平面局部；

A. LVv：方案"V"LXVIIr 城市"亲王的住宅？"的平面局部（墨水和铅笔绘制），由 Rosenfeld 于1978 年和1996 年在 p.85 上复制（上下颠倒），注释在 p.29。

B. LXVIIr：同一个方案更大型的平面局部（墨水和铅笔绘制），但根据 Rosenfeld 在 p.85 的文字该图可能并非塞利奥所作。

手稿"第八书"；

C. fol.24r（背页为墨水绘图）：两个带有透视线的帐篷（页码为 2，墨水书写）（铅笔绘制）。

D. fol.27v（r/h 边）：兵营的平面局部，带有开口并且刻有 'vuoto'（似乎是 fol.27r 未完成的 r/h 翻页的延续）（墨水绘制）。

E. fol.34v：带有透视线的一个单独的帐篷以及中心撑杆（铅笔绘制）。

关于哥伦比亚手稿第六书中的背页草图，由于没有任何完成的背页绘图，它们或者不是塞利奥所作，或者是塞利奥本人重复利用了两页纸并且放弃了原来绘在其上的轮廓草图，并在此过程中将前页变成了背页。两个平面局部都可以被认为是展示了 LXVIIr 中亲王在城市中的住宅方案 V 的过厅和第一进庭院（一个 8×8 柱的正方形），尽管轮廓草图与成图有微小的差异，事实上其中一幅轮廓草图就在此方案 (V) 的背面——尽管没有沿着它的笔迹——进一步确认了这一判断 [ 对 LVr 来说它与其右侧（方案 P 的剖面）没有任何相同之处，所以不能被认为是它的轮廓 ]。[2]因此，如果这些草图真的是塞利奥所作，那么大概可以做出推测，尽管 LVr 上的草图（一个高贵威尼斯绅士的城市住宅）在手稿排布上先于 LXVIIr（王子城市住宅），后者方案的绘图或者说开始，在 LVr 的墨线图开始之前。因为方案呈现的顺序并不代表塞利奥绘图的顺序，正如 Dinsmoor 的分析中水印所展示的

---

1. 哥伦比亚手稿的摹写本在 Rosenfeld, M.N., *Sebastiano Serlio: On Domestic Architecture* (1978: rep. 1996)，以 及 在 Fiore, F.P.(ed.), *Sebastiano Serlio architettura civile, libri sesto, settimo e ottavo nei manoscritti di Monaco e Vienna* (1994) 的 "第八书" 的手稿并插图的手抄本。

---

2. 如 Rosenfeld, M. N., *ibid*., p. 29. 所建议。

那样。[3]LXVII*r* 是一个大型的折叠草图，并且两张轮廓草图在比例上比成图大，塞利奥可能因为在此比例上整个平面尺寸过大而放弃了它们。他常常提到这种将图纸比例与纸张尺寸匹配的问题（例如慕尼黑手稿 fol.63a*v*）。细节上的小差异（即，第一个庭院中的壁柱细部）并不重要因为它们以铅笔绘制并且很容易修改。

在第八书没有记录的背页草图中，（尺规）对角线和（徒手）垂直线（高度成比例，可能是人）是透视建造线，这是在检查了 fols.33*r* 和 36*v* 后确认的事实（墨线绘制的小木屋，带有同样的铅笔垂直线）。这些铅笔草图清晰地记录了塞利奥对他第二书记录的一点透视法的实践性运用。鉴于目前没有现存的这一尺寸的帐篷草图或者是透视的帐篷，我们可以推断这是某些丢失的或被放弃的草图的轮廓。塞利奥可能曾经试图在手稿的这一部分——现在为两个不合逻辑的剖面——放置比现存形式更大比例的帐篷草图。事实上在第八书的序言中，Strada 谈到了"第八书"的某个版本即将付梓印刷（可能从未实现），这个版本的木板必将比现存手稿中的草图更加完善。

轮廓草图仅在两个书写于纸张上的手稿里出现，这一点可能很重要。这指示了这些手稿的工作性、非呈现性特征（虽然不排除其使用的木刻模板），不同于塞利奥慕尼黑手稿第五书、维也纳手稿第七书和他的"门的额外之书"的手稿，这些都是在羊皮纸上，并且被认为是不用来印刷的展示副本。在此处讨论的轮廓草图组成了一个小组，与塞利奥那些整洁的成图或者他在维也纳手稿第七书（在此处，尽管草图也大多数为单面的，但也有若干页双面都有图纸）。[4]所谓的"附加"

草图完全不同。在第二书塞利奥称铅笔的建造线（被称为 *linee occulte*）会最终被擦掉或者洗掉，因此这独特的一对背页房屋墨线与铅笔线平面和背页铅笔稿帐篷透视图，没有在 MSS 的摹写中被复制，成为塞利奥工作方法的清晰记录。

3.　Dinsmoor, W. B., 'The Literary Remains of Sebastiano Serlio', *The Art Bulletin*, vol. 24 (1942), esp. pp. 138–139; 在 Rosenfeld, M. N., *ibid.*, pp 32–33 中也有讨论。

4.　这些草图出现在维也纳手稿第七书 fols.78r[xxxvI 的后凉廊]，84r [三角山花，未完成，未确认]，90r [xxxxvII 的平面]，91v[xLVIII 的平面]，124r [屋顶，LXVII 的未完成草图] 并在 Fiore, F. P., *op. cit.*, p. 328 n. 1 中被定义为"附加"草图。

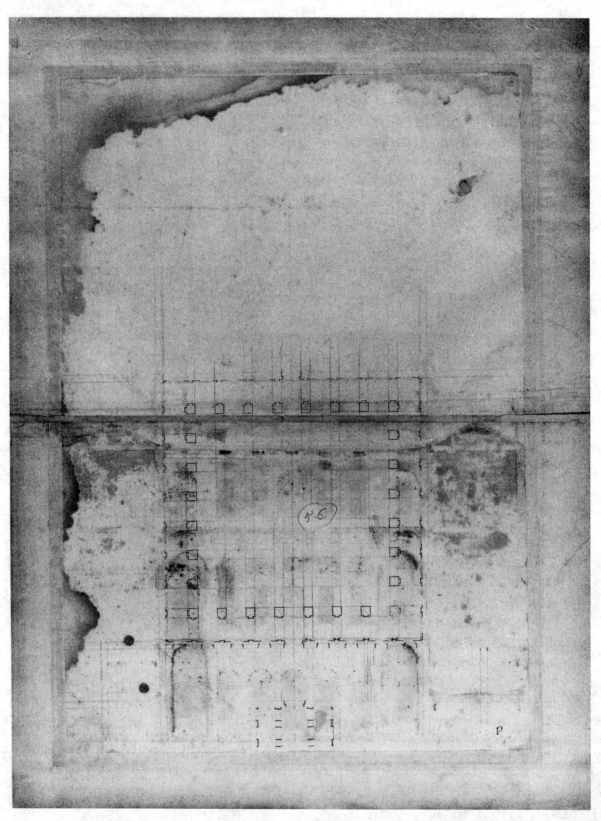

A

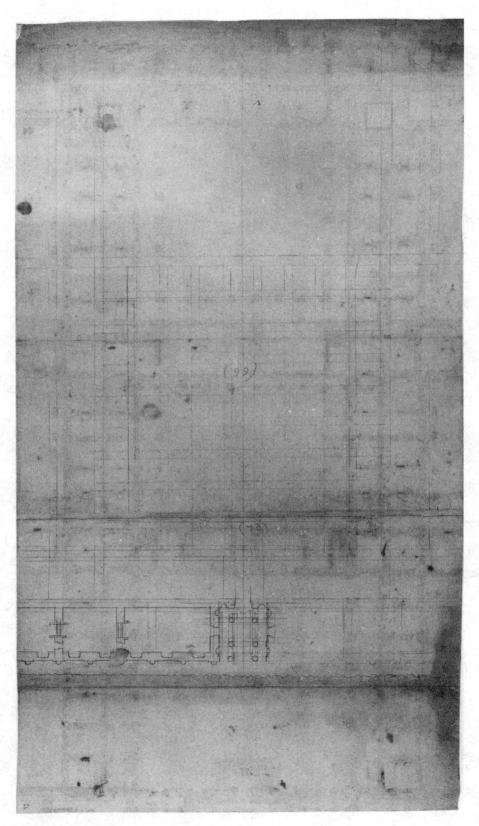

B

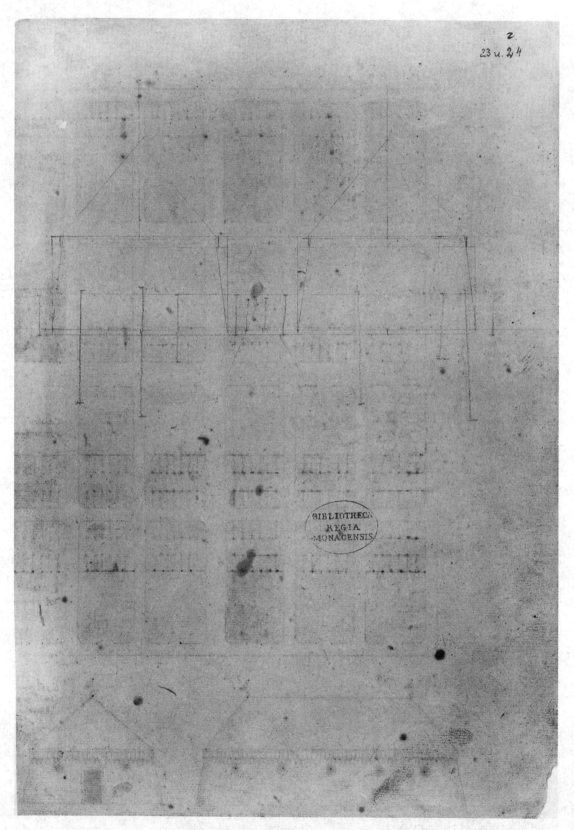

C

D

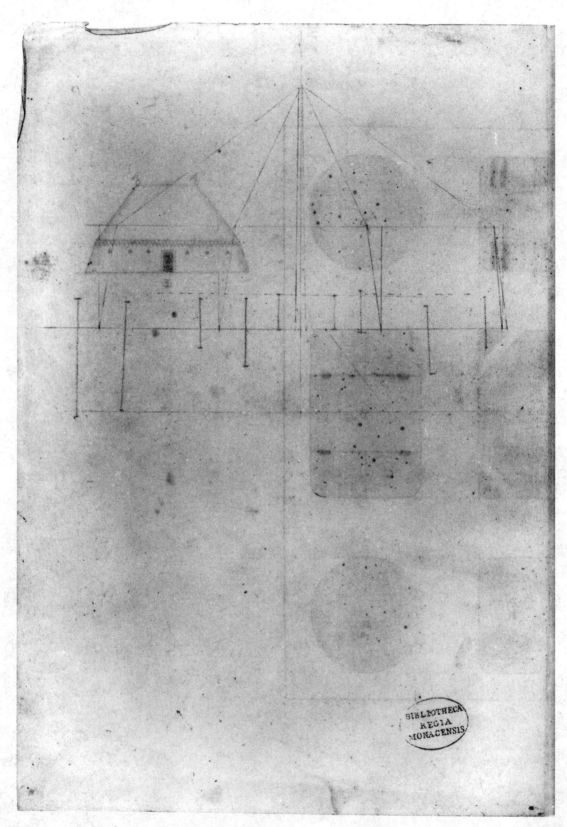

E

# 索引

# 译后记

《塞利奥论建筑——第六书至第八书》是根据英文版的 "*Sebastiano Serlio on Architecture, vol. 2*" 翻译而成的。原书由英国巴斯大学 Vaughan Hart 教授与 Peter Hicks 博士根据意大利文版译成英文，他们为英文版提供了详尽的导言、注释以及相关说明，我们也同样给予了翻译。两卷本的 "*Sebastiano Serlio on Architecture*" 是英语世界中第一次较为完整地翻译塞利奥（Serlio）的主要著作，包括他早期规划过的七书，以及两本关于罗马军营与各种门的额外之书。英文版的第一卷（*Sebastiano Serlio on Architecture, vol. 1*）涵盖了第一至第五书，同样由 Vaughan Hart 教授与 Peter Hicks 博士翻译，于 1996 年由 Yale University Press 出版。在第一卷英译本基础上完成的中译本《塞利奥建筑五书》已经由中国建筑工业出版社于 2014 年出版发行。

我们所翻译的第二卷于 2001 年在 Yale University Press 出版。它包含了塞利奥规划中的第六书与第七书，以及最初写作计划之外的两本额外之书，分别是关于罗马军营与各种门的设计。虽然曾有出版商将"罗马军营"一书称作"第八书"，但是 Vaughan Hart 与 Peter Hicks 在导言中已经清楚地说明，这种称呼与塞利奥自身的规划并不相符。不过，在中译本出版时，为了标题的简略以及与第一卷命名的连续，仍然采用了《塞利奥论建筑——第六书至第八书》的名称，希望读者参考导言来准确理解塞利奥著作的编排。

在这本书的翻译中，我们尽量追随原英译本来呈现各方面内容。但也必须承认，我们并不是文艺复兴建筑史领域的专业研究者，而塞利奥撰写的很多内容实际上与当时的政治、经济、文化与建筑传统有密切的关联。虽然有英译本的辅佐，但是将很多专业名词与特定时代的术语转译为容易理解的中文文本仍然是有相当大的困难的。因此在这个中译本中不可避免地会有一些地方会出现含混甚至是错误，我们敬请读者们给予谅解。

传播建筑理论经典是建筑研究者的责任。虽然受到能力的限制，我们不一定能在一开始就将这个工作完成得非常完善，但我们非常希望能够在不断地改进中逐步提高，也希望广大读者们给予支持。

青锋

2018 年 8 月 8 日